全国普通高校电子信息与电气学科基础规划教材

信号与线性系统

（修订版）

曾兴斌　蒋刚毅　杭国强　编著

U0224019

清华大学出版社

北 京

内 容 简 介

本书强调对基本概念和理论的理解与灵活运用，力争理论联系实际，尽力避免使学生陷入大量难题的推导与求解中，努力培养学生对课程内容本身的理解与掌握，强调掌握应用本课程知识解决具体问题的方法。

本书按照先连续时间信号后离散时间信号的傅里叶分析、先连续时间系统后离散时间系统的变换域分析的次序，系统地讲授了连续时间信号和离散时间信号、线性时不变的连续时间系统与离散时间系统的时域分析、傅里叶变换及其应用、拉普拉斯变换和 z 变换的分析方法、连续时间与离散时间线性时不变系统的变换域分析等内容，最后简要介绍了系统的状态变量分析方法。全书列举了大量的例题，并提供了十套全真试题及部分习题和试题的答案，以帮助读者更好地掌握信号与系统的分析方法。

图书在版编目（CIP）数据

信号与线性系统/曾兴斌，蒋刚毅，杭国强编著. --修订本. --北京：清华大学出版社，2016（2024.6重印）
全国普通高校电子信息与电气学科基础规划教材
ISBN 978-7-302-43256-2

Ⅰ. ①信…　Ⅱ. ①曾…　②蒋…　③杭…　Ⅲ. ①信号理论－高等学校－教材　②线性系统－高等学校－教材　Ⅳ. ①TN911.6

中国版本图书馆 CIP 数据核字（2016）第 044109 号

责任编辑：曾　珊
封面设计：傅瑞学
责任校对：时翠兰
责任印制：宋　林

出版发行：清华大学出版社
　　　　　网　　　址：https://www.tup.com.cn，https://www.wqxuetang.com
　　　　　地　　　址：北京清华大学学研大厦 A 座　　　　　　邮　　编：100084
　　　　　社 总 机：010-83470000　　　　　　　　　　　　邮　　购：010-62786544
　　　　　投稿与读者服务：010-62776969，c-service@tup.tsinghua.edu.cn
　　　　　质量反馈：010-62772015，zhiliang@tup.tsinghua.edu.cn
　　　　　课件下载：https://www.tup.com.cn，010-83470236
印 装 者：三河市龙大印装有限公司
经　　销：全国新华书店
开　　本：185mm×260mm　　印　　张：26　　　　　字　　数：632 千字
版　　次：2012 年 3 月第 1 版　2016 年 9 月第 2 版　　印　　次：2024 年 6 月第 9 次印刷
定　　价：69.00 元

产品编号：068287-03

修订版前言

　　根据《信号与线性系统》出版后的教学使用反馈,本次修订更正了原书中的一些文字、图形方面的错误,对部分章节的内容和顺序进行了重新编排,并补充了习题和部分试题的答案。

　　本书修订工作由曾兴斌主持,第 2、3、4、5、7 章以及习题和全真试题的答案由曾兴斌负责编写、修订,第 1、8 章和全真试题由蒋刚毅负责编写、修订,第 6 章由杭国强负责编写、修订。全书由曾兴斌负责统稿。

　　本书修订过程中得到了宁波大学信息科学与工程学院董建峰教授、周亚训教授的关心和支持,他们提出了许多非常有价值的指导性修改意见,全书承两位教授审阅,在此对他们表示衷心感谢!

　　限于编者水平,书中不足在所难免,恳请读者指正。

编　者
于宁波大学

目　录

第1章 基本概念

浩瀚的人类文明发展历程,究其本质其实是人类不断创造发明的发展历程,人类的创造发明领域极其广阔,包括天文、地理、农业、工业、军事、政治、经济、文化、艺术等。在人类世代繁衍更替的发展过程中,信息技术的发展取得了令世人惊叹的成果。信息技术从古代的驿站、飞鸽传书发展到今天,相继出现了无线电、固定电话、移动电话、互联网甚至视频电话等各种通信方式。信息技术拉近了人与人之间的距离,提高了经济效率,深刻地改变了人类的生活方式。

很多基础学科共同构建现代信息技术的"金字塔",位于这个庞大的"金字塔"底部的是物理学、数论、组合数学、概率统计、密码学、声学、光学等,而位于顶部的是系统论、信息论和控制论这三大信号与系统学科的科学思想和理论。系统论是由美籍奥地利人、理论生物学家 L. V. 贝塔朗菲(Ludwig von Bertalanffy,1901~1972)提出的,奠定了该学科的理论基础。信息论是由被人们称为"信息论之父"的美国数学家香农(Claude Elwood Shannon,1916~2001)提出的,人们通常将他于 1948 年 10 月发表于《贝尔系统技术学报》上的论文《A Mathematical Theory of Communication (通信的数学理论)》作为现代信息论研究的开端。控制论是由美国数学家诺伯特·维纳(Norbert Wiener,1894~1964)于 1948 年出版的著作《Cybernetics: or the Control and Communication in the Animal and the Machine (控制论——关于在动物和机器中控制和通信的科学)》中提出的,控制论的思想和方法已经渗透到几乎所有的自然和社会科学领域。

构建一个规模巨大的"金字塔",任何有关现代信息技术的基础理论都具有举足轻重的作用。著名的傅里叶级数(即三角级数)、傅里叶分析等理论是由法国数学家、物理学家让·巴普蒂斯·约瑟夫·傅里叶(Jean Baptiste Joseph Fourier,1768~1830)在 1807 年提出的,由于其良好性质而广泛应用于信号与系统学科中。法国数学家、天文学家拉普拉斯(Pierre Simon Laplace,1749~1827)于 19 世纪初提出的拉普拉斯变换,广泛应用于线性系统和控制自动化中。在现代科技中,移动通信、卫星通信、微型计算机等电子科学与技术的迅猛发展,将展现给人类一个更加快捷、宏伟的世界。信号与系统、信息处理的不断发展,将进一步引起各个领域的重大变革。

信号与系统作为通信和电子信息类专业的核心基础学科,其中的概念和分析方法广泛应用于信号与信息处理、电路与系统、通信、自动控制等领域,不断地促进人类文明的进步。

1. 信号的概念

信号是运载消息的工具,是消息的载体。从广义上讲,它包含光信号、声信号和电信号等。例如,古代人利用点燃烽火台而产生的滚滚狼烟,向远方军队传递敌人入侵的消息,这属于光信号;当我们交谈时,声波传递到他人的耳朵,使他人了解我们的意图,这属于声信号;遨游太空的各种无线电波、四通八达的电话网中的电流等,都可以用来向远方表达各种消息,这属于电信号。人们通过对光、声、电信号进行接收,才知道对方要表达的消息。在这些例子中,纵然信号的表现形式变化万千,但它们都是运载消息的工具。

从狭义上讲,对于不同的学科领域,信息的载体具有不同的物理形式。在通信系统中,信号是传递各种消息的载体,而消息则是信息的具体内容。

2．系统的概念

系统是为实现特定功能以达到某一目的而构成的相互关联的一个集合体或装置。在通信系统中，系统是对输入信号做出响应的物理结构，其本质是对输入信号进行相应的处理，并将处理后的信号作为系统输出。例如，地球这个巨大的系统，它又可分为水圈、大气圈、生物圈和岩石圈等分支系统，每个分支系统中元素的变化都会影响整个系统的运行效果；在通信网络系统中，根据用户的不同需求，将所需信息传递给相应的终端，完成通信功能，从而将位于世界各个角落的亲朋好友互连在一起。尽管各个系统的表现形式千差万别，但是对输入信号做出响应的本质是相同的。

在实际应用中，人们不仅仅需要传递信息，更希望能够对信息进行有效的操作，例如：存储、传输或者与其他信息进行结合，因此需要估计和描述信号之间关系的方法。通常情况下，系统是由一些相互联系、相互制约的若干组成部分结合而成的，是具有特定功能的有机整体，联系着外部各种信号。

在许多情况下，系统信号分为输入信号和输出信号：输入信号独立于系统，不受系统影响，但系统对其起到回馈作用；输出信号由系统产生，并受到输入信号的影响。输入信号与输出信号之间的关系是由系统决定的，系统不仅可以拥有一对输入输出信号，也可以同时包含有多个输入和输出信号，其中每个输出信号都依赖于该系统中的所有输入信号。图 1-1 给出了一个单输入单输出信号系统和一个多输入多输出信号系统的示意图。

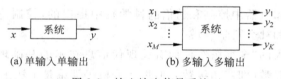

(a) 单输入单输出　　　　　　(b) 多输入多输出

图 1-1　输入输出信号系统

1.1　信号分类与表示

1.1.1　信号的分类

信号理论主要研究信号分析与信号综合。信号分析主要研究信号的表示方法、信号中特定内容的提取以及信号数学模型的建立。信号综合则是根据实际需要研究如何设计、产生所需信号。

信号的分类方法很多，按信号的自变量（通常按时间、空间坐标等参数）取值方式的不同可以划分为连续时间信号与离散时间信号；按信号的性质可以划分为确定性信号与随机信号；按信号自变量时间或频率的定义范围可以划分为时域有限信号与频域有限信号；按实际用途可以划分为电视信号、雷达信号、控制信号等。

1．连续时间信号与离散时间信号

根据信号时间变量的取值是否连续，可以将信号分为连续时间信号和离散时间信号。根据信号取值是否连续，又可分为模拟信号、量化信号、抽样信号和数字信号。

连续时间信号的定义为信号在所有连续时间上均有定义，其幅值可以连续也可以离散。其中，幅值连续取值的连续时间信号称为**模拟信号**(analog signal)，模拟信号是连续时间信号的一种特殊形式；如果信号仅在一些离散时间点上有定义，则称为离散时间信号，简称**离散信号**（discrete signal），其幅值可以是连续的，也可以是离散的。

将模拟信号变换为离散信号的过程称为离散化。离散化包括对变量和数值的离散化。其中，将自变量在某一区间的值用一个数值表示的离散化过程称为**取样**，对信号取值的离散化过程称为**量化**。数字信号（digital signal）是对自变量和信号取值均进行离散化的信号。从模拟信号转换为数字信号的过程称为**模拟/数字转换**（Analog/Digital Conversion）。表 1-1 和图 1-2 给出了信号的分类和示意图，图 1-3 为将模拟信号转换为数字信号的示意图。

表 1-1　信号的分类

自变量（多为时间）	函数值 $x(t)$	信 号 分 类
连续（连续时间信号）	连续	模拟信号
	离散	量化信号
离散（离散时间信号）	连续	抽样（采样）信号
	离散	数字信号

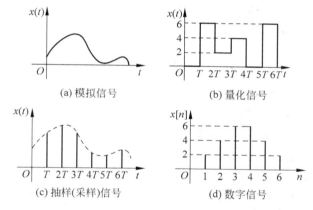

图 1-2　信号的分类

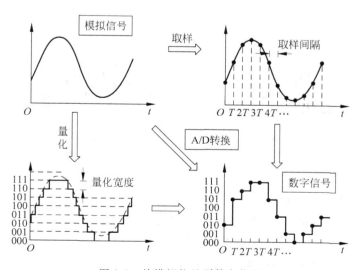

图 1-3　从模拟信号到数字信号

3

2．确定性信号与随机信号

若信号随时间的变化服从于某种确定规律，能够用确定的数学函数表达，即信号在任一确定的时刻均有确定的函数值，这种信号称为**确定性信号**。下面两个信号都是确定性信号。

连续时间确定性信号

$$x(t) = 10\cos(100\pi t + 30°) \tag{1-1}$$

离散时间确定性信号

$$x[n] = \left(\frac{1}{2}\right)^n u[n] \tag{1-2}$$

若信号不能用确切的函数描述，它在任一时刻的取值都具有不确定性，不能预先确切知道它的变化规律，只能知道它的统计特性(如在某时刻取某一数值的概率)，这类信号称为**随机信号**(random signal)或非确定性信号。噪声就是典型的随机信号，电子系统中的起伏热噪声、雷电干扰信号是两种典型的随机信号。由于信号在传输过程中不可避免地会受到各种各样的干扰，所以理想的确定性信号是不存在的，但作为科学的抽象，研究确定性信号的特性仍是十分重要的。本书只研究确定性信号。

图 1-4 给出了几种简单信号的波形，其中如图 1-4(a)～(c)所示的各信号均是确定性信号，它们的数学表达式分别为：

$$\begin{cases} x_1(t) = \dfrac{1}{T} \sum_{k=-\infty}^{+\infty} (t-kT)\big[u(t-kT) - u(t-(k+1)T)\big] \\ x_2[n] = u[n] \\ x_3(t) = e^{-at}u(t) \end{cases} \tag{1-3}$$

而如图 1-4(d)所示信号是随机信号，无法写出其函数表达式。

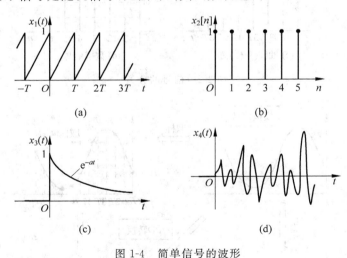

图 1-4　简单信号的波形

3．时限信号和频限信号

一般信号主要采用频率、幅度和相位三个参数描述，而频率和幅度是最基本的，直接影响信号的主要特征。例如声波信号，当其频率 $f < 20\,\text{Hz}$ 时为次声波，一般人耳听不到，当声强(与信号的幅度有关)足够大时能够被人感觉到该信号的存在；当 $20\,\text{Hz} < f < 20\,\text{kHz}$ 时为

声波,能够被人听到;当 $f > 20\,\text{kHz}$ 时为超声波,一般人耳也听不见。超声波具有很好的方向性,可以成束定向发射,在测量中有着重要应用。

可见,频率不同,同一类信号的特性也会有显著的差别。最简单的信号是正弦信号,只有单一的频率,称为"单色"信号;具有许多不同频率的正弦分量的信号,称为"复合"信号。大多数应用场合遇到的信号都是复合信号。复合信号的一个重要参数是频率宽度,简称**带宽**,例如高音质的音响信号的带宽是 $20\,\text{kHz}$,而一路电视信号的带宽通常是 $6\,\text{MHz}$。

若信号仅在有限时间区间 (t_1, t_2) 内有非零值定义,在该时间区间外信号幅度恒等于零,则称该信号为**时域有限信号**,简称时限信号,例如矩形脉冲、正弦脉冲等都是时限信号。而周期信号、指数信号、随机信号等信号不存在确定的起始和终了时刻,称为**时域无限信号**。

若信号在频率域内只占据有限的带宽 (f_1, f_2),在这一带宽之外,信号的频谱强度恒等于零,则称该信号为**频域有限信号**,简称频限信号,例如正弦信号、限带白噪声等都是频限信号。而冲激函数、白噪声、理想采样信号等信号具有无限带宽,称为**频域无限信号**。

顺便指出,在信号理论中,时域、频域间普遍存在着对称性关系,时限信号必定是频域无限信号,而频限信号一定为时域无限信号。这种对称关系表明:一个信号不可能在时域和频域上同时都是有限的。

1.1.2 信号的表示

1. 数学解析式描述

客观存在的信号其取值均为实数。为了便于进行数学上的分析和处理,也经常用复数或向量形式表示信号。例如,正弦信号的实数表示形式为

$$x(t) = A\cos(\omega t + \varphi) \tag{1-4}$$

对应的复数形式为

$$s(t) = A\mathrm{e}^{\mathrm{j}(\omega t + \varphi)} = A\mathrm{e}^{\mathrm{j}\varphi}\mathrm{e}^{\mathrm{j}\omega t} = \boldsymbol{A}\mathrm{e}^{\mathrm{j}\omega t} \tag{1-5}$$

其中,$\boldsymbol{A} = A\mathrm{e}^{\mathrm{j}\varphi}$ 为复振幅,而 $s(t)$ 的实部就是原来的实信号,即 $x(t) = \mathrm{Re}(s(t))$。

又例如,彩色电视信号是在电视屏幕坐标 (x, y) 处由红(r)、绿(g)、蓝(b)三个基色以不同的强度比例合成的结果,可用列向量描述为

$$\boldsymbol{I}(x, y, t) = \begin{bmatrix} I_{\mathrm{r}}(x, y, t) \\ I_{\mathrm{g}}(x, y, t) \\ I_{\mathrm{b}}(x, y, t) \end{bmatrix} \tag{1-6}$$

2. 图形描述

除了可以用数学表达式描述信号以外,用图形方法来表示信号也是一种很好的方法,图 1-2 和图 1-4 仅是信号图形描述的几个例子。而且,在现实世界中,许多信号难以用某个标准的数学表达式精确描述其变化规律。例如,图 1-5 是"信号与系统"一个声道的语音录音波形,信号持续时间为 1.2 秒。由图可见,不仅信号的幅度在连续变化,而且信号的"短时"频率也随时间一直发生变化。一般地说,人类说话的声音必定是随机的,不能用确定的数学表达式进行精确的描述。对于这样的信号,用信号波形比用数学表达式能够更好地反映信号的特性。

图 1-6 是哈勃太空望远镜于 2006 年 12 月拍摄的超新星 1987A 的一张照片。这颗大麦哲伦星云中的一颗 5 等星于 1987 年发生了大爆发。更准确地说,它在公元前 161000 年左

右就发生了爆发,但它爆发的光线直到 1987 年 2 月 23 日才抵达地球。该超新星的爆发为我们研究恒星的演变过程提供了非常丰富的信息,而这些信息就隐藏在它发出的光信号当中。对这些光信号的描述,用图像比用其他形式更准确。而且,由于光线(电磁波)具有不同的频率,用可见光照相机和 X 射线照相机拍照可以获得不同的信息。

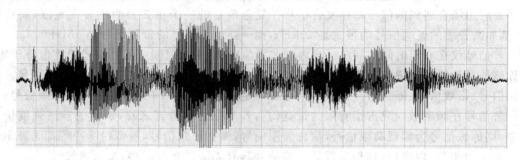

图 1-5 "信号与系统"的语音波形

图 1-6 超新星 1987A

1.2 信 号 处 理

在进行信号处理之前,对信号的分析是十分重要的。将复杂信号分解为若干简单信号分量的叠加,并以这些分量的组成情况去考察信号特性的过程,称为**信号分析**。这样的分解,可以抓住信号的主要成分进行分析、处理和传输,使复杂问题简单化。实际上,这也是解决复杂问题的常用方法。信号分析中一个最基本的方法是:以频率为信号的自变量,在频域进行信号的频谱分析。

在测量与控制工程领域,信号分析技术有广泛的应用。在现代测试技术中,动态测试的地位越来越重要。在动态测试过程中,如何选择合适的传感器是需要首先考虑并解决的问题。为此,必须通过对被测信号的频谱分析,了解其频谱范围,再根据该频谱范围选择正确的传感器。而传感器本身频率响应动态范围的标定,也需要用到频谱的分析和计算。

信号处理是指对信号进行某种加工或运算(如滤波、变换、增强、压缩、估计、识别等)。广义的信号处理可把信号分析也包括在内。信号处理包括时域处理和频域处理。时域处理中最典型的是波形分析,示波器就是一种最通用的波形测量和分析仪器。把信号从时域变换到频域进行分析和处理,可以获得更多的信息。信号的频域处理主要是滤波,即把信号中感兴趣的部分(有效信号)提取出来,抑制(削弱或滤除)不感兴趣的部分(干扰或噪声)的一种处理。

一般来说,把对信号进行分析和处理的系统归结为信号处理系统。比较典型的信号处理系统是模拟或数字滤波器以及其他更广泛意义上的滤波器,它有时把上述的测试和控制系统作为信号处理系统的研究对象。

信号处理系统可分成两大类:模拟信号处理系统和数字信号处理系统。

1. 模拟信号处理系统

图 1-7 示意了一般模拟信号处理系统的信号关系,其中 $x(t)$、$y(t)$ 分别为输入、输出模拟信号,常见的机械系统、电系统(R、L、C 电路等)、机电混合系统都是模拟系统。

图 1-7 模拟信号处理系统

2. 数字信号处理系统

数字信号处理系统见图 1-8,其中 $x(t)$、$y(t)$ 为模拟信号,$x[n]$、$y[n]$ 为数字信号,DSP 为数字信号处理器,它可以由微处理器、单片机、计算机等构成,它完成对数字信号的分析、处理等功能。

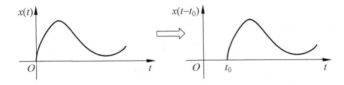

图 1-8 数字信号处理系统

随着数字化技术和计算机的发展,与模拟信号处理系统相比,数字信号处理系统呈现出越来越大的优势。目前,大量信号处理场合都优先采用数字信号处理系统。

1.3 自变量变换

在信号与系统分析中,信号独立自变量的变换是一个非常有用的工具,我们经常利用独立自变量的变换来引入和分析系统的性质,并利用独立自变量的变换来定义和研究信号的某些重要特性。常用的自变量变换有三类:平移、反褶和比例变换,下面分述之。

1.3.1 平移

平移变换是以变量 $t-t_0$ 代替信号 $x(t)$ 中的独立变量 t,它表示平移后所得到的信号 $x(t-t_0)$ 是原信号 $x(t)$ 在时间轴上移动了 t_0 后的结果,如图 1-9 所示。

图 1-9 信号的平移变换

在平移变换中,信号波形的形状并不发生变化,只是波形的位置相对于其原来的位置移动了 t_0。这里,t_0 为常数,可正可负;t_0 的绝对值表示 $x(t)$ 的波形在时间轴 t 上移动的距

离，而其正负表示波形移动的方向（当 $t_0>0$ 时，$x(t-t_0)$ 表示 $x(t)$ 的波形向右移动 t_0；如果 $t_0<0$，则 $x(t-t_0)$ 表示 $x(t)$ 向左移动 $|t_0|$）。通常将信号波形在时间轴上向右移动称为**延时**，而将向左移动的信号波形称为**超前**。

1.3.2　反褶

反褶就是以变量 $-t$ 代替信号 $x(t)$ 中的独立变量 t，见图 1-10。从波形上看，反褶变换后所得到的 $x(-t)$ 的波形是原信号 $x(t)$ 的波形以过坐标原点的纵轴进行反褶的结果，或者说，$x(-t)$ 与 $x(t)$ 以纵轴镜像对称。

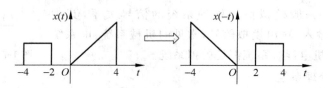

图 1-10　信号的反褶

1.3.3　比例变换

信号的比例变换是以变量 at 置换信号 $x(t)$ 中的独立变量 t，其中，a 为实常数。从波形上看，比例变换后的波形将在时间轴上被压缩或扩展。具体而言，如果 $|a|>1$，则变换后的信号 $x(at)$ 是 $x(t)$ 在时间轴上压缩 $|a|$ 倍的结果；反之，如果 $|a|<1$，则 $x(at)$ 是 $x(t)$ 在时间轴上扩展 $1/|a|$ 倍的结果。在一般的情况下，经比例变换后，信号的最大值和最小值都不会发生变化，在 0 时刻的信号取值也不会发生变化。比例变换如图 1-11 所示。

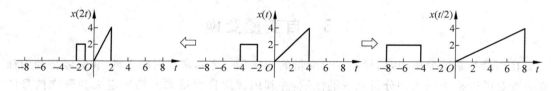

图 1-11　信号的比例变换

信号的变换可以按照各种变换的定义对信号表达式中的独立自变量进行置换来实现，也可以根据各种变换所对应的波形变化直接对信号的波形进行变换。图解的方法一般可以更直观、更简单地表现出信号变换前后的差异。下面举例说明信号变换的图解方法。

【例 1-1】　已知信号 $x(t)$ 的波形如图 1-12 所示，试画出 $x(5-2t)$ 的波形。

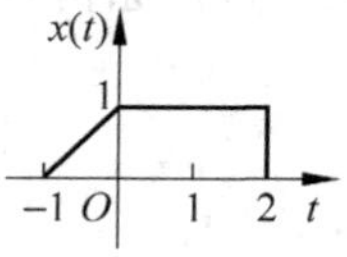

解　显然，$x(5-2t)$ 是信号 $x(t)$ 经过平移、反褶和比例变换后的结果。这三种变换的次序可先可后，共有 6 种排列次序，如先进行平移、反褶后再进行比例变换；或者先进行比例变换、平移后再进行反褶，等等。无论按哪一种次序组合进行变换，其所得到的结果都应是一样的。下面按平移、反褶、比例变换的次序进行求解，其他几种次序的求解过程留给读者练习。

图 1-12　信号 $x(t)$ 的波形

平移：将 $x(t)$ 向左移 5 个单位距离得到 $x(t+5)$ 的波形；

反褶：将 $x(t+5)$ 相对于纵轴反褶得到 $x(-t+5)$ 的波形；

比例变换：将 $x(5-t)$ 的波形在时间轴上压缩至 $1/2$ 而得到 $x(5-2t)$ 的波形。$x(t+5)$、$x(5-t)$ 以及 $x(5-2t)$ 的波形如图 1-13 所示。

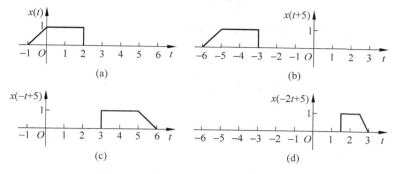

图 1-13　由 $x(t)$ 求解 $x(5-2t)$ 的图解

注意：根据定义，平移、反褶和比例变换都只能对 $x(t)$ 的独立自变量 t 进行变换，而不能对包含 t 的复合变量进行变换，否则就会得出错误的结果。例如，在上述求解过程中，不能因为 $x(5-2t)$ 可以表示为 $x(-2(t-5/2))$，而在平移变换中用 $t-5/2$ 来置换独立变量 t，因为，在信号 $x(-2(t-5/2))$ 中，$5/2$ 并不是独立变量 t 的移动值，而是复合变量 $-2t$ 的移动值，如果先用 $t-5/2$ 来置换 t，然后再进行反褶和比例变换，则必然会得出错误的结果，对此，读者可自行验证。利用其他次序的组合进行上例的变换，也会存在类似的问题，但只要牢记"只能对独立变量 t 进行变换"这一基本要求，出错的概率就会小很多。

1.4　信号能量与功率

在电路系统中，信号可以表示电压或者电流。当电压 $v(t)$ 施加于电阻 R 上，产生一电流 $i(t)$，该电阻器单位时间内消耗的能量可以定义为 $p(t)=\dfrac{v^2(t)}{R}$，或者 $p(t)=i^2(t)R$。由此可知，电阻器消耗的能量 $p(t)$ 与信号幅度的平方成比例关系。若以 1Ω 电阻作为参考，用 $x(t)$ 代表电压或电流，则单位时间内信号的能量为

$$p(t)=x^2(t) \tag{1-7}$$

在此基础上，定义任意连续时间信号 $x(t)$ 的能量为

$$E=\lim_{T\to+\infty}\int_{-T/2}^{T/2}x^2(t)\mathrm{d}t=\int_{-\infty}^{+\infty}x^2(t)\mathrm{d}t \tag{1-8}$$

并且定义信号的功率（平均能量）为

$$P=\lim_{T\to+\infty}\frac{1}{T}\int_{-T/2}^{T/2}x^2(t)\mathrm{d}t \tag{1-9}$$

当 $x(t)$ 为周期信号，周期为 T 时，其功率为

$$P=\frac{1}{T}\int_{-T/2}^{T/2}x^2(t)\mathrm{d}t \tag{1-10}$$

同理，可以定义任意离散时间实信号 $x[n]$ 的能量为

$$E=\sum_{n=-\infty}^{+\infty}x^2[n] \tag{1-11}$$

功率定义为

$$P = \lim_{N \to +\infty} \frac{1}{2N+1} \sum_{n=-N}^{N} x^2[n] \tag{1-12}$$

若 $x[n]$ 为离散时间周期信号，周期为 N，则其功率为

$$P = \frac{1}{N} \sum_{n=0}^{N-1} x^2[n] \tag{1-13}$$

若连续时间信号 $x(t)$ 为满足绝对平方可积条件的信号，即

$$\int_{-\infty}^{+\infty} |x(t)|^2 \mathrm{d}t < +\infty \tag{1-14}$$

则称 $x(t)$ 为能量信号。如果 $x(t)$ 为实信号，因有 $|x(t)|^2 = x^2(t)$，则式(1-14)就可改写为

$$\int_{-\infty}^{+\infty} x^2(t) \mathrm{d}t < +\infty \tag{1-15}$$

显然，任何时域有界信号都属于能量信号。

若连续时间信号 $x(t)$ 不满足式(1-14)，但满足

$$\lim_{T \to +\infty} \frac{1}{T} \int_{-T/2}^{T/2} |x(t)|^2 \mathrm{d}t < +\infty \tag{1-16}$$

则称 $x(t)$ 信号为功率信号。任何幅度有界的周期信号均属于功率信号。

相应地，对于离散时间信号，也有能量信号、功率信号之分。满足

$$\sum_{n=-\infty}^{+\infty} |x[n]|^2 < +\infty \tag{1-17}$$

的离散时间信号 $x[n]$ 称为能量信号。满足

$$\lim_{N \to +\infty} \frac{1}{2N+1} \sum_{n=-N}^{N} |x[n]|^2 < +\infty \tag{1-18}$$

的离散时间信号 $x[n]$ 称为功率信号。

1.5　偶信号与奇信号

奇信号和偶信号均属于对称信号这一范畴。对于一个连续时间信号 $x(t)$，若对所有 t 均满足

$$x(-t) = x(t) \tag{1-19a}$$

则称 $x(t)$ 为偶信号。若满足

$$x(-t) = -x(t) \tag{1-19b}$$

则称 $x(t)$ 为奇信号。从信号波形上看，奇信号和偶信号都是以纵轴为对称，其中，奇信号以纵轴为反对称；偶信号以纵轴为镜像对称。

奇偶性同样也适用于离散时间信号。离散时间偶信号定义为

$$x[-n] = x[n] \tag{1-20a}$$

离散时间奇信号定义为

$$x[-n] = -x[n] \tag{1-20b}$$

其中 n 取整数。

根据奇信号的定义，在 $t=0$ 或 $n=0$ 点，奇信号必须为零。图 1-14 给出了一组简单的

连续时间奇信号和偶信号。

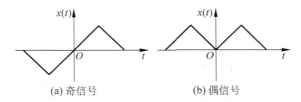

（a）奇信号　　　　　（b）偶信号

图 1-14　奇信号与偶信号

对于任意信号 $x(t)$，根据信号奇偶性的定义，可将 $x(t)$ 分解为奇分量和偶分量两部分。于是，$x(t)$ 就可以由偶分量 $x_e(t)$ 和奇分量 $x_o(t)$ 两部分之和来表达，即

$$x(t) = x_e(t) + x_o(t) \tag{1-21a}$$

其中 $x_e(t)$ 和 $x_o(t)$ 分别满足式(1-19a)和式(1-19b)。将 $t=-t$ 代入式(1-21a)，得

$$x(-t) = x_e(-t) + x_o(-t) = x_e(t) - x_o(t) \tag{1-21b}$$

综合式(1-21a)和式(1-21b)，可解得

$$x_e(t) = \frac{1}{2}[x(t) + x(-t)] \tag{1-22a}$$

$$x_o(t) = \frac{1}{2}[x(t) - x(-t)] \tag{1-22b}$$

1.6　周　期　信　号

一个连续时间信号 $x(t)$，若对所有 t 均满足

$$x(t) \equiv x(t + mT) \quad m = 0, \pm 1, \pm 2, \cdots \tag{1-23}$$

则称 $x(t)$ 为连续周期信号，满足式(1-23)的最小正 T 值称为 $x(t)$ 的周期。

一个离散序列 $x[n]$，若对所有 n 均满足

$$x[n] \equiv x[n + mN] \quad m = 0, \pm 1, \pm 2, \cdots \tag{1-24}$$

则称 $x[n]$ 为周期序列，满足式(1-24)的最小正整数 N 值称为 $x[n]$ 的周期。

连续的正弦（或余弦）函数 $\sin(\omega t)$［或 $\cos(\omega t)$］一定是周期信号，其周期 $T = \frac{2\pi}{\omega}$。而对离散的正弦（或余弦）序列 $\sin(\Omega n)$［或 $\cos(\Omega n)$］（Ω 称为数字角频率，单位为 rad/s），只有当 $\frac{2\pi}{\Omega}$ 为有理数时才是周期序列，其周期为 $N = M\frac{2\pi}{\Omega}$，M 为使 N 为正整数的最小整数。如对信号 $\cos\left(\frac{\pi}{3}n\right)$，由于 $\frac{2\pi}{\Omega} = \frac{2\pi}{\pi/3} = 6$ 为有理数，因此它为周期序列，其周期 $N=6$。

周期信号除具有周期性外。还可能具有奇对称性或偶对称性，如正弦信号是奇信号，余弦信号是偶信号等。此外，周期信号还可能具有奇谐对称性或偶谐对称性。所谓奇谐对称，即周期信号在时间轴上平移半个周期后与原信号以时间轴为镜像对称，如图 1-15(a)所示；而偶谐对称则是周期信号移动半个周期后与原信号重合，如图 1-15(b)所示。定义如下

奇谐信号

$$x(t) = -x\left(t \pm \frac{T_0}{2}\right) \tag{1-25a}$$

偶谐信号

$$x(t) = x\left(t \pm \frac{T_0}{2}\right) \tag{1-25b}$$

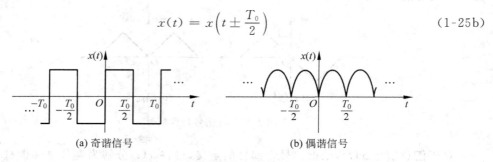

(a) 奇谐信号　　　　　　　　(b) 偶谐信号

图 1-15　奇谐信号与偶谐信号

仔细观察图 1-15,可以看到许多有趣的现象。例如,奇谐信号平移半个周期后再与原信号相加的结果为零;又如,从图 1-15(b)可以看到,偶谐信号实际上是一个基波周期为 $\frac{T_0}{2}$ 的周期信号。因此,根据基波周期的定义,对于一个定义周期为 T_0 的偶谐信号,其基波周期应等于 $\frac{T_0}{2}$。

1.7　复指数信号

1.7.1　连续时间复指数信号

连续时间复指数信号是一类指数信号,其一般定义式为

$$x(t) = Ae^{(\sigma + j\omega_0)t} = Ae^{st} \tag{1-26}$$

式中,σ、ω_0 为实数,$s = \sigma + j\omega_0$ 为复数。

根据 σ、ω_0 的不同数值,复指数信号可以用于描述以下几种不同的信号:

(1) 直流信号:即 σ、ω_0 均为零,此时 $x(t)$ 等于常数 A,这种信号称为直流信号;

(2) 实指数信号:即 $\sigma \neq 0$,$\omega_0 = 0$,此时 $x(t) = Ae^{\sigma t}$,这就是一般的实指数信号;

(3) 正弦指数信号:即 $\sigma = 0$,$\omega_0 \neq 0$,此时 $x(t) = Ae^{j\omega_0 t}$,它是包含有正弦信号和余弦信号的复指数信号。根据欧拉(Leonhard Euler,1707~1783)定理,可以求得

$$\begin{cases} \sin(\omega_0 t) = \dfrac{1}{2j}(e^{j\omega_0 t} - e^{-j\omega_0 t}) \\ \cos(\omega_0 t) = \dfrac{1}{2}(e^{j\omega_0 t} + e^{-j\omega_0 t}) \end{cases} \tag{1-27}$$

(4) 一般的复指数信号:即 $\sigma \neq 0$,$\omega_0 \neq 0$,此时 $x(t) = Ae^{(\sigma + j\omega_0)t} = Ae^{st}$。

那么,正弦指数信号 $e^{j\omega_0 t}$ 具有哪些特性呢?首先,它是一个周期信号。根据周期信号的定义,不难证明 $e^{j\omega_0 t}$ 的周期性,其周期 $T_0 = \dfrac{2\pi}{\omega_0}$,而 ω_0 是其角频率,它是一个正数。同时,还可以看到,对于负指数信号 $e^{-j\omega_0 t}$,其角频率将是一个负数。按习惯上的理解,频率表示了每秒钟周期信号的波形所重复的次数,而重复的次数只能是一个正数,故而频率也只能是一个正数。那么,对于 $e^{-j\omega_0 t}$ 中所出现的负频率该如何解释呢?值得注意的是,之所以在 $e^{-j\omega_0 t}$ 中

出现了负频率,是因为在这里将频率定义为指数信号中的指数。在数学上,指数可正可负,故而指数信号 $e^{-j\omega_0 t}$ 的频率也就有正有负了。负频率是伴随着指数信号中的复指数而出现的,它在物理上并不存在。根据欧拉定理,有

$$e^{-j\omega_0 t} = \cos(\omega_0 t) - j\sin(\omega_0 t) \tag{1-28}$$

由式(1-28)可见,负频率指数信号 $e^{-j\omega_0 t}$ 也表示以角频率 ω_0 振荡的信号。此外,一对相应的正、负频率的指数信号可以合成为一个实信号,即

$$e^{j\omega_0 t} + e^{-j\omega_0 t} = 2\cos(\omega_0 t) \tag{1-29}$$

这说明负频率不仅具有数学上的意义,还有实际的应用价值。在今后的学习中将看到,负频率不仅有助于对问题的分析,它也不会引起概念上的混淆。

$e^{j\omega_0 t}$ 的第二个特性是:无论 ω_0 为何值,$e^{j\omega_0 t}$ 总是时间 t 的周期信号,且其振荡频率为 ω_0。$e^{j\omega_0 t}$ 和 ω_0 之间是一种单值对应关系,对于每一个 ω_0 值都存在一个唯一的 $e^{j\omega_0 t}$ 信号,且 ω_0 值可以从零连续取值到无穷。

理论研究表明,如果挑选频率为 ω_0、$2\omega_0$、$3\omega_0$…这些与 ω_0 成整数倍关系的频率组成指数信号集 $\{e^{jn\omega_0 t}\}$,则该信号集将是一个正交信号集。在一定的条件下,利用无穷多项正交信号进行线性组合可以在一个确定的周期内表示一个任意的信号,或者在无穷区间内表示一个周期信号。也就是说,在一定的条件下,任意一个非周期信号可以在一个确定的周期(时间区间)内分解成无穷多项的正交信号的线性组合,或者,任意一个周期信号可以在无穷区间内分解成无穷多项的正交信号的线性组合。

对于一般的复指数信号 $Ae^{st} = Ae^{(\sigma+j\omega_0)t}$,可以将它看成是实指数信号 $e^{\sigma t}$ 和正弦指数信号 $e^{j\omega_0 t}$ 相乘的结果。因此,它包含了这两个信号的基本特性:指数中的参数 ω_0 反映了振荡信号的变化频率,而参数 σ 则反映了振荡信号峰值的变化趋势。为方便起见,通常用包络线来描述信号峰值的变化趋势。所谓**包络线**,即将信号各个峰值点光滑连接在一起而形成的曲线。显然,在一般复指数信号中,当 $\sigma>0$ 时,包络线呈现增长的趋势;当 $\sigma<0$ 时,包络线呈现衰减的趋势;当 $\sigma=0$ 时,包络线没有变化,等于常数。图 1-16 画出了一般复指数信号包络线的变化情况。

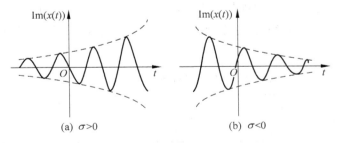

(a) $\sigma>0$ (b) $\sigma<0$

图 1-16 一般复指数信号 $Ae^{(\sigma+j\omega)t}$ 中包络线的变化情况

1.7.2 离散时间正弦指数信号

与连续时间正弦指数信号 $e^{j\omega_0 t}$ 相对应,离散时间正弦指数信号的定义为

$$x[n] = e^{j\Omega_0 n} \tag{1-30}$$

前一小节的分析表明,对于任何 ω_0 值,连续时间正弦指数信号 $e^{j\omega_0 t}$ 总是时间 t 的周期函数,其振荡频率为 ω_0。离散时间正弦指数信号 $e^{j\Omega_0 n}$ 是否也具有这样的特性呢?

首先讨论 $e^{j\Omega_0 n}$ 的周期性问题。根据以前所讨论的离散周期信号的定义以及其周期 N 必须为正整数的特点,如果 $e^{j\Omega_0 n}$ 是周期为 N 的信号,它必须满足

$$e^{j\Omega_0(n+N)} = e^{j\Omega_0 n} \cdot e^{j\Omega_0 N} = e^{j\Omega_0 n} \tag{1-31}$$

即要求 $e^{j\Omega_0 N}=1$,由此推得

$$N\Omega_0 = 2\pi k \quad k = 1,2,\cdots \tag{1-32}$$

由于 N、k 均需为正整数,而 π 为无理数,因此,对于任意的 Ω_0 值,$e^{j\Omega_0 n}$ 不一定是 n 的周期函数;只有当 $\frac{2\pi}{\Omega_0}$ 为有理数时,$e^{j\Omega_0 n}$ 才是 n 的周期函数,其周期等于 $\frac{2\pi}{\Omega_0}k$ 所能取的最小正整数,这一特性与连续复指数信号是不同的。

下面讨论 $e^{j\Omega_0 n}$ 的包络频率与 Ω_0 的关系。显然,由于离散信号 $e^{j\Omega_0 n}$ 中的 n 只能取整数,故必定有

$$e^{j(\Omega_0+2k\pi)n} \equiv e^{j\Omega_0 n} \quad k = 0,1,2,\cdots \tag{1-33}$$

这表明 $e^{j\Omega_0 n}$ 与 $e^{j\omega_0 t}$ 不同,$e^{j\Omega_0 n}$ 的包络频率不是随 Ω_0 单调变化,而是随 Ω_0 周期变化,最小变化周期为 2π。或者说,在连续时间正弦指数信号 $e^{j\omega_0 t}$ 中,不同的 ω_0 对应着不同的信号。而在离散时间正弦指数信号 $e^{j\Omega_0 n}$ 中,频率为 Ω_0 与频率为 $\Omega_0 \pm 2\pi$、$\Omega_0 \pm 4\pi$…等所对应的信号完全相同。因此,在离散时间正弦指数信号 $e^{j\Omega_0 n}$ 中,仅仅在某一个 2π 区间内选择 Ω_0 值就可以完全表示所有的 $e^{j\Omega_0 n}$ 信号。通常,Ω_0 的取值范围为 $0 \leq \Omega_0 \leq 2\pi$ 或 $-\pi \leq \Omega_0 \leq \pi$。

根据上面的分析可以看到,离散时间正弦指数信号 $e^{j\Omega_0 n}$ 在周期性以及与 Ω_0 值的对应方面与连续时间正弦指数信号 $e^{j\omega_0 t}$ 完全不同。之所以产生这些差异,是因为在离散信号中变量 n 只能取整数。连续时间信号与离散时间信号在自变量取值上的不同是导致这两类信号具有不同特性的根本原因。

一般地,关于信号的时域与频域之间连续或离散、周期或非周期的关系有如下结论:时域连续则频域非周期,时域离散则频域周期,时域非周期则频域连续,时域周期则频域离散。该结论可简记为表 1-2 的形式。仔细观察表 1-2 可知,连续与非周期是对偶的,离散与周期是对偶的。

表 1-2　信号时域与频域之间的对偶关系

时域	连续	离散	非周期	周期
频域	非周期	周期	连续	离散

1.8　典型的连续及离散时间信号

在信号的时域分析中,一种重要的方法是将信号分解为简单信号的叠加。许多复杂的信号常常可以由一些典型的基本信号组成,下面介绍连续及离散信号中一些典型的基本信号。

1.8.1　典型的连续时间信号

1. 正弦信号

正弦信号（包括余弦信号）是在工程技术中应用十分广泛，在信号分析处理中起重要作用的最基本的周期信号。描述其波形的参数有：信号振幅值 A，初相位 φ，自变量 t（t 通常指时间），角频率 ω，周期 T，频率 f。正弦信号可表示为

$$x(t) = A\sin(\omega t + \varphi) \tag{1-34}$$

其参数之间存在以下关系

$$T = \frac{1}{f} = \frac{2\pi}{\omega} \tag{1-35}$$

2. 指数信号

指数信号可表示为

$$x(t) = Ae^{\alpha t} \tag{1-36}$$

式中，A 为常数，表示 $t=0$ 时的初始值。α 可以是实常数，也可以为复常数。

当 α 是实常数时，若 $\alpha>0$，则 $x(t)$ 随 t 单调增长；若 $\alpha<0$，则 $x(t)$ 单调衰减。引入时间常数 τ，$\tau = \frac{1}{|\alpha|}$，它是信号增长 e 倍或衰减到 $1/e$ 所需要的时间，从而有效地反映出信号增长或衰减的速度。实际应用较多的是单边衰减指数信号，其表达式为

$$x(t) = \begin{cases} 0, & t < 0 \\ e^{-\frac{t}{\tau}}, & t \geqslant 0 \end{cases} \tag{1-37}$$

实指数信号的波形如图 1-17 所示。

当 α 是复常数时，α 改用 s 表示，即：$s = \sigma + j\omega$，复指数信号 $x(t)$ 可表示为

$$x(t) = Ae^{st} = Ae^{(\sigma + j\omega)t} \tag{1-38}$$

由欧拉公式，有

$$\begin{cases} e^{j\omega t} = \cos(\omega t) + j\sin(\omega t) \\ e^{-j\omega t} = \cos(\omega t) - j\sin(\omega t) \end{cases} \tag{1-39}$$

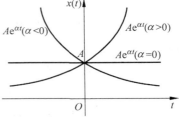

图 1-17　实指数信号波形

从而正弦信号也可用复指数信号表示为

$$\begin{cases} \sin(\omega t) = \dfrac{1}{2j}(e^{j\omega t} - e^{-j\omega t}) = \mathrm{Im}(e^{j\omega t}) \\ \cos(\omega t) = \dfrac{1}{2}(e^{j\omega t} + e^{-j\omega t}) = \mathrm{Re}(e^{j\omega t}) \end{cases} \tag{1-40}$$

而复指数信号也可用正弦信号表示为

$$e^{st} = e^{\sigma t}[\cos(\omega t) + j\sin(\omega t)] \tag{1-41}$$

当 $\sigma<0$ 时，上述复指数信号的实部和虚部分别表示衰减的余弦和正弦信号；当 $\sigma>0$ 时，上述复指数信号的实部和虚部分别表示增长的余弦和正弦信号。由于复指数信号的数学运算比正弦信号简便，并且它可以表示直流信号、正弦信号、增长（或衰减）的正（余）弦信号，在信号分析中是最为常用的基本信号。

3. 抽样信号

抽样信号的表达式是

$$\mathrm{Sa}(t) = \frac{\sin t}{t} \tag{1-42}$$

其波形如图 1-18 所示。

Sa(t)函数具有以下性质

$$\int_0^{+\infty} \mathrm{Sa}(t)\mathrm{d}t = \frac{\pi}{2} \tag{1-43a}$$

$$\int_{-\infty}^{+\infty} \mathrm{Sa}(t)\mathrm{d}t = \pi \tag{1-43b}$$

根据 Sa(t)函数的定义式(即式(1-42))还可以得到如下重要结论:

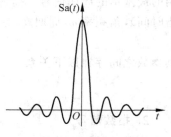

图 1-18　抽样信号时域波形

- Sa(t)函数是偶函数;
- $t = k\pi, k \in \mathbf{Z}$ 且 $k \neq 0$ 时 Sa(t)函数取值为零;
- $t \neq 0$ 时 Sa(t)相邻两个过零点之间的距离(过零区间的宽度)为 π。

4. 单位阶跃信号

奇异信号是一种特殊的连续时间信号,这种信号或其导数或其积分存在间断点。奇异信号在信号分析与处理中有重要作用,单位阶跃信号是奇异信号中的一种。

单位阶跃信号通常用 $u(t)$ 表示,定义为

$$u(t) = \begin{cases} 1, & t > 0 \\ 0, & t < 0 \end{cases} \tag{1-44}$$

在跳变点 $t = 0$ 处,$u(t)$ 的函数值未定义,或规定其函数值 $u(0) = \frac{1}{2}$。单位阶跃信号的波形如图 1-19(a)所示。

两个阶跃函数之差经常用来表示一个矩形脉冲 $G(t)$

$$G(t) = u(t) - u(t - t_0), \quad t_0 > 0 \tag{1-45}$$

上述关系可用图 1-19 来说明。

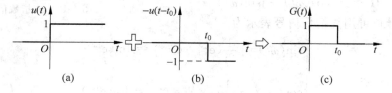

图 1-19　用阶跃函数表示矩形脉冲

利用阶跃函数还可以表示单边信号,如单边正弦信号 $\sin t u(t)$,单边指数信号 $e^{-t}u(t)$,单边衰减的正弦信号 $e^{-t}\sin t u(t)$ 等。

5. 单位冲激信号

有一些物理现象,如力学中的爆炸、冲击、碰撞等,电学中的放电、闪电等,它们的共同特点是持续时间极短,而瞬间取值极大。冲激函数(信号)就是对这些物理现象的科学抽象与描述,又称 δ 函数或狄拉克(Paul Adrien Maurice Dirac,1902~1984)函数,它在信号理论中

占有非常重要的地位。冲激函数有多种不同的定义方式,下面从实际应用的角度,给出 δ 函数的两个定义。

首先,从某种脉冲函数的极限来定义。如图 1-20(a)所示的矩形脉冲,脉冲宽为 τ,高为 $\frac{1}{\tau}$,脉冲面积为 1。保持矩形脉冲的面积不变,逐渐减小 τ,则脉冲幅度逐渐增大,当 $\tau \rightarrow 0$ 时,矩形脉冲的极限称为单位脉冲函数,记为 $\delta(t)$,即 δ 函数,该定义的数学表达式为

$$\delta(t) = \lim_{\tau \to 0} \frac{1}{\tau}\left[u\left(t + \frac{\tau}{2}\right) - u\left(t - \frac{\tau}{2}\right)\right] \tag{1-46}$$

波形表示如图 1-20(b)所示。

$\delta(t)$ 表示只在 $t=0$ 时刻有"冲激",在 $t=0$ 以外的其他时刻,函数值均为 0,其冲激强度(脉冲面积)恒为 1。若脉冲面积为 E,则表示一个冲激强度为 E 倍单位值的 δ 函数,表示为 $E\delta(t)$,图形表示时在箭头旁注上 E(见图 1-20b)。

$\delta(t)$ 也可从抽样函数的极限来定义,有

$$\delta(t) = \lim_{k \to +\infty}\left[\frac{k}{\pi}\mathrm{Sa}(kt)\right] \tag{1-47}$$

说明如下:由式(1-43b)得到

$$\int_{-\infty}^{+\infty} \mathrm{Sa}(kt)\mathrm{d}(kt) = \pi \tag{1-48a}$$

从而

$$\int_{-\infty}^{+\infty} \frac{k}{\pi}\mathrm{Sa}(kt)\mathrm{d}t = 1 \tag{1-48b}$$

式(1-48b)表明:$\frac{k}{\pi}\mathrm{Sa}(kt)$ 曲线下的面积为 1;且 k 越大,函数的振幅越大,振荡频率越高,离开原点时,振幅衰减越快;当 k 趋向无穷时,$\frac{k}{\pi}\mathrm{Sa}(kt)$ 的极限就是冲激函数,如图 1-21 所示。

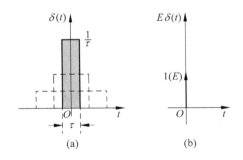

图 1-20 冲激函数的定义与表示

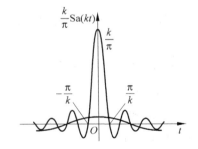

图 1-21 $\delta(t)$ 是抽样函数的极限

脉冲函数的选取并不限于矩形与抽样函数,其他如三角形脉冲、双边指数脉冲、钟形脉冲等的极限,也可变为冲激函数,作为冲激函数的定义。它们对应的数学表示分别为:

(1)三角形脉冲

$$\delta(t) = \lim_{\tau \to 0}\left\{\frac{1}{\tau}\left(1 - \frac{|t|}{\tau}\right)[u(t+\tau) - u(t-\tau)]\right\} \tag{1-49a}$$

（2）双边指数脉冲

$$\delta(t) = \lim_{\tau \to 0} \frac{1}{2\tau} e^{-\frac{|t|}{\tau}} \qquad (1\text{-}49b)$$

（3）钟形脉冲

$$\delta(t) = \lim_{\tau \to 0} \frac{1}{\tau} e^{-\pi (\frac{t}{\tau})^2} \qquad (1\text{-}49c)$$

冲激函数的第二种定义是狄拉克定义。狄拉克给出冲激函数的定义式为

$$\begin{cases} \int_{-\infty}^{+\infty} \delta(t) \mathrm{d}t = 1 \\ \delta(t) = 0, \quad t \neq 0 \end{cases} \qquad (1\text{-}50)$$

这一定义式与上述脉冲极限的定义是一致的，因此，也把 δ 函数称为狄拉克函数。

对于在任意点 $t = t_0$ 处出现的冲激，可表示为

$$\begin{cases} \int_{-\infty}^{+\infty} \delta(t - t_0) \mathrm{d}t = 1 \\ \delta(t - t_0) = 0, \quad t \neq t_0 \end{cases} \qquad (1\text{-}51)$$

冲激函数具有一个重要性质——抽样性（筛选性）。这是指当单位冲激函数 $\delta(t)$ 与一个在 $t=0$ 处连续且有界的信号 $x(t)$ 相乘，它们的乘积在 $t=0$ 处得到 $x(0)\delta(t)$，其余各点之乘积均为零，从而有

$$\int_{-\infty}^{+\infty} \delta(t) x(t) \mathrm{d}t = \int_{-\infty}^{+\infty} \delta(t) x(0) \mathrm{d}t = x(0) \int_{-\infty}^{+\infty} \delta(t) \mathrm{d}t = x(0) \qquad (1\text{-}52a)$$

类似地，有

$$\int_{-\infty}^{+\infty} \delta(t - t_0) x(t) \mathrm{d}t = \int_{-\infty}^{+\infty} \delta(t - t_0) x(t_0) \mathrm{d}t = x(t_0) \int_{-\infty}^{+\infty} \delta(t - t_0) \mathrm{d}t = x(t_0) \qquad (1\text{-}52b)$$

以上两式表明，当连续时间函数 $x(t)$ 与单位冲激信号 $\delta(t)$ 或 $\delta(t-t_0)$ 相乘，并在 $-\infty \sim +\infty$ 时间内积分，可以得到 $x(t)$ 在 $t=0$ 的函数值 $x(0)$ 或在 $t=t_0$ 的函数值 $x(t_0)$，即"筛选"出了 $x(0)$ 或者 $x(t_0)$。

除抽样性外，冲激函数还具有以下性质

$$\delta(t) = \delta(-t) \qquad (1\text{-}53)$$

即冲激函数是偶函数。这一结论可证明如下

$$\int_{-\infty}^{+\infty} \delta(-t) x(t) \mathrm{d}t = \int_{-\infty}^{+\infty} \delta(\tau) x(-\tau) \mathrm{d}(-\tau) = \int_{-\infty}^{+\infty} \delta(\tau) x(0) \mathrm{d}\tau = x(0) \qquad (1\text{-}54)$$

上面的证明用到了变数置换 $\tau = -t$。将上面得到的结果与式（1-52a）对照，从而证明了冲激函数是偶函数的性质。

利用冲激函数的偶对称性，对式（1-52b）进行变量代换：记 $t = \tau, t_0 = t$，则有

$$\int_{-\infty}^{+\infty} \delta(\tau - t) x(\tau) \mathrm{d}\tau = x(t) = \int_{-\infty}^{+\infty} x(\tau) \delta(t - \tau) \mathrm{d}\tau \qquad (1\text{-}55)$$

式（1-55）表明，时域连续的任意信号 $x(t)$ 均可表示为对单位冲激函数的移位 $\delta(t-\tau)$ 按系数 $x(\tau)$ 进行加权后的积分。

另外，可以证明：冲激函数的积分等于阶跃函数，因为

$$\begin{cases} \int_{-\infty}^{t} \delta(\tau)\mathrm{d}\tau = 0, & t < 0 \\ \int_{-\infty}^{t} \delta(\tau)\mathrm{d}\tau = 1, & t > 0 \end{cases} \tag{1-56}$$

将式(1-56)的结果与阶跃函数的定义式(1-44)比较,可得

$$\int_{-\infty}^{t} \delta(\tau)\mathrm{d}\tau = u(t) \tag{1-57}$$

对应地,阶跃函数的微分应等于冲激函数

$$\frac{\mathrm{d}}{\mathrm{d}t}u(t) = \delta(t) \tag{1-58}$$

式(1-58)可以这样来解释:阶跃函数在 $t<0$、$t>0$ 两段的取值分别为 0、1,变化率为零,而在 $t=0$ 处为间断点,突变的幅度为 1,变化率趋于无穷大,其微分恰好对应于在零时刻的冲激。

6. 符号函数

符号函数 $\mathrm{sgn}(t)$ 定义为

$$\mathrm{sgn}(t) = \begin{cases} 1, & t > 0 \\ -1, & t < 0 \end{cases} \tag{1-59}$$

其波形如图 1-22 所示。由图 1-22 可见,符号函数为一奇函数,它在跳变点 $t=0$ 处不作定义,或规定 $\mathrm{sgn}(0)=0$。符号函数 $\mathrm{sgn}(t)$ 与单位阶跃函数 $u(t)$ 之间的关系为

$$\mathrm{sgn}(t) = 2u(t) - 1 \tag{1-60a}$$

$$u(t) = \frac{1}{2}\mathrm{sgn}(t) + \frac{1}{2} \tag{1-60b}$$

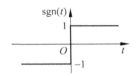

图 1-22 符号函数

1.8.2 典型的离散时间信号

只在某些不连续瞬时有函数值,而在其他时间函数值无定义的信号称为**离散时间信号**。离散时间信号可以来自于对模拟信号的抽样。在对离散时间信号进行分析与处理时,通常把按一定先后次序排列、在时间上不连续的一组数的集合,称为**序列**。因此,序列可以用集合符号 $\{x[n]\}$($-\infty < n < +\infty$)来表示,其中 n 为整数,也可直接写为

$$\{x[n]\} = \{x[-\infty], \cdots, x[-2], x[-1], x[0], x[1], x[2], \cdots, x[+\infty]\} \tag{1-61}$$

为简化书写,通常可用通项符号 $x[n]$ 代替序列 $\{x[n]\}$ 的集合符号。图 1-23 是序列的图形表示。

需要特别指出:当序列由连续时间信号经抽样得到时,为抽样序列,它与冲激抽样信号有概念上的区别。冲激抽样信号是由一系列冲激构成的,在出现冲激的离散瞬时,其幅度值趋于无穷,且在其他时刻的幅度值也都是有定义的,值为零。抽样序列在离散瞬时,其幅度值为有限值,而在其他时刻的幅度值无定义,并不能理解为零值。从严格意义上说,序列才是真正的离散时间信号的表征,而冲激抽样信号是一系列

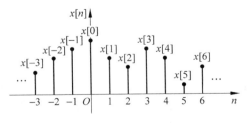

图 1-23 序列的图形表示

连续脉冲(例如矩形脉冲)脉宽趋于零的极限情况,仍然属于连续时间信号,它能够作用于连续系统,产生连续的输出信号响应,抽样序列则不能作用于连续系统,只能作用在离散系统上,产生离散输出响应。

与常见的连续时间信号相对应,作为典型的离散时间信号——典型序列有以下几种。

1. 单位样值序列(单位脉冲序列)δ[n]

单位样值序列的定义为

$$\delta[n] = \begin{cases} 1, & n = 0 \\ 0, & n \neq 0 \end{cases} \tag{1-62}$$

这一序列只在 $n=0$ 处的值为1,在其余各点都为零,如图 1-24 所示。它在离散系统中的作用类似于连续系统中的单位冲激函数 $\delta(t)$。

类似于式(1-55),对于任意离散时间序列 $x[n]$,恒有

$$x[n] = \sum_{n_0 = -\infty}^{+\infty} x[n_0]\delta[n - n_0] \tag{1-63}$$

即,任意离散时间序列 $x[n]$ 均可表示为对单位样值序列 $\delta[n]$ 及其移位 $\delta[n-n_0]$ 的加权和。

2. 单位阶跃序列 u[n]

单位阶跃序列 $u[n]$ 定义为

$$u[n] = \begin{cases} 1, & n \geqslant 0 \\ 0, & n < 0 \end{cases} \tag{1-64}$$

$u[n]$ 如图 1-25 所示,它类似于连续时间系统中的单位阶跃信号 $u(t)$。

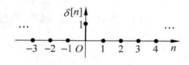

图 1-24 单位样值序列

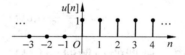

图 1-25 单位阶跃序列

3. 矩形序列 $R_N[n]$

矩形序列定义为

$$R_N[n] = \begin{cases} 1, & 0 \leqslant n \leqslant N-1 \\ 0, & 其他 n \end{cases} \tag{1-65}$$

它从 $n=0$ 开始,直至 $n=N-1$,共 N 个幅度为1的序列值,其余时刻的序列值均为零,如图 1-26 所示。矩形序列在离散时间系统中的作用类似于连续时间系统中的矩形脉冲 $G(t)$。

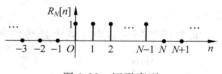

图 1-26 矩形序列

4. 单边指数序列

单边指数序列可表示为

$$x[n] = a^n u[n] \tag{1-66}$$

根据 a 的不同,序列值有多种不同的情况:当 $|a|>1$ 时,序列发散;$|a|<1$ 时,序列收敛;$a>0$,序列值均为正;$a<0$,则序列值正负交替,如图 1-27 所示。

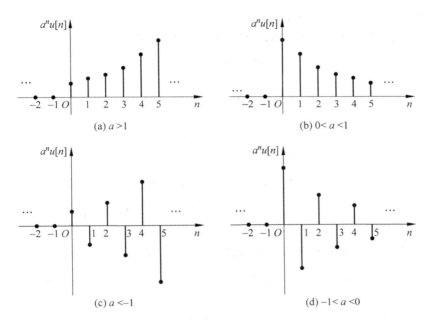

图 1-27　单边指数系列

5．正弦（余弦）序列

正弦序列表示为

$$x[n] = \sin(\Omega_0 n) \tag{1-67a}$$

余弦序列表示为

$$x[n] = \cos(\Omega_0 n) \tag{1-67b}$$

式中，Ω_0 是正弦序列的频率，称为**数字角频率**，反映序列值按正弦包络线依次变化的速率。例如 $\Omega_0 = \pi/5$，则序列值每隔 10 个重复一次；$\Omega_0 = \pi/50$，则序列值要隔 100 个才重复一次。正弦序列的图形如图 1-28 所示。

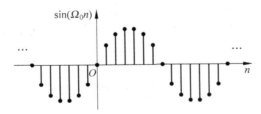

图 1-28　正弦序列

6．复指数序列

序列值是复数的序列称为**复序列**。复指数序列是常用的复序列，表示为

$$x[n] = e^{j\Omega_0 n} = \cos(\Omega_0 n) + j\sin(\Omega_0 n) \tag{1-68}$$

7．周期序列

对于所有整数 n，如果存在正整数 N，使得对任意整数 k，恒等式

$$x[n + kN] \equiv x[n] \tag{1-69}$$

21

成立,则称序列 $x[n]$ 为**周期序列**,N 可取到的最小正整数就是序列的周期。

由式(1-69)可知,对于正弦序列,若它是周期序列,应有

$$\sin(\Omega_0(n + kN)) \equiv \sin(\Omega_0 n) \tag{1-70}$$

则必须有

$$N\Omega_0 = 2\pi m \tag{1-71}$$

即

$$\frac{2\pi}{\Omega_0} = \frac{N}{m} \quad 或 \quad N = \frac{2\pi}{\Omega_0}m \tag{1-72}$$

上式中的 N、m 均为整数常数。因此,$\dfrac{2\pi}{\Omega_0}$ 必须为整数或有理数时,正弦序列才是周期序列,否则就不是周期序列。对于复指数序列,也要满足式(1-69)的条件,才能是周期序列。这里要强调两点:

(1)**连续时间正弦信号一定是周期函数**。但与连续时间信号不同,正弦序列不一定是周期序列,即离散时间序列的值并不是在所有情况下都重复。如 $x_1[n] = \sin\dfrac{\pi}{6}n$,$N = \dfrac{2\pi}{\Omega_0} = \dfrac{2\pi}{\pi/6} = 12$ 为整数,所以 $x_1[n]$ 是周期序列;对于 $x_2[n] = \sin\dfrac{1}{6}n$,$N = \dfrac{2\pi}{\Omega_0} = \dfrac{2\pi}{1/6} = 12\pi$ 为无理数,所以 $x_2[n]$ 是非周期序列。

(2)**数字角频率 Ω_0 与模拟角频率 ω_0 不同**。连续时间指数信号 $\mathrm{e}^{\mathrm{j}\omega_0 t}$ 中,不同的 ω_0 对应于不同频率的连续时间信号。但在序列中,对任意整数 k,恒有

$$\mathrm{e}^{\mathrm{j}(\Omega_0 + 2k\pi)} \equiv \mathrm{e}^{\mathrm{j}\Omega_0 n} \tag{1-73}$$

即:在数字频率轴上相差 2π 整数倍的所有复指数序列在相同 n 时刻的序列值都相同。换言之,Ω_0 有效取值区间仅限于

$$-\pi \leqslant \Omega_0 \leqslant \pi \quad 或 \quad 0 \leqslant \Omega_0 \leqslant 2\pi$$

由此,可得出一个重要结论,即:如果把正弦或复指数信号经过取样,变换为离散时间信号(序列),就相应地把无限的频率范围(对于连续时间信号)映射(变换)到有限的频率范围。

这一基本区别极为重要。它表明:在进行数字信号分析和处理时,序列的频率只在 $-\pi \leqslant \Omega_0 \leqslant \pi$ 或 $0 \leqslant \Omega_0 \leqslant 2\pi$ 的区间内取值,$\Omega_0 = \pm\pi$ 是序列的最高频率,$\Omega_0 = 0$(或 2π)是序列在频率域的最低频率。

1.9　系统的分类

系统的特征可从多种角度来进行观察、分析和研究,从而可以有多种对系统进行分类的方法。系统的分类错综复杂,主要考虑其数学模型的差异来划分。一种常用的分类法是按系统的输入信号与输出信号是连续时间信号还是离散时间信号来分类。

连续时间系统与离散时间系统　若输入系统的信号是连续时间信号,系统的输出信号也是连续时间信号,且系统内也未转换为离散时间信号,则称该系统为连续时间系统,简称为连续系统。若系统的输入信号是离散时间信号,系统的输出信号也是离散时间信号,则称该系统为离散时间系统,简称为离散系统。常见的 RLC 电路是连续时间系统的例子,而数字计算机是一个典型的离散时间系统。实际上,离散时间系统常与连续时间系统组合使用,

这种情形称为混合系统。

连续时间系统的数学模型是微分方程,离散时间系统的数学模型是差分方程。

即时系统与动态系统　如果系统的输出信号只决定于同时刻的激励信号,与它过去的工作状态(历史)无关,则称此系统为即时系统(或无记忆系统)。如果系统的输出信号不仅取决于同时刻的激励信号,而且与它过去的工作状态有关,这种系统称为动态系统(或记忆系统)。对于电路而言,只由电阻元件组成的系统是即时系统,而包含了有记忆作用的元件(如电容、电感、磁心等)或记忆电路(如寄存器等)的电路都属于动态系统。

即时系统可用代数方程描述,而动态系统的数学模型是微分或差分方程。

集总参数系统与分布参数系统　只由集总参数元件组成的系统称为集总参数系统;包含分布式参数元件(如传输线、波导等)的系统是分布参数系统。集总参数系统的数学模型是常微分方程;而分布参数系统的数学模型是偏微分方程,此时描述系统的独立变量不仅有时间,还有空间坐标。

线性系统与非线性系统　具有叠加性和均匀性(也称为齐次性)的系统称为线性系统;不满足叠加性或均匀性的系统是非线性系统。

时变系统与时不变系统　如果系统的所有参数均不随时间而变化,则称此系统为时不变系统(或定常系统、非时变系统);如果系统中有参数会随时间发生改变,则称其为时变系统(或参变系统)。

综合以上两方面的情况,我们可能遇到线性时不变、线性时变、非线性时不变、非线性时变等系统。这里重点讨论线性时不变系统。

线性时不变系统的英文为 Linear Time-Invariant System,简称为 LTI 系统,其分析方法建立在信号分解的基础之上。可以设想,如果能将系统的输入信号分解为一些基本信号的组合,那么,由于线性时不变系统所具有的线性和时不变性,其系统响应必然是系统对这些基本信号响应的组合。

根据式(1-55),任何一个连续时间信号 $x(t)$ 都可以分解为单位冲激信号的加权积分。因此,如果能求得线性时不变系统对单位冲激信号的响应(即系统的冲激响应),也就可以求得该系统对任意输入信号的响应了。

同样地,任何一个离散时间序列都可以分解为单位样值序列的加权和。因此,如果能求得离散时间线性时不变系统对单位样值序列的响应(即系统的单位样值响应),也就可以求得该系统对任何输入序列的响应了。

显然,在线性时不变系统的分析中,单位冲激响应或单位样值响应起着极为重要的作用。

在时域中,连续时间线性时不变系统可用微分方程描述,而离散时间线性时不变系统可用差分方程描述。

可逆系统与不可逆系统　如果系统在不同的激励信号作用下产生不同的响应,则称此系统为可逆系统。如果系统对不同的激励信号会产生相同的响应,则称其为不可逆系统。对于每个可逆系统都存在一个"逆系统",当原系统与此逆系统级联组合成一个新系统后,新系统的输出信号与输入信号相同。

除以上几种系统划分方式之外,还可按照系统的性质将它们划分为因果系统与非因果系统、稳定系统与不稳定系统等,将在后续章节再作介绍。

小　结

　　信号与系统是信息科学中两个用得极为广泛的基本概念,信号是用来传递某种消息或信息的物理形式;系统是对输入信号作出响应的物理结构,其本质是对输入信号进行相应的处理,并将处理后的信号作为系统的输出,这种输出也称为系统的响应。

　　本章的重要知识点在于:信号与系统的概念、信号的表示与分类、连续时间信号与离散时间信号的概念、信号的分解与运算、系统的表示与分类、线性时不变系统。

习　题

1-1　画出下列连续时间信号的波形:

(1) $x_1(t) = \sin[\pi(t-1)]u(t)$

(2) $x_2(t) = \sin[\pi(t-1)][u(t+2) - u(t-2)]$

(3) $x_3(t) = e^t[u(6-3t) - u(-6-3t)]$

(4) $x_4(t) = u\left(\sin\left(\frac{1}{2}\pi t\right)\right)[u(t+3) - u(t-3)]$

(5) $x_5(t) = \dfrac{\mathrm{d}}{\mathrm{d}t}\left[u\left(\sin\left(\frac{1}{2}\pi t\right)\right)\right][u(t+3) - u(t-3)]$

(6) $x_6(t) = (1 + \sin(\pi t))[u(t+3) - u(t-3)]$

(7) $x_7(t) = (1 + \sin(\pi t)\,\mathrm{sgn}(t))[u(t+3) - u(t-3)]$

(8) $x_8(t) = \mathrm{Sa}(\pi t - 3\pi)$

1-2　画出下列连续时间信号的波形:

(1) $x_1(t) = 2^t u(t)$

(2) $x_2(t) = 2^{-t} u(t)$

(3) $x_3(t) = 2^t u(-t)$

(4) $x_4(t) = 2^{-t} u(-t)$

(5) $x_5(t) = -2^t u(t)$

(6) $x_6(t) = -2^{-t} u(t)$

(7) $x_7(t) = -2^t u(-t)$

(8) $x_8(t) = -2^{-t} u(-t)$

1-3　画出下列离散时间序列的波形:

(1) $x_1[n] = \sin\left[\dfrac{\pi}{5}(n-1)\right]u[n]$

(2) $x_2[n] = \sin\left[\dfrac{\pi}{5}(n-1)\right](u[n+10] - u[n-10])$

(3) $x_3[n] = 2^n(u[6-3n] - u[-6-3n])$

(4) $x_4[n] = u\left[\sin\left(\dfrac{\pi n}{2}\right)\right](u[n+5] - u[n-5])$

(5) $x_5[n] = \left(u\left[\sin\left(\dfrac{\pi n}{2}\right)\right] - u\left[\sin\left(\dfrac{1}{2}\pi n - \dfrac{1}{2}\pi\right)\right]\right)(u[n+5] - u[n-5])$

(6) $x_6[n]=\left(1+\sin\left(\dfrac{\pi n}{2}\right)\right)(u[n+5]-u[n-5])$

(7) $x_7[n]=\left(1+2^n\sin\left(\dfrac{\pi n}{2}\right)\right)(u[n+5]-u[n-5])$

(8) $x_8[n]=\left(2^n\sin\left(\dfrac{\pi n}{2}\right)u[n]-2^{n-1}\sin\left(\dfrac{\pi(n-1)}{2}\right)u[n-1]\right)(u[n]-u[n-6])$

1-4　画出下列离散时间序列的波形：

(1) $x_1[n]=2^n u[n]$

(2) $x_2[n]=2^{-n}u[n]$

(3) $x_3[n]=2^n u[-n]$

(4) $x_4[n]=2^{-n}u[-n]$

(5) $x_5[n]=(-2)^n u[n]$

(6) $x_6[n]=(-2)^{-n}u[n]$

(7) $x_7[n]=(-2)^n u[-n]$

(8) $x_8[n]=(-2)^{-n}u[-n]$

(9) $x_9[n]=-2^{-n}u[n]$

(10) $x_{10}[n]=-2^{-n}u[-n]$

(11) $x_{11}[n]=-(-2)^n u[n]$

(12) $x_{12}[n]=-(-2)^{-n}u[n]$

1-5　试求下列函数值：

(1) $\displaystyle\int_{-\infty}^{+\infty}(t+\cos t)\delta\left(t-\dfrac{3}{4}\pi\right)\mathrm{d}t$

(2) $\displaystyle\int_{-\infty}^{+\infty}\mathrm{e}^{-2t}[2\delta(t)+3\delta'(t)]\mathrm{d}t$

(3) $\displaystyle\int_{-\infty}^{1}\delta(t^2-4)\mathrm{d}t$

(4) $\displaystyle\int_{-\infty}^{+\infty}(\mathrm{e}^{-2t}+3t)\delta\left(t-\dfrac{1}{2}\right)\mathrm{d}t$

1-6　试判断下列离散时间序列的周期性,如果序列是周期的,试确定其周期：

(1) $x_1[n]=2^n$

(2) $x_2[n]=2^n u[n]$

(3) $x_3[n]=\sin\left(\dfrac{1}{5}n\right)$

(4) $x_4[n]=\sin\left(\dfrac{1}{5}\pi n\right)$

(5) $x_5[n]=\sin\left(\dfrac{1}{5}n\right)\cdot u[n]$

(6) $x_6[n]=\sin\left[\dfrac{1}{5}\pi\left(n-\dfrac{1}{5}\right)\right]\cdot u[n]$

(7) $x_7[n]=\mathrm{e}^{\mathrm{j}\frac{1}{5}n}$

(8) $x_8[n]=\mathrm{e}^{\mathrm{j}\frac{1}{5}\pi n}$

(9) $x_9[n] = e^{j\frac{1}{5}n - \frac{1}{5}\pi}$

(10) $x_{10}[n] = e^{j\frac{1}{5}\pi n - \frac{21}{5}}$

1-7 已知 $x_1(t)$、$x_2(t)$ 的波形如题图 1-7 所示,求:

(1) $x_1\left(2 - \dfrac{t}{2}\right)x_2(t+3)$

(2) $x_1(1-t)x_2(t-1)$

1-8 已知 $x(t)$ 的波形如题图 1-8 所示,求:

(1) $x_1(t) = x(-5t-3)$

(2) $x_2(t) = x\left(\dfrac{t}{4} - 1\right)$

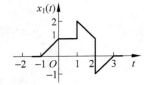 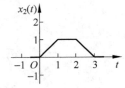 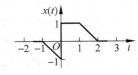

题图 1-7 题图 1-8

1-9 已知离散时间序列 $x[n]$ 的图形如题图 1-9 所示,试把 $x[n]$ 表示为 $\delta[n]$ 及其移位的线性组合,并画出如下两个序列的图形:

(1) $x_1[n] = x\left[\dfrac{1}{2}n - 3\right]$

(2) $x_2[n] = x[-2n+1]$

1-10 求如题图 1-10 所示 3 个波形的奇分量、偶分量。

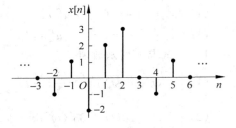

题图 1-9

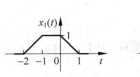 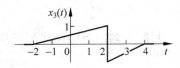

题图 1-10

1-11 求下列积分:

(1) $\displaystyle\int_{-\infty}^{+\infty}\left(2t + \sin\left(\dfrac{\pi}{3}t\right)\right)\delta(1-2t)\,\mathrm{d}t$

(2) $\displaystyle\int_{-5}^{\frac{3}{2}}\left[\delta(t-2) + \delta(t+4)\right]\cos\left(\dfrac{\pi t}{2}\right)\mathrm{d}t$

(3) $\displaystyle\int_{-\infty}^{+\infty}(t^3 + \cos(2\pi t))\delta(t-1)\,\mathrm{d}t$

第 2 章　线性时不变系统的时域分析

本章首先研究线性时不变系统的重要性质——LTI 系统的叠加性质,然后将研究几种在时域中分析线性时不变系统(LTI 系统)的输入与输出信号间关系的方法。研究用常系数的微分方程或差分方程来描述 LTI 系统的输入信号与输出信号之间的关系。其中微分方程是用于描述连续时间系统的,而差分方程是用来描述离散时间系统的;同时,本章还将建立时域系统的零输入响应和零状态响应这两个重要的基本概念。

根据 LTI 系统的线性和非时变特性,如果将输入信号用一组基本信号的线性组合来表示,那么输出信号就是将这些基本信号的响应加权叠加的信号。这种加权叠加,对于零起始状态的连续时间系统而言是卷积积分,对于零起始状态的离散时间系统而言就是卷积和。卷积是系统时域分析中的一个重要内容,也是时间域与变换域分析线性系统的一条纽带。

接着本章还将介绍描述 LTI 系统的另一种方法,即方框图法。在方框图中,用倍乘器、加法器和积分器(连续时间系统)或延迟器(离散时间系统)这几个基本运算部件通过框图的形式来描述一个具体的系统。

2.1　LTI 系统的性质

为了适应实际工程的需要,系统的组成形式是多种多样的,其基本特征包括线性、时不变性、因果性和稳定性等,这些基本特性不仅有着重要的物理意义,而且可以用简洁的数学表达式来描述。系统的基本特征也是划分系统的基本依据,可分成线性系统与非线性系统、时变系统与时不变系统、因果系统与非因果系统等。这里重点介绍线性、时不变和因果系统的性质。下面均以连续时间系统为例进行说明。

2.1.1　线性性质

线性包含叠加性和齐次性两个概念。

1. 叠加性

当几个信号同时输入系统时,系统的响应等于系统对各个输入信号单独作用时的响应之和。也就是说,如果输入仅为 $x_1(t)$ 时系统响应为 $y_1(t)$,输入仅为 $x_2(t)$ 时系统响应为 $y_2(t)$,则输入为 $x_1(t)+x_2(t)$ 时,系统响应为 $y_1(t)+y_2(t)$。

2. 齐次性

也称为均匀性、比例变换性,它是指当系统的激励信号乘以非零常数 a 时,系统的响应也相应地乘以常数 a;即系统对输入 $x(t)$ 的响应为 $y(t)$,当输入增至 a 倍即为 $ax(t)$ 时,其响应也增至 a 倍即 $ay(t)$。

同时满足叠加性和齐次性的系统称为线性系统。上述关于叠加性和齐次性的要求可表示如下:若

$$x_1(t) \rightarrow y_1(t), \quad x_2(t) \rightarrow y_2(t) \tag{2-1a}$$

则对于任意常数 a_1 和 a_2,有

$$a_1 x_1(t) + a_2 x_2(t) \rightarrow a_1 y_1(t) + a_2 y_2(t) \qquad (2\text{-}1\text{b})$$

满足式（2-1）的系统称为线性系统，否则为非线性系统。

一个系统是否为线性系统，还可以直接从其描述方程判断。若系统是以常系数线性微（积）分方程或常系数线性差分方程描述的，则该系统就是线性的，否则系统就是非线性的。

【例 2-1】 判断由方程 $y'(t) + 2y(t) = x(t)$ 描述的系统是否为线性系统。

解 在 $t=0$ 时 $y(t)=0$ 的条件下

（1）当输入 $x(t)=x_1(t)=2$ 时，可解得响应为

$$y_1(t) = 1 - e^{-2t}$$

（2）当输入 $x(t)=x_2(t)=5\sin t$ 时，可解得响应为

$$y_2(t) = 2\sin t - \cos t$$

（3）当输入 $x(t)=x_3(t)=2+10\sin t=x_1(t)+2x_2(t)$ 时，可解得响应

$$y(t) = 1 - e^{-2t} + 4\sin t - 2\cos t = y_1(t) + 2y_2(t)$$

显然，该系统既满足齐次性又满足可加性，因此系统是线性系统。但若系统方程为 $y'(t) + 2y^2(t) = x(t)$，则由于方程左侧出现了非线性项 $y^2(t)$，故系统为非线性的。

线性系统有三个重要特性：即微分特性、积分特性和频率保持性。

3. 微分特性

如果线性系统的输入 $x(t)$ 引起的响应为 $y(t)$，则当输入为 $x(t)$ 的导数 $\dfrac{\mathrm{d}x(t)}{\mathrm{d}t}$ 时，其响应将变为 $y(t)$ 的导数 $\dfrac{\mathrm{d}y(t)}{\mathrm{d}t}$。

4. 积分特性

如果线性系统的输入 $x(t)$ 引起的响应为 $y(t)$，则当输入为 $x(t)$ 的积分 $\displaystyle\int_{-\infty}^{t} x(\tau)\mathrm{d}\tau$ 时，其响应将变为 $y(t)$ 的积分 $\displaystyle\int_{-\infty}^{t} y(\tau)\mathrm{d}\tau$。

5. 频率保持性

如果线性系统的输入信号含有角频率 $\omega_1, \omega_2, \cdots, \omega_n$ 的成分，则系统的稳态响应也只含有 $\omega_1, \omega_2, \cdots, \omega_n$ 的成分（其中某些频率成分的数值大小可能为零）。换言之，信号通过线性系统后不会产生新的频率分量。

2.1.2 时不变性

如果系统的组件参数是不随时间变化的，则称其为时不变系统（或称非时变系统、定常系统）（Time-Invariant System）；否则，称为时变系统。

例如在图 2-1 中，如果电路元件的参数 R、L、C 均为常数，则对该电路系统有方程

$$LC\frac{\mathrm{d}^2 u_C(t)}{\mathrm{d}t^2} + RC\frac{\mathrm{d}u_C(t)}{\mathrm{d}t} + u_C(t) = x(t)$$

该方程的各系数均为常数，故该系统为时不变系统。若

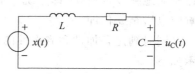

图 2-1 *RLC* 串联电路系统

图中 R、L、C 三个元件中任意一个是时变的,则它就称为时变系统。比如,当电阻为时变电阻 $R(t)$ 时,则方程为

$$LC \frac{\mathrm{d}^2 u_C(t)}{\mathrm{d}t^2} + R(t)C \frac{\mathrm{d}u_C(t)}{\mathrm{d}t} + u_C(t) = x(t)$$

该方程含有时变系数 $R(t)C$,故为时变系统。

时不变系统的一个重要特性是响应的变化规律不因输入信号接入的时间不同而改变。也就是说,若某个时刻接入的激励 $x(t)$ 引起的响应为 $y(t)$,则当激励延迟 t_0 时间才起作用时,它所引起的响应也延迟相同的时间 t_0。即如果

$$x(t) \rightarrow y(t) \tag{2-2a}$$

则

$$x(t - t_0) \rightarrow y(t - t_0) \tag{2-2b}$$

这一特性直观地示于图 2-2。

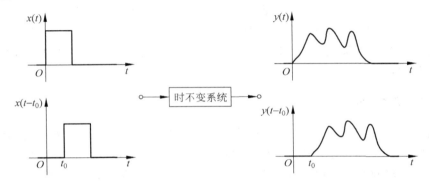

图 2-2　时不变特性示意图

若系统既是线性的又是时不变的,则称为线性时不变系统(Linear Time-Invariant System),简记为 LTI 系统。对连续时间 LTI 系统,其描述方程为线性常系数微分方程;对离散时间 LTI 系统,其描述方程为线性常系数差分方程。虽然实际中大多数系统不是线性时不变的,但许多非线性系统和时变系统经过合理近似后,可以简化为线性时不变系统进行分析。实践表明,有关 LTI 系统的理论和方法在系统分析中非常有用。

2.1.3　因果性

因果性也是描述系统输入和输出之间关系的一种特性。如果一个系统在任何时刻的输出只与系统当前时刻的输入和过去的输入有关,而与系统未来的输入无关,则这个系统就是因果系统。换言之,如果在激励信号作用之前系统不产生响应,这样的系统称为因果系统(Causal System);否则,称为非因果系统。如果输入信号 $x(t)$ 在 $t < t_0$ 时恒等于零,即 $x(t) = x(t)u(t - t_0)$,则因果系统的输出信号在 $t < t_0$ 时也必然等于零,即 $y(t) = y(t)u(t - t_0)$。图 2-3 是因果系统和非因果系统的示意图。

实际系统的响应不可能出现于激励之前,所以实际系统均为因果系统。因果系统是物理上可以实现的,非因果系统是物理上不可实现的。但是在研究语音信号处理、气象学、股票市场和人口统计学等领域时,都会遇到这类非因果系统。今后若无特别说明,本书所研究

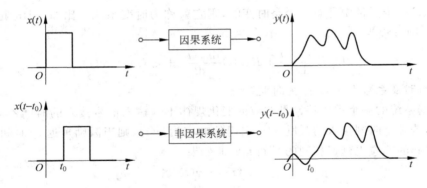

图 2-3 系统的因果性示意图

的系统均指因果系统。

如果一个连续时间信号 $x(t)$ 满足 $x(t)=x(t)u(t)$,或如果一个离散时间信号 $x[n]$ 满足 $x[n]=x[n]u[n]$,则称 $x(t)$ 或 $x[n]$ 为因果信号,否则就称 $x(t)$ 或 $x[n]$ 为非因果信号。其实,只有系统才具有因果关系的特性,对一个信号而言并不真正存在因果特性,所谓因果信号或非因果信号的叙述是借用了系统的特性对信号进行的一种分类。

2.1.4 稳定性

稳定性是系统的重要特性之一。根据研究问题的不同或者是研究方法的不同,稳定性的定义可能会有所不同,如果从输入输出之间的关系来定义,稳定性的定义为:如果系统的输入有界时系统的输出也有界,则这个系统就是稳定系统。所谓有界,即输入或输出幅值绝对值的最大值是一个有限值。根据这个定义,系统 $y(t)=t \cdot x(t)$ 就是一个不稳定系统,因为,当输入 $x(t)$ 是有界时,系统的输出绝对值将随着 t 值的增加而增加,直至无穷,即输出无界。对于系统 $y(t) = \dfrac{1}{T}\displaystyle\int_{-T}^{t} x(\tau)\mathrm{d}\tau$ 来说,当输入有界时,输出也必然有界,因为这个系统的输出是当前时刻 t 之前 T 时间段内输入信号的平均值,所以这个系统是稳定系统。

线性、时不变性、因果性和稳定性是系统最重要的基本性质,这些性质是彼此独立的,也就是说,一个线性系统不一定是因果系统或稳定系统。同样地,一个稳定系统或因果系统也不一定是线性系统,等等。

2.1.5 LTI 系统的记忆性

有记忆系统与无记忆系统的区别在于:无记忆系统在任何时刻的输出只与该时刻的输入有关;有记忆系统在任何时刻的输出不仅与该时刻的输入有关,而且与该时刻以前的输入有关。

对于连续时间 LTI 系统,如果它是无记忆的,则系统的方程形式为

$$y(t) = Kx(t) \tag{2-3}$$

对离散时间 LTI 系统,如果它是无记忆的,则系统的方程形式为

$$y[n] = Kx[n] \tag{2-4}$$

式(2-3)和式(2-4)中的 K 均是常数。如果系统的方程不是式(2-3)或式(2-4)的形式,则系

统就是有记忆的。

2.2 用微分(差分)方程描述 LTI 系统

线性常系数微分方程、差分方程提供了描述连续时间 LTI 系统和离散时间 LTI 系统的输入-输出关系的手段。这两种形式的方程可以用来描述范围广泛的系统和物理现象。

2.2.1 用常系数微分方程描述连续时间 LTI 系统

在分析连续时间 LTI 系统时,可以为要分析的系统建立数学模型,列出描述系统特性的微分方程表达式。实际分析时,需要根据给定物理模型的元件约束性及系统结构的约束特性来建立对应的微分方程。例 2-2 可作为微分方程描述实际系统的一个例子。

【例 2-2】 如图 2-4 所示为 RLC 电路,求电路中电流 $i(t)$ 和电压 $v(t)$ 之间的关系。

解 对环路电压降求和得到

$$R \cdot i(t) + L \cdot \frac{\mathrm{d}}{\mathrm{d}t} i(t) + \frac{1}{C} \int_{-\infty}^{t} i(\tau) \mathrm{d}\tau = v(t)$$

方程两边对 t 求导得到

$$L \cdot \frac{\mathrm{d}^2}{\mathrm{d}t^2} i(t) + R \frac{\mathrm{d}}{\mathrm{d}t} i(t) + \frac{1}{C} i(t) = \frac{\mathrm{d}}{\mathrm{d}t} v(t)$$

这个微分方程描述了电路中电流 $i(t)$ 和电压 $v(t)$ 之间的关系。若电阻 R、电感 L、电容 C 是不随时间变化的固定参数,则上述方程为常系数线性微分方程,该系统为线性时不变系统。

【例 2-3】 对如图 2-5 所示电路图,求电压 $y(t)$ 的微分方程。

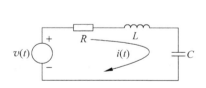

图 2-4　例 2-2 中的电路图

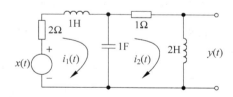

图 2-5　例 2-3 中的电路图

解 对如图 2-5 所示电路列写网孔电压方程,得

$$\begin{cases} 2i_1(t) + \dfrac{\mathrm{d}i_1(t)}{\mathrm{d}t} + \displaystyle\int_{-\infty}^{t} i_1(\tau) \mathrm{d}\tau - \int_{-\infty}^{t} i_2(\tau) \mathrm{d}\tau = x(t) \\ \displaystyle\int_{-\infty}^{t} \left[i_2(\tau) - i_1(\tau) \right] \mathrm{d}\tau + i_2(t) = -y(t) \end{cases}$$

又

$$y(t) = 2 \frac{\mathrm{d}i_2(t)}{\mathrm{d}t}$$

消元可得如下微分方程

$$2 \frac{\mathrm{d}^3}{\mathrm{d}t^3} y(t) + 5 \frac{\mathrm{d}^2}{\mathrm{d}t^2} y(t) + 5 \frac{\mathrm{d}}{\mathrm{d}t} y(t) + 3y(t) = 2 \frac{\mathrm{d}}{\mathrm{d}t} x(t)$$

上面的两个例子示范了根据给定物理模型的元件约束特性及系统结构的约束特性来建立对应微分方程的方法。对于连续时间线性时不变系统,描述输入信号和输出信号之间关

系的是线性常系数微分方程,其一般形式为

$$\sum_{k=0}^{N}a_k\frac{\mathrm{d}^k}{\mathrm{d}t^k}y(t)=\sum_{k=0}^{M}b_k\frac{\mathrm{d}^k}{\mathrm{d}t^k}x(t) \tag{2-5}$$

其中,a_k 和 b_k 是与时间无关的系统常数,$x(t)$ 是系统的输入,$y(t)$ 为系统的输出,输出信号的微分最高阶次 N 为方程的阶数,且一般来说 $N \geqslant M$。

根据常微分方程的理论,式(2-5)的完全解由齐次解和特解两部分组成。其中,齐次解是式(2-5)在输入为零时的齐次方程的解,它由方程的特征根确定;而特解则是在输入 $x(t)$ 的作用下满足式(2-5)的解。

下面先求式(2-5)的齐次解。将式(2-5)中右端与输入相关的项全设为零,得到对应的齐次方程,该齐次方程的解就是式(2-5)的齐次解 $y_n(t)$,即齐次解满足

$$\sum_{k=0}^{N}a_k\frac{\mathrm{d}^k}{\mathrm{d}t^k}y_n(t)=0 \tag{2-6}$$

其特征方程为

$$\sum_{k=0}^{N}a_k\alpha^k=0 \tag{2-7}$$

此特征方程的 N 个根 α_i 称为特征根。

根据特征根的形式不同,齐次方程(2-6)的齐次解的形式也有所不同,一般有三种情况:

① 如果全部 N 个特征根 $\alpha_i(i=1,2,\cdots,N)$ 都是单根,则齐次解的形式为 $y_n(t)=\sum_{i=1}^{N}A_i\mathrm{e}^{\alpha_i t}$;

② 如果在特征根中,有 K 重特征根 α_m,则与 α_m 相对应的齐次解部分为 $\left(\sum_{i=1}^{K}A_i t^{K-i}\right)\mathrm{e}^{\alpha_m t}$;

③ 如果特征根中有一重共轭复根 $\alpha\pm\mathrm{j}\beta$,则该对共轭复根所对应的齐次解部分为 $(A_1\cos\beta t+A_2\sin\beta t)\mathrm{e}^{\alpha t}$。

在上述三种齐次解形式中,A_i 是待定系数,它由系统的初始条件决定。需要注意的是,对于任意一组常数 A_i,$y_n(t)$ 都满足齐次方程式(2-6)。

【**例 2-4**】 描述如图 2-6 所示 RC 电路的微分方程为

$RC\dfrac{\mathrm{d}}{\mathrm{d}t}y(t)+y(t)=x(t)$,求方程的齐次解。

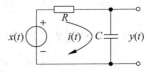

解 先写出齐次方程

$$RC\frac{\mathrm{d}}{\mathrm{d}t}y(t)+y(t)=0$$

图 2-6 例 2-4 所用的 RC 电路图

根据前面的分析知齐次解的形式为 $y_n(t)=A_1\mathrm{e}^{\alpha_1 t}$,其中 α_1 是特征方程

$$RC\alpha_1+1=0$$

的根。解得 $\alpha_1=-\dfrac{1}{RC}$,从而得到该系统的齐次解为

$$y_n(t)=A_1\mathrm{e}^{-\frac{1}{RC}t}$$

【**例 2-5**】 求微分方程 $\dfrac{\mathrm{d}^3}{\mathrm{d}t^3}y(t)+5\dfrac{\mathrm{d}^2}{\mathrm{d}t^2}y(t)+7\dfrac{\mathrm{d}}{\mathrm{d}t}y(t)+3y(t)=x(t)$ 的齐次解。

解 先写出齐次方程为

$$\frac{\mathrm{d}^3}{\mathrm{d}t^3}y(t) + 5\frac{\mathrm{d}^2}{\mathrm{d}t^2}y(t) + 7\frac{\mathrm{d}}{\mathrm{d}t}y(t) + 3y(t) = 0$$

其特征方程为

$$\alpha^3 + 5\alpha^2 + 7\alpha + 3 = (\alpha+1)^2(\alpha+3) = 0$$

特征根为

$$\alpha_1 = -1（二重根），\quad \alpha_2 = -3。$$

因而齐次解形式为

$$y_n(t) = (A_1 t + A_2)\mathrm{e}^{-t} + A_3\mathrm{e}^{-3t}$$

下面求式(2-6)的特解。式(2-6)的特解 $y_p(t)$ 是方程对给定输入 $x(t)$ 的任意一个解，特解 $y_p(t)$ 并不唯一。一般通过假定输出 $y_p(t)$ 为与输入具有相同形式的函数来求得特解。几种常见输入信号的对应特解函数形式列于表 2-1。

表 2-1　常见输入信号的对应特解函数形式

输入 $x(t)$	输出 $y(t)$ 的特解形式
E（常数）	B
t^K（0 不是特征根）	$B_K t^K + B_{K-1}t^{K-1} + \cdots B_1 t + B_0$
t^K（0 是 L 重特征根）	$(B_K t^K + B_{K-1}t^{K-1} + \cdots B_1 t + B_0)t^L$
$\mathrm{e}^{-\alpha t}$（α 不是特征根）	$B\mathrm{e}^{-\alpha t}$
$\mathrm{e}^{-\alpha t}$（α 是 L 重特征根）	$(B_L t^L + B_{L-1}t^{L-1} + \cdots B_1 t + B_0)\mathrm{e}^{-\alpha t}$
$\cos(\omega t)$ 或 $\sin(\omega t)$	$B_1\cos(\omega t) + B_2\sin(\omega t)$

表 2-1 中 B 为待定系数；若输入函数是几种输入信号形式的组合，则特解也为其相应形式的组合。

【例 2-6】　给定微分方程式 $\dfrac{\mathrm{d}^3}{\mathrm{d}t^3}y(t) + 5\dfrac{\mathrm{d}^2}{\mathrm{d}t^2}y(t) + 2y(t) = 2\dfrac{\mathrm{d}}{\mathrm{d}t}x(t) + x(t)$，求 $x(t) = \mathrm{e}^{2t}$ 时方程的特解。

解　当 $x(t) = \mathrm{e}^{2t}$ 时，原方程右边为 $5\mathrm{e}^{2t}$，参考表 2-1 可设特解为 $y_p(t) = B\mathrm{e}^{2t}$，这里 B 是待定系数。将 $y_p(t)$ 代入原方程，有

$$8B\mathrm{e}^{2t} + 20B\mathrm{e}^{2t} + 2B\mathrm{e}^{2t} = 5\mathrm{e}^{2t}$$

解得 $B = \dfrac{1}{6}$，于是特解为 $y_p(t) = \dfrac{1}{6}\mathrm{e}^{2t}$。

上面分析了齐次解 $y_n(t)$ 和特解 $y_p(t)$，将齐次解和特解相加即得方程的完全解

$$y(t) = y_n(t) + y_p(t) = \sum_{i=1}^{N} A_i\mathrm{e}^{\alpha_i t} + y_p(t) \tag{2-8}$$

式(2-8)中 $A_i(i=1,\cdots,N)$ 是待确定的常数，它由式(2-5)的初始条件确定。

以上讨论了线性常系数微分方程的经典解法。式(2-8)中齐次解表示系统的自由响应。特征根 $\alpha_i(i=1,\cdots,N)$，称为系统的"固有频率"（或"自然频率"），它决定着系统自由响应的形式。完全解中的特解被称为系统的强迫响应，强迫响应只与输入函数的形式有关。

2.2.2　用常系数差分方程描述离散时间 LTI 系统

在连续时间 LTI 系统中，信号是时间变量的连续函数，系统可以用微分或积分方程来

描述。而对于离散时间 LTI 系统,系统的数学模型可以用线性常系数差分方程来描述。N 阶线性常系数差分方程的一般形式为

$$\sum_{k=0}^{N} a_{N-k} y[n-k] = \sum_{k=0}^{M} b_{M-k} x[n-k] \qquad (2\text{-}9)$$

式中 a_{N-k} 和 b_{M-k} 是与时间无关的系统常数,且 $a_N \neq 0$,$x[n]$ 为输入,$y[n]$ 为输出,通常 $N \geqslant M$。线性常系数差分方程中,术语"阶"有双重含义:一方面表明方程左端的输出 $y[n]$ 与其最大移位的信号之间相差 N 个移位单位,即方程左端移位最大的信号是 $y[n-N]$;另一方面它也表明在系统结构中有 N 个独立的移位部件。因此,如果方程左端的 $y[n]$ 与其最大移位的信号之间相差 N 个移位单位,或者系统中有 N 个独立的移位部件,则相应的差分方程就是一个 N 阶差分方程。为了便于理解差分方程所表示系统的实际组成情况,式(2-9)可改写为

$$y[n] = \frac{1}{a_N}\left\{ \sum_{k=0}^{M} b_{M-k} x[n-k] - \sum_{k=1}^{N} a_{N-k} y[n-k] \right\} \qquad (2\text{-}10)$$

式(2-10)称为差分方程的递归形式,它清楚地表明了如何用现在和过去的输入以及过去的输出来计算系统现在的输出。这样的方程常常用来在计算机上实现离散系统。

线性常系数差分方程的求解,一般有迭代法、时域经典法、零输入响应和零状态响应法以及变换域法 4 种方法。本节将只分析讨论前两种方法,而后两种方法在后续章节再详细研究。

迭代法求解线性常系数差分方程是根据差分方程的初始值,逐一递推算出 $y[n]$ 的值。若差分方程是隐含 $y[n]$ 的,则将其表示为式(2-10)的形式。其次,还得注意递推方向:若讨论的是因果系统,则要考虑前向式的差分方程,即 n 以递增的方式给出。

【例 2-7】 若一个离散时间 LTI 系统用二阶差分方程描述如下

$$y[n] + y[n-1] + \frac{1}{4} y[n-2] = x[n] + 2x[n-1]$$

假定其输入 $x[n] = \left(\frac{1}{2}\right)^n u[n]$,起始状态为 $y[-1] = 1$ 和 $y[-2] = -2$。计算系统的输出值 $y[1]$。

解 将差分方程整理为

$$y[n] = x[n] + 2x[n-1] - y[n-1] - \frac{1}{4} y[n-2]$$

要求 $y[1]$,可用迭代法,先求出 $y[0]$,再求 $y[1]$。

$$y[0] = x[0] + 2x[-1] - y[-1] - \frac{1}{4} y[-2] = 1 + 2 \times 0 - 1 - \frac{1}{4} \times (-2) = \frac{1}{2}$$

$$y[1] = x[1] + 2x[0] - y[0] - \frac{1}{4} y[-1] = \frac{1}{2} + 2 \times 1 - \frac{1}{2} - \frac{1}{4} \times 1 = \frac{7}{4}$$

所以用迭代法求得 $y[1] = \frac{7}{4}$。

【例 2-8】 给定一个差分方程 $y[n] = x[n] + 3y[n-1]$,在起始静止状态即 $y[n] = 0(n<0)$ 下,用迭代法求系统对 $x[n] = \delta[n]$ 的响应。

解 由于 $n<0$ 时 $y[n]=0$,所以 n 从零开始考虑,根据原差分方程可依次求得

$$y[0] = 3y[-1] + \delta[0] = 3 \times 0 + 1 = 1$$

$$y[1] = 3y[0] + \delta[1] = 3 \times 1 + 0 = 3$$
$$y[2] = 3y[1] + \delta[2] = 3 \times 3 + 0 = 3^2$$
$$\vdots$$
$$y[n] = 3y[n-1] + \delta[n] = 3^n$$

于是归纳得到

$$y[n] = 3^n u[n]$$

用迭代法求解差分方程是一种比较原始的方法,这种方法概念清楚,也比较简便,但通常只能得到方程的数值解,不易给出一个闭式解答。

用时域经典法求解常系数线性差分方程与微分方程的时域经典法求解类似,可按以下三步进行:

① 求相应齐次差分方程的通解 $y_n[n]$,通解 $y_n[n]$ 常常被称为**自由响应**,与系统自身的物理特性有关。

② 确定式(2-9)的特解 $y_p[n]$。特解常常被称为**强迫响应**,反映了系统对输入信号的特殊响应。

③ 式(2-9)的全解为

$$y[n] = y_n[n] + y_p[n] \tag{2-11}$$

代入边界条件,求出待定系数,从而可以求得 $y[n]$。

下面介绍具体的求解过程。

首先求式(2-9)的齐次通解。将式(2-9)中等号右边设为零可得到齐次方程式

$$\sum_{k=0}^{N} a_{N-k} y[n-k] = 0 \tag{2-12}$$

其特征方程为

$$\sum_{k=0}^{N} a_{N-k} \alpha^{N-k} = 0 \tag{2-13}$$

解此特征方程就可求得特征根。根据特征根的形式不同,齐次解的形式也有所不同,一般有三种情况:

(1) 如果全部 N 个特征根 $\alpha_i (i = 1, 2, \cdots, N)$ 都是单根,则齐次解的形式为 $y_n[n] = \sum_{i=1}^{N} C_i \alpha_i^n$;

(2) 如果特征根中有 K 重特征根 α_m,则与 α_m 相对应的齐次解部分为 $\left(\sum_{i=1}^{K} C_i n^{K-i} \right) \alpha_m^n$;

(3) 如果特征根中有一重共轭复根 $\alpha \pm j\beta$,则该对共轭复根所对应的齐次解部分为 $C_1(\alpha + j\beta)^n + C_2(\alpha - j\beta)^n$。

在上述三种齐次解中,C_i 是待定系数,它由系统的初始条件决定。需注意的是,对于任意一组常数 C_i,$y_n[n]$ 都满足式(2-12)。

【例 2-9】　求差分方程

$$y[n] - 5y[n-1] + 6y[n-2] = 0$$

当初始条件为 $y[0] = 0, y[1] = 1$ 时的齐次解。

解　原方程阶数 $N = 2$,特征方程为

$$\alpha^2 - 5\alpha + 6 = 0$$

解得特征根为

$$\alpha_1 = 2, \quad \alpha_2 = 3$$

因此,齐次通解形式为

$$y_n[n] = C_1 2^n + C_2 3^n$$

根据初始条件确定常系数 C_1、C_2,有

$$\begin{cases} y[0] = C_1 + C_2 = 0 \\ y[1] = 2C_1 + 3C_2 = 1 \end{cases}$$

解得 $C_1 = -1$,$C_2 = 1$。所以,该系统的齐次通解为

$$y_n[n] = -2^n + 3^n$$

【例 2-10】 求差分方程

$$y[n] - 7y[n-1] + 16y[n-2] - 12y[n-3] = 0$$

当初始条件为 $y[1] = -1$,$y[2] = -3$,$y[3] = -5$ 时的齐次解。

解 特征方程为

$$\alpha^3 - 7\alpha^2 + 16\alpha - 12 = 0$$

求得特征根

$$\alpha_1 = 3, \quad \alpha_2 = 2(二重特征根)$$

这里出现了重根,因此设齐次解的形式为

$$y[n] = C_1 \cdot 3^n + (C_{21} n + C_{22}) \cdot 2^n$$

将 $y[1] = -1$,$y[2] = -3$,$y[3] = -5$ 代入上式,得方程组

$$\begin{cases} y[1] = 3C_1 + 2(C_{21} + C_{22}) = -1 \\ y[2] = 9C_1 + 4(2C_{21} + C_{22}) = -3 \\ y[3] = 27C_1 + 8(3C_{21} + C_{22}) = -5 \end{cases}$$

求得

$$C_1 = 1, \quad C_{21} = -1, \quad C_{22} = -1$$

因而

$$y[n] = 3^n - (n+1)2^n$$

【例 2-11】 求解常系数差分方程

$$y[n] + y[n-2] = 0$$

当初始条件为 $y[0] = 1$,$y[1] = 2$ 时的齐次解。

解 特征方程为

$$\alpha^2 + 1 = 0$$

求得特征根为

$$\alpha_1 = j, \quad \alpha_2 = -j$$

于是设齐次解形式为

$$y[n] = C_1 j^n + C_2(-j)^n = C_1 e^{j\frac{\pi}{2}n} + C_2 e^{-j\frac{\pi}{2}n}$$

将 $y[0] = 1$,$y[1] = 2$ 代入上式,得方程组

$$\begin{cases} C_1 + C_2 = 1 \\ C_1 j - C_2 j = 2 \end{cases}$$

解得

$$\begin{cases} C_1 = \dfrac{1}{2} - j \\ C_2 = \dfrac{1}{2} + j \end{cases}$$

因而

$$y[n] = \frac{1}{2}(e^{j\frac{\pi}{2}n} + e^{-j\frac{\pi}{2}n}) - j(e^{j\frac{\pi}{2}n} - e^{-j\frac{\pi}{2}n}) = \cos\left(\frac{\pi}{2}n\right) + 2\sin\left(\frac{\pi}{2}n\right)$$

从例 2-11 可以看到，当方程的特征根为共轭复数时，齐次解的形式为正弦（余弦）序列。

下面讨论求特解的方法。与微分方程中求特解类似，一般通过假定输出信号与输入信号有相同的函数形式来求得差分方程的特解。表 2-2 给出了一些常见信号所对应的特解形式。

表 2-2 常见信号的对应特解形式

输 入	特 解
1	D
n^K（1 不是特征根）	$D_K n^K + D_{K-1} n^{K-1} + \cdots D_1 n + D_0$
n^K（1 是 L 重特征根）	$(D_K n^K + D_{K-1} n^{K-1} + \cdots D_1 n + D_0)n^L$
α^n（α 不是特征根）	$D\alpha^n$
α^n（α 是 K 重特征根）	$(D_K n^K + D_{K-1} n^{K-1} + \cdots D_1 n + D_0)\alpha^n$
$\cos(\Omega n)$ 或 $\sin(\Omega n)$	$D_1 \cos(\Omega n) + D_2 \sin(\Omega n)$

将特解形式和输入函数 $x[n]$ 代入差分方程后可确定特解中的待定系数。

【例 2-12】 某离散时间 LTI 系统的差分方程为

$$y[n] + 3y[n-1] + 4y[n-2] = x[n]$$

激励 $x[n] = 2^n u[n]$，初始条件 $y[0] = 0$，$y[1] = 2$。试求系统的特解。

解 观察输入项 $x[n] = 2^n u[n]$，因为 2 不是差分方程的特征根，可以设特解形式为

$$y_p[n] = D \cdot 2^n$$

将 $y_p[n]$ 和 $x[n]$ 代入差分方程

$$D \cdot 2^n + 3D \cdot 2^{n-1} + 4D \cdot 2^{n-2} = 2^n$$

消去 2^n 可得

$$D + \frac{3}{2}D + D = 1$$

于是得

$$D = \frac{2}{7}$$

所以方程的特解为

$$y_p[n] = \frac{2}{7} \cdot 2^n$$

由例 2-12 可见，求特解时并未用到方程的初始条件。确实，差分方程的特解与起始状态或初始条件无关。

【例 2-13】 求差分方程的完全解

$$y[n] + 3y[n-1] + 2y[n-2] = x[n]$$

其中激励 $x[n] = 2^n$，且已知 $y[-1] = 0, y[0] = 0$。

解 特征方程为

$$\alpha^2 + 3\alpha + 2 = 0$$

求得特征根为

$$\alpha_1 = -1, \quad \alpha_2 = -2$$

于是齐次解形式为

$$y_n[n] = C_1(-1)^n + C_2(-2)^n$$

根据激励信号的形式，可令特解形式为

$$y_p[n] = D_1 2^n$$

将 $y_p[n]$ 代入原方程，有

$$D_1 \cdot 2^n + 3D_1 \cdot 2^{n-1} + 2D_1 \cdot 2^{n-2} = 2^n$$

比较上式两边得

$$D_1 = \frac{1}{3}$$

则完全解为

$$y[n] = y_n[n] + y_p[n] = C_1(-1)^n + C_2(-2)^n + \frac{1}{3} \cdot 2^n$$

将 $y[-1] = 0, y[0] = 0$ 代入上式，得方程组为

$$\begin{cases} y[-1] = C_1 \times (-1)^{-1} + C_2 \times (-2)^{-1} + \frac{1}{3} \times 2^{-1} = 0 \\ y[0] = C_1 + C_2 + \frac{1}{3} = 0 \end{cases}$$

求得

$$\begin{cases} C_1 = \frac{2}{3} \\ C_2 = -1 \end{cases}$$

因而

$$y[n] = y_n[n] + y_p[n] = \frac{2}{3}(-1)^n - (-2)^n + \frac{1}{3} \cdot 2^n$$

从例 2-13 可见，与连续时间 LTI 系统的情况相同，离散时间线性时不变系统的完全解也由齐次解 $y_n[n]$ 和特解 $y_p[n]$ 两部分组成，即

$$y[n] = y_n[n] + y_p[n] = \sum_{i=1}^{N} C_i \alpha_i^n + D(n) \tag{2-14}$$

式中 $C_i (i = 1, \cdots, N)$ 是待确定的常数，它需要由给定的边界条件来确定。在一般情况下，对于 N 阶差分方程来说，应给定 N 个边界条件如 $y[0], y[1], \cdots, y[N-1]$。将完全解的表达式即式(2-14)代入给定的 N 个边界条件可得到一组联立的方程，从而可以求得 N 个系数 $C_i (i = 1, \cdots, N)$。

与讨论线性常系数微分方程类似，式(2-14)中齐次解表示系统的自由响应。特征根 $\alpha_i (i = 1, \cdots, N)$，称为系统的**固有频率**(或**自然频率**)，它决定着系统自由响应的形式。完全解中的特解被称为系统的**强迫响应**，它只与输入函数的形式有关。

2.3 LTI 系统的时域响应

2.3.1 连续时间系统的零输入响应和零状态响应

在采用时域经典法求解系统响应时,存在着一些局限。如当描述系统微分方程的激励项(输入项)较复杂时,特解形式会难以确定;若激励信号发生了变化,则系统响应需全部重新求解;并且,时域经典法是一种纯数学的方法,很难突出系统响应的物理概念。因此,下面介绍另外一种求系统响应的方法,它把系统响应分解为零输入响应和零状态响应两部分。

在分析系统的时域响应前,先讨论响应区间及起始点的跳变情况。在系统分析中,激励信号 $x(t)$ 加入之后系统的状态变化区间称为**响应区间**。一般情况下,激励信号 $x(t)$ 都是从 $t=0$ 时刻加入,因此,系统的响应区间就可以定义为 $0^+ \leqslant t \leqslant +\infty$。系统在激励信号加入之前有一组状态,形如 $y^{(k)}(0^-)$ $(k=0,1,\cdots,N-1)$,它们被称为系统的**起始状态**,它包含了去计算系统未来响应的全部"过去"信息。在 $t=0$ 时刻加入激励信号 $x(t)$ 后,系统状态可能发生变化,响应区间内 $t=0^+$ 时刻的状态组记为 $y^{(k)}(0^+)$ $(k=0,1,\cdots,N-1)$,它们被称为系统的**初始条件**。完全响应表达式即式(2-8)中的常数 A_i 是由系统的初始条件来决定的。

怎样确定系统的初始条件呢? 一般来说,对于具体的电路系统,系统的起始状态 $y^{(k)}(0^-)$ $(k=0,1,\cdots,N-1)$ 就是系统中储能元件的储能情况,如果电路中没有冲激信号强迫作用于电感或电容,则换路期间电容两端的电压和电感中的电流不会发生变化,而其他元件在换路期间的电压值或电流值需另行计算。用时域经典法求解系统响应时,为确定完全响应表达式即式(2-8)中的常数 A_i,还必须根据系统的起始状态 $y^{(k)}(0^-)$ $(k=0,1,\cdots,N-1)$ 和激励信号情况确定初始条件 $y^{(k)}(0^+)$ $(k=0,1,\cdots,N-1)$。特别地,当系统已经用常系数微分方程描述时,如果方程右端不包含 $\delta(t)$ 及其各阶导数,则系统在 $(0^-,0^+)$ 时间区间不发生跳变,初始条件 $y^{(k)}(0^+)$ $(k=0,1,\cdots,N-1)$ 与起始状态 $y^{(k)}(0^-)$ $(k=0,1,\cdots,N-1)$ 完全相同。

系统的零输入响应是指在没有外加激励信号的作用下,只由非零起始状态(起始时刻系统储能)单独作用时的响应,记为 $y_{zi}(t)$,它是满足方程

$$\sum_{k=0}^{N} a_k \frac{\mathrm{d}^k}{\mathrm{d}t^k} y_{zi}(t) = 0 \tag{2-15}$$

及起始状态 $y^{(k)}(0^-)$ $(k=0,1,\cdots,N-1)$ 的解。如果系统有 N 个不同的特征根 α_k,则 $y_{zi}(t)$ 的一般形式为

$$y_{zi}(t) = \sum_{k=1}^{N} A_{zik} \mathrm{e}^{\alpha_k t} \tag{2-16}$$

式中,A_{zik} 是待定的常系数。由于无外界激励,系统状态不会发生突变,即初始条件与起始状态相同,因此 $y_{zi}(t)$ 中的待定常系数 A_{zik} 可以由 $y^{(k)}(0^-)$ 来确定。

零状态响应是在不考虑起始时刻系统储能的作用下,由系统的外加输入信号单独作用所产生的响应,记为 $y_{zs}(t)$。它满足方程

$$\sum_{k=0}^{N} a_k \frac{\mathrm{d}^k}{\mathrm{d}t^k} y_{zs}(t) = \sum_{k=0}^{M} b_k \frac{\mathrm{d}^k}{\mathrm{d}t^k} x(t) \tag{2-17}$$

及零起始状态 $y^{(k)}(0^-)=0$ $(k=0,1,\cdots,N-1)$。如果系统有 N 个不同的特征根 α_k,则

$y_{zs}(t)$的一般形式为

$$y_{zs}(t) = \sum_{k=1}^{N} A_{zsk} e^{\alpha_k t} + B(t) \tag{2-18}$$

其中$B(t)$是特解。可以看到,零状态响应是由强迫响应$B(t)$及一部分自由响应组成的。

【例 2-14】 电路如图 2-7 所示,$x(t)$为输入电压源。当起始状态为 $i(0^-)=1, i'(0^-)=2$,输入 $x(t)=0$ 时,求电流 $i(t)$。

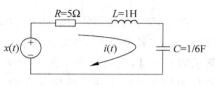

图 2-7　例 2-14 的电路图

解　根据电路图写出描述该系统的微分方程

$$\frac{d^2}{dt^2} i(t) + 5 \frac{d}{dt} i(t) + 6 i(t) = \frac{d}{dt} x(t)$$

系统的零输入响应满足

$$\frac{d^2}{dt^2} i(t) + 5 \frac{d}{dt} i(t) + 6 i(t) = 0$$

系统的特征方程为

$$\alpha^2 + 5\alpha + 6 = 0$$

特征根为

$$\alpha_1 = -2, \quad \alpha_2 = -3$$

由式(2-18)可写出系统的零输入响应为

$$i(t) = (A_{zi1} e^{-2t} + A_{zi2} e^{-3t}) u(t)$$

由起始状态得

$$\begin{cases} i(0^+) = A_{zi1} + A_{zi2} = i(0^-) = 1 \\ i'(0^+) = -2A_{zi1} - 3A_{zi2} = i'(0^-) = 2 \end{cases}$$

解得 $A_{zi1}=5, A_{zi2}=-4$。从而得到系统的电流为

$$i(t) = (5e^{-2t} - 4e^{-3t}) u(t)$$

【例 2-15】 已知系统的输入-输出方程为

$$\frac{d^2}{dt^2} y(t) + \frac{11}{2} \frac{d}{dt} y(t) + 7 y(t) = \frac{3}{2} \frac{d}{dt} x(t) + 4 x(t)$$

且激励 $x(t)=2e^{-t}u(t), y(0^-)=6, y'(0^-)=0, y(0^+)=6, y'(0^+)=3$,试求该系统的零输入响应和零状态响应。

解　先求零输入响应 $y_{zi}(t)$,它满足齐次方程

$$\frac{d^2}{dt^2} y_{zi}(t) + \frac{11}{2} \frac{d}{dt} y_{zi}(t) + 7 y_{zi}(t) = 0$$

系统的特征方程为

$$\alpha^2 + \frac{11}{2}\alpha + 7 = 0$$

解得特征根为 $\alpha_1 = -2, \alpha_2 = -\dfrac{7}{2}$。因此可设系统的零输入响应

$$y_{zi}(t) = (A_1 e^{-2t} + A_2 e^{-\frac{7}{2}t}) u(t)$$

根据起始状态可写出方程组

$$\begin{cases} y_{zi}(0^+) = A_1 + A_2 = y(0^-) = 6 \\ y'_{zi}(0^+) = -2A_1 - \dfrac{7}{2}A_2 = y'(0^-) = 0 \end{cases}$$

解得 $A_1 = 14, A_2 = -8$。所以零输入响应为

$$y_{zi}(t) = (14e^{-2t} - 8e^{-\frac{7}{2}t})u(t)$$

再求零状态响应 $y_{zs}(t)$。对于 $t \geqslant 0$ 时间段,有

$$\frac{d^2}{dt^2}y_{zs}(t) + \frac{11}{2}\frac{d}{dt}y_{zs}(t) + 7y_{zs}(t) = \frac{3}{2}\frac{d}{dt}(2e^{-t}) + 4 \times 2e^{-t} = 5e^{-t}$$

因此设零状态响应

$$y_{zs}(t) = (B_1 e^{-2t} + B_2 e^{-\frac{7}{2}t} + De^{-t})u(t)$$

由前面分析知,$y_{zs}(t)$ 中 $De^{-t}u(t)$ 其实为方程的特解 $y_p(t)$。将 $y_p(t)$ 代入零状态响应方程可求得

$$D = 2$$

根据题意,系统响应在 $t=0$ 时刻有跳变,即

$$y_{zs}(0^+) = y(0^+) - y_{zi}(0^+) = 6 - 6 = 0$$

$$y'_{zs}(0^+) = y'(0^+) - y'_{zi}(0^+) = 3 - 0 = 3$$

根据该初始条件,有

$$y_{zs}(0^+) = B_1 + B_2 + 2 = 0$$

$$y'_{zs}(0^+) = -2B_1 - \frac{7}{2}B_2 - 2 = 3$$

从而求得系数 $B_1 = -\dfrac{4}{3}, B_2 = -\dfrac{2}{3}$。所以系统的零状态响应为

$$y_{zs}(t) = \left(-\frac{4}{3}e^{-2t} - \frac{2}{3}e^{-\frac{7}{2}t} + 2e^{-t}\right)u(t)$$

系统全响应 $y(t)$ 为

$$y(t) = y_{zi}(t) + y_{zs}(t)$$

$$= \underbrace{(14e^{-2t} - 8e^{-\frac{7}{2}t})u(t)}_{\text{零输入响应}} + \underbrace{\left(-\frac{4}{3}e^{-2t} - \frac{2}{3}e^{-\frac{7}{2}t} + 2e^{-t}\right)u(t)}_{\text{零状态响应}}$$

$$= \underbrace{\left(\frac{38}{3}e^{-2t} - \frac{26}{3}e^{-\frac{7}{2}t}\right)u(t)}_{\text{自由响应}} + \underbrace{2e^{-t}u(t)}_{\text{强迫响应}}$$

对响应的另一种区分是瞬态响应和稳态响应。当 $t \to +\infty$ 时,响应趋向于零的那部分分量被称为**瞬态响应**;而当 $t \to +\infty$ 时,保留下来的那部分非零分量称为**稳态响应**。对于例 2-15,当 $t \to +\infty$ 时由于全响应 $y(t)$ 趋于零,故全响应 $y(t)$ 都是瞬态响应,没有稳态响应分量。

2.3.2 连续时间系统的冲激响应和阶跃响应

一个连续时间线性时不变系统,当其起始状态为零时,输入为单位冲激信号 $\delta(t)$ 所引起的响应称为单位冲激响应,简称**冲激响应**,用 $h(t)$ 表示。冲激响应是激励为单位冲激信号

$\delta(t)$时系统的零状态响应,如图 2-8 所示。

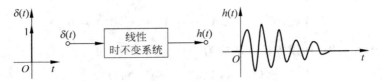

图 2-8　冲激响应示意图

对于线性常微分方程描述的连续时间的 LTI 系统,它的冲激响应 $h(t)$ 满足微分方程

$$a_N \frac{\mathrm{d}^N}{\mathrm{d}t^N}h(t) + a_{N-1} \frac{\mathrm{d}^{N-1}}{\mathrm{d}t^{N-1}}h(t) + \cdots + a_1 \frac{\mathrm{d}}{\mathrm{d}t}h(t) + a_0 h(t)$$

$$= b_M \delta^{(M)}(t) + b_{M-1}\delta^{(M-1)}(t) + \cdots + b_1 \delta'(t) + b_0\delta(t) \tag{2-19}$$

及起始状态 $h^{(k)}(0^-) = 0$ $(k = 0, 1, 2, \cdots, n-1)$。当 $t \geqslant 0^+$ 时,由于 $\delta(t)$ 及其各阶导数都为 0,故式(2-19)的右边为零,因此系统的冲激响应 $h(t)$ 与系统的自由响应具有相同的函数表达形式。

(1) $N > M$ 时,比较式(2-19)两端可知,冲激响应中不包含冲激函数项,冲激响应 $h(t)$ 形如

$$h(t) = \left(\sum_{k=1}^{N} A_k \mathrm{e}^{\alpha_k t} \right) u(t) \tag{2-20}$$

(2) $N = M$ 时,比较式(2-19)两端可知,要使方程左右两端的冲激函数的最高阶导数的阶次相同,冲激响应中必须包含冲激函数项,此时冲激响应 $h(t)$ 形如

$$h(t) = \left(\sum_{k=1}^{N} A_k \mathrm{e}^{\alpha_k t} \right) u(t) + B\delta(t) \tag{2-21}$$

(3) $N < M$ 时,比较式(2-19)两端可知,冲激响应中不仅包含冲激函数项,还必须包含冲激函数的导数项,此时冲激响应 $h(t)$ 形如

$$h(t) = \left(\sum_{k=1}^{N} A_k \mathrm{e}^{\alpha_k t} \right) u(t) + \sum_{k=0}^{M-N} B_k \frac{\mathrm{d}^k}{\mathrm{d}t^k}\delta(t) \tag{2-22}$$

冲激响应的形式确定后,其中有 $\max(N, M)$ 个待定系数,这些待定系数可以用冲激函数匹配法来确定,即:将冲激响应的形式代入原方程,整理方程以使方程两端的冲激函数及其各阶导数的系数对应相等,从而确定 $h(t)$ 中的待定系数。

【例 2-16】 已知某连续时间 LTI 系统的微分方程为

$$\frac{\mathrm{d}^2 y(t)}{\mathrm{d}t^2} + 5\frac{\mathrm{d}y(t)}{\mathrm{d}t} + 4y(t) = \frac{\mathrm{d}^2 x(t)}{\mathrm{d}t^2} + 2\frac{\mathrm{d}x(t)}{\mathrm{d}t} - x(t)$$

试求系统的冲激响应 $h(t)$。

解　原微分方程的特征方程为

$$\alpha^2 + 5\alpha + 4 = 0$$

解得特征根为 $\alpha_1 = -4, \alpha_2 = -1$。当 $x(t) = \delta(t)$ 时,响应即为 $h(t)$,因此 $h(t)$ 应满足的方程为

$$\frac{\mathrm{d}^2 h(t)}{\mathrm{d}t^2} + 5\frac{\mathrm{d}h(t)}{\mathrm{d}t} + 4h(t) = \delta''(t) + 2\delta'(t) - \delta(t)$$

该方程右侧存在信号 $\delta''(t)$，为了保持方程式左右两端的平衡，等式左侧 $\dfrac{\mathrm{d}^2 h(t)}{\mathrm{d}t}$ 项就必须含有 $\delta''(t)$，即冲激响应 $h(t)$ 中必须含有 $\delta(t)$，因此可设

$$h(t) = (A_1 \mathrm{e}^{-4t} + A_2 \mathrm{e}^{-t})u(t) + B\delta(t)$$

式中，A_1、A_2、B 均为待定系数。将 $h(t)$ 代入前述方程，有

$$(16A_1 \mathrm{e}^{-4t} + A_2 \mathrm{e}^{-t})u(t) - (4A_1 + A_2)\delta(t) + (A_1 + A_2)\delta'(t) + B\delta''(t)$$
$$+ 5\big[(-4A_1 \mathrm{e}^{-4t} - A_2 \mathrm{e}^{-t})u(t) + (A_1 + A_2)\delta(t) + B\delta'(t)\big]$$
$$+ 4\big[(A_1 \mathrm{e}^{-4t} + A_2 \mathrm{e}^{-t})u(t) + B\delta(t)\big]$$
$$= \delta''(t) + 2\delta'(t) - \delta(t)$$

方程两边 $\delta''(t)$、$\delta'(t)$、$\delta'(t)$ 的系数对应相等，可得方程组

$$\begin{cases} B = 1 \\ A_1 + A_2 + 5B = 2 \\ -(4A_1 + A_2) + 5(A_1 + A_2) + 4B = -1 \end{cases}$$

解得

$$\begin{cases} A_1 = -\dfrac{7}{3} \\[2mm] A_2 = -\dfrac{2}{3} \\[2mm] B = 1 \end{cases}$$

因此，系统的冲激响应为

$$h(t) = (3\mathrm{e}^{-4t} - 2\mathrm{e}^{-t})u(t) + \delta(t)$$

系统冲激响应 $h(t)$ 的求解还有另一种方法，称为等效初始条件法。下面举例说明。

【例 2-17】 已知某连续时间 LTI 系统的微分方程式为

$$\frac{\mathrm{d}^2 y(t)}{\mathrm{d}t^2} + 4\frac{\mathrm{d}y(t)}{\mathrm{d}t} + 3y(t) = \frac{\mathrm{d}x(t)}{\mathrm{d}t} - x(t)$$

试求系统的冲激响应 $h(t)$。

解 原微分方程的特征方程为

$$\alpha^2 + 4\alpha + 3 = 0$$

解得特征根为 $\alpha_1 = -3$，$\alpha_2 = -1$。冲激响应 $h(t)$ 满足的方程为

$$\frac{\mathrm{d}^2 h(t)}{\mathrm{d}t^2} + 4\frac{\mathrm{d}h(t)}{\mathrm{d}t} + 3h(t) = \delta'(t) - \delta(t)$$

由于 $t \geqslant 0^+$ 时方程右侧恒为零，且方程右侧的微分阶次低于左侧的微分阶次，因此可设 $h(t)$ 形式为

$$h(t) = (A_1 \mathrm{e}^{-3t} + A_2 \mathrm{e}^{-t})u(t)$$

对 $h(t)$ 满足的方程在区间 $(0^-, 0^+)$ 积分两次，得

$$h(t)\Big|_{0^-}^{0^+} + 4\int_{0^-}^{0^+} h(t)\mathrm{d}t = \int_{0^-}^{0^+} \delta(t)\mathrm{d}t$$

由于 $\int_{0^-}^{0^+} h(t)\mathrm{d}t = 0$，且 $h(0^-) = 0$，因此整理上式可得

$$h(0^+) = \int_{0^-}^{0^+} \delta(t)\mathrm{d}t = 1$$

类似地，对 $h(t)$ 满足的方程在区间 $(0^-, 0^+)$ 积分一次，得

$$h'(t)\mid_{0^-}^{0^+} + 4h(t)\mid_{0^-}^{0^+} + 3\int_{0^-}^{0^+} h(t)\mathrm{d}t = \int_{0^-}^{0^+}\delta'(t)\mathrm{d}t - \int_{0^-}^{0^+}\delta(t)\mathrm{d}t$$

由于 $\int_{0^-}^{0^+} h(t)\mathrm{d}t = 0, \int_{0^-}^{0^+}\delta'(t)\mathrm{d}t = 0$，且 $h(0^-) = h'(0^-) = 0$，整理上式可得

$$h'(0^+) = -4h(0^+) - \int_{0^-}^{0^+}\delta(t)\mathrm{d}t = -5$$

因此，从冲激响应的零起始状态开始，通过对原方程的两次积分，得到了冲激响应的非零初始条件。根据该初始条件，有

$$\begin{cases} h(0^+) = (A_1\mathrm{e}^{-3t} + A_2\mathrm{e}^{-t})u(t)\mid_{t=0^+} = A_1 + A_2 = 1 \\ h'(0^+) = (-3A_1\mathrm{e}^{-3t} - A_2\mathrm{e}^{-t})u(t)\mid_{t=0^+} = -3A_1 - A_2 = -5 \end{cases}$$

解得

$$\begin{cases} A_1 = 2 \\ A_2 = -1 \end{cases}$$

所以该系统的冲激响应为

$$h(t) = (2\mathrm{e}^{-3t} - \mathrm{e}^{-t})u(t)$$

对于连续时间 LTI 系统，当其起始状态为零时，输入为单位阶跃信号 $u(t)$ 所引起的响应称为单位阶跃响应，简称**阶跃响应**，用 $g(t)$ 表示，即阶跃响应是激励为单位阶跃信号 $u(t)$ 时系统的零状态响应，如图 2-9 所示。

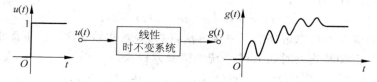

图 2-9　阶跃响应示意图

对于 N 阶连续时间 LTI 系统，其阶跃响应 $g(t)$ 满足的微分方程的一般表达式为

$$\left(\sum_{k=0}^{N} a_k \frac{\mathrm{d}^k}{\mathrm{d}t^k}\right)g(t) = \left(\sum_{k=0}^{M} b_k \frac{\mathrm{d}^k}{\mathrm{d}t^k}\right)u(t) \tag{2-23}$$

及起始状态 $g^{(k)}(0^-) = 0 (k = 0, 1, 2, \cdots, N-1)$。当 $t \geqslant 0^+$ 时，由于 $u(t)$ 各阶导数都为 0，但 $b_0 u(t)$ 不为零，等式右端为常数 b_0。因此，系统的阶跃响应 $g(t)$ 的形式为齐次解加特解。$g(t)$ 的求解方法与 $h(t)$ 的求解相似，下面举例说明。

【**例 2-18**】　若描述连续时间 LTI 系统的微分方程为

$$y''(t) + 3y'(t) + 2y(t) = 3x'(t) + 2x(t)$$

试求系统的阶跃响应 $g(t)$。

解　系统的阶跃响应 $g(t)$ 满足方程

$$g''(t) + 3g'(t) + 2g(t) = 3\delta(t) + 2u(t)$$

及零起始状态

$$g'(0^-) = g(0^-) = 0$$

容易求得系统的特征根为 $\lambda_1 = -1, \lambda_2 = -2$，从而可设其阶跃响应的形式为

$$g(t) = (A_1\mathrm{e}^{-2t} + A_2\mathrm{e}^{-t} + B)u(t)$$

将 $g(t)$ 的特解 $Bu(t)$ 代入前述方程,根据方程两端 $u(t)$ 项的系数相等可求得

$$B = 1$$

$g(t)$ 的一阶、二阶导数分别为

$$g'(t) = (-2A_1 e^{-2t} - A_2 e^{-t})u(t) + (A_1 + A_2 + 1)\delta(t)$$

$$g''(t) = (4A_1 e^{-2t} + A_2 e^{-t})u(t) + (-2A_1 - A_2)\delta(t) + (A_1 + A_2 + 1)\delta'(t)$$

将 $x(t)=u(t)$,$y(t)=g(t)$ 及其导数 $g'(t)$ 和 $g''(t)$ 代入系统的微分方程,稍加整理得

$$(A_1 + A_2 + 1)\delta'(t) + (A_1 + 2A_2 + 3)\delta(t) + 2u(t) = 3\delta(t) + 2u(t)$$

方程两边奇异函数的系数对应相等,有

$$\begin{cases} A_1 + A_2 + 1 = 0 \\ A_1 + 2A_2 + 3 = 3 \end{cases}$$

从而可解得

$$\begin{cases} A_1 = -2 \\ A_2 = 1 \end{cases}$$

所以,系统的阶跃响应为

$$g(t) = (-2e^{-2t} + e^{-t} + 1)u(t)$$

2.3.3　离散时间线性时不变系统的零输入响应和零状态响应

与连续时间 LTI 系统一样,离散时间 LTI 系统的完全响应也可以分解为零输入响应和零状态响应。零输入响应是指系统在没有外加激励的情况下,仅由系统非零起始状态单独作用所产生的响应,记为 $y_{zi}[n]$。零状态响应则是指系统起始状态为零的情况下,仅由激励 $x[n]$ 单独作用所产生的响应,记为 $y_{zs}[n]$。离散时间 LTI 系统的完全响应 $y[n]$ 可表示为

$$y[n] = y_{zi}[n] + y_{zs}[n] \tag{2-24}$$

离散时间 LTI 系统的零输入响应的求解与连续时间 LTI 系统的分析方法类似。在零输入条件下,$y_{zi}[n]$ 满足方程

$$\sum_{k=0}^{N} a_{N-k} y_{zi}[n-k] = 0 \tag{2-25}$$

及起始状态 $y[-k]$($k=1,\cdots,N$)。如果系统特征方程

$$\sum_{k=0}^{N} a_{N-k} \alpha^{N-k} = 0 \tag{2-13}$$

有 N 个不同的特征根 α_k($k=1,2,\cdots,N$),则零输入响应的一般形式为

$$y_{zi}[n] = \sum_{k=1}^{N} A_{zik} \alpha_k^n \tag{2-26}$$

其中待定系数 A_{zik} 需根据起始状态来确定。

【例 2-19】　某离散时间 LTI 系统的差分方程描述为

$$y[n] + 3y[n-1] + 2y[n-2] = 3x[n]$$

起始状态 $y[-1]=0$,$y[-2]=1$。试求该系统的零输入响应。

解　根据系统的差分方程可写出特征方程为

$$\alpha^2 + 3\alpha + 2 = 0$$

解得特征根为 $\alpha_1 = -2, \alpha_2 = -1$。因此可设系统的零输入响应形式为

$$y_{zi}[n] = A_{zi1}(-2)^n + A_{zi2}(-1)^n$$

根据起始状态,有

$$\begin{cases} y[-1] = y_{zi}[-1] = -\dfrac{1}{2}A_{zi1} - A_{zi2} = 0 \\ y[-2] = y_{zi}[-2] = \dfrac{1}{4}A_{zi1} + A_{zi2} = 1 \end{cases}$$

解得 $A_{zi1} = -4, A_{zi2} = 2$。所以该系统的零输入响应为

$$y_{zi}[n] = [-4(-2)^n + 2(-1)^n]u[n]$$

下面讨论零状态响应 $y_{zs}[n]$ 的求解方法。$y_{zs}[n]$ 是在不考虑起始时刻系统储能的作用下,由系统外加输入信号单独作用下的响应,它满足方程

$$\sum_{k=0}^{N} a_{N-k} y_{zs}[n-k] = \sum_{k=0}^{M} b_{N-k} x[n-k] \tag{2-27}$$

及起始状态 $y[-k] = 0 \ (k=1, \cdots, N)$。如果系统特征方程有 N 个不同的特征根 $\alpha_k (k=1, 2, \cdots, N)$,则 $y_{zs}[n]$ 的一般形式为

$$y_{zs}[n] = \sum_{k=1}^{N} A_{zsk} \alpha_k^n + D[n] \tag{2-28}$$

式中 $D[n]$ 为式(2-27)的特解,A_{zsk} 为待定常系数。可以看到,零状态响应是由一部分自由响应和强迫响应组成的。

【例 2-20】 考虑例 2-19 所述系统,输入 $x[n] = 2^n u[n]$,求该系统的零状态响应。

解 例 2-19 已求得系统的两个特征根,因此可设系统的零状态响应 $y_{zs}[n]$ 形式为

$$y_{zs}[n] = A_{zs1}(-2)^n + A_{zs2}(-1)^n + D[n]$$

先来求 $D[n]$。$D[n]$ 是当输入为 $2^n u[n]$ 时的特解,因此可以设 $D[n] = 2^n B$,将特解 $2^n B$ 和输入信号代入差分方程两端,有

$$B \cdot 2^n + \frac{3}{2}B \cdot 2^n + \frac{1}{2}B \cdot 2^n = 3 \cdot 2^n$$

从而解得 $B = 1$,所以

$$y_{zs}[n] = A_{zs1}(-2)^n + A_{zs2}(-1)^n + 2^n$$

将 $y_{zs}[n]$ 代入起始状态 $y_{zs}[-1] = 0, y_{zs}[-2] = 0$,解得 $A_{zs1} = 3, A_{zs2} = -1$。故系统的零状态响应为

$$y_{zs}[n] = [3(-2)^n - (-1)^n + 2^n]u[n]$$

综合例 2-19 和例 2-20,该系统在给定起始状态 $y[-1] = 0, y[-2] = 1$ 及输入 $x[n] = 2^n u[n]$ 时的全响应为

$$y[n] = y_{zi}[n] + y_{zs}[n] = [-(-2)^n + (-1)^n + 2^n]u[n]$$

2.3.4　离散时间线性时不变系统的单位样值响应

同连续时间 LTI 系统类似,单位样值信号 $\delta[n]$ 作为激励而产生的系统零状态响应被称为**单位样值响应**,记为 $h[n]$。单位样值信号是一种基本信号,通过单位样值响应可以求解系统在任意信号激励下的零状态响应。此外,通过单位样值响应还可研究系统的性质。所以,单位样值响应在离散时间系统时域分析中起着十分重要的作用。

1. 用迭代法求解单位样值响应

因为 $\delta[n]$ 只有在 $n=0$ 时刻取值为 1,在 n 为其他值时 $\delta[n]$ 的取值均为零。所以,可以利用这一特点使用迭代法依次求出 $h[0],h[1],\cdots,h[n]$。

【例 2-21】 已知描述离散时间 LTI 系统的差分方程为

$$y[n] - \frac{1}{2}y[n-1] = x[n]$$

试求其单位样值响应 $h[n]$。

解 根据单位样值响应的定义,$x[n]=\delta[n]$,单位样值响应 $h[n]$ 满足方程

$$h[n] - \frac{1}{2}h[n-1] = \delta[n]$$

及零起始状态,即 $n<0$ 时有 $h[n]=0$,因而 $h[-1]=0$,所以

$$h[0] = \frac{1}{2}h[-1] + \delta[0] = 1$$

$$h[1] = \frac{1}{2}h[0] + \delta[1] = \frac{1}{2} \times 1 + 0 = \frac{1}{2}$$

$$h[2] = \frac{1}{2}h[1] + \delta[2] = \frac{1}{2} \times \frac{1}{2} + 0 = \left(\frac{1}{2}\right)^2$$

$$h[3] = \frac{1}{2}h[2] + \delta[3] = \frac{1}{2} \times \left(\frac{1}{2}\right)^2 + 0 = \left(\frac{1}{2}\right)^3$$

$$\vdots$$

$$h[n] = \frac{1}{2}h[n-1] + \delta[n] = \frac{1}{2} \times \left(\frac{1}{2}\right)^{n-1} + 0 = \left(\frac{1}{2}\right)^n$$

于是可以得到系统的单位样值响应为

$$h[n] = \begin{cases} \left(\dfrac{1}{2}\right)^n, & n \geqslant 0 \\ 0, & n < 0 \end{cases}$$

2. 等效初始条件的零输入响应法

在用迭代法求解离散时间 LTI 系统的单位样值响应时,通常不能直接得到 $h[n]$ 的闭式。为了改善这一状况,可以把激励单位样值 $\delta[n]$ 信号的贡献等效为初始条件,然后可以用求系统零输入响应的方法去求解 $h[n]$ 的闭式。

【例 2-22】 已知系统

$$y[n] - 3y[n-1] + 3y[n-2] - y[n-3] = x[n]$$

求系统的单位样值响应 $h[n]$。

解 单位样值信号 $\delta[n]$ 作用于系统,得

$$h[n] - 3h[n-1] + 3h[n-2] - h[n-3] = \delta[n]$$

对应的特征方程为

$$a^3 - 3a^2 + 3\alpha - 1 = (\alpha-1)^3 = 0$$

解得特征根为

$$\alpha_1 = \alpha_2 = \alpha_3 = 1$$

当 $n>0$ 时,$h[n]$ 满足的方程实为齐次方程

$$h[n] - 3h[n-1] + 3h[n-2] - h[n-3] = 0$$

因此 $h[n]$ 具有齐次通解的形式。由于系统有三重特征根,故设

$$h[n] = (C_2 n^2 + C_1 n + C_0)u[n]$$

其中待定系数 C_2、C_1、C_0 需根据初始条件来确定。$h[n]$ 为零状态响应,有 $h[-1] = h[-2] = h[-3] = 0$,因此可通过原方程的迭代求得依次 $h[0]$、$h[1]$ 和 $h[2]$。

$$h[0] = 3h[-1] - 3h[-2] + h[-3] + \delta[0] = 1 = C_0$$
$$h[1] = 3h[0] - 3h[-1] + h[-2] = 3 = C_2 + C_1 + C_0$$
$$h[2] = 3h[1] - 3h[0] + h[-1] = 6 = 4C_2 + 2C_1 + C_0$$

解上述方程组可求得

$$\begin{cases} C_2 = \dfrac{1}{2} \\ C_1 = \dfrac{3}{2} \\ C_0 = 1 \end{cases}$$

于是得到系统的单位样值响应为

$$h[n] = \begin{cases} \dfrac{1}{2}n^2 + \dfrac{3}{2}n + 1, & n \geqslant 0 \\ 0, & n < 0 \end{cases}$$

若描述系统的差分方程右端有移位信号时,可以分解差分方程右端为单个输入情况,求出只有 $\delta[n]$ 作用下的单位样值响应,再利用系统的线性时不变特性,求出移位信号引起的响应,然后将这些响应叠加,从而求得 $h[n]$ 的闭式。

【例 2-23】 已知系统

$$y[n] - 3y[n-1] + 3y[n-2] - y[n-3] = 4x[n] - 2x[n-1]$$

求系统的单位样值响应 $h[n]$。

解 本例与例 2-22 的差分方程左侧完全相同,因此记例 2-22 所求得的单位样值响应为

$$h_1[n] = \left(\frac{1}{2}n^2 + \frac{3}{2}n + 1\right)u[n]$$

如果方程的右侧仅有 $4x[n]$,根据系统的均匀性特性,可得到对应的单位样值响应为

$$4h_1[n] = (2n^2 + 6n + 4)u[n]$$

如果方程的右侧仅有 $x[n-1]$,根据系统的时不变特性,可得到对应的单位样值响应为

$$h_1[n-1] = \left(\frac{1}{2}(n-1)^2 + \frac{3}{2}(n-1) + 1\right)u[n-1] = \frac{1}{2}(n^2 + n)u[n-1]$$

本例中方程的右侧为 $4x[n] - 2x[n-1]$,根据系统的线性和时不变性,可得到系统的单位样值响应为

$$\begin{aligned} h[n] &= 4h_1[n] - 2h_1[n-1] = (2n^2 + 6n + 4)u[n] - (n^2 + n)u[n-1] \\ &= (n^2 + 5n + 4)u[n] \end{aligned}$$

2.4 卷 积 积 分

对于卷积方法最早的研究源于 18 世纪的数学家欧拉(Leonhard Euler,1707~1783)、泊松(Simeon-Denis Poisson,1781~1840)等人,此后许多科学工作者对卷积问题做了大量

的研究。近代,随着信号与系统理论和计算机技术的发展,卷积在现代地震勘探、超声诊断、光学成像及其他诸多信号处理领域中有着广泛的应用。本节将对卷积积分的定义和求解做一说明,然后讨论卷积积分的性质。

2.4.1　卷积积分的定义和求解

在连续时间 LTI 系统中,可以利用系统的叠加性和齐次性,将连续时间信号 $x(t)$ 表示成若干个简单的基本信号的线性组合,则系统的输出 $y(t)$ 就是每个基本信号所产生的输出的线性组合。为此,需将连续时间信号分解成合适的基本信号。

对于任一连续时间信号 $x(t)$,可以考虑用一串矩形脉冲或阶梯信号 $\hat{x}(t)$ 来近似表示 $x(t)$,如图 2-10 所示。

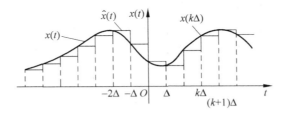

图 2-10　用矩形脉冲逼近 $x(t)$

近似信号 $\hat{x}(t)$ 可以表示为一串延时的矩形脉冲的线性组合,如图 2-11(a)～(d)所示。下面取图 2-11(c)中 $0<t<\Delta$ 的脉冲来讨论。若定义

$$\delta_\Delta(t) = \begin{cases} \dfrac{1}{\Delta}, & 0 \leqslant t \leqslant \Delta \\ 0, & \text{其他} \end{cases} \tag{2-29}$$

则

$$\Delta \times \delta_\Delta(t) = \begin{cases} 1, & 0 \leqslant t \leqslant \Delta \\ 0, & \text{其他} \end{cases} \tag{2-30}$$

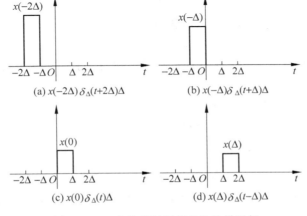

图 2-11　一个连续时间信号的阶梯近似

将 $\delta_\Delta(t)$ 信号在时间轴 t 上平移 $k\Delta$ 单位,当 k 分别为 -2、-1、1 时,对应脉冲信号分别如图 2-11(a)、(b)、(d)所示。此时有

$$\Delta \times \delta_\Delta(t-k\Delta) = \begin{cases} 1, & k\Delta \leqslant t \leqslant (k+1)\Delta \\ 0, & \text{其他} \end{cases} \tag{2-31}$$

从图 2-11 直观地看出,近似信号 $\hat{x}(t)$ 可以表示成

$$\hat{x}(t) = \Delta \sum_{k=-\infty}^{+\infty} x(k\Delta)\delta_\Delta(t-k\Delta) \tag{2-32}$$

式中,$x(k\Delta)$ 为信号 $x(t)$ 在 $t=k\Delta$ 处的数值。显而易见,当 $\Delta \to 0$ 时,$\hat{x}(t) \to x(t)$,且 $\delta_\Delta(t) \to \delta(t)$。当 Δ 趋于无穷小时,即 $\Delta \to \mathrm{d}\tau$ 时,$k\Delta \to \tau$,求和变为积分。因此可以得到

$$x(t) = \lim_{\Delta \to 0}\Delta \sum_{k=-\infty}^{+\infty} x(k\Delta)\delta_\Delta(t-k\Delta) = \int_{-\infty}^{+\infty} x(\tau)\delta(t-\tau)\mathrm{d}\tau \tag{2-33}$$

式(2-33)其实与式(1-55)完全相同,它为冲激函数的筛选性质。式(2-33)表明,连续时间任意信号 $x(t)$ 可用无穷多个单位冲激函数的移位加权和的极限,即积分来表示。特别地,若以 $x(t)=u(t)$ 为例,有

$$u(t) = \int_0^{+\infty} \delta(t-\tau)\mathrm{d}\tau \tag{2-34}$$

从上面的讨论知道,连续时间任意信号 $x(t)$ 均可以用一串加权和移位的单位冲激叠加得来。在连续时间 LTI 系统中,如果系统对单位冲激信号 $\delta(t)$ 的响应为 $h(t)$,则利用系统的时不变特性可知,当输入变量 $\delta(t)$ 移位为 $\delta(t-k\Delta)$ 时,其相应的输出响应移位为 $h(t-k\Delta)$;根据连续时间 LTI 系统的齐次性可知,当 $k\Delta$ 时刻输入冲激的强度变为 $x(k\Delta) \times \Delta$ 时,其输出也相应地变为 $x(k\Delta) \times h(t-k\Delta) \times \Delta$;那么,再利用线性系统的叠加性,就可以得出如下结论:若系统的输入信号是一组加权和移位的单位冲激信号的叠加时,系统的输出是其单位冲激响应的加权和移位叠加,即

$$y(t) = \sum_{k=-\infty}^{+\infty} x(k\Delta)h(t-k\Delta) \cdot \Delta \tag{2-35}$$

当 $\Delta \to 0$ 时,$k\Delta \to \tau$,$\Delta \to \mathrm{d}\tau$,上述求和变为积分

$$y(t) = \int_{-\infty}^{+\infty} x(\tau)h(t-\tau)\mathrm{d}\tau \tag{2-36}$$

式(2-36)的运算称为卷积积分,简称为**卷积**,通常记为

$$y(t) = x(t) * h(t) \tag{2-37}$$

从上面分析可以看出,一个连续时间 LTI 系统的特性可以用它的单位冲激响应来刻画。

对于连续时间 LTI 因果系统,有

$$h(t) = 0, \quad t < 0 \tag{2-38}$$

此时系统的卷积积分可以简化为

$$y(t) = \int_{-\infty}^{t} x(\tau)h(t-\tau)\mathrm{d}\tau \tag{2-39}$$

用图形方式描述卷积的过程将有助于理解卷积的概念和卷积的计算过程。根据卷积积分的定义式(2-36),将被积函数定义为一个中间信号

$$w_t(\tau) = x(\tau)h(t-\tau) \tag{2-40}$$

式(2-40)中，τ 为自变量，而 t 被看做常数，于是 $h(t-\tau)=h(-(\tau-t))$，相当于 $h(\tau)$ 反褶和平移的结果，平移量为 $|t|$。如果 $t<0$，则相当于反褶后的 $h(-\tau)$ 向左平移，反之，$h(-\tau)$ 向右平移。时移量 t 决定了系统输出的 t 时刻。将式(2-40)代入式(2-36)，得

$$y(t) = \int_{-\infty}^{+\infty} w_t(\tau)\mathrm{d}\tau \qquad (2\text{-}41)$$

这样，从几何意义上不难看出系统在任意时刻 t 的输出就等于 $w_t(\tau)=x(\tau)h(t-\tau)$ 信号波形下面的面积。

因此，卷积积分的计算过程可总结如下：

① 换轴：以 τ 为自变量，画出 $x(\tau)$、$h(\tau)$ 的信号波形。

② 反褶：将 $h(\tau)$ 相对于 $\tau=0$ 反褶得到 $h(-\tau)$。

③ 平移：将 $h(-\tau)$ 移位，位移量是 t，此处 t 是一个参变量。若 $t>0$，将 $h(-\tau)$ 沿轴 τ 向右平移 t 个单位；若 $t<0$，则将 $h(-\tau)$ 图形左移 $|t|$ 个单位。

④ 相乘：将 $x(\tau)$ 与 $h(t-\tau)$ 相乘，得到中间信号 $w_t(\tau)=x(\tau)h(t-\tau)$。

⑤ 积分：完成相乘后图形 $w_t(\tau)$ 关于 τ 的积分。

下面通过例题来说明图解法求解卷积积分的过程。

【例 2-24】 设某连续时间 LTI 系统的输入信号 $x(t)=u(t)$，其单位冲激响应为 $h(t)=\mathrm{e}^{-at}u(t)$（$a>0$），求系统的输出 $y(t)$。

解 图 2-12 分别画出了 $x(\tau)$、$h(\tau)$ 及对应于某一个 $t>0$ 和 $t<0$ 时的 $h(t-\tau)$。

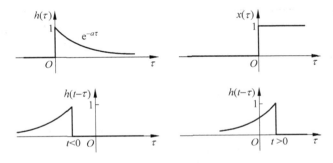

图 2-12　例 2-24 卷积积分的运算

由图 2-12 可以看出，由于 $t<0$ 时 $x(\tau)$ 与 $h(t-\tau)$ 乘积为零，而对于 $t>0$ 有

$$x(\tau)h(t-\tau) = \begin{cases} \mathrm{e}^{-a(t-\tau)}, & 0 \leqslant \tau \leqslant t \\ 0, & \text{其他} \end{cases}$$

所以

$$y(t) = \int_0^t \mathrm{e}^{-a(t-\tau)}\mathrm{d}\tau = \frac{1}{a}\mathrm{e}^{-a(t-\tau)}\Big|_0^t = \frac{1}{a}(1-\mathrm{e}^{-at}), \quad t>0$$

因此，系统的输出为

$$y(t) = \frac{1}{a}(1-\mathrm{e}^{-at})u(t)$$

【例 2-25】 已知函数 $x(t)=u(t)-u(t-3)$，$h(t)=\mathrm{e}^{-t}u(t)$，求 $x(t)$ 与 $h(t)$ 的卷积积分 $y(t)$。

解 利用图解法来求此卷积积分。$x(t)$ 与 $h(t)$ 的波形如图 2-13(a)和(b)所示，首先进行换轴，将 t 换成 τ，得到如图 2-13(c)和(d)所示的 $x(\tau)$ 和 $h(\tau)$。然后，以 $\tau=0$ 为对称轴将

图 2-13(d)进行反褶得到了 $h(-\tau)$ 的图形,接着以 t 为平移量将 $h(-\tau)$ 的图形沿 τ 轴平移。再将乘积信号 $x(\tau)h(t-\tau)$ 沿 τ 轴积分得到 t 时刻的卷积值。当 t 从 $-\infty$ 到 $+\infty$ 时,就可以得到不同时刻的卷积值。

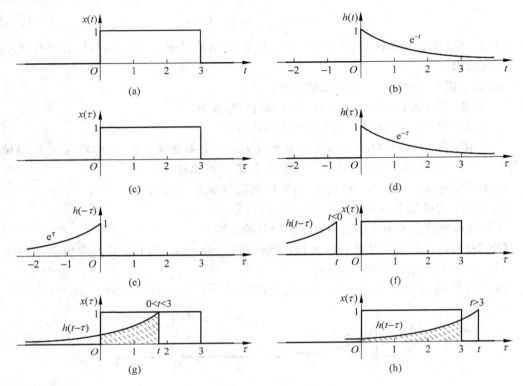

图 2-13 例 2-25 的卷积图解过程

当 $t<0$ 时,如图 2-13(f)所示,$x(\tau)h(t-\tau)$ 乘积为 0,所以输出亦为 0。当平移量 t 大于 0 且小于 3 时,如图 2-13(g)所示,从图中可以看出 $\tau>t$ 时,$h(t-\tau)=0$,仅当 $0<\tau<t$ 时,$x(\tau)$、$h(t-\tau)$ 均非零,且由于 $x(\tau)=1$,所以 t 时刻的卷积值就是 $h(t-\tau)$ 波形与 τ 轴在区间包围的面积,如图 2-13(g)中阴影部分所示,此时

$$y(t) = x(t) * h(t) = \int_0^t h(t-\tau)\mathrm{d}\tau = \int_0^t \mathrm{e}^{-(t-\tau)}\mathrm{d}\tau = \mathrm{e}^{-t}\int_0^t \mathrm{e}^{\tau}\mathrm{d}\tau = \mathrm{e}^{-t}\cdot\mathrm{e}^{\tau}\mid_0^t = 1-\mathrm{e}^{-t}$$

当 $t>3$ 时,如图 2-13(h)所示,$x(\tau)h(t-\tau)$ 仅在 $0<\tau<3$ 内不为 0,所以有

$$y(t) = x(t) * h(t) = \int_0^3 x(\tau)h(t-\tau)\mathrm{d}\tau = \int_0^3 \mathrm{e}^{-(t-\tau)}\mathrm{d}\tau = \mathrm{e}^{-t}\cdot\mathrm{e}^{\tau}\mid_0^3 = (\mathrm{e}^3-1)\mathrm{e}^{-t}$$

综合以上分析,有

$$y(t) = x(t) * h(t) = \begin{cases} 0, & t \leqslant 0 \\ 1-\mathrm{e}^{-t}, & 0 \leqslant t \leqslant 3 \\ (\mathrm{e}^3-1)\mathrm{e}^{-t}, & t \geqslant 3 \end{cases}$$

从以上卷积的图形计算过程可以清楚地看到,卷积积分包括信号的反褶、平移、乘积和积分四个过程,在此过程中关键是确定积分区间与被积函数表达式。一般地,卷积结果 $y(t)$ 的起点时刻等于 $x(t)$ 与 $h(t)$ 的起点时刻之和;$y(t)$ 的终点时刻等于 $x(t)$ 与 $h(t)$ 的终点

时刻之和。更一般地,如果进行卷积的两信号均为分段函数,则它们的卷积也是分段函数,卷积的分段点是参与卷积两信号的分段点的代数和依从小到大的次序排列,而且卷积结果在分段点处连续但其一阶导数不一定连续。如例 2-25 中,信号 $x(t)$ 的分段点依次为 $-\infty$、0、3、$+\infty$,信号 $h(t)$ 的分段点依次为 $-\infty$、0、$+\infty$,将 $x(t)$、$h(t)$ 的分段点依次求和并依从小到大的次序排列后得到 $-\infty$、0、3、$+\infty$,所以 $x(t)$ 与 $h(t)$ 的卷积分为 $(-\infty,0]$、$[0,3]$、$[3,+\infty)$ 三段。

若待卷积的两个信号能用解析函数式表达,则可以采用解析法,直接按照卷积的积分表达式来进行计算,如下例所示。

【例 2-26】　已知一连续时间 LTI 系统的单位冲激响应为 $h(t)=\mathrm{e}^{-2t}u(t)$,系统的输入信号为 $x(t)=\mathrm{e}^{-3t}u(t)$,求系统的输出 $y(t)$。

解　由式(2-38),系统的输出为

$$y(t) = x(t)*h(t) = \int_{-\infty}^{+\infty} x(\tau)h(t-\tau)\mathrm{d}\tau = \int_{-\infty}^{+\infty}\mathrm{e}^{-3\tau}u(\tau)\cdot\mathrm{e}^{-2(t-\tau)}u(t-\tau)\mathrm{d}\tau$$

式中,τ 为积分变量,t 为参变量。由于 $\tau<0$ 时 $x(\tau)=0$,而当 $\tau>t$ 时 $u(t-\tau)=0$,所以积分区间应为 $0<\tau<t$,从而有

$$y(t) = \int_{0}^{t}\mathrm{e}^{-3\tau}\cdot\mathrm{e}^{-2(t-\tau)}\mathrm{d}\tau u(t) = \int_{0}^{t}\mathrm{e}^{-2t-\tau}\mathrm{d}\tau u(t) = \mathrm{e}^{-2t}\cdot(-\mathrm{e}^{-\tau})\mid_{0}^{t}u(t)$$

$$= \mathrm{e}^{-2t}\cdot(-\mathrm{e}^{-t}+1)u(t) = (\mathrm{e}^{-2t}-\mathrm{e}^{-3t})u(t)$$

2.4.2　卷积积分的性质

1. 交换律性质

卷积运算的一个基本性质是交换律。在连续时间情况下,有

$$x(t)*h(t) = h(t)*x(t) \tag{2-42}$$

即,两信号的卷积积分与次序无关。式(2-42)可以通过变量置换来证明。在连续时间情况下,设 $\lambda=t-\tau$,则 $\tau=t-\lambda$,所以

$$x(t)*h(t) = \int_{-\infty}^{+\infty} x(\tau)\cdot h(t-\tau)\mathrm{d}\tau = \int_{-\infty}^{+\infty} x(t-\lambda)\cdot h(\lambda)\mathrm{d}\lambda$$

$$= \int_{-\infty}^{+\infty} h(\lambda)\cdot x(t-\lambda)\mathrm{d}\lambda = h(t)*x(t)$$

因此,如果系统输入信号 $x(t)$ 与系统的冲激响应 $h(t)$ 互相调换,系统的输出信号不发生变化。

2. 分配律性质

卷积的分配律指卷积可以在相加项上进行分配。对连续时间系统,有

$$x(t)*[h_1(t)+h_2(t)] = \int_{-\infty}^{+\infty} x(\tau)[h_1(t-\tau)+h_2(t-\tau)]\mathrm{d}\tau$$

$$= \int_{-\infty}^{+\infty} x(\tau)h_1(t-\tau)\mathrm{d}\tau + \int_{-\infty}^{+\infty} x(\tau)h_2(t-\tau)\mathrm{d}\tau$$

$$= x(t)*h_1(t)+x(t)*h_2(t)$$

所以卷积的分配律为

$$y(t) = x(t)*[h_1(t)+h_2(t)] = x(t)*h_1(t)+x(t)*h_2(t) \tag{2-43}$$

分配律在系统分析中有一个非常有用的解释,相当于并联系统的冲激响应等于组成这

个并联系统的各个子系统的冲激响应之和,如图 2-14 所示。

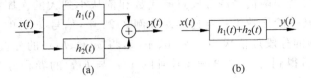

图 2-14　连续时间 LTI 系统并联与卷积分配律

利用卷积的分配律还可以说明:LTI 系统对两个独立输入信号的和的响应等于系统对单个输入信号的响应之和。即

$$[x_1(t) + x_2(t)] * h(t) = x_1(t) * h(t) + x_2(t) * h(t) \tag{2-44}$$

3. 结合律性质

卷积的另一个重要而有用的性质是结合律。在连续时间情况时,有

$$x(t) * [h_1(t) * h_2(t)] = [x(t) * h_1(t)] * h_2(t) \tag{2-45}$$

为了说明结合律,首先展开式(2-45)的左端,得到

$$x(t) * [h_1(t) * h_2(t)] = x(t) * \int_{-\infty}^{+\infty} h_1(\tau) h_2(t - \tau) \mathrm{d}\tau$$

$$= \int_{-\infty}^{+\infty} x(\beta) \left[\int_{-\infty}^{+\infty} h_1(\tau) h_2(t - \beta - \tau) \mathrm{d}\tau \right] \mathrm{d}\beta$$

进行变量变换 $\tau = \lambda - \beta$,得到 $\mathrm{d}\tau = \mathrm{d}\lambda$,当 $\tau \to +\infty$ 时,$\lambda \to +\infty$;当 $\tau \to -\infty$,$\lambda \to -\infty$,所以上式可以变成

$$x(t) * [h_1(t) * h_2(t)] = \int_{-\infty}^{+\infty} \int_{-\infty}^{+\infty} x(\beta) h_1(\lambda - \beta) h_2(t - \lambda) \mathrm{d}\lambda \mathrm{d}\beta$$

$$= \int_{-\infty}^{+\infty} \left[\int_{-\infty}^{+\infty} x(\beta) h_1(\lambda - \beta) \mathrm{d}\beta \right] h_2(t - \lambda) \mathrm{d}\lambda$$

$$= \int_{-\infty}^{+\infty} [x(\lambda) * h_1(\lambda)] h_2(t - \lambda) \mathrm{d}\lambda$$

$$= [x(t) * h_1(t)] * h_2(t)$$

从而证明了式(2-45)的正确性。式(2-45)说明连续卷积具有结合律,所以不需要指出先计算哪一个卷积,因此在式(2-45)中可以去掉中括号。又因为连续卷积也符合交换律,所以

$$x(t) * h_1(t) * h_2(t) = x(t) * h_2(t) * h_1(t) \tag{2-46}$$

从数学的角度看,卷积积分的结合律对应于 LTI 系统的级联情况。考虑如图 2-15 所示的两个 LTI 系统的级联,图 2-15 中利用卷积积分的交换律和结合律分析出三个系统输出均为 $y(t)$,说明了连续时间 LTI 级联总系统的冲激响应等于各个子系统的冲激响应的卷积积分,连续时间 LTI 级联总系统的输出与各个子系统的顺序是无关的。

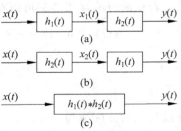

图 2-15　连续时间 LTI 系统的级联

4. 与 $\delta(t)$ 的卷积

连续时间 LTI 系统中,任意信号 $x(t)$ 与单位冲激信号 $\delta(t)$ 卷积的结果仍然是信号 $x(t)$ 本身。即

$$x(t) * \delta(t) = x(t) \tag{2-47}$$

这可由卷积的交换律和 $\delta(t)$ 的抽样特性直接得出。

$$x(t) * \delta(t) = \delta(t) * x(t) = \int_{-\infty}^{+\infty} \delta(\tau) x(t-\tau) \mathrm{d}\tau = x(t-\tau) \mid_{\tau=0} = x(t)$$

进一步有,函数 $x(t)$ 与移位单位冲激函数 $\delta(t-t_0)$ 卷积的结果,相当于把函数 $x(t)$ 本身延迟 t_0

$$x(t) * \delta(t-t_0) = \int_{-\infty}^{+\infty} x(\tau) \delta(t-t_0-\tau) \mathrm{d}\tau = x(t-t_0) \tag{2-48}$$

【例 2-27】 已知函数 $x_1(t) = \delta(t)$,$x_2(t) = \cos(\omega t + 45°)$,求它们的卷积 $x_1(t) * x_2(t)$。

解 利用性质 $x(t) * \delta(t) = x(t)$ 有

$$x_1(t) * x_2(t) = \delta(t) * \cos(\omega t + 45°) = \cos(\omega t + 45°)$$

5. 与 $u(t)$ 的卷积

任意信号 $x(t)$ 与单位阶跃信号 $u(t)$ 的卷积等于信号 $x(t)$ 在区间 $(-\infty, t)$ 的积分,即

$$x(t) * u(t) = \int_{-\infty}^{+\infty} x(\tau) u(t-\tau) \mathrm{d}\tau = \int_{-\infty}^{t} x(\tau) \mathrm{d}\tau \tag{2-49}$$

6. 卷积的微分特性

对于连续时间系统,有

$$\frac{\mathrm{d}}{\mathrm{d}t}[x(t) * h(t)] = \frac{\mathrm{d}x(t)}{\mathrm{d}t} * h(t) = x(t) * \frac{\mathrm{d}h(t)}{\mathrm{d}t} \tag{2-50}$$

即,两个函数卷积的微分等于其中一个函数的微分与另一个函数的卷积。

证明:

$$\frac{\mathrm{d}}{\mathrm{d}t}[x(t) * h(t)] = \frac{\mathrm{d}}{\mathrm{d}t}\int_{-\infty}^{+\infty} x(\tau) h(t-\tau) \mathrm{d}\tau = \int_{-\infty}^{+\infty} x(\tau) \frac{\mathrm{d}}{\mathrm{d}t} h(t-\tau) \mathrm{d}\tau = x(t) * \frac{\mathrm{d}h(t)}{\mathrm{d}t}$$

根据交换律,有

$$\frac{\mathrm{d}}{\mathrm{d}t}[x(t) * h(t)] = \frac{\mathrm{d}x(t)}{\mathrm{d}t} * h(t)$$

7. 卷积的积分特性

两个函数卷积的积分,等于其中一个函数积分后与另一个函数的卷积。即

$$\int_{-\infty}^{t}[x(\lambda) * h(\lambda)]\mathrm{d}\lambda = \left[\int_{-\infty}^{t} x(\lambda) \mathrm{d}\lambda\right] * h(t) = x(t) * \left[\int_{-\infty}^{t} h(\lambda) \mathrm{d}\lambda\right] \tag{2-51}$$

证明:

$$\int_{-\infty}^{+\infty}[x(\lambda) * h(\lambda)]\mathrm{d}\lambda = \int_{-\infty}^{t}\left[\int_{-\infty}^{+\infty} x(\tau) h(\lambda-\tau) \mathrm{d}\tau\right]\mathrm{d}\lambda = \int_{-\infty}^{+\infty} x(\tau)\left[\int_{-\infty}^{t} h(\lambda-\tau) \mathrm{d}\lambda\right]\mathrm{d}\tau$$

$$= x(t) * \left[\int_{-\infty}^{t} h(\lambda) \mathrm{d}\lambda\right]$$

根据交换律有

$$\int_{-\infty}^{t}[x(\lambda) * h(\lambda)]\mathrm{d}\lambda = \left[\int_{-\infty}^{t} x(\lambda) \mathrm{d}\lambda\right] * h(t)$$

8. 卷积的微积分特性

卷积的微积分特性,是指两个函数的卷积,等于其中一个函数的微分与另一个函数的积分的卷积。其数学表达式为

$$y(t) = x(t) * h(t) = \frac{\mathrm{d}x(t)}{\mathrm{d}t} * \int_{-\infty}^{t} h(\lambda) \mathrm{d}\lambda = \left[\int_{-\infty}^{t} x(\lambda) \mathrm{d}\lambda\right] * \frac{\mathrm{d}h(t)}{\mathrm{d}t} \tag{2-52}$$

必须指出,使用卷积的微积分性质是有条件的,即被求导的函数在 $t=-\infty$ 处为零值,或者被积分的函数在 $(-\infty,+\infty)$ 区间上的积分值为零。这两个条件是"或"的关系,只要满足其中一个条件就足够了。

恰当地运用本节中的卷积的性质,可以使得卷积的运算得以简化。

【例 2-28】 求函数 $x_1(t)=u(t)$,$x_2(t)=e^{-at}u(t)$ 的卷积 $x_1(t)*x_2(t)$。

解 利用函数的微积分特性有

$$x_1(t)*x_2(t) = \frac{\mathrm{d}x_1(t)}{\mathrm{d}t} * \left[\int_{-\infty}^{t} x_2(\tau)\mathrm{d}\tau\right] = \delta(t) * \left(\frac{1}{\alpha} - \frac{1}{\alpha}e^{-at}\right)u(t) = \frac{1}{\alpha}(1-e^{-at})u(t)$$

【例 2-29】 求函数 $x_1(t)=(1+t)[u(t)-u(t-1)]$,$x_2(t)=u(t-1)-u(t-2)$ 的卷积 $x_1(t)*x_2(t)$。

解 利用卷积的性质有

$$x_1(t)*x_2(t) = \int_{-\infty}^{t} x_1(\tau)\mathrm{d}\tau * \frac{\mathrm{d}x_2(t)}{\mathrm{d}t}$$

$$= \left[\int_{0}^{t}(1+\tau)\mathrm{d}\tau u(t) - \int_{1}^{t}(1+\tau)\mathrm{d}\tau u(t-1)\right] * [\delta(t-1)-\delta(t-2)]$$

$$= \left[\left(\frac{1}{2}t^2+t\right)u(t) - \left(\frac{1}{2}t^2+t-\frac{3}{2}\right)u(t-1)\right] * [\delta(t-1)-\delta(t-2)]$$

$$= \left(\frac{1}{2}t^2-\frac{1}{2}\right)u(t-1) + (-t^2+t+2)u(t-2) + \left(\frac{1}{2}t^2-t-\frac{3}{2}\right)u(t-3)$$

2.5　卷　积　和

2.5.1　卷积和的定义和求解

本节从离散时间 LTI 系统开始讨论。在离散时间 LTI 系统中,一个信号是如何描述的呢?在第 1 章中已经讨论了单位样值序列,利用单位样值序列,可以把一个离散时间任意信号当做一组单位样值序列的加权及其移位的组合。按这种方式描述的信号作用于离散时间 LTI 系统可得到卷积和。下面用图 2-16 直观地示例表示如何用一组单位样值序列的加权及其移位来表示任意一个离散时间信号。

图 2-16(a)表示一个任意离散时间信号,其他分图则画出了 4 个时间移位并加权的单位样值序列。信号 $x[n]$ 乘以 $\delta[n]$,即 $x[n]\delta[n]=x[0]\delta[n]$,如图 2-16(c)所示;将 $x[n]$ 乘以时移的样值序列,得 $x[n]\delta[n-k]=x[k]\delta[n-k]$,如图 2-16(b)、(c)、(d)和(e)所示。可见,将一个信号 $x[n]$ 乘以时移单位样值序列 $\delta[n-k]$ 的结果仍然是一个时移样值序列,但是其幅度为时移 k 处信号 $x[n]$ 的取值 $x[k]$。因此,可以将 $x[n]$ 表示为如下时移样值序列的加权和

$$x[n] = \cdots + x[-1]\delta[n+1] + x[0]\delta[n] + x[1]\delta[n-1] + x[2]\delta[n-2] + \cdots$$

可以将上式重写为更简单的形式

$$x[n] = \sum_{k=-\infty}^{+\infty} x[k]\delta[n-k] \tag{2-53}$$

即离散时间的任意信号 $x[n]$ 可以表示为单位样值序列 $\delta[n]$ 及其移位的线性组合。

由前面的分析知道,对于连续时间 LTI 系统,由于系统冲激响应要求系统在零状态条件下,且输入激励为单位冲激信号,因而冲激响应仅取决于系统的内部结构及元件参数。也

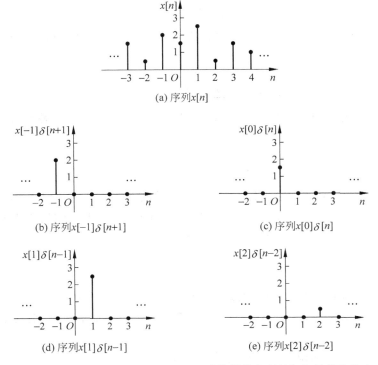

图 2-16 一个离散时间信号分解为一组单位样值序列的加权及其移位之和

就是说,不同结构和元件参数的系统,将具有不同的冲激响应。因此,系统的冲激响应 $h(t)$ 可以表征系统本身的特性。

在离散时间 LTI 系统中,通过把激励序列分解为移位样值序列的线性组合,求出每一个移位样值序列单独作用于系统的响应,然后把这些响应叠加,即可得到系统对原激励序列的零状态响应,这个叠加的过程表现为**卷积和**。

系统在单位样值序列 $\delta[n]$ 作用下的零状态响应为单位样值响应。如果系统用算符 H 代表,则系统的单位样值响应可以用符号表示为

$$H\{\delta[n]\} = h[n] \tag{2-54}$$

由于研究的是线性时不变系统,根据 2.1 节可知,输入信号的时移将导致输出信号相同的时移。这种关系意味着系统对移位样值序列的响应等于系统对样值响应时移同样的时间,即

$$H\{\delta[n-k]\} = h[n-k] \tag{2-55}$$

对于输入信号 $x[n]$ 的输出信号 $y[n]$ 可以表示成

$$y[n] = H\{x[n]\}$$

如果将 $x[n]$ 表示为式(2-53)的形式,则输出 $y[n]$ 为

$$y[n] = H\left\{\sum_{k=-\infty}^{+\infty} x[k]\delta[n-k]\right\} \tag{2-56}$$

现在应用系统线性特性的叠加性,即系统算符 H 可以与求和运算符交换次序,于是

$$y[n] = \sum_{k=-\infty}^{+\infty} H\{x[k]\delta[n-k]\} \tag{2-57}$$

由于 n 表示时间序号,$x[k]$ 对于系统算符 H 来说只是一个常数,应用系统线性特性的均匀性,有

$$y[n] = \sum_{k=-\infty}^{+\infty} x[k]H\{\delta[n-k]\} \tag{2-58}$$

根据前面的讨论可知,上式中的 $H\{\delta[n-k]\}$ 可以利用式(2-55)替换,故可将系统的输出重写为

$$y[n] = \sum_{k=-\infty}^{+\infty} x[k]h[n-k] \tag{2-59}$$

于是,线性时不变系统的输出信号等于时移样值响应的加权线性组合,这是将输入信号表示为时移样值序列的加权和的一个直接结果。式(2-59)的求和结果称为卷积和,式中右边的运算称为 $x[n]$ 与 $h[n]$ 的卷积,用符号 $*$ 来表示卷积运算,即

$$x[n]*h[n] = \sum_{k=-\infty}^{+\infty} x[k]h[n-k] \tag{2-60}$$

式(2-60)意味着:既然一个离散时间线性时不变系统对于任意输入的响应可以用系统单位样值响应的线性组合来表示,则离散时间 LTI 系统的单位样值响应就完全地刻画了系统的特性。

下面通过一个例子来说明卷积和的计算过程。

【例 2-30】 考虑一离散时间线性时不变系统,其单位样值响应 $h[n]$ 如图 2-17(a)所示。输入信号 $x[n]$ 如图 2-17(b)所示。求系统的输出 $y[n]$。

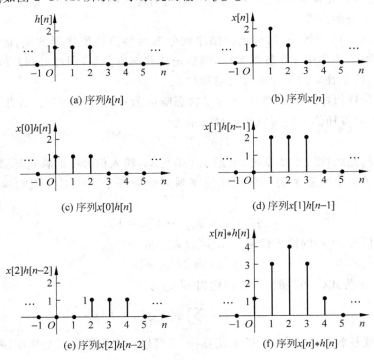

(a) 序列 $h[n]$ (b) 序列 $x[n]$

(c) 序列 $x[0]h[n]$ (d) 序列 $x[1]h[n-1]$

(e) 序列 $x[2]h[n-2]$ (f) 序列 $x[n]*h[n]$

图 2-17 卷积 $x[n]*h[n]$ 的图示

解 因为仅有 $x[0]$、$x[1]$ 和 $x[2]$ 非零,所以 $y[n]$ 为
$$y[n] = x[0]h[n] + x[1]h[n-1] + x[2]h[n-2]$$
$$= h[n] + 2h[n-1] + h[n-2]$$

从 $y[n]$ 的求和表达式可以看出,在求 $y[n]$ 时只需对单位样值响应进行两次移位后再求加权和,即 $h[n]$、$2h[n-1]$、$h[n-2]$ 三个序列,它们分别如图 2-17(c)、(d)、(e)所示。在每个 n 值上分别相加后就得到 $y[n]$,如图 2-17(f)所示。

图 2-17 用图形说明了卷积和,LTI 系统的单位样值响应 $h[n]$ 和输入信号 $x[n]$ 分别见图 2-17(a)、(b)。在图 2-17(c)~(e)中,输入信号 $x[n]$ 被分解为时移样值序列的加权和,系统对第 k 个输入分量 $x[k]$ 的响应为 $x[k]h[n-k]$,这个输出分量由平移 k 个时间单位的单位样值响应 $h[n-k]$ 与 $x[k]$ 相乘得到。把所有输出分量加起来就得了系统对输入信号 $x[n]$ 的总输出信号 $y[n]$,即

$$y[n] = \sum_{k=-\infty}^{+\infty} x[k]h[n-k]$$

这种方法先找出对应于每个时移样值序列的输出,然后将每个加权的时移样值响应相加以求出 $y[n]$。

前面用直接法计算卷积和,介绍了卷积和计算的基本方法,但是直接法计算卷积只能在输入信号较短时才可行。当输入信号较长时,这种方法就将变得十分烦琐,因此可以利用中间信号计算卷积和。回顾卷积的定义

$$y[n] = \sum_{k=-\infty}^{+\infty} x[k]h[n-k]$$

如果将 $x[k]$ 和 $h[n-k]$ 的乘积定义成为一个中间信号序列,这个序列 $w[k] = x[k]h[n-k]$,它可看作是 k 为自变量,n 为常数的函数。现在,$h[n-k] = h[-(k-n)]$ 是 $h[k]$ 的反褶加时移信号,如果 n 是负数,则 $h[n-k]$ 是由 $h[k]$ 的反褶信号向左时移得到的;而如果 n 是正数,则由 $h[k]$ 的反褶信号向右时移。将序列 $w[k]$ 的全部样本值相加就是在所选定的 n 时刻的输出。由此,为了对 $y[n]$ 计算出全部 n 时刻的值,就需要对每个 n 值重复这个过程。下面用例子来说明这一点,并用非常简单的图解来表示。

【例 2-31】 已知 $x[n]$ 和 $h[n]$ 如图 2-18 所示,求 $y[n] = x[n] * h[n]$。

(a) 序列 $x[n]$ (b) 序列 $h[n]$

图 2-18 例 2-31 中 $x[n]$ 和 $h[n]$ 的图形

解 先以 k 为自变量,画出 $x[k]$ 和 $h[k]$ 的信号波形。如图 2-19(a)和(b)所示;接着以 $k=0$ 轴为对称轴,将 $h[k]$ 反褶后得到 $h[-k]$,如图 2-19(c)所示;然后以 n 为参变量将 $h[-k]$ 进行平移,分别如图 2-19(d)~(h)所示。

当 $n<0$ 时,$x[k]$ 如图 2-19(a)所示,$h[n-k]$ 如图 2-19(d)所示,可见此时 $x[k]h[n-k]=0$,所以 $y[n]=0(n<0)$。

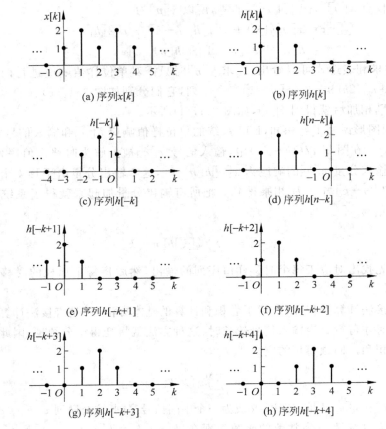

图 2-19 例 2-31 的卷积计算图解过程

当 $n=0$ 时：有

$$y[0] = x[k]h[-k] = \sum_{k=0}^{0} x[k]h[n-k] = 1$$

当 $n=1$ 时：若 $k<0$，则 $x[k]$ 如图 2-19(a) 所示为零；若 $k>1$，则 $h[n-k]$ 如图 2-19(e) 所示为零，所以

$$y[1] = \sum_{k=0}^{1} x[k]h[1-k] = 1 \times 2 + 2 \times 1 = 4$$

当 $n=2$ 时：$h[n-k]$ 如图 2-19(f) 所示，$k<0$ 时，$x[k]=0$；$k>2$ 时，$h[n-k]=0$。所以

$$y[2] = \sum_{k=0}^{2} x[k]h[2-k] = 1 \times 1 + 2 \times 2 + 1 \times 1 = 6$$

当 $n=3$ 时：$k<0$ 时，$x[k]$ 如图 2-19(a) 所示为零；$k>3$ 时，$h[n-k]$ 如图 2-19(g) 所示为零，所以

$$y[3] = \sum_{k=0}^{3} x[k]h[3-k] = 1 \times 0 + 2 \times 1 + 1 \times 2 + 2 \times 1 = 6$$

观察分析得知当 $n \geq 2$ 时，$y[n]=6$。

归纳以上结果可得卷积和

$$y[n] = x[n] * h[n] = \delta[n] + 4\delta[n-1] + 6u[n-2]$$

从上面的例子可以将利用中间信号计算卷积和的这一过程总结如下：

（1）以 k 作为自变量，画出 $x[k]$ 和 $h[k]$ 的信号波形。

（2）将 $h[k]$ 以纵轴为对称轴反褶，得到 $h[-k]$。

（3）将 $h[-k]$ 随变量 n 平移得到 $h[n-k]$。如果 n 是负数，则 $h[n-k]$ 是由 $h[k]$ 的反褶信号向左时移；如果 n 是正数，则由 $h[k]$ 的反褶信号向右时移。

（4）将 $x[k]$ 和 $h[n-k]$ 各对应点相乘。

（5）对某个选定的 n 值，将相乘后的各点值相加，即得到了系统在 n 时刻的响应值 $y[n]$。改变 n 值，重复（3）～（5）步，直到计算出全部的 $y[n]$ 的值。

两序列的卷积和除了前面介绍的根据定义求解和图解法外，还可以通过列表法得到。设 $x[n]$、$h[n]$ 都是因果序列，则有

$$y[n] = x[n] * h[n] = \sum_{k=0}^{n} x[k]h[n-k]$$

当 $n=0$ 时，$y[0]=x[0]h[0]$；

$n=1$ 时，$y[1]=x[0]h[1]+x[1]h[0]$；

$n=2$ 时，$y[2]=x[0]h[2]+x[1]h[1]+x[2]h[0]$；

$\qquad \vdots$

于是可以依次求出 $y[n]=\{y[0],y[1],y[2],\cdots\}$。

以上求解过程可以归纳成如下列表：将一序列如 $h[n]$ 从左向右排列，另一序列如 $x[n]$ 从上向下排列，然后每个 $x[n]$ 的值去乘以 $h[n]$ 的各个值，最后沿每条从左下向右上的对角线将各乘积项相加，即可得到 $y[n]$ 的值，如表 2-3 所示。

表 2-3 列表法求卷积

$h[n]$ \\ $x[n]$	$h[0]$	$h[1]$	$h[2]$	$\cdots$
$x[0]$	$x[0]h[0]$	$x[0]h[1]$	$x[0]h[2]$	$\cdots$
$x[1]$	$x[1]h[0]$	$x[1]h[1]$	$x[1]h[2]$	$\cdots$
$x[2]$	$x[2]h[0]$	$x[2]h[1]$	$x[2]h[2]$	$\cdots$
$\cdots$	$\cdots$	$\cdots$	$\cdots$	$\cdots$

在上述列表法中，假如 $x[n]$ 或 $h[n]$ 的第一项不是从 $n=0$ 开始，则 $y[0]$ 是含有行和列的第零项之叉乘积项所在的对角线各项的和。列表法特别适合于求两个有限长序列的卷积和。

【例 2-32】 计算 $x[n]=\{1,2,0,3,2\}(n=-2,-1,0,1,2)$ 与 $h[n]=\{1,4,2,3\}(n=-1,0,1,2)$ 的卷积和。

解 本例给出的离散时间序列较短，可以采用列表法简便迅速地求出结果。根据表 2-3 所示的列表规律，列表 2-4 如下所示，由此可计算出 $y[n]=\{1,6,10,10,20,14,13,6\}$，$(n=-3,-2,-1,0,1,2,3,4)$。

表 2-4　例 2-32 列表法求卷积

$x[n]$	$h[-1]=1$	$h[0]=4$	$h[1]=2$	$h[2]=3$
$x[-2]=1$	1	4	2	3
$x[-1]=2$	2	8	4	6
$x[0]=0$	0	0	0	0
$x[1]=3$	3	12	6	9
$x[2]=2$	2	8	4	6

通过例 2-32 两个序列卷积和的过程,有以下结论:若序列 $x[n]$ 仅在 $N_1 \leqslant n \leqslant N_2$ 间有非零数值,序列长度 $L_1 = N_2 - N_1 + 1$;序列 $h[n]$ 仅在 $N_3 \leqslant n \leqslant N_4$ 间有非零数值,序列长度 $L_2 = N_4 - N_3 + 1$,则卷积和 $y[n] = x[n] * h[n]$ 仅在 $N_1 + N_3 \leqslant n \leqslant N_2 + N_4$ 间有非零数值,卷积和 $y[n]$ 的序列长度 $L = L_1 + L_2 - 1$。

例如在例 2-32 中,有

$x[n]$:$-2 \leqslant n \leqslant 2$,长度 $L_1 = 5$;

$h[n]$:$-1 \leqslant n \leqslant 2$,长度 $L_2 = 4$;

$y[n]$:$-2 - 1 = -3 \leqslant n \leqslant 4 = 2 + 2$,长度 $L = 5 + 4 - 1 = 8$。

2.5.2　卷积和的性质

卷积和运算具有一些性质,这些性质在信号与系统分析中有着重要的作用,利用这些性质还可以将卷积和运算简化,下面分别讨论这些性质。

1. 交换律性质

卷积和运算的一个基本性质是交换律,即

$$x[n] * h[n] = h[n] * x[n] \tag{2-61}$$

该式可以通过变量置换来证明。在离散时间情况下,若设 $l = n - k$,则 $k = n - l$,所以

$$y[n] = x[n] * h[n] = \sum_{k=-\infty}^{+\infty} x[k]h[n-k] = \sum_{l=-\infty}^{+\infty} x[n-l]h[l]$$

$$= \sum_{l=-\infty}^{+\infty} h[l]x[n-l] = h[n] * x[n]$$

即两序列在卷积和中的次序是可以交换的,或者说卷积和运算与卷积的次序无关。这说明,一个输入信号为 $x[n]$,单位样值响应为 $h[n]$ 的离散时间 LTI 系统的输出信号 $y_1[n]$,与当输入信号为 $h[n]$,单位样值响应为 $x[n]$ 的离散时间 LTI 系统的输出信号 $y_2[n]$ 是完全一致的。

2. 分配律性质

卷积和的另一个基本性质是分配律,即卷积可以在相加项上进行分配。在离散时间时有

$$x[n] * \{h_1[n] + h_2[n]\} = x[n] * h_1[n] + x[n] * h_2[n] \qquad (2\text{-}62)$$

这个性质的证明如下

$$x[n] * \{h_1[n] + h_2[n]\} = \sum_{k=-\infty}^{+\infty} x[k]\{h_1[n-k] + h_2[n-k]\}$$

$$= \sum_{k=-\infty}^{+\infty} x[k]h_1[n-k] + \sum_{k=-\infty}^{+\infty} x[k]h_2[n-k]$$

$$= x[n] * h_1[n] + x[n] * h_2[n]$$

在系统分析中,并联离散时间系统的单位样值响应等于组成这个并联系统的各个子系统的单位样值响应之和。图 2-20 给出了两个离散时间 LTI 系统的并联,两个子系统的单位样值响应分别为 $h_1[n]$、$h_2[n]$,对于同样的输入信号 $x[n]$,两个子系统的输出分别为

$$y_1[n] = x[n] * h_1[n]$$

$$y_2[n] = x[n] * h_2[n]$$

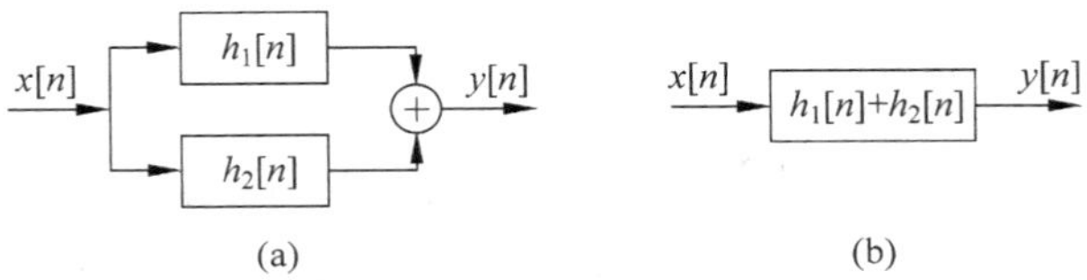

图 2-20 离散时间 LTI 系统并联与卷积和分配律

这是一个并联系统,系统的输出等于两个子系统的输出相加,即图 2-20(a)系统的输出为

$$y[n] = x[n] * h_1[n] + x[n] * h_2[n]$$

这就是式(2-62)等号右侧的表达式。而图 2-20(b)系统的输出为

$$y[n] = x[n] * \{h_1[n] + h_2[n]\}$$

这就是式(2-62)等号左侧的表达式,所以:图 2-20(a)和图 2-20(b)的系统是完全一样的。从分析中可以得到并联系统的样值响应等于组成这个并联系统的各个子系统的样值响应之和。

利用卷积和的分配律还可以说明:LTI 系统对两个独立输入信号的和的响应等于系统对单个输入信号的响应之和。即

$$\{x_1[n] + x_2[n]\} * h[n] = x_1[n] * h[n] + x_2[n] * h[n] \qquad (2\text{-}63)$$

3. 结合律性质

卷积的另一个重要而有用的性质是结合律。在离散时间情况下有

$$x[n] * \{h_1[n] * h_2[n]\} = \{x[n] * h_1[n]\} * h_2[n] \qquad (2\text{-}64)$$

考虑如图 2-21 所示的两个 LTI 系统的级联。在图 2-21(a)中,设 $x_1[n]$ 代表第一个子系统的输出,它也是第二个系统的输入,总的输出可表示为

$$y[n] = x_1[n] * h_2[n] = \sum_{k=-\infty}^{+\infty} x_1[k]h_2[n-k] \qquad (2\text{-}65)$$

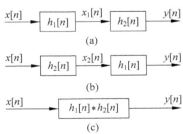

图 2-21 离散时间 LTI 系统的级联

因为 $x_1[k]$ 是第一个子系统的输出,它可用 $x[k]$ 来表示

$$x_1[k] = x[k] * h_1[k] = \sum_{v=-\infty}^{+\infty} x[v]h_1[k-v] \tag{2-66}$$

将表示 $x_1[k]$ 的式(2-66)代入式(2-65)得

$$y[n] = \sum_{k=-\infty}^{+\infty}\sum_{v=-\infty}^{+\infty} x[v]h_1[k-v]h_2[n-k]$$

现在进行求和变量替换 $r=k-v$,并交换求和顺序,得

$$y[n] = \sum_{v=-\infty}^{+\infty} x[v] \sum_{r=-\infty}^{+\infty} h_1[r]h_2[n-v-r] \tag{2-67}$$

内层 $\sum_{r=-\infty}^{+\infty} h_1[r]h_2[n-v-r]$ 可以看成是 $h_1[n]$ 与 $h_2[n]$ 的卷积和在 $n-v$ 处的值,即如果定义 $h[n]=h_1[n]*h_2[n]$,则有

$$h[n-v] = \sum_{r=-\infty}^{+\infty} h_1[r]h_2[n-v-r] \tag{2-68}$$

将式(2-68)代入式(2-67)得

$$y[n] = \sum_{v=-\infty}^{+\infty} x[v]h[n-v] = x[n]*h[n] \tag{2-69}$$

将 $x_1[n]=x[n]*h_1[n]$ 代入式(2-65),再将 $h[n]=h_1[n]*h_2[n]$ 代入式(2-69),就得到卷积和的结合律,即式(2-64)

$$\{x[n]*h_1[n]\}*h_2[n] = x[n]*\{h_1[n]*h_2[n]\}$$

于是,两个离散时间 LTI 系统级联而成的总系统的单位样值响应等于两个子系统的单位样值响应的卷积和。从输入输出角度来看,两个单位样值响应分别为 $h_1[n]$、$h_2[n]$ 的子系统级联后等效于单位样值响应为 $h[n]=h_1[n]*h_2[n]$ 的总系统。

LTI 系统级联的另一个重要特性是关于级联的顺序,如图 2-21(b)所示,调换两个子系统的顺序,利用与前面类似的证明可以得到

$$\{x[n]*h_2[n]\}*h_1[n] = x[n]*\{h_1[n]*h_2[n]\} \tag{2-70}$$

这说明在 LTI 级联系统中,交换级联的顺序并不会影响最后的结果。

4. $\delta[n]$ 是卷积的单位元

离散时间信号 $x[n]$ 与单位样值信号 $\delta[n]$ 的卷积和仍然是信号 $x[n]$ 本身,即

$$x[n]*\delta[n] = x[n] \tag{2-71}$$

5. $\delta[n-n_0]$ 是 n_0 个时间单元的延时器

进一步,离散时间信号 $x[n]$ 与稳定单位样值 $\delta[n-n_0]$ 卷积和的结果,相当于把离散时间信号 $x[n]$ 本身延迟 n_0

$$x[n]*\delta[n-n_0] = x[n-n_0] \tag{2-72}$$

这里的 n_0 可以是负整数,这样 $\delta[n-n_0]$ 实现的就是对信号 $x[n]$ 的超前操作而不是延时。

6. $u[n]$ 是累加器

任意离散序列 $x[n]$ 与单位阶跃序列 $u[n]$ 的卷积和等于序列 $x[n]$ 在 $(-\infty,n)$ 区间的累加和,即

$$x[n]*u[n] = \sum_{k=-\infty}^{n} x[k] \tag{2-73}$$

【**例 2-33**】 计算 $x[n]=\{1,0,2,4\}(n=-2,-1,0,1)$ 与 $h[n]=\{1,4,5,3\}(n=-1,0,1,2)$ 的卷积和。

解　$x[n]$ 可用单位样值序列及其位移表示为

$$x[n]=\delta[n+2]+2\delta[n]+4\delta[n-1]$$

利用延时特性和分配律性质有

$$\begin{aligned}x[n]*h[n]&=\{\delta[n+2]+2\delta[n]+4\delta[n-1]\}*h[n]\\&=h[n+2]+2h[n]+4h[n-1]\end{aligned}$$

所以

$$y[n]=x[n]*h[n]=\{1,4,7,15,26,26,12\}\quad(n=-3,-2,-1,0,1,2,3)$$

2.6　LTI 系统的框图表示

本节将介绍利用方框图来表示用微分方程或差分方程描述的 LTI 系统。这样做是非常有益的：方框图形象地表示了系统内部对输入信号进行运算处理的基本运算部件之间的互联关系，这有助于加深对系统特性的理解；另外，这种框图表示对于系统的实现有很大的价值。

离散时间 LTI 系统可以用差分方程来描述，基本运算包括了数乘、相加和延时（移位）；而在连续时间 LTI 系统中的数学运算可归结为数乘、相加和微分（或积分）。因此，先定义方框图中对信号实施这些基本运算的部件及其框图表示，如图 2-22 所示。

（1）倍乘器：$y(t)=ax(t)$ 或 $y[n]=ax[n]$

（2）加法器：$y(t)=x(t)+w(t)$ 或 $y[n]=x[n]+w[n]$

（3）连续时间系统的积分器：$y(t)=\displaystyle\int_{-\infty}^{t}x(\tau)\mathrm{d}\tau$

（4）离散时间系统的延迟器：$y[n]=x[n-1]$

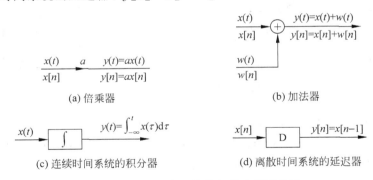

图 2-22　几种基本运算符号的方框图表示

因为在模拟电路中构造积分器比构造微分器更容易一些，所以将连续时间系统中的微分运算在方框图表示时代替为积分运算。积分器的一个优点是它能平滑系统中的噪声，但是，为了用积分器表示连续时间 LTI 系统，需要将微分方程转换为积分方程。

【**例 2-34**】 已知一阶系统的差分方程为

$$y[n]+ay[n-1]=bx[n]$$

试画出该系统的方框图。

解　首先,把方程改写成 $y[n]$ 的迭代运算形式

$$y[n] = -ay[n-1] + bx[n]$$

输出 $y[n]$ 经过一个延迟并乘以 $(-a)$ 后与 $x[n]$ 数乘 b 后相加,该系统的运算关系可以用图 2-23 形象化地表现出来。

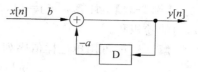

图 2-23　例 2-34 系统的方框图

【例 2-35】　已知系统的差分方程为

$$y[n] + a_1 y[n-1] + a_0 y[n-2] = b_2 x[n] + b_1 x[n-1] + b_0 x[n-2]$$

试画出该系统的方框图。

解　将原方程改写为迭代形式

$$y[n] = -a_1 y[n-1] - a_0 y[n-2] + b_2 x[n] + b_1 x[n-1] + b_0 x[n-2]$$

设

$$w[n] = b_2 x[n] + b_1 x[n-1] + b_0 x[n-2]$$

则

$$y[n] = -a_1 y[n-1] - a_0 y[n-2] + w[n]$$

得到系统方框图如图 2-24 所示。

例 2-35 的系统方框图可以看成是两个子系统的级联:一个子系统的输入为 $x[n]$,输出为 $w[n]$;而另一个子系统的输入为 $w[n]$,输出为 $y[n]$。由于两个子系统都是 LTI 系统,根据卷积和的交换律性质知道,级联系统交换其前后顺序是不会改变输入输出关系的,因此将前后两个子系统调换次序,并合并延迟单元得到图 2-25。

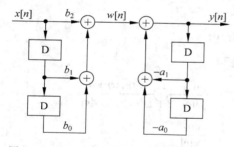

图 2-24　例 2-35 系统的方框图(直接 I 型)

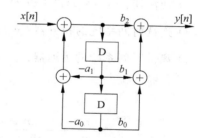

图 2-25　例 2-35 系统的方框图(直接 II 型)

图 2-24 和图 2-25 表示例 2-35 所描述系统的两种不同实现方式,图 2-24 的方框图称为"直接 I 型",而图 2-25 的方框图称为"直接 II 型"。在直接 I 型中使用了四个存储器,而直接 II 型只需要两个存储器,可见直接 II 型更有效地使用了存储器。

对于连续时间 LTI 系统也有类似的分析。在用方框图表示微分方程所描述的连续时间 LTI 系统时,为了更容易地用积分器代替微分器,先要将微分方程重写为积分形式。原方程

$$\sum_{k=0}^{N} a_k \frac{\mathrm{d}^k}{\mathrm{d}t^k} y(t) = \sum_{k=0}^{M} b_k \frac{\mathrm{d}^k}{\mathrm{d}t^k} x(t), \quad N \geqslant M \tag{2-5}$$

两边积分 N 遍,可得描述该系统的积分方程为

$$\sum_{k=0}^{N} a_k y^{(N-k)}(t) = \sum_{k=0}^{M} b_k x^{(N-k)}(t) \tag{2-74}$$

其中 $y^{(n)}(t)$ 表示 $y(t)$ 对 t 的 n 重积分，$x^{(n)}(t)$ 表示 $x(t)$ 对 t 的 n 重积分。

对于一个 $a_2=1$ 的二阶系统，用积分形式表示为

$$y(t) = -a_1 y^{(1)}(t) - a_0 y^{(2)}(t) + b_2 x(t) + b_1 x^{(1)}(t) + b_0 x^{(2)}(t)$$

与差分方程类似的分析，用积分器代替延时器，便可得到表示这个二阶系统的"直接 I 型"和
"直接 II 型"分别如图 2-26(a)和图 2-26(b)所示。

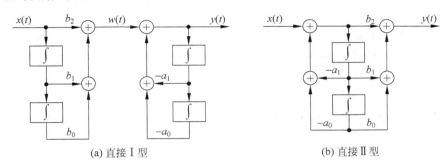

(a) 直接 I 型　　　　　　　(b) 直接 II 型

图 2-26　由二阶积分方程描述的连续时间 LTI 系统的方框图

小　　结

1. LTI 系统性质

LTI 系统的性质包括如下几方面：线性，时不变性，因果性，稳定性，记忆性等。系统的
基本性质也是划分系统的基本依据。

2. 输入输出方程的建立及解法

在连续时间 LTI 系统中，系统的数学模型可以用常系数微分方程来描述，一个 N 阶线
性常系数微分方程形式如式(2-5)所示；线性常系数微分方程完全解由齐次解和特解两部
分组成。根据特征根的形式不同，齐次解的形式一般有三种，几种常见输入信号对应的特解
函数式列于表 2-1。

对于离散时间系统，系统的数学模型可以用常系数差分方程来描述，N 阶线性常系数
差分方程的一般形式如式(2-9)所示；根据特征根的形式不同，齐次解的形式一般有三种，
而表 2-2 给出了离散时间系统中一些常用信号的对应特解形式。

3. 零输入响应和零状态响应

连续时间 LTI 系统的零输入响应是指在没有外加激励信号的作用下，只有起始状态
(起始时刻系统储能)单独作用时的响应，记为 $y_{zi}(t)$，其解形式由式(2-15)和已知的
$y^{(k)}(0^-)(k=0,1,\cdots,N-1)$ 来确定。

连续时间 LTI 系统的零状态响应是在不考虑起始时刻系统的储能，由外加输入信号单
独作用下所产生的系统响应，记为 $y_{zs}(t)$。其解如式(2-18)所示，零状态响应由强迫响应
$B(t)$ 及自由响应的一部分组成。连续时间 LTI 系统的完全响应为 $y(t)=y_{zi}(t)+y_{zs}(t)$。

离散时间 LTI 系统的零输入响应是指系统在没有外加激励的情况下，仅由系统初始状
态单独作用下产生的响应，可以记为式(2-26)的 $y_{zi}[n]$。零状态响应则是指系统起始状态
为零的情况下，仅由输入激励 $x[n]$ 单独作用下所产生的响应，记为如式(2-28)的 $y_{zs}[n]$。

离散时间线性时不变系统的完全响应为 $y[n]=y_{zi}[n]+y_{zs}[n]$。

4. 冲激响应和样值响应

一连续时间 LTI 系统,当其起始状态为零时,输入为单位冲激信号 $\delta(t)$ 所引起的响应称为单位冲激响应,简称冲激响应,用 $h(t)$ 表示。$N>M$ 时,冲激响应 $h(t)$ 如式(2-20)所示;$N \leqslant M$ 时,冲激响应 $h(t)$ 如式(2-22)所示,其中的待定系数可以用冲激函数匹配法求解。

在离散时间 LTI 系统中,单位样值 $\delta[n]$ 作为激励而产生的系统零状态响应 $h[n]$ 被称为单位样值响应。单位样值响应的求解有两种办法:迭代法和等效初始条件的零输入响应法。

连续或离散时间 LTI 系统,当其起始状态为零时,输入为单位阶跃信号或序列所引起的响应称为单位阶跃响应,简称阶跃响应,记为 $g(t)$ 或 $g[n]$。系统阶跃响应的形式为齐次解加特解。

5. 卷积积分和卷积和

在连续时间 LTI 系统中,输入信号可以展开为一组加权和移位的单位冲激叠加而成的信号,系统输出是其单位冲激响应的加权和移位叠加信号,这个过程称为卷积积分,简称为卷积。卷积的求解有图解法和解析法两种方法。

在离散时间 LTI 系统中,激励信号可以分解为单位样值信号的线性组合,系统输出是其单位样值响应的加权和移位叠加,这个过程表现为卷积和。卷积和的运算有三种方法:直接法、图解法和列表法。

卷积(和)有许多有用的性质,如交换律、分配律、结合律、微积分特性等。灵活应用这些性质可有效减少求解复杂信号之间卷积(和)的运算量。

6. LTI 系统的框图表示

用方框图可以形象地表示用微分方程或差分方程描述的 LTI 系统。在连续时间 LTI 系统中,系统的基本数学运算可归结为数乘、相加和微分(或积分);在离散时间 LTI 系统中,系统的基本运算包括了数乘、相加和延时(移位)。对信号实施这些基本运算的部件及其框图表示如图 2-22 所示。

在离散时间 LTI 系统中,差分方程 $y[n]+a_1y[n-1]+a_0y[n-2]=b_2x[n]+b_1x[n-1]+b_0x[n-2]$ 描述的系统可用方框图表示为图 2-24 的"直接Ⅰ型"和图 2-25 的"直接Ⅱ型"。

在连续时间系统中,对于一个 $a_2=1$ 的二阶系统,用积分器代替延时器,可得到表示这个二阶系统的"直接Ⅰ型"和"直接Ⅱ型"表示,分别如图 2-26(a)和图 2-26(b)所示。

习　题

2-1　判断并证明如下系统的线性、时不变性、因果性:

(1) $y_1(t)=T[x(t)]=\int_{-\infty}^{t}x(\tau)d\tau$

(2) $y_2(t)=T[x(t)]=\cos(\omega_0 t)x(t)$

2-2　求给定微分方程 $\dfrac{d^2}{dt^2}y(t)+5\dfrac{d}{dt}y(t)+6y(t)=2x(t)+\dfrac{d}{dt}x(t)$ 所描述系统的齐

次解。

2-3 求下列给定微分或差分方程描述的系统对指定输入信号的一个特解。

(a) $\dfrac{\mathrm{d}^2}{\mathrm{d}t^2}y(t)+5\dfrac{\mathrm{d}}{\mathrm{d}t}y(t)+6y(t)=\dfrac{\mathrm{d}}{\mathrm{d}t}x(t)+2x(t)$，$x(t)=\mathrm{e}^{-t}$

(b) $y[n]+\dfrac{1}{4}y[n-2]=x[n]+2x[n-2]$，$x[n]=\left(\dfrac{1}{2}\right)^n$

2-4 已知某二阶连续时间 LTI 系统的微分方程为 $\dfrac{\mathrm{d}^2}{\mathrm{d}t^2}y(t)+5\dfrac{\mathrm{d}}{\mathrm{d}t}y(t)+4y(t)=x(t)$，试求该系统的单位阶跃响应 $g(t)$。

2-5 已知某连续时间 LTI 系统的微分方程为 $\dfrac{\mathrm{d}^2}{\mathrm{d}t^2}y(t)+6\dfrac{\mathrm{d}}{\mathrm{d}t}y(t)+9y(t)=9x(t)$，试求当 $x(t)=u(t)$ 时，系统的零状态响应。

2-6 已知某连续时间 LTI 系统的微分方程为 $\dfrac{\mathrm{d}^3}{\mathrm{d}t^3}y(t)+7\dfrac{\mathrm{d}^2}{\mathrm{d}t^2}y(t)+15\dfrac{\mathrm{d}}{\mathrm{d}t}y(t)+9y(t)=x(t)$，试求其单位阶跃响应 $g(t)$。

2-7 已知某连续时间 LTI 系统的微分方程为 $\dfrac{\mathrm{d}^3}{\mathrm{d}t^3}y(t)+7\dfrac{\mathrm{d}^2}{\mathrm{d}t^2}y(t)+17\dfrac{\mathrm{d}}{\mathrm{d}t}y(t)+15y(t)=x(t)$，试求其当输入 $x(t)=2\mathrm{e}^{-t}u(t)$ 时的零状态响应。

2-8 已知某连续时间 LTI 系统的微分方程为 $\dfrac{\mathrm{d}^3}{\mathrm{d}t^3}y(t)+3\dfrac{\mathrm{d}^2}{\mathrm{d}t^2}y(t)+2\dfrac{\mathrm{d}}{\mathrm{d}t}y(t)=6\mathrm{e}^{-3t}u(t)$，初始条件为 $y(0^+)=0$，$y'(0^+)=0$，$y''(0^+)=0$。试求其完全响应。

2-9 连续时间 LTI 系统有两个起始状态 $x_1(0)$、$x_2(0)$，已知：

(1) 当 $x_1(0)=x_2(0)=1$ 时，其零输入响应为 $2\mathrm{e}^{-t}u(t)$；

(2) 当 $x_1(0)=1$，$x_2(0)=-1$ 时，其零输入响应为 $2\mathrm{e}^{-2t}u(t)$；

(3) 当 $x_1(0)=1$，$x_2(0)=1$ 时，激励为 $x(t)$ 时，其全响应为 $(1-\mathrm{e}^{-t})u(t)$。

试求当 $x_1(0)=1$，$x_2(0)=2$，激励为 $3x(t-1)$ 时的全响应 $y(t)$。

2-10 已知描述离散时间 LTI 系统的差分方程为 $y[n]+3y[n-1]=n^2$，若 $y[2]=-5$，试求 $y[0]=?$

2-11 试用经典法求以下差分方程所描述的离散时间 LTI 系统的零状态响应。

(1) $y[n+1]-5y[n]=\sin n$，$n\geqslant 0$

(2) $y[n+2]-y[n]=\delta[n]+n$，$n\geqslant 0$

2-12 已知离散时间 LTI 系统的差分方程 $y[n+2]-3y[n+1]+2y[n]=x[n+1]-2x[n]$，系统的初始条件为 $y[0]=0$，$y[1]=1$，$x[n]=2^n u[n]$，试求系统的完全响应。

2-13 已知某连续时间 LTI 系统的冲激响应为 $h(t)=\mathrm{e}^{-t}u(t)$，如果输入为 $u(t)$，试求其输出 $y(t)$。

2-14 求出并画出下列两个信号的卷积：

$$x(t)=\begin{cases} t+1, & 0\leqslant t\leqslant 1 \\ 2-t, & 1<t\leqslant 2, \\ 0, & \text{其余 } t \end{cases} \quad h(t)=\delta(t+2)+2\delta(t+1)。$$

2-15 用图解的方法粗略画出 $x(t)$ 与 $h(t)$ 的卷积波形（见题图 2-15）。

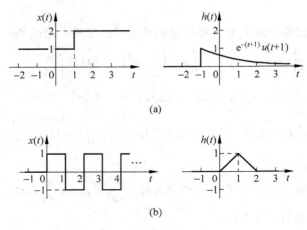

(a)

(b)

题图 2-15

2-16 考虑如题图 2-16 所示的 R、C 电路,设电路的时间常数为 $RC=1$,设电路的冲激响应为 $h(t)=e^{-t}u(t)$,给定输入电压为 $x(t)=u(t)-u(t-2)$,利用卷积积分计算电容电端电压的响应 $y(t)$。

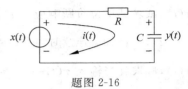

题图 2-16

2-17 计算下列卷积和:

(a) $y[n]=u[n]*u[n-3]$

(b) $y[n]=\left(\dfrac{1}{2}\right)^{n}u[n-2]*u[n]$

(c) $y[n]=u[n-2]*h[n]$,其中 $h[n]=\begin{cases}\gamma^{n}, & n<0,|\gamma|>1\\ \eta^{n}, & n\geqslant 0,|\eta|<1\end{cases}$。

2-18 计算并画出 $y[n]=x[n]*h[n]$,这里

$$x[n]=\begin{cases}1, & 3\leqslant n\leqslant 8\\ 0, & \text{其余 } n\end{cases}$$

$$h[n]=\begin{cases}1, & 4\leqslant n\leqslant 15\\ 0, & \text{其余 } n\end{cases}$$

2-19 计算并画出 $y[n]=x[n]*h[n]$,这里 $x[n]=\left(\dfrac{1}{3}\right)^{-n}u[-n-1]$,$h[n]=u[n-1]$。

2-20 若一阶递归系统的输入-输出关系为 $y[n]-\rho y[n-1]=x[n]$,其输入为 $x[n]=b^{n}u[n+4]$,假定 $\rho\neq b$ 以及系统是因果系统,用卷积和求该系统的输出。

2-21 一个互联的 LTI 系统如题图 2-21 所示,它的子系统的样值响应分别为 $h_1[n]$、$h_2[n]$ 和 $h_3[n]$。设联系 $y[n]$ 和 $x[n]$ 的总系统样值响应记为 $h[n]$。

(a) 将 $h[n]$ 用 $h_1[n]$,$h_2[n]$ 和 $h_3[n]$ 表示出来;

(b) 若 $h_1[n]=\left(\dfrac{1}{2}\right)^{n}u[n+2]$,$h_2[n]=\delta[n]$ 以及 $h_3[n]=u[n-1]$,计算 $h[n]$。

2-22 写出描述如题图 2-22 所示系统的微分方程。

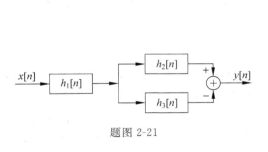

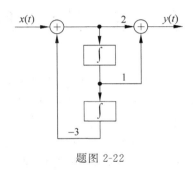

题图 2-21   题图 2-22

2-23 画出由差分方程 $y[n]+\dfrac{1}{3}y[n-1]+\dfrac{1}{2}y[n-2]=x[n]+4x[n-1]$描述系统的"直接Ⅰ型"和"直接Ⅱ型"的方框图。

第3章　连续时间信号与系统的傅里叶分析

本章开始由时域分析转入变换域分析。在变换域分析中,首先讨论傅里叶变换(Fourier Transform,FT)。傅里叶变换是在傅里叶级数(Fourier Series,FS)正交函数展开的基础上发展而产生的,这方面的问题也称为傅里叶分析。

傅里叶分析的研究与应用至今已近二百年。1822年法国数学家傅里叶在研究热传导理论时发表了著作《热的分析理论》,提出并证明了将周期函数展开为正弦级数的原理。傅里叶的两个主要论点是:

(1) 周期信号都可表示为成谐波关系的正弦信号的加权和;

(2) 非周期信号都可用正弦信号的加权积分表示。

这两个论点奠定了傅里叶级数的理论基础。其后,泊松(Simeon Denis Poisson,1781~1840)、高斯(Johann Carl Friedrich Gauss,1777~1855)等人把这一成果应用到电学中去。在电力工程中,伴随着电机制造、交流电的产生与传输等实际问题的需要,三角函数、指数函数以及傅里叶分析等数学工具早已得到广泛的应用;但是,在通信系统中普遍应用这些数学工具还经历了一段过程,因为当时要找到简便而实用的方法来产生、传输、分离和变换各种频率的正弦信号还有一定的困难。直到19世纪末,人们才制造出用于工程实际的电容器。进入20世纪后,谐振电路、滤波器、正弦振荡器等一系列具体问题的解决为傅里叶分析的进一步应用开辟了广阔的前景。人们逐渐认识到,在通信与控制系统的理论研究和实际应用中,采用频率域(频域)的分析方法比经典的时间域(时域)方法有许多突出的优点。当今,傅里叶分析方法已经成为信号分析与系统设计不可缺少的重要工具。

20世纪70年代以来,随着计算机、数字集成电路技术的发展,人们对各种二值正交函数(如沃尔什函数)的研究产生了兴趣,它为通信、数字信号处理等技术领域的研究提供了多种途径和手段。虽然,人们认识到傅里叶分析绝不是信息科学与技术领域中唯一的变换域方法,但也不得不承认,在此领域中,傅里叶分析始终有着极其广泛的应用,是研究其他变换方法的基础。而且由于计算机技术的应用,在傅里叶分析方法中出现了所谓"快速傅里叶变换"(Fast Fourier Transform,FFT),它为这一数学工具赋予了新的生命力。目前,快速傅里叶变换的研究与应用已相当成熟,而且仍在不断发展。

傅里叶分析方法不仅应用于电力工程、通信和控制领域之中,而且在软科学、光学、量子物理和各种线性系统分析等许多有关数学、物理和工程技术领域中都得到了广泛而普遍的应用。

第2章中连续时间线性时不变系统时域分析的要点是:以单位冲激函数为基本信号,将任意输入信号 $x(t)$ 分解为一系列移位冲激函数的加权积分;而系统对输入信号 $x(t)$ 的响应 $y(t)$ 是输入信号 $x(t)$ 与系统单位冲激响应 $h(t)$ 的卷积,即 $y(t) = x(t) * h(t)$。

本章将以正余弦信号和虚指数信号 $e^{j\omega t}$ 为基本信号,将任意输入信号分解为一系列不同频率的正弦信号或虚指数信号的加权和或加权积分。

由于本章进行系统分析的独立变量是频率,故称为频域分析。

3.1 连续周期信号的傅里叶级数表示

在讨论周期信号的傅里叶级数前,先介绍正交函数与正交函数集的概念。若两个定义在实数域的复函数 $g_1(t)$、$g_2(t)$ 在区间 (t_1,t_2) 内满足

$$\begin{cases} \int_{t_1}^{t_2} g_1(t)g_2^*(t)\mathrm{d}t = \int_{t_1}^{t_2} g_1^*(t)g_2(t)\mathrm{d}t = 0 \\ \int_{t_1}^{t_2} \mid g_i(t) \mid^2 \mathrm{d}t = k_i \quad i=1,2 \end{cases} \tag{3-1}$$

则说这两个函数在区间 (t_1,t_2) 正交,或它们是区间 (t_1,t_2) 上的正交函数。若复函数集 $\{g_i(t)\}$ 定义在实数区间 (t_1,t_2) 内且函数 $g_1(t),\cdots,g_n(t)$ 满足

$$\begin{cases} \int_{t_1}^{t_2} \mid g_i(t) \mid^2 \mathrm{d}t = k_i \quad i=1,2,\cdots,n \\ \int_{t_1}^{t_2} g_i(t)g_j^*(t)\mathrm{d}t = 0 \quad i,j=1,2,\cdots,n,\text{且 } i \neq j \end{cases} \tag{3-2}$$

则这个函数集就是正交函数集,当 $k_i=1$ $(i=1,2,\cdots,n)$ 时该函数集为归一化正交函数集。

满足一定条件的信号可以分解为正交函数的线性组合。即任意信号 $f(t)$ 在区间 (t_1,t_2) 内可由组成信号空间的 n 个正交函数的线性组合近似表示为

$$f(t) \approx c_1 g_1(t) + c_2 g_2(t) + \cdots + c_n g_n(t) \tag{3-3}$$

若正交函数集是完备的,则

$$f(t) = c_1 g_1(t) + c_2 g_2(t) + \cdots + c_n g_n(t) + \cdots \tag{3-4}$$

正交函数集 $\{g_i(t)\}$ 的完备性是指,对于一个在区间 (t_1,t_2) 内的正交函数集中的所有函数,不可能另外再找得到一个非零函数在同一区间内与所有的 $g_i(t)$ 正交。即不存在这样一个函数 $x(t)$,使之能满足

$$\int_{t_1}^{t_2} x(t)g_i^*(t)\mathrm{d}t = 0, \quad i=1,2,\cdots \tag{3-5}$$

如果 $x(t)$ 能在区间 (t_1,t_2) 内与它们正交,则 $x(t)$ 本身必属于这个正交函数集。若 $\{g_i(t)\}$ 不包括 $x(t)$,那么这个正交函数集 $\{g_i(t)\}$ 也就不完备。

包含正、余弦函数的三角函数集是最重要的完备正交函数集。它具有以下优点:

(1) 三角函数是基本函数;

(2) 用三角函数表示信号,建立了时间与频率两个基本物理量之间的联系;

(3) 单频三角函数是简谐信号,简谐信号容易产生、传输、处理;

(4) 三角函数信号通过线性时不变系统后,仍为同频三角函数信号,仅幅度和相位有变化,计算更方便。

由于三角函数的上述优点,周期信号通常被表示(分解)为无穷多个正弦信号之和。利用欧拉公式还可以将三角函数表示为复指数函数,因此周期函数还可以展开成无穷多个复指数函数之和,其优点与三角函数级数相同。用这两种基本函数表示的级数,分别称为三角形式傅里叶级数和指数形式傅里叶级数。它们是傅里叶级数中两种不同的表达形式,也简称为傅氏级数。本节利用傅氏级数表示信号的方法,研究周期信号的频域特性,建立信号频谱的概念。

3.1.1 三角形式的傅里叶级数

三角函数集$\{\cos(n\omega_0 t),\sin(n\omega_0 t)|n=0,1,2,\cdots\}$是一个完备的正交函数集,正交区间为$(t_0,t_0+T)$。这里 $T=2\pi/\omega_0$ 是各个函数 $\cos(n\omega_0 t),\sin(n\omega_0 t)$的公共周期,$t_0$ 为任意实数。三角函数集正交性的证明可利用如下公式

$$\int_{t_0}^{t_0+T}\cos(n\omega_0 t)\cdot\cos(m\omega_0 t)\mathrm{d}t=\begin{cases}0 & m\neq n\\[2mm]\dfrac{T}{2} & m=n\end{cases} \tag{3-6a}$$

$$\int_{t_0}^{t_0+T}\sin(n\omega_0 t)\cdot\sin(m\omega_0 t)\mathrm{d}t=\begin{cases}0 & m\neq n\\[2mm]\dfrac{T}{2} & m=n\end{cases} \tag{3-6b}$$

$$\int_{t_0}^{t_0+T}\cos(n\omega_0 t)\cdot\sin(m\omega_0 t)\mathrm{d}t=0 \tag{3-6c}$$

上述正交三角函数集中,当 $n=0$ 时,$\cos0=1$,$\sin0=0$,而 0 不应包含在此正交函数集中,故正交三角函数集可具体写为

$$\{1,\cos\omega_0 t,\cos2\omega_0 t,\cdots,\sin\omega_0 t,\sin2\omega_0 t,\cdots\}$$

设周期信号 $f(t)$ 的周期为 T,当 $f(t)$ 满足如下狄里赫利(Peter Gustav Lejeune Dirichlet,1805~1859)条件时:

(1)信号在一个周期内有有限个间断点;

(2)信号在一个周期内有有限个极值点;

(3)信号在一个周期内能量有限,即$\int_{t_0}^{t_0+T}|f(t)|^2\mathrm{d}t<+\infty$。

则信号 $f(t)$ 可分解为如下三角级数——称为 $f(t)$ 的傅里叶级数(Fourier Series,FS)

$$f(t)=\frac{a_0}{2}+\sum_{n=1}^{+\infty}a_n\cos(n\omega_0 t)+\sum_{n=1}^{+\infty}b_n\sin(n\omega_0 t) \tag{3-7}$$

式中,$\omega_0=2\pi/T$ 称为基波角频率,$a_0/2$、a_n 和 b_n 为加权系数。只有满足狄里赫利条件的周期信号才可展开为傅里叶级数,而绝大多数常见的周期信号都满足狄里赫利条件。式(3-7)就是周期信号 $f(t)$ 在(t_0,t_0+T)区间的三角形式傅里叶级数展开式。由于 $f(t)$ 为周期信号,且其周期 T 与三角函数集中各函数的周期 T 相同,故上述展开式在$(-\infty,+\infty)$区间也是成立的。系数 a_n、b_n 称为傅里叶系数,它们与 $f(t)$ 的关系为

$$a_n=\frac{\int_{t_0}^{t_0+T}f(t)\cos(n\omega_0 t)\mathrm{d}t}{\int_{t_0}^{t_0+T}\cos^2(n\omega_0 t)\mathrm{d}t}=\frac{2}{T}\int_{t_0}^{t_0+T}f(t)\cos(n\omega_0 t)\mathrm{d}t \tag{3-8a}$$

$$b_n=\frac{\int_{t_0}^{t_0+T}f(t)\sin(n\omega_0 t)\mathrm{d}t}{\int_{t_0}^{t_0+T}\sin^2(n\omega_0 t)\mathrm{d}t}=\frac{2}{T}\int_{t_0}^{t_0+T}f(t)\sin(n\omega_0 t)\mathrm{d}t \tag{3-8b}$$

当 $n=0$ 时,$a_0=\dfrac{2}{T}\int_{t_0}^{t_0+T}f(t)\mathrm{d}t$。而 $f(t)$ 的直流分量为

$$\overline{f(t)}=\frac{1}{T}\int_{t_0}^{t_0+T}f(t)\mathrm{d}t=\frac{a_0}{2} \tag{3-9}$$

显然，a_n 为 $n\omega_0$ 的偶函数，b_n 为 $n\omega_0$ 的奇函数，即

$$\left.\begin{array}{l} a_n = a_{-n} \\ b_n = -b_{-n} \end{array}\right\} \tag{3-10}$$

将 $a_n\cos(n\omega_0 t)$ 和 $b_n\sin(n\omega_0 t)$ 合成为一个正弦分量

$$a_n\cos(n\omega_0 t) + b_n\sin(n\omega_0 t) = c_n\cos(n\omega_0 t + \varphi_n) \tag{3-11a}$$

$$a_n\cos(n\omega_0 t) + b_n\sin(n\omega_0 t) = d_n\sin(n\omega_0 t + \theta_n) \tag{3-11b}$$

则式(3-7)可改写成为

$$f(t) = \frac{c_0}{2} + \sum_{n=1}^{+\infty} c_n\cos(n\omega_0 t + \varphi_n) \tag{3-12a}$$

$$f(t) = \frac{d_0}{2} + \sum_{n=1}^{+\infty} d_n\sin(n\omega_0 t + \theta_n) \tag{3-12b}$$

其中

$$a_0 = c_0 = d_0 \tag{3-13a}$$

$$c_n = d_n = \sqrt{a_n^2 + b_n^2} \tag{3-13b}$$

$$\tan\varphi_n = -\frac{b_n}{a_n} \tag{3-13c}$$

$$\tan\theta_n = \frac{a_n}{b_n} \tag{3-13d}$$

$$a_n = c_n\cos\varphi_n = d_n\sin\theta_n \tag{3-13e}$$

$$b_n = -c_n\sin\varphi_n = d_n\cos\theta_n \tag{3-13f}$$

3.1.2 指数形式的傅里叶级数

三角形式的傅里叶级数含义比较明确，但运算不便，因而经常采用指数形式的傅里叶级数。

形如 $\mathrm{e}^{jn\omega_0 t}(n\in\mathbf{Z})$ 的复指数函数集，它们是相互正交的，即有

$$\int_{t_0}^{t_0+T} \mathrm{e}^{jn\omega_0 t} \cdot \mathrm{e}^{-jm\omega_0 t}\mathrm{d}t = \begin{cases} 0 & m = n \\ T & m \neq n \end{cases} \tag{3-14}$$

式中，$T = 2\pi/\omega_0$ 为指数函数公共周期，m、n 为整数，t_0 为任意实数。

对于周期为 T 的任意函数 $f(t)$，利用欧拉公式

$$\begin{cases} \cos x = \dfrac{\mathrm{e}^{jx} + \mathrm{e}^{-jx}}{2} \\ \sin x = \dfrac{\mathrm{e}^{jx} - \mathrm{e}^{-jx}}{2j} \end{cases} \tag{3-15}$$

可从 $f(t)$ 在区间 (t_0, t_0+T) 内傅里叶级数的三角形式推出指数形式

$$f(t) = F_0 + F_1\mathrm{e}^{j\omega_0 t} + F_2\mathrm{e}^{j2\omega_0 t} + \cdots + F_{-1}\mathrm{e}^{-j\omega_0 t} + F_{-2}\mathrm{e}^{-j2\omega_0 t} + \cdots = \sum_{n=-\infty}^{+\infty} F_n\mathrm{e}^{jn\omega_0 t} \tag{3-16}$$

式中，系数 F_n 为

$$F_n = \frac{\int_{t_0}^{t_0+T} f(t) \cdot (\mathrm{e}^{jn\omega_0 t})^* \mathrm{d}t}{\int_{t_0}^{t_0+T} (\mathrm{e}^{jn\omega_0 t}) \cdot (\mathrm{e}^{jn\omega_0 t})^* \mathrm{d}t} = \frac{1}{T}\int_{t_0}^{t_0+T} f(t)\mathrm{e}^{-jn\omega_0 t}\mathrm{d}t \tag{3-17}$$

若记 F_n 为模和相角的形式，即 $F_n = |F_n|\mathrm{e}^{j\varphi_n}$，则模 $|F_n|$ 为 n 的偶函数，相角 φ_n 为 n 的奇函数，即

$$\begin{cases} \mid F_{-n} \mid = \mid F_n \mid \\ \varphi_{-n} = -\varphi_n \end{cases} \qquad (3\text{-}18)$$

指数形式傅里叶级数与三角形式傅里叶级数的系数之间关系为

$$\left.\begin{aligned} F_0 &= \frac{a_0}{2} = \frac{c_0}{2} \\ F_n &= \mid F_n \mid \mathrm{e}^{\mathrm{j}\varphi_n} = \frac{1}{2}(a_n - \mathrm{j}b_n) = \frac{1}{2}c_n \mathrm{e}^{\mathrm{j}\varphi_n} \\ F_{-n} &= \frac{1}{2}(a_n + \mathrm{j}b_n) = \frac{1}{2}c_n \mathrm{e}^{-\mathrm{j}\varphi_n} \\ \mid F_n \mid &= \frac{1}{2}c_n = \mid F_{-n} \mid \\ \varphi_n &= -\arctan\frac{b_n}{a_n} \\ F_n + F_{-n} &= 2\mathrm{Re}(F_n) = a_n \\ \mathrm{j}(F_n - F_{-n}) &= 2\mathrm{jIm}(F_n) = b_n \end{aligned}\right\} \qquad (3\text{-}19)$$

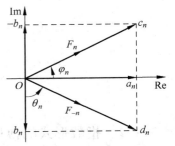

图 3-1　三角形式和复指数形式傅里叶级数各系数之间的几何关系

式(3-13)和式(3-19)描述的三角形式和复指数形式的傅里叶级数各系数之间的关系如图 3-1 所示。

由上述讨论可知，同一个信号，既可以展开成三角形式的傅里叶级数，又可展开成指数形式的傅里叶级数。二者形式虽不同，实质是完全一致的。指数形式傅里叶级数中有负频率项，这只是数学运算的结果，并不真正存在以负频率进行振荡的分量，负频率项与相应的正频率项合起来才代表一个振荡分量

$$\frac{F_n}{2}\mathrm{e}^{\mathrm{j}n\omega_0 t} + \frac{F_{-n}}{2}\mathrm{e}^{-\mathrm{j}n\omega_0 t} = \mid F_n \mid \cos(n\omega_0 t + \varphi_n) \quad (3\text{-}20)$$

3.1.3　周期信号的波形对称性与谐波特性的关系

周期信号的波形与其谐波特性是对应的。将信号 $f(t)$ 展开成傅里叶级数时，如果 $f(t)$ 为实函数，且其波形具有某些对称性，则在傅里叶级数中某些系数等于零，即其谐波特性将变得简单。波形的对称性有两类，一类是整周期对称，如偶函数和奇函数；另一类是半周期对称，如奇谐函数和偶谐函数。整周期对称的波形其傅里叶级数展开式中只含有余弦项或正弦项；半周期对称的波形其级数展开式中只含有奇次谐波项或偶次谐波项。

1. 偶函数

若信号波形相对于纵轴对称，即满足 $f(t) = f(-t)$，则 $f(t)$ 为偶函数。如图 3-2 所示的周期三角信号就是偶函数。

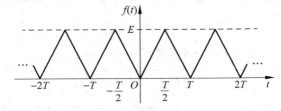

图 3-2　偶函数举例

对于偶函数 $f(t)$,式(3-8a)中的 $f(t)\cos(n\omega_0 t)$ 为偶函数,而式(3-8b)中的 $f(t)\sin(n\omega_0 t)$ 为奇函数,于是级数中各系数为

$$\left.\begin{array}{l} a_0 = \dfrac{4}{T}\displaystyle\int_0^{\frac{T}{2}} f(t)\mathrm{d}t \\[3mm] a_n = \dfrac{4}{T}\displaystyle\int_0^{\frac{T}{2}} f(t)\cos(n\omega_0 t)\mathrm{d}t \\[3mm] b_n = 0 \end{array}\right\} \qquad (3\text{-}21)$$

可见,偶函数的傅里叶级数中不含有正弦分量,只可能含有直流分量和余弦分量。注意,并不是所有的偶函数都存在直流分量。波形是否含有直流分量,可从波形直观地判断。以横坐标为界,其波形的上下面积若相等,则无直流分量,否则有直流分量。后面介绍偶谐函数时,也是如此。例如对如图 3-2 所示的周期三角信号,它的傅里叶级数为

$$f(t) = \frac{E}{2} - \frac{4E}{\pi^2}\left(\cos(\omega_0 t) + \frac{1}{3^2}\cos(3\omega_0 t) + \frac{1}{5^2}\cos(5\omega_0 t) + \cdots\right)$$

显然不含正弦分量,而只含有直流分量和余弦分量。

2. 奇函数

若信号波形对称于原点,即满足 $f(t) = -f(-t)$,则 $f(t)$ 为奇函数。如图 3-3 所示的周期锯齿信号就是奇函数。

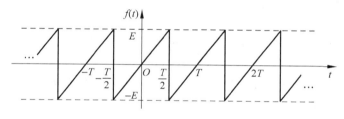

图 3-3 奇函数举例

对于奇函数 $f(t)$,式(3-8a)中的 $f(t)\cos(n\omega_0 t)$ 为奇函数,而式(3-8b)中的 $f(t)\sin(n\omega_0 t)$ 为偶函数,于是级数中的各系数为

$$\left.\begin{array}{l} a_n = 0 \\[3mm] b_n = \dfrac{4}{T}\displaystyle\int_0^{\frac{T}{2}} f(t)\sin(n\omega_0 t)\mathrm{d}t \end{array}\right\} \qquad (3\text{-}22)$$

所以,在奇函数的傅里叶级数中不会含有直流分量和余弦分量,只可能含有正弦分量。

对于如图 3-3 所示的锯齿信号,其傅里叶级数为

$$f(t) = \frac{2E}{\pi}\left(\sin(\omega_0 t) - \frac{1}{2}\sin(2\omega_0 t) + \frac{1}{3}\sin(3\omega_0 t) + \cdots\right)$$

它显然不含有直流分量和余弦分量,只含有正弦分量。

还需指出,若将奇函数加上非零直流分量,则它不再是奇函数,但在它的级数中仍然不会含有余弦项。

3. 奇谐函数

如果信号波形沿时间轴向左或向右平移半个周期,并作上下翻转后得出的波形与原波形重合,即满足

$$f(t) = -f\left(t \pm \frac{T}{2}\right) \tag{3-23}$$

则称此函数为奇谐函数,或称半波对称函数。图 3-4 是奇谐函数的一个例子。

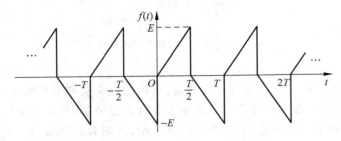

图 3-4　奇谐函数举例

对于奇谐函数,利用三角函数的周期性和奇谐函数的对称性,可计算得其傅里叶级数为

$$\left.\begin{array}{l}
a_n = \dfrac{2}{T}\displaystyle\int_{-\frac{T}{2}}^{\frac{T}{2}} f(t)\cos(n\omega_0 t)\mathrm{d}t = \begin{cases} \dfrac{4}{T}\displaystyle\int_{0}^{\frac{T}{2}} f(t)\cos(n\omega_0 t)\mathrm{d}t & n\ \text{为奇数} \\[3mm] 0 & n\ \text{为偶数} \end{cases} \\[10mm]
b_n = \dfrac{2}{T}\displaystyle\int_{-\frac{T}{2}}^{\frac{T}{2}} f(t)\sin(n\omega_0 t)\mathrm{d}t = \begin{cases} \dfrac{4}{T}\displaystyle\int_{0}^{\frac{T}{2}} f(t)\sin(n\omega_0 t)\mathrm{d}t, & n\ \text{为奇数} \\[3mm] 0, & n\ \text{为偶数} \end{cases}
\end{array}\right\} \tag{3-24}$$

由式(3-24)可以看出,奇谐函数的傅里叶展开式中将只含有奇次谐波分量,而不含直流及偶次谐波分量。

注意:不要将奇函数与奇谐函数相混淆,前者只可能包含正弦分量,而后者只可能包含奇次谐波的正弦、余弦分量。

4. 偶谐函数

与奇谐函数相对应,如果信号波形沿时间轴向左或向右平移半个周期后得到的波形与原波形重合,即满足

$$f(t) = f\left(t \pm \frac{T}{2}\right) \tag{3-25}$$

则称此函数为偶谐函数。偶谐函数的一个例子是经过全波整流后所得的电流,如图 3-5 所示。

实际上,当偶谐函数的周期缩减为 $\frac{T}{2}$ 时就是

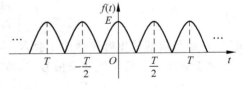

图 3-5　偶谐函数举例

周期函数,即基波频率实际上已是 $\frac{2\pi}{T/2} = 2\,\frac{2\pi}{T} = 2\omega_0$。也就是说,以 T 为周期,即以 $\omega_1 = 2\omega_0$ 为基频进行谐波分析,当然就不会存在奇次谐波分量,所以偶谐函数的傅里叶展开式中将只可能含有直流分量和偶次谐波分量。

如图 3-5 所示的信号既是偶函数,又是偶谐函数,所以其傅里叶展开式中只含有直流分量以及偶次谐波的余弦分量。

熟悉了函数的奇、偶性和奇谐、偶谐等对称性后,对于一些波形所包含的谐波分量常可

迅速作出判断,便于迅速计算傅里叶级数的分量系数。

3.1.4 典型周期信号的傅里叶级数

1. 周期矩形脉冲信号

1) 周期矩形脉冲信号的傅里叶级数

设周期矩形脉冲信号 $f(t)$ 的脉冲宽度为 τ、幅度为 E、周期为 T,基波角频率 $\omega_0 = 2\pi/T$,如图 3-6 所示。

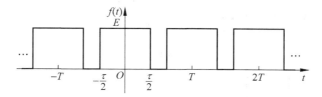

图 3-6 周期矩形脉冲信号的波形

该信号在一个周期内可表示为

$$f_1(t) = E\left[u\left(t + \frac{\tau}{2}\right) - u\left(t - \frac{\tau}{2}\right)\right]$$

根据式(3-7),可以把周期矩形脉冲信号展开成三角形式的傅里叶级数,即式(3-7)

$$f(t) = \frac{a_0}{2} + \sum_{n=1}^{+\infty} a_n \cos(n\omega_0 t) + \sum_{n=1}^{+\infty} b_n \sin(n\omega_0 t)$$

根据式(3-8)可以求出各系数。由于 $f(t)$ 是偶函数,所以

$$b_n = 0 \tag{3-26}$$

其中直流分量

$$\frac{a_0}{2} = \frac{1}{T}\int_{t_0}^{t_0+T} f(t)\,\mathrm{d}t = \frac{E\tau}{T} \tag{3-27}$$

余弦分量的幅度为

$$a_n = \frac{2}{T}\int_{-\frac{\tau}{2}}^{\frac{\tau}{2}} E\cos(n\omega_0 t)\,\mathrm{d}t = \frac{2E}{n\omega_0 T}\left[\sin\left(\frac{n\omega_0\tau}{2}\right) - \sin\left(-\frac{n\omega_0\tau}{2}\right)\right]$$

$$= \frac{2E\tau}{T}\frac{\sin\left(\frac{n\omega_0\tau}{2}\right)}{\frac{n\omega_0\tau}{2}} = \frac{2E\tau}{T}\mathrm{Sa}\left(\frac{n\omega_0\tau}{2}\right) \tag{3-28}$$

从而,周期矩形脉冲信号的三角形式傅里叶级数为

$$f(t) = \frac{E\tau}{T} + \frac{2E\tau}{T}\sum_{n=1}^{+\infty}\mathrm{Sa}\left(\frac{n\omega_0\tau}{2}\right)\cos(n\omega_0 t) \tag{3-29}$$

若将 $f(t)$ 分解为复指数形式的傅里叶级数,根据式(3-17)可得

$$F_n = \frac{2E}{T}\frac{\sin\left(\frac{n\omega_0\tau}{2}\right)}{n\omega_0} = \frac{E\tau}{T}\mathrm{Sa}\left(\frac{\omega\tau}{2}\right)\Big|_{\omega=n\omega_0} \tag{3-30}$$

所以,周期矩形脉冲信号复指数形式的傅里叶级数为

$$f(t) = \sum_{n=-\infty}^{+\infty} F_n \mathrm{e}^{\mathrm{j}n\omega_0 t} = \frac{E\tau}{T}\sum_{n=-\infty}^{+\infty}\mathrm{Sa}\left(\frac{n\omega_0\tau}{2}\right)\mathrm{e}^{\mathrm{j}n\omega_0 t} \tag{3-31}$$

2) 周期矩形脉冲信号的频谱

根据式(3-26)、式(3-27)、式(3-28)、式(3-30)可以画出周期矩形脉冲信号三角形式和指数形式表示的频谱图。由于 c_n、F_n 均为实数,因此可将幅度谱与相位谱合画在一起,也可将幅度谱与相位谱分开画,如图 3-7 所示。

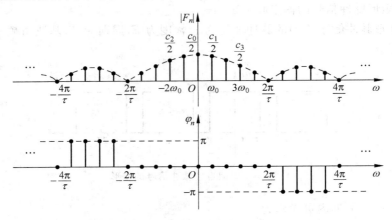

图 3-7　周期矩形脉冲信号的频谱

从频谱图可看出如下几点:

(1) 周期矩形脉冲信号的频谱是离散的,谱线只出现在基波频率 ω_0 的整数倍频率(即各次谐波频率)上,相邻两谱线的间隔为 ω_0,谱线间隔与脉冲重复周期 T 成反比,脉冲周期 T 越长,谱线间隔越小。

(2) 直流分量、基波及各次谐波分量的大小正比于脉冲幅度 E 和脉冲宽度 τ,反比于信号周期 T。谱线的幅度包络按抽样函数 $\mathrm{Sa}\left(\dfrac{\omega\tau}{2}\right)$ 的规律变化。当 $\dfrac{\omega\tau}{2}$ 为 π 的整数倍,即 $\omega = m\dfrac{2\pi}{\tau}(m\in\mathbf{Z})$ 时,谱线的包络线经过零点。

(3) 谱线包络任意两个相邻的零值点之间的谱线条数与信号的脉宽 τ 与周期 T 的比值有关。若 $\dfrac{\tau}{T}=\dfrac{1}{n}$,则谱线包络任意两个相邻的零值点之间就有 $n-1$ 条谱线。

(4) 周期矩形脉冲信号包含无穷多条谱线,即它可以分解成无穷多个频率分量。随着频率的增高,谱线幅度变化的总趋势收敛于零,信号的主要能量集中在第一个零点以内。在允许一定失真的条件下,可以要求通信系统只把 $\omega\leqslant\dfrac{2\pi}{\tau}$ 频率范围内的各个频谱分量传送过去而舍弃其他频谱分量。通常把 $\dfrac{2\pi}{\tau}$ 称为矩形信号的频带宽度,记作 B_ω

$$B_\omega = \frac{2\pi}{\tau} \tag{3-32}$$

而把 $\omega = 0 \sim \dfrac{2\pi}{\tau}$ 这段频率范围称为矩形信号的**主频带**。显然,频带宽度 B_ω 只与脉冲宽度 τ 有关,而且两者成反比关系。信号的频带宽度与时宽成反比的性质是信号分析中最基本的特性,它将贯穿于信号与系统分析的全过程。

3）周期矩形脉冲信号的频谱结构与波形参数(τ, T)之间的关系

为了说明在不同脉冲宽度 τ、不同周期 T 的情况下周期矩形脉冲信号频谱的变化规律，图 3-8 画出了$(\tau_1 = \tau/2, T_1 = T)$、$(\tau_2 = \tau, T_2 = T)$、$(\tau_3 = \tau, T_3 = 2T)$ 三种参数组合时周期矩形脉冲信号及其频谱图。

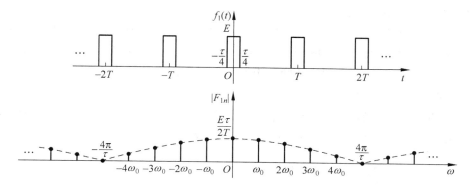

(a) $\tau_1 = \tau/2$，$T_1 = T$ 时周期矩形脉冲信号$f_1(t)$及其频谱

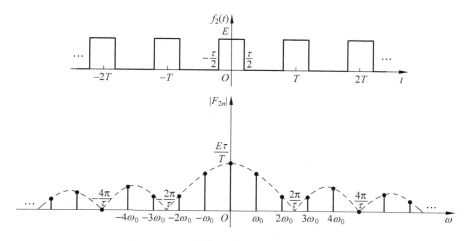

(b) $\tau_2 = \tau$，$T_2 = T$ 时周期矩形脉冲信号$f_2(t)$及其频谱

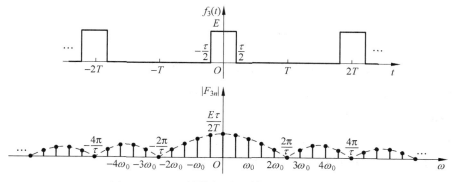

(c) $\tau_3 = \tau$，$T_3 = 2T$ 时周期矩形脉冲信号$f_3(t)$及其频谱

图 3-8　不同波形参数时周期矩形信号的频谱

以周期矩形脉冲信号 $f_2(t)$ 为参考信号,比较图 3-8(a)、(b)可见,当周期矩形信号的周期不变($T_1 = T_2 = T$)而脉冲宽度减半($\tau_1 = \tau_2/2 = \tau/2$)时,频谱的谱线间隔不变($\Delta\omega_1 = \Delta\omega_2 = \omega_0$),谱线强度减小一倍(如,$2c_{10} = c_{20} = E\tau/T$),频带宽度扩展一倍($B_{1\omega} = 2B_{2\omega} = 4\pi/\tau$);比较图 3-8(b)、(c)可见,当周期矩形信号的脉冲宽度不变($\tau_3 = \tau_2 = \tau$)而周期扩展一倍($T_3 = 2T_2 = 2T$)时,频带宽度不变($B_{3\omega} = B_{2\omega} = 2\pi/\tau$),谱线强度也减小一倍(如,$2c_{30} = c_{20} = E\tau/T$),但谱线间隔减小一倍($2\Delta\omega_3 = \Delta\omega_2 = \omega_0$)。更一般地,若不同周期矩形信号的周期相同而脉冲宽度不同,它们频谱的谱线间隔相同,但频带宽度不同;若不同周期矩形信号的周期不同而脉冲宽度相同时,它们频谱的谱线间隔不同,但频带宽度相同。

2. 周期锯齿脉冲信号

周期锯齿脉冲信号如图 3-9 所示,它是奇函数,因而 $a_0 = 0$,$a_n = 0$。由式(3-8b)可以求出傅里叶系数 b_n。这样便可得到该信号的傅里叶级数

$$f(t) = \frac{2E}{\pi} \sum_{n=1}^{+\infty} (-1)^{n+1} \frac{1}{n} \sin(n\omega_0 t)$$

$$= \frac{2E}{\pi}\left(\sin(\omega_0 t) - \frac{1}{2}\sin(2\omega_0 t) + \frac{1}{3}\sin(3\omega_0 t) - \frac{1}{4}\sin(4\omega_0 t) + \cdots\right)$$

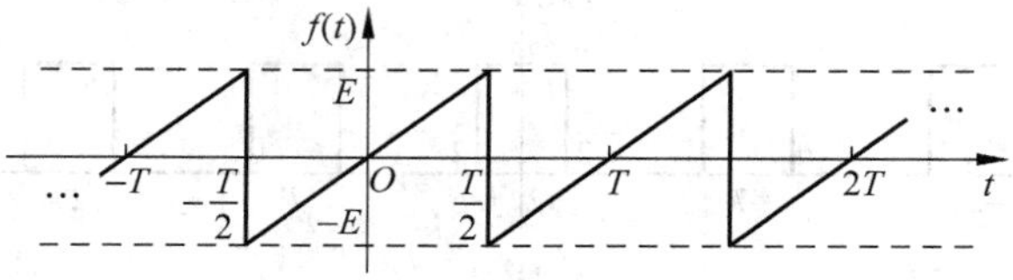

图 3-9 周期锯齿脉冲信号

周期锯齿脉冲信号只包含正弦分量,谐波的幅度以 $\frac{1}{n}$ 的规律收敛。

3. 周期三角脉冲信号

周期三角脉冲信号如图 3-10 所示。它是偶函数,因而 $b_n = 0$。由式(3-8a)可求出傅里叶系数 a_0 和 a_n,这样就可得到该信号的傅里叶级数

$$f(t) = \frac{E}{2} + \frac{4E}{\pi^2} \sum_{n=1}^{+\infty} \frac{1}{n^2} \sin^2\left(\frac{n\pi}{2}\right)\cos(n\omega_0 t)$$

$$= \frac{E}{2} + \frac{4E}{\pi^2}\left(\cos(\omega_0 t) + \frac{1}{3^2}\cos(3\omega_0 t) + \frac{1}{5^2}\cos(5\omega_0 t) + \cdots\right)$$

周期三角脉冲信号的频谱只包含直流、奇次谐波的余弦分量,谐波的幅度以 $\frac{1}{n^2}$ 的规律收敛。如果将该信号沿纵坐标向下平移 $E/2$,则新信号 $f(t) - E/2$ 就将是奇谐函数。

4. 周期半波余弦信号

周期半波余弦信号如图 3-11 所示。它是偶函数,因而 $b_n = 0$,由式(3-8a)可以求出傅里叶系数 a_0 和 a_n。这样便可得到该信号的傅里叶级数

$$f(t) = \frac{E}{\pi} - \frac{2E}{\pi} \sum_{n=1}^{+\infty} \frac{1}{n^2 - 1}\cos\left(\frac{n\pi}{2}\right)\cos(n\omega_0 t)$$

$$= \frac{E}{\pi} + \frac{E}{2}\left(\cos(\omega_0 t) + \frac{4}{3\pi}\cos(2\omega_0 t) - \frac{4}{15\pi}\cos(4\omega_0 t) + \cdots\right)$$

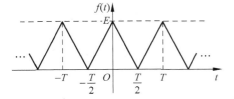

图 3-10　周期三角脉冲信号

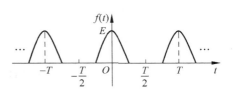

图 3-11　周期半波余弦信号

周期半波余弦信号只含有直流、基波和偶次谐波的余弦分量,谐波幅度以 $\frac{1}{n^2}$ 规律收敛。

5. 周期全波余弦信号

若余弦信号为 $f_1(t) = E\cos(\omega_0 t)$,其中 $\omega_0 = \frac{2\pi}{T}$,则全波余弦信号 $f(t)$ 为

$$f(t) = |f_1(t)| = E|\cos(\omega_0 t)|$$

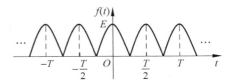

图 3-12　周期全波余弦信号

如图 3-12 所示,周期全波余弦信号 $f(t)$ 是偶函数,因而 $b_n = 0$。而且 $f(t)$ 的周期 T_1 是 $f_1(t)$ 的周期 T 的一半,即 $T_1 = \frac{T}{2}$,同时频率 $\omega_1 = \frac{2\pi}{T} = 2\omega_0$,以全波余弦信号的参数 ω_1 求出傅里叶级数为

$$f(t) = \frac{2E}{\pi} + \frac{4E}{\pi}\left(\frac{1}{3}\cos(\omega_1 t) - \frac{1}{15}\cos(2\omega_1 t) + \frac{1}{35}\cos(3\omega_1 t) - \cdots\right)$$

若用余弦信号 $f_1(t)$ 的参数 ω_0 表示,则周期全波余弦信号的傅里叶级数为

$$f(t) = \frac{2E}{\pi} + \frac{4E}{\pi}\sum_{n=1}^{+\infty}(-1)^{n+1}\frac{1}{4n^2-1}\cos(2n\omega_0 t)$$
$$= \frac{2E}{\pi} + \frac{4E}{\pi}\left(\frac{1}{3}\cos(2\omega_0 t) - \frac{1}{15}\cos(4\omega_0 t) + \frac{1}{35}\cos(6\omega_0 t) - \cdots\right)$$

可见,周期全波余弦信号包含直流分量及 ω_1 的基波和各次谐波分量;或者说,只包含直流分量和 ω_0 的偶次谐波分量。谐波的幅度以 $\frac{1}{n^2}$ 的规律收敛。

3.1.5　关于傅里叶级数的有关结论

(1)随着 n 绝对值增加,a_n、b_n、c_n、d_n、F_n 的绝对值总体趋势是衰减的(但不一定单调衰减);

(2)对于有限项傅里叶级数,随着选加项数的增加,傅里叶级数与原信号的均方差逐渐减小,但在间断点处的误差仍然较大,存在 Gibbs 现象;

(3)高频分量为信号中变化快的部分,主要影响信号跳变沿;低频分量为信号中变化慢的部分,主要影响信号峰、谷强度的高低;

（4）若信号 $f(t)$ 为偶函数，则级数中只有 a_n 项，所有 $b_n = 0$；若信号 $f(t)$ 为奇函数，则级数中只有 b_n 项，所有 $a_n = 0$；

（5）若信号 $f(t)$ 半波奇对称，即 $f(t) = -f\left(t \pm \dfrac{nT}{2}\right)$（$n$ 为奇数），则傅里叶级数偶次谐波的系数为 0；若信号 $f(t)$ 半波偶对称，即 $f(t) = f\left(t \pm \dfrac{nT}{2}\right)$（$n$ 为奇数），则傅里叶级数奇次谐波的系数为 0（此时信号的实际周期为 $T/2$）；

（6）所有周期信号都不满足绝对可积的条件，即信号在 $(-\infty, +\infty)$ 内的绝对积分均发散。但在任何一个周期内信号平方的积分都是有限的，定义信号的平均功率 P 为

$$P = \overline{f^2(t)} = \frac{1}{T} \int_{t_0}^{t_0+T} |f(t)|^2 \, \mathrm{d}t \tag{3-33}$$

而且，有

$$P = \left(\frac{a_0}{2}\right)^2 + \frac{1}{2} \sum_{n=1}^{+\infty} (a_n^2 + b_n^2) = \sum_{n=-\infty}^{+\infty} |F_n|^2 \tag{3-34}$$

3.1.6 周期信号的频谱及其特点

1. 周期信号的频谱

由上述讨论已知，任意周期信号可用傅里叶级数来表示。这种级数或为式（3-7）和式（3-12）的三角形式的级数，或为式（3-16）的指数形式的级数。在求取代表各次谐波的各级数项时，只利用式（3-8）和式（3-13）求得各分量的幅度和相位，或者利用式（3-17）求得各分量的复振幅，则各项也就完全确定了。这样一种数学表示式，虽然详尽而确切地表示了信号分解的结果，但往往不够直观，不能一目了然。为了能既方便又明白地表示一个信号中含有哪些频率分量以及各分量所占的比重，通常会采用一种称为频谱图的表示方法。

对于式（3-12a）的三角形式的傅里叶级数，c_n 表示了 n 次谐波的幅度，φ_n 表示了 n 次谐波的相位。如果以频率为横轴，以幅度或相位为纵轴，绘出 c_n 或 φ_n 随频率 $n\omega_0$ 的变化关系，便可直观地看出各频率分量的相对大小和相位情况，这样的图就称为三角形式表示的信号的幅度频谱（简称幅度谱）和相位频谱（简称相位谱）。例如，图 3-7 画出了周期矩形信号的幅度谱与相位谱，其中每条线代表一个频率分量的幅度或相位，叫做谱线。连接各谱线顶点的曲线（图中虚线）称为频谱包络，这是各频率分量的幅度、相位变化的轮廓。同理，对于式（3-16）所示的指数形式的傅里叶级数，也可以画出指数形式的信号频谱。因为 F_n 一般是复函数，所以称这种频谱为复数频谱。根据 $F_n = |F_n| \mathrm{e}^{\mathrm{j}\varphi_n}$ 可以画出幅度谱 $|F_n| \sim \omega$ 与相位谱 $\varphi_n \sim \omega$。

2. 周期信号频谱的特点

通过上述分析，我们可以总结出任何周期信号的频谱都具有如下特点：

（1）离散性——频谱是离散的而不是连续的，这种频谱称为离散频谱。

（2）谐波性——谱线出现在基波频率 ω_0 的整数倍上（奇谐函数的谱线出现在基波频率的奇数倍上）。

（3）收敛性——幅度谱的谱线幅度随着 n 增大而逐渐衰减到零。

3.2　连续非周期信号的傅里叶变换

3.1 节的讨论对象为周期性信号,它们可分解为一系列离散谐波的加权和即傅里叶级数。本节的讨论对象为非周期性信号,将讨论非周期性信号的傅里叶变换(Fourier Transform,FT)。

3.2.1　傅里叶变换及傅里叶逆变换

对于脉冲宽度为 τ、幅度 $E=1$、周期为 T 的周期矩形信号,根据式(3-30)可写出其傅里叶复系数为

$$F_n = \frac{2}{T}\frac{\sin\left(\dfrac{n\omega_0\tau}{2}\right)}{n\omega_0} = \frac{\tau}{T}\mathrm{Sa}\left(\frac{\omega\tau}{2}\right)\bigg|_{\omega=n\omega_0} \tag{3-35}$$

由图 3-8(b)、3-8(c)的比较已知,保持矩形脉冲的宽度不变而周期加大一倍后,其频谱包络线的过零点频率不变,而相邻谱线间距减小一倍。如果继续保持矩形脉冲的宽度不变,而将其周期 T 不断增大以至于 T 趋于无穷大时,由式(3-35)知 F_n 将趋于零,但 TF_n 却是与 T 无关的量;而且此时相邻谱线的间距 ω_0 将趋于无穷小,原本离散的谱线将逐步演变成连续的频谱。考虑单位频率宽度内的谱线强度

$$\frac{F_n}{\dfrac{\omega_0}{2\pi}} = \frac{\dfrac{\tau}{T}\mathrm{Sa}\left(\dfrac{\omega\tau}{2}\right)\bigg|_{\omega=n\omega_0}}{\dfrac{2\pi}{T}\bigg/2\pi} = \tau\mathrm{Sa}\left(\frac{\omega\tau}{2}\right)\bigg|_{\omega=n\omega_0}$$

可见,周期矩形信号单位频率宽度内的谱线强度是一个与信号周期 T 无关的量。

对于任意周期信号 $f(t)$,记其傅里叶级数的系数 F_n 为 $F(n\omega)$,式(3-17)可以改写为

$$F(n\omega_0) = \frac{1}{T}\int_{-\frac{T}{2}}^{\frac{T}{2}} f(t)\mathrm{e}^{-jn\omega_0 t}\mathrm{d}t$$

取 $f(t)$ 在区间 $(-T/2, T/2)$ 中的部分为 $f_1(t)$,并令 $f_1(t)$ 在区间 $(-T/2, T/2)$ 以外的函数值为 0,则 $f_1(t)$ 可以看成是周期信号 $f(t)$ 在区间 $(-T/2, T/2)$ 中保持不变而周期 T 趋于无穷大极限时的"周期"函数,因此,对于"周期"信号 $f_1(t)$,有

$$\lim_{T\to+\infty} T\cdot F(n\omega_0) = \lim_{T\to+\infty} T\cdot\frac{1}{T}\int_{-\frac{T}{2}}^{\frac{T}{2}} f(t)\mathrm{e}^{-jn\omega_0 t}\mathrm{d}t = \lim_{T\to+\infty}\int_{-\frac{T}{2}}^{\frac{T}{2}} f_1(t)\mathrm{e}^{-jn\omega_0 t}\mathrm{d}t$$

$$= \int_{-\infty}^{+\infty} f_1(t)\mathrm{e}^{-j\omega t}\mathrm{d}t$$

记

$$F(j\omega) = \lim_{T\to+\infty} T\cdot F(n\omega_0)$$

则有

$$F(j\omega) = \int_{-\infty}^{+\infty} f_1(t)\mathrm{e}^{-j\omega t}\mathrm{d}t$$

由于信号 $f_1(t)$ 的周期为无穷大,它其实就是非周期信号,所以上式就是任意非周期信号 $f_1(t)$ 的傅里叶变换。更一般地,用 $f(t)$ 表示任意非周期信号,则上式可以改写为

$$F(j\omega) = \int_{-\infty}^{+\infty} f(t) e^{-j\omega t} \, dt \qquad (3-36)$$

这就是任意非周期信号 $f(t)$ 的傅里叶变换。

根据式(3-16)，对于任意非周期信号 $f(t)$，有

$$f(t) = \lim_{T \to +\infty} \sum_{n=-\infty}^{+\infty} F_n e^{jn\omega_0 t} = \lim_{T \to +\infty} \sum_{n=-\infty}^{+\infty} e^{jn\omega_0 t} \cdot \frac{F(n\omega_0)}{\omega_0} \cdot \omega_0$$

$$= \lim_{T \to +\infty} \sum_{n=-\infty}^{+\infty} e^{jn\omega_0 t} \cdot \frac{T \cdot F(n\omega_0)}{2\pi} \cdot \left[(n+1)\omega_0 - n\omega_0 \right]$$

$$= \frac{1}{2\pi} \lim_{T \to +\infty} \sum_{n=-\infty}^{+\infty} e^{j\omega t} \cdot F(j\omega) \cdot \Delta\omega \mid_{\omega = n\omega_0}$$

$$= \frac{1}{2\pi} \int_{-\infty}^{+\infty} F(j\omega) e^{j\omega t} \, d\omega$$

即任意非周期信号 $f(t)$ 的傅里叶逆变换为

$$f(t) = \frac{1}{2\pi} \int_{-\infty}^{+\infty} F(j\omega) e^{j\omega t} \, d\omega \qquad (3-37)$$

式(3-36)和式(3-37)就构成了任意非周期信号的**傅里叶变换对**，有时简记为

$$F(j\omega) = \text{FT}\{f(t)\} \qquad (3-38a)$$

$$f(t) \xleftrightarrow{\text{FT}} F(j\omega) \qquad (3-38b)$$

若 $f(t)$ 为因果信号，则其傅里叶变换式即式(3-36)可改写为

$$F(j\omega) = \int_0^{+\infty} f(t) e^{-j\omega t} \, dt \qquad (3-39)$$

它的逆变换仍为式(3-37)。

根据傅里叶变换对式(3-36)和式(3-37)，当 $t=0$ 或 $\omega=0$ 时，存在一对特殊的等式

$$\left. \begin{array}{l} F(j0) = \int_{-\infty}^{+\infty} f(t) \, dt \\[2ex] f(0) = \frac{1}{2\pi} \int_{-\infty}^{+\infty} F(j\omega) \, d\omega \end{array} \right\} \qquad (3-40)$$

3.2.2 傅里叶变换的物理意义

1. $F(j\omega)$ 是密度函数

从式(3-36)的推导过程可见，$F(j\omega)$ 并不是在频率 ω 处的谱线强度，而是在 ω 处单位频率宽度内的谱线平均强度，故 $F(j\omega)$ 是一个密度函数，非周期信号可以表示成 $F(j\omega)$ 的连续傅里叶积分。

对于任意周期信号，由于其非零谱线仅在其基频的整数倍上(成谐波关系)，而在其他频率上的谱线强度均为零，所以周期信号可以表示成离散的傅里叶级数和。

2. $F(j\omega)$ 的定义域为 $(-\infty, +\infty)$

从式(3-37)可见，傅里叶积分的范围为 $(-\infty, +\infty)$，即 $F(j\omega)$ 的定义域为 $(-\infty, +\infty)$。这表明，非周期信号的频谱包含了从零频率(直流分量)到无限高频率的所有频率分量，分量的频率之间不成谐波关系。

需要再次指出的是，$F(j\omega)$ 中有负频率项，这只是数学运算的结果，并不真正存在以负

频率进行振荡的分量,负频率项与相应的正频率项合起来才代表一个振荡。

3. $F(j\omega)$ 一般为复函数

与周期信号的复指数傅里叶级数系数 F_n 相似,$F(j\omega)$ 一般是 ω 的复函数,可记为

$$F(j\omega) = |F(j\omega)| e^{j\varphi(\omega)}$$

从而,傅里叶逆变换积分可改写为

$$f(t) = \frac{1}{2\pi} \int_{-\infty}^{+\infty} F(j\omega) e^{j\omega t} d\omega = \frac{1}{2\pi} \int_{-\infty}^{+\infty} |F(j\omega)| e^{j(\omega t + \varphi(\omega))} d\omega \tag{3-41}$$

如果信号 $f(t)$ 是实信号,则幅频 $|F(j\omega)|$ 为 ω 的偶函数,相频 $\varphi(\omega)$ 为 ω 的奇函数,此时式(3-41)可简化为

$$f(t) = \frac{1}{2\pi} \int_{-\infty}^{+\infty} |F(j\omega)| \cos(\omega t + \varphi(\omega)) d\omega \tag{3-42}$$

4. 傅里叶变换的存在条件

在傅里叶变换式即式(3-36)的推导过程中,有一假设成立的前提条件,即极限 $\lim\limits_{T \to +\infty} T \cdot F(n\omega_0)$ 对所有的 n 均存在,否则 $F(j\omega)$ 可能在某些频率处成为无穷大。与周期信号需要满足狄里赫利条件才能展开成傅里叶级数相类似,非周期信号 $f(t)$ 存在傅里叶变换也需要满足一定的条件,这些条件也称为**狄里赫利条件**,即:

(1) 信号在无限区间内绝对可积,即

$$\int_{-\infty}^{+\infty} |f(t)| dt < +\infty \tag{3-43}$$

(2) 信号在任何有限区间内有有限个极值点;

(3) 信号在任何有限区间内有有限个不连续点,而且每个不连续点的值必须是有限的。

对于存在不连续点的时域信号,傅里叶逆变换在不连续点处收敛于该不连续点左极限、右极限的平均值。如果采用广义函数的概念,允许奇异函数也满足上述条件,则冲激函数、阶跃函数等也可以存在傅里叶变换。

信号的时间函数 $f(t)$ 和它的傅里叶变换即频谱 $F(j\omega)$ 是同一信号的两种不同的表现形式。不过,$f(t)$ 显示了时间信息而隐藏了频率信息;$F(j\omega)$ 显示了频率信息而隐藏了时间信息。信号的时域波形可通过示波器进行观察,而信号的频域特性则可通过频谱仪进行观察。

3.2.3　典型非周期信号的傅里叶变换

1. 单边指数信号

单边指数信号的表示式为

$$f(t) = \begin{cases} e^{-at}, & t \geq 0 \\ 0, & t < 0 \end{cases}$$

其中 $a > 0$。它的傅里叶变换为

$$F(j\omega) = \int_{-\infty}^{+\infty} f(t) e^{-j\omega t} dt = \frac{1}{a + j\omega}$$

所以,单边指数信号的幅度谱和相位谱分别为

$$|F(j\omega)| = \frac{1}{\sqrt{a^2 + \omega^2}}$$

$$\varphi(\omega) = -\arctan\left(\frac{\omega}{a}\right)$$

单边指数信号的时域波形 $f(t)$、幅度谱 $|F(\mathrm{j}\omega)|$ 和相位谱 $\varphi(\omega)$ 如图 3-13 所示。

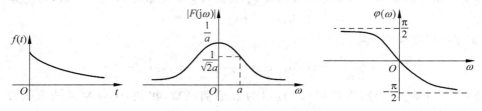

图 3-13   单边指数信号及其频谱

2. 双边指数信号

双边指数信号的表示式为

$$f(t) = \mathrm{e}^{-a|t|}, \quad -\infty < t < +\infty$$

其中 $a > 0$。它的傅里叶变换为

$$F(\mathrm{j}\omega) = \frac{2a}{a^2 + \omega^2}$$

从而

$$|F(\mathrm{j}\omega)| = \frac{2a}{a^2 + \omega^2}$$

$$\varphi(\omega) = 0$$

双边指数信号的波形 $f(t)$、频谱 $F(\mathrm{j}\omega)$ 如图 3-14 所示。

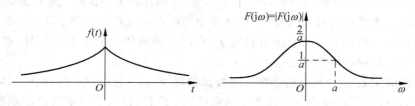

图 3-14   双边指数信号及其频谱

3. 对称矩形脉冲信号

对称矩形脉冲信号的表示式为

$$f(t) = \begin{cases} E, & |t| \leqslant \dfrac{\tau}{2} \\[2mm] 0, & |t| > \dfrac{\tau}{2} \end{cases}$$

式中，E 为脉冲幅度，τ 为脉冲宽度。它的傅里叶变换为

$$F(\mathrm{j}\omega) = \int_{-\tau/2}^{\tau/2} E\mathrm{e}^{-\mathrm{j}\omega t}\,\mathrm{d}t = \frac{2E}{\omega}\sin\frac{\omega\tau}{2} = E\tau \cdot \frac{\sin\left(\dfrac{\omega\tau}{2}\right)}{\dfrac{\omega\tau}{2}} = E\tau\,\mathrm{Sa}\left(\frac{\omega\tau}{2}\right)$$

从而

$$| F(j\omega) | = E\tau \left| Sa\left(\frac{\omega\tau}{2}\right) \right|$$

$$\varphi(\omega) = \begin{cases} 0, & \dfrac{4 | n | \pi}{\tau} < | \omega | < \dfrac{2(2 | n | + 1)\pi}{\tau} \\[2mm] -\pi, & \dfrac{2(2n+1)\pi}{\tau} < \omega < \dfrac{4(n+1)\pi}{\tau}, \quad n \geq 0 \\[2mm] \pi, & \dfrac{4n\pi}{\tau} < \omega < \dfrac{2(2n+1)\pi}{\tau}, \quad n < 0 \end{cases}$$

矩形脉冲的波形 $f(t)$ 及频谱图如图 3-15 所示。其中图 3-15(a)为波形；图 3-15(b)为幅度谱$|F(j\omega)|$,图形对称于纵轴,它为 ω 的偶函数；图 3-15(c)为相位谱 $\varphi(\omega)$,它为 ω 的奇函数；图 3-15(d)将 $F(j\omega)$ 用一条曲线同时表示幅度谱$|F(j\omega)|$与相位谱 $\varphi(\omega)$,即相位为 π 时,将模量改为负值。显然,$F(j\omega)$曲线具有抽样函数的形状。

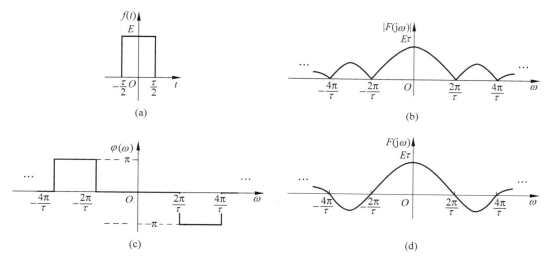

图 3-15 矩形脉冲的波形 $f(t)$ 及频谱

比较图 3-15(d)与图 3-7 可以看出,非周期矩形单脉冲的频谱函数曲线与周期矩形脉冲离散频谱的包络线形状完全相同,都具有抽样函数的形状。与周期脉冲的频带宽度 B_ω 分析相类似(见式(3-32)),单脉冲信号的频谱也具有收敛性,信号的绝大部分能量集中在 $0 \sim \dfrac{1}{\tau}$ 频率范围内。因而,通常认为这种信号占有频率范围(即频带宽度)B_f 近似为 $\dfrac{1}{\tau}$,即

$$B_f \approx \frac{1}{\tau} \tag{3-44}$$

4. 符号函数

符号函数的表示式为

$$f(t) = sgn(t) = \begin{cases} +1, & t > 0 \\ -1, & t < 0 \end{cases}$$

显然,符号函数不满足狄里赫利条件中的绝对可积条件,它应该不存在傅里叶变换。将符号函数与双边指数函数 $e^{-a|t|}$ 相乘后,先求出乘积信号 $f_1(t)$ 的频谱,然后取 a 趋于 0 的极限,就可以得出符号函数 $f(t)$ 的频谱。

双边指数函数 $f(t)$ 的表示式为

$$f(t) = e^{-a|t|} = e^{at}u(-t) + e^{-at}u(t)$$

式中，$a>0$。取乘积信号 $f_1(t)$

$$f_1(t) = \text{sgn}(t)f(t) = -e^{at}u(-t) + e^{-at}u(t)$$

由于 $a>0$，所以 $f_1(t)$ 绝对可积，$f_1(t)$ 满足狄里赫利条件，因而可根据傅里叶变换的定义求得

$$F_1(j\omega) = \int_{-\infty}^{+\infty} f_1(t)e^{-j\omega t}\,dt = \int_{-\infty}^{0}(-e^{at})e^{-j\omega t}\,dt + \int_{0}^{+\infty}e^{-at}e^{-j\omega t}\,dt = \frac{-2j\omega}{a^2 + \omega^2}$$

符号函数 $\text{sgn}(t)$ 可看作是当 $a\to 0$ 时 $f_1(t)$ 的极限，因此 $\text{sgn}(t)$ 的频谱函数也是 $f_1(t)$ 的频谱函数 $F_1(j\omega)$ 在 $a\to 0$ 时的极限。所以

$$F(j\omega) = \lim_{a\to 0}F_1(j\omega) = \lim_{a\to 0}\frac{-2j\omega}{a^2 + \omega^2} = \frac{2}{j\omega}$$

从而

$$|F(j\omega)| = \frac{2}{|\omega|}$$

$$\varphi(\omega) = \begin{cases} -\dfrac{\pi}{2}, & \omega > 0 \\[2mm] \dfrac{\pi}{2}, & \omega < 0 \end{cases}$$

可见，符号函数的傅里叶变换的定义域为 $\omega \neq 0$。符号函数的波形和频谱如图 3-16 所示。

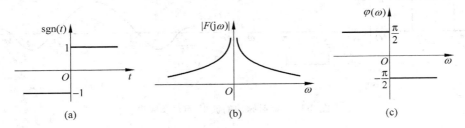

图 3-16　符号函数 $\text{sgn}(t)$ 的波形及频谱

5．冲激函数

1）时域冲激函数的傅里叶变换

根据傅里叶变换的定义式即式(3-36)以及冲激函数的取样性质，可求得单位冲激函数的频谱为

$$F(j\omega) = \int_{-\infty}^{+\infty}\delta(t)e^{-j\omega t}\,dt = 1$$

冲激函数的频谱函数为常数 1，表明冲激函数在整个频谱范围内的频谱强度均匀分布，带宽为无穷大，这样的频谱也称白色谱。冲激函数的波形和频谱如图 3-17 所示。

根据傅里叶逆变换的定义式(3-37)，可以写出冲激函数的傅里叶逆变换表达式为

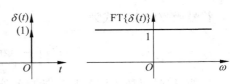

图 3-17　冲激函数的波形及频谱

$$\delta(t) = \frac{1}{2\pi}\int_{-\infty}^{+\infty} e^{j\omega t}\,d\omega \tag{3-45}$$

2）频域冲激函数的傅里叶逆变换

由傅里叶逆变换的定义式（3-37）可得

$$f(t) = \frac{1}{2\pi}\int_{-\infty}^{+\infty} \delta(\omega) e^{j\omega t}\,d\omega = \frac{1}{2\pi}$$

此结果表明，直流信号的频谱是冲激函数。若某信号包含直流分量，则该信号的频谱中包含冲激函数。反过来说，若某信号的频谱中包含冲激函数，则该信号中必定包含直流分量。

频域冲激函数 $\delta(\omega)$ 及其原函数如图 3-18 所示。

3）冲激偶函数的傅里叶变换

冲激偶函数是冲激函数的一阶导数，即

$$\delta'(t) = \frac{d}{dt}\delta(t) \tag{3-46}$$

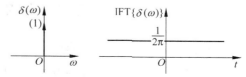

图 3-18　频域冲激函数 $\delta(\omega)$ 及其原函数

因此，对冲激函数的傅里叶逆变换式（3-45）两边求一阶导数，就得到冲激偶函数的傅里叶逆变换，即

$$\delta'(t) = \frac{d}{dt}\delta(t) = \frac{d}{dt}\left(\frac{1}{2\pi}\int_{-\infty}^{+\infty} e^{j\omega t}\,d\omega\right) = \frac{1}{2\pi}\int_{-\infty}^{+\infty} j\omega \cdot e^{j\omega t}\,d\omega$$

比较上式与式（3-37）可见，上式最后一等式中的被积函数 $j\omega$ 就是式（3-37）中的函数 $F(j\omega)$，即事实上有

$$FT\left\{\frac{d}{dt}\delta(t)\right\} = j\omega$$

一般地，对于更高阶的冲激偶函数，有

$$FT\left\{\frac{d^n}{dt^n}\delta(t)\right\} = (j\omega)^n$$

而对于频域的冲激偶函数，则有

$$FT\{t^n\} = 2\pi(j)^n \frac{d^n}{d\omega^n}[\delta(\omega)]$$

6. 阶跃信号

与符号函数一样，阶跃信号 $u(t)$ 也不满足绝对可积的条件。通过在频域引入奇异函数，阶跃信号 $u(t)$ 也可进行傅里叶变换。将阶跃信号 $u(t)$ 表示成符号函数的形式

$$u(t) = \frac{1}{2} + \frac{1}{2}\operatorname{sgn}(t) \tag{3-47}$$

对上式两边取傅里叶变换，得

$$FT\{u(t)\} = \frac{1}{2}\cdot 2\pi\delta(\omega) + \frac{1}{2}\cdot\frac{2}{j\omega} = \pi\delta(\omega) + \frac{1}{j\omega} = \pi\delta(\omega) + \frac{1}{|\omega|}e^{-j\frac{\pi}{2}\operatorname{sgn}(\omega)} \tag{3-48}$$

分析式（3-47）和式（3-48）可知，阶跃函数中的非零直流分量贡献了其频谱中的冲激谱 $\pi\delta(\omega)$，而 0^- 到 0^+ 时刻的不连续跳变则产生了其频谱中的所有非零频率分量。阶跃函数的波形、幅度谱 $|F(j\omega)|$、相位谱 $\varphi(\omega)$ 如图 3-19 所示。

由以上常见信号的傅里叶变换可见，在引入奇异（冲激）函数概念之后，许多不满足绝对可积条件的函数，如阶跃函数、符号函数等都可以进行傅里叶变换，并有确切的频谱函数表示式。

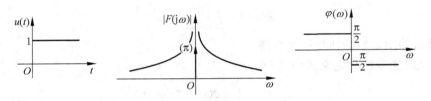

图 3-19　阶跃函数的波形及其频谱

3.3　傅里叶变换的性质

傅里叶变换有许多重要的性质,熟练地利用这些性质对求取 $f(t)$ 的傅里叶变换或从 $F(j\omega)$ 求取逆变换将带来很大的方便,同时在分析信号通过线性系统时也可大大简化运算。

如下讨论傅里叶变换的性质时,均假设任意信号 $f(t)$ 的傅里叶变换为 $F(j\omega)$,即有 $F(j\omega) = \text{FT}\{f(t)\}$。

3.3.1　对偶性

$f(t)$ 与 $F(j\omega)$ 构成傅里叶变换对,则 $F(jt)$ 与 $f(\omega)$ 间有如下变换关系

$$F(jt) \overset{\text{FT}}{\longleftrightarrow} 2\pi f(-\omega) \tag{3-49}$$

傅里叶变换的对偶性还可以用来确定或提示傅里叶变换的其他性质。例如,如果时间函数的一些特点有傅里叶变换方面的推论,则同样的一些特点与频率函数相联系时在时域中将有对偶的推论。例如,在 3.3.6 节将看到,时域中对 t 的微分对应在频域中乘以 $j\omega$。根据上面的讨论,于是可以推测,在时域中乘以 jt 大致对应于频域中对 ω 的微分。

【例 3-1】　求时域信号 $\dfrac{1}{a+jt}$ $(a>0)$ 的傅里叶变换。

解　如果直接采用傅里叶变换的定义式(3-36),积分 $\displaystyle\int_{-\infty}^{+\infty} \dfrac{1}{a+jt} e^{-j\omega t} dt$ 非常难求,因此需要尝试其他方法。

在 3.2.3 节中已知单边指数衰减信号 $f_1(t) = e^{-at}u(t)$ 的傅里叶变换为 $F_1(j\omega) = \dfrac{1}{a+j\omega}$。将 $F_1(j\omega)$ 中的自变量 ω 换成 t,利用傅里叶变换的时域与频域之间的对偶性,可以求得信号 $\dfrac{1}{a+jt}$ 的傅里叶变换为

$$F(j\omega) = 2\pi f_1(-\omega) = 2\pi e^{+a\omega} u(-\omega)$$

3.3.2　线性

时域多个信号的线性组合的傅里叶变换是各信号傅里叶变换的线性组合,即

$$\text{FT}\left\{ \sum_{i=1}^{n} a_i f_i(t) \right\} = \sum_{i=1}^{n} a_i F_i(j\omega) \tag{3-50}$$

上式中 n 个系数 a_i 为任意复常数。

利用傅里叶变换的线性特性,对于复杂信号可以先将其分解为若干基本信号或常见信

号的线性组合,然后再求取其傅里叶变换。如在 3.2.3 节将阶跃信号分解为直流信号与符号函数之和。

3.3.3 奇偶虚实性

无论 $f(t)$ 是实函数还是复函数,下面两式均成立

$$FT\{f^*(-t)\} = F^*(j\omega) \tag{3-51a}$$

$$FT\{f^*(t)\} = F^*(-j\omega) \tag{3-51b}$$

对于任意实函数 $f(t)$,记其傅里叶变换 $F(j\omega)$ 的实部、虚部、幅频、相频分别为 $R(\omega)$、$X(\omega)$、$|F(j\omega)|$、$\varphi(\omega)$,则有

$$\left.\begin{array}{l} R(\omega) = \displaystyle\int_{-\infty}^{+\infty} f(t)\cos(\omega t)\,\mathrm{d}t = R(-\omega) \\[2mm] X(\omega) = -\displaystyle\int_{-\infty}^{+\infty} f(t)\sin(\omega t)\,\mathrm{d}t = -X(-\omega) \\[2mm] |F(j\omega)| = \sqrt{R^2(\omega) + X^2(\omega)} \\[2mm] \varphi(\omega) = \arctan\dfrac{X(\omega)}{R(\omega)} = -\varphi(-\omega) \end{array}\right\} \tag{3-52}$$

即,实函数 $f(t)$ 的傅里叶变换 $F(j\omega)$ 的实部 $R(\omega)$ 是 ω 的偶函数,虚部 $X(\omega)$ 是 ω 的奇函数,幅频 $|F(j\omega)|$ 是 ω 的偶函数,相频 $\varphi(\omega)$ 是 ω 的奇函数。

特别地,如果实函数 $f(t)$ 关于 t 偶对称,则它的傅里叶变换 $F(j\omega)$ 的虚部 $X(\omega) \equiv 0$,即此时 $F(j\omega)$ 为 ω 的实偶函数

$$X(\omega) = -\int_{-\infty}^{+\infty} f(t)\sin\omega t\,\mathrm{d}t \equiv 0 \tag{3-53a}$$

$$F(j\omega) = R(\omega) = \int_{-\infty}^{+\infty} f(t)\cos\omega t\,\mathrm{d}t \tag{3-53b}$$

如果实函数 $f(t)$ 关于 t 奇对称,则它的傅里叶变换 $F(j\omega)$ 的实部 $R(\omega) \equiv 0$,即此时 $F(j\omega)$ 为 ω 的虚奇函数

$$R(\omega) = \int_{-\infty}^{+\infty} f(t)\sin\omega t\,\mathrm{d}t \equiv 0 \tag{3-54a}$$

$$F(j\omega) = jX(\omega) = -j\int_{-\infty}^{+\infty} f(t)\sin\omega t\,\mathrm{d}t \tag{3-54b}$$

反之,根据 $F(j\omega)$ 的实、虚、偶、奇特性也可以判断的 $f(t)$ 的偶、奇、实、虚特性。一般地,对于傅里叶变换对 $f(t)$ 与 $F(j\omega)$,$f(t)$ 或 $F(j\omega)$ 的实部对应于 $F(j\omega)$ 或 $f(t)$ 的共轭偶对称分量,$f(t)$ 或 $F(j\omega)$ 的虚部对应于 $F(j\omega)$ 或 $f(t)$ 的共轭奇对称分量;$f(t)$ 或 $F(j\omega)$ 的共轭偶对称分量对应于 $F(j\omega)$ 或 $f(t)$ 的实部,$f(t)$ 或 $F(j\omega)$ 的共轭奇对称分量对应于 $F(j\omega)$ 或 $f(t)$ 的虚部。上述结论可以简述为实部对共轭偶对称分量、虚部对共轭奇对称分量。

【例 3-2】 已知两个实信号 $f_1(t)$ 和 $f_2(t)$,试仅通过一次傅里叶变换运算求得它们各自的傅里叶变换 $F_1(j\omega)$ 和 $F_2(j\omega)$。

解 首先,将两实信号 $f_1(t)$ 和 $f_2(t)$ 组合成一个复信号

$$f(t) = f_1(t) + jf_2(t)$$

通过一次傅里叶变换运算可求得复信号 $f(t)$ 的傅里叶变换 $F(j\omega)$。由于 $f_1(t)$ 是 $f(t)$ 的实部,因此 $f_1(t)$ 的傅里叶变换 $F_1(j\omega)$ 必定是 $F(j\omega)$ 中的偶对称分量,而虚部 $f_2(t)$ 的傅里叶变

换 $F_2(j\omega)$ 必定是 $F(j\omega)$ 中的奇对称分量,即

$$F_1(j\omega) = \text{FT}\{f_1(t)\} = \frac{F(j\omega) + F^*(-j\omega)}{2}$$

$$F_2(j\omega) = \text{FT}\{f_2(t)\} = \frac{F(j\omega) - F^*(-j\omega)}{2j}$$

因此,通过将两个实信号组合成一个复信号后,仅进行一次傅里叶变换运算就可以求得两个信号各自的傅里叶变换。该方法在信号处理领域得到了广泛的应用。

3.3.4　尺度变换特性

如果对时域信号 $f(t)$ 进行时域尺度变换,则

$$\text{FT}\{f(at)\} = \frac{1}{|a|}F\left(j\frac{\omega}{a}\right) \tag{3-55}$$

特别地,当 $a = -1$ 时,$\text{FT}\{f(-t)\} = F(-j\omega)$,即将信号在时域进行反褶后新信号的傅里叶变换为反褶前原信号傅里叶变换的频域反褶。尺度变换特性说明,信号在时域中被压缩,信号在频域中就被扩展;如果信号在时域中被扩展,则它的频谱在频域中就一定被压缩。简言之,就是信号的时域持续时间与其频谱宽度有反比的关系。

对于一般有限时长的信号,其非零频谱一直扩展到无穷大,即频宽实为无限大,其傅里叶逆变换中的积分区间为 $(-\infty, +\infty)$。由于任意有限时长信号经傅里叶变换后其频谱都占据了区间 $(-\infty, +\infty)$,以无穷大作为其频带宽度并没有实际用处,因此在实际工程应用中通常以信号频谱中能量比较集中的那一部分频带所占据的范围作为信号的频宽。利用式(3-40),可定义信号的等效脉冲宽度和等效频带宽度为

$$\left.\begin{array}{l} \tau = \dfrac{F(j0)}{f(0)} \\[3mm] B_\omega = 2\pi \dfrac{f(0)}{F(j0)} \end{array}\right\} \tag{3-56}$$

由于信号在时域被压缩(扩展)时,其能量成比例地减少(增加),因此其频谱幅度要相应乘以系数 $1/|a|$。也可以这样来理解:如果信号波形被压缩(扩展)a 倍,信号随时间的变化也加快(变慢)了 a 倍,所以信号所包含的频率分量增加(减少)a 倍,频谱展宽(压缩)a 倍。又因信号的能量没有增加,因此各频率分量的大小必须相应地减小(增加)a 倍。图 3-20 表示矩形脉冲及频谱的扩展与压缩情况。

3.3.5　时移特性和频移特性

根据傅里叶变换的定义,可得傅里叶变换的时移特性

$$\text{FT}\{f(t-t_0)\} = F(j\omega)e^{-j\omega t_0} \tag{3-57}$$

【例 3-3】　已知对称矩形脉冲信号 $f_1(t) = E\left[u\left(t+\dfrac{\tau}{2}\right) - u\left(t-\dfrac{\tau}{2}\right)\right]$ 的傅里叶变换为 $F_1(j\omega) = E\tau\,\text{Sa}\left(\dfrac{\omega\tau}{2}\right)$,求矩形脉冲信号 $f(t) = E[u(t) - u(t-\tau)]$ 的频谱函数 $F(j\omega)$ 并画出频谱图。

解　易知,将对称矩形脉冲信号 $f_1(t)$ 右移 $\tau/2$ 后即可得到信号 $f(t)$,即有

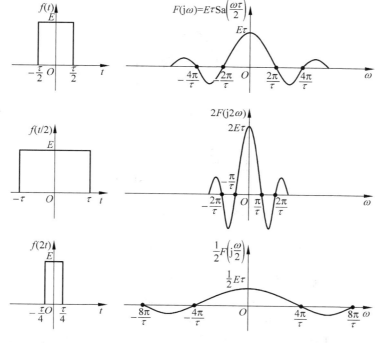

图 3-20　不同宽度的矩形脉冲波形及其频谱

$$f(t) = f_1\left(t - \frac{\tau}{2}\right)$$

因此，利用傅里叶变换的时移特性，有

$$F(j\omega) = F_1(j\omega)e^{-j\omega\frac{\tau}{2}} = E\tau Sa\left(\frac{\omega\tau}{2}\right)e^{-j\frac{\omega\tau}{2}}$$

$F(j\omega)$ 的幅频、相频分别为

$$\mid F(j\omega) \mid = E\tau \left| Sa\left(\frac{\omega\tau}{2}\right)\right| = \mid F_1(j\omega) \mid$$

$$\varphi(\omega) = \varphi_1(\omega) - \frac{\omega\tau}{2}$$

可见，经过时移后，$f(t)$ 与 $f_1(t)$ 的幅频特性完全相同，它们的相频特性仅相差一个与 ω 成线性关系的因子。$f(t)$ 的频谱幅频、相频曲线见图 3-21。

【例 3-4】 已知对称矩形脉冲信号 $f_1(t) = E\left[u\left(t + \frac{\tau}{2}\right) - u\left(t - \frac{\tau}{2}\right)\right]$ 的傅里叶变换为 $F_1(j\omega) = E\tau Sa\left(\frac{\omega\tau}{2}\right)$，求矩形脉冲信号 $f(t) = f_1(t + T) + f_1(t) + f_1(t - T)$ $(T \neq \tau)$ 的频谱函数 $F(j\omega)$。

解　根据傅里叶变换的时移特性，可写出

$$F(j\omega) = F_1(j\omega)(e^{j\omega T} + 1 + e^{-j\omega T}) = E\tau Sa\left(\frac{\omega\tau}{2}\right)[1 + 2\cos(\omega T)]$$

如果对信号 $f(t)$ 不仅进行了时移，还同时进行了尺度变换，则带有尺度变换的时移特性为

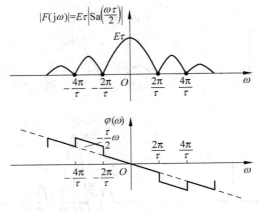

图 3-21　$f(t)$ 的频谱

$$\mathrm{FT}\{f(at-t_0)\} = \frac{1}{|a|}F\left(\mathrm{j}\,\frac{\omega}{a}\right)\mathrm{e}^{-\mathrm{j}\frac{\omega t_0}{a}} \tag{3-58}$$

根据傅里叶变换的定义，可得傅里叶变换的频移特性

$$\mathrm{FT}\{f(t)\mathrm{e}^{\mathrm{j}\omega_0 t}\} = F(\mathrm{j}(\omega-\omega_0)) \tag{3-59a}$$

$$\mathrm{FT}\{f(t)\mathrm{e}^{-\mathrm{j}\omega_0 t}\} = F(\mathrm{j}(\omega+\omega_0)) \tag{3-59b}$$

频移特性表明信号在时域中与复因子 $\mathrm{e}^{\mathrm{j}\omega_0 t}$ 相乘，则在频域中将使整个频谱向右平移 ω_0。综合式(3-59a)和式(3-59b)，并利用欧拉公式，可得到

$$\mathrm{FT}\{f(t)\cos(\omega_0 t)\} = \frac{1}{2}[F(\mathrm{j}(\omega-\omega_0)) + F(\mathrm{j}(\omega+\omega_0))] \tag{3-60a}$$

$$\mathrm{FT}\{f(t)\sin(\omega_0 t)\} = \frac{1}{2\mathrm{j}}[F(\mathrm{j}(\omega-\omega_0)) - F(\mathrm{j}(\omega+\omega_0))] \tag{3-60b}$$

3.3.6　微分和积分特性

如果 $f(t)$ 与 $F(\mathrm{j}\omega)$ 构成一对傅里叶变换，则 $f(t)$ 的高阶微分的傅里叶变换为

$$\mathrm{FT}\left\{\frac{\mathrm{d}^n f(t)}{\mathrm{d}t^n}\right\} = (\mathrm{j}\omega)^n F(\mathrm{j}\omega) \tag{3-61}$$

如果 $\omega=0$ 时 $\left|\dfrac{F(\mathrm{j}\omega)}{\omega}\right| < +\infty$，或 $F(\mathrm{j}0)=0$，则 $f(t)$ 的积分的傅里叶变换为

$$\mathrm{FT}\left\{\int_{-\infty}^{t} f(\tau)\mathrm{d}\tau\right\} = \frac{F(\mathrm{j}\omega)}{\mathrm{j}\omega} \tag{3-62a}$$

如果 $F(\mathrm{j}0)\neq 0$，则 $f(t)$ 的积分的傅里叶变换为

$$\mathrm{FT}\left\{\int_{-\infty}^{t} f(\tau)\mathrm{d}\tau\right\} = \frac{F(\mathrm{j}\omega)}{\mathrm{j}\omega} + \pi F(\mathrm{j}0)\delta(\omega) \tag{3-62b}$$

【例 3-5】 已知单位冲激信号 $\delta(t)$ 的傅里叶变换为 1，求单位阶跃信号 $u(t)$ 的傅里叶变换。

解　由于

$$u(t) = \int_{-\infty}^{t} \delta(\tau)\mathrm{d}\tau$$

$$F(\mathrm{j}\omega) = \mathrm{FT}\{\delta(t)\} \equiv 1$$

利用式(3-62b),得

$$\mathrm{FT}\{u(t)\} = \mathrm{FT}\left\{\int_{-\infty}^{t} \delta(\tau)\mathrm{d}\tau\right\} = \frac{F(\mathrm{j}\omega)}{\mathrm{j}\omega} + \pi F(\mathrm{j}0)\delta(\omega) = \frac{1}{\mathrm{j}\omega} + \pi\delta(\omega)$$

将上式与式(3-48)比较可见,两式完全相同。

【例 3-6】　利用傅里叶变换的积分特性求三角脉冲信号 $f(t) = E\left(1 - \frac{2}{\tau}|t|\right)\left[u\left(t + \frac{\tau}{2}\right) - u\left(t - \frac{\tau}{2}\right)\right]$ 的傅里叶变换。

解　首先,依次求取 $f(t)$ 的一阶和二阶导数

$$f_1(t) = \frac{\mathrm{d}}{\mathrm{d}t}f(t) = \frac{2E}{\tau}\left[u\left(t + \frac{\tau}{2}\right) - u(t)\right] - \frac{2E}{\tau}\left[u(t) - u\left(t - \frac{\tau}{2}\right)\right]$$

$$f_2(t) = \frac{\mathrm{d}^2}{\mathrm{d}t^2}f(t) = \frac{2E}{\tau}\left[\delta\left(t + \frac{\tau}{2}\right) - 2\delta(t) + \delta\left(t - \frac{\tau}{2}\right)\right]$$

求得 $f_1(t)$ 和 $f_2(t)$ 的傅里叶变换分别为

$$F_1(\mathrm{j}\omega) = E\mathrm{Sa}\left(\frac{\omega\tau}{4}\right)\left(\mathrm{e}^{\mathrm{j}\frac{\omega\tau}{4}} - \mathrm{e}^{-\mathrm{j}\frac{\omega\tau}{4}}\right) = 2\mathrm{j}E\mathrm{Sa}\left(\frac{\omega\tau}{4}\right)\sin\left(\frac{\omega\tau}{4}\right)$$

$$F_2(\mathrm{j}\omega) = \frac{2E}{\tau}\left(\mathrm{e}^{\mathrm{j}\omega\frac{\tau}{2}} - 2 + \mathrm{e}^{-\mathrm{j}\omega\frac{\tau}{2}}\right) = \frac{8E}{\tau}\mathrm{j}^2\sin^2\left(\frac{\omega\tau}{4}\right)$$

由于 $f(t)$ 是 $f_2(t)$ 的二重积分,且 $F_1(\mathrm{j}\omega)|_{\omega=0} = 0$,$F_2(\mathrm{j}\omega)|_{\omega=0} = 0$,故利用傅里叶变换的积分特性,得

$$F(\mathrm{j}\omega) = \frac{F_2(\mathrm{j}\omega)}{(\mathrm{j}\omega)^2} = \frac{E\tau}{2}\mathrm{Sa}^2\left(\frac{\omega\tau}{4}\right)$$

$f(t)$、$f_1(t)$、$f_2(t)$ 的图形见图 3-22。

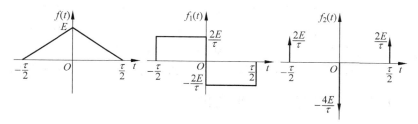

图 3-22　$f(t)$、$f_1(t)$、$f_2(t)$ 曲线

3.3.7　帕斯瓦尔定理

如果 $f(t)$ 与 $F(\mathrm{j}\omega)$ 构成一对傅里叶变换,则

$$\int_{-\infty}^{+\infty}|f(t)|^2\mathrm{d}t = \frac{1}{2\pi}\int_{-\infty}^{+\infty}|F(\mathrm{j}\omega)|^2\mathrm{d}\omega \tag{3-63}$$

一般来说,非周期信号 $f(t)$ 不是功率信号,其平均功率为零,但其能量为有限量,因而是一个能量信号。非周期信号的总能量 W 为

$$W = \int_{-\infty}^{+\infty}|f(t)|^2\mathrm{d}t \tag{3-64}$$

可见,式(3-63)的左边就是信号的总能量 W。非周期信号是由无限多个振幅为无穷小的频率分量组成的,各频率分量的能量也为无穷小量,但单位频率宽度内的能量 $|F(\mathrm{j}\omega)|^2/2\pi$ 却

不是无穷小量。为了表明信号能量在频率分量上的分布情况,与频谱密度函数 $F(j\omega)$ 相似,引入能量密度频谱函数 $|F(j\omega)|^2$,简称为**能量谱**。因此,信号 $f(t)$ 的总能量既可通过计算单位时间的能量 $|f(t)|^2$ 并在所有时间上的积分来确定,也可通过计算单位频率宽度内的能量 $|F(j\omega)|^2/2\pi$ 并在所有频率上的积分来确定。式(3-63)被称为非周期信号的帕斯瓦尔定理,该定理表明,对非周期信号,在时域中求得的信号能量与频域中求得的信号能量相等。由于 $|F(j\omega)|^2$ 是 ω 的偶函数,因而式(3-63)还可写为

$$W = \int_{-\infty}^{+\infty} |f(t)|^2 dt = \frac{1}{2\pi} \int_{-\infty}^{+\infty} |F(j\omega)|^2 d\omega = \frac{1}{\pi} \int_{0}^{+\infty} |F(j\omega)|^2 d\omega \qquad (3\text{-}65)$$

由于周期信号的能量是无限的,因而式(3-63)不适用于周期信号。但是,对于周期信号 $f(t)$ 而言存在一个类似的关系式

$$\frac{1}{T} \int_{t_0}^{t_0+T} |f(t)|^2 dt = \sum_{n=-\infty}^{+\infty} |F_n|^2 \qquad (3\text{-}66)$$

即,周期信号在一个周期内的能量(即其平均功率)等于它各阶谐波的傅里叶级数系数的模平方和。因此,$|F_n|^2$ 可理解为由第 n 阶谐波所提供的那部分功率。式(3-66)也被称为是周期信号的帕斯瓦尔定理。

3.4　连续周期信号的傅里叶变换

3.4.1　周期信号傅里叶变换的存在性

对于周期信号,当满足狄里赫利条件时,信号可以分解为傅里叶级数。对于非周期的信号,当信号满足狄里赫利条件(绝对可积)时,信号可以进行傅里叶变换。

显然,周期信号不满足绝对可积的条件,应该不存在傅里叶变换,或者说不能进行常规意义下的傅里叶变换。由3.2.3节可知,直流信号的频谱为冲激函数,而直流信号可以看成周期是无穷大的周期信号。所以,如果允许频域存在冲激函数并认为有意义的前提下,绝对可积条件成为傅里叶变换不必要的限制,周期有限的周期信号也可以进行傅里叶变换。

3.4.2　正弦、余弦信号的傅里叶变换

根据傅里叶变换的频移特性,有

$$FT\{f(t)e^{j\omega_0 t}\} = F(j\omega - j\omega_0) \qquad (3\text{-}59a)$$

如上式中取 $f(t) \equiv 1$,在3.2.3节中已求得 $f(t)$ 的傅里叶变换为

$$FT\{1\} = 2\pi\delta(\omega)$$

从而有

$$FT\{1 \cdot e^{j\omega_0 t}\} = F(j\omega - j\omega_0) = 2\pi\delta(\omega - \omega_0)$$

即 $e^{j\omega_0 t}$ 与 $2\pi\delta(\omega - \omega_0)$ 构成一对傅里叶变换对。同理

$$FT\{e^{-j\omega_0 t}\} = 2\pi\delta(\omega + \omega_0)$$

根据欧拉公式,正弦、余弦函数可以表示为复指数函数的线性组合,再根据傅里叶变换的线性特性,可得到

$$FT\{\cos(\omega_0 t)\} = \pi[\delta(\omega - \omega_0) + \delta(\omega + \omega_0)]$$

$$FT\{\sin(\omega_0 t)\} = -j\pi[\delta(\omega - \omega_0) - \delta(\omega + \omega_0)]$$

正弦、余弦信号的频谱示意图如图 3-23 所示。

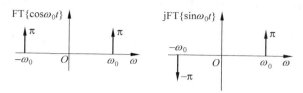

图 3-23　正弦、余弦信号的频谱

3.4.3　一般周期信号的傅里叶变换

利用复指数函数的傅里叶变换,还可以进一步求得其他周期有限的周期信号的傅里叶变换。对于一般周期信号 $f(t)$,先将它展开为傅里叶级数

$$f(t) = \sum_{n=-\infty}^{+\infty} F_n e^{jn\omega_0 t} \tag{3-16}$$

其中

$$F_n = \frac{1}{T} \int_{t_0}^{t_0+T} f(t) e^{-jn\omega_0 t} dt \tag{3-17}$$

利用式(3-16)求 $f(t)$ 的傅里叶变换,可得

$$\mathrm{FT}\{f(t)\} = \mathrm{FT}\left\{ \sum_{n=-\infty}^{+\infty} F_n e^{jn\omega_0 t} \right\} = \sum_{n=-\infty}^{+\infty} F_n \cdot \mathrm{FT}\{e^{jn\omega_0 t}\} = 2\pi \sum_{n=-\infty}^{+\infty} F_n \delta(\omega - n\omega_0) \tag{3-67}$$

可见,一般周期信号的频谱是以 ω_0 为基频的一系列不等强度谐波的冲激串,各冲激的强度正比于周期信号在该谐波处傅里叶级数的系数。

【例 3-7】　求如图 3-6 所示对称周期矩形信号的傅里叶变换。

解　根据 3.1.4 节的推导,如图 3-6 所示对称周期矩形脉冲信号的傅里叶级数为

$$f(t) = \sum_{n=-\infty}^{+\infty} F_n e^{jn\omega_0 t} = \frac{E\tau}{T} \sum_{n=-\infty}^{+\infty} \mathrm{Sa}\left(\frac{n\omega_0 \tau}{2}\right) e^{jn\omega_0 t}$$

由式(3-67)得

$$\mathrm{FT}\{f(t)\} = 2\pi \frac{E\tau}{T} \sum_{n=-\infty}^{+\infty} \mathrm{Sa}\left(\frac{n\omega_0 \tau}{2}\right) \delta(\omega - n\omega_0)$$

$f(t)$ 及其幅度谱如图 3-24 所示。

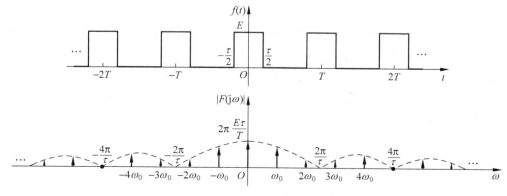

图 3-24　周期矩形脉冲信号及其频谱

3.4.4 周期信号的傅里叶变换与脉冲信号的傅里叶变换关系

从周期信号 $f(t)$ 中取 $\left(-\dfrac{T}{2},\dfrac{T}{2}\right)$ 间一个周期的一段信号,称为单脉冲信号 $f_0(t)$,它的傅里叶变换为

$$F_0(\mathrm{j}\omega) = \mathrm{FT}\{f_0(t)\} = \int_{-\infty}^{+\infty} f_0(t)\mathrm{e}^{-\mathrm{j}\omega t}\,\mathrm{d}t = \int_{-\frac{T}{2}}^{\frac{T}{2}} f(t)\mathrm{e}^{-\mathrm{j}\omega t}\,\mathrm{d}t \tag{3-68}$$

比较式(3-68)与式(3-17)可见

$$F_n = \frac{1}{T}F_0(\mathrm{j}\omega)\,\big|_{\omega=n\omega_0} \tag{3-69}$$

式(3-69)表明,周期信号 $f(t)$ 的傅里叶级数系数 F_n 等于单脉冲信号 $f_0(t)$ 的傅里叶变换 $F_0(\mathrm{j}\omega)$ 在 $n\omega_0$ 频点上的值乘以 $\dfrac{1}{T}$。

【例 3-8】 求周期冲激信号 $\delta_T(t)$ 的傅里叶变换。

解 由 3.2.3 节知,单位冲激信号 $\delta(t)$ 的傅里叶变换为

$$\mathrm{FT}\{\delta(t)\} = 1$$

周期冲激信号 $\delta_T(t)$ 可看作是对 $\delta(t)$ 以 T 为间隔进行周期性的时域平移后组合而成的周期信号,即

$$\delta_T(t) = \sum_{n=-\infty}^{+\infty} \delta(t-nT)$$

根据式(3-69),可得周期冲激信号 $\delta_T(t)$ 的傅里叶级数系数为

$$F_n = \frac{1}{T}\mathrm{FT}\{\delta(t)\}\,\big|_{\omega=n\omega_0} = \frac{1}{T}$$

故 $\delta_T(t)$ 还可以用傅里叶级数表示为

$$\delta_T(t) = \frac{1}{T}\sum_{n=-\infty}^{+\infty} \mathrm{e}^{\mathrm{j}n\omega_0 t}$$

由式(3-67)可以直接写出

$$\mathrm{FT}\{\delta_T(t)\} = 2\pi\sum_{n=-\infty}^{+\infty} F_n\delta(\omega-n\omega_0) = \frac{2\pi}{T}\sum_{n=-\infty}^{+\infty} \delta(\omega-n\omega_0) = \omega_0\sum_{n=-\infty}^{+\infty} \delta(\omega-n\omega_0)$$

可见,周期冲激信号 $\delta_T(t)$ 的频谱是在频域内的等间隔周期性冲激串。周期冲激信号 $\delta_T(t)$ 及其频谱见图 3-25。

仔细分析 $\delta(t)$、$\delta_T(t)$ 与它们的傅里叶变换之间的关系,并适当推广到一般非周期、周期信号的傅里叶变换,有如下结论:

由于信号 $f(t)$ 的时域**非周期性**,其频谱具有**连续性**,即 $\omega\in(-\infty,+\infty)$。

由于信号 $f(t)$ 的时域**周期性**,其频谱具有**离散性**,即 $\omega=n\omega_0,n\in Z$。

由于信号 $f(t)$ 的时域**连续性**,其频谱具有频域**非周期性**。

由于信号 $x[n]$ 的时域**离散性**,其频谱具有频域的**周期性**。

上述结论可以简单地作成表 3-1。

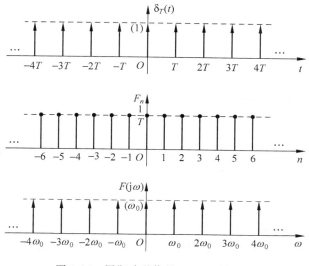

图 3-25 周期冲激信号 $\delta_T(t)$ 及其频谱

表 3-1 时域与频域的特性对应关系

时域	频域	时域	频域
非周期	连续	连续	非周期
周期	离散	离散	周期

在第 4 章将会看到,对于所有的离散时间序列 $x[n]$,其频谱都具有以 2π 为周期的周期性。

3.5 卷 积 定 理

3.5.1 时域卷积定理

若任意信号 $f_1(t)$、$f_2(t)$ 的傅里叶变换分别为 $F_1(j\omega)$、$F_2(j\omega)$,即 $F_1(j\omega)=\mathrm{FT}\{f_1(t)\}$、$F_2(j\omega)=\mathrm{FT}\{f_2(t)\}$,则信号 $f_1(t)$、$f_2(t)$ 的卷积的傅里叶变换为 $F_1(j\omega)F_2(j\omega)$,即

$$\mathrm{FT}\{f_1(t) * f_2(t)\} = F_1(j\omega) \cdot F_2(j\omega) \tag{3-70}$$

证明:

$$\mathrm{FT}\{f_1(t) * f_2(t)\} = \int_{-\infty}^{+\infty}\left[\int_{-\infty}^{+\infty} f_1(\tau) f_2(t-\tau)\mathrm{d}\tau\right]\mathrm{e}^{-j\omega t}\mathrm{d}t = \int_{-\infty}^{+\infty} f_1(\tau)\left[\int_{-\infty}^{+\infty} f_2(t-\tau)\mathrm{e}^{-j\omega t}\mathrm{d}t\right]\mathrm{d}\tau$$

$$= \int_{-\infty}^{+\infty} f_1(\tau)F_2(j\omega)\mathrm{e}^{-j\omega\tau}\mathrm{d}\tau = F_1(j\omega) \cdot F_2(j\omega)$$

可见,两个时间函数卷积的傅里叶变换等于各个时间函数傅里叶变换的乘积,或者说在时域中两信号的卷积等效于在频域中两信号的频谱相乘。

卷积定理的实质,在于复指数函数 $\mathrm{e}^{j\omega t}$ 是连续时间 LTI 系统的特征函数。如果我们把 $f_1(t)$ 看成是某连续时间 LTI 系统的输入信号 $x(t)$,把 $f_2(t)$ 看成是该系统的单位冲激响应 $h(t)$,则 LTI 系统的响应 $y(t)=x(t) * h(t)$。根据式(3-37),将 $x(t)$ 理解为无穷多个复指

数函数的线性组合,即

$$x(t) = \frac{1}{2\pi}\int_{-\infty}^{+\infty} X(j\omega)e^{j\omega t}\,d\omega = \lim_{\omega_0 \to 0}\frac{1}{2\pi}\sum_{n=-\infty}^{+\infty}\omega_0 X(jn\omega_0) \cdot e^{jn\omega_0 t}$$

其中,$\frac{1}{2\pi}\omega_0 X(jn\omega_0)$ 是复指数函数 $e^{jn\omega_0 t}$ 的加权系数。记连续时间 LTI 系统的单位冲激响应 $h(t)$ 的傅里叶变换为 $H(j\omega)$,即

$$H(j\omega) = \int_{-\infty}^{+\infty} h(t)e^{-j\omega t}\,dt$$

由于复指数函数 $e^{j\omega t}$ 是 LTI 系统的特征函数,故该 LTI 系统对复指数函数 $e^{jn\omega_0 t}$ 的响应必为 $H(jn\omega_0)e^{jn\omega_0 t}$。根据 LTI 系统的线性特性,当输入信号 $x(t)$ 为 $e^{jn\omega_0 t}$ 的线性组合时,系统的响应 $y(t)$ 必为 $H(jn\omega_0)e^{jn\omega_0 t}$ 的线性组合,即

$$y(t) = \lim_{\omega_0 \to 0}\frac{1}{2\pi}\sum_{n=-\infty}^{+\infty}\omega_0 X(jn\omega_0) \cdot H(jn\omega_0)e^{jn\omega_0 t} = \frac{1}{2\pi}\int_{-\infty}^{+\infty} X(j\omega)H(j\omega)e^{j\omega t}\,d\omega \quad (3\text{-}71)$$

比较式(3-71)与式(3-37)可见,$X(j\omega)H(j\omega)$ 就是 $y(t)$ 的傅里叶变换,即

$$Y(j\omega) = X(j\omega)H(j\omega) \quad (3\text{-}72)$$

式(3-72)正是式(3-70)所导出的结论。

从时域卷积定理的上述推导可见,连续时间 LTI 系统单位冲激响应 $h(t)$ 的傅里叶变换 $H(j\omega)$ 描述了频率为 ω 的复指数信号 $e^{j\omega t}$ 通过 LTI 系统时的复振幅的变化。函数 $H(j\omega)$ 称为连续时间 LTI 系统的频率响应,它在系统的频域分析中起着非常重要的作用。由于 $h(t)$ 在时域完全表征了连续时间 LTI 系统,所以 $H(j\omega)$ 在频域也完全表征了连续时间 LTI 系统。而且,连续时间 LTI 系统的许多性质能用 $H(j\omega)$ 方便地解释。例如,多个 LTI 子系统级联后总系统的频率响应 $H(j\omega)$ 与各子系统的级联次序无关。由于总系统的频率响应 $H(j\omega)$ 是各个 LTI 子系统频率响应 $H_i(j\omega)$ 的乘积,交换级联次序相当于交换 $H_i(j\omega)$ 的排列顺序,而乘法运算的交换律则保证不论怎样排列 $H_i(j\omega)$ 的顺序,积 $H(j\omega)$ 都保持不变,故总系统的频率响应不变。

在利用傅里叶分析研究 LTI 系统时,将始终局限于具有频率响应的系统。为了采用变换法去研究那些没有有限值频率的不稳定 LTI 系统,必须考虑连续时间傅里叶变换的推广——拉普拉斯变换,这将在第 6 章讨论。

3.5.2 频域卷积定理

若任意信号 $f_1(t)$、$f_2(t)$ 的傅里叶变换分别为 $F_1(j\omega)$、$F_2(j\omega)$,即 $F_1(j\omega)=\mathrm{FT}\{f_1(t)\}$、$F_2(j\omega)=\mathrm{FT}\{f_2(t)\}$,则信号 $f_1(t)$、$f_2(t)$ 的乘积的傅里叶变换为

$$\mathrm{FT}\{f_1(t) \cdot f_2(t)\} = \frac{1}{2\pi}F_1(j\omega) * F_2(j\omega) \quad (3\text{-}73)$$

证明:

$$
\begin{aligned}
\mathrm{IFT}\left\{\frac{1}{2\pi}F_1(j\omega) * F_2(j\omega)\right\} &= \frac{1}{2\pi}\int_{-\infty}^{+\infty}\left[\frac{1}{2\pi}\int_{-\infty}^{+\infty}F_1(ju)F_2(j\omega - ju)\,du\right]e^{j\omega t}\,d\omega \\
&= \frac{1}{2\pi}\int_{-\infty}^{+\infty}F_1(ju)\left[\frac{1}{2\pi}\int_{-\infty}^{+\infty}F_2(j\omega - ju)e^{j\omega t}\,d\omega\right]du \\
&= \frac{1}{2\pi}\int_{-\infty}^{+\infty}F_1(ju)f_2(t)e^{jut}\,du
\end{aligned}
$$

$$= f_1(t) \cdot f_2(t)$$

即两时间函数傅里叶变换的卷积的傅里叶逆变换等于两时间函数的乘积,或者说在频域中两信号的卷积等效于在时域中信号相乘。显然,时域与频域卷积定理是对偶的,这是由傅里叶变换的对偶性所决定的。

3.5.3　卷积定理的应用

【例 3-9】　利用卷积定理求三角脉冲信号 $f(t) = E\left(1 - \dfrac{2}{\tau}|t|\right)\left[u\left(t + \dfrac{\tau}{2}\right) - u\left(t - \dfrac{\tau}{2}\right)\right]$ 的傅里叶变换。

解　脉宽为 τ、高为 E 的三角脉冲信号可以看成是两个脉宽均为 $\dfrac{\tau}{2}$、高均为 $\sqrt{\dfrac{2E}{\tau}}$ 的偶对称矩形脉冲 $f_1(t)$ 的卷积,依此可写出该矩形的傅里叶变换为

$$F_1(\mathrm{j}\omega) = \sqrt{\dfrac{2E}{\tau}} \cdot \dfrac{\tau}{2} \cdot \mathrm{Sa}\left(\dfrac{\omega}{2} \cdot \dfrac{\tau}{2}\right) = \sqrt{\dfrac{E\tau}{2}}\,\mathrm{Sa}\left(\dfrac{\omega\tau}{4}\right)$$

因此,根据卷积定理,三角脉冲信号的傅里叶变换为

$$F(\mathrm{j}\omega) = F_1(\mathrm{j}\omega) \cdot F_1(\mathrm{j}\omega) = \dfrac{E\tau}{2}\mathrm{Sa}^2\left(\dfrac{\omega\tau}{4}\right)$$

与例 3-6 比较可见,通过两种不同的方法求得三角脉冲信号的傅里叶变换完全相同。

【例 3-10】　利用卷积定理求升余弦脉冲信号 $f(t) = \dfrac{E}{2}\left[1 + \cos\left(\dfrac{\pi t}{\tau}\right)\right][u(t + \tau) - u(t - \tau)]$ 的傅里叶变换。

解　该升余弦脉冲信号可以看成是周期性升余弦信号 $f_1(t) = \dfrac{1}{2}\left[1 + \cos\left(\dfrac{\pi t}{\tau}\right)\right]$ 与矩形脉冲信号 $f_2(t) = E[u(t + \tau) - u(t - \tau)]$ 的时域乘积,因此它的傅里叶变换可以通过频域卷积定理来求。参考 3.2.3 节冲激函数和对称矩形脉冲信号的傅里叶变换,3.4.2 节余弦信号的傅里叶变换,可分别求得 $f_1(t)$、$f_2(t)$ 的傅里叶变换为

$$F_1(\mathrm{j}\omega) = \pi\delta(\omega) + \dfrac{\pi}{2}\left[\delta\left(\omega - \dfrac{\pi}{\tau}\right) + \delta\left(\omega + \dfrac{\pi}{\tau}\right)\right]$$

$$F_2(\mathrm{j}\omega) = 2E\tau\,\mathrm{Sa}(\omega\tau)$$

依据频域卷积定理式(3-73),得

$$F(\mathrm{j}\omega) = \dfrac{1}{2\pi}F_1(\mathrm{j}\omega) * F_2(\mathrm{j}\omega)$$

$$= \dfrac{1}{2\pi} \cdot 2E\tau\,\mathrm{Sa}(\omega\tau) * \left\{\pi\delta(\omega) + \dfrac{\pi}{2}\left[\delta\left(\omega - \dfrac{\pi}{\tau}\right) + \delta\left(\omega + \dfrac{\pi}{\tau}\right)\right]\right\}$$

$$= E\tau\,\mathrm{Sa}(\omega\tau) + \dfrac{E\tau}{2}\mathrm{Sa}(\omega\tau - \pi) + \dfrac{E\tau}{2}\mathrm{Sa}(\omega\tau + \pi)$$

$$= \dfrac{E\tau\,\mathrm{Sa}\left(\dfrac{\omega\tau}{2}\right)}{1 - \left(\dfrac{\omega\tau}{\pi}\right)^2}$$

升余弦脉冲信号的一个实例及其频谱如图 3-26 所示。

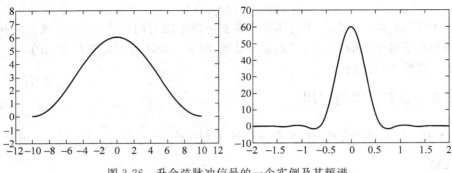

图 3-26　升余弦脉冲信号的一个实例及其频谱

从上面例子可见,灵活运用时域或频域的卷积定理在求解部分复杂信号的傅里叶变换时非常简便。前两例中,由于三角脉冲信号、升余弦脉冲信号都是实信号且具有偶对称的特性,因此它们的傅里叶变换也就具有偶对称、纯实函数的特性,与表 3-1 的结论相符。

为便于将来的应用,下面将常见傅里叶变换对及傅里叶变换的性质汇总于表 3-2 和表 3-3。

表 3-2　常见的傅里叶变换对

$f(t)$	$F(j\omega)$	$f(t)$	$F(j\omega)$
$e^{-\alpha t}u(t)\ (\alpha>0)$	$\dfrac{1}{\alpha+j\omega}$	1	$2\pi\delta(\omega)$
$\dfrac{t^{n-1}}{(n-1)!}e^{-\alpha t}u(t)\ (\alpha>0)$	$\dfrac{1}{(\alpha+j\omega)^n}$	$u(t)$	$\pi\delta(\omega)+\dfrac{1}{j\omega}$
$e^{-\alpha|t|}\ (\alpha>0)$	$\dfrac{2\alpha}{\alpha^2+\omega^2}$	$\dfrac{d^n}{dt^n}\delta(t)$	$(j\omega)^n$
$E\left[u\left(t+\dfrac{\tau}{2}\right)-u\left(t-\dfrac{\tau}{2}\right)\right]$	$E\tau Sa\left(\dfrac{\omega\tau}{2}\right)$	t^n	$2\pi(j)^n\dfrac{d^n}{d\omega^n}[\delta(\omega)]$
$ESa\left(\dfrac{\omega_0 t}{2}\right)$	$\dfrac{2\pi E}{\omega_0}\left[u\left(\omega+\dfrac{\omega_0}{2}\right)-u\left(\omega-\dfrac{\omega_0}{2}\right)\right]$	$e^{j\omega_0 t}$	$2\pi\delta(\omega-\omega_0)$
$sgn(t)$	$\dfrac{2}{j\omega}$	$\displaystyle\sum_{n=-\infty}^{+\infty}\delta(t-nT)$	$\dfrac{2\pi}{T}\displaystyle\sum_{k=-\infty}^{+\infty}\delta\left(\omega-\dfrac{2\pi k}{T}\right)$
$\delta(t)$	1	$\cos(\omega_0 t)$	$\pi[\delta(\omega+\omega_0)+\delta(\omega-\omega_0)]$
$\delta(t-t_0)$	$e^{-j\omega t_0}$	$\sin(\omega_0 t)$	$j\pi[\delta(\omega+\omega_0)-\delta(\omega-\omega_0)]$

表 3-3　傅里叶变换的性质

性 质 名 称	时　　域	频　　域
对偶	$F(jt)$	$2\pi f(-\omega)$
线性	$\displaystyle\sum_{i=1}^{n}a_i f_i(t)$	$\displaystyle\sum_{i=1}^{n}a_i F_i(j\omega)$
奇偶虚实性	$f^*(-t)$	$F^*(j\omega)$
	$f^*(t)$	$F^*(-j\omega)$
尺度变换	$f(at)$	$\dfrac{1}{|a|}F\left(j\dfrac{\omega}{a}\right)$

续表

性 质 名 称	时　域	频　域
时移	$f(t-t_0)$	$F(\mathrm{j}\omega)\mathrm{e}^{-\mathrm{j}\omega t_0}$
频移	$f(t)\mathrm{e}^{\mathrm{j}\omega_0 t}$	$F(\mathrm{j}(\omega-\omega_0))$
时域微分	$\dfrac{\mathrm{d}^n f(t)}{\mathrm{d}t^n}$	$(\mathrm{j}\omega)^n F(\mathrm{j}\omega)$
时域积分	$\displaystyle\int_{-\infty}^{t} f(\tau)\mathrm{d}\tau$	$\dfrac{F(\mathrm{j}\omega)}{\mathrm{j}\omega}+\pi F(\mathrm{j}0)\delta(\omega)$
频域微分	$(-\mathrm{j}t)^n f(t)$	$\dfrac{\mathrm{d}^n}{\mathrm{d}\omega^n}F(\mathrm{j}\omega)$
频域积分	$\dfrac{f(t)}{-\mathrm{j}t}+\pi f(0)\delta(t)$	$\displaystyle\int_{-\infty}^{\omega} F(\mathrm{j}u)\mathrm{d}u$
时域卷积定理	$f_1(t)*f_2(t)$	$F_1(\mathrm{j}\omega)\cdot F_2(\mathrm{j}\omega)$
频域卷积定理	$f_1(t)\cdot f_2(t)$	$\dfrac{1}{2\pi}F_1(\mathrm{j}\omega)*F_2(\mathrm{j}\omega)$
帕斯瓦尔定理	$\displaystyle\int_{-\infty}^{+\infty}\mid f(t)\mid^2\mathrm{d}t=\dfrac{1}{2\pi}\int_{-\infty}^{+\infty}\mid F(\mathrm{j}\omega)\mid^2\mathrm{d}\omega$	

3.6　连续 LTI 系统的频率响应与理想滤波器

3.6.1　连续 LTI 系统对复指数信号的响应

在第 2 章已学过,LTI 系统对任意输入信号 $x(t)$ 的响应 $y(t)$ 是 $x(t)$ 与系统单位冲激响应 $h(t)$ 的卷积,即

$$y(t) = x(t)*h(t) \tag{3-74}$$

当输入复指数信号 $x(t)=\mathrm{e}^{\mathrm{j}\omega t}$ 时,系统的响应为

$$y(t) = x(t)*h(t) = \int_{-\infty}^{+\infty} x(t-\tau)h(\tau)\mathrm{d}\tau = \int_{-\infty}^{+\infty}\mathrm{e}^{\mathrm{j}\omega(t-\tau)}h(\tau)\mathrm{d}\tau$$

$$= \mathrm{e}^{\mathrm{j}\omega t}\int_{-\infty}^{+\infty} h(\tau)\mathrm{e}^{-\mathrm{j}\omega\tau}\mathrm{d}\tau = \mathrm{e}^{\mathrm{j}\omega t}H(\mathrm{j}\omega)$$

其中

$$H(\mathrm{j}\omega) = \int_{-\infty}^{+\infty} h(\tau)\mathrm{e}^{-\mathrm{j}\omega\tau}\mathrm{d}\tau = \mid H(\mathrm{j}\omega)\mid\mathrm{e}^{\mathrm{j}\varphi(\omega)}$$

$H(\mathrm{j}\omega)$ 是系统在零状态下单位冲激响应 $h(t)$ 的傅里叶变换,它表征了系统的频域特性,称为系统的频率响应函数,简称**频响函数**。可见,连续时间 LTI 系统对复指数信号的响应是同频率的复指数信号,但对信号的幅度和相位按系统的频响函数进行调整和延迟。

3.6.2　系统的频响函数

设激励是 $x(t)$,连续时间 LTI 系统的单位冲激响应是 $h(t)$,若系统的起始状态为零,则系统的零状态响应为

$$y(t) = y_{\mathrm{zs}}(t) = x(t)*h(t) \tag{3-75}$$

对式(3-75)两边取傅里叶变换,由卷积定理可得

$$Y(j\omega) = X(j\omega) \cdot H(j\omega) \tag{3-76}$$

可见,系统响应的频谱是激励信号的频谱与系统频响函数的乘积。即,任意激励 $x(t)$ 输入连续时间 LTI 系统后,系统对 $x(t)$ 的不同频率分量按系统的频响函数进行调整,在输出端合成为具有不同于激励信号频谱的新信号。

式(3-76)还可以表示为

$$H(j\omega) = \frac{Y(j\omega)}{X(j\omega)} = |H(j\omega)| \, e^{j\varphi(\omega)} \tag{3-77}$$

式中, $|H(j\omega)|$ 是系统的幅(模)频特性, $\varphi(\omega)$ 是系统的相频特性。式(3-77)表明, $H(j\omega)$ 不仅是系统单位冲激响应 $h(t)$ 的傅里叶变换,同时也是系统零状态响应的傅里叶变换与输入信号的傅里叶变换之商。由系统不同的表示形式,可以用不同的方法得到频响函数。

1. 由 $h(t)$ 求频响函数

当已知系统的冲激响应 $h(t)$ 时,由于 $h(t)$ 与 $H(j\omega)$ 构成傅里叶变换对,所以可通过求 $h(t)$ 的傅里叶变换得到频响函数 $H(j\omega)$。

【例 3-11】 已知系统的单位冲激响应 $h(t)=5[u(t)-u(t-2)]$,求频响函数。

解 $u(t-2)$ 是 $u(t)$ 向右移位 2 个单位,而 $u(t)$ 的傅里叶变换已在 3.2.3 节求得,故可利用傅里叶变换的时移特性,求得 $h(t)$ 的傅里叶变换为

$$H(j\omega) = 5\left[\pi\delta(\omega) + \frac{1}{j\omega} - \left(\pi\delta(\omega) + \frac{1}{j\omega}\right)e^{-j2\omega}\right] = \frac{5}{j\omega}(1 - e^{-j2\omega}) = 10e^{-j\omega}\mathrm{Sa}(\omega)$$

【例 3-12】 求如图 3-27 所示零阶保持电路的频响函数 $H(j\omega)$。

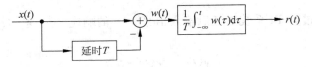

图 3-27 零阶保持电路

解 (1)解法一:先求出系统的单位响应 $h(t)$,再求频响函数 $H(j\omega)$。

当零阶保持电路的输入 $x(t)=\delta(t)$ 时,有

$$w(t) = \delta(t) - \delta(t - T)$$

从而可写出系统的单位冲激响应为

$$h(t) = \frac{1}{T}\int_{-\infty}^{t} [\delta(\tau) - \delta(\tau - T)]\mathrm{d}\tau = \frac{1}{T}[u(t) - u(t - T)]$$

对上式求傅里叶变换,得

$$H(j\omega) = \mathrm{FT}\{h(t)\} = \mathrm{FT}\left\{\frac{1}{T}[u(t) - u(t - T)]\right\} = \frac{1}{T} \cdot \frac{1}{j\omega}(1 - e^{-j\omega T}) = \mathrm{Sa}\left(\frac{\omega T}{2}\right)e^{-j\frac{\omega T}{2}}$$

(2)解法二:利用系统各部分的傅里叶变换,从变换域直接求解。

电路中第一部分是加法器,其输出为

$$W(j\omega) = X(j\omega)(1 - e^{-j\omega T})$$

电路第二部分是积分器,由傅里叶变换的积分性质,有

$$Y(j\omega) = \frac{1}{T} \cdot \frac{1}{j\omega} \cdot W(j\omega) = \frac{1}{j\omega T}(1 - e^{-j\omega T})X(j\omega)$$

根据式(3-77),可得到

$$H(\mathrm{j}\omega) = \frac{Y(\mathrm{j}\omega)}{X(\mathrm{j}\omega)} = \frac{1}{\mathrm{j}\omega T}(1 - \mathrm{e}^{-\mathrm{j}\omega T}) = \mathrm{Sa}\left(\frac{\omega T}{2}\right)\mathrm{e}^{-\mathrm{j}\frac{\omega T}{2}}$$

可见两种方法得到的结果相同。$h(t)$ 与 $|H(\mathrm{j}\omega)|$ 如图 3-28 所示。

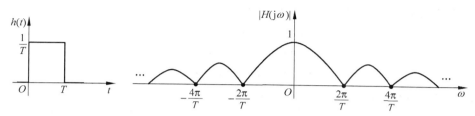

图 3-28 例 3-12 系统的 $h(t)$ 与 $|H(j\omega)|$

2. 由微分方程求频响函数

N 阶连续时间 LTI 系统的微分方程一般可表示为

$$\frac{\mathrm{d}^N y(t)}{\mathrm{d}t^N} + a_{N-1}\frac{\mathrm{d}^{N-1}y(t)}{\mathrm{d}t^{N-1}} + \cdots + a_1\frac{\mathrm{d}y(t)}{\mathrm{d}t} + a_0 y(t)$$

$$= b_M\frac{\mathrm{d}^M x(t)}{\mathrm{d}t^M} + b_{M-1}\frac{\mathrm{d}^{M-1}x(t)}{\mathrm{d}t^{M-1}} + \cdots + b_1\frac{\mathrm{d}x(t)}{\mathrm{d}t} + b_0 x(t) \tag{3-78}$$

假设系统处于零起始状态,对两边取傅里叶变换,并利用傅里叶变换的微分性质,得

$$\left[(\mathrm{j}\omega)^N + a_{N-1}(\mathrm{j}\omega)^{N-1} + \cdots + a_1(\mathrm{j}\omega) + a_0\right]Y(\mathrm{j}\omega)$$

$$= \left[b_M(\mathrm{j}\omega)^M + b_{M-1}(\mathrm{j}\omega)^{M-1} + \cdots + b_1(\mathrm{j}\omega) + b_0\right]X(\mathrm{j}\omega)$$

进一步整理得到系统的频率响应函数为

$$H(\mathrm{j}\omega) = \frac{Y(\mathrm{j}\omega)}{X(\mathrm{j}\omega)} = \frac{b_M(\mathrm{j}\omega)^M + b_{M-1}(\mathrm{j}\omega)^{M-1} + \cdots + b_1(\mathrm{j}\omega) + b_0}{(\mathrm{j}\omega)^N + a_{N-1}(\mathrm{j}\omega)^{N-1} + \cdots + a_1(\mathrm{j}\omega) + a_0} \tag{3-79}$$

系统微分方程描述了系统的特性,其系数与输入信号无关,这表明 $H(\mathrm{j}\omega)$ 也只与系统本身有关,与激励无关。

【例 3-13】 已知某系统的微分方程为 $\dfrac{\mathrm{d}^2 y(t)}{\mathrm{d}t^2} + 3\dfrac{\mathrm{d}y(t)}{\mathrm{d}t} + 2y(t) = \dfrac{\mathrm{d}x(t)}{\mathrm{d}t} + 3x(t)$,求频响函数 $H(\mathrm{j}\omega)$。

解 令系统为零起始状态,对微分方程两边同时取傅里叶变换,得到

$$\left[(\mathrm{j}\omega)^2 + 3(\mathrm{j}\omega) + 2\right]Y(\mathrm{j}\omega) = \left[(\mathrm{j}\omega) + 3\right]X(\mathrm{j}\omega)$$

整理得

$$H(\mathrm{j}\omega) = \frac{Y(\mathrm{j}\omega)}{X(\mathrm{j}\omega)} = \frac{\mathrm{j}\omega + 3}{(\mathrm{j}\omega)^2 + 3\mathrm{j}\omega + 2}$$

3. 利用输入 $x(t) = \mathrm{e}^{\mathrm{j}\omega t}$ 时的系统响应求频响函数

当连续时间 LTI 系统的输入信号 $x(t) = \mathrm{e}^{\mathrm{j}\omega t}$ 时,根据系统响应的时域方法,有

$$y(t) = x(t) * h(t) = \int_{-\infty}^{+\infty} x(t-\tau)h(\tau)\mathrm{d}\tau = \int_{-\infty}^{+\infty} \mathrm{e}^{\mathrm{j}\omega(t-\tau)}h(\tau)\mathrm{d}\tau$$

$$= \mathrm{e}^{\mathrm{j}\omega t}\int_{-\infty}^{+\infty} \mathrm{e}^{-\mathrm{j}\omega\tau}h(\tau)\mathrm{d}\tau = \mathrm{e}^{\mathrm{j}\omega t}H(\mathrm{j}\omega)$$

从而有

$$H(\text{j}\omega) = \frac{y(t)}{\text{e}^{\text{j}\omega t}}$$

【例 3-14】 已知系统的微分方程为 $y''(t) + 5y'(t) + 6y(t) = x(t)$,求频响函数 $H(\text{j}\omega)$。

解 设输入信号 $x(t) = \text{e}^{\text{j}\omega t}$,由于 $\text{e}^{\text{j}\omega t}$ 是连续时间 LTI 系统的特征信号,所以输出信号亦为 $\text{e}^{\text{j}\omega t}$ 形式的信号,设输出 $y(t) = H\text{e}^{\text{j}\omega t}$,则有

$$\left. \begin{array}{r} 6y(t) = 6H\text{e}^{\text{j}\omega t} \\ 5y'(t) = 5H \cdot \text{j}\omega \cdot \text{e}^{\text{j}\omega t} \\ y''(t) = H \cdot (\text{j}\omega)^2 \cdot \text{e}^{\text{j}\omega t} \end{array} \right\}$$

将上述三式相加,并结合系统的微分方程,得到

$$\text{e}^{\text{j}\omega t} = x(t) = y''(t) + 5y'(t) + 6y(t) = H \cdot \left[(\text{j}\omega)^2 + 5(\text{j}\omega) + 6 \right] \cdot \text{e}^{\text{j}\omega t}$$

因此频响函数为

$$H(\text{j}\omega) = \frac{y(t)}{\text{e}^{\text{j}\omega t}} = H = \frac{1}{(\text{j}\omega)^2 + 5(\text{j}\omega) + 6}$$

例 3-14 的方法实际上是频响函数的测量方法,即分别用不同频率的稳态正弦信号输入到 LTI 系统,根据输出信号计算出系统在相应频率处的幅度放大倍数 $|H|$ 和相位延迟 φ。只要测量的频点间隔足够小,就可以足够精确地得到系统的频率响应。

3.6.3 理想滤波器

经典的滤波概念往往与选频有关,因为在实际应用中系统需要保留(选取)信号的部分频率分量,抑制另一部分频率分量,用以提取所需信号。例如,收听无线广播或收看电视节目都需要利用滤波器(选频器)选出所需要频率的信号。现代滤波的概念更加广泛,经过系统处理后,凡是信号频谱发生了改变,都可认为进行了滤波。LTI 系统滤波的数学基础实际上就是,系统输出信号的傅里叶变换等于输入信号的傅里叶变换乘以系统的频率响应。只要系统的频率响应不是常数,输出信号就具有与输入信号不同的频谱。理想的滤波器具有这样的特性:它能在一段或数段频率范围内完整地通过复指数信号而完全抑制其余频率范围内的复指数信号。根据滤波器幅频特性的形状,通常把滤波器分成低通滤波器(Low Pass Filter,LPF)、高通滤波器(High Pass Filter,HPF)、带通滤波器(Band Pass Filter,BPF)和带阻滤波器(Band Stop Filter,BSF)四种类型,这几种滤波器的理想幅频特性见图 3-29。

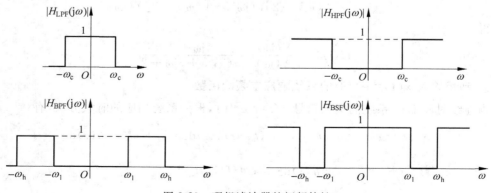

图 3-29 理想滤波器的幅频特性

需要注意的是,即使频谱的幅度保持不变,相位的改变也会导致信号形状的严重失真。

1. 理想低通滤波器及其时域响应

具有线性相位特性的理想低通滤波器的幅频与相频特性曲线如图 3-30 所示,其频响函数可表示为

$$H(\mathrm{j}\omega) = | H(\mathrm{j}\omega) | \, \mathrm{e}^{\mathrm{j}\varphi(\omega)} = \begin{cases} \mathrm{e}^{-\mathrm{j}\omega t_0} & |\omega| < \omega_\mathrm{c} \\ 0 & |\omega| > \omega_\mathrm{c} \end{cases} \tag{3-80}$$

式中,ω_c 是通带截止频率;$-t_0$ 是相位斜率(或群时延)。该理想低通滤波器的频带宽度等于通带截止频率 ω_c。由于具有线性相位,激励信号中低于 ω_c 的频率分量被延时 t_0 后无失真地通过系统(幅度均匀放大),而高于 ω_c 的频率分量则被完全抑制。

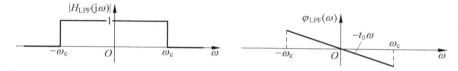

图 3-30　线性相位特性的理想低通滤波器

该理想低通滤波器的单位冲激响应和单位阶跃响应分别为

$$h(t) = \frac{1}{2\pi} \int_{-\omega_\mathrm{c}}^{\omega_\mathrm{c}} \mathrm{e}^{-\mathrm{j}\omega t_0} \mathrm{e}^{\mathrm{j}\omega t} \, \mathrm{d}\omega = \frac{1}{2\pi} \frac{1}{\mathrm{j}(t - t_0)} \mathrm{e}^{\mathrm{j}\omega(t - t_0)} \Big|_{\omega_\mathrm{c}}^{\omega_\mathrm{c}}$$

$$= \frac{\omega_\mathrm{c}}{\pi} \mathrm{Sa}[\omega_\mathrm{c}(t - t_0)] \tag{3-81a}$$

$$g(t) = \int_{-\infty}^{t} h(\tau)\mathrm{d}\tau = \int_{-\infty}^{t} \frac{\omega_\mathrm{c}}{\pi} \mathrm{Sa}[\omega_\mathrm{c}(\tau - t_0)]\mathrm{d}\tau$$

$$= \frac{1}{2} + \frac{1}{\pi} \int_{0}^{y} \frac{\sin x}{x}\mathrm{d}x \Big|_{y = \omega_\mathrm{c}(t - t_0)} = \frac{1}{2} + \frac{1}{\pi} \mathrm{Si}(y) \Big|_{y = \omega_\mathrm{c}(t - t_0)} \tag{3-81b}$$

对于 $t = 0$ 时刻的激励 $\delta(t)$,单位冲激响应 $h(t)$ 在 t_0 时刻才出现响应的最大值,说明系统建立响应需要时间。由图 3-31 还可见,响应不仅延时了 t_0,并且响应脉冲建立的前后出现了延伸到 $\pm\infty$ 的起伏振荡,这是由于信号幅度失真造成的,因为 $|\omega| > \omega_\mathrm{c}$ 的高频分量被完全抑制了。$t < 0$ 时存在非零响应表明系统是非因果的,因而是物理不可实现的。

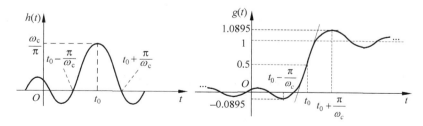

图 3-31　线性相位特性理想低通滤波器的单位冲激响应和单位阶跃响应

对于单位阶跃响应 $g(t)$,式(3-81b)中的函数 $\mathrm{Si}(y)$ 定义为

$$\mathrm{Si}(y) = \int_0^y \frac{\sin x}{x}\mathrm{d}x \tag{3-82}$$

这是一个超越积分,其最大值出现在 $y=\pi$ 时,$\mathrm{Si}(y)_{\max} \approx 1.8514$。因此,理想低通滤波器的单位阶跃响应将出现一个与截止频率 ω_c 无关的最大值 $g(t)_{\max} = \dfrac{1}{2} + \dfrac{\mathrm{Si}(y)_{\max}}{\pi} \approx 1.0895$,即响应将出现约 9% 的过冲。

从频域的角度看,理想滤波器就像一个频域"矩形窗"。"矩形窗"的宽度不同,截取信号频谱的频率分量就不同。利用矩形窗滤取信号频谱时,在时域的不连续点处会出现过冲。虽然阶跃响应的上升时间与系统的截止频率(带宽)成反比,增加 ω_c 可以使 $g(t)$ 的上升段变得更陡峭,但却无法改变近 9% 的过冲值。该现象首先由吉布斯(Josiah Willard Gibbs,1839~1903)从数学上进行了理论解释,因此被称为**吉布斯现象**。

【例 3-15】 试证明具有式(3-80)所给定频响函数的理想低通滤波器对信号 $x_1(t) = \dfrac{\pi}{\omega_c}\delta(t)$ 和 $x_2(t) = \mathrm{Sa}(\omega_c t)$ 具有完全相同的响应。

证明 首先求式(3-80)的傅里叶逆变换,得到理想低通滤波器的单位冲激响应为

$$h(t) = \frac{\omega_c}{\pi}\mathrm{Sa}(\omega_c(t-t_0))$$

从而理想低通滤波器对信号 $x_1(t) = \dfrac{\pi}{\omega_c}\delta(t)$ 的响应为

$$y_1(t) = x_1(t) * h(t) = \frac{\pi}{\omega_c}\delta(t) * \frac{\omega_c}{\pi}\mathrm{Sa}(\omega_c(t-t_0)) = \mathrm{Sa}(\omega_c(t-t_0))$$

由于信号 $x_2(t) = \mathrm{Sa}(\omega_c t)$ 的频带为 $-\omega_c < \omega < \omega_c$,而理想低通滤波器对 $|\omega| < \omega_c$ 的信号延时 t_0 后无失真传输,因此对 $x_2(t)$ 的响应为

$$y_2(t) = x_2(t-t_0) = \mathrm{Sa}(\omega_c(t-t_0))$$

故二者响应一致。

2. 滤波器的物理可实现性

通过对理想低通滤波器单位冲激响应与单位阶跃响应的分析可知,理想低通滤波器在物理上是不可实现的。LTI 系统是否物理可实现,时域与频域各有判断准则。

物理可实现的 LTI 系统,时域的准则是系统的单位冲激响应必须满足因果性要求,即

$$h(t) = h(t)u(t) \tag{3-83a}$$

物理可实现的 LTI 系统,频域的准则是系统的幅频特性 $|H(\mathrm{j}\omega)|$ 必须平方可积,即

$$\int_{-\infty}^{+\infty} |H(\mathrm{j}\omega)|^2 \mathrm{d}\omega < +\infty \tag{3-83b}$$

根据佩利-维纳给出的频域准则为:系统物理可实现的必要条件是

$$\int_{-\infty}^{+\infty} \frac{|\ln|H(\mathrm{j}\omega)||}{1+\omega^2}\mathrm{d}\omega < +\infty \tag{3-84}$$

如果幅频特性不满足佩利-维纳准则,其系统必为非因果的。佩利-维纳准则既限制了因果系统的幅频特性不能在某一频带内为零,也限制了幅频特性的衰减速度。如果 $|H(\mathrm{j}\omega)|$ 在 $\omega_1 < \omega < \omega_2$ 为零,则 $\ln|H(\mathrm{j}\omega)| \to +\infty$,从而式(3-84)不收敛。所以,佩利-维纳准则只允许

频响函数在某些不连续频点的幅值为零,但不允许某个频带的幅值为零,而且幅频特性衰减太快的频响函数也是物理不可实现的。

【例 3-16】 讨论具有钟形幅频特性$|H(j\omega)| = e^{-\omega^2}$的系统的物理可实现性。

解 先考虑模平方函数的积分,有

$$\int_{-\infty}^{+\infty} |H(j\omega)|^2 d\omega = \int_{-\infty}^{+\infty} e^{-2\omega^2} d\omega = 2\int_0^{+\infty} e^{-2\omega^2} d\omega = \sqrt{\frac{\pi}{2}} < +\infty$$

幅频特性模平方函数的积分收敛,似乎可以找到物理可实现的系统。下面再用佩利-维纳准则来检验。

$$\int_{-\infty}^{+\infty} \frac{|\ln|H(j\omega)||}{1+\omega^2} d\omega = \int_{-\infty}^{+\infty} \frac{|\ln(e^{-\omega^2})|}{1+\omega^2} d\omega = \int_{-\infty}^{+\infty} \left(1 - \frac{1}{\omega^2+1}\right) d\omega$$

$$= \lim_{B \to +\infty} (\omega - \arctan\omega)\Big|_{-B}^{B}$$

$$= \lim_{B \to +\infty} 2(B - \arctan B) = 2\left(\lim_{B \to +\infty} B - \frac{\pi}{2}\right)$$

显然上式不收敛,所以具有钟形幅频特性$|H(j\omega)| = e^{-\omega^2}$的系统是物理不可实现的。

由佩利-维纳准则可以判断,所有的理想滤波器都是物理不可实现的。研究理想滤波器的意义在于:**所有物理可实现的系统,总是按照一定的规律去逼近理想滤波器**。逼近的数学模型不同,可以得到不同的滤波器。如巴特沃斯滤波器、切比雪夫滤波器等,都是采用某种函数在一定的程度上逼近理想滤波器的设计结果。

一般地,由有理多项式函数构成的幅频特性都满足佩利-维纳准则。然而,即使满足佩利-维纳准则的幅频特性,也并非就可以搭配任意的相频特性都能构成物理可实现系统。佩利-维纳准则或关于幅频特性的准则只是一个物理可实现系统的必要条件,还必须有合适的相频特性与之匹配。物理可实现系统的频响函数实部与虚部之间、幅频与相频之间存在式(3-85)、式(3-86)所示的希尔伯特变换关系

$$\begin{cases} R(\omega) = \frac{1}{\pi} X(\omega) * \frac{1}{\omega} = \frac{1}{\pi} \int_{-\infty}^{+\infty} \frac{X(\lambda)}{\omega - \lambda} d\lambda \\ X(\omega) = -\frac{1}{\pi} R(\omega) * \frac{1}{\omega} = -\frac{1}{\pi} \int_{-\infty}^{+\infty} \frac{R(\lambda)}{\omega - \lambda} d\lambda \end{cases} \quad (3-85)$$

$$\begin{cases} \ln|H(j\omega)| = \frac{1}{\pi} \varphi(\omega) * \frac{1}{\omega} = \frac{1}{\pi} \int_{-\infty}^{+\infty} \frac{\varphi(\lambda)}{\omega - \lambda} d\lambda \\ \varphi(\omega) = -\frac{1}{\pi} \ln|H(j\omega)| * \frac{1}{\omega} = -\frac{1}{\pi} \int_{-\infty}^{+\infty} \frac{\ln|H(j\lambda)|}{\omega - \lambda} d\lambda \end{cases} \quad (3-86)$$

3.7 连续时间 LTI 系统的频域求解

3.7.1 连续时间 LTI 系统的频域分析

求解连续时间 LTI 系统的时域响应时,在经典的求解微分方程的方法外,利用频响函数,通过卷积定理可以得到响应的频谱,从频域的角度得到系统响应的特性。连续时间 LTI 系统的频域分析法示意于图 3-32,其一般性的求解步

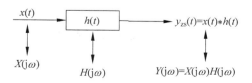

图 3-32 频域分析法示意框图

骤是：

(1) 求激励信号 $x(t)$ 的傅里叶变换 $X(j\omega)$（通常将激励信号分解为常见信号的线性组合）；

(2) 求频响函数 $H(j\omega)$；

(3) 求系统响应的频谱 $Y(j\omega) = X(j\omega)H(j\omega)$；

(4) 求 $Y(j\omega)$ 的傅里叶逆变换（可通过将 $Y(j\omega)$ 分解为常见信号频谱的线性组合来简化运算）。

下面将通过几个实例介绍连续时间 LTI 系统的频域分析方法。

1. 周期正弦信号的响应

假设连续时间 LTI 系统的单位冲激响应 $h(t)$ 为实函数，根据式(3-51b)，有

$$H(-j\omega) = H^*(j\omega)$$

对于正弦激励信号 $\sin(\omega_0 t)$，由于

$$\sin(\omega_0 t) \overset{FT}{\longleftrightarrow} -j\pi[\delta(\omega - \omega_0) - \delta(\omega + \omega_0)]$$

因此系统响应的频谱为

$$
\begin{aligned}
Y(j\omega) &= X(j\omega)H(j\omega) = -j\pi[\delta(\omega - \omega_0) - \delta(\omega + \omega_0)]H(j\omega) \\
&= -j\pi[H(j\omega_0)\delta(\omega - \omega_0) - H(-j\omega_0)\delta(\omega + \omega_0)] \\
&= -j\pi\,|\,H(j\omega_0)\,|\,[e^{j\varphi(\omega_0)}\delta(\omega - \omega_0) - e^{-j\varphi(\omega_0)}\delta(\omega + \omega_0)]
\end{aligned}
$$

从而响应为

$$
\begin{aligned}
y(t) &= \text{IFT}\{Y(j\omega)\} = \frac{1}{2\pi}\int_{-\infty}^{+\infty} Y(j\omega)e^{j\omega t}\,d\omega \\
&= -\frac{j}{2}\,|\,H(j\omega_0)\,|\,[e^{j\varphi(\omega_0)}e^{j\omega_0 t} - e^{-j\varphi(\omega_0)}e^{-j\omega_0 t}] \\
&= |\,H(j\omega_0)\,|\,\frac{1}{2j}[e^{j(\omega_0 t + \varphi(\omega_0))} - e^{-j(\omega_0 t + \varphi(\omega_0))}] \\
&= |\,H(j\omega_0)\,|\,\sin(\omega_0 t + \varphi(\omega_0)) \tag{3-87a}
\end{aligned}
$$

类似地，对于余弦激励信号 $\cos(\omega_0 t)$，响应为

$$y(t) = |\,H(j\omega_0)\,|\,\cos(\omega_0 t + \varphi(\omega_0)) \tag{3-87b}$$

可见，连续时间 LTI 系统对正弦或余弦信号的响应仍是同频的正弦或余弦信号，仅幅度、相位有所改变。这种响应是稳态响应，可以利用正弦稳态分析方法进行计算。所以正弦周期激励信号 $x(t) = A\sin(\omega_0 t + \phi)$ 通过频率响应为 $|H(j\omega)|e^{j\varphi(\omega)}$ 的系统后，其稳态响应可以直接表示为

$$y(t) = A\,|\,H(j\omega_0)\,|\,\sin[\omega_0 t + \varphi(\omega_0) + \phi] \tag{3-88}$$

【例 3-17】 已知某系统频率响应为 $H(j\omega) = \dfrac{1}{a + j\omega}$，求系统对激励 $x(t) = \sin(\omega_0 t)$ 的稳态响应。

解 在 $\omega = \omega_0$ 处系统的频率响应为

$$H(j\omega_0) = \frac{1}{a + j\omega_0} = \frac{1}{\sqrt{a^2 + \omega_0^2}}e^{-j\arctan\frac{\omega_0}{a}}$$

依据式(3-87a)，可直接写出系统对 $x(t) = \sin(\omega_0 t)$ 的响应为

$$y(t) = \frac{1}{\sqrt{a^2 + \omega_0^2}} \sin\left(\omega_0 t - \arctan\frac{\omega_0}{a}\right)$$

2. 非正弦周期信号的响应

对于非正弦周期激励信号,可以先将信号展开为复指数形式的傅里叶级数,然后再取傅里叶变换。根据式(3-67)可以写出

$$x(t) = \sum_{n=-\infty}^{+\infty} X_n e^{jn\omega_0 t} \overset{\text{FT}}{\longleftrightarrow} X(j\omega) = 2\pi \sum_{n=-\infty}^{+\infty} X_n \delta(\omega - n\omega_0) \tag{3-89}$$

随后的处理方法与正弦周期信号的响应求解方法相相似。先求出稳态响应的频谱

$$Y(j\omega) = X(j\omega)H(j\omega) = 2\pi H(j\omega)\sum_{n=-\infty}^{+\infty} X_n\delta(\omega - n\omega_0) = 2\pi\sum_{n=-\infty}^{+\infty} X_n H(jn\omega_0)\delta(\omega - n\omega_0)$$

然后可求得稳态响应为

$$y(t) = \text{IFT}\{Y(j\omega)\} = \frac{1}{2\pi}\int_{-\infty}^{+\infty} Y(j\omega)e^{j\omega t}\,d\omega = \sum_{n=-\infty}^{+\infty} X_n H(jn\omega_0)e^{jn\omega_0 t}$$

如果将非正弦周期信号分解为三角函数形式的傅里叶级数

$$x(t) = \sum_{n=0}^{+\infty} c_n\cos(n\omega_0 t + \varphi_n) \tag{3-11a}$$

则应用傅里叶变换的线性特性,根据式(3-88)可求出最后的稳态响应为

$$y(t) = \sum_{n=0}^{+\infty} c_n \mid H(jn\omega_0) \mid \cos(n\omega_0 t + \varphi_n + \varphi(n\omega_0)) \tag{3-90}$$

【例 3-18】 若系统频率特性 $H(j\omega) = \dfrac{1}{j\omega + 1}$,激励信号 $x(t) = \cos t + \cos(3t) + \cos(20t)$,试求系统的稳态响应 $y(t)$。

解 首先求出在各频点频响函数的幅值与相位

$$H(j\omega)\mid_{\omega=1} = \frac{1}{j+1} = \frac{1}{\sqrt{2}}e^{-j\frac{\pi}{4}}$$

$$H(j\omega)\mid_{\omega=3} = \frac{1}{j3+1} = \frac{1}{\sqrt{10}}e^{-jarctan3}$$

$$H(j\omega)\mid_{\omega=20} = \frac{1}{j20+1} = \frac{1}{\sqrt{401}}e^{-jarctan20}$$

然后依据式(3-87a)写出稳态响应为

$$y(t) = \frac{1}{\sqrt{2}}\cos\left(t - \frac{\pi}{4}\right) + \frac{1}{\sqrt{10}}\cos(3t - \arctan3) + \frac{1}{\sqrt{401}}\cos(20t - \arctan20)$$

非正弦周期信号通过线性时不变系统求解稳态响应的计算步骤可归纳为:

(1) 将激励 $x(t)$ 分解为无穷多个正弦分量之和——展开为傅氏级数;

(2) 求出频响函数在各频点的幅值与相位 $\{H(0), H(j\omega), H(j2\omega), \cdots\}$;

(3) 依据式(3-87)求出第 n 次谐波的响应;

(4) 各谐波分量的瞬时值相加,得到形如式(3-90)所示的结果。

在实际处理时,可根据激励信号的收敛情况、系统带宽等因素,从第(2)步就只取有限项。如在例 3-18 中,就可以只保留 $\cos t$ 和 $\cos(3t)$ 两项而不会引入太大的误差。

3．非周期信号的响应

求解非周期信号通过线性时不变系统的响应，基本上需要按前述一般性的求解步骤，先求输入信号的傅里叶变换及系统的频率响应，然后根据卷积定理将两者相乘得到输出信号的傅里叶变换，最后经傅里叶逆变换得到时域响应。

【例 3-19】 已知频响函数 $H(j\omega) = \dfrac{j\omega+3}{(j\omega+1)(j\omega+2)}$，激励 $x(t) = e^{-3t}u(t)$，求响应 $y(t)$。

解 首先求激励信号的傅里叶变换

$$x(t) = e^{-3t}u(t) \overset{\text{FT}}{\longleftrightarrow} X(j\omega) = \frac{1}{j\omega+3}$$

由于已知频响函数，因此可以直接求输出信号的频谱

$$Y(j\omega) = \frac{1}{(j\omega+1)(j\omega+2)} = -\frac{1}{j\omega+2} + \frac{1}{j\omega+1}$$

求输出信号频谱的傅里叶逆变换，得到时域响应

$$y(t) = \text{IFT}\{Y(j\omega)\} = (-e^{-2t} + e^{-t})u(t)$$

由例 3-19 可见，利用频域分析法可以非常简便地求解 LTI 系统的零状态响应。频域分析法的优点是将时域的卷积运算变为频域的代数运算，代价是正、逆两次傅里叶变换。与周期信号的稳态响应不同，例 3-19 的激励信号是非周期信号，系统的响应中必有暂态响应。

3.7.2 电路系统的频域求解

对于电路系统，可以根据基尔霍夫（Gustav Robert Kirchhoff，1824-1887）电压、电流定理建立电路的时域微分方程。如果电路的 L、C 元件无起始储能（即系统处于零起始状态），则可以利用频域电路模型简化运算。无起始储能的 L、C 元件时域与频域电压电流关系为

$$v_L(t) = L\frac{\mathrm{d}}{\mathrm{d}t}i_L(t) \overset{\text{FT}}{\longleftrightarrow} V_L(j\omega) = j\omega L \cdot I_L(j\omega)$$

$$v_C(t) = \frac{1}{C}\int_{-\infty}^{t} i_C(\tau)\mathrm{d}\tau \overset{\text{FT}}{\longleftrightarrow} V_C(j\omega) = \frac{1}{j\omega C}I_C(j\omega) \tag{3-91}$$

利用式(3-91)，可以根据电路的串、并联关系直接从频域建立电路的频响函数。

【例 3-20】 求如图 3-33 所示 RC 电路对矩形脉冲信号 $v_1(t) = E[u(t)-u(t-\tau)]$ 的零状态响应。

解 这是由 R、C 构成的阻抗分压电路，因此可写出系统频率响应为

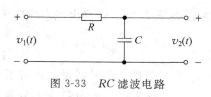

图 3-33 RC 滤波电路

$$H(j\omega) = \frac{V_2(j\omega)}{V_1(j\omega)} = \frac{\dfrac{1}{j\omega C}}{R + \dfrac{1}{j\omega C}} = \frac{\alpha}{j\omega+\alpha}$$

式中 $\alpha = \dfrac{1}{RC}$，而激励信号 $v_1(t)$ 的傅里叶变换为

$$V_1(j\omega) = E\tau\, e^{-j\frac{\omega\tau}{2}}\text{Sa}\left(\frac{\omega\tau}{2}\right) = \frac{E}{j\omega}(1 - e^{-j\omega\tau})$$

因此响应 $v_2(t)$ 的傅里叶变换为

$$V_2(j\omega) = \frac{\alpha}{j\omega+\alpha} \cdot \frac{E}{j\omega}(1-e^{-j\omega\tau}) = \frac{E}{j\omega}(1-e^{-j\omega\tau}) - \frac{E}{j\omega+\alpha}(1-e^{-j\omega\tau})$$

求上式的傅里叶逆变换,得

$$V_2(t) = E[u(t) - u(t - \tau)] - E[e^{-at}u(t) - e^{-a(t-\tau)}u(t - \tau)]$$
$$= E(1 - e^{-at})u(t) - E(1 - e^{-a(t-\tau)})u(t - \tau)$$

【例 3-21】 如图 3-34(a)所示电路,输入是激励电压 $x(t)$,输出是电容电压 $y(t)$,求频响函数 $H(j\omega)$。

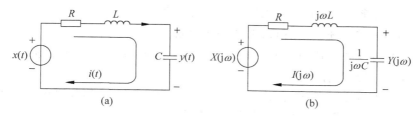

图 3-34 RLC 串联谐振电路

解 依据式(3-91),将各元件都用频域阻抗表示,得到等效的频域电路,如图 3-34(b)所示。根据基尔霍夫定律列方程,得

$$\begin{cases} X(j\omega) = I(j\omega)\left(R + j\omega L + \dfrac{1}{j\omega C}\right) \\ Y(j\omega) = I(j\omega)\dfrac{1}{j\omega C} \end{cases}$$

因此,频响函数为

$$H(j\omega) = \frac{Y(j\omega)}{X(j\omega)} = \frac{\dfrac{1}{j\omega C}}{R + j\omega L + \dfrac{1}{j\omega C}} = \frac{1}{(j\omega)^2 LC + j\omega RC + 1}$$

小 结

1. 连续周期信号的傅里叶级数

当周期信号 $f(t)$ 满足狄里赫利条件时,信号 $f(t)$ 可分解为三角函数形式或指数形式的傅里叶级数。

如果周期信号 $f(t)$ 为实函数,且其波形具有某些对称性,则在傅里叶级数中某些系数等于零,即其谐波特性将变得简单。具体有

(1) 偶实函数的傅里叶级数中不含有正弦分量,只可能含有直流分量和余弦分量。

(2) 奇实函数的傅里叶级数中不会含有直流分量和余弦分量,只可能含有正弦分量。

(3) 奇谐实函数的傅里叶展开式中将只含有奇次谐波分量,而不含直流及偶次谐波分量。

(4) 偶谐函数的傅里叶展开式中将只可能含有直流分量和偶次谐波分量。

2. 傅里叶变换

当任意非周期信号 $f(t)$ 满足狄里赫利条件时,存在式(3-36)和式(3-37)构成的傅里叶变换对。

当任意周期信号 $f(t)$ 满足狄里赫利条件而可以展开成式(3-16)复指数形式的傅里叶级数时,它存在式(3-67)和式(3-37)构成的傅里叶变换对。

3. 傅里叶变换的性质

傅里叶变换有许多有用的性质,这些性质主要有:对偶性、线性、奇偶虚实性、尺度变换特性、时移(频移)特性、微分(积分)特性、帕斯瓦尔定理、时域(频域)卷积定理。灵活应用这些性质可有效减轻求解复杂信号傅里叶变换的运算量。

4. 傅里叶变换应用于连续时间 LTI 系统的分析

连续时间 LTI 系统单位冲激响应 $h(t)$ 的傅里叶变换表征了系统的频域特性,称为系统的频率响应函数,简称**频响函数**。

如果已知描述 N 阶连续时间 LTI 系统的微分方程如式(3-78),则频响函数 $H(j\omega)$ 为式(3-79)。系统微分方程描述了系统的特性,其系数与输入信号无关,这表明 $H(j\omega)$ 也只与系统本身有关,与激励无关。

求解连续时间 LTI 系统的时域响应时,在经典的求解微分方程的方法外,利用频响函数,通过卷积定理可以得到响应的频谱,从频域的角度得到系统响应的特性。连续时间 LTI 系统的频域分析法一般性的求解步骤是:

(1) 求激励信号 $x(t)$ 的傅里叶变换 $X(j\omega)$(通常将激励信号分解为常见信号的线性组合);

(2) 求频响函数 $H(j\omega)$;

(3) 求系统响应的频谱 $Y(j\omega) = X(j\omega)H(j\omega)$;

(4) 求 $Y(j\omega)$ 的傅里叶逆变换(可通过将 $Y(j\omega)$ 分解为常见信号频谱的线性组合来简化运算)。

利用频域分析法可以非常简便地求解连续时间 LTI 系统的零状态响应。频域分析法的优点是将时域的卷积运算变为频域的代数运算,代价是正、逆两次傅里叶变换。

对于电路系统,可以根据基尔霍夫电压、电流定理建立电路的时域微分方程,然后根据前述方法对系统进行分析。如果电路的 L、C 元件无起始储能(即系统处于零起始状态),则可以利用频域电路模型简化运算。

习　题

3-1　求下列信号的三角函数形式傅里叶级数表示式:

(1) $f(t) = e^{j100t}$

(2) $f(t) = \sin\left(\frac{\pi}{4}(t-2)\right)$

(3) $f(t)$ 的周期为 2,且在区间 $[-1,1]$ 内 $f(t) = e^{-t}$。

3-2　求如题图 3-2 所示对称周期矩形信号的三角形式与指数形式傅里叶级数。

3-3　求题图 3-3 中各信号的复指数形式傅里叶级数的系数。

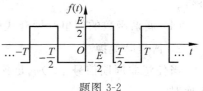

题图 3-2

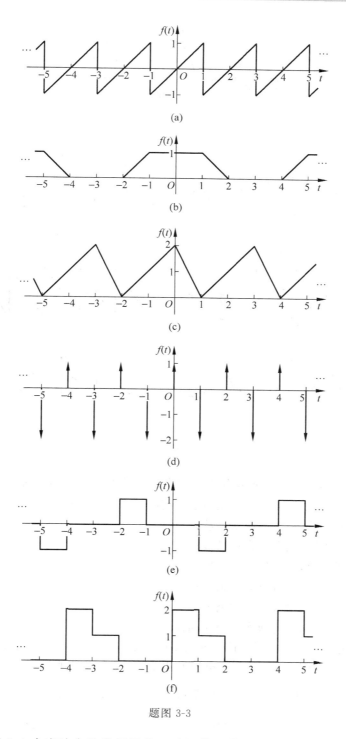

题图 3-3

3-4 求题图 3-4 中半波余弦信号的傅里叶级数。若 $E=10\text{V},f=10\text{kHz}$,大致画出幅度谱。

3-5 利用信号 $f(t)$ 的对称性,定性判断题图 3-5 中各周期信号的傅里叶级数中所含有的频率分量。

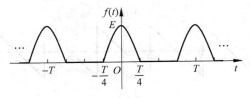

题图 3-4

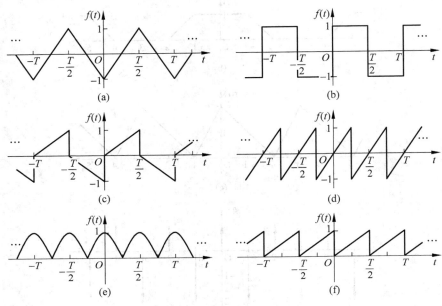

题图 3-5

3-6 已知周期函数 $f(t)$ 前四分之一周期的波形如题图 3-6 所示。根据下列各种情况的要求画出 $f(t)$ 在一个周期($0 < t < T$)的波形。

(1) $f(t)$ 是偶函数,只含有偶次谐波;

(2) $f(t)$ 是偶函数,只含有奇次谐波;

(3) $f(t)$ 是偶函数,含有偶次和奇次谐波;

(4) $f(t)$ 是奇函数,只含有偶次谐波;

(5) $f(t)$ 是奇函数,只含有奇次谐波;

(6) $f(t)$ 是奇函数,含有偶次和奇次谐波。

题图 3-6

3-7 求如题图 3-7 所示周期信号的傅里叶级数的系数,(a)题求 a_n、b_n,(b)题求 F_n。

3-8 如题图 3-8 所示 RLC 并联电路和电流源 $i_1(t)$ 都是理想模型。已知电路的频率为 $f_0 = \dfrac{1}{2\pi\sqrt{LC}} = 100\,\text{kHz}, R = 100\,\text{k}\Omega$,谐振电路品质因数 Q 足够高(可滤除邻近频率成分)。$i_1(t)$ 为周期矩形波,幅度为 1mA。当 $i_1(t)$ 的参数(τ, T)为下列情况时,粗略地画出输出电压 $v_2(t)$ 的波形,并注明幅度值。

(1) $\tau = 5\mu s, T = 10\mu s$;

(2) $\tau = 10\mu s, T = 20\mu s$;

(3) $\tau = 15\mu s, T = 30\mu s$。

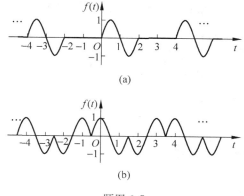

(a)

(b)

题图 3-7

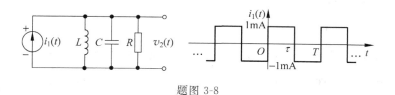

题图 3-8

3-9　求如题图 3-9 所示周期余弦切顶脉冲波的傅里叶级数,并求直流分量 I_0 以及基波和 k 次谐波的幅度(I_1 和 I_k)。

（1）$\theta=$ 任意值；

（2）$\theta=60°$；

（3）$\theta=90°$；

3-10　已知周期信号 $f(t)$ 的幅度 $|F_k|$、相位 φ_k 分别如题图 3-10 所示,求该周期信号 $f(t)$ 的表达式。

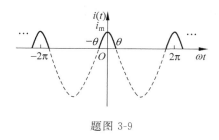

题图 3-9

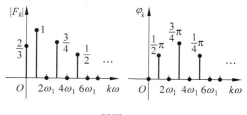

题图 3-10

3-11　在全波整流电路中,若输入交流电压信号 $x(t)$,则输出电压信号 $y(t)=|x(t)|$。当 $x(t)=\cos t$ 时：

（1）概略画出输出电压信号 $y(t)$ 的波形并求其傅里叶系数；

（2）输入信号 $x(t)$、输出信号 $y(t)$ 中的直流分量、基频分量的幅度各为多少？

3-12　如题图 3-12 所示周期信号 $v_i(t)$ 加到 RC 低通滤波电路。已知 $v_i(t)$ 的重复频率 $f_1=1/T=1\text{kHz}$,电压幅度 $E=1\text{V}$,$R=1\text{k}\Omega$,$C=0.1\mu\text{F}$。分别求：

（1）稳态时电容两端电压之直流分量、基波和五次谐波之幅度；

（2）求上述各分量与 $v_i(t)$ 相应分量的比值,讨论此电路对各频率分量响应的特点。

（提示：利用电路课所学正弦稳态交流电路的计算方法分别求各频率分量的响应。）

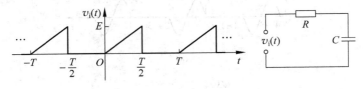

题图 3-12

3-13 求下列信号的傅里叶变换：

(1) $e^{-at}\cos(\omega_0 t)u(t), a>0$；

(2) $e^{-3t}[u(t+2)-u(t-3)]$；

(3) $e^{2+t}u(-t+1)$；

(4) $\sum\limits_{k=0}^{+\infty} a^k \delta(t-kT)$，$|a|<1$。

3-14 已知 $F_1(j\omega)=FT\{f(t)\}$，利用傅里叶变换的性质求 $F_2(j\omega)=FT\{f(6-2t)\}$。

3-15 利用微分定理求半波正弦脉冲 $f(t)=\sin\left(\dfrac{2\pi}{T}t\right)\left[u(t)-u\left(t-\dfrac{T}{2}\right)\right]$ 及其二阶导数 $\dfrac{d^2}{dt^2}f(t)$ 的傅里叶变换。

3-16 利用微分定理求如题图 3-16 所示梯形脉冲的傅里叶变换，并大致画出 $\tau=2\tau_1$ 时该脉冲的频谱图。

3-17 已知矩形脉冲信号 $f(t)$ 如题图 3-17 所示。

(1) 写出 $f(t)$ 的时域表达式；

(2) 求 $f(t)$ 的频谱；

(3) 绘制 $f(t)$ 的频谱图。

3-18 记题图 3-18 所示信号的傅里叶变换为 $F(j\omega)=|F(j\omega)|e^{j\varphi(\omega)}$，试求：

(1) $\varphi(\omega)$；

(2) $F(j0)$；

(3) $\int_{-\infty}^{+\infty} F(j\omega)d\omega$；

(4) IFT$\{Re(F(j\omega))\}$ 的图形。

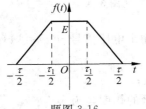
题图 3-16

题图 3-17

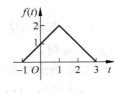
题图 3-18

3-19 已知信号 $x(t)$ 的频谱为 $X(j\omega)$，试求信号 $y(t)=x(t)*\delta(t)$ 的频谱。

3-20 若已知 FT$[f(t)]=F(j\omega)$，利用傅里叶变换的性质确定下列信号的傅里叶变换：

(1) $tf(2t)$；　　　　　　　　(2) $(t-2)f(t)$；

(3) $(t-2)f(-2t)$；　　　　　(4) $t\dfrac{\mathrm{d}}{\mathrm{d}t}f(t)$；

(5) $f(1-t)$；　　　　　　　(6) $(1-t)f(1-t)$；

(7) $f(2t-5)$。

3-21　已知题图 3-21 中两矩形脉冲 $f_1(t)$ 和 $f_2(t)$ 的傅里叶变换分别为 $F_1(\mathrm{j}\omega)=E_1\tau_1\mathrm{Sa}\left(\dfrac{\omega\tau_1}{2}\right), F_2(\mathrm{j}\omega)=E_2\tau_2\mathrm{Sa}\left(\dfrac{\omega\tau_2}{2}\right)$。

(1) 画出 $f_1(t)*f_2(t)$ 的图形；

(2) 求 $f_1(t)*f_2(t)$ 的频谱，并与题 3-16 所用方法进行比较。

3-22　求如题图 3-22 所示三角形调幅信号的频谱。

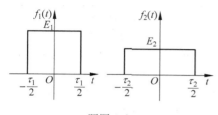
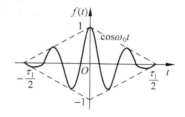

题图 3-21　　　　　　　　　　　　题图 3-22

3-23　若 $\mathrm{FT}\{f(t)\}=F(\mathrm{j}\omega)$，周期信号 $p(t)=\displaystyle\sum_{n=-\infty}^{+\infty}a_n\mathrm{e}^{\mathrm{j}n\omega_0 t}$ 的基波频率为 ω_0。

(1) 令 $f_{\mathrm{p}}(t)=f(t)p(t)$，求相乘信号 $f_{\mathrm{p}}(t)$ 的傅里叶变换表达式 $F_{\mathrm{p}}(\mathrm{j}\omega)=\mathrm{FT}\{f_{\mathrm{p}}(t)\}$；

(2) 若 $F(\mathrm{j}\omega)$ 图形如题图 3-23 所示，当 $p(t)$ 函数表达式分别为以下各小题时，分别求 $F_{\mathrm{p}}(\mathrm{j}\omega)$ 的表达式，并画出频谱图：

① $p(t)=\cos\left(\dfrac{t}{2}\right)$；② $p(t)=\cos(t)$；③ $p(t)=\cos(2t)$；④ $p(t)=\sin(t)\sin(2t)$；

⑤ $p(t)=\cos(2t)-\cos(t)$；⑥ $p(t)=\displaystyle\sum_{n=-\infty}^{+\infty}\delta(t-\pi n)$；⑦ $p(t)=\displaystyle\sum_{n=-\infty}^{+\infty}\delta(t-2\pi n)$；⑧ $p(t)=$

$\displaystyle\sum_{n=-\infty}^{+\infty}\delta(t-2\pi n)-\dfrac{1}{2}\sum_{n=-\infty}^{+\infty}\delta(t-\pi n)$。

3-24　已知周期信号 $x(t)$ 波形如题图 3-24 所示，当该信号通过截止频率 $\omega_{\mathrm{c}}=4\pi$ 弧度/秒的理想低通滤波器时，试计算输出信号的频率成分，并绘出输出信号 $y(t)$ 的频谱 $Y(\mathrm{j}\omega)$ 图。

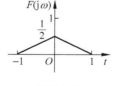
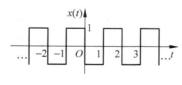

题图 3-23　　　　　　　　　　　　题图 3-24

3-25　已知描述系统的时域数学模型为 $\dfrac{\mathrm{d}^2}{\mathrm{d}t^2}y(t)+6\dfrac{\mathrm{d}}{\mathrm{d}t}y(t)+8y(t)=2x(t)$。

(1) 利用频域分析方法求频响函数 $H(\mathrm{j}\omega)$，并确定系统的冲激响应 $h(t)$；

(2) 若激励 $x(t)=t\mathrm{e}^{-2t}u(t)$，利用频域分析方法求系统的 $Y(\mathrm{j}\omega)$ 和时域响应 $y(t)$。

第4章 离散时间信号与系统的傅里叶分析

离散时间信号简称离散信号,亦称序列,其自变量 n 是离散的,通常为整数。若 n 是时间信号(n 亦可为非时间信号),它只在某些不连续的、规定的瞬时给出确定的函数值,其幅值可以是连续的也可以是离散的,而在其他时间则函数值没有定义。

离散时间信号与连续时间信号从定义来说有很明显的区别,但它们的分析方法却有许多相似之处。它们的类比见表 4-1。

表 4-1 离散时间信号与连续时间信号的类比

连续时间信号	离散时间信号
连续时间信号用于描述连续时间系统	离散时间信号用于描述离散时间系统
连续时间系统用微分方程描述,复指数函数是其特征函数	离散时间系统用差分方程描述,复指数序列是其特征序列
连续时间 LTI 系统的零状态响应是输入信号与系统单位冲激响应的卷积积分	离散时间 LTI 系统的零状态响应是输入序列与系统单位样值响应的卷积和
连续时间信号可通过连续傅里叶变换进行频域分析	离散时间信号可通过离散时间傅里叶变换进行频域分析
连续时间信号可通过拉普拉斯变换进行复频域分析	离散时间信号可通过 z 变换进行复频域分析
连续时间系统可通过卷积定理进行复频域分析	离散时间系统可通过卷积定理进行复频域分析

4.1 离散时间 LTI 系统对复指数信号的响应

离散时间 LTI 系统可以用差分方程来描述,而复指数序列是差分方程的特征函数。假定有样值响应为 $h[n]$ 的离散时间 LTI 系统,有输入序列 $x[n]$

$$x[n] = z^n \tag{4-1}$$

式中 z 为一个复数。系统的响应可以由卷积和确定为

$$y[n] = x[n] * h[n] = \sum_{k=-\infty}^{+\infty} h[k]x[n-k] = \sum_{k=-\infty}^{+\infty} h[k]z^{n-k} = z^n \sum_{k=-\infty}^{+\infty} h[k]z^{-k}$$

可见,如果输入序列为复指数序列 $x[n] = z^n$,则离散时间 LTI 系统的输出就等于同一复指数序列乘以一个取值与 z 有关的常数,即 $y[n]$ 可以表示为

$$y[n] = x[n]H[z] \tag{4-2}$$

式中

$$H[z] = \sum_{n=-\infty}^{+\infty} h[n]z^{-n} \tag{4-3}$$

就是与特征序列 z^n 有关的特征值。

更一般地,考虑到离散时间 LTI 系统具有叠加性,如果 LTI 系统的输入序列 $x[n]$ 可以表示为复指数序列的线性组合,即,如果

$$x[n] = \sum_k a_k z_k^n \qquad (4\text{-}4)$$

那么,输出序列 $y[n]$ 可以表示为

$$y[n] = \sum_k a_k H(z_k) z_k^n \qquad (4\text{-}5)$$

也就是说,输出同样也可以表示为复指数序列的线性组合,而且输出表达式中每一个系数等于相应的输入系数 a_k 与系统特征值 $H(z_k)$ 的乘积,而该特征值与特征序列 z_k^n 有关。

4.2 离散周期信号的傅里叶级数表示

本节将引出离散傅里叶级数和离散傅里叶变换的概念。

4.2.1 离散周期信号

为便于在以后讨论中区分周期序列和有限长序列,用下标符号 p 来表示周期性序列,例如 $x_p[n]$、$y_p[n]$ 等。

对于某序列 $x_p[n]$,如果存在一个最小的自然数 N,使得对于任意整数 k,均有

$$x_p[n] \equiv x_p[n + kN] \qquad (4\text{-}6)$$

则序列 $x_p[n]$ 是周期的,N 为序列的周期。例如,复指数序列 $x_p[n] = e^{j\frac{2\pi}{N}n}$ 就是一个周期为 N 的序列,而且集合

$$\Phi = \{\varphi_k[n] \mid \varphi_k[n] = e^{j\frac{2k\pi}{N}n}, \quad k \in Z, \quad n \in Z\} \qquad (4\text{-}7)$$

是周期为 N 的离散时间复指数序列集,其中所有序列 $\varphi_k[n]$ 的频率都是同一基本频率 $\frac{2\pi}{N}$ 的整数倍,因此它们谐波相关。

对于集合 Φ 中的任一元素,有

$$\varphi_k[n] = e^{jk\frac{2\pi}{N}n} \equiv e^{j(k+rN)\frac{2\pi}{N}n} = \varphi_{k+rN}[n] \qquad (4\text{-}8)$$

式中,r 可取任意整数。因此,当 k 按 N 的任何整数倍变化时都重复原来的序列,所以集合 Φ 中仅有 N 个不同的独立序列,通常取 $k = 0, 1, 2, \cdots, N-1$。

利用集合 Φ 中的元素作如下线性组合

$$x_p[n] = \sum_k a_k \varphi_k[n] = \sum_k a_k e^{jk\frac{2\pi}{N}n} \qquad (4\text{-}9)$$

其中系数 a_k 为任意复常数。容易判断,式(4-9)所给序列 $x_p[n]$ 是周期为 N 的周期性序列。由于仅有 N 个独立的序列 $\varphi_k[n]$,因此 $x_p[n]$ 中求和可限定 k 取任意连续 N 个值,记为 $k = \langle N \rangle$,即有

$$x_p[n] = \sum_{k=\langle N \rangle} a_k \varphi_k[n] = \sum_{k=\langle N \rangle} a_k e^{jk\frac{2\pi}{N}n} \qquad (4\text{-}10)$$

例如,可以在 $k = 0, 1, 2, \cdots, N-1$ 或 $k = 2, 3, 4, \cdots, N+1$ 上取值。在各种情况下,由式(4-8)可知,参与式(4-10)右边求和的都是同一组复指数序列的集合。式(4-10)称为具有周期 N 的离散时间序列的离散傅里叶级数(Discrete Fourier Series,DFS),其中系数 a_k 称为傅里叶级数的系数。与连续时间傅里叶级数通常有无穷多项不同的是,离散时间傅里叶级数必为有限项级数。

4.2.2　离散周期序列的傅里叶级数

参考 3.1 节关于连续时间函数集的完备、正交概念,对于式(4-7)给出的离散时间序列集,当 k 取连续 N 个值,即 $k=\langle N\rangle$ 时,有

$$\Phi=\{\varphi_k[n]\mid \varphi_k[n]=\mathrm{e}^{\mathrm{j}\frac{2k\pi}{N}n},\quad k=\langle N\rangle,\quad n\in Z\} \tag{4-11}$$

由 4.2.1 节已知,基频 $\dfrac{2\pi}{N}$ 的整数倍的所有谐波序列均已在该集合中,因此该集合具有完备性。下面证明该集合的元素亦具有正交性。从 Φ 中取任取两个元素 $\varphi_k[n]$、$\varphi_m[n]$,计算

$$\sum_{n=\langle N\rangle}\varphi_k[n]\cdot\varphi_m^*[n]=\sum_{n=\langle N\rangle}\mathrm{e}^{\mathrm{j}k\frac{2\pi}{N}n}\cdot\mathrm{e}^{-\mathrm{j}m\frac{2\pi}{N}n}=\sum_{n=\langle N\rangle}\mathrm{e}^{\mathrm{j}\frac{2\pi}{N}(k-m)n}$$

令 $\beta=\mathrm{e}^{\mathrm{j}\frac{2\pi}{N}(k-m)}$,则上式是以 β 为公比的等比级数求和。当 $k\neq m$ 时,$\beta\neq 1$ 但 $\beta^N=1$,此时

$$\sum_{n=\langle N\rangle}\varphi_k[n]\cdot\varphi_m^*[n]=\sum_{n=0}^{N-1}\beta^n=\frac{1-\beta^N}{1-\beta}=0$$

当 $k=m$ 时,$\beta=1$,此时

$$\sum_{n=\langle N\rangle}\varphi_k[n]\cdot\varphi_m^*[n]=\sum_{n=0}^{N-1}\beta^n=\sum_{n=0}^{N-1}1^n=N$$

所以

$$\sum_{n=\langle N\rangle}\varphi_k[n]\cdot\varphi_m^*[n]=N\delta[k-m]=\begin{cases}0,&k\neq m\\N,&k=m\end{cases} \tag{4-12}$$

即序列集 Φ 中的元素之间是正交的。综上所述,序列集 Φ 是完备正交集。

式(4-9)利用序列集 Φ 中的元素构造了周期为 N 的周期性序列 $x_\mathrm{p}[n]$。下面将考查,对于周期为 N 的任意序列 $x_\mathrm{p}[n]$,是否均可展开成式(4-10)形式的傅里叶级数? 如果该级数存在,则系数 a_k 的值是什么?

由于序列 $x_\mathrm{p}[n]$ 的周期为 N,因此序列 $x_\mathrm{p}[n]$ 仅有 N 个独立的取值。如果对于 $n=0,1,2,\cdots,N-1$,存在一组系数 a_k,满足方程组

$$x_\mathrm{p}[n]=\sum_{k=\langle N\rangle}a_k\varphi_k[n],\quad n=0,1,2,\cdots,N-1 \tag{4-13}$$

由于式(4-13)等号两边均具有相同的周期 N,因此,如果当 $n=0,1,2,\cdots,N-1$ 时式(4-13)成立,则对任意 n 式(4-13)均成立。

式(4-13)其实给出了关于 n 个未知数 a_k 的 n 元一次非齐次线性方程组。对于所有的 $n=0,1,2,\cdots,N-1$,在式(4-13)两边同乘以 $\mathrm{e}^{-\mathrm{j}m\frac{2\pi}{N}n}$,并且在 N 项范围内对 n 求和,得

$$\sum_{n=\langle N\rangle}x_\mathrm{p}[n]\mathrm{e}^{-\mathrm{j}m\frac{2\pi}{N}n}=\sum_{n=\langle N\rangle}\sum_{k=\langle N\rangle}a_k\varphi_k[n]\mathrm{e}^{-\mathrm{j}m\frac{2\pi}{N}n}=\sum_{k=\langle N\rangle}a_k\sum_{n=\langle N\rangle}\varphi_k[n]\varphi_m^*[n]$$

$$=\sum_{k=\langle N\rangle}a_k N\delta[k-m]=Na_m$$

即

$$a_m=\frac{1}{N}\sum_{n=\langle N\rangle}x_\mathrm{p}[n]\mathrm{e}^{-\mathrm{j}m\frac{2\pi}{N}n},\quad m=0,1,2,\cdots,N-1 \tag{4-14}$$

至此已证明,对于周期为 N 的任意序列 $x_\mathrm{p}[n]$,均可展开成式(4-10)形式的离散傅里叶级数,其中傅里叶级数的系数 a_k 由式(4-14)给出。式(4-10)与式(4-14)构成了离散时间傅里叶级数对,合并于式(4-15)中,其中式(4-10)为综合方程,而式(4-14)是分析方程。

$$\begin{cases} x_{\mathrm{p}}[n] = \sum_{k=\langle N \rangle} a_k \mathrm{e}^{jk\frac{2\pi}{N}n} \\ a_k = \dfrac{1}{N} \sum_{n=\langle N \rangle} x_{\mathrm{p}}[n] \mathrm{e}^{-jk\frac{2\pi}{N}n} \end{cases} \tag{4-15}$$

傅里叶级数的系数 a_k 通常称作序列 $x_{\mathrm{p}}[n]$ 的频谱系数,这些系数把 $x_{\mathrm{p}}[n]$ 分解为 N 个谐波相关的复指数之和。根据式(4-10),如果 k 值取 0 到 $N-1$,则

$$x_{\mathrm{p}}[n] = \sum_{k=0}^{N-1} a_k \varphi_k[n]$$

而如果 k 值取 1 到 N,则

$$x_{\mathrm{p}}[n] = \sum_{k=1}^{N} a_k \varphi_k[n]$$

而由式(4-8)知有 $\varphi_0[n] = \varphi_N[n]$,从而必然有 $a_0 = a_N$。类似地,令 k 取值于任意一个由 N 个连续整数组成的集合中,并且利用式(4-8)的结论,可以得到

$$a_k = a_{k+N} \tag{4-16}$$

因此,如果 k 取 0 到 $N-1$ 之外的值,那么 a_k 将作周期性的重复,其重复周期亦为 N。即,周期序列 $x_{\mathrm{p}}[n]$ 的傅里叶级数系数 a_k 具有与序列相同的周期 N。

对于连续时间周期信号,其傅里叶级数的系数是非周期、离散的;而对离散时间周期序列,其傅里叶级数的系数则是周期、离散的。即,周期性信号(序列)均存在离散的傅里叶级数。

4.3　离散时间信号的傅里叶变换

4.3.1　从离散傅里叶级数到离散时间傅里叶变换

与连续时间信号分析类似,对于离散时间信号的研究,傅里叶变换同样占有重要地位。本章将只讨论序列的傅里叶变换,给出其定义和一些基本性质,为后续章节利用 $H(z)$ 研究离散时间系统的频率响应特性做准备。

在 3.2.1 节,通过截取周期信号 $f(t)$ 在区间 $(-T/2, T/2)$ 中的部分为新信号 $f_1(t)$,推导了从周期信号 $f(t)$ 的傅里叶级数到非周期信号 $f_1(t)$ 的傅里叶变换。在前节分析的基础上,本节把离散傅里叶级数作为一种过渡形式,由此引出离散傅里叶变换。下面将要看到,离散傅里叶级数用于分析周期序列,而离散傅里叶变换则是针对于有限长序列。

对于某个具有有限时长 N_1 的非周期序列 $x[n]$,不失一般性,可假设

$$x[n] = x[n](u[n] - u[n - N_1]) = \begin{cases} x[n], & n = 0, 1, \cdots, N_1 - 1 \\ 0, & n < 0 \text{ 或 } n \geqslant N_1 \end{cases}$$

根据这一非周期序列,构造一个周期为 N $(N > N_1)$ 的新序列 $x_{\mathrm{p}}[n]$,满足

$$x_{\mathrm{p}}[n] = \begin{cases} x[n], & n \bmod N = 0, 1, \cdots, N_1 - 1 \\ 0, & N_1 \leqslant n \bmod N \leqslant N-1 \end{cases}$$

即在周期序列 $x_{\mathrm{p}}[n]$ 的主值区间 $[0, N-1]$ 内,当 $n = 0, 1, 2, \cdots, N_1 - 1$ 时 $x_{\mathrm{p}}[n]$ 与 $x[n]$ 完全相同。

对于周期为 N 的序列 $x_\mathrm{p}[n]$,根据式(4-15)可将 $x_\mathrm{p}[n]$ 展开成离散傅里叶级数,其系数

$$a_k = \frac{1}{N}\sum_{n=\langle N\rangle}x_\mathrm{p}[n]\mathrm{e}^{-jk\frac{2\pi}{N}n} = \frac{1}{N}\sum_{n=0}^{N-1}x_\mathrm{p}[n]\mathrm{e}^{-jk\frac{2\pi}{N}n} = \frac{1}{N}\sum_{n=0}^{N_1-1}x[n]\mathrm{e}^{-jk\frac{2\pi}{N}n}$$

由于在周期序列 $x_\mathrm{p}[n]$ 的主值区间 $[0,N-1]$ 内,$x_\mathrm{p}[n]$ 与 $x[n]$ 的非零值完全相同,故上式的求和范围缩减为 0 到 N_1-1 之间。又由于在 $[0,N_1-1]$ 之外 $x[n]$ 恒为零,因此可以再将求和范围扩展到 $(-\infty,+\infty)$,即有

$$a_k = \frac{1}{N}\sum_{n=0}^{N_1-1}x[n]\mathrm{e}^{-jk\frac{2\pi}{N}n} = \frac{1}{N}\sum_{n=-\infty}^{+\infty}x[n]\mathrm{e}^{-jk\frac{2\pi}{N}n}$$

显而易见,上式对于任何 $N>N_1$ 均成立。

由于

$$\lim_{N\to+\infty}a_k = \lim_{N\to+\infty}\frac{1}{N}\sum_{n=-\infty}^{+\infty}x[n]\mathrm{e}^{-jk\frac{2\pi}{N}n} = 0$$

即当周期序列 $x_\mathrm{p}[n]$ 的周期 N 趋于无穷大时,序列 $x_\mathrm{p}[n]$ 的离散傅里叶级数系数 a_k 趋于零,但 Na_k 是一个与 N 无关的常数。定义

$$X(\mathrm{e}^{j\Omega}) = \sum_{n=-\infty}^{+\infty}x[n]\mathrm{e}^{-jn\Omega} \tag{4-17}$$

则对于任何 N,均有

$$a_k = \frac{1}{N}\sum_{n=0}^{N_1-1}x[n]\mathrm{e}^{-jk\frac{2\pi}{N}n} = \frac{1}{N}X(\mathrm{e}^{jk\Omega_0})\Big|_{\Omega_0=\frac{2\pi}{N}} \tag{4-18}$$

从而,利用离散傅里叶级数的综合方程,当 $n=0,1,2,\cdots,N_1-1$ 时,有

$$x[n] = x_\mathrm{p}[n] = \sum_{k=\langle N\rangle}a_k\mathrm{e}^{jk\frac{2\pi}{N}n} = \sum_{k=\langle N\rangle}\frac{1}{N}X(\mathrm{e}^{jk\Omega_0})\Big|_{\Omega_0=\frac{2\pi}{N}}\cdot\mathrm{e}^{jk\frac{2\pi}{N}n}$$

$$= \frac{1}{2\pi}\sum_{k=\langle N\rangle}X(\mathrm{e}^{jk\Omega_0})\cdot\mathrm{e}^{jk\Omega_0 n}\cdot\Omega_0\Big|_{\Omega_0=\frac{2\pi}{N}}$$

当 $N\to+\infty$ 时,$\Omega_0\to\mathrm{d}\Omega\to0$,$k\Omega_0\to\Omega\in[0,2\pi]$,因此上式中关于 k 的求和将转化为关于 $\mathrm{d}\Omega$ 在 $[0,2\pi]$ 区间上的积分,即上式可以修改为

$$x[n] = \frac{1}{2\pi}\sum_{k=\langle N\rangle}X(\mathrm{e}^{jk\Omega_0})\cdot\mathrm{e}^{jk\Omega_0 n}\cdot\Omega_0\Big|_{\Omega_0=\frac{2\pi}{N}} = \frac{1}{2\pi}\int_0^{2\pi}X(\mathrm{e}^{j\Omega})\mathrm{e}^{jn\Omega}\mathrm{d}\Omega \tag{4-19}$$

由式(4-17)知 $X(\mathrm{e}^{j\Omega})$ 关于 Ω 以 2π 为周期,因此 $X(\mathrm{e}^{j\Omega})\mathrm{e}^{jn\Omega}$ 也以 2π 为周期,从而式(4-19)中的积分可以取长度为 2π 的任意区间。

综上所述,与连续时间非周期信号傅里叶变换对式(3-36)、式(3-37)在离散时间相对应,式(4-17)与式(4-19)就构成了离散时间傅里叶变换对(Discrete Time Fourier Transform,DTFT),重写如下

$$\begin{cases} \mathrm{DTFT}\{x[n]\} = X(\mathrm{e}^{j\Omega}) = \displaystyle\sum_{n=-\infty}^{+\infty}x[n]\mathrm{e}^{-jn\Omega} \\[2mm] \mathrm{IDTFT}\{X(\mathrm{e}^{j\Omega})\} = x[n] = \dfrac{1}{2\pi}\displaystyle\int_{2\pi}X(\mathrm{e}^{j\Omega})\mathrm{e}^{jn\Omega}\mathrm{d}\Omega \end{cases} \tag{4-20}$$

函数 $X(\mathrm{e}^{j\Omega})$ 称为序列 $x[n]$ 的离散时间傅里叶变换,前一方程为分析方程,后一方程为综合方程。上述推导显示了如何将一个非周期序列 $x[n]$ 看成是无穷多个复指数序列 $\mathrm{e}^{j\Omega n}$ 的线性

组合。特别地,综合方程实际上就是把 $x[n]$ 看成是幅度为 $X(\mathrm{e}^{\mathrm{j}\Omega})\mathrm{d}\Omega/2\pi$ 时的复指数的线性组合,而相邻数字频率 Ω 则无限接近。

与连续时间非周期信号傅里叶变换相类似,通常把 $X(\mathrm{e}^{\mathrm{j}\Omega})$ 称为 $x[n]$ 的频谱,它提供了关于 $x[n]$ 如何由不同数字频率的复指数组成的信息。其中,$|X(\mathrm{e}^{\mathrm{j}\Omega})|$ 为幅度谱,$\varphi(\Omega)$ 为相位谱,二者都是以 Ω 为变量的以 2π 为周期的连续函数。

在以下讨论中,将采用如下简记符号

$$X(\mathrm{e}^{\mathrm{j}\Omega}) = \mathrm{DTFT}\{x[n]\} \tag{4-21a}$$

$$x[n] = \mathrm{IDTFT}\{X(\mathrm{e}^{\mathrm{j}\Omega})\} \tag{4-21b}$$

$$x[n] \overset{\mathrm{DTFT}}{\longleftrightarrow} X(\mathrm{e}^{\mathrm{j}\Omega}) \tag{4-21c}$$

4.3.2　离散时间傅里叶变换的充分条件

虽然式(4-20)是从有限时长非周期序列推导出来的,但它对于无限长非周期序列仍然有效,只是需要再次考虑式(4-17)中的求和收敛问题。与连续时间傅里叶变换的收敛条件相似,如果序列 $x[n]$ 是绝对可和的,即

$$\sum_{n=-\infty}^{+\infty} |x[n]| < +\infty \tag{4-22a}$$

或序列具有有限能量,即

$$\sum_{n=-\infty}^{+\infty} |x[n]|^2 < +\infty \tag{4-22b}$$

则式(4-17)都将是收敛的。

可见,离散时间傅里叶变换(DTFT)与连续时间傅里叶变换(FT)有许多类似的地方,它们之间的主要差别在于:DTFT 中 $X(\mathrm{e}^{\mathrm{j}\Omega})$ 数字频率 Ω 具有以 2π 为周期的周期性,而且综合方程中积分范围是长度为 2π 的有限区间。造成该差别的根本原因在于:数字频率相差 2π 整数倍的离散时间复指数都是相等的。在 4.2 节已看到,对于离散时间周期序列 $x_\mathrm{p}[n]$,它们的傅里叶级数是有限项之和,它们的傅里叶级数系数具有周期性;对于非周期序列 $x[n]$,类似的结论是:$X(\mathrm{e}^{\mathrm{j}\Omega})$ 具有周期性,而综合方程是仅在出现不同复指数的频率间隔(即,长度为 2π 的任何区间)内的一个积分。

必须指出,这里定义的离散时间傅里叶变换(即非周期序列的傅里叶变换)并不是通常所说的"离散傅里叶变换",离散傅里叶变换将在后续章节给出定义。

【**例 4-1**】　若 $x[n] = u[n] - u[n-5]$,求此序列的离散时间傅里叶变换 $X(\mathrm{e}^{\mathrm{j}\Omega})$。

解

$$X(\mathrm{e}^{\mathrm{j}\Omega}) = \sum_{n=0}^{4} \mathrm{e}^{-\mathrm{j}n\Omega} = \frac{1 - \mathrm{e}^{-\mathrm{j}5\Omega}}{1 - \mathrm{e}^{-\mathrm{j}\Omega}} = \frac{\mathrm{e}^{-\mathrm{j}\frac{5\Omega}{2}}}{\mathrm{e}^{-\mathrm{j}\frac{\Omega}{2}}} \cdot \frac{\mathrm{e}^{\mathrm{j}\frac{5\Omega}{2}} - \mathrm{e}^{-\mathrm{j}\frac{5\Omega}{2}}}{\mathrm{e}^{\mathrm{j}\frac{\Omega}{2}} - \mathrm{e}^{-\mathrm{j}\frac{\Omega}{2}}} = \frac{\sin\dfrac{5\Omega}{2}}{\sin\dfrac{\Omega}{2}}\mathrm{e}^{-\mathrm{j}2\Omega}$$

其中,幅频特性为

$$X(\mathrm{e}^{\mathrm{j}\Omega}) = \left|\frac{\sin\dfrac{5\Omega}{2}}{\sin\dfrac{\Omega}{2}}\right|$$

而相频特性为

$$\varphi(\Omega) = -2\Omega + \arg\left[\frac{\sin\dfrac{5\Omega}{2}}{\sin\dfrac{\Omega}{2}}\right]$$

式中 $\arg[\ ]$ 表示方框号内表达式引入的相移,此处,其值在不同的 Ω 区间分别为 $0,\pi,2\pi,$ $3\pi,\cdots$。图 4-1 画出了矩形脉冲序列 $x[n]$ 及其幅频特性和相频特性。

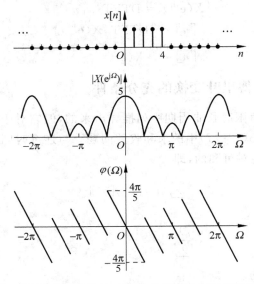

图 4-1　矩形脉冲序列 $x[n]$ 及其幅频特性和相频特性

【例 4-2】　理想低通数字滤波器频率特性 $H(e^{j\Omega})$ 如图 4-2(a)所示,求它的离散时间傅里叶逆变换 $h[n]$(即系统的单位样值响应)。

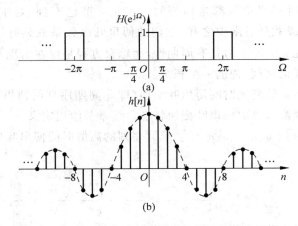

图 4-2　理想低通数字滤波器频率特性及其单位样值响应

解　由式(4-20)求得

$$h[n] = \text{IDTFT}\{H(e^{j\Omega})\} = \frac{1}{2\pi}\int_{-\pi}^{\pi} H(e^{j\Omega})e^{jn\Omega}\,\mathrm{d}\Omega = \frac{1}{2\pi}\int_{-\Omega_c}^{\Omega_c} e^{jn\Omega}\,\mathrm{d}\Omega$$

$$= \frac{\sin \frac{\pi n}{4}}{\pi n} = \frac{1}{4} \text{Sa}\left(\frac{\pi n}{4}\right)$$

$h[n]$ 的波形见图 4-2(b)。仔细分析例 4-2 中求得的 $h[n]$ 可见，$h[n]$ 不满足绝对可和条件，然而它是平方可和的，即

$$\sum_{n=-\infty}^{+\infty} |h[n]|^2 = \sum_{n=-\infty}^{+\infty} \left| \frac{1}{4} \text{Sa}\left(\frac{\pi n}{4}\right) \right|^2 = \frac{1}{2\pi} \int_{-\pi}^{\pi} |H(e^{j\Omega})|^2 d\Omega$$

$$= \frac{1}{2\pi} \int_{-\Omega_c}^{\Omega_c} |H(e^{j\Omega})|^2 d\Omega = \frac{\Omega_c}{\pi} < +\infty$$

这表明，$h[n]$ 是能量受限的。虽然级数

$$H_N(e^{j\Omega}) = \lim_{N \to +\infty} \sum_{n=-N}^{N} \frac{1}{4} \text{Sa}\left(\frac{\pi n}{4}\right) e^{-jn\Omega}$$

不能一致收敛于 $H(e^{j\Omega})$，在频率不连续点 $\Omega = \Omega_c$ 处可以看到 Gibbs 现象，但是由于 $h[n]$ 平方可和，$H_N(e^{j\Omega})$ 按照均方误差为零的方式收敛于 $H(e^{j\Omega})$，即

$$\lim_{N \to +\infty} \frac{1}{2\pi} \int_{-\pi}^{\pi} |H(e^{j\Omega}) - H_N(e^{j\Omega})|^2 d\Omega = 0$$

以上讨论的一致收敛和均方误差为零方式的收敛分别要求序列绝对可和或者能量受限。当序列满足绝对可和条件时一定满足能量受限条件，而能量受限不能保证绝对可和。

至此，讨论了序列离散时间傅里叶变换的充分条件。如同未找到连续时间信号的傅里叶变换的充分必要条件一样，离散时间傅里叶变换存在的充分必要条件至今亦未找到。

4.3.3 常见序列的 DTFT

1. 单边指数序列

单边指数序列 $x[n] = a^n u[n]$ 当 $|a| < 1$ 时满足绝对可和的条件，依式(4-20)得

$$X(e^{j\Omega}) = \sum_{n=-\infty}^{+\infty} a^n e^{-jn\Omega} u[n] = \sum_{n=0}^{+\infty} (ae^{-j\Omega})^n = \frac{1}{1 - ae^{-j\Omega}}$$

其幅度谱和相位谱如图 4-3 所示。从图中可见幅度谱、相位谱都是以 2π 为周期的周期函数。因此，一般只要画出 $0 \sim 2\pi$ 或 $-\pi \sim \pi$ 的谱线即可。

2. 双边指数序列

双边指数序列 $x[n] = -a^{-n}u[-n-1] + a^n u[n-1]$ 是关于 n 的奇对称序列，当 $|a| < 1$ 时满足绝对可和的条件，依式(4-20)得

$$X(e^{j\Omega}) = \sum_{n=-\infty}^{-1} (-a^{-n}) e^{-jn\Omega} + \sum_{n=1}^{+\infty} a^n e^{-jn\Omega} = -\sum_{n=1}^{+\infty} (ae^{j\Omega})^m + \sum_{n=1}^{+\infty} (ae^{-j\Omega})^n$$

$$= -\frac{ae^{j\Omega}}{1 - ae^{j\Omega}} + \frac{ae^{-j\Omega}}{1 - ae^{-j\Omega}} = \frac{-2ja\sin\Omega}{1 - 2a\cos\Omega + a^2}$$

3. 矩形脉冲序列

例 4-1 中已求得长度 $N=5$ 的矩形脉冲序列的 DTFT。对于任意长度 $N = 2N_1 + 1$ 的对称矩形脉冲序列 $R_N[n] = u[n+N_1] - u[n-N_1-1]$，它的 DTFT 为

$$R(e^{j\Omega}) = \sum_{n=-N_1}^{N_1} e^{-jn\Omega} = \frac{\sin\left(N_1 + \frac{1}{2}\right)\Omega}{\sin \frac{\Omega}{2}}$$

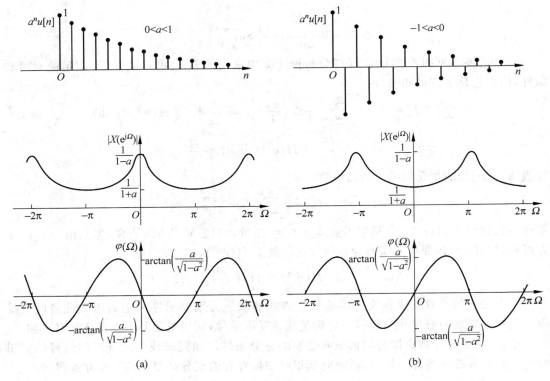

图 4-3　单边指数序列 $a^n u[n]$ 及其频谱

对称矩形脉冲序列 $R_N[n]$ 及其频谱见图 4-4。

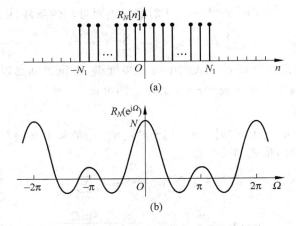

图 4-4　对称矩形脉冲序列 $R_N[n]$ 及其频谱

4. 符号序列

符号序列 $\mathrm{sgn}[n]=-u[-n-1]+u[n-1]$ 不满足绝对可和或平方可和的条件,不可直接求取 DTFT。但由于符号序列是双边指数序列当 a 趋于 1 时的极限,因此可以通过求双边指数序列 DTFT 当 a 趋于 1 时的极限来求得符号序列 $\mathrm{sgn}[n]$ 的 DTFT。

$$\mathrm{DTFT}\{\mathrm{sgn}[n]\}=\lim_{a\to 1}\frac{-2ja\sin\Omega}{1-2a\cos\Omega+a^2}=\frac{-j\sin\Omega}{1-\cos\Omega}$$

5．单位样值序列

单位样值序列 $\delta[n]$ 仅当 $n=0$ 时有非零值，依 DTFT 的定义，有

$$\mathrm{DTFT}\{\delta[n]\} = \sum_{n=-\infty}^{+\infty} \delta[n]\mathrm{e}^{-\mathrm{j}n\Omega} = 1$$

单位样值序列 $\delta[n]$ 及其频谱见图 4-5。

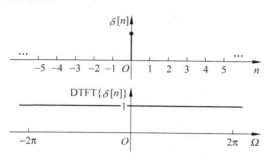

图 4-5 单位样值序列 $\delta[n]$ 及其频谱

6．常数序列

当对称矩形脉冲序列 $R_N[n]$ 的长度 N 趋于无穷大时就得到了常数序列 $x[n]=1$。显然常数序列既非绝对可和，亦非平方可和，不满足前述 DTFT 的收敛性条件。即使求取 $R_N[n]$ 的 DTFT 当 N 趋于无穷大时的极限，得到的也还是无穷大。

注意到 $\delta[n]$ 的 DTFT 为常数。而 DTFT 与 FT 相似，时域信号（序列）与它们的频谱之间具有某种对偶关系。因此，参考 3.4.4 节例 3-8 周期冲激序列 $\delta_T(t)$ 的傅里叶级数和傅里叶变换表达式，考虑 $\sum\limits_{k=-\infty}^{+\infty} \delta(\Omega-2k\pi)$ 的 IDTFT

$$\frac{1}{2\pi}\int_{2\pi}\Big[\sum_{k=-\infty}^{+\infty} \delta(\Omega-2k\pi)\Big]\mathrm{e}^{\mathrm{j}n\Omega}\,\mathrm{d}\Omega = \frac{1}{2\pi}\int_{-\pi}^{\pi}\delta(\Omega)\mathrm{e}^{\mathrm{j}n\Omega}\,\mathrm{d}\Omega = \frac{1}{2\pi}$$

即，常数序列 $\frac{1}{2\pi}$ 的离散时间傅里叶变换为 $\sum\limits_{k=-\infty}^{+\infty} \delta(\Omega-2k\pi)$，因此常数序列 $x[n]=1$ 的频谱应为 $2\pi\sum\limits_{k=-\infty}^{+\infty} \delta(\Omega-2k\pi)$（见图 4-6），即

$$\mathrm{DTFT}\{1\} = 2\pi\sum_{k=-\infty}^{+\infty} \delta(\Omega-2k\pi)$$

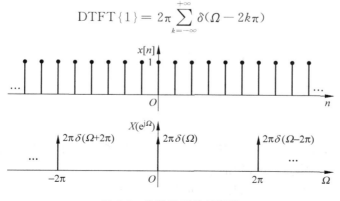

图 4-6 常数序列及其频谱

7. 单位阶跃序列

与常数序列相似,单位阶跃序列 $u[n]$ 既非绝对可和,亦非平方可和,不满足前述 DTFT 的收敛性条件。参照连续时间阶跃信号 $u(t)$ 频谱的求法,将 $u[n]$ 分解为几个已求得 DTFT 的序列的线性组合

$$u[n] = \frac{1}{2}(1 + \mathrm{sgn}[n] + \delta[n])$$

于是有

$$
\begin{aligned}
\mathrm{DTFT}\{u[n]\} &= \mathrm{DTFT}\left\{\frac{1}{2}(\mathrm{sgn}[n] + \delta[n] + 1)\right\} \\
&= \frac{1}{2}\mathrm{DTFT}\{\mathrm{sgn}[n]\} + \frac{1}{2}\mathrm{DTFT}\{\delta[n]\} + \frac{1}{2}\mathrm{DTFT}\{1\} \\
&= \frac{1}{2} \cdot \frac{-\mathrm{j}\sin\Omega}{1-\cos\Omega} + \frac{1}{2} + \pi\sum_{k=-\infty}^{+\infty}\delta(\Omega - 2k\pi) \\
&= \frac{1-\mathrm{e}^{\mathrm{j}\Omega}}{2(1-\cos\Omega)} + \pi\sum_{k=-\infty}^{+\infty}\delta(\Omega - 2k\pi) \\
&= \frac{1}{1-\mathrm{e}^{-\mathrm{j}\Omega}} + \pi\sum_{k=-\infty}^{+\infty}\delta(\Omega - 2k\pi)
\end{aligned}
$$

4.4 离散时间周期序列的 DTFT

若周期序列 $x_\mathrm{p}[n]$ 的周期为 N,则序列 $x_\mathrm{p}[n]$ 与其离散傅里叶级数的系数 a_k 之间存在式(4-15)的变换关系,将式(4-15)重写如下

$$
\begin{cases}
x_\mathrm{p}[n] = \sum_{k=\langle N\rangle} a_k \mathrm{e}^{\mathrm{j}k\frac{2\pi}{N}n} \\
a_k = \frac{1}{N}\sum_{n=\langle N\rangle} x_\mathrm{p}[n] \mathrm{e}^{-\mathrm{j}k\frac{2\pi}{N}n}
\end{cases}
$$

周期离散序列 $x_\mathrm{p}[n]$ 肯定不满足绝对可和与平方可和的条件,因此不能直接运用式(4-20)求取它的 DTFT。

对比连续时间周期信号 $f(t)$,存在式(3-16)和式(3-17)的傅里叶级数变换对

$$f(t) = \sum_{n=-\infty}^{+\infty} F_n \mathrm{e}^{\mathrm{j}n\omega_0 t}$$

$$F_n = \frac{1}{T}\int_{t_0}^{t_0+T} f(t)\mathrm{e}^{-\mathrm{j}n\omega_0 t}\mathrm{d}t$$

而 $f(t)$ 的傅里叶变换为

$$\mathrm{FT}\{f(t)\} = 2\pi\sum_{n=-\infty}^{+\infty} F_n\delta(\omega - n\omega_0)$$

即一般周期信号的频谱是以 ω_0 为基频的一系列不等强度谐波的冲激串,各冲激的强度正比于周期信号在该谐波处傅里叶级数的系数。

因此,类比于连续时间周期信号 $f(t)$ 的傅里叶变换,可以推导出离散周期序列 $x_\mathrm{p}[n]$ 的 DTFT 为(推导过程略)

$$\text{DTFT}\{x_{\text{p}}[n]\} = X_{\text{p}}(\text{e}^{\text{j}\Omega}) = 2\pi \sum_{k=-\infty}^{+\infty} a_k \delta\left(\Omega - \frac{2\pi}{N}k\right) \tag{4-23}$$

其中 a_k 是周期序列 $x_{\text{p}}[n]$ 按式(4-15)定义的离散傅里叶级数系数。可见,与连续周期信号的频谱相似,周期序列 $x_{\text{p}}[n]$ 的频谱是以 $\frac{2\pi}{N}$ 为基频的一系列不等强度谐波的冲激串,各冲激的强度正比于周期序列在该谐波处离散傅里叶级数的系数。而且,由于 a_k 以 N 为周期,故周期序列 $x_{\text{p}}[n]$ 的频谱 $X_{\text{p}}(\text{e}^{\text{j}\Omega})$ 以 $\frac{2\pi}{N} \times N = 2\pi$ 为周期。

【例 4-3】　求 $X(\text{e}^{\text{j}\Omega}) = 2\pi \sum_{k=-\infty}^{+\infty} \delta(\Omega - \Omega_0 - 2k\pi)$ 的 IDTFT。

解　依据 IDTFT 的定义式(4-20),有

$$x[n] = \frac{1}{2\pi}\int_{2\pi} X(\text{e}^{\text{j}\Omega})\text{e}^{\text{j}\Omega n}\,\text{d}\Omega = \int_{2\pi} \text{e}^{\text{j}\Omega n}\sum_{k=-\infty}^{+\infty} \delta(\Omega - \Omega_0 - 2k\pi)\,\text{d}\Omega$$

$$= \int_{2\pi} \delta(\Omega - \Omega_0) \cdot \text{e}^{\text{j}\Omega n}\,\text{d}\Omega = \text{e}^{\text{j}\Omega_0 n}$$

即

$$\text{e}^{\text{j}\Omega_0 n} \stackrel{\text{DTFT}}{\longleftrightarrow} 2\pi \sum_{k=-\infty}^{+\infty} \delta(\Omega - \Omega_0 - 2k\pi) \tag{4-24}$$

频谱图见图 4-7。

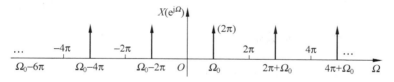

图 4-7　复指数序列 $\text{e}^{\text{j}\Omega_0 n}$ 的频谱

【例 4-4】　求序列 $x[n] = \cos(\Omega_0 n)$ 的离散时间傅里叶变换。

解　依据欧拉公式,有

$$\cos(\Omega_0 n) = \frac{1}{2}(\text{e}^{\text{j}\Omega_0 n} + \text{e}^{-\text{j}\Omega_0 n}) \tag{4-25}$$

因此可求得

$$\cos(\Omega_0 n) \stackrel{\text{DTFT}}{\longleftrightarrow} \pi \sum_{k=-\infty}^{+\infty} [\delta(\Omega - \Omega_0 - 2k\pi) + \delta(\Omega + \Omega_0 - 2k\pi)] \tag{4-26a}$$

与此类似,还可求得

$$\sin(\Omega_0 n) \stackrel{\text{DTFT}}{\longleftrightarrow} -\text{j}\pi \sum_{k=-\infty}^{+\infty} [\delta(\Omega - \Omega_0 - 2k\pi) - \delta(\Omega + \Omega_0 - 2k\pi)] \tag{4-26b}$$

频谱图见图 4-8。

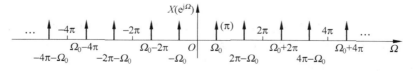

图 4-8　余弦序列 $\cos(\Omega_0 n)$ 的频谱

需要注意的是,虽然连续时间复指数信号 $e^{j\omega_0 t}$、正弦信号 $\sin(\omega_0 t)$、余弦信号 $\cos(\omega_0 t)$ 都一定是周期信号,但离散时间复指数序列 $e^{j\Omega_0 n}$、正弦序列 $\sin(\Omega_0 n)$、余弦序列 $\cos(\Omega_0 n)$ 却不一定是周期序列,仅当 Ω_0 是 π 的有理数倍时它们才是周期序列,但这并不影响式(4-25)、式(4-26a)、式(4-26b)的正确性。

【例 4-5】 序列 $x_p[n]$ 为如图 4-9 所示的周期性矩形脉冲序列,它在 $-\dfrac{N}{2} \sim \dfrac{N}{2}$ 的一个周期中可表示为 $x[n] = R_N[n] = u[-n-N_1] - u[n-N_1-1]$,求 $x_p[n]$ 的离散时间傅里叶变换。

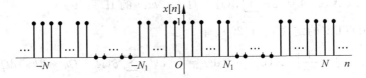

图 4-9 周期性矩形脉冲序列

解 首先,依据式(4-15),求取 $x_p[n]$ 的离散傅里叶级数系数。由于 $x_p[n]$ 是偶对称序列,因此求和范围不取 $0 \sim N-1$ 而取 $-N_1 \sim N_1$(因 $|n| > N_1$ 时 $x[n] = 0$)。

$$a_k = \frac{1}{N} \sum_{n=-N_1}^{N_1} e^{-jk\frac{2\pi}{N}n} = \frac{1}{N} \cdot \frac{e^{j\frac{2\pi}{N}kN_1} - e^{-j\left(\frac{2\pi}{N}\right)k(N_1+1)}}{1 - e^{-j\frac{2\pi}{N}k}} = \frac{1}{N} \frac{\sin\left[\frac{2\pi}{N}\left(N_1 + \frac{1}{2}\right)k\right]}{\sin\left(\frac{\pi}{N}\right)k}$$

需要注意的是,当 k 是 N 的整数倍时,$\sin\left[\dfrac{2\pi}{N}\left(N_1 + \dfrac{1}{2}\right)k\right] = 0$,$\sin\dfrac{\pi}{N}k = 0$,但此时 $a_k = \dfrac{2N_1+1}{N}$。因此,根据式(4-23),$x_p[n]$ 的 DTFT 为

$$X_p(e^{j\Omega}) = 2\pi \sum_{k=-\infty}^{+\infty} a_k \delta\left(\Omega - \frac{2\pi}{N}k\right)$$

频谱图见图 4-10。

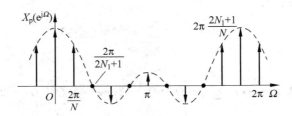

图 4-10 周期性矩形脉冲序列的频谱($N=10, N_1=2$)

4.5 DTFT 的性质

如同连续时间傅里叶变换一样,DTFT 也具有各种性质。它们不仅为 DTFT 提供了更深入的理解,而且可以有效地简化 DTFT 和 IDTFT 计算的复杂性。DTFT 与连续时间的 FT 有许多明显的类似和区别。

4.5.1　周期性

离散时间序列 $x[n]$ 的离散时间傅里叶变换 $X(e^{j\Omega})$ 对 Ω 来说总是周期性的,其周期为 2π。这是 DTFT 与连续时间傅里叶变换的重要区别。

4.5.2　线性

若

$$x_1[n] \overset{\text{DTFT}}{\longleftrightarrow} X_1(e^{j\Omega}) \tag{4-27a}$$

$$x_2[n] \overset{\text{DTFT}}{\longleftrightarrow} X_2(e^{j\Omega}) \tag{4-27b}$$

则

$$ax_1[n] + bx_2[n] \overset{\text{DTFT}}{\longleftrightarrow} aX_1(e^{j\Omega}) + bX_2(e^{j\Omega}) \tag{4-28}$$

式中 a、b 为任意复常数。求单位阶跃序列的 DTFT 时已应用了此性质。

4.5.3　序列的时移和频移

若

$$x[n] \overset{\text{DTFT}}{\longleftrightarrow} X(e^{j\Omega})$$

则

$$x[n - n_0] \overset{\text{DTFT}}{\longleftrightarrow} e^{-j\Omega n_0} X(e^{j\Omega}) \tag{4-29a}$$

$$e^{j\Omega_0 n} x[n] \overset{\text{DTFT}}{\longleftrightarrow} X(e^{j(\Omega - \Omega_0)}) \tag{4-29b}$$

式(4-29a)表明时域移位对应于频域的线性相移,式(4-29b)表明频域移位对应时域的调制。例如,在 4.3.3 节已求得

$$\text{DTFT}\{1\} = 2\pi \sum_{k=-\infty}^{+\infty} \delta(\Omega - 2k\pi)$$

应用频移性质,容易得到

$$e^{j\Omega_0 n} \overset{\text{DTFT}}{\longleftrightarrow} 2\pi \sum_{k=-\infty}^{+\infty} \delta(\Omega - \Omega_0 - 2k\pi)$$

4.5.4　时域尺度变换

首先考虑序列 $x[n]$ 的反褶 $x[-n]$。若

$$x[n] \overset{\text{DTFT}}{\longleftrightarrow} X(e^{j\Omega})$$

根据式(4-20)容易得到

$$x[-n] \overset{\text{DTFT}}{\longleftrightarrow} X(e^{-j\Omega}) \tag{4-30}$$

式(4-30)与连续时间系统中 $\text{FT}\{f(-t)\} = F(-j\omega)$ 是非常相似的。对时域信号 $f(t)$ 进行时域尺度变换后,有

$$\text{FT}\{f(at)\} = \frac{1}{|a|} F\left(j\frac{\omega}{a}\right)$$

其中 a 可取非零常数。但对于离散时间序列 $x[n]$,由于时标的离散性,时间和频率的尺度变换会导致离散时间序列与连续时间的对应信号具有不同的形式。由于 n 只能取整数,因

而 $x[an]$ 中 a 也只能取整数,而且 $x[an]$ 的含义与 $x(at)$ 根本不同。$x[an]$ 并不表示将 $x[n]$ 沿 n 轴压缩 $1/a$。比如当 $a=2$ 时,$x[2n]$ 表示仅由 $x[n]$ 中的偶序次项组成的新序列,原 $x[n]$ 中的奇序次项与 $x[2n]$ 完全没有关系,因而 $x[2n]$ 的离散时间傅里叶变换与 $x[n]$ 的离散时间傅里叶变换无直接关系。

为了讨论离散序列中与连续信号尺度变换类似的性质,定义一个新信号

$$x_{(m)}[n] = \begin{cases} x\left[\dfrac{n}{m}\right], & n \text{ 是 } m \text{ 的倍数} \\ 0, & n \text{ 不是 } m \text{ 的倍数} \end{cases} \tag{4-31}$$

其中 m 为整数。通过在原序列 $x[n]$ 的相邻序列点之间插入 $|m|-1$ 个零值序列点,由原序列 $x[n]$ 构造了新序列 $x_{(m)}[n]$。直观地说,可以把 $x_{(m)}[n]$ 看作是 $x[n]$ 降低抽样速率后的形式。根据 DTFT 的定义,有

$$X_m(e^{j\Omega}) = \sum_{n=-\infty}^{+\infty} x_m[n]e^{-jn\Omega} = \sum_{k=-\infty}^{+\infty} x_m[km]e^{-jkm\Omega} = \sum_{k=-\infty}^{+\infty} x[k]e^{-jk(m\Omega)} = X(e^{jm\Omega})$$

这样就得到离散时间傅里叶变换的尺度变换性质,即

$$x_{(m)}[n] \overset{\text{DTFT}}{\longleftrightarrow} X(e^{jm\Omega}) \tag{4-32}$$

当 $m=-1$ 时,由式(4-32)可直接得到式(4-30)。DTFT 的尺度变换性质表明,对离散序列,当序列在时域被"拉长"时,其对应的离散时间傅里叶变换在频域里就被"压缩"了。

4.5.5 奇偶虚实性

与连续时间的 FT 相似,DTFT 也有可简记为"实偶虚奇"的对称性。对复数序列 $x[n]$,若

$$x[n] \overset{\text{DTFT}}{\longleftrightarrow} X(e^{j\Omega})$$

则

$$x^*[n] \overset{\text{DTFT}}{\longleftrightarrow} X^*(e^{-j\Omega}) \tag{4-33}$$

记序列 $x[n]$ 离散时间傅里叶变换 $X(e^{j\Omega})$ 的实部和虚部分别为 $\text{Re}(X(e^{j\Omega}))$ 和 $\text{Im}(X(e^{j\Omega}))$、模与辐角分别为 $|X(e^{j\Omega})|$ 和 $\varphi(\Omega)$。若 $x[n]$ 为实序列,即 $x[n]=x^*[n]$,则有

$$X(e^{j\Omega}) = X^*(e^{-j\Omega}) \tag{4-34}$$

更具体地,由式(4-34)可得

$$\text{Re}(X(e^{j\Omega})) = \text{Re}(X(e^{-j\Omega})) \tag{4-35a}$$

$$\text{Im}(X(e^{j\Omega})) = -\text{Im}(X(e^{-j\Omega})) \tag{4-35b}$$

$$|X(e^{j\Omega})| = |X(e^{-j\Omega})| \tag{4-35c}$$

$$\varphi(\Omega) = -\varphi(-\Omega) \tag{4-35d}$$

即,实序列 $x[n]$ 离散时间傅里叶变换 $X(e^{j\Omega})$ 的实部和模为 Ω 的偶函数,虚部和辐角为 Ω 的奇函数。

若记复数序列 $x[n]$ 的共轭偶对称分量和共轭奇对称分量分别为 $x_e[n]$ 和 $x_o[n]$,即

$$x_e[n] = \frac{1}{2}(x[n] + x^*[-n]) \tag{4-36a}$$

$$x_o[n] = \frac{1}{2}(x[n] - x^*[-n]) \tag{4-36b}$$

则它们的傅里叶变换分别是

$$\text{DTFT}\{x_e[n]\} = \text{Re}(X(e^{j\Omega})) \tag{4-37a}$$

$$\text{DTFT}\{x_o[n]\} = j\text{Im}(X(e^{j\Omega})) \tag{4-37b}$$

4.5.6　频域微分特性

若

$$x[n] \overset{\text{DTFT}}{\longleftrightarrow} X(e^{j\Omega})$$

根据式(4-17)对 $X(e^{j\Omega})$ 的定义,对两边进行关于 Ω 的微分,得

$$\frac{\mathrm{d}}{\mathrm{d}\Omega}X(e^{j\Omega}) = -\sum_{n=-\infty}^{+\infty} jnx[n]e^{-jn\Omega}$$

它其实是 $-jnx[n]$ 的 DTFT。对上式两边再乘以 j,可以看出

$$nx[n] \overset{\text{DTFT}}{\longleftrightarrow} j\frac{\mathrm{d}}{\mathrm{d}\Omega}X(e^{j\Omega}) \tag{4-38}$$

即序列在时域的线性加权对应于频域中的微分。

4.5.7　差分与累加

与连续时间信号可以进行微分和积分运算相似,对离散时间的序列可以进行差分和累加运算。若

$$x[n] \overset{\text{DTFT}}{\longleftrightarrow} X(e^{j\Omega})$$

根据 DTFT 的线性和时移特性,得到序列差分的 DTFT

$$x[n] - x[n-1] \overset{\text{DTFT}}{\longleftrightarrow} (1 - e^{-j\Omega})X(e^{j\Omega}) \tag{4-39a}$$

$$x[n+1] - x[n] \overset{\text{DTFT}}{\longleftrightarrow} (e^{j\Omega} - 1)X(e^{j\Omega}) \tag{4-39b}$$

序列 $x[n]$ 的累加定义了一个新序列

$$y[n] = \sum_{m=-\infty}^{n} x[m] \tag{4-40a}$$

显然,有

$$x[n] = y[n] - y[n-1] \tag{4-40b}$$

因此 $y[n]$ 的 DTFT 肯定与 $X(e^{j\Omega})$ 和 $(1-e^{-j\Omega})$ 有关。但由于 $x[n]$ 的绝对可和或平方可和并不能保证 $y[n]$ 的绝对可和或平方可和,因此不能简单地应用式(4-39a)来求取 $Y(e^{j\Omega})$。正确的关系是

$$\sum_{m=-\infty}^{n} x[m] \overset{\text{DTFT}}{\longleftrightarrow} \frac{1}{1-e^{-j\Omega}}X(e^{j\Omega}) + \pi X(e^{j0})\sum_{k=-\infty}^{+\infty}\delta(\Omega - 2k\pi) \tag{4-41}$$

式(4-41)右边的冲激串来源于求和所引起的直流或平均分量。通过单位样值序列 $\delta[n]$ 与单位阶跃序列 $u[n]$ 的 DTFT 可以对式(4-41)进行检验。

4.5.8　帕斯瓦尔定理

与连续时间信号的情况一样,在离散序列的 DTFT 中也有类似的帕斯瓦尔定理。若

$$x[n] \overset{\text{DTFT}}{\longleftrightarrow} X(e^{j\Omega})$$

则

$$\sum_{n=-\infty}^{+\infty} |x[n]|^2 = \frac{1}{2\pi} \int_{2\pi} |X(e^{j\Omega})|^2 d\Omega \qquad (4\text{-}42)$$

式(4-42)左边称为序列 $x[n]$ 的能量，而 $|X(e^{j\Omega})|^2$ 称为序列 $x[n]$ 的能量密度谱。因此帕斯瓦尔定理也称为**能量定理**：序列的总能量等于其傅里叶变换模平方在一个周期内积分取平均，即时域总能量等于频域一周期内总能量。由于周期序列的能量为无穷大，式(4-42)不再成立。对于周期序列，序列在一个周期内的能量与其傅里叶级数的系数之间存在如下关系

$$\frac{1}{N} \sum_{n=\langle N \rangle} |x[n]|^2 = \sum_{k=\langle N \rangle} |X[k]|^2 \qquad (4\text{-}43)$$

4.6 卷 积 定 理

对于两个离散序列 $x_1[n]$ 和 $x_2[n]$，若

$$x_1[n] \overset{\text{DTFT}}{\longleftrightarrow} X_1(e^{j\Omega})$$

$$x_2[n] \overset{\text{DTFT}}{\longleftrightarrow} X_2(e^{j\Omega})$$

应用与连续时间傅里叶变换卷积特性完全相似的证明方法，可以证明，$x_1[n]$ 与 $x_2[n]$ 时域卷积的 DTFT 为 $x_1[n]$ 和 $x_2[n]$ 各自 DTFT 的频域乘积（时域卷积定理），即

$$x_1[n] * x_2[n] \overset{\text{DTFT}}{\longleftrightarrow} X_1(e^{j\Omega}) \cdot X_2(e^{j\Omega}) \qquad (4\text{-}44)$$

而 $x_1[n]$ 与 $x_2[n]$ 的乘积的 DTFT 为 $x_1[n]$ 和 $x_2[n]$ 各自 DTFT 在频域 2π 长度内的卷积（频域卷积定理），即

$$x_1[n] \cdot x_2[n] \overset{\text{DTFT}}{\longleftrightarrow} X_1(e^{j\Omega}) * X_2(e^{j\Omega}) \qquad (4\text{-}45a)$$

其中

$$X_1(e^{j\Omega}) * X_2(e^{j\Omega}) = \frac{1}{2\pi} \int_{2\pi} X_1(e^{j\omega}) X_2(e^{j(\Omega-\omega)}) d\omega \qquad (4\text{-}45b)$$

【例 4-6】 已知序列 $x_1[n] = \alpha^n u[n]$，$x_2[n] = \beta^n u[n]$，$|\alpha| < 1$，$|\beta| < 1$，且 $\beta \neq \alpha$，求两序列的卷积 $x_1[n] * x_2[n]$。

解 序列 $x_1[n]$ 和 $x_2[n]$ 都是单边指数衰减序列，因此可以参照 4.3.3 节写出它们各自的 DTFT 为

$$X_1(e^{j\Omega}) = \frac{1}{1 - \alpha e^{-j\Omega}}$$

$$X_2(e^{j\Omega}) = \frac{1}{1 - \beta e^{-j\Omega}}$$

根据时域卷积定理，$x_1[n] * x_2[n]$ 的 DTFT 为

$$X_1(e^{j\Omega}) X_2(e^{j\Omega}) = \frac{1}{1 - \alpha e^{-j\Omega}} \cdot \frac{1}{1 - \beta e^{-j\Omega}} = \frac{1}{\alpha - \beta} \left(\frac{\alpha}{1 - \alpha e^{-j\Omega}} - \frac{\beta}{1 - \beta e^{-j\Omega}} \right)$$

比较上式与 4.3.3 节单边指数序列的 DTFT 知，$x_1[n] * x_2[n]$ 是两个单边指数衰减序列和的线性组合，具体地

$$x_1[n] * x_2[n] = \frac{1}{\alpha - \beta} (\alpha^{n+1} - \beta^{n+1}) u[n]$$

4.7　离散时间 LTI 系统的频率响应与数字滤波器

4.7.1　离散时间 LTI 系统的频率响应

对系统起始状态为零的离散时间 LTI 系统,若系统的单位样值响应为 $h[n]$,则与连续时间系统相似,系统对激励 $x[n]$ 的响应为

$$y[n] = x[n] * h[n] \tag{4-46}$$

对式(4-46)两边取离散时间傅里叶变换,由离散卷积定理可得

$$Y(e^{j\Omega}) = X(e^{j\Omega}) \cdot H(e^{j\Omega}) \tag{4-47}$$

其中,系统在零状态下单位样值响应 $h[n]$ 的离散时间傅里叶变换 $H(e^{j\Omega})$ 表征了系统的频域特性,所以 $H(e^{j\Omega})$ 称做系统的频率响应函数,简称**频响函数**。

连续时间 LTI 系统可利用微分方程来描述,类似地,离散时间 LTI 系统则利用差分方程来描述。对于一个 N 阶离散时间 LTI 系统,其输出 $y[n]$ 与输入 $x[n]$ 间的 N 阶线性常系数差分方程的一般形式为

$$\sum_{k=0}^{N} a_{N-k} y[n-k] = \sum_{k=0}^{M} b_{M-k} x[n-k] \tag{4-48}$$

式中,a_{N-k} 和 b_{M-k} 都是与时间无关的系统常数,且 $a_N \neq 0$。若系统是稳定的,利用 DTFT 的时域移位特性,对式(4-48)两边同时进行 DTFT,得

$$\sum_{k=0}^{N} a_{N-k} e^{-jk\Omega} Y(e^{j\Omega}) = \sum_{k=0}^{M} b_{M-k} e^{-jk\Omega} X(e^{j\Omega})$$

从而可得到该离散时间 LTI 系统的频率响应为

$$H(e^{j\Omega}) = \frac{Y(e^{j\Omega})}{X(e^{j\Omega})} = \frac{\displaystyle\sum_{k=0}^{M} b_{M-k} e^{-jk\Omega}}{\displaystyle\sum_{k=0}^{N} a_{N-k} e^{-jk\Omega}} \tag{4-49}$$

【例 4-7】　一离散时间 LTI 系统的差分方程为 $y[n] - \dfrac{3}{10} y[n-1] - \dfrac{2}{5} y[n-2] = x[n]$,求该系统的单位样值响应 $h[n]$。

解　(1)解法一:$x[n] = \delta[n]$ 时,原差分方程可以改写为

$$h[n] - \frac{3}{10} h[n-1] - \frac{2}{5} h[n-2] = \delta[n]$$

由于仅当 $n = 0$ 时 $\delta[n]$ 才取非零值,因此可以先求上式的齐次通解,而把 $\delta[n]$ 等效为非零初始条件。上式的特征方程为

$$1 - \frac{3}{10} \alpha^{-1} - \frac{2}{5} \alpha^{-2} = 0$$

易求得特征根为 $\alpha_1 = \dfrac{4}{5}, \alpha_1 = -\dfrac{1}{2}$,故

$$h[n] = \left[C_1 \left(\frac{4}{5} \right)^n + C_2 \left(-\frac{1}{2} \right)^n \right] u[n]$$

其中 C_1、C_2 为待定常数。根据零起始状态递推得到初始条件,有

$$\begin{cases} h[0] = \dfrac{3}{10}h[-1] + \dfrac{2}{5}h[-2] + \delta[0] = 1 = C_1 + C_2 \\ h[1] = \dfrac{3}{10}h[0] + \dfrac{2}{5}h[-1] + \delta[1] = \dfrac{3}{10} = \dfrac{4}{5}C_1 - \dfrac{1}{2}C_2 \end{cases}$$

从而求得

$$\begin{cases} C_1 = \dfrac{8}{13} \\ C_2 = \dfrac{5}{13} \end{cases}$$

所以

$$h[n] = \left[\frac{8}{13}\left(\frac{4}{5}\right)^n + \frac{5}{13}\left(-\frac{1}{2}\right)^n \right] u[n]$$

（2）解法二：首先，考虑到 $x[n] = \delta[n]$，求原方程的 DTFT，并利用 DTFT 的时域移位特性，得

$$H(e^{j\Omega}) - \frac{3}{10}e^{-j\Omega}H(e^{j\Omega}) - \frac{2}{5}e^{-2j\Omega}H(e^{j\Omega}) = 1$$

从而得到系统的频率响应为

$$H(e^{j\Omega}) = \frac{1}{1 - \dfrac{3}{10}e^{-j\Omega} - \dfrac{2}{5}e^{-2j\Omega}} = \frac{\dfrac{8}{13}}{1 - \dfrac{4}{5}e^{-j\Omega}} + \frac{\dfrac{5}{13}}{1 + \dfrac{1}{2}e^{-j\Omega}}$$

求上式的离散时间傅里叶逆变换，得

$$h[n] = \left[\frac{8}{13}\left(\frac{4}{5}\right)^n + \frac{5}{13}\left(-\frac{1}{2}\right)^n \right] u[n]$$

两种解法得到的系统单位样值响应完全相同。可见利用系统的频率响应求解单位样值响应更方便。

4.7.2 数字滤波器

与连续时间 LTI 系统相似，离散时间 LTI 系统也依据系统的频率响应函数 $H(e^{j\Omega})$ 对输入序列的频谱进行了滤波。图 4-11 给出了离散时间 LTI 系统几种理想滤波器的幅度 $|H(e^{j\Omega})|$ 与数字频率 Ω 的关系曲线。与图 3-29 相比，连续时间与离散时间理想滤波器系统频率特性的区别在于，离散时间 LTI 系统频率响应 $H(e^{j\Omega})$ 均以 2π 为周期，因此靠近 π 的偶数倍的频率应理解为低频，而靠近 π 的奇数倍的频率应理解为高频。

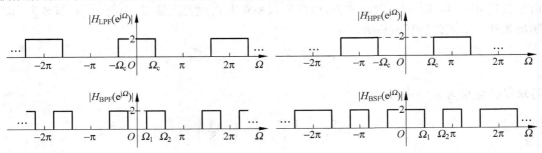

图 4-11　离散时间系统的理想数字滤波器

对于如图 4-11 所示的理想低通数字滤波器，根据式(4-20)可求得其单位样值响应为

$$h_{\text{LPF}}[n] = \frac{\Omega_c}{\pi} \text{Sa}\left(\frac{\Omega_c n}{\pi}\right)$$

当 $\Omega_c = \pi/4$ 时，理想低通数字滤波器的单位样值响应 $h_{\text{LPF}}[n]$ 见图 4-2(b)。

【**例 4-8**】　离散时间 LTI 系统的差分方程为 $y[n] - \frac{1}{2}y[n-1] = x[n-1]$，求该系统对正弦输入序列

$$x[n] = 2\cos\left(\frac{\pi}{3}n + \frac{2\pi}{3}\right) + 5\cos\left(\frac{2\pi}{3}n + \frac{\pi}{3}\right)$$

的稳态响应 $y_{\text{ss}}[n]$。

解　根据差分方程可求得系统频率响应为

$$H(e^{j\Omega}) = \frac{e^{-j\Omega}}{1 - \frac{1}{2}e^{-j\Omega}}$$

系统激励信号中包含两个不同的数字频率：低频 $\Omega_1 = \pi/3$，高频 $\Omega_2 = 2\pi/3$。因此

$$H(e^{j\Omega_1})\bigg|_{\Omega_1=\frac{\pi}{3}} = \frac{e^{-j\Omega_1}}{1 - \frac{1}{2}e^{-j\Omega_1}}\bigg|_{\Omega_1=\frac{\pi}{3}} = \frac{2\sqrt{3}}{3}e^{-j\frac{\pi}{2}}$$

$$H(e^{j\Omega_2})\bigg|_{\Omega_2=\frac{2\pi}{3}} = \frac{e^{-j\Omega_2}}{1 - \frac{1}{2}e^{-j\Omega_2}}\bigg|_{\Omega_2=\frac{2\pi}{3}} = \frac{4\sqrt{7}}{17}e^{-j\left(\pi - \arctan\frac{\sqrt{3}}{2}\right)}$$

与例 3-18 相似，可以求得系统的稳态响应为

$$y_{\text{ss}}[n] = 2\left| H(e^{j\Omega_1}) \right| \cos\left(\frac{\pi}{3}n + \frac{2\pi}{3} + \varphi(\Omega_1)\right) + 5\left| H(e^{j\Omega_2}) \right| \cos\left(\frac{2\pi}{3}n + \frac{\pi}{3} + \varphi(\Omega_2)\right)$$

$$= \frac{4\sqrt{3}}{3}\cos\left(\frac{\pi}{3}n + \frac{\pi}{6}\right) + \frac{20\sqrt{7}}{17}\cos\left(\frac{2\pi}{3}n - \frac{2\pi}{3} + \arctan\frac{\sqrt{3}}{2}\right)$$

本例中，$\left| H(e^{j\Omega_1}) \right| \approx 1.15$，即低频信号经过系统后略有放大；而 $\left| H(e^{j\Omega_2}) \right| \approx 0.62$，即高频信号经过系统后有一定的衰减。从图 4-12 可见，该系统类似于低通数字滤波器。

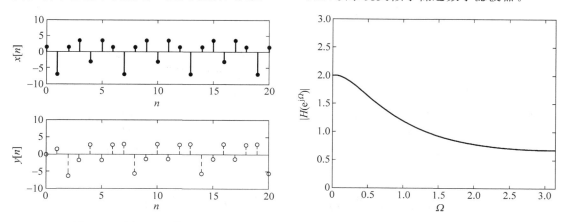

图 4-12　例 4-8 的激励序列 $x[n]$、稳态响应序列 $y_{\text{ss}}[n]$ 和系统频率响应 $\left| H(e^{j\Omega}) \right|$

【例 4-9】 离散时间 LTI 系统的差分方程为 $y[n] + \dfrac{1}{2}y[n-1] = x[n-1]$,求该系统对正弦输入序列

$$x[n] = 2\cos\left(\frac{\pi}{3}n + \frac{2\pi}{3}\right) + 5\cos\left(\frac{2\pi}{3}n + \frac{\pi}{3}\right)$$

的稳态响应 $y_{ss}[n]$。

解　根据差分方程可求得系统频率响应为

$$H(e^{j\Omega}) = \frac{e^{-j\Omega}}{1 + \dfrac{1}{2}e^{-j\Omega}}$$

系统激励信号中包含两个不同的数字频率:低频 $\Omega_1 = \pi/3$,高频 $\Omega_2 = 2\pi/3$。因此

$$H(e^{j\Omega_1}) \big|_{\Omega_1 = \frac{\pi}{3}} = \frac{e^{-j\Omega_1}}{1 + \dfrac{1}{2}e^{-j\Omega_1}} \bigg|_{\Omega_1 = \frac{2\pi}{3}} = \frac{2\sqrt{7}}{7}e^{-j\arctan\frac{\sqrt{3}}{2}}$$

$$H(e^{j\Omega_2}) \big|_{\Omega_2 = \frac{2\pi}{3}} = \frac{e^{-j\Omega_2}}{1 + \dfrac{1}{2}e^{-j\Omega_2}} \bigg|_{\Omega_2 = \frac{2\pi}{3}} = \frac{2\sqrt{3}}{3}e^{-j\frac{\pi}{6}}$$

与例 3-18 相似,可以求得系统的稳态响应为

$$y_{ss}[n] = 2\,|\,H(e^{j\Omega_1})\,|\,\cos\left(\frac{\pi}{3}n + \frac{2\pi}{3} + \varphi(\Omega_1)\right) + 5\,|\,H(e^{j\Omega_2})\,|\,\cos\left(\frac{2\pi}{3}n + \frac{\pi}{3} + \varphi(\Omega_2)\right)$$

$$= \frac{4\sqrt{7}}{7}\cos\left(\frac{\pi}{3}n + \frac{2\pi}{3} - \arctan\frac{\sqrt{3}}{2}\right) + \frac{10\sqrt{3}}{3}\cos\left(\frac{2\pi}{3}n + \frac{\pi}{2}\right)$$

本例中,$|\,H(e^{j\Omega_1})\,| \approx 0.76$,即低频信号经过系统后有一定的衰减;而 $|\,H(e^{j\Omega_2})\,| \approx 1.15$,即高频信号经过系统后略有放大。从图 4-13 可见,该系统类似于高通数字滤波器。

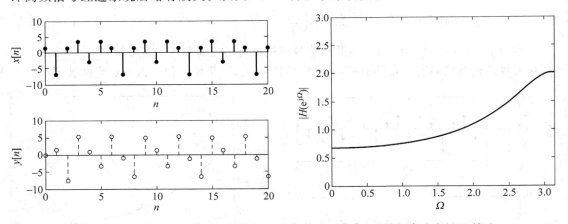

图 4-13　例 4-9 的激励序列 $x[n]$、稳态响应序列 $y_{ss}[n]$ 和系统频率响应 $|H(e^{j\Omega})|$

4.8　离散时间 LTI 系统的频域求解

求解连续时间 LTI 系统的时域响应时,在经典的求解微分方程的方法外,利用频响函数,通过卷积定理可以得到响应的频谱,从频域的角度得到系统响应的特性。类似地,离散

时间 LTI 系统也可以从频域的角度得到系统响应的特性。例 4-8、例 4-9 已从频域的角度探讨了离散时间 LTI 系统对正弦序列的稳态响应。本节将讨论离散时间 LTI 系统对一般序列的响应。离散时间 LTI 系统频域分析法示意于图 4-14,其一般性的求解步骤是:

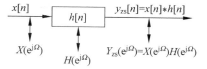

图 4-14　频域分析法示意框图

(1) 求激励序列 $x[n]$ 的离散时间傅里叶变换 $X(\mathrm{e}^{\mathrm{j}\Omega})$;

(2) 求离散时间 LTI 系统的频率响应 $H(\mathrm{e}^{\mathrm{j}\Omega})$;

(3) 求系统响应的频谱 $Y(\mathrm{e}^{\mathrm{j}\Omega})=X(\mathrm{e}^{\mathrm{j}\Omega})H(\mathrm{e}^{\mathrm{j}\Omega})$;

(4) 求 $Y(\mathrm{e}^{\mathrm{j}\Omega})$ 的离散时间傅里叶逆变换。

下面将通过几个实例介绍离散时间 LTI 系统的频域分析方法。

【例 4-10】　离散时间 LTI 系统的差分方程为 $y[n]+\dfrac{1}{10}y[n-1]-\dfrac{1}{50}y[n-2]=6x[n]$,求该系统对单边指数序列 $x[n]=\left(\dfrac{1}{2}\right)^{n}u[n]$ 的响应 $y[n]$。

解　根据差分方程可求得系统频率响应为

$$H(\mathrm{e}^{\mathrm{j}\Omega})=\frac{6}{1+\dfrac{1}{10}\mathrm{e}^{-\mathrm{j}\Omega}-\dfrac{1}{50}\mathrm{e}^{-2\mathrm{j}\Omega}}=\frac{6}{\left(1-\dfrac{1}{10}\mathrm{e}^{-\mathrm{j}\Omega}\right)\left(1+\dfrac{1}{5}\mathrm{e}^{-\mathrm{j}\Omega}\right)}$$

$$=\frac{2}{1-\dfrac{1}{10}\mathrm{e}^{-\mathrm{j}\Omega}}+\frac{4}{1+\dfrac{1}{5}\mathrm{e}^{-\mathrm{j}\Omega}}$$

求 $H(\mathrm{e}^{\mathrm{j}\Omega})$ 的离散时间傅里叶逆变换,可求得系统的单位样值响应 $h[n]$ 为

$$h[n]=\left[2\cdot\left(\frac{1}{10}\right)^{n}+4\cdot\left(-\frac{1}{5}\right)^{n}\right]u[n]$$

参考 4.3.3 单边指数序列的 DTFT,可写出激励序列 $x[n]$ 的 DTFT 为

$$X(\mathrm{e}^{\mathrm{j}\Omega})=\frac{1}{1-\dfrac{1}{2}\mathrm{e}^{-\mathrm{j}\Omega}}$$

因此,系统响应的频谱为

$$Y(\mathrm{e}^{\mathrm{j}\Omega})=\frac{6}{\left(1-\dfrac{1}{10}\mathrm{e}^{-\mathrm{j}\Omega}\right)\left(1+\dfrac{1}{5}\mathrm{e}^{-\mathrm{j}\Omega}\right)}\cdot\frac{1}{1-\dfrac{1}{2}\mathrm{e}^{-\mathrm{j}\Omega}}$$

$$=\frac{-\dfrac{1}{2}}{1-\dfrac{1}{10}\mathrm{e}^{-\mathrm{j}\Omega}}+\frac{\dfrac{8}{7}}{1+\dfrac{1}{5}\mathrm{e}^{-\mathrm{j}\Omega}}+\frac{\dfrac{75}{14}}{1-\dfrac{1}{2}\mathrm{e}^{-\mathrm{j}\Omega}}$$

再次参考 4.3.3 节的单边指数序列的 DTFT,可写出系统的响应为

$$y[n]=\left[-\frac{1}{2}\cdot\left(\frac{1}{10}\right)^{n}+\frac{8}{7}\cdot\left(-\frac{1}{5}\right)^{n}+\frac{75}{14}\cdot\left(\frac{1}{2}\right)^{n}\right]u[n]$$

【例 4-11】　离散时间 LTI 系统的差分方程为 $y[n]+\dfrac{1}{10}y[n-1]-\dfrac{1}{50}y[n-2]=6x[n]$,求该系统的阶跃响应 $g[n]$。

解　例 4-10 中已求得系统的单位样值响应。而单位阶跃序列是单位样值序列的累加

和,因此,根据 LTI 系统的线性特性,有

$$
\begin{aligned}
g[n] &= \sum_{k=-\infty}^{n} h[k] = \sum_{k=-\infty}^{n} \left[2 \cdot \left(\frac{1}{10} \right)^k + 4 \cdot \left(-\frac{1}{5} \right)^k \right] u[k] \\
&= \left[-\frac{2}{9} \cdot \left(\frac{1}{10} \right)^n + \frac{2}{3} \cdot \left(-\frac{1}{5} \right)^n + \frac{50}{9} \right] u[n]
\end{aligned}
$$

例 4-11 也可利用 4.3.3 节求得的单位阶跃序列的 DTFT,通过与例 4-10 相似的步骤来求取系统的单位阶跃响应。

【例 4-12】 离散时间 LTI 系统的差分方程为 $y[n] + \frac{1}{10} y[n-1] - \frac{1}{50} y[n-2] = 6x[n]$,求该系统对矩形脉冲序列 $x[n] = 2u[n-2] - 2u[n-10]$ 的响应 $y[n]$。

解 例 4-11 中已求得系统的单位阶跃响应。本例中激励序列是两个阶跃序列的移位和线性组合,根据 LTI 系统的线性和时不变特性,有

$$
\begin{aligned}
y[n] &= 2g[n-2] - 2g[n-10] \\
&= 2 \left[-\frac{2}{9} \cdot \left(\frac{1}{10} \right)^{n-2} + \frac{2}{3} \cdot \left(-\frac{1}{5} \right)^{n-2} + \frac{50}{9} \right] u[n-2] \\
&\quad - 2 \left[-\frac{2}{9} \cdot \left(\frac{1}{10} \right)^{n-10} + \frac{2}{3} \cdot \left(-\frac{1}{5} \right)^{n-10} + \frac{50}{9} \right] u[n-10]
\end{aligned}
$$

例 4-12 中,虽然激励序列是有限长的序列,但系统的响应仍为无限长序列,这是因为系统的单位样值响应是无限长序列。如果系统的单位样值响应是有限长序列,则系统对有限长激励序列的响应也是有限长序列。

4.9　从离散傅里叶级数到离散傅里叶变换

在前面分析的基础上,本节以离散傅里叶级数为一种过渡形式,由此引出离散傅里叶变换。下面将看到,离散傅里叶级数用于分析周期序列,而离散傅里叶变换则针对有限长序列。

对于周期为 N 的周期序列 $x_p[n]$,有

$$
x_p[n] \equiv x_p[n+kN]
$$

显然 $x_p[n]$ 既非绝对可和亦非平方可和,因此不可进行通常意义上的离散时间傅里叶变换,但周期序列仍可用离散傅里叶级数来表示。为今后研究的方便,引入符号

$$
W_N = e^{-j\frac{2\pi}{N}} \tag{4-50a}
$$

如果在所讨论的问题中不涉及 N 的变动,可省略下标,简写做

$$
W = e^{-j\frac{2\pi}{N}} \tag{4-50b}
$$

从而,依据式(4-15),定义如下离散傅里叶级数变换对

$$
\begin{cases}
X_p[k] = \displaystyle\sum_{n=\langle N \rangle} x_p[n] W_N^{nk} \\
x_p[n] = \dfrac{1}{N} \displaystyle\sum_{k=\langle N \rangle} X_p[k] W_N^{-nk}
\end{cases} \tag{4-51}
$$

此处 $X_p[k] = Na_k$,式(4-51)中,W_N^{-k} 就是 k 次谐波分量,k 次谐波的系数为 $X_p[k]/N$。显然,对于任意整数 k 和 r,有

$$W_N^{k+rN} \equiv W_N^k \tag{4-52}$$

即 W_N 以 N 为周期,故 $X_p[k]$ 也以 N 为周期,因而全部谐波成分中只有 N 个是独立的,式(4-51)级数取和只需取连续 N 个谐波分量即可。由于时域 $x_p[n]$、频域 $X_p[k]$ 的双周期性,使得式(4-51)两个式子具有对称的形式,都是 N 项级数取和再构成 N 个样点的序列。周期序列 $x_p[n]$ 虽然是无限长序列,但是只要知道了一个周期的取值,其余时刻的取值全部都可确定。这意味着,周期性无限长序列实际上只有 N 个样值有信息,式(4-51)两个式子都只取 N 个样点正说明了这种含义。因此,周期序列与有限长序列有着本质的联系,这正是由离散傅里叶级数向离散傅里叶变换过渡的关键所在。

此外,用 DFS{} 表示取离散傅里叶级数的正变换(求系数),以 IDFS{} 表示取离散傅里叶级数的逆变换(求时间序列)。从而,可以把离散傅里叶级数的变换对式(4-51)写作

$$\text{DFS}\{x_p[n]\} = X_p[k] = \sum_{n=\langle N \rangle} x_p[n] W^{nk} \tag{4-53a}$$

$$\text{IDFS}\{X_p[k]\} = x_p[n] = \frac{1}{N} \sum_{k=\langle N \rangle} X_p[k] W^{-nk} \tag{4-53b}$$

现借助周期序列离散傅里叶级数的概念对有限长序列进行傅里叶分析。

设 $x[n]$ 为有限长序列,不失一般性,假设它在 $n=0,1,2,\cdots,N-1$ 共 N 个样点上取某些数值,其余各处皆为零,即

$$x[n] = x[n](u[n] - u[n-N]) = \begin{cases} x[n], & n = 0,1,\cdots,N-1 \\ 0, & n \text{ 为其他值} \end{cases} \tag{4-54}$$

为了引用周期序列的有关概念,构造一个周期序列 $x_p[n]$,它以 N 为周期将有限长序列 $x[n]$ 拓展而成,因此,$x[n]$ 和 $x_p[n]$ 之间的关系可以表示为

$$x_p[n] = \sum_{r \in Z} x[n+rN] \tag{4-55a}$$

或者

$$x[n] = x_p[n](u[n] - u[n-N]) = \begin{cases} x_p[n], & n = 0,1,\cdots,N-1 \\ 0, & \text{其他} \end{cases} \tag{4-55b}$$

图 4-15 表明了 $x[n]$ 和 $x_p[n]$ 的对应关系。

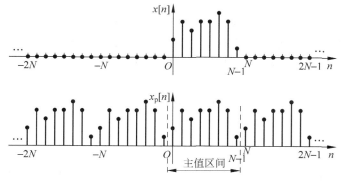

图 4-15　$x[n]$ 和 $x_p[n]$ 之间的对应关系

对于周期序列 $x_p[n]$,定义它在一个周期 $n=0,1,2,\cdots,N-1$ 的范围为“主值区间”。于是,$x[n]$ 和 $x_p[n]$ 之间的关系可以解释为:$x_p[n]$ 是 $x[n]$ 的周期延拓,$x[n]$ 是 $x_p[n]$ 的主

值区间序列（简称主值序列）。

为书写简便，将式(4-55a)和式(4-55b)用以下符号表示

$$x_p[n] = x[[n]]_N \tag{4-56a}$$

$$x[n] = x_p[n]R_N[n] \tag{4-56b}$$

式(4-56b)中 $R_N[n] = u[n] - u[n-N]$ 是矩形脉冲序列，将它与 $x_p[n]$ 相乘表示取 $x_p[n]$ 的主值序列，得到 $x[n]$。而式(4-56a)中的符号 $[[n]]_N$ 表示"n 对 N 取模值"，或者称为"余数运算表达式"。若 $n = n_1 + rN$（$0 \leqslant n_1 \leqslant N-1$，$r$ 为整数），则 $[[n]]_N = n_1$，从而 $x[[n]]_N = x[n_1]$。它表明，运算符号 $[[n]]_N$ 要求将 n 被 N 除，整数商为 r，余数是 n_1，此 n_1 就是 $[[n]]_N$ 的值。显然，对于周期序列 $x_p[n]$，有

$$x_p[n_1 + rN] = x_p[n_1]$$

这里，$x_p[n_1]$ 是主值区间的样值，因此

$$x_p[n_1] = x[n_1]$$

由于 $0 \leqslant n_1 \leqslant N-1$，具有一般性，因此可以推广得

$$x[[n]]_N = x_p[n]$$

例如，若 $x_p[n]$ 是周期 $N=8$ 的序列，对于 $n=29$，则由于 $29 = 3 \times 8 + 5$，从而 $[[29]]_8 = 5$，故有 $x_p[29] = x_p[5] = x[5]$。

由于 $x_p[n]$ 的离散傅里叶级数 $X_p[k]$ 也呈周期性，因此，也可为它确定主值区间 $0 \leqslant n_1 \leqslant N-1$，其主值序列 $X[k]$ 相当于某一有限长序列。类似地，也可以写作

$$X[k] = X_p[k]R_N[k] \tag{4-57a}$$

$$X_p[k] = X[[k]]_N \tag{4-57b}$$

考察式(4-53)，注意到两式的求和都限于连续的任意 N 个序值。不失一般性，可以进一步限定求和范围在主值区间，即 $0 \leqslant n \leqslant N-1$，$0 \leqslant k \leqslant N-1$，式(4-53)可以改写为

$$\begin{cases} \text{DFS}\{x_p[n]\} = X_p[k] = \sum\limits_{n=0}^{N-1} x_p[n]W^{nk} \\ \text{IDFS}\{X_p[k]\} = x_p[n] = \dfrac{1}{N}\sum\limits_{k=0}^{N-1} X_p[k]W^{-nk} \end{cases} \tag{4-58}$$

因此，这种变换方法可以引申到与主值序列相应的有限长序列。

下面给出有限长序列 $x[n]$ 离散傅里叶变换（Discrete Fourier Transform，DFT）的定义。设有限长序列 $x[n]$ 的长度为 N（$0 \leqslant n \leqslant N-1$），它的离散傅里叶变换 $X[k]$ 是另一个长度为 N（$0 \leqslant k \leqslant N-1$）的频域有限长序列，那么，离散傅里叶正、逆变换的关系式定义为

$$\begin{cases} X[k] = \text{DFT}\{x[n]\} = \sum\limits_{n=0}^{N-1} x[n]W^{nk} \\ x[n] = \text{IDFT}\{X[k]\} = \dfrac{1}{N}\sum\limits_{k=0}^{N-1} X[k]W^{-nk} \end{cases} \tag{4-59}$$

式中符号 $\text{DFT}\{\}$ 表示取离散傅里叶变换，$\text{IDFT}\{\}$ 表示取离散傅里叶逆变换。

比较离散傅里叶变换对式(4-59)与离散傅里叶级数变换对式即式(4-58)不难发现，只要把有限长的序列 $x[n]$、$X[k]$ 分别理解为周期序列 $x_p[n]$、$X_p[k]$ 的主值序列，那么，两种变换对的表示式就完全相同。实际上，式(4-58)的离散傅里叶级数是按傅里叶分析严格定义

的,而式(4-59)所定义的离散傅里叶变换则是"借用"了式(4-58)的形式。由 4.3 节关于离散时间信号的傅里叶变换的研究已知,有限长序列 $x[n]$ 是非周期的,可进行离散时间傅里叶变换,其 DTFT 是连续数字频率 Ω 的周期性函数;现在,人为地把有限长序列 $x[n]$ 周期延拓构成 $x_p[n]$,使 $x[n]$ 充当 $x_p[n]$ 的主值序列,于是 $x_p[n]$ 的离散傅里叶级数变换式 $X_p[k]$ 就成为离散、周期性的频率函数(序列),并将 $X_p[k]$ 的主值序列 $X[k]$ 定义为 $x[n]$ 的"离散傅里叶变换(DFT)"。

如果将序列 $x[n]$ 和它的离散傅里叶变换 $X[k]$ 均写成列矢量的形式,则式(4-59)可以写成如下矩阵形式

$$
\begin{bmatrix} X[0] \\ X[1] \\ \vdots \\ X[N-1] \end{bmatrix} = \begin{bmatrix} W^0 & W^0 & \cdots & W^0 \\ W^0 & W^{1\times 1} & \cdots & W^{(N-1)\times 1} \\ \vdots & \vdots & \ddots & \vdots \\ W^0 & W^{1\times(N-1)} & \cdots & W^{(N-1)\times(N-1)} \end{bmatrix} \begin{bmatrix} x[0] \\ x[1] \\ \vdots \\ x[N-1] \end{bmatrix} \tag{4-60a}
$$

和

$$
\begin{bmatrix} x[0] \\ x[1] \\ \vdots \\ x[N-1] \end{bmatrix} = \frac{1}{N} \begin{bmatrix} W^0 & W^0 & \cdots & W^0 \\ W^0 & W^{-1\times 1} & \cdots & W^{-(N-1)\times 1} \\ \vdots & \vdots & \ddots & \vdots \\ W^0 & W^{-1\times(N-1)} & \cdots & W^{-(N-1)\times(N-1)} \end{bmatrix} \begin{bmatrix} X[0] \\ X[1] \\ \vdots \\ X[N-1] \end{bmatrix} \tag{4-60b}
$$

通常会再简写为

$$
\boldsymbol{X}[k] = \boldsymbol{W}^{nk} \boldsymbol{x}[n] \tag{4-61a}
$$

$$
\boldsymbol{x}[n] = \frac{1}{N} \boldsymbol{W}^{-nk} \boldsymbol{X}[k] \tag{4-61b}
$$

此处,$\boldsymbol{x}[n] = [x[0] \quad x[1] \quad \cdots \quad x[N-1]]^T$、$\boldsymbol{X}[k] = [X[0] \quad X[1] \quad \cdots \quad X[N-1]]^T$ 均为 N 行 1 列的列矩阵,而由元素 W^{nk} 和 W^{-nk} 构成的 $N \times N$ 方阵 $\boldsymbol{W}^{nk}$ 和 $\boldsymbol{W}^{-nk}$ 则显然是对称矩阵,即

$$
\boldsymbol{W}^{nk} = [\boldsymbol{W}^{nk}]^T \tag{4-62a}
$$

$$
\boldsymbol{W}^{-nk} = [\boldsymbol{W}^{-nk}]^T \tag{4-62b}
$$

与其他变换的表示形式相似,序列 $x[n]$ 与其离散傅里叶变换 $X[k]$ 对亦可表示成如下形式

$$
x[n] \overset{\text{DFT}}{\longleftrightarrow} X[k] \tag{4-63}
$$

【例 4-13】　求矩形脉冲序列 $x[n] = R_N[n]$ 的离散傅里叶变换。

解　根据离散傅里叶变换的定义式(4-59),可写出

$$
X[k] = \sum_{n=0}^{N-1} x[n] W^{nk} = \sum_{n=0}^{N-1} \mathrm{e}^{-\mathrm{j}\frac{2\pi}{N}k \cdot n} = \frac{1 - \mathrm{e}^{-\mathrm{j}\frac{2\pi}{N}k \cdot N}}{1 - \mathrm{e}^{-\mathrm{j}\frac{2\pi}{N}k}} = \begin{cases} N, & k = 0 \\ 0, & k \neq 0 \end{cases}
$$

当 $k = 0$ 时,$\mathrm{e}^{\mathrm{j}\frac{2\pi}{N}k} = 1$,因此 $X[0] = N$。当 $k = 1, 2, 3, \cdots, N-1$ 时,$\mathrm{e}^{\mathrm{j}\frac{2\pi}{N}k} \neq 1$,但 $\mathrm{e}^{\mathrm{j}\frac{2\pi}{N}k \cdot N} \equiv 1$,故非零 k 值所对应的 $X[k]$ 全部为零。

例 4-13 的结果表明,矩形脉冲序列的离散傅里叶变换仅在 $k = 0$ 样点有非零值,而在其余 $N-1$ 个样点都是零,故可写成 $X[k] = N\delta[k]$。

进一步设想,如果将矩形脉冲序列 $R_N[n]$ 以 N 为周期进行周期延拓,从而成为无始无

终的、幅度恒为单位值的序列,则取 N 点周期的离散傅里叶级数将为 $N\delta[k]$。这种现象犹如在连续时间系统分析中的直流信号的傅里叶变换是冲激函数。

【例 4-14】 利用矩阵表示式求 $x[n]=R_4[n]$ 的离散傅里叶变换。再由所得 $X[k]$ 经过离散傅里叶逆变换反求 $x[n]$ 以验证结果是否正确。

解 $N=4$ 时 $W=e^{-j\frac{2\pi}{4}}=-j$,从而依据式(4-60a)有

$$\begin{bmatrix} X[0] \\ X[1] \\ X[2] \\ X[3] \end{bmatrix} = \begin{bmatrix} W^0 & W^0 & W^0 & W^0 \\ W^0 & W^{1\times1} & W^{2\times1} & W^{3\times1} \\ W^0 & W^{1\times2} & W^{2\times2} & W^{3\times2} \\ W^0 & W^{1\times3} & W^{2\times3} & W^{3\times3} \end{bmatrix} \begin{bmatrix} x[0] \\ x[1] \\ x[2] \\ x[3] \end{bmatrix} = \begin{bmatrix} 1 & 1 & 1 & 1 \\ 1 & -j & -1 & j \\ 1 & -1 & 1 & -1 \\ 1 & j & -1 & -j \end{bmatrix} \begin{bmatrix} 1 \\ 1 \\ 1 \\ 1 \end{bmatrix} = \begin{bmatrix} 4 \\ 0 \\ 0 \\ 0 \end{bmatrix}$$

显然,此结果与例 4-13 的一般结论相符。依据式(4-60b)再求逆变换

$$\begin{bmatrix} x[0] \\ x[1] \\ x[2] \\ x[3] \end{bmatrix} = \frac{1}{4} \begin{bmatrix} W^0 & W^0 & W^0 & W^0 \\ W^0 & W^{-1\times1} & W^{-2\times1} & W^{-3\times1} \\ W^0 & W^{-1\times2} & W^{-2\times2} & W^{-3\times2} \\ W^0 & W^{-1\times3} & W^{-2\times3} & W^{-3\times3} \end{bmatrix} \begin{bmatrix} X[0] \\ X[1] \\ X[2] \\ X[3] \end{bmatrix} = \frac{1}{4} \begin{bmatrix} 1 & 1 & 1 & 1 \\ 1 & j & -1 & -j \\ 1 & -1 & 1 & -1 \\ 1 & -j & -1 & j \end{bmatrix} \begin{bmatrix} 4 \\ 0 \\ 0 \\ 0 \end{bmatrix} = \begin{bmatrix} 1 \\ 1 \\ 1 \\ 1 \end{bmatrix}$$

4.10 离散傅里叶变换的性质

4.10.1 线性

若

$$x_1[n] \overset{\text{DFT}}{\longleftrightarrow} X_1[k] \tag{4-64a}$$

$$x_2[n] \overset{\text{DFT}}{\longleftrightarrow} X_2[k] \tag{4-64b}$$

则

$$ax_1[n]+bx_2[n] \overset{\text{DFT}}{\longleftrightarrow} aX_1[k]+bX_2[k] \tag{4-65}$$

式中 a、b 可取任意复常数。

4.10.2 时移特性

为研究有限长序列的位移特性,先建立"圆周移位"的概念。

若有限长序列 $x[n]$ 位于 $0 \leqslant n \leqslant N-1$ 区间内,位移 m 位后新序列 $x[n-m]$ 仍为有限长,但其位置移至 $m \leqslant n \leqslant N+m-1$,如图 4-16 所示。若将两个序列 $x[n]$、$x[n-m]$ 分别取离散傅里叶变换,那么它们的级数求和范围将出现差异:$x[n]$ 的级数求和范围为 0 到 $N-1$,$x[n-m]$ 的级数求和范围为 m 到 $N+m-1$。而且,当位移数 m 不同时,$x[n-m]$ 的离散傅里叶变换求和范围将随之改变。

为在求 $x[n-m]$ 的离散傅里叶变换时使求和范围仍为 0 到 $N-1$,见图 4-17(a),首先将 $x[n]$ 周期延拓构成 $x_p[n]$,然后移位 m 位得到 $x_p[n-m]$,最后取 $x_p[n-m]$ 的主值区间,得到的新序列称为 $x[n]$ 的圆周位移序列 $x_p[n-m]R_N[n]$。有限长序列 $x[n]$ 的圆周位移序列一般写作 $x[[n-m]]_N R_N[n]$。

图 4-17(b)示出 $N=8$ 的有限长序列 $x[n]$ 经圆周移位得到 $x[[n-2]]_8 R_8[n]$ 的情形。

当序列 $x[n]$ 向右移动 $m=2$ 位时(若 $m<0$,则向左移动),超出 $N-1=7$ 以外的 2 个样值又从左边依次填补了空位。因此可以想象,序列 $x[n]$ 排列在一个 N 等分的圆周上,N 个样点首尾相接,圆周移位 m 个单位表示 $x[n]$ 在圆周上旋转 m 位。圆周移位又称为**循环移位**,或简称圆移位。当有限长序列 $x[n]$ 进行任意位数的圆移位时,它们的离散傅里叶变换求和取值范围保持从 0 到 $N-1$ 不变。

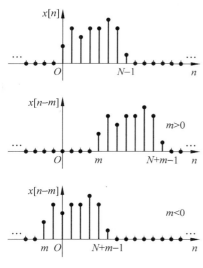

图 4-16　有限长序列及其移位

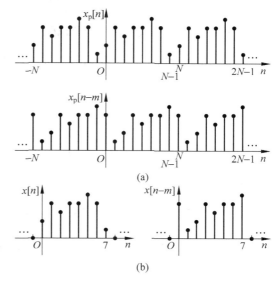

图 4-17　有限长序列及其圆周移位

利用圆移位的概念,下面介绍离散傅里叶变换的时移特性。

若

$$x[n] \overset{\text{DFT}}{\longleftrightarrow} X[k]$$

则

$$x\big[[n-m]\big]_N R_N[n] \overset{\text{DFT}}{\longleftrightarrow} W^{mk} X[k] \tag{4-66}$$

证明

$$\text{DFT}\{x\big[[n-m]\big]_N R_N[n]\} = \text{DFT}\{x_\text{p}[n-m]R_N[n]\}$$

$$= \sum_{n=0}^{N-1} x_\text{p}[n-m]W^{nk} \xlongequal{i=n-m} W^{mk} \sum_{i=-m}^{N-m-1} x_\text{p}[i]W^{ik}$$

$$= W^{mk} \sum_{i=0}^{N-1} x_\text{p}[i]W^{ik} = W^{mk} X[k]$$

证明中,$i=n-m$ 换元后,由于 $x_\text{p}[i]$ 和 W^{ik} 都以 N 为周期,故求和范围可更改为从 $i=0$ 到 $i=N-1$。离散傅里叶变换的时移特性表明,序列 $x[n]$ 圆移 m 位后其离散傅里叶变换将出现相移因子 W^{mk}。

4.10.3　频移特性

若

$$x[n] \overset{\text{DFT}}{\longleftrightarrow} X[k]$$

则

$$W^{nl}x[n] \overset{\text{DFT}}{\longleftrightarrow} X[[k-l]]_N R_N[k] \tag{4-67}$$

离散傅里叶变换的频移特性表明,若序列乘以指数项 W^{nl},则序列的离散傅里叶变换就圆移 l 单位,这可以看作是对原序列调制信号(序列)的频谱搬移,因此也称为"调制定理"。

4.10.4 时域圆周卷积(圆卷积)

若有限长序列 $x_1[n]$、$x_2[n]$、$y[n]$ 的 N 点离散傅里叶变换分别为 $X_1[k]$、$X_2[k]$、$Y[k]$,且

$$Y[k] = X_1[k]X_2[k] \tag{4-68}$$

则

$$y[n] = \sum_{m=0}^{N-1} x_1[m]x_2[[n-m]]_N R_N[n] = \sum_{m=0}^{N-1} x_1[[n-m]]_N R_N[n]x_2[m] \tag{4-69}$$

证明

$$y[n] = \text{IDFT}\{X_1[k]X_2[k]\} = \frac{1}{N}\sum_{k=0}^{N-1} X_1[k]X_2[k]W^{-nk}$$

$$= \frac{1}{N}\sum_{k=0}^{N-1}\Big[\sum_{m=0}^{N-1} x_1[m]W^{mk}\Big]X_2[k]W^{-nk}$$

$$= \sum_{m=0}^{N-1} x_1[m]\Big[\frac{1}{N}\sum_{k=0}^{N-1} X_2[k]W^{-nk}\cdot W^{mk}\Big] \quad (交换对 m 和 k 的求和次序)$$

$$= \sum_{m=0}^{N-1} x_1[m]x_2[[n-m]]_N R_N[n] \quad (时移特性)$$

同理可证明式(4-69)中第二个等号。

式(4-69)中两序列 $x_1[n]$、$x_2[n]$ 之间的运算与卷积和运算非常相似,但式(4-69)中的求和只在 $0 \leqslant m \leqslant N-1$ 范围内进行。若 $x_1[m]$ 保持不移动,则 $x_2[[n-m]]_N$ 实为 $x_2[-m]$ 的圆移位。因此,把式(4-69)定义的运算称作"圆周卷积"或"圆卷积"。显然,第 2 章所介绍的卷积和运算中对序列进行了平移而非圆移,因此称之为"线卷积",以示与此处圆卷积之区分。圆卷积以 ⊙ 符号表示。

圆卷积的图解分析可以按照反褶、圆移、相乘、求和的步骤进行。下面举例说明。

【例 4-15】 两个有限长序列见图 4-18,$x[n]=(n+1)R_4[n]$,$h[n]=(4-n)R_4[n]$,试求它们的圆卷积。

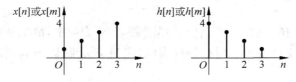

图 4-18 两个有限长序列 $x[n]$ 和 $h[n]$

解 将 $x[n]$、$h[n]$ 作变量置换,分别写作 $x[m]$、$h[m]$。由 $h[m]$ 作出 $h[[0-m]]_4 R_4[m]$、$h[[1-m]]_4 R_4[m]$、$h[[2-m]]_4 R_4[m]$、$h[[3-m]]_4 R_4[m]$,见图 4-19。

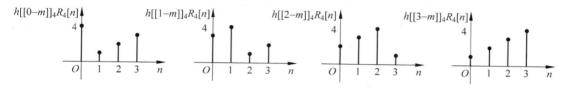

图 4-19 序列 $h[n]$ 的圆周移位 $h[[n-m]]_4 R_4[m]$

依次将 $h[[n-m]]_4$ 与 $x[m]$ 相乘、求和得到

$$y[0] = 1 \times 4 + 2 \times 1 + 3 \times 2 + 4 \times 3 = 24$$
$$y[1] = 1 \times 3 + 2 \times 4 + 3 \times 1 + 4 \times 2 = 22$$
$$y[2] = 1 \times 2 + 2 \times 3 + 3 \times 4 + 4 \times 1 = 24$$
$$y[3] = 1 \times 1 + 2 \times 2 + 3 \times 3 + 4 \times 4 = 30$$

所以，$x[n]$ 与 $h[n]$ 的圆卷积和为

$$y[n] = 24\delta[n] + 22\delta[n-1] + 24\delta[n-2] + 30\delta[n-3]$$

4.10.5 频域圆卷积

若有限长序列 $x_1[n]$、$x_2[n]$、$y[n]$ 的 N 点离散傅里叶变换分别为 $X_1[k]$、$X_2[k]$、$Y[k]$，且

$$y[n] = x_1[n]x_2[n] \tag{4-70}$$

则

$$Y[k] = \frac{1}{N}\sum_{l=0}^{N-1} X_1[l] X_2[[k-l]]_N R_N[k] = \frac{1}{N}\sum_{l=0}^{N-1} X_1[[k-l]]_N R_N[k] X_2[l] \tag{4-71}$$

频域圆卷积的证明方法与时域圆卷积类似。

4.10.6 奇偶虚实性

设实序列 $x[n]$ 的离散傅里叶变换为 $X[k]$，并记 $X[k]$ 的实部和虚部分别为 $X_r[k]$ 和 $X_i[k]$，即

$$x[n] \overset{\text{DFT}}{\longleftrightarrow} X[k] = X_r[k] + jX_i[k] \tag{4-72}$$

根据离散傅里叶变换的定义，有

$$X_r[k] = \sum_{n=0}^{N-1} x[n]\cos\left(\frac{2\pi nk}{N}\right) \tag{4-73a}$$

$$X_i[k] = \sum_{n=0}^{N-1} x[n]\sin\left(\frac{2\pi nk}{N}\right) \tag{4-73b}$$

显然，由于 $X_r[k]$ 和 $X_i[k]$ 分别由余弦和正弦函数构成，所以 $X_r[k]$ 为 k 的偶函数，$X_i[k]$ 为 k 的奇函数。必须指出，这里所谓的偶函数和奇函数都应理解为将 $X[k]$ 周期延拓而具有周期重复性。如果认为离散傅里叶变换的定义仅限于 0 到 $N-1$ 范围，那么 $X_i[k]$、$X_r[k]$ 的奇、偶特性都应该以 $\frac{N}{2}$ 为对称中心。后续讨论中的奇、偶含义都按此解释。

以上讨论表明：实数序列的离散傅里叶变换为复数，其实部偶对称，虚部奇对称。

如果 $x[n]$ 为纯虚序列，它的离散傅里叶变换 $X[k]$ 仍可按式（4-76）分解为实部 $X_r[k]$ 与虚部 $X_i[k]$ 之和。容易证明，此时 $X_r[k]$ 是 k 的奇函数，而 $X_i[k]$ 是 k 的偶函数。即，纯虚数序列的离散傅里叶变换为复数,其实部奇对称,虚部偶对称。

进一步的分析指出,若实序列 $x[n]$ 为 n 的偶函数,即 $x[n]=x[N-n-1]$,则 $X_i[k]\equiv0$,故实偶序列的离散傅里叶变换为实偶序列。

同理可以证明:实奇序列的离散傅里叶变换为实奇序列。虚偶序列的离散傅里叶变换是虚偶序列。而虚奇序列的离散傅里叶变换为虚奇序列。这些特性全部列于表 4-2 中。

表 4-2　离散傅里叶变换的奇偶虚实特性

$x[n]$	$X[k]$	$x[n]$	$X[k]$
实序列	实部偶对称,虚部奇对称	纯虚序列	实部奇对称,虚部偶对称
实偶序列	实偶序列	虚偶序列	虚偶序列
实奇序列	实奇序列	虚奇序列	虚奇序列

4.10.7　相关特性

与有限长序列的卷积和运算类似,有限长序列的相关运算也可分为圆相关(循环相关)与线相关两种形式。通常,可借助圆相关求线相关。

离散傅里叶变换的圆相关定理:若有限长序列 $x_1[n]$ 与 $x_2[n]$ 的 N 点离散傅里叶变换分别为 $X_1[k]$ 与 $X_2[k]$,则序列 $x_1[n]$ 与 $x_2[n]$ 的 N 点圆互相关

$$r_{12}[n]=\sum_{m=0}^{N-1}x_1[m]x_2[[m-n]]_N R_N[n] \tag{4-74}$$

的离散傅里叶变换 $R_{12}[k]$ 等于 $X_1[k]$ 与 $X_2^*[k]$ 之乘积,即

$$R_{12}[k]=X_1[k]X_2^*[k] \tag{4-75}$$

而 N 点圆互相关

$$r_{21}[n]=\sum_{m=0}^{N-1}x_1[[m-n]]_N R_N[n]x_2[m] \tag{4-76}$$

的离散傅里叶变换 $R_{21}[k]$ 则等于 $X_1^*[k]$ 与 $X_2[k]$ 之乘积,即

$$R_{21}[k]=X_1^*[k]X_2[k] \tag{4-77}$$

离散序列相关特性的图形解释、相关定理的证明都与离散卷积有很多相似之处,读者可以练习分析,并与卷积对比。此外,离散相关与连续时间信号的相关运算以及傅里叶变换的相关定理形式上也一一对应。

以上离散傅里叶变换的圆相关定理按互相关的形式给出,如果 $x_1[n]=x_2[n]$,则构成自相关运算。利用自相关特性可进一步推出帕斯瓦尔定理。

4.10.8　帕斯瓦尔定理

若序列 $x[n]$ 的离散傅里叶变换为 $X[k]$,则

$$\sum_{n=0}^{N-1}|x[n]|^2=\frac{1}{N}\sum_{k=0}^{N-1}|X[k]|^2 \tag{4-78a}$$

如果 $x[n]$ 为实序列,则有

$$\sum_{n=0}^{N-1}x[n]^2=\frac{1}{N}\sum_{k=0}^{N-1}|X[k]|^2 \tag{4-78b}$$

式(4-78)的证明和物理解释都可以仿照连续时间信号的有关分析给出:式(4-78)的左端是从时域计算的序列的能量,而右端则是从频域得到相同的结果。

4.11 快速傅里叶变换

由离散傅里叶变换定义式(4-59)或由矩阵形式定义式(4-61a)容易看出,将 $x[n]$ 与 W^{nk} 两两相乘再对 n 取和即可得到 $X[k]$。每计算一个 $X[k]$ 值,需要进行 N 次复数相乘和 $N-1$ 次复数相加。对于 N 个 $X[k]$ 点,应重复 N 次上述运算。因此,要完成全部离散傅里叶变换运算共需要 N^2 次复数乘法和 $N(N-1)$ 次复数加法。

例如,$N=4$ 时,为便于讨论,写出离散傅里叶变换的矩阵表示式

$$\begin{bmatrix} X[0] \\ X[1] \\ X[2] \\ X[3] \end{bmatrix} = \begin{bmatrix} W^0 & W^0 & W^0 & W^0 \\ W^0 & W^1 & W^2 & W^3 \\ W^0 & W^2 & W^4 & W^6 \\ W^0 & W^3 & W^6 & W^9 \end{bmatrix} \begin{bmatrix} x[0] \\ x[1] \\ x[2] \\ x[3] \end{bmatrix}$$

显然,为求得每个 $X[k]$ 值,需要 4 次复数相乘和 3 次复数相加;要得到 4 个 $X[k]$ 值则需要 $4^2=16$ 次复数乘法和 $4\times3=12$ 次复数加法。

随着 N 值的增大,离散傅里叶变换的运算量将迅速增长。例如,$N=10$ 时需要 100 次复数乘法,而当 $N=1024$ 时就需要 1048576 次复数乘法运算。因此,在 N 较大的情况下,要求对信号进行实时处理所面临的困难就比较大。

为了改进算法,需要减少运算量。注意到在 W 矩阵中的某些系数是非常简单的,例如 $W^0 \equiv 1$ 和 $W^{N/2} \equiv -1$,它们参与运算时实际上无需作乘法,在 N 较大时,这一因素可使运算量略微减少。考虑到系数 W^{nk} 的周期性与对称性,合理安排重复出现的相乘运算,将使运算量显著减少。

(1) W^{nk} 的周期性.

容易证明

$$W^{nk} = W^{[[nk]]_N} \tag{4-79}$$

例如,$N=4$ 时,有 $W^6=W^2$,$W^9=W^1$,等等。

W^{nk} 的周期性还可以表达为

$$W^{n(N-k)} = W^{-nk} \tag{4-80a}$$

$$W^{(N-n)k} = W^{-nk} \tag{4-80b}$$

(2) W^{nk} 的对称性。

若 N 为偶数,则 $W^{N/2} \equiv -1$,于是得到

$$W^{nk+\frac{N}{2}} = -W^{nk} \tag{4-81}$$

仍以 $N=4$ 为例,有 $W^2=-W^0$ 和 $W^3=-W^1$。

综合应用 W^{nk} 的周期性和对称性,$N=4$ 的 W 矩阵可以进行如下化简

$$\begin{bmatrix} W^0 & W^0 & W^0 & W^0 \\ W^0 & W^1 & W^2 & W^3 \\ W^0 & W^2 & W^4 & W^6 \\ W^0 & W^3 & W^6 & W^9 \end{bmatrix} = \begin{bmatrix} W^0 & W^0 & W^0 & W^0 \\ W^0 & W^1 & W^2 & W^3 \\ W^0 & W^2 & W^0 & W^2 \\ W^0 & W^3 & W^2 & W^1 \end{bmatrix} = \begin{bmatrix} W^0 & W^0 & W^0 & W^0 \\ W^0 & W^1 & -W^0 & -W^1 \\ W^0 & -W^0 & W^0 & -W^0 \\ W^0 & -W^1 & -W^0 & W^1 \end{bmatrix}$$

　　显然,利用 W^{nk} 的周期性和对称性简化之后,矩阵 $\boldsymbol{W}$ 中若干数量的元素雷同,揭示出离散傅里叶变换运算中的一个重要现象:$\boldsymbol{W}$ 与 $\boldsymbol{x}[n]$ 相乘过程中存在着大量的重复计算。避免这种重复,正是简化运算的关键。

　　(3) 把 N 点离散傅里叶变换运算分解为两组 $N/2$ 点的离散傅里叶变换运算,然后取和。

　　下面就来证明这样分解是正确的,而且可以减少运算工作量。

　　对序列 $x[n]$ 取 N 点离散傅里叶变换,假定 N 是 2 的整数次方,即 $N=2^M$,其中 M 是正整数。把 $x[n]$ 的离散傅里叶变换运算按照 n 为偶数和 n 为奇数分解为两部分(为区分不同长度的离散傅里叶变换,下面将对 W 加注长度下标)

$$X[k] = \sum_{n=0}^{N-1} x[n]W_N^{nk} = \sum_{\text{偶数}n} x[n]W_N^{nk} + \sum_{\text{奇数}n} x[n]W_N^{nk} \tag{4-82a}$$

以 $2r$ 表示偶数 n,$2r+1$ 表示奇数 n,整数 r 满足 $0 \leqslant r \leqslant \dfrac{N}{2}-1$,则有

$$
\begin{aligned}
X[k] &= \sum_{r=0}^{\frac{N}{2}-1} x[2r]W_N^{2rk} + \sum_{r=0}^{\frac{N}{2}-1} x[2r+1]W_N^{(2r+1)k} \\
&= \sum_{r=0}^{\frac{N}{2}-1} x[2r]W_{N/2}^{rk} + W_N^k \sum_{r=0}^{\frac{N}{2}-1} x[2r+1]W_{N/2}^{rk} \\
&= E[k] + W_N^k O[k]
\end{aligned}
\tag{4-82b}
$$

式中利用了 W 的一个特性

$$W_N^2 = e^{-2j\frac{2\pi}{N}} = e^{-j\frac{2\pi}{N/2}} = W_{N/2}$$

式(4-82b)中定义了

$$E[k] = \sum_{r=0}^{\frac{N}{2}-1} x[2r]W_{N/2}^{rk} \tag{4-83a}$$

$$O[k] = \sum_{r=0}^{\frac{N}{2}-1} x[2r+1]W_{N/2}^{rk} \tag{4-83b}$$

即 $E[k]$ 是依次抽取 $x[n]$ 中偶序的点进行 $N/2$ 点的离散傅里叶变换,$O[k]$ 是依次抽取 $x[n]$ 中奇序的点进行 $N/2$ 点的离散傅里叶变换。从而,式(4-82b)将 $x[n]$ 的 N 点离散傅里叶变换分解为两个 $N/2$ 点的离散傅里叶变换。但是,必须注意到,作为 $N/2$ 点的离散傅里叶变换,$E[k]$ 和 $O[k]$ 只有 $N/2$ 个点,即 $k=0,1,2,\cdots,\dfrac{N}{2}-1$;而 $X[k]$ 却有 N 个点,$k=0,1,2,\cdots,N-1$。因此,为了以 $E[k]$ 和 $O[k]$ 表达全部 $X[k]$,必须利用 $E[k]$ 和 $O[k]$ 的两个重复周期。由 $E[k]$ 和 $O[k]$ 的周期性可知

$$E[k] = E\left[k + \frac{N}{2}\right] \tag{4-84a}$$

$$O[k] = O\left[k + \frac{N}{2}\right] \tag{4-84b}$$

　　对于加权系数 W_N 则有

$$W_N^{\frac{N}{2}+k} = W_N^{N/2} \cdot W_N^k = -W_N^k \tag{4-85}$$

将式(4-84a)、式(4-84b)和式(4-85)代入式(4-82b)就可得到由 $E[k]$ 和 $O[k]$ 完整表达 $X[k]$ 的关系式

$$X[k] = E[k] + W_N^k O[k] \tag{4-86a}$$

$$X\left[k + \frac{N}{2}\right] = E[k] - W_N^k O[k] \tag{4-86b}$$

其中 $k=0,1,2,\cdots,\dfrac{N}{2}-1$。式(4-86a)和式(4-86b)分别给出了 $X[k]$ 的前 $N/2$ 点与后 $N/2$ 点的数值,总共有 N 个值。为便于理解,再以 $N=4$ 为例说明,此时

$$\begin{cases} X[0] = E[0] + W_4^0 O[0] \\ X[1] = E[1] + W_4^1 O[1] \\ X[2] = E[0] - W_4^0 O[0] \\ X[3] = E[1] - W_4^1 O[1] \end{cases} \tag{4-87}$$

式(4-87)的运算可用"流程图"示意于图 4-20。图中运算自左向右进行,两条线的汇合点表示两数值相加,线旁标注加权系数表示与相应的数值作乘法运算。在这种流程图中,基本运算单元呈蝴蝶形,如图 4-21(a)所示。虽然一个蝴蝶形流程运算包括两次复数乘法和两次复数加法,然而这里有重复,可简化。$O[0]$ 与 W_4^0 相乘以及与 $-W_4^0$ 相乘,可以改成只与 W_4^0 相乘,再分别加、减,这样就使运算量减少,只有一次复数乘法和两次复数加(减)法。按照此原理可把图 4-21(a)的蝶形运算修改为如图 4-21(b)所示的"蝶形结",此图的含义是:输入端的 $O[0]$ 先与 W_4^0 相乘,再与入端的 $E[0]$ 分别作加、减运算从而得到输出 $X[0]$ 和 $X[2]$。

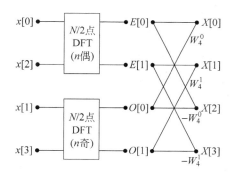

图 4-20 将 N 点离散傅里叶变换分解为两个 $N/2$ 点离散傅里叶变换的流程($N=4$)

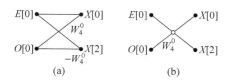

图 4-21 蝶形运算单元

现在,可以得到如下结论:由 $E[k]$ 和 $O[k]$ 获得 $X[k]$ 的过程中,共包含 $N/2$ 个蝶形结运算,因此,共需 $N/2$ 次复数乘法和 N 次复数加法(对于 $N=4$,为 2 次乘、4 次加)。

再看图 4-20 的左半边,为了从 $x[n]$ 求出 $E[k]$ 和 $O[k]$,按照 n 的奇偶分别组合两个 $N/2$ 点的离散傅里叶变换运算,利用式(4-83a)和式(4-83b)容易得到

$$\begin{cases} E[0] = x[0] + W_2^0 x[2] \\ E[1] = x[0] - W_2^0 x[2] \\ O[0] = x[1] + W_2^0 x[3] \\ O[1] = x[1] - W_2^0 x[3] \end{cases} \tag{4-88}$$

与前述分析相同,这些运算也可画成蝶形,于是图 4-20 具体化为图 4-22。

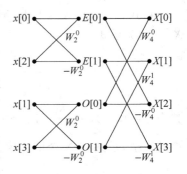

显然,图 4-22 左侧的流程图仍然由 $N/2$ 个蝶形结组成,因此运算量还是 $N/2$ 次乘法和 N 次加法。因此,为完成图 4-22 的全部运算,共需 $2\times N/2 = 4$ 次乘法和 $2\times N = 8$ 次加法;而直接进行 $N=4$ 的离散傅里叶变换全部运算量为 $N^2 = 16$ 次乘法和 $N(N-1) = 12$ 次加法。至此可以初步看出,经分组简化后构成的快速算法,其运算量显著减少。

图 4-22　$N=4$ 的 FFT 流程图

对于 $N=4$ 的情况,只进行了一次奇偶分解,把全部运算过程分为两级(两组)蝶形流程图(即图 4-22 的左右两半)。对于 $N=2^M$ 的更一般情况,这种奇偶分解可以逐级进行下去。当 $N=2^3=8$ 时,分组运算的方框图见图 4-23,对应的蝶形流程图见图 4-24。此时共分成三级蝶形运算,每组仍需乘法 $N/2$ 次,加减法 N 次。全部运算量是 $3\times N/2 = 12$ 次乘法和 $3\times N = 24$ 次加减法;而直接离散傅里叶变换的运算量是 $N^2 = 64$ 次乘法和 $N(N-1) = 56$ 次加法运算(在图 4-24 中,中间数据的符号不再用 E、O 而改用 $X_1[k]$ 和 $X_2[k]$ 表示)。

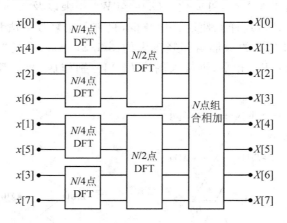

图 4-23　$N=8$ 的离散傅里叶变换运算两级分解

当 $N=2^M$ 时,全部离散傅里叶变换的运算可分解为 M 级蝶形流程图,其中每级都包含 $N/2$ 次乘法和 N 次加减法,快速算法的全部运算工作量为:

• 复数乘法:$M \cdot \dfrac{N}{2} = \dfrac{N}{2}\log_2 N$ 次

• 复数加法:$M \cdot N = N\log_2 N$ 次

而原始的直接离散傅里叶变换方法需要:

• 复数乘法:N^2 次

• 复数加法:$N(N-1)$ 次

表 4-3 给出了 FFT 算法与直接计算所需要的乘法工作量的比较。从这些具体数字可以看到,当 N 较高时,FFT 算法得到的改善相当可观:例如 $N=2^{11}=2048$ 时,直接按离散傅里叶变换定义计算所需时间是用 FFT 算法的三百多倍。

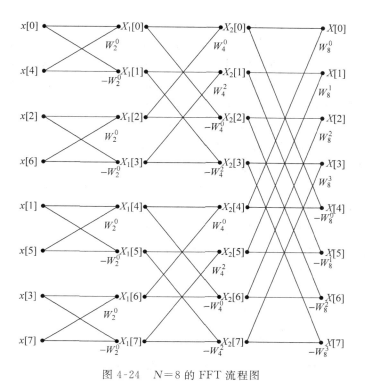

图 4-24　$N=8$ 的 FFT 流程图

表 4-3　直接 DFT 与 FFT 所需乘法次数的比较

M	N	直接 DFT(N^2)	FFT$\left(\dfrac{N}{2}\log_2 N\right)$	改善比值$\left(\dfrac{2N}{\log_2 N}\right)$
1	2	4	1	4
2	4	16	4	4
3	8	64	12	5.3
4	16	256	32	8
5	32	1024	80	12.8
6	64	4096	192	21.3
7	128	16384	448	36.6
8	256	65536	1024	64
9	512	262144	2304	113.8
10	1024	1048576	5120	204.8
11	2048	4196304	11264	372.4

小　　结

本章我们研究了离散时间序列与系统的傅里叶分析方法，推动这种研究的主要动力是：复指数序列是离散时间线性时不变系统的特征序列。也正是由于这个原因，离散傅里叶级数和离散时间傅里叶变换表达式在离散时间信号与系统的研究中起着重要的作用。

比较本章与第 3 章的内容可以看到,连续时间与离散时间傅里叶分析之间有许多相似点,当然也存在一些非常重要的差别。例如,离散时间傅里叶级数与傅里叶变换之间的关系完全类似于连续时间的情况,而连续时间傅里叶变换的性质也可以在离散时间傅里叶变换中找到对应的性质。它们的重要区别在于,周期性的离散时间序列的傅里叶级数是有限项级数,而所有非周期序列的离散时间傅里叶变换的周期始终为 2π。

连续时间傅里叶分析与离散时间傅里叶分析在信号与线性时不变系统的研究中得到了广泛的应用,其中时域卷积定理为线性时不变系统的频域分析提供了理论基础。

1. 离散周期序列的傅里叶级数

对于周期为 N 的任意序列 $x_\mathrm{p}[n]$,可展开成式(4-10)和式(4-14)形式的离散傅里叶级数,其中式(4-10)为综合方程,而式(4-14)是分析方程。

2. 离散时间信号的傅里叶变换(DTFT)及其性质

对于一个任意的非周期序列 $x[n]$,如果序列 $x[n]$ 是绝对可和的,或序列具有有限能量,则存在式(4-20)离散时间傅里叶变换对,其中函数 $X(\mathrm{e}^{\mathrm{j}\Omega})$ 称为序列 $x[n]$ 的离散时间傅里叶变换。

对于离散周期序列 $x_\mathrm{p}[n]$,它的 DTFT 见式(4-23)。与连续时间周期信号的频谱相似,周期序列 $x_\mathrm{p}[n]$ 的频谱是以 $\dfrac{2\pi}{N}$ 为基频的一系列不等强度谐波的冲激串,各冲激的强度正比于周期序列在该谐波处离散傅里叶级数的系数。而且,周期序列 $x_\mathrm{p}[n]$ 的频谱 $X_\mathrm{p}(\mathrm{e}^{\mathrm{j}\Omega})$ 以 2π 为周期。

与连续时间非周期信号的傅里叶变换相似,非周期序列 $x[n]$ 的离散时间傅里叶变换(DTFT)也具有线性、时移(频移)特性、时域尺度变换、奇偶虚实性、频域微分、差分、累加、帕斯瓦尔定理、时域(频域)卷积定理等特性,灵活应用这些性质可有效减轻求解复杂序列 DTFT 的运算量。

3. 离散时间 LTI 系统

离散时间 LTI 系统在零状态下单位样值响应 $h[n]$ 的离散时间傅里叶变换 $H(\mathrm{e}^{\mathrm{j}\Omega})$ 表征了系统的频域特性,$H(\mathrm{e}^{\mathrm{j}\Omega})$ 称作系统的频率响应函数,简称频响函数。一个 N 阶离散时间 LTI 系统系统的 N 阶线性常系数差分方程和频响函数的一般形式分别见式(4-48)和式(4-49)。

与连续时间 LTI 系统相似,离散时间 LTI 系统也依据系统的频率响应函数 $H(\mathrm{e}^{\mathrm{j}\Omega})$ 对输入序列的频谱进行了滤波。连续时间与离散时间理想滤波器系统频率特性的区别在于,离散时间滤波器的频率响应 $H(\mathrm{e}^{\mathrm{j}\Omega})$ 均以 2π 为周期,因此靠近 π 的偶数倍的频率应理解为低频,而靠近 π 的奇数倍的频率应理解为高频。

离散时间 LTI 系统的频域分析法一般性的求解步骤是:

① 求激励序列 $x[n]$ 的离散时间傅里叶变换 $X(\mathrm{e}^{\mathrm{j}\Omega})$;

② 求离散时间 LTI 系统的频率响应 $H(\mathrm{e}^{\mathrm{j}\Omega})$;

③ 求系统响应的频谱 $Y(\mathrm{e}^{\mathrm{j}\Omega})=X(\mathrm{e}^{\mathrm{j}\Omega})H(\mathrm{e}^{\mathrm{j}\Omega})$;

④ 求 $Y(\mathrm{e}^{\mathrm{j}\Omega})$ 的离散时间傅里叶逆变换。

4. 离散傅里叶变换及其性质

设有限长序列 $x[n]$ 的长度为 $N(0\leqslant n\leqslant N-1)$,它的离散傅里叶变换 $X[k]$ 是另一个长

度为 $N(0\leqslant k\leqslant N-1)$ 的频域有限长序列,离散傅里叶正、逆变换的定义关系式见式(4-59)。DFT 的重要特性有:线性、时移(频移)特性、时域(频域)圆周卷积、帕斯瓦尔定理、圆相关定理。

习　　题

4-1 分别绘出以下各序列图形。

(1) $x[n]=\left(\dfrac{1}{2}\right)^{n}u[n]$;

(2) $x[n]=2^{n}u[n]$;

(3) $x[n]=\left(-\dfrac{1}{2}\right)^{n}u[n]$;

(4) $x[n]=(-2)^{n}u[n]$;

(5) $x[n]=2^{n-1}u[n-1]$;

(6) $x[n]=\left(\dfrac{1}{2}\right)^{n-1}u[n]$。

4-2 分别绘出以下各序列图形。

(1) $x[n]=nu[n]$;

(2) $x[n]=-nu[n]$;

(3) $x[n]=\left(-\dfrac{1}{2}\right)^{-n}u[n]$;

(4) $x[n]=-\left(\dfrac{1}{2}\right)^{n}u[-n]$;

(5) $x[n]=\left(\dfrac{1}{2}\right)^{n+1}u[-n+1]$。

4-3 分别绘出以下各序列图形。

(1) $x[n]=\sin\left(\dfrac{\pi}{5}n\right)u[n]$;

(2) $x[n]=\cos\left(\dfrac{\pi}{10}n-\dfrac{\pi}{5}\right)u[n]$;

(3) $x[n]=\left(\dfrac{5}{6}\right)^{n}\sin\left(\dfrac{\pi}{5}n\right)u[n]$。

4-4 试确定下列各离散时间周期序列的傅里叶级数的系数。

(1) $x_{\mathrm{p}}[n]=\sin\left(\dfrac{\pi}{4}(n-1)\right)$;

(2) $x_{\mathrm{p}}[n]=\cos\left(\dfrac{2\pi}{3}n\right)+\sin\left(\dfrac{\pi}{6}n\right)$;

(3) $x_{\mathrm{p}}[n]=\cos\left(\dfrac{7\pi}{4}n-\dfrac{\pi}{3}\right)$;

(4) $x[n]$是周期为 6 的周期序列,且在 $-2\leqslant n\leqslant 3$ 的范围内 $x_{\mathrm{p}}[n]=\left(\dfrac{1}{2}\right)^{n}$;

(5) $x[n]$是周期为 4 的周期序列,且在 $0\leqslant n\leqslant 3$ 的范围内 $x_{\mathrm{p}}[n]=1-\sin\left(\dfrac{\pi}{4}n\right)$;

(6) $x[n]$是周期为 12 的周期序列,且在 $0\leqslant n\leqslant 11$ 的范围内 $x_{\mathrm{p}}[n]=1-\sin\left(\dfrac{\pi}{6}n\right)$。

4-5 已知周期为 8 的周期序列的傅里叶级数的系数如下,试确定各种情形对应的序列 $x_{\mathrm{p}}[n]$:

(1) $a_{k}=\begin{cases}\sin\left(\dfrac{\pi}{3}k\right), & 0\leqslant k\leqslant 6\\ 0, & k=7\end{cases}$;

(2) $a_k = \cos\left(\dfrac{\pi}{4}k\right) + \sin\left(\dfrac{3\pi}{4}k\right)$。

4-6　周期序列 $x_\mathrm{p}[n]$ 可展开为傅里叶级数 $x_\mathrm{p}[n] = \displaystyle\sum_{k=\langle N\rangle} a_k \mathrm{e}^{\mathrm{j}k\frac{2\pi}{N}n}$，试用 a_k 表示如下周期序列的傅里叶级数系数：

(1) $x_\mathrm{p}[n-n_0]$；

(2) $x_\mathrm{p}[n] - x_\mathrm{p}[n-1]$；

(3) $x_\mathrm{p}[n] - x_\mathrm{p}\left[n-\dfrac{N}{2}\right]$，假定 N 为偶数；

(4) $x_\mathrm{p}[n] + x_\mathrm{p}\left[n+\dfrac{N}{2}\right]$，假定 N 为偶数，此时新序列的周期为 $\dfrac{N}{2}$；

(5) $x_{(m)\mathrm{p}}[n] = \begin{cases} x_\mathrm{p}\left[\dfrac{n}{m}\right] & (n \text{ 是 } m \text{ 的倍数}) \\ 0 & (n \text{ 不是 } m \text{ 的倍数}) \end{cases}$，注意此时新序列的周期为 mN；

(6) $(-1)^n x_\mathrm{p}[n]$，注意 N 为奇数或偶数时新序列的周期是不一样的。

4-7　求下列序列的离散时间傅里叶变换(DTFT)：

(1) $x[n] = \left(\dfrac{1}{2}\right)^n u[n]$；　　　　(2) $x[n] = \left(\dfrac{1}{2}\right)^{n-1} u[n]$；

(3) $x[n] = \left(-\dfrac{1}{2}\right)^n u[n]$；　　　　(4) $x[n] = -\left(\dfrac{1}{2}\right)^{-n} u[-n]$；

(5) $x[n] = \left(\dfrac{1}{2}\right)^{-n+1} u[-n+1]$。

4-8　求下列周期序列的离散时间傅里叶变换(DTFT)：

(1) $x_\mathrm{p}[n] = \sin\left(\dfrac{\pi}{5}n\right)$；　　　　(2) $x_\mathrm{p}[n] = \cos\left(\dfrac{\pi}{10}n - \dfrac{\pi}{5}\right)$。

4-9　某离散时间 LTI 系统，系统起始为零状态，当输入序列 $x[n] = \left(\dfrac{1}{2}\right)^n u[n] - \dfrac{1}{4}\left(\dfrac{1}{2}\right)^{n-1} u[n-1]$ 时输出序列为 $y[n] = \left(\dfrac{1}{3}\right)^n u[n]$。

(1) 求该 LTI 系统的单位样值响应 $h[n]$ 和频率响应 $H(\mathrm{e}^{\mathrm{j}\Omega})$；

(2) 求该系统的差分方程。

4-10　假定某离散时间 LTI 系统对输入序列 $(n+2)\left(\dfrac{1}{2}\right)^n u[n]$ 具有零状态响应 $\left(\dfrac{1}{4}\right)^n u[n]$。如果该系统的零状态输出序列为 $\delta[n] - \left(-\dfrac{1}{2}\right)^n u[n]$，则对应的输入序列是什么？

4-11　已知某离散时间 LTI 系统的单位样值响应 $h[n] = \left(\dfrac{1}{2}\right)^n u[n] + \dfrac{1}{2}\left(\dfrac{1}{4}\right)^n u[n]$，求描述该系统的线性常系数差分方程。

4-12　已知某离散时间 LTI 系统的单位样值响应 $h[n] = \left[\left(-\dfrac{3}{5}\right)^n + \left(\dfrac{1}{2}\right)^n\right] u[n]$。

(1) 求描述该系统的线性常系数差分方程。

(2) 当系统的输入序列 $x[n] = \delta[n-1] - 3\delta[n-2]$ 时，求系统的零状态响应 $y[n]$。

4-13　已知某离散时间因果 LTI 系统的差分方程为 $y[n] + \dfrac{1}{2}y[n-1] = x[n]$。

（1）求系统的频率响应 $H(\mathrm{e}^{\mathrm{j}\Omega})$ 和单位样值响应 $h[n]$；

（2）对下列各输入序列，系统的零状态响应分别是什么？

① $x[n]=\left(\dfrac{1}{2}\right)^{n}u[n]$；

② $x[n]=\left(-\dfrac{1}{2}\right)^{n}u[n]$；

③ $x[n]=\delta[n]-\dfrac{1}{2}\delta[n-1]$；

④ $x[n]=\delta[n]+\dfrac{1}{4}\delta[n-1]$。

（3）对具有下列 DTFT 的各输入序列，求相应的零状态响应。

① $X(\mathrm{e}^{\mathrm{j}\Omega})=\dfrac{1-\dfrac{1}{4}\mathrm{e}^{-\mathrm{j}\Omega}}{1+\dfrac{1}{2}\mathrm{e}^{-\mathrm{j}\Omega}}$；

② $X(\mathrm{e}^{\mathrm{j}\Omega})=\dfrac{1+\dfrac{1}{2}\mathrm{e}^{-\mathrm{j}\Omega}}{1-\dfrac{1}{4}\mathrm{e}^{-\mathrm{j}\Omega}}$；

③ $X(\mathrm{e}^{\mathrm{j}\Omega})=\dfrac{1}{\left(1-\dfrac{1}{4}\mathrm{e}^{-\mathrm{j}\Omega}\right)\left(1+\dfrac{1}{2}\mathrm{e}^{-\mathrm{j}\Omega}\right)}$；

④ $X(\mathrm{e}^{\mathrm{j}\Omega})=1+2\mathrm{e}^{-3\mathrm{j}\Omega}$。

4-14　已知某离散时间 LTI 系统的差分方程为 $y[n]-\dfrac{1}{9}y[n-2]=x[n]$。

（1）求系统的单位样值响应 $h[n]$；

（2）对下列各输入序列，系统的零状态响应分别是什么？

① $x[n]=\left(\dfrac{1}{3}\right)^{n}u[n]$；

② $x[n]=\left[\left(\dfrac{1}{3}\right)^{n}+\left(-\dfrac{1}{3}\right)^{n}\right]u[n]$。

4-15　描述某离散时间 LTI 系统的差分方程为 $y[n]-\dfrac{1}{3}y[n-1]=x[n]$，若系统零状态响应为 $y[n]=3\left[\left(\dfrac{1}{2}\right)^{n}-\left(\dfrac{1}{3}\right)^{n}\right]u[n]$，试求输入序列 $x[n]$。

4-16　离散时间 LTI 系统的网络结构图如题图 4-16 所示，写出系统的差分方程，并求该系统的单位样值响应 $h[n]$。

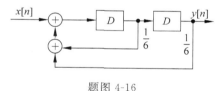

题图 4-16

4-17　已知某离散时间因果 LTI 系统的输出序列 $y[n]$ 与输入序列 $x[n]$ 通过包括中间序列 $w[n]$ 的一对差分方程所确定：

$$\begin{cases} y[n]+\dfrac{1}{4}y[n-1]+w[n]+\dfrac{1}{2}w[n-1]=\dfrac{2}{3}x[n] \\[2mm] y[n]-\dfrac{5}{4}y[n-1]+2w[n]-2w[n-1]=-\dfrac{5}{3}x[n] \end{cases}$$

（1）求该系统的频率响应 $H(\mathrm{e}^{\mathrm{j}\Omega})$ 和单位样值响应 $h[n]$；

（2）求该系统的线性常系数差分方程。

4-18　设长度为 N 的复序列 $x[n]=x_{\mathrm{r}}[n]+\mathrm{j}x_{\mathrm{i}}[n]$，$x_{\mathrm{r}}[n]$ 与 $x_{\mathrm{i}}[n]$ 分别是 $x[n]$ 的实部和虚部，且 $\mathrm{DFT}\{x[n]\}=X[k]$，试证明：

（1）$\mathrm{DFT}\{x_{\mathrm{r}}[n]\}=\dfrac{1}{2}\{X[k]+X^{*}[N-k]\}$；

（2）$\mathrm{DFT}\{x_{\mathrm{i}}[n]\}=\dfrac{1}{2\mathrm{j}}\{X[k]-X^{*}[N-k]\}$。

4-19　记序列 $x[n]$ 的 N 点 DFT 为 $X[k]$。试证明：

(1) 若 $x[n]$ 实偶对称,即 $x[n]=x[N-n]$,则 $X[k]$ 也实偶对称;

(2) 若 $x[n]$ 实奇对称,即 $x[n]=-x[N-n]$,则 $X[k]$ 也实奇对称。

4-20　记序列 $x[n]$ 的 N 点 DFT 为 $X[k]$。对于 $0<m<N$,试求:

(1) $\mathrm{DFT}\left\{x[n]\cos\left(\dfrac{2\pi m}{N}n\right)\right\}$;　　　　　(2) $\mathrm{DFT}\left\{x[n]\sin\left(\dfrac{2\pi m}{N}n\right)\right\}$

4-21　已知 $x[n]$ 是长为 N 的有限长序列,它的 N 点 DFT 为 $X[k]$。现在 $x[n]$ 的后面通过添加值为 0 的序列点,将序列长度扩大 r 倍,得到长为 rN 的新有限长序列 $y[n]$。试用 $X[k]$ 表示 $y[n]$ 的 rN 点 DFT $Y[k]$。

第 5 章 抽样、调制与解调

傅里叶变换应用于通信系统有着久远的历史和宽阔的范围,现代通信系统的发展也紧密伴随着傅里叶变换方法的精心运用。本章将初步介绍这些应用中最主要的两个方面——抽样、调制与解调。

从物理概念来说,如果激励信号的频谱函数为 $X(j\omega)$,则响应的频谱函数便是 $H(j\omega) \cdot X(j\omega)$,系统改变了激励信号的频谱。系统的功能是对信号各频率分量进行加权,某些频率分量增加,而另一些分量则相对削弱或不变。而且,每个频率分量在传输过程中都产生各自的相位偏移。这种改变的规律完全由系统函数 $H(j\omega)$ 所决定,$H(j\omega)$ 是一个加权函数,把频谱密度为 $X(j\omega)$ 的信号改造为 $Y(j\omega) = H(j\omega) \cdot X(j\omega)$ 的响应信号。实际上,对于任意激励信号的傅里叶分解可以看作无穷多项信号的叠加(或无穷多项正弦分量的叠加),把这些分量作用于系统所得的响应取和(逆变换的积分式),即可给出完整的响应信号。

概括来讲,在线性时不变系统的分析中,无论时域、频域、复频域的方法都可按信号分解、求响应再叠加的原则来处理。

5.1 抽样定理

抽样定理在通信系统、信息传输理论方面占有十分重要的地位,许多近代通信方式都以此定理作为理论基础,它解决了连续时间信号与离散时间信号传输间的等效问题,回答了如何从抽样信号中恢复原始连续信号以及在什么条件下才可以无失真地完成这种恢复的问题。

所谓"抽样",就是利用抽样脉冲序列 $p(t)$ 按一定的时间间隔 T 从连续时间信号 $x(t)$ 中抽取一系列的离散样值(抽取样本值),这种离散信号通常称为"抽样信号",以 $x_s(t)$ 表示。

在信号分析与处理研究领域中,习惯上把 $\text{Sa}(t) = \dfrac{\sin t}{t}$ 称为"抽样函数",与此处所指的"抽样"或"抽样信号"具有完全不同的含义。此外,这里的抽样也称为"采样"或"取样"。

5.1.1 时域抽样定理

实际中,抽样信号可通过两个信号相乘得到,即

$$x_s(t) = x(t)p(t) \tag{5-1}$$

其中抽样脉冲 $p(t)$ 为周期性信号,若它为周期性冲激序列

$$p(t) = \sum_{n=-\infty}^{+\infty} \delta(t - nT_s) \tag{5-2}$$

则称这种抽样为"冲激抽样"或"理想抽样",此时的理想抽样信号 $x_s(t)$ 为

$$x_s(t) = x(t) \cdot \sum_{n=-\infty}^{+\infty} \delta(t - nT_s) = \sum_{n=-\infty}^{+\infty} x(nT_s)\delta(t - nT_s) \tag{5-3}$$

记连续时间信号 $x(t)$、抽样脉冲 $p(t)$、抽样信号 $x_s(t)$ 的傅里叶变换分别为 $X(j\omega)$、$P(j\omega)$、$X_s(j\omega)$,由于 $p(t)$ 为周期性信号,它的傅里叶变换为

$$P(\mathrm{j}\omega) = 2\pi \sum_{n=-\infty}^{+\infty} P_n \delta(\omega - n\omega_s) \tag{5-4}$$

其中 $P_n = \dfrac{1}{T_s} \displaystyle\int_{-\frac{T_s}{2}}^{\frac{T_s}{2}} p(t) \mathrm{e}^{-jn\omega_s t} \mathrm{d}t$ 是 $p(t)$ 的傅里叶级数的系数，$\omega_s = 2\pi f_s = \dfrac{2\pi}{T_s}$ 是抽样角频率。

根据频域卷积定理，有

$$X_s(\mathrm{j}\omega) = \frac{1}{2\pi} X(\mathrm{j}\omega) * P(\mathrm{j}\omega) \tag{5-5}$$

从而可得抽样信号 $x_s(t)$ 的傅里叶变换为

$$X_s(\mathrm{j}\omega) = \sum_{n=-\infty}^{+\infty} P_n X(\mathrm{j}(\omega - n\omega_s)) \tag{5-6}$$

可见，信号 $x(t)$ 在时域被周期性的抽样脉冲抽样后，它的频谱 $X_s(\mathrm{j}\omega)$ 是连续频率周期函数，是连续信号频谱 $X(\mathrm{j}\omega)$ 的形状按抽样角频率 ω_s 等间隔重复，重复过程中幅度被抽样脉冲 $p(t)$ 的傅里叶系数 P_n 所加权。

时域抽样定理表述如下：一个频率有限信号 $x(t)$，如果其频谱只占据 $-\omega_m \sim \omega_m$ 的范围，则信号 $x(t)$ 可以由等间隔的抽样值 $x(nT_s)$ 来唯一地确定，而抽样间隔必须不大于 $\dfrac{\pi}{\omega_m}$，或者说最低抽样频率为 $f_s = \dfrac{\omega_s}{2\pi} = \dfrac{\omega_m}{\pi} = 2f_m$，其中 f_m 为信号最高频率。

下面结合图 5-1 来证明抽样定理。在理想抽样的情况下，$p(t)$ 的傅里叶级数的系数为

$$P_n = \frac{1}{T_s} \int_{-\frac{T_s}{2}}^{\frac{T_s}{2}} p(t) \mathrm{e}^{-jn\omega_s t} \mathrm{d}t = \frac{1}{T_s}$$

根据式(5-4)，$p(t)$ 的傅里叶变换为

$$P(\mathrm{j}\omega) = \frac{2\pi}{T_s} \sum_{k=-\infty}^{+\infty} \delta(\omega - n\omega_s) \tag{5-7}$$

由于信号 $x(t)$ 的频谱只占据 $-\omega_m \sim \omega_m$ 的范围，故信号 $x(t)$ 的傅里叶变换可写为

$$X(\mathrm{j}\omega) = X(\mathrm{j}\omega)[u(\omega + \omega_m) - u(\omega - \omega_m)]$$

根据式(5-5)，$x_s(t)$ 的傅里叶变换为

$$X_s(\mathrm{j}\omega) = \frac{1}{2\pi} X(\mathrm{j}\omega) * P(\mathrm{j}\omega) = \frac{1}{T_s} X(\mathrm{j}\omega) * \sum_{n=-\infty}^{+\infty} \delta(\omega - n\omega_s)$$

$$= \frac{1}{T_s} \sum_{n=-\infty}^{+\infty} X(\mathrm{j}(\omega - n\omega_s))[u(\omega - n\omega_s + \omega_m) - u(\omega - n\omega_s - \omega_m)] \tag{5-8}$$

某个示例的频域有限信号 $x(t)$ 及其频谱 $X(\mathrm{j}\omega)$ 见图 5-1(a)，取不同大小的抽样间隔 T_s 后得到的抽样信号 $x_s(t)$ 及依据式(5-8)所得到的对应频谱 $X_s(\mathrm{j}\omega)$ 分别见图 5-1(b)和图 5-1(c)。从图 5-1(b)可以看到，当抽样间隔 T_s 比较小，满足 $f_s \geqslant 2f_m$，即 $\omega_s \geqslant 2\omega_m$ 条件时，对于相邻的两个 n 值，$u(\omega - n\omega_s + \omega_m) - u(\omega - n\omega_s - \omega_m)$ 与 $u(\omega - (n+1)\omega_s + \omega_m) - u(\omega - (n+1)\omega_s - \omega_m)$ 之间没有重复区域，故抽样信号的频谱 $X_s(\mathrm{j}\omega)$ 在重复过程中没有混叠，不会产生失真，抽样信号 $x_s(t)$ 保留了原连续信号 $x(t)$ 的全部信息，完全可以用 $x_s(t)$ 唯一地表示 $x(t)$，或者说，完全可以由抽样信号 $x_s(t)$ 恢复出原信号 $x(t)$。由图 5-1(c)可见，如果抽样间隔 T_s 比较大，以致 $f_s < 2f_m$ 时，对于相邻的两个 n 值，$u(\omega - n\omega_s + \omega_m) - u(\omega - n\omega_s - \omega_m)$ 与 $u(\omega - (n+1)\omega_s + \omega_m) - u(\omega - (n+1)\omega_s - \omega_m)$ 之间有重合区域，抽样信号的频谱在重复过程中发生混叠，从而必然

会产生失真,此时不能从抽样信号 $x_s(t)$ 中恢复出原信号 $x(t)$。

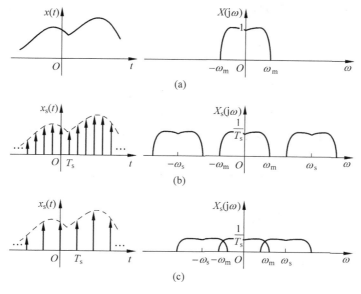

图 5-1 抽样信号的频谱

通常把时域抽样定理所确定的最低抽样频率 f_s 称为**奈奎斯特频率**,相对应的最大允许抽样时间间隔 $T_s = \dfrac{1}{f_s}$ 称为**奈奎斯特间隔**。

【**例 5-1**】 设 $x(t)$ 是限带信号,信号最高频率为 f_m,分别求 $x(3t)$、$x\left(\dfrac{t}{3}\right)$、$x^2(t)$、$x(t) * x(t)$ 的带宽(只计算正频率分量)、奈奎斯特频率 f_{smin} 及奈奎斯特间隔 T_{smin}。

解 (1) 因为 $x_1(t) = x(3t)$,所以 $X_1(j\omega) = \dfrac{X(j\omega/3)}{3}$,因此 $x(3t)$ 的频带宽度为 $3f_m$,奈奎斯特频率 $f_{s1min} = 2 \times 3f_m = 6f_m$,奈奎斯特间隔 $T_{s1min} = \dfrac{1}{f_{s1min}} = \dfrac{1}{6f_m}$。

(2) 因为 $x_2(t) = x\left(\dfrac{t}{3}\right)$,所以 $X_2(j\omega) = 3X(3j\omega)$,因此 $x\left(\dfrac{t}{3}\right)$ 的频带宽度为 $\dfrac{f_m}{3}$,奈奎斯特频率 $f_{s2min} = 2 \times \dfrac{f_m}{3} = \dfrac{2}{3}f_m$,奈奎斯特间隔 $T_{s2min} = \dfrac{1}{f_{s2min}} = \dfrac{3}{2f_m}$。

(3) 因为 $x_3(t) = x(t) \cdot x(t)$,所以 $X_3(j\omega) = \dfrac{1}{2\pi}X(j\omega) * X(j\omega)$,因此 $x_3(t)$ 的频带宽度是 $x(t)$ 的 2 倍即 $2f_m$,奈奎斯特频率 $f_{s3min} = 2 \times 2f_m = 4f_m$,奈奎斯特间隔 $T_{s3min} = \dfrac{1}{f_{s3min}} = \dfrac{1}{4f_m}$。

(4) 因为 $x_4(t) = x(t) * x(t)$,所以 $X_4(j\omega) = X^2(j\omega)$,因此 $x_4(t)$ 的频带宽度与 $x(t)$ 一样,即 f_m,奈奎斯特频率 $f_{s4min} = 2 \times f_m = 2f_m$,奈奎斯特间隔 $T_{s4min} = \dfrac{1}{f_{s4min}} = \dfrac{1}{2f_m}$。

在满足抽样定理的条件下,从式(5-6)可见,抽样信号 $x_s(t)$ 的频谱 $X_s(j\omega)$ 在 $-\omega_m \sim \omega_m$ 范围内与 $X(j\omega)$ 只是幅度上相差一项常系数 P_n 的比例因子,两频谱的形状完全相同。因此,可以将 $X_s(j\omega)$ 通过理想低通滤波器 $H(j\omega)$ 取出 $X(j\omega)$,实际上就是在时域完全恢复了 $x(t)$。

下面从时域角度来说明如何从抽样信号 $x_s(t)$ 恢复 $x(t)$。

截止频率为 ω_c、增益为 T_s 的理想低通滤波器的频谱特性和单位冲激响应为

$$H(j\omega) = \begin{cases} T_s, & |\omega| < \omega_c \\ 0, & |\omega| > \omega_c \end{cases} \tag{5-9a}$$

$$h(t) = \text{IFT}\{H(j\omega)\} = \frac{\omega_c T_s}{\pi} \text{Sa}(\omega_c t) \tag{5-9b}$$

将理想抽样信号 $x_s(t)$ 输入式(5-9)所给定的理想低通滤波器后,参考图 5-1(b),如果理想低通滤波器的截止频率 ω_c 满足 $\omega_m < \omega_c < \omega_s - \omega_m$,则滤波器的输出信号频谱 $X_o(j\omega)$ 就是原被抽样信号的频谱 $X(j\omega)$,即

$$X_o(j\omega) = H(j\omega)X_s(j\omega) = X(j\omega)$$

由时域卷积定理

$$x(t) = h(t) * x_s(t) = \frac{\omega_c T_s}{\pi} \text{Sa}(\omega_c t) * \sum_{n=-\infty}^{+\infty} x(nT_s)\delta(t - nT_s)$$

$$= \sum_{n=-\infty}^{+\infty} \frac{\omega_c T_s}{\pi} x(nT_s) \text{Sa}(\omega_c(t - nT_s)) \tag{5-10}$$

若取 $\omega_s = 2\omega_m$, $\omega_c = \omega_m$,则

$$x(t) = \sum_{n=-\infty}^{+\infty} x(nT_s) \text{Sa}(\omega_c(t - nT_s)) = \sum_{n=-\infty}^{+\infty} x(nT_s) \text{Sa}(\omega_c t - n\pi)$$

式(5-10)表明,连续时间信号 $x(t)$ 可以由抽样信号 $x_s(t)$ 的抽样值 $x(nT_s)$ 来确定,即在抽样信号 $x_s(t)$ 的每个抽样点处,画出一个峰值为 $x(nT_s)$ 的 Sa 函数波形,其所有合成波形就是原信号 $x(t)$。图 5-2 是 $\omega_s = 2\omega_m$ 时由抽样信号恢复连续信号的示例。式(5-10)也称为抽样信号恢复原信号的**内插公式**,即在满足抽样定理的条件下,可由信号在抽样点的值按内插式即式(5-10)进行内插来恢复原信号 $x(t)$。

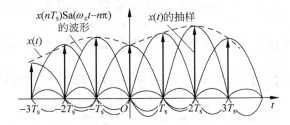

图 5-2 $\omega_s = 2\omega_m$ 时由抽样信号恢复连续信号

5.1.2 频域抽样定理

根据傅里叶变换的时域与频域对偶性,可以由时域抽样定理直接推论出频域抽样定理。

如果信号 $x(t)$ 为时限信号,即 $x(t)$ 在某一时间范围内有非零值,则 $x(t)$ 的频谱为连续频谱。若在频域对 $X(j\omega)$ 用周期为 ω_s 的冲激串进行理想抽样,则抽样后的频谱 $\widetilde{X}_s(j\omega)$ 为

$$\widetilde{X}_s(j\omega) = X(j\omega)\sum_{n=-\infty}^{+\infty}\delta(\omega - n\omega_s) = \sum_{n=-\infty}^{+\infty} X(jn\omega_s)\delta(\omega - n\omega_s) \tag{5-11}$$

式(5-7)已给出了冲激脉冲串 $p(t)$ 的频谱为 $P(\mathrm{j}\omega)=\omega_\mathrm{s}\sum\limits_{n=-\infty}^{+\infty}\delta(\omega-n\omega_\mathrm{s})$，所以频域脉冲串

$P_1(\mathrm{j}\omega)=\sum\limits_{n=-\infty}^{+\infty}\delta(\omega-n\omega_\mathrm{s})$ 所对应的时域信号应为 $p_1(t)=\dfrac{1}{\omega_\mathrm{s}}\sum\limits_{n=-\infty}^{+\infty}\delta(t-nT_\mathrm{s})$，其中 $T_\mathrm{s}=\dfrac{2\pi}{\omega_\mathrm{s}}$。

根据傅里叶变换的时域卷积定理，抽样后的频谱 $\widetilde{X}_\mathrm{s}(\mathrm{j}\omega)$ 所对应的时域信号 $\widetilde{x}(t)$（见图 5-3）为

$$\widetilde{x}(t)=x(t)*p_1(t)=x(t)*\frac{1}{\omega_\mathrm{s}}\sum_{n=-\infty}^{+\infty}\delta(t-nT_\mathrm{s})=\frac{1}{\omega_\mathrm{s}}\sum_{n=-\infty}^{+\infty}x(t-nT_\mathrm{s}) \tag{5-12}$$

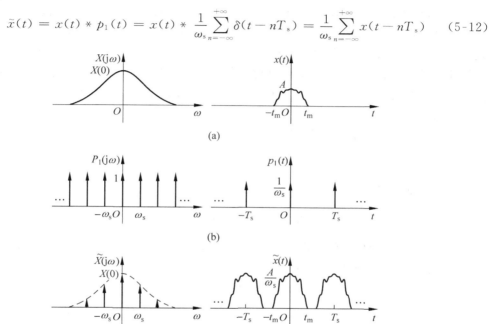

图 5-3　频域抽样信号频谱与对应的时域信号

由式(5-12)和图 5-3 可知，理想抽样频谱 $\widetilde{X}_\mathrm{s}(\mathrm{j}\omega)$ 所对应的时域信号 $\widetilde{x}(t)$ 是周期性的，其周期为 T_s，当信号 $x(t)$ 的时域宽度小于 T_s 时，理想抽样频谱 $\widetilde{X}_\mathrm{s}(\mathrm{j}\omega)$ 所对应的时域信号 $\widetilde{x}(t)$ 无混叠现象，可以无失真地恢复出原信号 $x(t)$。当信号 $x(t)$ 的时域宽度大于 T_s 时，理想抽样频谱 $\widetilde{X}_\mathrm{s}(\mathrm{j}\omega)$ 所对应的时域信号 $\widetilde{x}(t)$ 有混叠现象发生，这时就无法从 $\widetilde{x}(t)$ 中恢复原信号 $x(t)$。根据以上分析可以得出如下的频域抽样定理。

频域抽样定理表述如下：若信号 $x(t)$ 为时域有限信号，它集中在 $-t_\mathrm{m}\sim t_\mathrm{m}$ 的时间范围内，若在频域中，以不大于 $\dfrac{1}{2t_\mathrm{m}}$ 的频率间隔 ω_s 对 $x(t)$ 的频谱 $X(\mathrm{j}\omega)$ 进行抽样，则抽样后的频谱 $\widetilde{X}_\mathrm{s}(\mathrm{j}\omega)$ 可以唯一地表示原信号 $x(t)$ 的频谱 $X(\mathrm{j}\omega)$，从而也可以唯一地表示原信号 $x(t)$。

根据时域和频域对偶性，参考式(5-10)可推出频域抽样定理的内插公式为

$$X(\mathrm{j}\omega)=\sum_{n=-\infty}^{+\infty}X(\mathrm{j}n\omega_\mathrm{s})\mathrm{Sa}((\omega-n\omega_\mathrm{s})t_\mathrm{m}) \tag{5-13}$$

5.2 内 插 公 式

抽样定理确立了频带有限或时域有限信号可由其抽样值唯一地表示的事实,这一定理是根据冲激串抽样引申出来的。而且,式(5-10)也仅通过抽样值 $x_s(nT_s)$ 给出了原始信号的数学表达式,式(5-13)也仅通过抽样值 $X(jn\omega_s)$ 给出了原始信号频谱的数学表达式。在实践中,近似于冲激的大幅度窄脉冲是非常难以产生和传输的。为此,在数字通信系统中经常采用其他抽样方式,最常见的是零阶抽样保持(或零阶保持抽样,也简称为抽样保持)形式,这种系统在一给定抽样瞬时对 $x(t)$ 抽样,并保持该值直到下一个抽样瞬时,见图5-4(a)。应该注意的是,抽样保持并不是简单地将信号 $x(t)$ 与抽样脉冲 $p(t)$ 相乘。在抽样瞬间,$p(t)$ 对 $x(t)$ 抽样,保持这一样本值直到下一个抽样瞬时为止,由此得到的输出信号 $x_0(t)$ 具有阶梯形状。

信号 $x(t)$ 经理想抽样后得到的抽样信号为

$$x_s(t) = \sum_{n=-\infty}^{+\infty} x(nT_s)\delta(t-nT_s) \tag{5-3}$$

该抽样信号的频谱为

$$X_s(j\omega) = \frac{\omega_s}{2\pi}\sum_{n=-\infty}^{+\infty} X(j\omega - jn\omega_s) \tag{5-8}$$

要从 $x_s(t)$ 得到零阶保持的输出 $x_0(t)$,原理上可以将 $x_s(t)$ 通过具有矩形冲激响应的连续时间 LTI 系统来得到,如图 5-4(b) 所示。此时

$$h_0(t) = u(t) - u(t-T_s) \tag{5-14a}$$

$$H_0(j\omega) = \frac{1}{j\omega}(1-e^{-j\omega T_s}) = T_s\mathrm{Sa}\left(\frac{\omega T_s}{2}\right)e^{-j\frac{\omega T_s}{2}} \tag{5-14b}$$

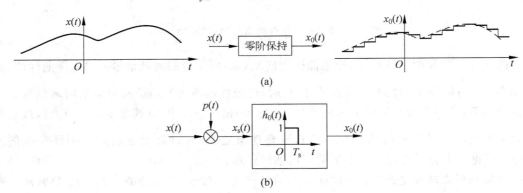

(a)

(b)

图 5-4 零阶保持的抽样输出

故零阶保持的输出 $x_0(t)$ 为

$$x_0(t) = x_s(t) * h_0(t) = \sum_{n=-\infty}^{+\infty} x(nT_s)\big[u(t-nT_s) - u(t-(n+1)T_s)\big] \tag{5-15a}$$

可见,即使在满足抽样定理的前提下,零阶保持的输出 $x_0(t)$ 与原始信号 $x(t)$ 之间仍有很大的误差,因为此时 $x_0(t)$ 的频谱为

$$X_0(j\omega) = X_s(j\omega)H_0(j\omega) = Sa\left(\frac{\omega T_s}{2}\right)e^{-j\frac{\omega T_s}{2}}\sum_{n=-\infty}^{+\infty}X(j\omega-jn\omega_s) \tag{5-15b}$$

为了从 $x_0(t)$ 进一步恢复 $x(t)$，需要从 $X_0(j\omega)$ 中通过滤波提取出 $X(j\omega)$，因此考虑让 $x_0(t)$ 再经过一个具有频率响应 $H_{0r}(j\omega)$ 的 LTI 系统，要求该 LTI 系统的输出 $y(t)$ 与原始信号 $x(t)$ 相同。综合考虑零阶保持的抽样，得到如图 5-5 所示的系统，从而可求得

$$H_{0r}(j\omega) = \frac{e^{j\frac{\omega T_s}{2}}}{Sa\left(\frac{\omega T_s}{2}\right)}H_{LPF}(j\omega) \tag{5-16}$$

其中 $H_{LPF}(j\omega)$ 为满足抽样定理要求的理想低通滤波器，可见，从零阶抽样保持信号 $x_0(t)$ 恢复原始信号 $x(t)$ 仍然可用低通滤波器来实现，只是此时所需的滤波器在通带内不可再具有等幅增益。

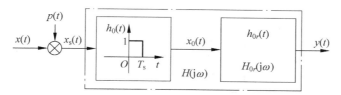

图 5-5　零阶保持与恢复滤波器的级联表示

在许多场合，零阶保持可看作是对原始信号的一种适当的近似，它不需要附加的低通滤波。虽然它非常粗糙，但本质上它已表示了一种根据抽样值进行的最简单的内插。另一种简单而有用的内插形式是线性内插（又称为一阶保持），在相邻的抽样点之间用直线连接，即用线性函数来拟合相邻抽样点之间的信号变化，此时重建的信号是连续的，但在所有的抽样点处其导数不连续，它的内插精度较零阶保持有了很大的提高。如果采用更高阶的多项式或其他函数曲线来进行内插，可以得到更复杂的内插公式，但相应的实现难度或运算量将随之增大。

采用线性内插时的单位冲激响应和系统的频率响应分别为

$$h_1(t) = \left(1-\frac{|t|}{T_s}\right)\left[u(t+T_s)-u(t-T_s)\right] \tag{5-17a}$$

$$H_1(j\omega) = T_s Sa^2\left(\frac{\omega T_s}{2}\right) \tag{5-17b}$$

线性内插后的输出信号 $x_1(t)$ 及其频谱 $X_1(j\omega)$ 分别为

$$\begin{aligned} x_1(t) &= x_s(t)*h_1(t) \\ &= \sum_{n=-\infty}^{+\infty}x(nT_s)\left(1-\frac{|t-nT_s|}{T_s}\right)\left[u(t-(n-1)T_s)-u(t-(n+1)T_s)\right] \end{aligned}$$
$$\tag{5-18a}$$

$$X_1(j\omega) = H_1(j\omega)X_s(j\omega) = Sa^2\left(\frac{\omega T_s}{2}\right)\sum_{n=-\infty}^{+\infty}X(j\omega-jn\omega_s) \tag{5-18b}$$

可见，虽然在满足抽样定理的前提下可以保证 $\sum_{n=-\infty}^{+\infty}X(j\omega-jn\omega_s)$ 不产生混叠，但 $Sa^2\left(\frac{\omega T_s}{2}\right)$ 不为常数仍使 $X_1(j\omega)$ 与 $X(j\omega)$ 相比产生失真，故线性内插后的输出 $x_1(t)$ 与原始

信号 $x(t)$ 之间仍有一定的误差。为了进一步修正该误差，与零阶保持相类似，可以使 $x_1(t)$ 再通过具有如下频率响应的 LTI 系统

$$H_{1r}(j\omega) = \frac{1}{\mathrm{Sa}^2\left(\dfrac{\omega T_s}{2}\right)} H_{\mathrm{LPF}}(j\omega) \tag{5-19}$$

其中 $H_{\mathrm{LPF}}(j\omega)$ 为满足抽样定理要求的理想低通滤波器。线性内插及其与恢复滤波器的级联表示见图 5-6。

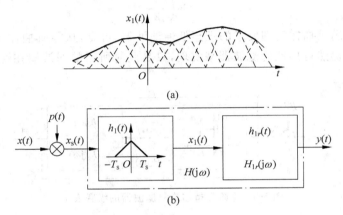

图 5-6 线性内插及其与恢复滤波器的级联表示

5.3 模 拟 调 制

调制的概念在各种工程系统中起着重要的作用，在通信系统中，调制是核心。本节着重分析调制信号的频谱。

无线通信系统是通过空间辐射方式传送信号的。由电磁波理论可以知道，天线尺寸为被辐射信号波长的十分之一或更大些，信号才能有效地被辐射。在通信系统中，由声音、图像、编码所转变成的电信号，信号频谱中的主要频率都较低。比如，声频都在 20kHz 以下，如果以 20kHz 左右的频率直接进行无线通信，相应的天线尺寸将达千米的数量级，不可能实际制造这样长的天线用于无线通信。因此，不适宜直接以电磁波的形式辐射低频电信号。而且，即使把这种低频信号通过天线辐射出去了，由于各电台发出信号的频率范围基本相同，它们在空中混合在一起，接收者将无法选择出所需要的信号。

调制的实质就是把各种信号的频谱进行搬移，使它们互不重叠地占据不同的频率范围，即将信号分别置于不同频率的载波上，这样不仅可以以合理的天线尺寸将信号辐射出去，而且保证了接收机可以分离出所需频率的信号。

5.3.1 调制的分类

所谓"调制"，就是由携带信息且需要传送的调制信号 $g(t)$（有时又称为基带信号）去控制不含信息的高频载波信号 $c(t)$ 的某一个或某几个参数，使这些参数按照信号 $g(t)$ 的规律而变化，从而形成具有高频频谱的窄带信号 $s(t)$，$s(t)$ 称为已调制信号。简单地说，**调制就**

是通过某种方式将低频信号的频谱搬移到更高的频率范围上去。根据 $g(t)$ 与 $c(t)$ 类型的不同以及调制器的功能不同,可以分为振幅调制、频率调制和相位调制等类型。

根据调制信号 $g(t)$ 是模拟信号还是数字信号,可以将调制分为模拟调制和数字调制两种类型。

模拟调制也称为连续时间信号的调制。按照调制器类型的不同,模拟调制可以分为幅度调制、频率调制和相位调制三种类型。

(1)幅度调制:调制信号 $g(t)$ 改变载波信号 $c(t)$ 的幅度参数。例如常规的调幅(AM)、抑制载波调幅(SC-AM)及脉冲调幅(PAM)。

(2)频率调制:调制信号 $g(t)$ 改变载波信号 $c(t)$ 的频率参数。例如调频(FM)。

(3)相位调制:调制信号 $g(t)$ 改变载波信号 $c(t)$ 的相位参数。例如调相(PM)。

本节重点讲述模拟信号的幅度调制。

模拟信号的幅度调制是通信系统中一种常用的调制方式。第一类幅度调制是载波信号是正弦波的幅度调制,可进一步分为含载波信号的调幅(常规的 AM 调幅)、抑制载波的调幅(SC-AM)、单边带调制(SSB)、残留边带调制(VSB)等;另一类重要的幅度调制是脉冲幅度调制(PAM),其载波信号一般为周期矩形脉冲。

5.3.2 正弦振幅调制

许多系统都应用了正弦振幅调制的概念。在这些系统中,携带信息的信号 $g(t)$ 乘以(调制)复指数信号或正弦信号 $c(t)$ 的幅度得到调制后的输出信号 $s(t)$,即

$$s(t) = g(t) \cdot c(t) \tag{5-20}$$

信号 $g(t)$ 通常称为调制信号,而 $c(t)$ 则称为载波信号。正弦振幅调制系统的原理如图 5-7 所示。

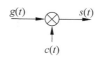

根据调制信号是否包含直流分量,正弦振幅调制又可分为抑制载波的幅度调制(SC-AM)和含载波的幅度调制(AM)两种。正弦振幅调制的载波通常有两种形式,一种是载波信号为复指数形式

图 5-7 正弦振幅调制系统的原理

$$c(t) = \mathrm{e}^{\mathrm{j}(\omega_c t + \theta_c)} \tag{5-21a}$$

而另一种是载波信号为正弦函数形式

$$c(t) = \cos(\omega_c t + \theta_c) \tag{5-21b}$$

在这两种形式中,频率 ω_c 称为**载波频率**。为了方便起见,选择载波信号的初相位 $\theta_c = 0$,下面只分析载波信号为正弦函数形式的情形。正弦函数载波信号的频谱为

$$C(\mathrm{j}\omega) = \pi[\delta(\omega + \omega_c) + \delta(\omega - \omega_c)]$$

如果记信号 $g(t)$、$s(t)$ 的频谱分别为 $G(\mathrm{j}\omega)$、$S(\mathrm{j}\omega)$,根据频域卷积定理,有

$$S(\mathrm{j}\omega) = \frac{1}{2\pi}G(\mathrm{j}\omega) * \pi[\delta(\omega + \omega_c) + \delta(\omega - \omega_c)] = \frac{1}{2}[G(\mathrm{j}(\omega + \omega_c)) + G(\mathrm{j}(\omega - \omega_c))]$$

$$\tag{5-22}$$

即,将调制信号 $g(t)$ 的频谱 $G(\mathrm{j}\omega)$ 幅度衰减一半后再分别向左、向右移动到以 $-\omega_c$ 和 ω_c 为中心,就得到了输出信号 $s(t)$ 的频谱 $S(\mathrm{j}\omega)$。

【例 5-2】 求三角脉冲调幅信号 $x(t) = E\left(1 - \dfrac{2}{\tau}|t|\right)\left[u\left(t + \dfrac{\tau}{2}\right) - u\left(t - \dfrac{\tau}{2}\right)\right]\cos(\omega_0 t)$

的傅里叶变换,其中 $\omega_0\tau \gg 2\pi$。

解 例 3-6 已求得三角脉冲信号 $x_1(t) = E\left(1 - \dfrac{2}{\tau}|t|\right)\left[u\left(t + \dfrac{\tau}{2}\right) - u\left(t - \dfrac{\tau}{2}\right)\right]$ 的傅里叶变换;3.4.2 节也已求得余弦信号 $\cos(\omega_0 t)$ 的傅里叶变换,因此利用傅里叶变换的频域卷积定理得

$$X(j\omega) = \frac{1}{2\pi}\left[\frac{E\tau}{2}\mathrm{Sa}^2\left(\frac{\omega\tau}{4}\right)\right] * \{\pi[\delta(\omega + \omega_0) + \delta(\omega - \omega_0)]\}$$

$$= \frac{E\tau}{4}\left[\mathrm{Sa}^2\left(\frac{(\omega + \omega_0)\tau}{4}\right) + \mathrm{Sa}^2\left(\frac{(\omega - \omega_0)\tau}{4}\right)\right]$$

【例 5-3】 求周期矩形波 $c(t) = \displaystyle\sum_{k=-\infty}^{+\infty}\left[u\left(t - \left(k + \dfrac{1}{4}\right)T_1\right) - 2u\left(t - \left(k - \dfrac{1}{4}\right)T_1\right) + u\left(t - \left(k - \dfrac{3}{4}\right)T_1\right)\right]$ 被三角脉冲 $g(t) = E\left(1 - \dfrac{2}{T}|t|\right)\left[u\left(t + \dfrac{T}{2}\right) - u\left(t - \dfrac{T}{2}\right)\right]$ ($T \gg T_1$) 调制后信号 $s(t) = g(t) \cdot c(t)$ 的频谱。

解 周期矩形波 $c(t)$ 是直流分量为零、占空比为 1/2 的偶对称方波,依据式(3-29),它可展开为傅里叶级数

$$c(t) = \sum_{n=1}^{+\infty}\mathrm{Sa}\left(\frac{n\pi}{2}\right)\cos(n\omega_1 t)$$

其中 $\omega_1 = \dfrac{2\pi}{T_1}$ 是周期矩形波的基频。当 n 为偶数时,上式中 $\mathrm{Sa}\left(\dfrac{n\pi}{2}\right)\Big|_{n=2k} \equiv 0$,所以该周期矩形波只有奇次谐波项而没有偶次谐波项。再参考例 3-7,得到该周期矩形波的频谱为

$$C(j\omega) = \pi\sum_{n=1}^{+\infty}\mathrm{Sa}\left(\frac{n\pi}{2}\right)[\delta(\omega + n\omega_1) + \delta(\omega - n\omega_1)]$$

例 3-6 中已求得三角形脉冲 $g(t)$ 的频谱为

$$G(j\omega) = \frac{ET}{2}\mathrm{Sa}^2\left(\frac{\omega T}{4}\right)$$

由于 $s(t) = g(t)c(t)$,根据频域卷积定理,得信号 $s(t)$ 的频谱为

$$S(j\omega) = \frac{1}{2\pi}G(j\omega) * C(j\omega) = \frac{1}{2}\sum_{n=1}^{+\infty}\mathrm{Sa}\left(\frac{n\pi}{2}\right)[G(\omega + n\omega_1) + G(\omega - n\omega_1)]$$

$$= \frac{ET}{4}\sum_{n=1}^{+\infty}\mathrm{Sa}\left(\frac{n\pi}{2}\right)\left[\mathrm{Sa}^2\left(\frac{\omega + n\omega_1}{4}T\right) + \mathrm{Sa}^2\left(\frac{\omega - n\omega_1}{4}T\right)\right]$$

可见,周期矩形波被三角脉冲调制后,三角脉冲的频谱不仅被分别向左、向右移动到以 $-n\omega_1$ 和 $n\omega_1$ 为中心的一系列位置上,而且它们的幅度还进一步受到 $\mathrm{Sa}\left(\dfrac{n\pi}{2}\right)$ 的调节。图 5-8 给出了当 $T_1 = 10\mathrm{ms}$、$E = 2$、$T = 100\mathrm{ms}$ 时 $c(t)$、$g(t)$、$s(t)$ 的波形实例及它们各自的频谱。

图 5-8 中,将 $c(t)$、$g(t)$、$s(t)$ 的频谱都以对数标度,即图 5-8(d)、(e)、(f)的纵坐标分别为 $20\lg|C(j\omega)|$、$20\lg|G(j\omega)|$、$20\lg|S(j\omega)|$。由于 $T_1 = 10\mathrm{ms}$,矩形波的基频 $f_1 = 100\mathrm{Hz}$。由图 5-8(d)可见,在 f_1 的奇数倍上都出现了谱峰,而在 f_1 的偶数倍上都没有出现谱峰,而且随着谐波次数的增加各峰的高度逐渐降低。三角脉冲持续的有限时间为 $2T = 200\mathrm{ms}$,它梳状频谱的过零点频率间隔为 $1/T = 10\mathrm{Hz}$,主瓣宽度(即通常所说的带宽)为 $20\mathrm{Hz}$。

1. 抑制载波的幅度调制(SC-AM)

抑制载波的幅度调制是将不含直流分量的调制信号 $g(t)$ 与高频率载波信号 $c(t)$ 相乘

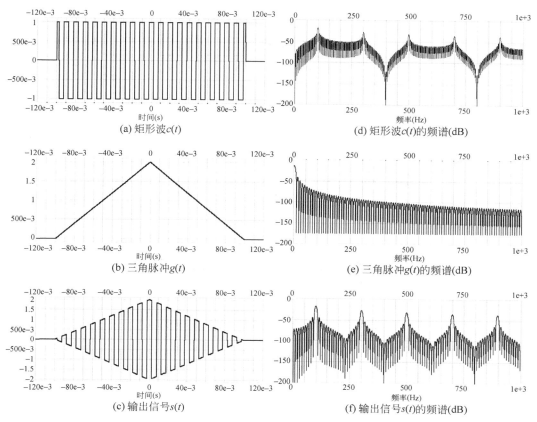

图 5-8 周期矩形波被三角脉冲调制

来得到调幅信号 $s(t)$，其数学表达式仍为式（5-20），即

$$s(t) = g(t) \cdot c(t)$$

当采用初相位为零的正弦函数载波信号时，调幅信号 $s(t)$ 的傅里叶变换为

$$S(j\omega) = \frac{1}{2}\big[G(j(\omega+\omega_c)) + G(j(\omega-\omega_c))\big] \tag{5-22}$$

调制信号、载波信号和已调信号的频谱示意如图 5-9 所示。由图 5-9 可见，低频的调制信号 $g(t)$ 经过抑制载波幅度调制后，其频谱中心被搬移到 ω_c 和 $-\omega_c$ 处，成为了高频的已调信号 $s(t)$。图 5-9(a) $G(j\omega)$ 频谱的阴影区域经调制后成为图 5-9(c) $S(j\omega)$ 频谱的两个阴影区域。在已调信号的频谱 $S(j\omega)$ 中，频谱被分为对称的两部分，每一部分的频谱幅度都是原来调制信号 $g(t)$ 频谱幅度的 $1/2$ 倍，总的频带宽度是原来的两倍。需要注意的是，移到 $-\omega_c$ 的频谱与移到 ω_c 的频谱是关于纵坐标对称的，图 5-9(c) 右侧的阴影区域就是双边带中的上边带，右侧的非阴影区域是双边带中的下边带。

【例 5-4】 若 $x(t)$ 的频谱如图 5-10 所示，令 $x_p(t) = x(t)p(t)$，求下列各题的 $X_p(j\omega)$，并画出其频谱。

(1) $p_1(t) = \cos(t)$；(2) $p_2(t) = \cos(2t)$；(3) $p_3(t) = \cos\left(\dfrac{t}{2}\right)$。

解 (1) 因为 $p_1(t) = \cos(t)$，则其频谱为

$$P_1(j\omega) = \pi\delta(\omega-1) + \pi\delta(\omega+1)$$

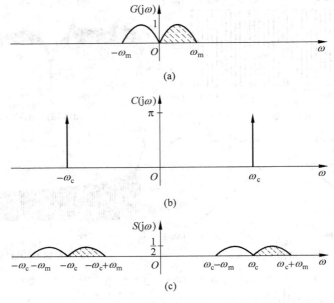

图 5-9　抑制载波幅度调制中各信号的频谱

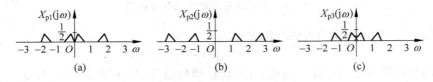

图 5-10　$X_p(j\omega)$ 的频谱

根据频域卷积定理可得 $x_{p1}(t)$ 的频谱为

$$X_{p1}(j\omega) = \frac{1}{2\pi}X(j\omega) * P_1(j\omega) = \frac{1}{2}X(j(\omega-1)) + \frac{1}{2}X(j(\omega+1))$$

其频谱 $X_{p1}(j\omega)$ 见图 5-10(a)。

(2) 因为 $p_2(t) = \cos(2t)$，则其频谱为

$$P_2(j\omega) = \pi\delta(\omega-2) + \pi\delta(\omega+2)$$

根据频域卷积定理可得 $x_{p2}(t)$ 的频谱为

$$X_{p2}(j\omega) = \frac{1}{2\pi}X(j\omega) * P_2(j\omega) = \frac{1}{2}X(j(\omega-2)) + \frac{1}{2}X(j(\omega+2))$$

其频谱 $X_{p2}(j\omega)$ 见图 5-10(b)。

(3) 因为 $p_3(t) = \cos\left(\frac{t}{2}\right)$，则其频谱为

$$P_3(j\omega) = \pi\delta\left(\omega-\frac{1}{2}\right) + \pi\delta\left(\omega+\frac{1}{2}\right)$$

根据频域卷积定理可得 $x_{p3}(t)$ 的频谱为

$$X_{p3}(j\omega) = \frac{1}{2\pi}X(j\omega) * P_3(j\omega) = \frac{1}{2}X\left(j\left(\omega - \frac{1}{2}\right)\right) + \frac{1}{2}X\left(j\left(\omega + \frac{1}{2}\right)\right)$$

其频谱 $X_{p3}(j\omega)$ 见图 5-10(c)。

由图 5-10 可见,当 $p(t)$ 信号的频率不小于 $x(t)$ 信号的最大频率时,频谱搬移后没有出现重叠,当 $p(t)$ 信号的频率小于 $x(t)$ 信号的最大频率时,频谱搬移后出现了重叠。

2. 含载波的幅度调制(AM)

含载波的幅度调制也称为常规调幅、AM 调幅,这种幅度调制器输出的调幅信号的频谱除了含有抑制载波的频率成分外,还包含有高频载波信号的频率成分。这种调制方式在无线电广播中占有主要地位。其数学表达式为

$$s(t) = g(t) \cdot c(t) \tag{5-23}$$

式(5-23)与式(5-20)在形式上是一样的,但本质上是有区别的:这里的 $g(t)$ 包含了直流成分,具体可以描述为 $g(t) = A_0 + x(t)$;而载波信号 $c(t)$ 和抑制载波的载波信号是一样的,因此含载波的幅度调制数学表达式可以改写为

$$s(t) = A_0\cos(\omega_c t) + x(t)\cos(\omega_c t) \tag{5-24}$$

为了不产生调制失真,要求 AM 信号的包络 $A_0 + x(t)$ 在任何时候都必须大于零,也就是说要满足

$$A_0 \geqslant | x(t) |_{\max} \tag{5-25}$$

当不满足式(5-25)的条件时,AM 信号的包络就会与 $x(t)$ 不一致,而产生过调制失真,如图 5-11(b)所示。在 AM 调制中,这种过调制现象是不希望出现的。

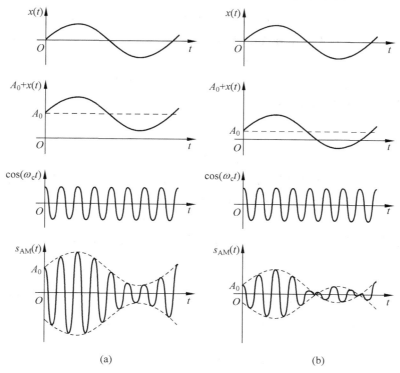

(a)　　　　　　　(b)

图 5-11　AM 幅度调制的波形

下面分析一下 AM 信号的频谱。

由于 $\mathrm{FT}\{\cos(\omega_c t)\} = \pi[\delta(\omega+\omega_c)+\delta(\omega-\omega_c)]$，而 $x(t)\cos(\omega_c t)$ 也可以理解为抑制载波的幅度调制，所以 $x(t)\cos(\omega_c t)$ 的傅里叶变换为 $\frac{1}{2}[X(\mathrm{j}(\omega+\omega_c))+X(\mathrm{j}(\omega-\omega_c))]$，其中 $X(\mathrm{j}\omega)$ 为 $x(t)$ 的傅里叶变换，因此 AM 幅度调制信号的傅里叶变换为

$$S(\mathrm{j}\omega) = \pi A_0[\delta(\omega+\omega_c)+\delta(\omega-\omega_c)]+\frac{1}{2}[X(\mathrm{j}(\omega+\omega_c))+X(\mathrm{j}(\omega-\omega_c))] \quad (5\text{-}26)$$

由式(5-26)和图 5-12 可见，AM 已调信号 $s(t)$ 的频谱 $S(\mathrm{j}\omega)$ 是由两部分组成的。其中第一部分是将 $x(t)$ 的频谱 $X(\mathrm{j}\omega)$ 向左、向右分别移动 ω_c，频谱幅度是原来 $x(t)$ 的频谱幅度的二分之一，它包含了 $x(t)$ 的全部信息；另一部分是位于 $\omega = \pm\omega_c$ 处的两个 δ 函数，其强度是 πA_0，它实际上是载波分量 $A_0\cos(\omega_c t)$ 的频谱，不含有任何有关 $x(t)$ 的信息。

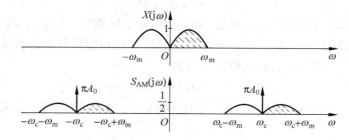

图 5-12　AM 幅度调制信号的频谱

5.3.3　脉冲幅度调制(PAM)

载波信号是周期矩形脉冲的幅度调制称为脉冲幅度调制(Pulse Amplitude Modulation, PAM)，在仪器仪表中经常要用到这类脉冲幅度调制技术。其数学表达式仍为式(5-20)，即

$$s(t) = g(t) \cdot c(t)$$

其中，$g(t)$ 是调制信号，$c(t)$ 是载波信号，一般采用周期的矩形脉冲串。

下面分析脉冲幅度调制信号的频谱。第 3 章已经给出周期矩形脉冲的复指数形式的傅里叶级数为

$$c(t) = \frac{E\tau}{T_0}\sum_{n=-\infty}^{+\infty}\mathrm{Sa}\left(\frac{n\omega_0\tau}{2}\right)\mathrm{e}^{\mathrm{j}n\omega_0 t}$$

其中，E 为载波信号 $c(t)$ 矩形脉冲的幅度，τ 是矩形脉宽，T_0 是矩形脉冲的周期。

由傅里叶变换的对称性可知，$\mathrm{e}^{\mathrm{j}n\omega_0 t}$ 的傅里叶变换为

$$\mathrm{FT}\{\mathrm{e}^{\mathrm{j}n\omega_0 t}\} = 2\pi\delta(\omega-n\omega_0)$$

再根据傅里叶变换的频移特性，可求得周期矩形脉冲信号的傅里叶变换为

$$C(\mathrm{j}\omega) = \frac{2\pi}{T_0}\sum_{n=-\infty}^{+\infty}E\tau\mathrm{Sa}\left(\frac{n\omega_0\tau}{2}\right)\delta(\omega-n\omega_0)$$

再根据傅里叶变换的频域卷积性质，可以得到脉冲幅度调制的傅里叶变换为

$$S(\mathrm{j}\omega) = \mathrm{FT}\{s(t)\} = \mathrm{FT}\{g(t) \cdot c(t)\} = \frac{1}{2\pi}G(\mathrm{j}\omega) * C(\mathrm{j}\omega)$$

$$= \frac{1}{2\pi}G(\mathrm{j}\omega) * \left[\frac{2\pi}{T_0}\sum_{n=-\infty}^{+\infty}E\tau\mathrm{Sa}\left(\frac{n\omega_0\tau}{2}\right)\delta(\omega-n\omega_0)\right]$$

$$= \frac{1}{T_0} \sum_{n=-\infty}^{+\infty} E\tau \, \mathrm{Sa}\left(\frac{n\omega_0 \tau}{2}\right) G(\mathrm{j}\omega) * \delta(\omega - n\omega_0)$$

$$= \frac{E\tau}{T_0} \sum_{n=-\infty}^{+\infty} \mathrm{Sa}\left(\frac{n\omega_0 \tau}{2}\right) G(\mathrm{j}(\omega - n\omega_0)) \tag{5-27}$$

图 5-13 给出了脉冲幅度调制信号的波形及其相应频谱。由图 5-13 可见,脉冲幅度调制的过程也实现了在频域搬移调制信号 $g(t)$ 的频谱 $G(\mathrm{j}\omega)$ 的目标,但与正弦波载波不同的是:正弦载波的频谱只有两个冲激串,因而在正弦幅度调制过程中调制信号的频谱只搬移两次;而脉冲载波的频谱存在无数个冲激串,因此,在脉冲幅度调制的过程中调制信号的频谱被搬移了无数次,搬移后的频谱中心位置在 $n\omega_0 = 2n\pi/T_0$,搬移后的频谱是原来调制信号的频谱幅度乘以 $\frac{E\tau}{T_0} \mathrm{Sa}\left(\frac{n\omega_0 \tau}{2}\right)$。

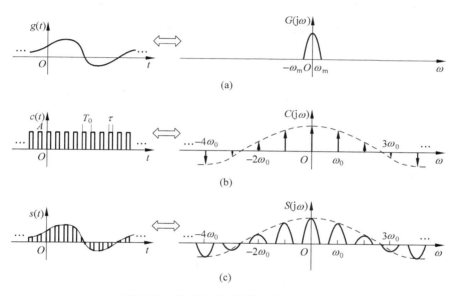

图 5-13 脉冲幅度调制的波形及其频谱

需要注意的是,脉冲幅度调制后的频谱仍然保留了在低频处的调制信号频谱,只是频谱幅度是原来调制信号频谱幅度的 $\frac{E\tau}{T_0}$ 倍。同时,为了保证调制后的频谱不发生混叠现象,要求 $T_0 < \frac{\pi}{\omega_\mathrm{m}}$。

5.4 模拟信号的解调

调制信号 $g(t)$ 经幅度调制产生的已调信号通过信道传输后,在接收端可以得到已调信号 $s(t)$,从已调信号中恢复调制信号 $g(t)$ 的过程称为**解调**。

在前面的叙述中已经知道调制信号 $g(t)$ 的幅度调制过程就是将低频的频谱搬移到高频的过程,而解调是调制的逆过程,因此解调就是将已调信号的高频频谱搬回到原来的低频频谱位置的过程。

实现解调的方法主要有同步解调和非同步解调两种。

5.4.1 同步解调

同步解调也称为相干解调,其实现的原理框图如图 5-14 所示。图中 $s(t)$ 是接收到的已调信号 $g(t) \cdot c(t)$;$c(t)$ 信号是接收端为解调而产生的本地载波信号 $\cos(\omega_c t)$,要求它与调制端的载波信号同步,即同频同相;$H(j\omega)$ 是幅度为 2、截止频率为 ω_m 低通滤波器,用来从信号 $s_0(t)$ 中提取所需要的调制信号 $g(t)$。

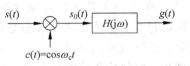

图 5-14 同步解调的原理框图

1. 理想滤波器

模拟信号解调来恢复原信号时,常常要用到滤波器。为了便于理解,下面先介绍理想低通滤波器。理想低通滤波器可按不同的实际需要从不同的角度给予定义,最常用到的是具有矩形幅度特性和线性相位特性的理想低通滤波器,如图 5-15 所示。

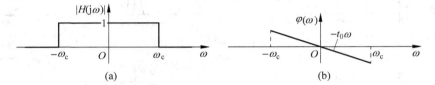

图 5-15 理想低通滤波器的频率响应

理想低通滤波器的频率响应可表示为

$$H(j\omega) = | H(j\omega) | \cdot e^{j\varphi(\omega)} \tag{5-28}$$

其中

$$| H(j\omega) | = \begin{cases} 1, & -\omega_c < \omega < \omega_c \\ 0, & \text{其他} \end{cases} \tag{5-29a}$$

$$\varphi(\omega) = -t_0 \omega \tag{5-29b}$$

对 $H(j\omega)$ 求傅里叶逆变换可得理想低通滤波器的单位冲激响应 $h(t)$ 为

$$h(t) = \frac{\omega_c}{\pi} \text{Sa}(\omega_c(t - t_0)) \tag{5-30}$$

理想低通滤波器的单位冲激响应 $h(t)$ 如图 5-16 所示。

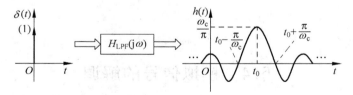

图 5-16 理想低通滤波器的单位冲激响应

由图 5-16 可以看出,激励信号 $\delta(t)$ 在 $t=0$ 时刻加入,而响应信号 $h(t)$ 在 $t<0$ 时却已经出现,因此理想低通滤波器是物理不可实现的,也就是说实际上不可能制作出具有这种理想特性的滤波器。然而,有关理想滤波器的研究并不因其无法实现而失去价值,实际滤波器的分析与设计往往需要理想滤波器的理论指导。

【例 5-5】　设一个物理可实现的低通滤波器如图 5-17

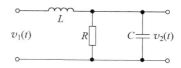

所示,元件参数满足 $R=\sqrt{\dfrac{L}{C}}$。

图 5-17　物理可实现的低通滤波器

（1）求该滤波器的 $H(\mathrm{j}\omega)$,并画出其幅度谱和相位谱;

（2）求该滤波器的冲激响应 $h(t)$。

解　（1）根据图 5-17 可得该低通滤波器的系统函数 $H(\mathrm{j}\omega)$ 为

$$H(\mathrm{j}\omega) = \frac{V_2(\mathrm{j}\omega)}{V_1(\mathrm{j}\omega)} = \frac{\dfrac{1}{1/R+\mathrm{j}\omega C}}{\mathrm{j}\omega L + \dfrac{1}{1/R+\mathrm{j}\omega C}} = \frac{1}{1-\omega^2 LC + \mathrm{j}\omega L/R}$$

由于 $R=\sqrt{\dfrac{L}{C}}$,令 $\omega_{\mathrm{c}}=\sqrt{\dfrac{1}{LC}}$,上式可以改写为

$$H(\mathrm{j}\omega) = \frac{1}{1-\left(\dfrac{\omega}{\omega_{\mathrm{c}}}\right)^2 + \mathrm{j}\dfrac{\omega}{\omega_{\mathrm{c}}}} = |H(\mathrm{j}\omega)| \cdot \mathrm{e}^{\mathrm{j}\varphi(\omega)}$$

其中

$$|H(\mathrm{j}\omega)| = \frac{1}{\sqrt{\left[1-\left(\dfrac{\omega}{\omega_{\mathrm{c}}}\right)^2\right] + \left(\dfrac{\omega}{\omega_{\mathrm{c}}}\right)^2}},$$

$$\varphi(\omega) = -\arctan\left[\frac{\dfrac{\omega}{\omega_{\mathrm{c}}}}{1-\left(\dfrac{\omega}{\omega_{\mathrm{c}}}\right)^2}\right]$$

因此,其幅频特性和相位特性如图 5-18(a)、(b)所示。

（2）为便于求得 $h(t)$,把 $H(\mathrm{j}\omega)$ 改写为

$$H(\mathrm{j}\omega) = \frac{2\omega_{\mathrm{c}}}{\sqrt{3}} \cdot \frac{\dfrac{\sqrt{3}}{2}\omega_{\mathrm{c}}}{\left(\dfrac{\omega_{\mathrm{c}}}{2}+\mathrm{j}\omega\right)^2 + \left(\dfrac{\sqrt{3}}{2}\omega_{\mathrm{c}}\right)^2}$$

由上式可求得冲激响应 $h(t)$ 为（波形如图 5-18(c)所示）

$$h(t) = \frac{2\omega_{\mathrm{c}}}{\sqrt{3}}\mathrm{e}^{-\frac{\omega_{\mathrm{c}}t}{2}}\sin\left(\frac{\sqrt{3}}{2}\omega_{\mathrm{c}}t\right)u(t)$$

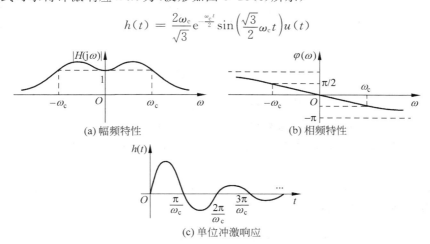

图 5-18　物理可实现低通滤波器的幅频、相位特性和冲激响应

【例 5-6】　一个理想低通滤波器 $H(j\omega)$ 的幅频和相频特性如图 5-15 所示,证明此滤波器对于 $x_1(t)=\dfrac{\pi}{\omega_c}\delta(t)$ 和 $x_2(t)=\dfrac{\sin(\omega_c t)}{\omega_c t}$ 的响应是一样的。

证明　本例与例 3-15 是相同的。例 3-15 从时域分析的角度进行证明,此处将从频域分析的角度进行证明。

首先,分别求 $x_1(t)$ 和 $x_2(t)$ 的傅里叶变换

$$X_1(j\omega)=\mathrm{FT}\{x_1(t)\}=\frac{\pi}{\omega_c}$$

$$X_2(j\omega)=\mathrm{FT}\{x_2(t)\}=\begin{cases}\dfrac{\pi}{\omega_c}, & |\omega|<\omega_c \\[2mm] 0, & |\omega|\geqslant\omega_c\end{cases}$$

可见 $x_1(t)=\dfrac{\pi}{\omega_c}\delta(t)$ 与 $x_2(t)=\dfrac{\sin(\omega_c t)}{\omega_c t}$ 两信号的频谱在 $-\omega_c\sim\omega_c$ 范围内相同。如图 5-15 所示,理想低通滤波器 $H(j\omega)$ 的幅频和相频特性已求得为式(5-29),因此将上两式分别与式(5-29)相乘,得到各自响应的频谱为

$$Y_1(j\omega)=H(j\omega)X_1(j\omega)=\begin{cases}\dfrac{\pi}{\omega_c}e^{-j\omega t_0}, & |\omega|<\omega_c \\[2mm] 0, & |\omega|\geqslant\omega_c\end{cases}$$

$$Y_2(j\omega)=H(j\omega)X_2(j\omega)=\begin{cases}\dfrac{\pi}{\omega_c}e^{-j\omega t_0}, & |\omega|<\omega_c \\[2mm] 0, & |\omega|\geqslant\omega_c\end{cases}$$

可见 $Y_1(j\omega)\equiv Y_2(j\omega)$,即系统响应的频谱完全相同,故响应必定完全一样,为

$$y_1(t)=y_2(t)=\mathrm{IFT}\{Y_1(j\omega)\}=\mathrm{Sa}(\omega_c(t-t_0))$$

【例 5-7】　一个理想低通滤波器 $H(j\omega)$ 的幅频和相频特性如图 5-15 所示,利用 SC-AM 调制来获得一个如图 5-19 所示的理想带通滤波器,并求出理想带通滤波器的冲激响应 $h_{\mathrm{BPF}}(t)$。

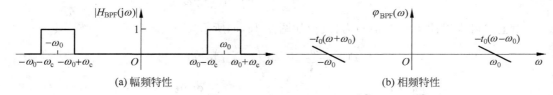

(a) 幅频特性　　　　　　　　　　　　(b) 相频特性

图 5-19　理想带通滤波器的特性

解　根据 SC-AM 调制原理可知,一个调制信号 $g(t)$ 与 $\cos(\omega_0 t)$ 相乘后得到的频谱就是把调制信号 $g(t)$ 的频谱 $G(j\omega)$ 搬移到 $\pm\omega_0$ 处,并且频谱幅度是原来的一半。而图 5-19 理想带通滤波器的频谱也是把图 5-15 理想低通滤波器的频谱搬移到 $\pm\omega_0$ 处,只是幅度与原来的一样。

因此理想带通滤波器的冲激响应 $h_d(t)$ 可以理解为理想低通滤波器的冲激响应 $h(t)$ 与 $2\cos(\omega_0 t)$ 相乘所得的信号,即

$$h_{\mathrm{BPF}}(t)=h(t)\cdot 2\cos(\omega_0 t)=\frac{2\omega_c}{\pi}\mathrm{Sa}(\omega_c(t-t_0))\cdot\cos(\omega_0 t)$$

由此可以看出，理想带通滤波器的冲激响应 $h_{\text{BPF}}(t)$ 是一个以等效低通滤波器的冲激响应为包络的正弦调幅信号。

2. 正弦振幅调制的同步解调

如果调制信号 $g(t)$ 是带宽有限的，即存在 ω_{m}，当 $\omega > \omega_{\text{m}}$ 时，$|G(\text{j}\omega)| \equiv 0$，则要从 $s(t)$ 中解调出 $g(t)$ 是容易实现的。具体方法是：用信号 $s(t)$ 再次调制相同的正弦载波，然后再通过一个具有合适截止频率的理想低通滤波器就可以了。同步解调的原理如图 5-20 所示。

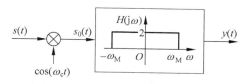

图 5-20　同步解调原理框图

下面具体分析解调过程中信号的频谱变化。式（5-22）已求得调制后信号 $s(t)$ 的频谱 $S(\text{j}\omega)$，因此类似于式（5-22）的推导过程可以求得 $s_0(t)$ 的频谱 $S_0(\text{j}\omega)$ 为

$$S_0(\text{j}\omega) = \frac{1}{2}\left[S(\text{j}(\omega + \omega_{\text{c}})) + S(\text{j}(\omega - \omega_{\text{c}}))\right]$$

$$= \frac{\dfrac{G(\text{j}(\omega + \omega_{\text{c}} + \omega_{\text{c}})) + G(\text{j}(\omega + \omega_{\text{c}} - \omega_{\text{c}}))}{2} + \dfrac{G(\text{j}(\omega - \omega_{\text{c}} + \omega_{\text{c}})) + G(\text{j}(\omega - \omega_{\text{c}} - \omega_{\text{c}}))}{2}}{2}$$

$$= \frac{G(\text{j}(\omega + 2\omega_{\text{c}})) + G(\text{j}\omega)}{4} + \frac{G(\text{j}\omega) + G(\text{j}(\omega - 2\omega_{\text{c}}))}{4}$$

$$= \frac{1}{4}G(\text{j}(\omega + 2\omega_{\text{c}})) + \frac{1}{2}G(\text{j}\omega) + \frac{1}{4}G(\text{j}(\omega - 2\omega_{\text{c}})) \tag{5-31}$$

它所对应的时域信号为

$$s_0(t) = \frac{1}{2}g(t)\cos(2\omega_{\text{c}}t) + \frac{1}{2}g(t) \tag{5-32}$$

即，解调后首先得到的信号 $s_0(t)$ 中包含两部分，其中一部分是原始调制信号 $g(t)$ 但强度衰减了一半，另一部分是用原始信号 $g(t)$ 去调制两倍原载波频率 ω_{c} 的正弦载波 $\cos(2\omega_{\text{c}}t)$ 但强度也衰减一半。当 $S_0(\text{j}\omega)$ 再通过截止频率 ω_{M} 满足 $\omega_{\text{m}} < \omega_{\text{M}} < 2\omega_{\text{c}} - \omega_{\text{m}}$、且幅度为 2 的理想低通滤波器时，$S_0(\text{j}\omega)$ 中的低频部分 $G(\text{j}\omega)$ 可通过低通滤波器，而高频部分 $G(\text{j}\omega \pm 2\omega_{\text{c}})$ 则被滤除，故理想低通滤波器的输出 $y(t)$ 就是原始调制信号 $g(t)$。在调制、同步解调过程中有关信号的频谱变化见图 5-21。

仔细分析图 5-21 中各信号的频谱可以对调制、解调有更进一步的认识。如果载波频率小于调制信号的最高频率，即如果 $\omega_{\text{c}} < \omega_{\text{m}}$，则调制端发射信号 $s(t)$ 的频谱 $S(\text{j}\omega)$ 中有 $\omega_{\text{c}} - \omega_{\text{m}} < -\omega_{\text{c}} + \omega_{\text{m}}$，即 $S(\text{j}\omega)$ 中发生了正、负频谱混迭。在同步解调端，有 $2\omega_{\text{c}} - \omega_{\text{m}} < \omega_{\text{m}}$，从而频谱 $S_0(\text{j}\omega)$ 中 $G(\text{j}\omega)$ 的正高频部分（ω_{m} 附近）与 $G(\text{j}(\omega - 2\omega_{\text{c}}))$ 的低频部分（$2\omega_{\text{c}} - \omega_{\text{m}}$ 附近）会发生频谱混叠，而 $G(\text{j}\omega)$ 的负高频部分（$-\omega_{\text{m}}$ 附近）与 $G(\text{j}(\omega + 2\omega_{\text{c}}))$ 的低频部分（$-2\omega_{\text{c}} + \omega_{\text{m}}$ 附近）也会发生频谱混叠。此时，无论理想低通滤波器的截止频率 ω_{M} 怎样选择，都无法只滤出 $G(\text{j}\omega)$ 而不混有 $G(\text{j}(\omega \pm 2\omega_{\text{c}}))$ 的分量。所以，要能正确实现调制、同步解调的前提条件是载波信号的频率 ω_{c} 必须不低于调制信号的最高频率 ω_{m}。在满足 $\omega_{\text{c}} \geqslant \omega_{\text{m}}$ 的条件下，同步解调端的理想低通滤波器的截止频率 ω_{M} 满足 $\omega_{\text{m}} < \omega_{\text{M}} < 2\omega_{\text{c}} - \omega_{\text{m}}$ 就可以正确恢复原始调制信号 $g(t)$。

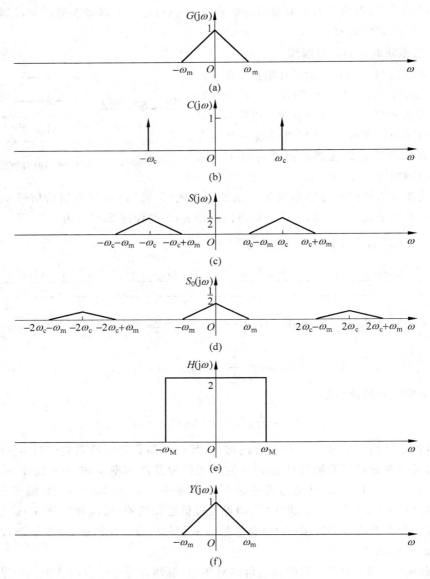

图 5-21　调制、同步解调的频谱变化

1) 抑制载波幅度调制(SC-AM)的同步解调

从频域的角度分析,抑制载波幅度调制的同步解调与前述正弦振幅调制的同步解调是一样的。下面从时域的角度进行分析。根据图 5-20 的同步解调原理框图可得

$$s_0(t) = s(t) \cdot c(t) = [g(t) \cdot c(t)] \cdot c(t) = g(t) \cdot c^2(t)$$

$$= g(t) \cdot \frac{1 + \cos(2\omega_c t)}{2} = \frac{1}{2}g(t) + \frac{1}{2}g(t) \cdot \cos(2\omega_c t) \tag{5-33}$$

由式(5-33)可见,$s_0(t)$ 信号包含了原来的调制信号 $g(t)$,以及以 $\pm 2\omega_c$ 为中心的高频信号,因此通过一个低通滤波器 $H(j\omega)$ 就可以把原来的调制信号 $g(t)$ 恢复出来。同步解调过程的频谱分析如图 5-22 所示。

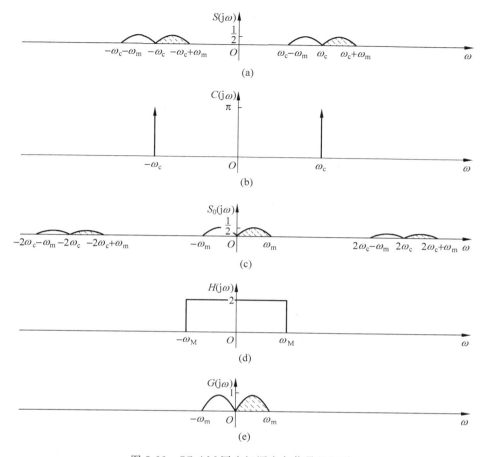

图 5-22　SC-AM 同步解调中各信号的频谱

2) 含载波的幅度调制(AM)的同步解调

含载波的幅度调制(AM)的同步解调与抑制载波幅度调制的同步解调一样,都是将已调信号的高频频谱搬回到原来的低频频谱位置,最主要的区别是:含载波的幅度调制的同步解调后,解调信号中包含了直流信号 A_0。为了恢复原信号 $x(t)$,需要在解调后的信号中去除直流成分。下面分析一下解调过程。

根据图 5-20 的同步解调原理框图,与式(5-33)相似,有

$$s_0(t) = s(t) \cdot c(t) = [g(t) \cdot c(t)] \cdot c(t) = [A_0 + x(t)] \cdot c^2(t)$$

$$= [A_0 + x(t)] \cdot \frac{1 + \cos(2\omega_c t)}{2}$$

$$= \frac{1}{2}[A_0 + x(t)] + \frac{1}{2}[A_0 + x(t)] \cdot \cos(2\omega_c t) \tag{5-34}$$

因此通过一个低通滤波器 $H(j\omega)$ 就可以把原来的调制信号 $g(t) = A_0 + x(t)$ 恢复出来。同步解调过程的频谱分析如图 5-23 所示。为了从 $g(t)$ 中得到信号 $x(t)$,需要将 $g(t)$ 再通过一个隔直流电路以去除直流分量 A_0。

3. 幅度调制的同步解调问题

前面对于幅度调制的同步解调已作了基本介绍,但在调制、解调过程中还要注意几个重

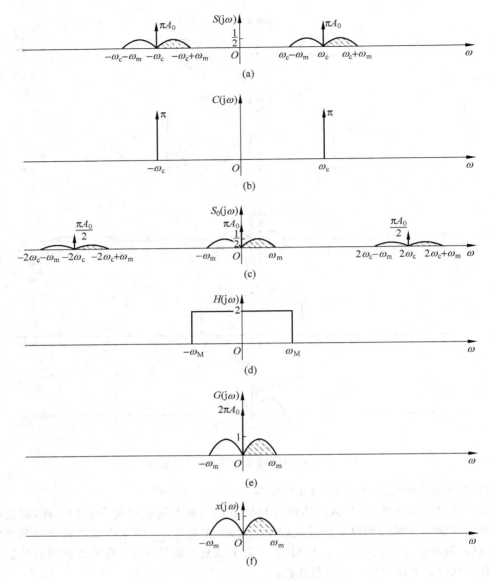

图 5-23 AM同步解调中各信号的频谱

要问题。首先是频谱的重叠问题,其次是载波的同步问题。

在幅度调制过程中,低频调制信号 $g(t)$ 的频谱被搬移到了高频频段去了,被调制后的频谱位于 $\pm\omega_c$ 附近。假设信号 $g(t)$ 的最高频率为 ω_m,见图 5-24(c),调制后 $s(t)$ 的频谱范围为 $(-\omega_c-\omega_m,-\omega_c+\omega_m)$ 和 $(\omega_c-\omega_m,\omega_c+\omega_m)$,为了避免产生频谱交叠,必须要求 $-\omega_c+\omega_m\leqslant\omega_c-\omega_m$,即

$$\omega_m\leqslant\omega_c \tag{5-35}$$

在图 5-24(d)中可以清晰地看到,如果 $\omega_c<\omega_m$,则 $\pm\omega_c$ 附近的两个信号边带就出现了交叠失真,这样在解调时就不能正确地恢复原来的调制信号 $g(t)$。

在同步解调过程中,载波的同步是相当重要的一个环节。如果本地载波的相位与调制

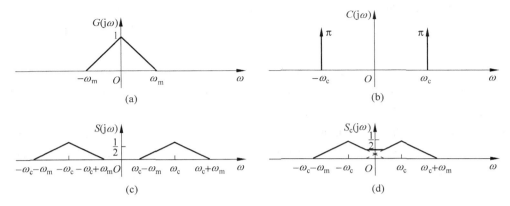

图 5-24 调幅中的频谱交叠现象

端的载波相位不一致,设 θ 和 φ 分别为调制端载波和解调端载波的初相位,即 $c_1(t)=\cos(\omega_c t+$ $\theta)$,$c_2(t)=\cos(\omega_c t+\varphi)$,则

$$s_0(t)=s(t)\cdot c_1(t)=[g(t)\cdot c_1(t)]\cdot c_2(t)=g(t)\cdot\cos(\omega_c t+\theta)\cdot\cos(\omega_c t+\varphi)$$

$$=g(t)\cdot\frac{\cos(\theta-\varphi)+\cos(2\omega_c t+\theta+\varphi)}{2}$$

$$=\frac{1}{2}g(t)\cos(\theta-\varphi)+\frac{1}{2}g(t)\cos(2\omega_c t+\theta+\varphi) \tag{5-36}$$

从式(5-36)可见,$s_0(t)$ 信号通过幅度为 2 的低通滤波器后的输出解调信号为 $g(t)\cos(\theta-$ $\varphi)$:当 $\theta-\varphi=\pi/2$ 时,解调器输出为零;当 $\theta-\varphi=0$ 时,解调器输出为最大。因此,当两个载波信号的相位有偏差时,解调器有可能会无信号输出。

如果解调端的本地载波频率 ω_d 与调制端的载波频率 ω_c 不一致,可设 $c_1(t)=\cos(\omega_c t)$,$c_2(t)=\cos(\omega_d t)$ 分别为调制时的载波信号和本地产生的载波信号,记 $\omega_c-\omega_d=\Delta\omega$,则

$$s_0(t)=s(t)\cdot c_2(t)=[g(t)\cdot c_1(t)]\cdot c_2(t)=g(t)\cdot\cos(\omega_c t)\cdot\cos(\omega_d t)$$

$$=g(t)\cdot\frac{\cos((\omega_c-\omega_d)t)+\cos((\omega_c+\omega_d)t)}{2}$$

$$=\frac{1}{2}g(t)\cos(\Delta\omega t)+\frac{1}{2}g(t)\cos((2\omega_d+\Delta\omega)t) \tag{5-37}$$

从式(5-37)可见,$s_0(t)$ 信号通过幅度为 2 的低通滤波器后的输出解调信号为 $g(t)\cos(\Delta\omega t)$,当 $\Delta\omega\neq0$ 时,解调器输出与 $g(t)\cos(\Delta\omega t)$ 成比例,产生严重的失真现象。

5.4.2 非同步解调

在同步解调中,要求解调端必须产生一个与调制端的载波信号在频率和相位上严格同步的本地载波信号,这将使接收机复杂化,使得同步解调系统需要一个高级的解调器。

在包含载波的幅度调制中,根据图 5-11 可见,调制所产生的已调信号包络与调制信号之间呈线性关系,采用包络检波这种简单技术可以将调制信号从已调信号的包络中提取出来,从而完全恢复原来的调制信号。因此,幅度调制信号的非同步解调器也称为**包络检波器**。

包络检波器可以由二极管、电阻、电容来构成,因此实现简单,恢复的信号不失真,这是包络检波器最大的优点。不过,包络检波器需要在已调信号中包含载波信号 $A_0\cos(\omega_c t)$,并

且其幅度 A_0 要大于调制信号 $g(t)$ 的最大幅度值,因而加重了发射机的发射功率。

下面结合无线电广播的超外差收音机的接收原理来说明 AM 信号的非同步解调——包络检波技术。

超外差收音机(见图 5-25)先通过输入回路选出需要接收的高频 AM 信号,接着将高频 AM 信号通过变频回路进行变频,把高频的 AM 信号转换成中频的 AM 信号,中频 AM 信号的中心频率固定为 465kHz,该中心频率远大于音频信号的最高频率(20kHz)。465kHz 的中频 AM 信号频率取自于本地振荡信号频率与外部高频 AM 信号频率之差,即 $f_{中频} = f_{0(本振)} - f_{S(高频调幅信号)}$,故称为**超外差**。中频 AM 信号经中频放大器放大后由包络检波器进行检波,解调出音频信号,最后经音频放大器放大将音频信号送至扬声器。

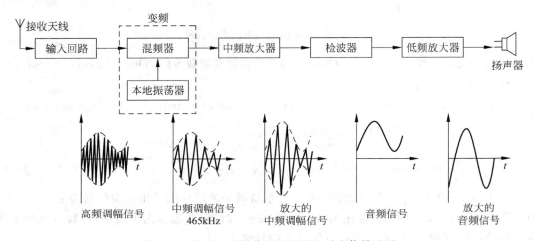

图 5-25 超外差式接收机方框图及对应信号波形

图 5-26 给出了 AM 信号包络检波器的电路原理图及检测波形示意图。

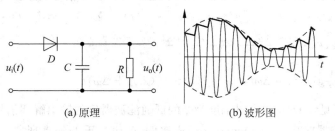

图 5-26 包络检波器原理及检波波形图

当中频 AM 信号输入到正半周峰值时,二极管 D 导通,电容 C 充电,当输入电压小于 C 上的电压时,二极管 D 截止,电容 C 放电,放电时间常数一般远大于充电时间常数,这样在放电时电容 C 上的电压变化不大。在下一个峰点到来时,二极管 D 导通,电容 C 继续充电。这样就能将中频 AM 信号中包含音频信息的包络线检测出来。在包络检波过程中电容 C 的充放电过程见图 5-26(b) AM 包络线下面的折线。

5.4.3 脉幅调制的解调

在脉幅调制时我们已经知道,脉幅调制信号的频谱被搬移了无数次,搬移后的频谱中心

位置在 $n\omega_0 = 2n\pi/T_0$ 处,并保留了在低频处的原调制信号频谱,因此可以通过一个截止频率大于 ω_m 而小于 $\omega_0 - \omega_m$ 的低通滤波器,恢复出调制信号 $g(t)$。

在脉冲幅度调制时,如果调制信号的 $g(t)$ 幅度恒大于零,调制后的信号包络与调制信号 $g(t)$ 也呈线性关系,因此也可以采用包络检波器来恢复原来的调制信号 $g(t)$。

5.5　频分复用、时分复用

在通信系统中,一条传输线路并非只传送简单的一路信息,往往是在一个信道上要同时传送多路信号,即采用复用的技术来实现多路信号在一条信道上同时传输信息。

常用的复用技术一般是频分复用、时分复用、码分复用及波分复用,频分复用、时分复用技术将在下面讲述,而码分复用及波分复用技术超出了本书范围,需要深入了解者可以参阅移动通信及光通信等相关书籍。

5.5.1　频分复用

所谓频分复用(Frequency Division Multiplex,FDM)就是以频段分割的方法在一个信道内实现多路通信的传输体制。

利用正弦载波的频分复用,如图 5-27 所示。被传输的信号 $g_a(t)$、$g_b(t)$、$g_c(t)$ 都假定是有限带宽,并且用不同的载波频率 ω_a、ω_b、ω_c 分别进行调制,然后将已调信号相加,实现在同一信道中同时进行传输。

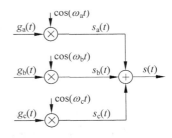

图 5-27　利用正弦幅度调制的频分复用

图 5-28 给出了图 5-27 频分复用系统的频谱示例。通过频分复用系统发送端的相关频谱可以看出,各路输入信号通过不同的载波调制,把各信号的低频频谱分别搬移到高频频段的不同位置,占有了各自的高频频段,互不交叠,保证了各个信号互不干扰的传输。

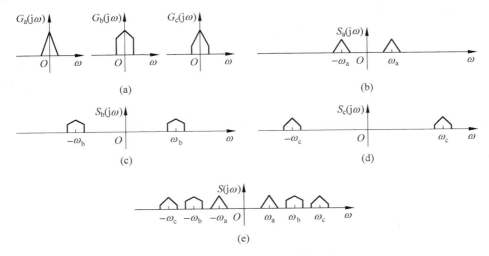

图 5-28　频分复用系统的相关频谱

这些占有不同高频段的信号到了接收端,需要采用相应的技术把各路信号分离出来。图 5-29 给出了频分复用解调的一种原理图。

下面结合第一路信号 $g_a(t)$ 的恢复来分析频分复用的解调过程。

首先,将复合信号 $s(t)$ 通过带通滤波器 1,其通带为:$\omega_a - \omega_m < |\omega| < \omega_a + \omega_m$,过滤出 ω_a 附近的信号分量,即恢复第一路的已调信号,见图 5-30。

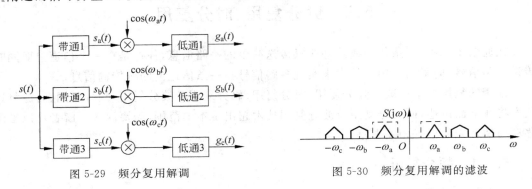

图 5-29　频分复用解调　　　　　　图 5-30　频分复用解调的滤波

然后由同步解调器解调,输出解调信号

$$s_a(t) \cdot \cos(\omega_a t) = [g_a(t)\cos(\omega_a t)] \cdot \cos(\omega_a t) = g_a(t) \cdot \cos^2(\omega_a t)$$
$$= \frac{1}{2} g_a(t) + \frac{1}{2} g_a(t) \cdot \cos(2\omega_a t) \tag{5-38}$$

其频谱为

$$\mathrm{FT}\{s_a(t) \cdot \cos(\omega_a t)\} = \frac{1}{2} G_a(j\omega) + \frac{1}{4}[G_a(j\omega + 2j\omega_a) + G_a(j\omega - 2j\omega_a)] \tag{5-39}$$

因此可通过一个低通滤波器滤出第一路所需要的信号 $g_a(t)$。

最后,给出一个两级调制系统的 FDM 原理框图,见图 5-31。由系统框图可见,在系统的输入端,首先要将各路信号复接,各路输入信号先通过低通滤波器,以消除信号中的高频成分,然后将信号分别用不同频率的载波进行调制,调制后的带通滤波器将各个已调波频带限制在规定的范围内,系统通过复接把各个带通滤波器的输出合并而形成总信号 $x_s(t)$,然后通过第二级调制器将已调信号送到信道上去。

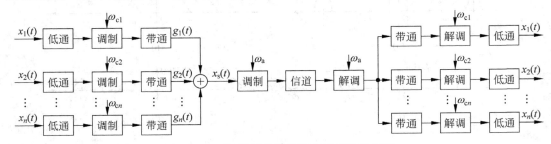

图 5-31　两级调制系统的频分复用原理框图

5.5.2　时分复用

时分复用(Time Division Multiplex,TDM)是把一个传输通道进行时间分割以传送若干话路的信息,把 N 个话路设备接到一条公共的通道上,按一定的次序轮流地给各个设备分配一段使用通道的时间。当轮到某个设备时,这个设备与通道接通,执行操作。与此同时,其他设备与通道的联系均被切断。待指定的使用时间间隔一到,则通过时分多路转换开关把通道连接到下一个要连接的设备上去,时分多路复用示意图如图 5-32 所示。

脉冲幅度调制(PAM)的重要应用之一就是在一条信道上分时传输多路信号。从 PAM 的调制过程可以看到,已调信号仅出现在载波信号 $p(t)$ 的持续时间 τ 内,而在其他时间内为零。在这些脉冲串间隙中就可以用来传送其他脉冲幅度调制信号。下面以 PAM 为例来说明 TDM 原理。

图 5-33 给出了采用的脉冲幅度调制时分多路复用原理框图,图 5-34 给出了采用的脉冲幅度调制时分多路复用相应的时序图,图中假设有四路调制信号共用同一信道,每一路信号 $x_i(t)$ 都将与周期为 T_0、持续时间为 τ 的脉冲信号相乘,从而形成脉冲幅度调制信号 $s_i(t)$。为保证各路已调信号的脉冲不会出现重叠,可以用一个周期为 $T_0/4$ 的脉冲信号 $p(t)$(见图 5-34(a))循环为四路调制信号产生对应的脉冲信号 $p_i(t)$。这样既使得每路调制信号得到一个周期为 T_0 的脉冲信号,又保证了各路已调信号之间在同一信道传输时不会出现时序上的重叠。

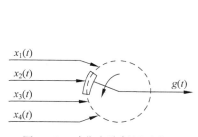

图 5-32 时分多路复用示意图

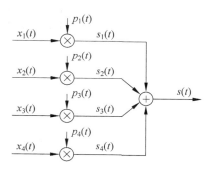

图 5-33 时分多路复用原理框图

显然,τ/T_0 的比值越小,在同一信道内能同时传输的已调信号就越多。但 T_0 的数值大小要满足每一路信号的抽样速率要求($T_0 < \dfrac{\pi}{\omega_m}$,其中 ω_m 是输入调制信号的最大角频率),不可能太大;同时 τ 值也受到物理实现过程的一些因素限制而不能太小。

经过时分复用的各路 PAM 信号,在接收端只要按时间顺序就可以从复用信号中提取各自的 PAM 信号,这些被提取的 PAM 信号再通过一个低通滤波器就可以实现各路 PAM 信号的解调。对于上面所提到的四路 PAM 的时分复用电路,在接收端所收到的窄脉冲中,第 $1,5,9,13,\cdots$,对应第一路已调信号;第 $2,6,10,14,\cdots$,对应第二路已调信号;第 $3,7,11,15,\cdots$,对应第三路已调信号;第 $4,8,12,16,\cdots$,对应第四路已调信号。

5.5.3 TDM 与 FDM 的比较

从复用原理来说,FDM 是用频率来区分同一信道上同时传输的信号,各信号在频域上是分开的,而在时域上是混叠在一起的;而 TDM 是在时间上区分同一信道上传输的信号,各信号在时域上是分开的,而在频域上是混叠在一起的。FDM 与 TDM 各路信号在频谱和时间上的特性比较如图 5-35 所示。

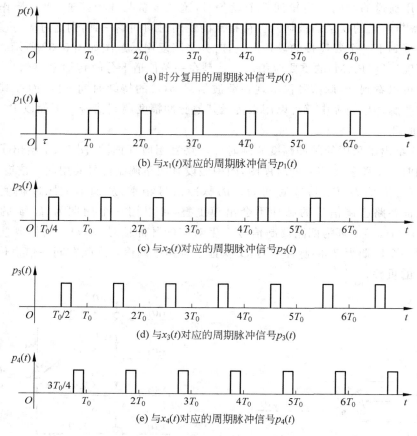

(a) 时分复用的周期脉冲信号 $p(t)$

(b) 与 $x_1(t)$ 对应的周期脉冲信号 $p_1(t)$

(c) 与 $x_2(t)$ 对应的周期脉冲信号 $p_2(t)$

(d) 与 $x_3(t)$ 对应的周期脉冲信号 $p_3(t)$

(e) 与 $x_4(t)$ 对应的周期脉冲信号 $p_4(t)$

图 5-34　时分多路复用周期脉冲信号 $p_i(t)$ 时序图

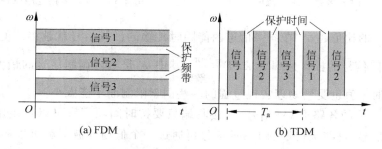

(a) FDM

(b) TDM

图 5-35　FDM 与 TDM 特性比较

　　就复用部分而言,FDM 设备相对简单,TDM 设备较为复杂;就分路部分而言,TDM 信号的复用和分路都可采用数字电路来实现,通用性和一致性较好,比 FDM 的模拟滤波器分路简单、可靠,而且 TDM 中的所有滤波器都是相同的滤波器。FDM 中要用到不同的载波和不同的带通滤波器,因而滤波设备相对复杂。

　　从复用信号间相互干扰来说,在 FDM 系统中,信道的非线性会在系统中产生交调失真和高次谐波,引起话间串扰,因此,FDM 对线性的要求比单路通信时要严格得多;在 TDM系统中,多路信号在时间上是分开的,因此,对线性的要求与单路通信时一样,对信道的非线性失真要求可降低,系统中各路间串话比 FDM 的要小。

从前面关于 FDM 及 TDM 对信道传输带宽的分析可知,两种系统的带宽是一样的,N 路复用时对信道带宽的要求都是单路的 N 倍。

小　　结

1. 抽样定理

对于频率有限信号或时域有限信号 $x(t)$,分别存在时域抽样定理或频域抽样定理。通常把时域抽样定理所确定的最低抽样频率 f_s 称为奈奎斯特(Nyquist)频率,相对应的最大允许抽样时间间隔 $T_s = 1/f_s$ 称为奈奎斯特间隔。

在满足时域抽样定理的条件下,将理想抽样信号 $x_s(t)$ 输入具有合适带宽和增益的理想低通滤波器即式(5-9)后,滤波器的输出信号将完全恢复原始信号,式(5-10)称为抽样信号恢复原信号的内插公式。

根据时域和频域对称性,频域抽样的内插公式为式(5-13)。

2. 模拟正弦振幅调制与解调

正弦振幅调制的概念在现代通信系统中占有重要的地位。用携带信息的低频调制信号 $g(t)$ 去调制高频正弦载波信号 $c(t)$ 后就得到正弦振幅调制信号 $s(t)$。如果记信号 $g(t)$、$s(t)$ 的频谱分别为 $G(j\omega)$、$S(j\omega)$,则将调制信号 $g(t)$ 的频谱 $G(j\omega)$ 幅度衰减一半后再分别向左、向右移动到以 $-\omega_c$ 和 ω_c 为中心,就得到了输出信号 $s(t)$ 的频谱 $S(j\omega)$,其中 ω_c 称为载波频率。

如果调制信号 $g(t)$ 是带宽有限的,即存在 ω_m,当 $|\omega| > |\omega_m|$ 时 $|G(j\omega)| \equiv 0$,则要从 $s(t)$ 中解调出 $g(t)$ 是容易实现的。具体方法是:用信号 $s(t)$ 再次调制相同的正弦载波 $c(t)$,然后再通过一个幅度为 2、截止频率为 ω_M 且满足 $\omega_m < \omega_M < 2\omega_c - \omega_m$ 的理想低通滤波器,理想低通滤波器的输出 $y(t)$ 就是原始调制信号 $g(t)$。这种解调方式称为同步解调或相干解调。

要能正确实现调制、同步解调的前提条件是载波信号 $c(t)$ 的频率 ω_c 必须不低于调制信号 $g(t)$ 的最高频率 ω_m。在满足 $\omega_c \geqslant \omega_m$ 的条件下,同步解调端的理想低通滤波器的截止频率 ω_M 满足 $\omega_m < \omega_M < 2\omega_c - \omega_m$ 就可以正确恢复原始调制信号 $g(t)$。

根据调制信号 $g(t)$ 中是否包含直流信号,可以将正弦振幅调制再分为抑制载波的幅度调制(SC-AM)和含载波的幅度调制(AM)两类,它们都可以进行相干解调,含载波的幅度调制还可以通过包络检波进行非相干解调。

习　　题

5-1　已知 $x_1(t) = \text{Sa}(100t)$,$x_2(t) = \text{Sa}(150t)$,试确定下列信号的奈奎斯特频率和奈奎斯特间隔。

(1) $x_1(t) + x_2(t)$;　　　　　　(2) $x_1(t) \cdot x_2(t)$;

(3) $x_1(t) * x_2(t)$;　　　　　　(4) $x_1^2(t) + x_2^2(t)$。

5-2　某系统如题图 5-2 所示,$x_1(t) = \text{Sa}(100\pi t)$,$x_2(t) = \text{Sa}(200\pi t)$,$p(t) = \sum\limits_{n=-\infty}^{+\infty} \delta(t - nT)$。

(1) 为了从 $x_s(t)$ 无失真恢复 $x(t)$，求最大抽样间隔 T_{max}；

(2) 当 $T = T_{max}$ 时，求 $x_s(t)$ 的频谱 $X_s(j\omega)$，并画出它的幅度谱。

5-3 某系统如题图 5-3 所示，设 $|X(j\omega)| = 0$，$|\omega| > \omega_m$，求最大的 T 值，使得能用 $x_s(t)$ 重构 $x(t)$。对该最大的 T 值，确定相应的重构系统。

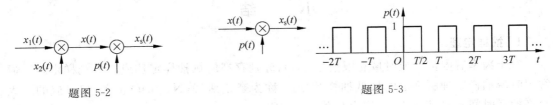

题图 5-2   题图 5-3

5-4 对 $\cos(100\pi t)$ 和 $\cos(750\pi t)$ 两信号以 $1/400 \text{s}$ 的周期抽样时，哪个抽样信号在恢复原信号时不出现重叠，分别画出各自抽样信号 $x_s(t)$ 及其相应频谱 $X_s(j\omega)$。

5-5 某系统如题图 5-5 所示，输入 $x_1(t)$ 为带限信号，$H(j\omega)$ 为带通滤波器。

(1) 当 $\omega_2 = 2\omega_1$，$\omega_a = \omega_1$，$\omega_b = \omega_2$，$T = \dfrac{2\pi}{\omega_2}$ 时，求 $x_s(t)$，$x_2(t)$ 的频谱；

(2) 当 $\omega_1 > \omega_2 - \omega_1$ 时，为了得到 $x_2(t) = x_1(t)$，求最大的 T 和常数 A、ω_a、ω_b 值。

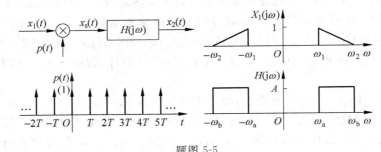

题图 5-5

5-6 已知信号 $x(t) = \dfrac{\sin(8\pi t)}{\pi t}$，$-\infty < t < +\infty$，当对该信号进行抽样时，试求能恢复原信号的最大抽样周期 T_{max}。

5-7 已知线性调制信号表示式如下，式中 $\omega_c = 6\Omega$。

(1) $\cos(\Omega t) \cdot \cos(\omega_c t)$；   (2) $\left(1 + \dfrac{1}{2}\cos(\Omega t)\right)\cos(\omega_c t)$。

试分别画出它们的波形图和频谱图。

5-8 根据题图 5-8 所示的调制信号波形，试画出 SC-AM 及 AM 信号的波形图，并比较它们分别通过包络检波器后的波形差别。

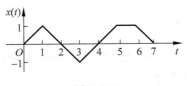

题图 5-8

5-9 在 SC-AM 调制中，设调制端载波信号的初相位为 θ_c，解调端载波信号的初相位为 φ_c，试分析同步解调过程。

5-10 已知 $x(t)$ 的频谱如题图 5-10(a) 所示，某系统调制部分方框图如题图 5-10(b) 所示，$\omega_1 = \omega_2$，$\omega_1 > \omega_H$，且理想低通滤波器的截止频率为 ω_1，画出输出信号 $s(t)$ 的频谱图。

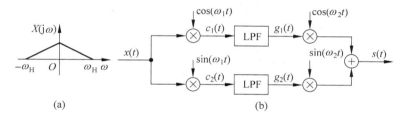

题图 5-10

5-11 题图 5-11 是一个输入信号为 $x(t)$、输出信号为 $y(t)$ 的调制解调系统。已知输入信号 $x(t)$ 的频谱 $X(j\omega)$，试画出 A、B、C 各点信号的频谱及 $y(t)$ 的频谱 $Y(j\omega)$。

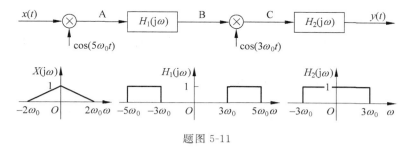

题图 5-11

5-12 已知调制信号 $g(t)=1+\dfrac{3}{10}\cos(\omega_1 t)$，载波信号 $c(t)$ 为如题图 5-12 所示的周期矩形脉冲信号。

(1) 画出脉冲幅度调制信号 $s_{PAM}(t)=g(t)\cdot c(t)$ 的波形图，其中 $T_1=\dfrac{2\pi}{\omega_1}\gg T$；

(2) 求脉冲幅度调制信号 $s_{PAM}(t)$ 的频谱 $S_{PAM}(j\omega)$，并画出频谱图。

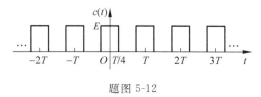

题图 5-12

5-13 题图 5-13 为正交幅度调制原理框图，其可以实现正交多路复用。两路载波信号的载频 ω_c 相同，但相位差为 $90°$。两路调制信号 $x_1(t)$、$x_2(t)$ 都为带限信号，且最高角频率为 ω_m。求解调端的输出信号 $y_1(t)$、$y_2(t)$。

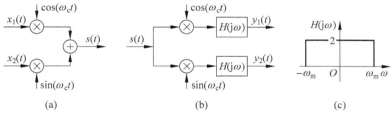

题图 5-13

193

5-14 如题图 5-14 所示系统,已知输入信号 $x(t)$ 的频谱和系统函数 $H_1(j\omega)$、$H_2(j\omega)$,试画出输出信号 $y(t)$ 的频谱。

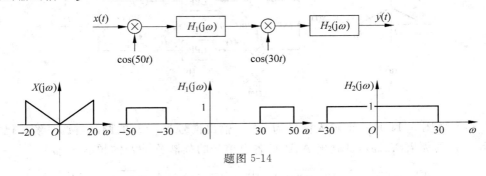

题图 5-14

5-15 已知输入信号 $x_s(t) = x(t)\delta_T(t) = \sum\limits_{n=-\infty}^{+\infty} x(nT)\delta(t-nT)$,通过理想低通滤波器

得到输出信号 $y(t)$,理想低通滤波器的单位冲激响应 $h(t) = T\dfrac{\omega_c}{\pi}\mathrm{Sa}(\omega_c t)$。

证明: 若 $\omega_c = \dfrac{\pi}{T}$,则对于任意选取的 T,总有 $y(kT) = x(kT)$,$k = 0, \pm1, \pm2, \cdots$

第6章 拉普拉斯变换与连续时间系统

在时域中对连续时间 LTI 系统的分析需要求解微分方程(可求得完全响应),也可以采用卷积积分来求解(只能求得零状态响应),通常这两种方法是比较烦琐的。第 3 章中所学习的傅里叶变换为连续时间 LTI 系统的分析提供了一种新的途径。通过傅里叶变换,将时域中的微分方程变换为频域中的代数方程,从而简化了求解过程。傅里叶变换是进行信号与系统分析的一种有效工具,尤其是用于信号分析。但傅里叶变换存在着一定的局限性,许多重要信号的傅里叶变换是不存在的,而且应用傅里叶变换仅可求解系统的零状态响应,不能求解零输入响应。

傅里叶变换是将信号表示为虚指数函数的线性组合,而本章要讨论的拉普拉斯变换(Laplace Transform,LT)是将信号表示为复指数函数的线性组合。复指数函数是连续时间 LTI 系统的本征函数,虚指数函数是复指数函数的特例。拉普拉斯变换可以描述傅里叶变换无法描述的信号,可以将微分方程变换为代数方程,可以直接求得系统的完全响应,等等。因此拉普拉斯变换能为连续时间信号及连续时间 LTI 系统的分析提供比傅里叶变换更为广泛的特性描述,更具通用性。

6.1 拉普拉斯变换的定义

拉普拉斯变换的引出一般可以采用两种方法。一种方法是计算 $x(t)$ 乘以一个实指数收敛因子 $e^{-\sigma t}$ 后的傅里叶变换,即

$$\text{FT}\{x(t)e^{-\sigma t}\} = X(\sigma + j\omega) = \int_{-\infty}^{+\infty} x(t)e^{-\sigma t} e^{-j\omega t} dt = \int_{-\infty}^{+\infty} x(t)e^{-(\sigma + j\omega)t} dt \tag{6-1}$$

设 $s = \sigma + j\omega$(称为复频率),式(6-1)的积分为复变量 s 的函数,可以写成

$$X(s) = \int_{-\infty}^{+\infty} x(t)e^{-st} dt \tag{6-2}$$

式(6-2)定义了信号 $x(t)$ 的拉普拉斯正变换,简称**拉氏变换**。其中 $X(s)$ 称为**象函数**,信号 $x(t)$ 称为**原函数**。为方便起见,用符号 LT{} 表示拉普拉斯变换。由于式(6-2)定义的拉普拉斯变换能够处理从 $-\infty$ 至 $+\infty$ 整个时间区间内存在的信号,因此称这一定义式为**双边拉普拉斯变换**。显然,双边拉普拉斯变换可以处理因果和非因果信号。稍后将给出另一种更为实用的定义形式,即单边拉普拉斯变换,它的处理对象为因果信号。

另一种理解拉普拉斯变换的方法是,将一个复指数信号 $x(t) = e^{st}$(其中 $s = \sigma + j\omega$)输入至单位冲激响应为 $h(t)$ 的连续时间 LTI 系统,考查系统的输出,如图 6-1 所示。此时系统的输出为输入信号与单位冲激响应的卷积,即

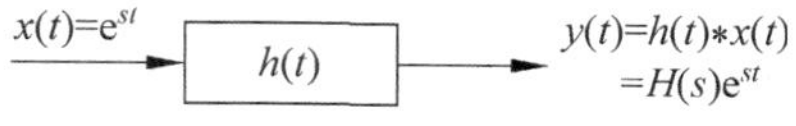

图 6-1 连续时间 LTI 系统对复指数信号 $x(t) = e^{st}$ 的响应

$$y(t) = x(t) * h(t) = h(t) * x(t) = \int_{-\infty}^{+\infty} h(\tau)x(t-\tau)d\tau$$

$$= \int_{-\infty}^{+\infty} h(\tau)e^{s(t-\tau)}d\tau = e^{st}\int_{-\infty}^{+\infty} h(\tau)e^{-s\tau}d\tau$$

定义

$$H(s) = \int_{-\infty}^{+\infty} h(\tau) e^{-s\tau} d\tau \qquad (6-3)$$

于是得

$$y(t) = H(s) e^{st}$$

这一结果表明系统对输入为 e^{st} 形式的复指数的作用是乘以 $H(s)$。也就是说,e^{st} 这样的输入形式被系统保留了下来。因此把 e^{st} 称为连续时间 LTI 系统的**本征函数**,$H(s)$ 称为**系统函数**(也称传递函数)。式(6-3)即为单位冲激响应 $h(t)$ 的拉普拉斯变换。将该定义式推广至任意信号 $x(t)$,就可以得到如式(6-2)所示的对任意信号 $x(t)$ 的双边拉普拉斯正变换的定义式。

为推导由 $X(s)$ 求 $x(t)$ 的拉普拉斯逆变换公式,对式(6-1)求傅里叶逆变换,得

$$x(t) e^{-\sigma t} = \mathrm{IFT}\{X(\sigma+\mathrm{j}\omega)\} = \frac{1}{2\pi}\int_{-\infty}^{+\infty} X(\sigma+\mathrm{j}\omega) e^{\mathrm{j}\omega t} d\omega \qquad (6-4)$$

两边乘以 $e^{\sigma t}$,得

$$x(t) = \frac{1}{2\pi}\int_{-\infty}^{+\infty} X(\sigma+\mathrm{j}\omega) e^{(\sigma+\mathrm{j}\omega)t} d\omega$$

由 $s=\sigma+\mathrm{j}\omega$,得 $d\omega = ds/\mathrm{j}$,而且当式(6-4)中积分上下限 $\omega\to\pm\infty$ 时,$s\to\sigma\pm\mathrm{j}\infty$,代入上式,得拉普拉斯逆变换公式

$$x(t) = \frac{1}{2\pi\mathrm{j}}\int_{\sigma-\mathrm{j}\infty}^{\sigma+\mathrm{j}\infty} X(s) e^{st} ds \qquad (6-5)$$

式(6-5)将信号 $x(t)$ 表示成了复指数 e^{st} 的加权组合,其权值正比于 $X(s)$。而连续时间傅里叶变换是把时域信号表示成了虚指数函数 $e^{\mathrm{j}\omega t}$ 的加权组合,其权值正比于 $X(\mathrm{j}\omega)$。因此,式(6-5)是将信号表示为虚指数函数线性组合的一种推广。式(6-5)称为**反演积分**,求解该式需要应用围线积分技术。在实际应用中,对一些常用信号,通常并不直接求该积分,而是通过查拉普拉斯变换表来确定拉普拉斯逆变换。为方便起见,由 $X(s)$ 求 $x(t)$ 的拉普拉斯逆变换记为 $\mathrm{ILT}\{\}$。式(6-2)和式(6-5)一起构成了双边拉普拉斯变换对。$x(t)$ 和 $X(s)$ 之间的关系在形式上以变换对来表示,常记为

$$x(t) \overset{\mathrm{LT}}{\longleftrightarrow} X(s) \qquad (6-6)$$

上面的讨论已表明,拉普拉斯变换就是 $x(t)e^{-\sigma t}$ 的傅里叶变换。因此,保证信号的拉普拉斯变换存在的条件就是 $x(t)e^{-\sigma t}$ 绝对可积。即

$$\int_{-\infty}^{+\infty} |x(t) e^{-\sigma t}| dt < +\infty \qquad (6-7)$$

使拉普拉斯变换存在的 s 的取值集合称为**收敛域**(Region Of Convergence,ROC)。可以看出,有些信号的傅里叶变换尽管不存在,而它们的拉普拉斯变换是可能存在的。这是因为即使信号 $x(t)$ 本身不是绝对可积的,当它乘上一个衰减因子后却可能是绝对可积的。例如,信号 $x(t)=e^{2t}u(t)$ 是一个指数增长的信号,非绝对可积,它的傅里叶变换是不存在的。但是,当 $\sigma>2$ 时,显然有 $\int_{-\infty}^{+\infty} |e^{2t} e^{-\sigma t}| dt < +\infty$,因此该信号的拉普拉斯变换存在。这也说明了拉普拉斯变换具有比傅里叶变换更为广泛的适用性。

拉普拉斯变换中的变量 s 为复数,可借助于复平面(即 s 平面)来方便地表示复频率

$\sigma+\mathrm{j}\omega$,如图 6-2 所示。图 6-2 中横坐标表示 s 的实部 $\sigma=\mathrm{Re}(s)$,称实轴;纵坐标代表 s 的虚部 $\mathrm{j}\omega=\mathrm{Im}(s)$,称虚轴。$\mathrm{j}\omega$ 轴左边区域称为 s 平面左半平面,$\mathrm{j}\omega$ 轴右边区域称为 s 平面右半平面。

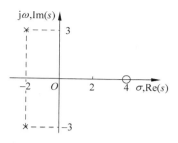

图 6-2 s 平面零点、极点图

一般而言,信号 $x(t)$ 的拉普拉斯变换可表示为分子分母都是复变量 s 多项式的两个多项式之比,即为有理分式

$$X(s) = \frac{N(s)}{D(s)} = \frac{b_M s^M + \cdots + b_1 s + b_0}{a_N s^N + \cdots + a_1 s + a_0}, \quad N > M$$

(6-8a)

式中的分子和分母可写成因子相乘的形式,即

$$X(s) = K \frac{\prod_{i=1}^{M}(s - z_i)}{\prod_{j=1}^{N}(s - p_j)}$$

(6-8b)

式中 $K = \dfrac{b_M}{a_N}$ 为比例因子,$N(s)$ 的根 z_i 称为**零点**,$D(s)$ 的根 p_j 称为**极点**。在 s 平面内,关于有理函数 $X(s)$ 的零点(用圆圈"。"表示)和极点(用"×"表示)的图称为零极点图。例如,在图 6-2 中表示 $X(s)$ 有一对共轭极点为 $-2\pm3\mathrm{j}$ 和一个零点 4。对于重根的重数通常在图上根的位置附近予以标注。

【例 6-1】 已知信号 $x(t)=\mathrm{e}^{-at}u(t),a\in\mathbf{R},a>0$。求拉普拉斯变换 $X(s)$ 及其收敛域。

解 根据定义,得

$$X(s) = \int_{-\infty}^{+\infty} \mathrm{e}^{-at} u(t) \mathrm{e}^{-st} \mathrm{d}t = \int_{0}^{+\infty} \mathrm{e}^{-at} \mathrm{e}^{-st} \mathrm{d}t = \int_{0}^{+\infty} \mathrm{e}^{-(s+a)t} \mathrm{d}t$$

$$= -\frac{1}{s+a} \mathrm{e}^{-(s+a)t} \Big|_0^{+\infty} = -\frac{1}{s+a} \mathrm{e}^{-(\sigma+a)t} \mathrm{e}^{-\mathrm{j}\omega t} \Big|_0^{+\infty}$$

$$= \lim_{t\to+\infty} \left[-\frac{1}{s+a} \mathrm{e}^{-(\sigma+a)t} \mathrm{e}^{-\mathrm{j}\omega t} \right] + \frac{1}{s+a}$$

无论 t 为何值,$|\mathrm{e}^{-\mathrm{j}\omega t}|=1$。则

$$\lim_{t\to+\infty} \left[-\frac{1}{s+a} \mathrm{e}^{-(\sigma+a)t} \mathrm{e}^{-\mathrm{j}\omega t} \right] = \begin{cases} 0, & \sigma > -a \\ +\infty, & \sigma < -a \end{cases}$$

因此,只有当 $\sigma>-a$ 时,上述拉普拉斯变换积分才收敛,其中 $-a$ 为 $X(s)$ 的极点。由于 σ 是复变量 s 的实部,$\sigma>-a$ 可等效地表示为 $\mathrm{Re}(s)>-a$。这意味着 $\mathrm{e}^{-at}u(t)$ 的拉普拉斯变换的收敛区域是 s 平面上 $\mathrm{Re}(s)>-a$ 的区域。这样

$$X(s) = \frac{1}{s+a}, \quad \mathrm{Re}(s) > -a$$

或者

$$\mathrm{e}^{-at}u(t) \xleftrightarrow{\mathrm{LT}} \frac{1}{s+a}, \quad \mathrm{Re}(s) > -a$$

图 6-3 中 s 平面的阴影区域就代表了 $X(s)$ 的收敛域,即 $\mathrm{Re}(s)>-a$。

上例中,当 $a=0$ 时,$\mathrm{e}^{-at}u(t)$ 就变成了 $u(t)$。因此,有

$$u(t) \xleftrightarrow{\text{LT}} \frac{1}{s}, \quad \text{Re}(s) > 0$$

收敛域如图 6-4 所示，注意到坐标原点是极点。

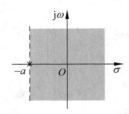 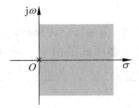

图 6-3　$x(t) = \mathrm{e}^{-at}u(t)$ 的拉普拉斯变换的收敛域　　　图 6-4　$x(t) = u(t)$ 的拉普拉斯变换的收敛域

如果没有给定收敛域，则拉普拉斯变换与时域信号之间就可能不是一一对应的。也就是说，两个不同的时域信号的拉普拉斯变换可以是相同的，只是收敛域不同。

【例 6-2】　已知信号 $x(t) = -\mathrm{e}^{-at}u(-t), a \in \mathbf{R}, a > 0$。求拉普拉斯变换 $X(s)$ 及其收敛域。

解　根据定义，得

$$X(s) = -\int_{-\infty}^{+\infty} \mathrm{e}^{-at}u(-t)\mathrm{e}^{-st}\,\mathrm{d}t = -\int_{-\infty}^{0} \mathrm{e}^{-at}\mathrm{e}^{-st}\,\mathrm{d}t = -\int_{-\infty}^{0} \mathrm{e}^{-(s+a)t}\,\mathrm{d}t$$

$$= \frac{1}{s+a}\,\mathrm{e}^{-(s+a)t}\,|_{-\infty}^{0} = \frac{1}{s+a}, \quad \text{Re}(s) < -a$$

或者

$$-\mathrm{e}^{-at}u(-t) \xleftrightarrow{\text{LT}} \frac{1}{s+a}, \quad \text{Re}(s) < -a$$

该信号的拉普拉斯变换的收敛域如图 6-5 中 s 平面的阴影区域所示。

例 6-1 和例 6-2 表明，时域中两个完全不同的信号（如 $\mathrm{e}^{-at}u(t)$ 和 $-\mathrm{e}^{-at}u(-t)$）却有相同的拉普拉斯变换（如 $\frac{1}{s+a}$），所不同的只是收敛域（分别是 $\text{Re}(s) > -a$ 和 $\text{Re}(s) < -a$）。因此，对于某一给定的 $X(s)$ 可以有多个逆变换，这要取决于收敛域。也就是说，要使 $X(s)$ 和 $x(t)$ 之间一一对应，必须标明收敛域。如果在 s 平面找不到收敛域，那么这个信号的拉

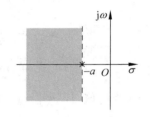

图 6-5　$x(t) = -\mathrm{e}^{-at}u(-t)$ 的
拉普拉斯变换的收敛域

普拉斯变换就不存在。例如对于信号 $x(t) = \mathrm{e}^{-at}u(t) - \mathrm{e}^{-at}u(-t), a \in \mathbf{R}$，由上述讨论可以看出，信号 $\mathrm{e}^{-at}u(t)$ 的收敛域为 $\text{Re}(s) > -a$，而 $-\mathrm{e}^{-at}u(-t)$ 要求收敛域为 $\text{Re}(s) < -a$，显然两者的收敛域是互相排斥的。因此对于该信号无法在 s 平面内找到既能满足 $\mathrm{e}^{-at}u(t)$ 又能满足 $-\mathrm{e}^{-at}u(-t)$ 的公共收敛域，也就是说信号 $\mathrm{e}^{-at}u(t) - \mathrm{e}^{-at}u(-t)$ 的拉普拉斯变换不存在。又如，对于 $x(t) = A$（A 为常数），不难发现，因为找不到一个收敛因子可以使该信号的拉普拉斯变换在整个时间轴上都收敛，因此该信号的双边拉普拉斯变换也不存在。由于拉普拉斯变换是 $x(t)$ 乘以一个实指数收敛因子 $\mathrm{e}^{-\sigma t}$ 后的傅里叶变换，因此对于一些比指数函数信号增长更快的信号如 e^{t^2}、t^t 等，它们的拉普拉斯变换也不存在。

【例 6-3】　已知信号 $x(t) = 2\mathrm{e}^{-2t}u(t) + \mathrm{e}^{3t}u(-t)$，求拉普拉斯变换 $X(s)$ 及其收敛域。

解　根据例 6-1,得

$$2\mathrm{e}^{-2t}u(t) \overset{\text{LT}}{\longleftrightarrow} 2 \cdot \frac{1}{s+2}, \quad \mathrm{Re}(s) > -2$$

由例 6-2,得

$$\mathrm{e}^{3t}u(-t) \overset{\text{LT}}{\longleftrightarrow} -\frac{1}{s-3}, \quad \mathrm{Re}(s) < 3$$

显然,所求信号的拉普拉斯变换的收敛域应是两者的交集,即 $-2 < \mathrm{Re}(s) < 3$。因此,得

$$x(t) = 2\mathrm{e}^{-2t}u(t) + \mathrm{e}^{3t}u(-t) \overset{\text{LT}}{\longleftrightarrow} \frac{2}{s+2} - \frac{1}{s-3}, \quad -2 < \mathrm{Re}(s) < 3$$

收敛域如图 6-6 所示。

该例中拉普拉斯变换的收敛域包含虚轴 $\mathrm{j}\omega$,也就意味着 s 能够取 $\mathrm{j}\omega$。这说明

$$\int_{-\infty}^{+\infty} [2\mathrm{e}^{-2t}u(t) + \mathrm{e}^{3t}u(-t)]\mathrm{e}^{-\mathrm{j}\omega t}\,\mathrm{d}t < +\infty$$

即 $x(t) = 2\mathrm{e}^{-2t}u(t) + \mathrm{e}^{3t}u(-t)$ 的傅里叶变换存在。由此,可以得出一个一般性的结论:如果信号的拉普拉斯变换的收敛域包含 $\mathrm{j}\omega$,则该信号的傅里叶变换存在,并且可以令 $s = \mathrm{j}\omega$ 来得到相应的傅里叶变换,即

$$X(s)\big|_{s=\mathrm{j}\omega} = X(\mathrm{j}\omega) = \mathrm{FT}\{x(t)\} \tag{6-9}$$

【例 6-4】　已知信号 $x(t) = u(t+1) - u(t-2)$,如图 6-7 所示。求拉普拉斯变换 $X(s)$ 及其收敛域。

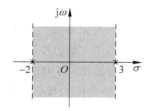

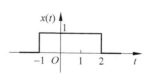

图 6-6　$x(t) = 2\mathrm{e}^{-2t}u(t) + \mathrm{e}^{3t}u(-t)$ 的拉普拉斯变换的收敛域　　　图 6-7　信号 $x(t) = u(t+1) - u(t-2)$

解　根据定义,得

$$X(s) = \int_{-\infty}^{+\infty} x(t)\mathrm{e}^{-st}\,\mathrm{d}t = \int_{-1}^{2} 1 \cdot \mathrm{e}^{-st}\,\mathrm{d}t = -\frac{1}{s}\mathrm{e}^{-st}\Big|_{-1}^{2} = \frac{1}{s}(\mathrm{e}^{s} - \mathrm{e}^{-2s}), \quad -\infty < \mathrm{Re}(s) < \infty$$

也就是说,$X(s)$ 对于任意有限的 s 均收敛,即收敛域为全 s 平面。

由该例也可以得出一个一般性的结论:如果信号 $x(t)$ 为一时限信号(只有在有限的时间范围 $t_1 < t < t_2$ 内信号为非零值),且 $x(t)$ 本身绝对可积,则它的拉普拉斯变换的收敛域为全 s 平面。这是因为

$$\int_{t_1}^{t_2} |x(t)\mathrm{e}^{-\sigma t}|\,\mathrm{d}t < +\infty, \quad \forall\sigma$$

6.2　单边拉普拉斯变换

在许多拉普拉斯变换的应用中所涉及的信号为因果信号,即信号只有在时间 $t \geqslant 0$ 时才有非零值。单边拉普拉斯变换是将信号限制为因果信号时双边拉普拉斯变换的一种

特殊情况,这时式(6-2)中的积分下限就变成了 0。因此,信号 $x(t)$ 的单边拉普拉斯变换定义为

$$X(s) = \int_{0^-}^{+\infty} x(t)\mathrm{e}^{-st}\mathrm{d}t \qquad (6\text{-}10)$$

上式中积分下限选择 0^- 意味着积分中可能包含 $t=0$ 时信号出现不连续点或冲激,而且也允许在经拉普拉斯变换的微分方程求解中采用 0^- 起始状态。有时候也有选择 0^+ 作为积分下限的。实际应用中,将 0 时刻作为一个加入信号的参考点,往往已知的是系统加入信号之前的边界条件(即 0^-),因此采用 0^- 作为积分下限在系统分析中较为方便。通过应用单边拉普拉斯变换的微分性质就可以分析具有非零起始状态的微分方程所描述的因果系统,这是单边拉普拉斯变换在工程上最为普遍的应用。

在式(6-10)所给出的单边拉普拉斯变换中,信号 $x(t)$ 和信号 $x(t)u(t)$ 的差别仅在于 $t=0$ 时刻,因为若 $t=0$ 时不存在冲激,在这一时刻下面积为零。这样,$x(t)$ 和信号 $x(t)u(t)$ 的单边拉普拉斯变换是相等的。换言之,如果两个信号仅仅在 $t=0$ 时刻的值不相同,那么将它们作为输入信号对实际系统的影响是相同的,因为除非 $t=0$ 时刻含冲激,否则信号在 $t=0$ 时刻不存在能量,而实际系统只对信号的能量作出响应。显然,对于 $t<0$ 时为零且 $t=0$ 时刻连续的信号,单边和双边拉普拉斯变换是等价的。一般情况下,术语拉普拉斯变换指的是单边拉普拉斯变换。

对于一个给定的单边拉普拉斯变换 $X(s)$,它的逆变换是唯一确定的。这一点通过例 6-1 和例 6-2 的讨论已可以看出:当给定 $X(s)=1/(s+a)$ 时,如果将信号限定为因果信号,那么它就仅有一种逆变换 $x(t)=\mathrm{e}^{-at}u(t)$。因此对于单边拉普拉斯变换 $X(s)$ 和 $x(t)$ 是一一对应的,这样即使不给出收敛域也不会引起歧义。事实上,单边拉普拉斯变换的收敛域是比较容易确定的,它或者是全 s 平面(对时限信号),或者是 $X(s)$ 中以最右边极点的实部为边界的右边区域。在以后的讨论中,将单边拉普拉斯变换简称为拉普拉斯变换,对双边拉普拉斯变换则会明确说明。由于对 $t<0$ 时 $x(t)=0$ 的信号的双边拉普拉斯变换与它的单边拉普拉斯变换是相同的,因此单边拉普拉斯逆变换的定义与式(6-5)一致,只是结果仅仅对 $t\geq 0$ 有效。

【例6-5】 已知信号 $x(t)=\delta(t)$,求拉普拉斯变换 $X(s)$ 及其收敛域。

解 由定义式(6-10),得

$$X(s) = \int_{0^-}^{+\infty} x(t)\mathrm{e}^{-st}\mathrm{d}t = \int_{0^-}^{+\infty} \delta(t)\mathrm{e}^{-st}\mathrm{d}t = \int_{0^-}^{+\infty} \delta(t)\mathrm{d}t = 1$$

由于 $\delta(t)$ 的拉普拉斯变换 $X(s)=1$,与 s 的取值无关,即收敛域为全 s 平面。因此

$$\delta(t) \overset{LT}{\longleftrightarrow} 1, \quad \text{ROC:全 } s \text{ 平面}$$

【例6-6】 已知信号 $x(t)=\mathrm{e}^{-t}u(t)+\mathrm{e}^{2t}u(t)$,求拉普拉斯变换 $X(s)$ 及其收敛域。

解 由于

$$\mathrm{e}^{-t}u(t) \overset{LT}{\longleftrightarrow} \frac{1}{s+1}, \quad \mathrm{Re}(s) > -1$$

$$\mathrm{e}^{2t}u(t) \overset{LT}{\longleftrightarrow} \frac{1}{s-2}, \quad \mathrm{Re}(s) > 2$$

显然,收敛域应是两者的公共部分。因此,得

$$\mathrm{e}^{-t}u(t)+\mathrm{e}^{2t}u(t) \overset{\text{LT}}{\longleftrightarrow} \frac{1}{s+1}+\frac{1}{s-2}, \quad \operatorname{Re}(s)>2$$

信号的收敛域位于最右边极点的右边区域,如图 6-8 所示。可以看出,该例中拉普拉斯变换的收敛域不包含 $j\omega$ 轴,这意味着该信号的傅里叶变换不存在。

【例 6-7】 分别求 $\cos(\omega_0 t)u(t)$ 和 $\sin(\omega_0 t)u(t)$ 的拉普拉斯变换及其收敛域。

解 由欧拉公式,得

$$\cos(\omega_0 t)u(t) = \frac{1}{2}(\mathrm{e}^{j\omega_0 t}+\mathrm{e}^{-j\omega_0 t})u(t)$$

$$\sin(\omega_0 t)u(t) = \frac{1}{2j}(\mathrm{e}^{j\omega_0 t}-\mathrm{e}^{-j\omega_0 t})u(t)$$

利用例 6-1 得到的结果,即

$$\mathrm{e}^{-at}u(t) \overset{\text{LT}}{\longleftrightarrow} \frac{1}{s+a}, \quad \operatorname{Re}(s)>-a$$

可得

$$\cos(\omega_0 t)u(t) \overset{\text{LT}}{\longleftrightarrow} \frac{1}{2}\left(\frac{1}{s-j\omega_0}+\frac{1}{s+j\omega_0}\right) = \frac{s}{s^2+\omega_0^2}, \quad \operatorname{Re}(s)>0$$

$$\sin(\omega_0 t)u(t) \overset{\text{LT}}{\longleftrightarrow} \frac{1}{2j}\left(\frac{1}{s-j\omega_0}-\frac{1}{s+j\omega_0}\right) = \frac{\omega_0}{s^2+\omega_0^2}, \quad \operatorname{Re}(s)>0$$

可以看出 $\cos(\omega_0 t)u(t)$ 和 $\sin(\omega_0 t)u(t)$ 的拉普拉斯变换的极点相同,都是在虚轴上的一对共轭极点:$p_{1,2}=\pm j\omega_0$。因此,它们的收敛域相同,如图 6-9 所示。

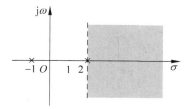

图 6-8 $x(t)=\mathrm{e}^{-t}u(t)+\mathrm{e}^{2t}u(t)$
的拉普拉斯变换的收敛域

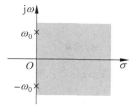

图 6-9 $\cos(\omega_0 t)u(t)$ 和 $\sin(\omega_0 t)u(t)$
的拉普拉斯变换的收敛域

6.3 拉普拉斯变换的性质

从拉普拉斯变换的定义出发可以计算一些简单信号的拉普拉斯变换,而对于一些复杂信号的拉普拉斯变换通常可以利用性质来计算。拉普拉斯变换有着许多和傅里叶变换相似的性质,它们的证明也是类似的,其中大多数可以从定义得来。本节讨论的性质主要适用于单边拉普拉斯变换。

在下面的讨论中假设 $x(t)=x(t)u(t)$,$h(t)=h(t)u(t)$,并且有

$$x(t) \overset{\text{LT}}{\longleftrightarrow} X(s), \quad h(t) \overset{\text{LT}}{\longleftrightarrow} H(s)$$

由于单边拉普拉斯变换的收敛域具有唯一性,因此在下面的性质讨论中将不再说明收敛域。

6.3.1 线性性质

$$ax(t) + bh(t) \overset{\text{LT}}{\longleftrightarrow} aX(s) + bH(s) \tag{6-11}$$

因为拉普拉斯变换的定义是一积分运算,而积分是一种线性运算,因此拉氏变换的线性是显而易见的。

证明:根据定义,有

$$\text{LT}\{ax(t) + bh(t)\} = \int_{0^-}^{+\infty} [ax(t) + bh(t)]\mathrm{e}^{-st}\,\mathrm{d}t$$

$$= a\int_{0^-}^{+\infty} x(t)\mathrm{e}^{-st}\,\mathrm{d}t + b\int_{0^-}^{+\infty} h(t)\mathrm{e}^{-st}\,\mathrm{d}t$$

$$= aX(s) + bH(s)$$

线性性质可以推广至更多因果信号的线性组合。线性性质表明,一个复杂信号的拉普拉斯变换可以通过将其分解为若干个简单信号的拉普拉斯变换之和来求解。事实上,例 6-6 和例 6-7 就采用了线性性质来求解。

6.3.2 时移性质

$$x(t - t_0) \overset{\text{LT}}{\longleftrightarrow} X(s)\mathrm{e}^{-st_0}, \quad t_0 \geqslant 0 \tag{6-12a}$$

由于 $x(t) = x(t)u(t)$,因此,上述性质事实上就等效于

$$x(t - t_0)u(t - t_0) \overset{\text{LT}}{\longleftrightarrow} X(s)\mathrm{e}^{-st_0}, \quad t_0 \geqslant 0 \tag{6-12b}$$

证明:

$$\text{LT}\{x(t - t_0)u(t - t_0)\} = \int_{0^-}^{+\infty} x(t - t_0)u(t - t_0)\mathrm{e}^{-st}\,\mathrm{d}t = \int_{t_0^-}^{+\infty} x(t - t_0)\mathrm{e}^{-st}\,\mathrm{d}t$$

作变量置换,令 $t - t_0 = \tau$,则 $t = \tau + t_0$,$\mathrm{d}t = \mathrm{d}\tau$。由此,得

$$\text{LT}\{x(t - t_0)u(t - t_0)\} = \int_{0^-}^{+\infty} x(\tau)\mathrm{e}^{-s(\tau + t_0)}\,\mathrm{d}\tau = \mathrm{e}^{-st_0}\int_{0^-}^{+\infty} x(\tau)\mathrm{e}^{-s\tau}\,\mathrm{d}\tau = \mathrm{e}^{-st_0}X(s)$$

需要注意的是,时移性质仅适用于 $t_0 \geqslant 0$ 的情况。因为当 $t_0 < 0$ 时,左移使信号 $x(t)$ 的一部分非零值移至 $t < 0$,而在计算单边拉普拉斯变换时,移出的这部分非零值在变换积分范围之外,因此未被计入。换言之,$t_0 < 0$ 时 $x(t - t_0)u(t - t_0)$ 可能不再是因果信号了,而单边拉普拉斯变换只对因果信号有效。例如,对于如图 6-10(a)所示的因果信号,时移性质仅适用于类似如图 6-10(b)所示的移位情况,而不能应用于如图 6-10(c)所示的情形。在图 6-10(c)中,由于原信号的一部分非零值移至 $t < 0$,从而破坏了原信号的拉普拉斯变换同移位后的信号的单边拉普拉斯变换之间的对应关系。也就是说由于信息的丢失无法在两者之间建立必然的联系。

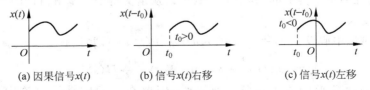

(a) 因果信号x(t)　　(b) 信号x(t)右移　　(c) 信号x(t)左移

图 6-10　因果信号的时移

时移性质表明,信号在时域延迟 t_0 后,就相应于原信号的拉普拉斯变换乘以复指数 e^{-st_0}。一般情况下,信号的拉普拉斯变换是复变量 s 的两个多项式之比。如果在拉普拉斯变换式中出现 s 的指数形式,这通常是由时域的移位引起的。这一点在求解信号的拉普拉斯逆变换时是需要注意的。

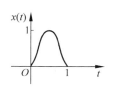

图 6-11　例 6-8 的信号

【例 6-8】 计算如图 6-11 所示信号的拉普拉斯变换。

解 图中信号可以表示为

$$x(t) = \sin(\pi t)u(t) + \sin(\pi(t-1))u(t-1)$$

由于

$$\sin(\pi t)u(t) \xleftrightarrow{\text{LT}} \frac{\pi}{s^2 + \pi^2}$$

利用时移性质,可得

$$\sin(\pi(t-1))u(t-1) \xleftrightarrow{\text{LT}} \frac{\pi}{s^2 + \pi^2} \cdot e^{-s}$$

再利用线性性质,可得

$$\sin(\pi t)u(t) + \sin(\pi(t-1))u(t-1) \xleftrightarrow{\text{LT}} \frac{\pi}{s^2 + \pi^2}(1 + e^{-s})$$

利用时移性质可以方便地计算一个开关周期信号的拉普拉斯变换。一个开关周期信号可以表示为 $x(t) = x_p(t)u(t)$,其中 $x_p(t)$ 为周期信号,周期等于 T。如果 $x_1(t)$ 为 $x(t)$ 的主周期(即第一个周期),则信号 $x(t)$ 可以用 $x_1(t)$ 的移位叠加来描述,即

$$x(t) = x_p(t)u(t) = x_1(t) + x_1(t-T) + x_1(t-2T) + \cdots$$

若已知 $x_1(t)$ 的拉普拉斯变换为 $X_1(s)$,则由时移性质,可得

$$X(s) = X_1(s) + e^{-sT}X_1(s) + e^{-2sT}X_1(s) + \cdots = X_1(s) \sum_{n=0}^{+\infty} e^{-nsT} = \frac{X_1(s)}{1 - e^{-sT}} \tag{6-13}$$

【例 6-9】 计算如图 6-12 所示信号的拉普拉斯变换。

解 由图可知开关周期 $T=4$,其中主周期 $x_1(t) = u(t) - u(t-2)$,因此

$$X_1(s) = \frac{1}{s}(1 - e^{-2s})$$

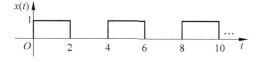

图 6-12　矩形开关周期信号

这样,由式(6-13)可得该开关周期信号的拉普拉斯变换为

$$X(s) = \frac{X_1(s)}{1 - e^{-sT}} = \frac{1}{1 - e^{-4s}} \cdot \frac{1}{s}(1 - e^{-2s}) = \frac{1}{s(1 + e^{-2s})}$$

6.3.3 复频域(s 域)移位性质

$$x(t)e^{s_0 t} \xleftrightarrow{\text{LT}} X(s - s_0) \tag{6-14}$$

证明:

$$\text{LT}\{x(t)e^{s_0 t}\} = \int_{0^-}^{+\infty} x(t)e^{s_0 t}e^{-st}\,dt = \int_{0^-}^{+\infty} x(t)e^{-(s-s_0)t}\,dt = X(s - s_0)$$

复频域移位性质表明,时间函数 $x(t)$ 乘以复指数引起了拉普拉斯变换中复频率的移位。对比复频域移位性质与时域移位性质可见它们之间的对偶关系。

【例 6-10】 求 $e^{-at}\cos(\omega_0 t)u(t)$ 和 $e^{-at}\sin(\omega_0 t)u(t)$ 的拉普拉斯变换。

解 在例 6-7 中已求得

$$\cos(\omega_0 t)u(t) \overset{\text{LT}}{\longleftrightarrow} \frac{s}{s^2 + \omega_0^2}$$

$$\sin(\omega_0 t)u(t) \overset{\text{LT}}{\longleftrightarrow} \frac{\omega_0}{s^2 + \omega_0^2}$$

由 s 域移位性质,得

$$e^{-at}\cos(\omega_0 t)u(t) \overset{\text{LT}}{\longleftrightarrow} \frac{s+a}{(s+a)^2 + \omega_0^2}$$

$$e^{-at}\sin(\omega_0 t)u(t) \overset{\text{LT}}{\longleftrightarrow} \frac{\omega_0}{(s+a)^2 + \omega_0^2}$$

【例 6-11】 已知 $x(t)u(t)$ 的拉普拉斯变换为 $X(s)$,求 $\cos(\omega_0 t)x(t)u(t)$ 的拉普拉斯变换。

解 利用欧拉公式,可得

$$\cos(\omega_0 t)x(t)u(t) = \frac{1}{2}(e^{j\omega_0 t} + e^{-j\omega_0 t})x(t)u(t)$$

由 s 域移位性质,求得

$$\cos(\omega_0 t)x(t)u(t) \overset{\text{LT}}{\longleftrightarrow} \frac{1}{2}[X(s-j\omega_0) + X(s+j\omega_0)]$$

6.3.4 尺度变换性质

$$x(at) \overset{\text{LT}}{\longleftrightarrow} \frac{1}{a}X\left(\frac{s}{a}\right), \quad a \in \mathbf{R}, \quad a > 0 \tag{6-15}$$

证明:

$$\text{LT}\{x(at)\} = \int_{0^-}^{+\infty} x(at)e^{-st}\,dt, \quad a \in \mathbf{R}, \quad a > 0$$

作变量置换,令 $at = \tau$,则 $t = \tau/a$,$dt = d\tau/a$。这样上式就变为

$$\text{LT}\{x(at)\} = \frac{1}{a}\int_{0^-}^{+\infty} x(\tau)e^{-(s/a)\tau}\,d\tau = \frac{1}{a}X\left(\frac{s}{a}\right), \quad a \in \mathbf{R}, \quad a > 0$$

尺度变换性质是傅里叶变换中尺度变换性质在 s 域内的直接推广形式,对时域信号的压缩将导致复频域信号的扩展,反之亦然。需要注意的是,该性质只适用于缩放因子 $a > 0$ 的情况。因为如果 a 为负数,就意味着 $x(at)$ 为非因果信号,而单边拉普拉斯变换只对因果信号有效。

6.3.5 时域微分性质

$$\frac{d}{dt}x(t) \overset{\text{LT}}{\longleftrightarrow} sX(s) - x(0^-) \tag{6-16a}$$

重复应用该性质,可得

$$\frac{d^2}{dt^2}x(t) \overset{\text{LT}}{\longleftrightarrow} s^2 X(s) - sx(0^-) - x'(0^-) \tag{6-16b}$$

$$\frac{d^3}{dt^3}x(t) \overset{\text{LT}}{\longleftrightarrow} s^3 X(s) - s^2 x(0^-) - sx'(0^-) - x''(0^-) \tag{6-16c}$$

将上述过程推广至 $x(t)$ 的 n 阶导数,得

$$\frac{\mathrm{d}^n}{\mathrm{d}t^n}x(t) \overset{\mathrm{LT}}{\longleftrightarrow} s^n X(s) - s^{n-1}x(0^-) - s^{n-2}x'(0^-) - \cdots - sx^{(n-2)}(0^-) - x^{(n-1)}(0^-)$$

$$(6\text{-}16\mathrm{d})$$

式中 $x^{(k)}(0^-) = \dfrac{\mathrm{d}^k}{\mathrm{d}t^k}x(t)\Big|_{t=0^-}$。

证明:

$$\mathrm{LT}\left\{\frac{\mathrm{d}}{\mathrm{d}t}x(t)\right\} = \int_{0^-}^{+\infty} \frac{\mathrm{d}}{\mathrm{d}t}x(t)\mathrm{e}^{-st}\mathrm{d}t$$

利用分部积分公式

$$\int_a^b u\,\mathrm{d}v = uv\,\Big|_a^b - \int_a^b v\,\mathrm{d}u$$

并令 $u = \mathrm{e}^{-st}$,$\mathrm{d}v = \mathrm{d}x(t)$,可得

$$\mathrm{LT}\left\{\frac{\mathrm{d}}{\mathrm{d}t}x(t)\right\} = x(t)\mathrm{e}^{-st}\Big|_{0^-}^{+\infty} + s\int_{0^-}^{+\infty} x(t)\mathrm{e}^{-st}\mathrm{d}t$$

上述积分要收敛,对 $X(s)$ 的收敛域内的任意 s 值,要求 $\lim\limits_{t\to+\infty}[x(t)\mathrm{e}^{-st}] = 0$。因此,有

$$\mathrm{LT}\left\{\frac{\mathrm{d}}{\mathrm{d}t}x(t)\right\} = sX(s) - x(0^-)$$

利用上述结果可以进一步证明二阶微分性质,因为

$$\frac{\mathrm{d}^2}{\mathrm{d}t^2}x(t) = \frac{\mathrm{d}}{\mathrm{d}t}\left[\frac{\mathrm{d}}{\mathrm{d}t}x(t)\right]$$

设 $y(t) = \dfrac{\mathrm{d}}{\mathrm{d}t}x(t)$,则 $\dfrac{\mathrm{d}^2}{\mathrm{d}t^2}x(t) = \dfrac{\mathrm{d}}{\mathrm{d}t}y(t)$。因此

$$\mathrm{LT}\left\{\frac{\mathrm{d}^2}{\mathrm{d}t^2}x(t)\right\} = sY(s) - y(0^-) = s[sX(s) - x(0^-)] - x'(0^-)$$

$$= s^2 X(s) - sx(0^-) - x'(0^-)$$

对于高阶微分性质可以继续上述过程,利用归纳法可证明式(6-16d)所给出的一般形式。时域微分性质在求解微分方程时非常重要。

【例 6-12】　已知信号 $x(t) = \mathrm{e}^{-2t}u(t)$,求 $\dfrac{\mathrm{d}}{\mathrm{d}t}x(t)$ 的拉普拉斯变换。

解　由于

$$\mathrm{e}^{-2t}u(t) \overset{\mathrm{LT}}{\longleftrightarrow} \frac{1}{s+2}$$

利用时域微分性质,得

$$\frac{\mathrm{d}}{\mathrm{d}t}x(t) \overset{\mathrm{LT}}{\longleftrightarrow} sX(s) - x(0^-) = \frac{s}{s+2}$$

由于 $x(t) = \mathrm{e}^{-2t}u(t)$ 只有当 $t > 0$ 时才有非零值。因此,上述求解时 $x(0^-) = \lim\limits_{t\to 0^-}[\mathrm{e}^{-2t}u(t)] = 0$。

为验证上述结果的正确性,下面采用另一种方法来求解该例。

因为

$$\frac{\mathrm{d}}{\mathrm{d}t}x(t) = -2\mathrm{e}^{-2t}u(t) + \frac{\mathrm{d}}{\mathrm{d}t}u(t) = -2\mathrm{e}^{-2t}u(t) + \delta(t)$$

因此,求上式的拉氏变换,得

$$\frac{\mathrm{d}}{\mathrm{d}t}x(t) \overset{\mathrm{LT}}{\longleftrightarrow} -2\,\frac{1}{s+2}+1 = \frac{s}{s+2}$$

6.3.6 复频域(s 域)微分性质

$$-tx(t) \overset{\mathrm{LT}}{\longleftrightarrow} \frac{\mathrm{d}}{\mathrm{d}s}X(s) \tag{6-17a}$$

或

$$tx(t) \overset{\mathrm{LT}}{\longleftrightarrow} -\frac{\mathrm{d}}{\mathrm{d}s}X(s) \tag{6-17b}$$

并可推广为

$$t^n x(t) \overset{\mathrm{LT}}{\longleftrightarrow} (-1)^n \frac{\mathrm{d}^n}{\mathrm{d}s^n}X(s) \tag{6-17c}$$

证明：根据拉普拉斯变换定义式

$$X(s) = \int_{0^-}^{+\infty} x(t)\mathrm{e}^{-st}\,\mathrm{d}t$$

上式对 s 求导,可得

$$\frac{\mathrm{d}}{\mathrm{d}s}X(s) = \int_{0^-}^{+\infty} [-tx(t)]\mathrm{e}^{-st}\,\mathrm{d}t = \mathrm{LT}\{-tx(t)\}$$

因此, $-tx(t)$ 的拉普拉斯变换就是 $\dfrac{\mathrm{d}}{\mathrm{d}s}X(s)$。

比较复频域微分性质与时域微分性质可见它们之间的对偶关系。

【例 6-13】 求 $x(t)=t\mathrm{e}^{-at}u(t)$ 的拉普拉斯变换。

解 由于

$$\mathrm{e}^{-at}u(t) \overset{\mathrm{LT}}{\longleftrightarrow} \frac{1}{s+a}$$

因此,利用 s 域微分性质,可得

$$t\mathrm{e}^{-at}u(t) \overset{\mathrm{LT}}{\longleftrightarrow} -\frac{\mathrm{d}}{\mathrm{d}s}\left(\frac{1}{s+a}\right) = \frac{1}{(s+a)^2} \tag{6-18a}$$

式中,当 $a=0$ 时,得

$$tu(t) \overset{\mathrm{LT}}{\longleftrightarrow} \frac{1}{s^2} \tag{6-18b}$$

当一个有理的拉普拉斯变换式中出现重极点时,在求取它的逆变换时,式(6-18)是很有用的。

6.3.7 卷积性质

$$x(t) * h(t) \overset{\mathrm{LT}}{\longleftrightarrow} X(s)H(s) \tag{6-19}$$

证明：由于 $x(t)=x(t)u(t)$，$h(t)=h(t)u(t)$，因此

$$\mathrm{LT}\{x(t)*h(t)\} = \int_{0^-}^{+\infty}\left[\int_{-\infty}^{+\infty} x(\tau)u(\tau)h(t-\tau)u(t-\tau)\mathrm{d}\tau\right]\mathrm{e}^{-st}\,\mathrm{d}t$$

$$= \int_{0^-}^{+\infty}\left[\int_{0^-}^{+\infty} x(\tau)h(t-\tau)u(t-\tau)\mathrm{d}\tau\right]\mathrm{e}^{-st}\,\mathrm{d}t$$

$$= \int_{0^-}^{+\infty} x(\tau) \left[\int_{0^-}^{+\infty} h(t-\tau)u(t-\tau)e^{-st} dt \right] d\tau$$

其中，$\left[\int_{0^-}^{+\infty} h(t-\tau)u(t-\tau)e^{-st} dt \right]$ 就是 $h(t-\tau)u(t-\tau)$ 的拉普拉斯变换。由时域移位性质，得

$$\left[\int_{0^-}^{+\infty} h(t-\tau)u(t-\tau)e^{-st} dt \right] = H(s)e^{-s\tau}$$

因此

$$\begin{aligned}
\text{LT}\{x(t)*h(t)\} &= \int_{0^-}^{+\infty} x(\tau) \left[\int_{0^-}^{+\infty} h(t-\tau)u(t-\tau)e^{-st} dt \right] d\tau \\
&= \int_{0^-}^{+\infty} x(\tau) H(s)e^{-s\tau} d\tau = \left[\int_{0^-}^{+\infty} x(\tau)e^{-s\tau} d\tau \right] H(s) \\
&= X(s)H(s)
\end{aligned}$$

如同傅里叶变换的卷积性质一样，利用拉普拉斯变换的卷积性质，可以将时域的卷积运算变换为 s 域中的乘积运算，它在 LTI 系统分析中起着十分重要的作用。对于 LTI 系统，输入与输出的关系为：$y(t) = x(t)*h(t)$，其中 $h(t)$ 为系统的单位冲激响应。由卷积关系求得的响应为 LTI 系统的零状态响应。根据卷积性质，可以得到

$$Y(s) = X(s)H(s) \tag{6-20}$$

对上式作拉普拉斯逆变换就可以求得系统的零状态响应：$y_{zs}(t) = \text{ILT}\{Y(s)\}$，采用这种方法求解系统的零状态响应往往比直接计算卷积运算容易。由式（6-20）可得另一个重要的公式，即

$$H(s) = \frac{Y(s)}{X(s)} \tag{6-21}$$

式（6-21）给出了系统函数 $H(s)$ 的另一种定义形式，即 $H(s)$ 是系统的零状态响应的拉普拉斯变换与输入信号的拉普拉斯变换之比。

【例 6-14】 求如图 6-13(a)所示信号 $x(t)$ 的拉普拉斯变换。

解 如图 6-13(a)所示信号 $x(t)$ 可以由如图 6-13(b)所示信号 $x_1(t)$ 进行自卷积得到，即

$$x(t) = x_1(t)*x_1(t)$$

而 $x_1(t) = u(t) - u(t-1)$，因此，有

$$X_1(s) = \frac{1}{s}(1-e^{-s})$$

由卷积性质，求得

$$X(s) = X_1(s)X_1(s) = \frac{1}{s^2}(1-e^{-s})^2$$

图 6-13 例 6-14 的信号

6.3.8 时域积分性质

$$\int_{0^-}^{t} x(\tau)d\tau \xleftrightarrow{\text{LT}} \frac{X(s)}{s} \tag{6-22}$$

证明：因为

$$x(t)*u(t)=\int_{-\infty}^{+\infty}x(\tau)u(t-\tau)\mathrm{d}\tau=\int_{0^-}^{t}x(\tau)\mathrm{d}\tau$$

上式中考虑到 $x(\tau)=x(\tau)u(\tau)$，因此 $x(\tau)$ 的非零值限制了 τ 的积分下限，而 $u(t-\tau)$ 的非零值为 $\tau<t$，它又限制了 τ 的积分上限。

利用卷积性质，可得

$$x(t)*u(t)\xleftrightarrow{\mathrm{LT}}X(s)U(s)=X(s)\frac{1}{s}$$

于是，有

$$\mathrm{LT}\left\{\int_{0^-}^{t}x(\tau)\mathrm{d}\tau\right\}=\mathrm{LT}\{x(t)*u(t)\}=\frac{X(s)}{s}$$

【例 6-15】 利用积分性质求如图 6-14(a)所示信号 $x(t)$ 的拉普拉斯变换。

解 首先对信号 $x(t)$ 求导，求导以后的 $x'(t)$ 波形如图 6-14(b)所示。显然，有

$$x'(t)=u(t)-u(t-1)-\delta(t-1)$$

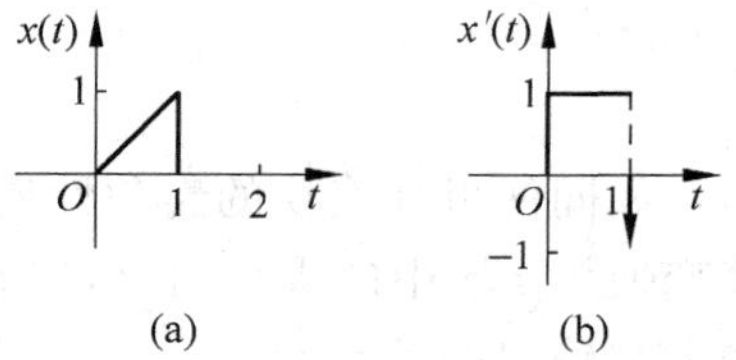

图 6-14 例 6-15 的信号

因此，得

$$\mathrm{LT}\{x'(t)\}=\frac{1}{s}(1-\mathrm{e}^{-s})-\mathrm{e}^{-s}$$

对 $x'(t)$ 积分即得到 $x(t)$，因此利用积分性质，可得

$$\mathrm{LT}\{x(t)\}=\frac{\mathrm{LT}\{x'(t)\}}{s}=\frac{1}{s^2}(1-\mathrm{e}^{-s})-\frac{1}{s}\mathrm{e}^{-s}$$

6.3.9 初值和终值定理

当给定一个信号的拉普拉斯变换时，通过求逆变换就可以得到信号的时域表示。然而，有些应用中可能仅对时域的初始值和终值感兴趣，例如，对一个温度控制系统可能感兴趣的是它是否达到了给定的温度。利用初值定理和终值定理就可以直接由 $X(s)$ 确定信号 $x(t)$ 的初始值和终值，而无需做逆变换。

1. 初值定理

如果 $x(t)$ 和它的导数 $\frac{\mathrm{d}x(t)}{\mathrm{d}t}$ 的拉普拉斯变换均存在，且 $\lim\limits_{s\to\infty}sX(s)$ 存在。那么

$$x(0^+)=\lim_{s\to\infty}sX(s)\tag{6-23}$$

证明：由时域微分性质式(6-16a)，得

$$\begin{aligned}sX(s)-x(0^-)&=\mathrm{LT}\left\{\frac{\mathrm{d}}{\mathrm{d}t}x(t)\right\}=\int_{0^-}^{+\infty}\left[\frac{\mathrm{d}}{\mathrm{d}t}x(t)\right]\mathrm{e}^{-st}\mathrm{d}t\\&=\int_{0^-}^{0^+}\left[\frac{\mathrm{d}}{\mathrm{d}t}x(t)\right]\mathrm{e}^{-st}\mathrm{d}t+\int_{0^+}^{\infty}\left[\frac{\mathrm{d}}{\mathrm{d}t}x(t)\right]\mathrm{e}^{-st}\mathrm{d}t\\&=x(t)\big|_{0^-}^{0^+}+\int_{0^+}^{+\infty}\left[\frac{\mathrm{d}}{\mathrm{d}t}x(t)\right]\mathrm{e}^{-st}\mathrm{d}t=x(0^+)-x(0^-)+\int_{0^+}^{+\infty}\left[\frac{\mathrm{d}}{\mathrm{d}t}x(t)\right]\mathrm{e}^{-st}\mathrm{d}t\end{aligned}$$

两边消去 $x(0^-)$，得

$$sX(s)=x(0^+)+\int_{0^+}^{+\infty}\left[\frac{\mathrm{d}}{\mathrm{d}t}x(t)\right]\mathrm{e}^{-st}\mathrm{d}t\tag{6-24}$$

上式当 $s \rightarrow \infty$ 时,有

$$\lim_{s \rightarrow \infty} sX(s) = x(0^+) + \lim_{s \rightarrow \infty} \int_{0^+}^{+\infty} \left[\frac{\mathrm{d}}{\mathrm{d}t} x(t) \right] \mathrm{e}^{-st} \mathrm{d}t$$

$$= x(0^+) + \int_{0^+}^{+\infty} \left[\frac{\mathrm{d}}{\mathrm{d}t} x(t) \right] (\lim_{s \rightarrow \infty} \mathrm{e}^{-st}) \mathrm{d}t = x(0^+)$$

2. 终值定理

如果 $x(t)$ 和它的导数 $\dfrac{\mathrm{d}x(t)}{\mathrm{d}t}$ 的拉普拉斯变换均存在,且 $\lim\limits_{t \rightarrow +\infty} x(t)$ 存在,即 $sX(s)$ 在 $\mathrm{j}\omega$ 轴上或者在 s 平面的右半平面上没有极点。则

$$\lim_{t \rightarrow +\infty} x(t) = \lim_{s \rightarrow 0} sX(s) \tag{6-25}$$

证明:在式(6-24)的基础上,当 $s \rightarrow 0$ 时,有

$$\lim_{s \rightarrow 0} sX(s) = x(0^+) + \lim_{s \rightarrow 0} \int_{0^+}^{+\infty} \left[\frac{\mathrm{d}}{\mathrm{d}t} x(t) \right] \mathrm{e}^{-st} \mathrm{d}t = x(0^+) + \int_{0^+}^{+\infty} \left[\frac{\mathrm{d}}{\mathrm{d}t} x(t) \right] (\lim_{s \rightarrow 0} \mathrm{e}^{-st}) \mathrm{d}t$$

$$= x(0^+) + x(t) \Big|_{0^+}^{\infty} = \lim_{t \rightarrow +\infty} x(t)$$

需要特别注意的是:只有当 $\lim\limits_{t \rightarrow +\infty} x(t)$ 存在时才能应用终值定理,因为有可能出现 $\lim\limits_{s \rightarrow 0} sX(s)$ 存在而 $\lim\limits_{t \rightarrow +\infty} x(t)$ 不存在的情况。

【例 6-16】 根据下列给定信号的拉普拉斯变换,判断是否存在终值?

(1) $X(s) = \dfrac{1}{s}$;(2) $X(s) = \dfrac{1}{s^2}$;(3) $X(s) = \dfrac{1}{s-2}$;(4) $X(s) = \dfrac{s}{s^2 + \omega_0^2}$。

解 (1) 它是单位阶跃信号 $u(t)$ 的拉普拉斯变换,其终值为

$$\lim_{t \rightarrow +\infty} u(t) = \lim_{s \rightarrow 0} s \cdot \frac{1}{s} = 1。$$

(2) 由于 $sX(s) = \dfrac{1}{s}$,它在 $\mathrm{j}\omega$ 轴上(原点)有一极点,因此 $\lim\limits_{t \rightarrow +\infty} x(t)$ 不存在。事实上,$X(s) = \dfrac{1}{s^2}$,它是 $tu(t)$ 的拉普拉斯变换(见例 6-13),这是个线性增长的信号,显然终值为无穷大。(1)和(2)表明:应用终值定理时,只允许 $X(s)$ 在 $s=0$ 处有单极点。

(3) 由于 $sX(s) = \dfrac{s}{s-2}$,它在 $s=2$ 处有一极点,即极点位于 s 平面的右半平面上,因此 $\lim\limits_{t \rightarrow +\infty} x(t)$ 不存在。事实上,$X(s) = \dfrac{1}{s-2}$,它是 $\mathrm{e}^{2t} u(t)$ 的拉普拉斯变换,这是个指数增长的信号,终值为无穷大。

(4) $sX(s) = \dfrac{s^2}{s^2 + \omega_0^2}$,它在 $\mathrm{j}\omega$ 轴上有一对共轭极点,因此 $\lim\limits_{t \rightarrow +\infty} x(t)$ 不存在。然而容易出现的错误是试图应用终值定理,将 $\lim\limits_{s \rightarrow 0} sX(s) = \lim\limits_{s \rightarrow 0} \dfrac{s^2}{s^2 + \omega_0^2} = 0$ 作为终值。注意:当 $\lim\limits_{t \rightarrow +\infty} x(t)$ 不存在时,终值定理是不适用的。事实上,$X(s) = \dfrac{s}{s^2 + \omega_0^2}$ 是 $\cos(\omega_0 t) u(t)$ 的拉普拉斯变换(见例 6-7),这是一个在 $+1$ 和 -1 之间振荡的信号,因此终值是不存在的。

至此,讨论了单边拉普拉斯变换的主要性质。这些性质对于计算复杂信号的拉普拉斯变换以及在连续时间 LTI 系统的分析和设计中非常有用。为便于查阅,现将这些主要性质和一些常用信号的单边拉普拉斯变换对分别归纳于表 6-1 和表 6-2 中。

表 6-1 拉普拉斯变换的性质 *

性 质 名 称	时 域 运 算	s 域 运 算
线性	$ax(t)+bh(t)$	$aX(s)+bH(s)$
时域移位	$x(t-t_0)$	$X(s)e^{-st_0}$, $t_0 \geqslant 0$
s 域移位	$x(t)e^{s_0 t}$	$X(s-s_0)$
尺度变换	$x(at)$	$\dfrac{1}{a}X\left(\dfrac{s}{a}\right)$, $a>0$
时域微分	$\dfrac{\mathrm{d}}{\mathrm{d}t}x(t)$	$sX(s)-x(0^-)$
	$\dfrac{\mathrm{d}^2}{\mathrm{d}t^2}x(t)$	$s^2 X(s)-sx(0^-)-x'(0^-)$
	$\dfrac{\mathrm{d}^3}{\mathrm{d}t^3}x(t)$	$s^3 X(s)-s^2 x(0^-)-sx'(0^-)-x''(0^-)$
s 域微分	$-tx(t)$	$\dfrac{\mathrm{d}}{\mathrm{d}s}X(s)$
卷积	$x(t) * h(t)$	$X(s)H(s)$
时域积分	$\displaystyle\int_{0^-}^{t} x(\tau)\mathrm{d}\tau$	$\dfrac{X(s)}{s}$
开关周期	$x_p(t)u(t)$ 主周期为 $x_1(t)$	$\dfrac{X_1(s)}{1-e^{-sT}}$, T 为周期, $X_1(s)=\mathrm{LT}\{x_1(t)\}$
初值	$\lim\limits_{t \to 0^+} x(t)$	$\lim\limits_{s \to \infty} sX(s)$, 条件: $\lim\limits_{s \to \infty} sX(s)$ 存在
终值	$\lim\limits_{t \to +\infty} x(t)$	$\lim\limits_{s \to 0} sX(s)$, 条件: $sX(s)$ 极点在左半平面

* 注: $x(t)=x(t)u(t)$, $h(t)=h(t)u(t)$

表 6-2 单边拉普拉斯变换表

$x(t)$	$X(s)$	收敛域
$\delta(t)$	1	所有 s
$u(t)$	$\dfrac{1}{s}$	$\mathrm{Re}(s)>0$
$tu(t)$	$\dfrac{1}{s^2}$	$\mathrm{Re}(s)>0$
$t^n u(t)$	$\dfrac{n!}{s^{n+1}}$	$\mathrm{Re}(s)>0$
$e^{-at}u(t)$	$\dfrac{1}{s+a}$	$\mathrm{Re}(s)>-a$
$te^{-at}u(t)$	$\dfrac{1}{(s+a)^2}$	$\mathrm{Re}(s)>-a$
$t^n e^{-at}u(t)$	$\dfrac{n!}{(s+a)^{n+1}}$	$\mathrm{Re}(s)>-a$
$\cos(\omega_0 t)u(t)$	$\dfrac{s}{s^2+\omega_0^2}$	$\mathrm{Re}(s)>0$
$\sin(\omega_0 t)u(t)$	$\dfrac{\omega_0}{s^2+\omega_0^2}$	$\mathrm{Re}(s)>0$
$e^{-at}\cos(\omega_0 t)u(t)$	$\dfrac{s+a}{(s+a)^2+\omega_0^2}$	$\mathrm{Re}(s)>-a$
$e^{-at}\sin(\omega_0 t)u(t)$	$\dfrac{\omega_0}{(s+a)^2+\omega_0^2}$	$\mathrm{Re}(s)>-a$
$t\cos(\omega_0 t)u(t)$	$\dfrac{s^2-\omega_0^2}{(s^2+\omega_0^2)^2}$	$\mathrm{Re}(s)>0$
$t\sin(\omega_0 t)u(t)$	$\dfrac{2s\omega_0}{(s^2+\omega_0^2)^2}$	$\mathrm{Re}(s)>0$

6.4　拉普拉斯逆变换

　　直接按照式(6-5)求拉普拉斯逆变换要计算复平面的线积分,这需要复变函数理论的知识,可以利用其中的留数定理来计算。在实际应用中,更为普遍的方法是利用已知的变换表(例如表 6-2)以及拉普拉斯变换的性质来计算拉普拉斯逆变换。如果能够将信号的拉普拉斯变换 $X(s)$ 表示成在变换表中所列出的那些简单的函数形式之和,并结合拉普拉斯变换的性质就可以计算许多信号的拉普拉斯逆变换。

　　对于许多有用信号以及在分析连续时间 LTI 系统时,所得到的拉普拉斯变换是 s 的有理函数,即 $X(s)$ 的分子和分母都是 s 的多项式,其一般形式为

$$X(s) = \frac{N(s)}{D(s)} = \frac{b_M s^M + b_{M-1} s^{M-1} + \cdots + b_1 s + b_0}{s^N + a_{N-1} s^{N-1} + \cdots + a_1 s + a_0} \tag{6-26}$$

根据拉普拉斯变换的定义式不难发现,若 $x(t)$ 为实信号,积分结果中唯一的复数量是 s。因此,当 $x(t)$ 为实信号时,式(6-26)中分子和分母多项式的系数 b_k 和 a_k 均为实数。对于上述形式的 $X(s)$,可以通过部分分式展开法将其表示为拉普拉斯变换表中的函数形式之和。

　　部分分式展开法要求 $X(s)$ 为真有理函数(即 $N > M$)。如果 $X(s)$ 为假有理函数(即 $N \leqslant M$),可用长除法将 $X(s)$ 表示为如下形式

$$X(s) = \sum_{k=0}^{M-N} c_k s^k + \widetilde{X}(s) \tag{6-27}$$

式中

$$\widetilde{X}(s) = \frac{\widetilde{N}(s)}{D(s)}$$

$\widetilde{N}(s)$ 为分子 $N(s)$ 被分母 $D(s)$ 相除后得到的余因子,其阶数小于分母 $D(s)$ 的阶数。因此 $\widetilde{X}(s)$ 是一个真有理函数,可再通过部分分式展开法来求逆变换。而对于 $\sum\limits_{k=0}^{M-N} c_k s^k$ 项的逆变换也是容易得到的,这是由于 $\mathrm{LT}\{\delta(t)\} = 1$,利用时域微分性质有 $\mathrm{LT}\{\delta'(t)\} = s$。因此

$$\sum_{k=0}^{M-N} c_k \delta^{(k)}(t) \xleftrightarrow{\mathrm{LT}} \sum_{k=0}^{M-N} c_k s^k \tag{6-28}$$

　　如果 $X(s)$ 为真有理函数,且不存在重极点,那么 $X(s)$ 就可以写成如下形式

$$X(s) = \frac{N(s)}{D(s)} = \frac{N(s)}{(s - p_1)(s - p_2)\cdots(s - p_N)}$$

$$= \frac{K_1}{s - p_1} + \frac{K_2}{s - p_2} + \cdots + \frac{K_N}{s - p_N} = \sum_{i=1}^{N} \frac{K_i}{s - p_i} \tag{6-29}$$

式中系数 K_i 称为留数,可由下式计算出来

$$K_i = X(s)(s - p_i)\big|_{s = p_i} \tag{6-30}$$

然后,再根据拉普拉斯变换对

$$\mathrm{e}^{-at} u(t) \xleftrightarrow{\mathrm{LT}} \frac{1}{s + a}$$

可求得逆变换

$$x(t) = (K_1 \mathrm{e}^{p_1 t} + K_2 \mathrm{e}^{p_2 t} + \cdots + K_N \mathrm{e}^{p_N t}) u(t) \tag{6-31}$$

需要注意的是,如果 $x(t)$ 为实信号,那么它的拉氏变换的极点除了是实数之外也有可能出现复数,而且是以复共轭对的形式出现。如果极点 p_i 和 p_{i+1} 为一对共轭极点,即 $p_i=p_{i+1}^*$,那么对应的留数也一定是共轭的,即 $K_i=K_{i+1}^*$。只有这样的共轭对才能保证分子和分母多项式系数为实数。因此,实信号的拉普拉斯变换如果出现复数零点或极点,那么它们必然以复共轭对形式出现。

【例 6-17】 将下面的拉普拉斯变换 $X(s)$ 作部分分式展开,并求系数。

$$X(s) = \frac{4s^2 + 2s + 18}{(s+1)(s^2 + 4s + 13)}$$

解 可以看出分子和分母的多项式系数均为实数,而且除了实数极点 $s=-1$ 之外,还出现了一对共轭极点 $s=-2\pm3\mathrm{j}$。按照前面的讨论可以推测部分分式展开系数中除了一个实系数外,必定会出现一对共轭系数。现在对 $X(s)$ 做部分分式展开,得

$$X(s) = \frac{K_1}{s+1} + \frac{K_2}{s+2-3\mathrm{j}} + \frac{K_3}{s+2+3\mathrm{j}}$$

其中

$$K_1 = X(s)(s+1)\,|_{s=-1} = \frac{4s^2+2s+18}{s^2+4s+13}\bigg|_{s=-1} = 2$$

$$K_2 = X(s)(s+2-3\mathrm{j})\,|_{s=-2+3\mathrm{j}} = \frac{4s^2+2s+18}{(s+1)(s+2+3\mathrm{j})}\bigg|_{s=-2+3\mathrm{j}} = 1+2\mathrm{j}$$

$$K_3 = X(s)(s+2+3\mathrm{j})\,|_{s=-2-3\mathrm{j}} = \frac{4s^2+2s+18}{(s+1)(s+2-3\mathrm{j})}\bigg|_{s=-2-3\mathrm{j}} = 1-2\mathrm{j}$$

可以看出 $K_2=K_3^*$,即对应于共轭极点的因式其系数也是共轭的。只要有理函数的系数为实数,这一结论总是成立的,因此以后出现这种情况时只需计算其中一个系数就可以了。讨论本例的目的只是想强调这种共轭对称性。实际在展开部分分式时,更多的是将分母中的共轭因式合并成一个二次因式。

如果 $X(s)$ 为真有理函数,且分母中有重复因式(即函数有重极点)情况,那么前面讨论的展开形式就要做修正。此时,$X(s)$ 可以表示成如下形式

$$X(s) = \frac{N(s)}{D(s)} = \frac{N(s)}{(s-p_1)^k D_1(s)} \tag{6-32}$$

式中,假设 $D(s)$ 在 $s=p_1$ 处有 k 重根,即 p_1 为 $X(s)$ 的 k 阶极点,其余极点为单极点。这种情况下,$X(s)$ 的部分分式展开式为

$$X(s) = \frac{K_{11}}{(s-p_1)^k} + \frac{K_{12}}{(s-p_1)^{k-1}} + \cdots + \frac{K_{1k}}{s-p_1} + \frac{N_1(s)}{D_1(s)} \tag{6-33}$$

式中,$\dfrac{N_1(s)}{D_1(s)}$ 为展开式中与极点 p_1 无关的部分,它的部分分式展开方法与前面所述方法相同。系数 K_{11} 的求解是容易的,可将式(6-22)两边同乘以 $(s-p_1)^k$,并令 $s=p_1$,从而得到

$$K_{11} = X(s)\,(s-p_1)^k\,|_{s=p_1} \tag{6-34a}$$

系数 K_{12} 可由下式给出

$$K_{12} = \frac{\mathrm{d}}{\mathrm{d}s}\big[(s-p_1)^k X(s)\big]\bigg|_{s=p_1} \tag{6-34b}$$

其余系数的计算方法为

$$K_{1i} = \frac{1}{(i-1)!} \frac{d^{i-1}}{ds^{i-1}} \left[(s-p_1)^k X(s) \right] \Big|_{s=p_1}, \quad i = 1, 2, \cdots, k \qquad (6\text{-}34\text{c})$$

显然,随着重根阶数的增加,上述求导运算将变得很烦琐。实际在求解重极点展开系数时还可以综合采用其他更为快捷的方法,对此将在后文结合具体例子予以讨论。对于重极点展开式可以利用下面的变换对求得逆变换

$$t^n e^{-at} u(t) \overset{LT}{\longleftrightarrow} \frac{n!}{(s+a)^{n+1}} \qquad (6\text{-}35)$$

【**例 6-18**】 求 $X(s) = \dfrac{2}{s^2 + 3s + 2}$ 的拉普拉斯逆变换。

解 将 $X(s)$ 进行部分分式展开,得

$$X(s) = \frac{2}{(s+1)(s+2)} = \frac{K_1}{s+1} + \frac{K_2}{s+2}$$

其中

$$K_1 = X(s)(s+1) \big|_{s=-1} = \frac{2}{s+2} \Big|_{s=-1} = 2$$

$$K_2 = X(s)(s+2) \big|_{s=-2} = \frac{2}{s+1} \Big|_{s=-2} = -2$$

因此

$$X(s) = \frac{2}{s+1} + \frac{-2}{s+2}$$

利用变换对

$$e^{-at} u(t) \overset{LT}{\longleftrightarrow} \frac{1}{s+a}$$

得逆变换为

$$x(t) = 2(e^{-t} - e^{-2t}) u(t)$$

【**例 6-19**】 求 $X(s) = \dfrac{4s^2 + 2s + 18}{(s+1)(s^2 + 4s + 13)}$ 的拉普拉斯逆变换。

解 该例与例 6-17 为同一个函数,在例 6-17 中是将 $X(s)$ 分母中的二次因式分解成两个共轭因式。然而,保持分母中的二次因式往往更容易求得逆变换。为此将 $X(s)$ 展开为

$$X(s) = \frac{K_1}{s+1} + \frac{as+b}{s^2 + 4s + 13}$$

其中

$$K_1 = X(s)(s+1) \big|_{s=-1} = \frac{4s^2 + 2s + 18}{s^2 + 4s + 13} \Big|_{s=-1} = 2$$

因此

$$X(s) = \frac{2}{s+1} + \frac{as+b}{s^2 + 4s + 13}$$

上式中未知系数 a 和 b 的求法可以有多种方法。

(1) 方法一:将等式右边两项通分,得

$$X(s) = \frac{4s^2 + 2s + 18}{(s+1)(s^2 + 4s + 13)} = \frac{(2+a)s^2 + (a+b+8)s + (b+26)}{(s+1)(s^2 + 4s + 13)}$$

通过分子系数匹配可求得

$$a = 2, \quad b = -8$$

（2）方法二：选择方便的 s 值代入 $X(s)$ 来计算。现选择 $s=0$ 代入 $X(s)$，有

$$X(s)\,|_{s=0} = \frac{4s^2 + 2s + 18}{(s+1)(s^2 + 4s + 13)}\Bigg|_{s=0}$$

$$= \left(\frac{2}{s+1} + \frac{as+b}{s^2 + 4s + 13}\right)\Bigg|_{s=0}$$

于是，得

$$\frac{18}{13} = 2 + \frac{b}{13} \Rightarrow b = -8$$

因此

$$\frac{4s^2 + 2s + 18}{(s+1)(s^2 + 4s + 13)} = \frac{2}{s+1} + \frac{as-8}{s^2 + 4s + 13}$$

上式两边同乘 s，并令 $s \to \infty$，得

$$4 = 2 + a \Rightarrow a = 2$$

这样，求得 $X(s)$ 展开式为

$$X(s) = \frac{2}{s+1} + \frac{2s-8}{s^2 + 4s + 13}$$

上式可进一步写为

$$X(s) = \frac{2}{s+1} + \frac{2(s+2)-12}{(s+2)^2 + 3^2} = \frac{2}{s+1} + 2\frac{s+2}{(s+2)^2 + 3^2} - 4\frac{3}{(s+2)^2 + 3^2}$$

利用变换对

$$e^{-at}u(t) \xleftrightarrow{\text{LT}} \frac{1}{s+a}$$

$$e^{-at}\cos(\omega_0 t)u(t) \xleftrightarrow{\text{LT}} \frac{s+a}{(s+a)^2 + \omega_0^2}$$

$$e^{-at}\sin(\omega_0 t)u(t) \xleftrightarrow{\text{LT}} \frac{\omega_0}{(s+a)^2 + \omega_0^2}$$

可得逆变换

$$x(t) = \left[2e^{-t} + 2e^{-2t}\cos(3t) - 4e^{-2t}\sin(3t)\right]u(t)$$

【例 6-20】 求 $X(s) = \dfrac{2}{(s+1)(s+2)^3}$ 的拉普拉斯逆变换。

解　这是一个含重极点的例子，其部分分式展开形式为

$$X(s) = \frac{K_{11}}{(s+2)^3} + \frac{K_{12}}{(s+2)^2} + \frac{K_{13}}{s+2} + \frac{K_2}{s+1}$$

这种情况下求解系数有多种方法可供选择。

（1）方法一：按照前面的讨论，得

$$K_{11} = X(s)(s+2)^3\,|_{s=-2} = \frac{2}{s+1}\Bigg|_{s=-2} = -2$$

$$K_{12} = \frac{d}{ds}\left[(s+2)^3 X(s)\right]\Bigg|_{s=-2} = \frac{d}{ds}\left(\frac{2}{s+1}\right)\Bigg|_{s=-2} = \frac{-2}{(s+1)^2}\Bigg|_{s=-2} = -2$$

$$K_{13} = \frac{1}{2!}\frac{d^2}{ds^2}\left[(s+2)^3 X(s)\right]\Bigg|_{s=-2} = \frac{1}{2}\frac{d^2}{ds^2}\left(\frac{2}{s+1}\right)\Bigg|_{s=-2} = \frac{2}{(s+1)^3}\Bigg|_{s=-2} = -2$$

$$K_2 = X(s)(s+1)\Big|_{s=-1} = \frac{2}{(s+2)^3}\Big|_{s=-1} = 2$$

因此

$$X(s) = \frac{-2}{(s+2)^3} + \frac{-2}{(s+2)^2} + \frac{-2}{s+2} + \frac{2}{s+1}$$

$$= -\frac{2!}{(s+2)^{2+1}} - 2\frac{1!}{(s+2)^{1+1}} + \frac{-2}{s+2} + \frac{2}{s+1}$$

根据式(6-35)可求得逆变换为

$$x(t) = (-t^2 e^{-2t} - 2te^{-2t} - 2e^{-2t} + 2e^{-t})u(t)$$

可以发现上述系数 K_{11} 和 K_2 的求解是容易的,而 K_{12} 和 K_{13} 较为烦琐。下面讨论求解 K_{12} 和 K_{13} 的其他方法。

（2）方法二：按上述方法求得 K_{11} 和 K_2 后,部分分式展开式为

$$X(s) = \frac{-2}{(s+2)^3} + \frac{K_{12}}{(s+2)^2} + \frac{K_{13}}{s+2} + \frac{2}{s+1}$$

即

$$\frac{2}{(s+1)(s+2)^3} = \frac{-2}{(s+2)^3} + \frac{K_{12}}{(s+2)^2} + \frac{K_{13}}{s+2} + \frac{2}{s+1}$$

显然,上式对任何具体的 s 值都应该是相等的,因此,若分别取 $s=0$ 和 $s=1$ 两个值代入就可以得到两个方程,从而求得未知数 K_{12} 和 K_{13}

$$\begin{cases} \dfrac{2}{8} = \dfrac{-2}{8} + \dfrac{K_{12}}{4} + \dfrac{K_{13}}{2} + 2 \\ \dfrac{1}{27} = \dfrac{-2}{27} + \dfrac{K_{12}}{9} + \dfrac{K_{13}}{3} + 1 \end{cases} \Rightarrow \begin{cases} K_{12} = -2 \\ K_{13} = -2 \end{cases}$$

得到的结果与方法一相同。

（3）方法三：在求得 K_{11} 和 K_2 后,有

$$\frac{2}{(s+1)(s+2)^3} = \frac{-2}{(s+2)^3} + \frac{K_{12}}{(s+2)^2} + \frac{K_{13}}{s+2} + \frac{2}{s+1}$$

上式两边乘以 s,令 $s \to \infty$ 就可以消除 K_{12},得

$$0 = K_{13} + 2 \Rightarrow K_{13} = -2$$

因此,得

$$\frac{2}{(s+1)(s+2)^3} = \frac{-2}{(s+2)^3} + \frac{K_{12}}{(s+2)^2} + \frac{-2}{s+2} + \frac{2}{s+1}$$

上式仅有一个未知数 K_{12},为便于求解,可取 $s=0$,得

$$\frac{2}{8} = \frac{-2}{8} + \frac{K_{12}}{4} - 1 + 2 \Rightarrow K_{12} = -2$$

还有其他求解系数的方法。就上述三种方法而言,第三种较为简单。

【例 6-21】 求 $X(s) = \dfrac{s^3 + 7s^2 + 17s + 16}{s^2 + 5s + 6}$ 的拉普拉斯逆变换。

解 这是一个假有理函数,需用长除法将其表示为真有理函数与 s 的多项式之和的形式。除式为

$$\begin{array}{r} s+2 \\ s^2+5s+6 \overline{\big)s^3+7s^2+17s+16} \\ \underline{s^3+5s^2+6s } \\ 2s^2+11s+16 \\ \underline{2s^2+10s+12} \\ s+4 \end{array}$$

于是,有

$$X(s) = s + 2 + \frac{s+4}{s^2+5s+6}$$

这样上式最后一项余分式为真有理函数,可进行部分分式展开,得到

$$\frac{s+4}{s^2+5s+6} = \frac{s+4}{(s+2)(s+3)} = \frac{K_1}{s+2} + \frac{K_2}{s+3}$$

其中

$$K_1 = \frac{s+4}{(s+2)(s+3)}(s+2)\Big|_{s=-2} = 2$$

$$K_2 = \frac{s+4}{(s+2)(s+3)}(s+3)\Big|_{s=-3} = -1$$

因此

$$X(s) = s + 2 + \frac{2}{s+2} + \frac{-1}{s+3}$$

参照表 6-2,可求得逆变换为

$$x(t) = \delta'(t) + 2\delta(t) + (2e^{-2t} - e^{-3t})u(t)$$

上面的讨论表明,使用部分分式展开也可以处理假有理函数的逆变换,这需要通过长除法将 $X(s)$ 表示为关于 s 的多项式和一个真有理函数之和。部分分式展开还可以处理另一种非标准的形式,这种形式包含指数函数。由拉普拉斯变换的时域移位性质可知,s 域出现指数函数因子对应于时域的一个移位,即

$$x(t-t_0) \stackrel{\text{LT}}{\longleftrightarrow} X(s)e^{-st_0}, \quad t_0 \geqslant 0$$

【例 6-22】 求 $X(s) = \dfrac{1+2e^{-3s}}{(s+1)(s+2)}$ 的拉普拉斯逆变换。

解 由于分子上有 s 的指数因子,因此 $X(s)$ 是一个无理函数。时域移位性质表明,$X(s)$ 分子中含 e^{-st_0},它表示一个时间延迟。于是可将 $X(s)$ 分解为

$$X(s) = \frac{1}{(s+1)(s+2)} + \frac{2}{(s+1)(s+2)}e^{-3s} = X_1(s) + X_2(s)e^{-3s}$$

显然,如果 $X_2(s)$ 对应的逆变换为 $x_2(t)$,那么 $X_2(s)e^{-3s}$ 对应的逆变换为 $x_2(t-3)$。因此现在只需将 $X_1(s)$ 和 $X_2(s)$ 做部分分式展开,得

$$X_1(s) = \frac{1}{(s+1)(s+2)} = \frac{1}{s+1} + \frac{-1}{s+2}$$

$$X_2(s) = \frac{2}{(s+1)(s+2)} = \frac{2}{s+1} + \frac{-2}{s+2}$$

参照表 6-2 得

$$x_1(t) = (e^{-t} - e^{-2t})u(t)$$

$$x_2(t) = 2(e^{-t} - e^{-2t})u(t)$$

利用时域移位性质,于是求得 $X(s)$ 的逆变换为

$$x(t) = x_1(t) + x_2(t-3) = (e^{-t} - e^{-2t})u(t) + 2[e^{-(t-3)} - e^{-2(t-3)}]u(t-3)$$

如果拉普拉斯变换的分母中有因式 $(1-e^{-sT})$,即 $X(s)$ 具有如下形式

$$X(s) = \frac{X_1(s)}{1 - e^{-sT}} \qquad (6\text{-}36\mathrm{a})$$

那么,在对 $X(s)$ 做部分分式展开时也可以暂时忽略分母中的 $(1-e^{-sT})$ 项,只对其中的 $X_1(s)$ 做部分分式展开。在做逆变换时分母中的因式 $(1-e^{-sT})$ 项同样只反映了时域中的延迟,只不过是一个延迟项的无穷级数。即

$$X(s) = \frac{X_1(s)}{1 - e^{-sT}} = X_1(s) \sum_{n=0}^{+\infty} e^{-nsT} \qquad (6\text{-}36\mathrm{b})$$

上式对应的逆变换为

$$x(t) = x_1(t) + x_1(t-T) + x_1(t-2T) + \cdots \qquad (6\text{-}37)$$

其中 $x_1(t) = \mathrm{ILT}\{X_1(s)\}$。

【例 6-23】 求 $X(s) = \dfrac{1}{1-e^{-3s}}$ 的拉普拉斯逆变换。

解 本题相当于 $X_1(s)=1, T=3$。而

$$\delta(t) \overset{\mathrm{LT}}{\longleftrightarrow} 1$$

因此,得 $X(s)$ 的逆变换为

$$x(t) = \delta(t) + \delta(t-3) + \delta(t-6) + \cdots = \sum_{n=0}^{+\infty} \delta(t-3n)$$

$x(t)$ 信号如图 6-15 所示 $(T=3)$,这是一个因果的周期冲激串。

$\delta_T(t)u(t) = \displaystyle\sum_{n=0}^{+\infty} \delta(t-nT)$ 这个信号很有用,因为其他任何因果周期信号都可以看成是其中的第一个周期所对应的信号与 $\delta_T(t)u(t)$

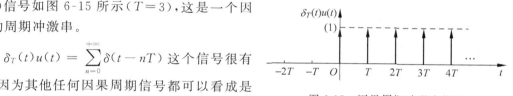

图 6-15 因果周期冲激串信号

的卷积结果。式 (6-37) 实际上就是第一个周期对应的逆变换信号 $x_1(t)$ 与 $\delta_T(t)u(t)$ 的卷积,即

$$x(t) = x_1(t) * \delta_T(t)u(t) = x_1(t) * \sum_{n=0}^{+\infty} \delta(t-nT) = \sum_{n=0}^{+\infty} x_1(t-nT) \qquad (6\text{-}38)$$

至此,对几种常见的拉普拉斯变换的部分分式展开形式进行了讨论,这些形式包括函数含单极点、重极点和共轭极点等情况,并且给出了求解展开系数的不同方法。本节还对假有理函数和包含指数函数这两种非标准形式的逆变换作了讨论。一旦部分分式展开确定以后,利用已知的变换对和性质就可以求得相应的逆变换。

6.5 微分方程的求解

求解具有非零起始状态的线性常系数微分方程是单边拉普拉斯变换在连续时间 LTI 系统分析中的重要应用之一。拉普拉斯变换将时域中的微分方程变换成了 s 域中的代数方程,通过求解这一代数方程很容易得到 s 域中的解,然后再通过拉普拉斯逆变换求得时域

解。尽管傅里叶变换也可以将求解微分方程转化为求解代数方程,但与其不同的是拉普拉斯变换的时域微分性质可以自动将系统的起始状态包含在方程中,因此通过单边拉普拉斯变换可以求得系统在 $t \geqslant 0$ 时的完全响应,并且对给定 0^- 起始状态的系统很容易区分出零状态响应与零输入响应。

【例 6-24】 已知系统的微分方程为

$$y''(t) + 3y'(t) + 2y(t) = x(t)$$

其起始状态 $y(0^-) = 3$,$y'(0^-) = 4$。求当输入 $x(t) = 2e^{-3t}u(t)$ 时系统的零输入响应 $y_{zi}(t)$、零状态响应 $y_{zs}(t)$ 和完全响应 $y(t)$。

解 利用时域微分性质,对方程两边做单边拉普拉斯变换,可得

$$[s^2Y(s) - sy(0^-) - y'(0^-)] + 3[sY(s) - y(0^-)] + 2Y(s) = X(s)$$

因此

$$Y(s) = \frac{sy(0^-) + y'(0^-) + 3y(0^-)}{s^2 + 3s + 2} + \frac{X(s)}{s^2 + 3s + 2}$$

为求得零输入响应和零状态响应,上式中有意识地将由起始状态导致的响应和由输入产生的响应进行区分。上式右边第一项是由系统的起始状态决定的,它表明当系统输入 $x(t) = 0$ 时,即 $X(s) = 0$ 时系统的输出,因此是零输入响应。右边第二项可以看作是零起始状态 $y(0^-) = y'(0^-) = 0$ 时完全由输入引起的输出,因此是零状态响应。对于一个二阶系统而言 $y(0^-) = y'(0^-) = 0$,表明系统为零状态系统(也称松弛系统)。

现将起始状态和输入信号的拉普拉斯变换 $X(s) = \dfrac{2}{s+3}$ 代入,得

$$Y(s) = \frac{3s + 13}{(s+1)(s+2)} + \frac{2}{(s+1)(s+2)(s+3)}$$

设零输入响应和零状态响应的拉普拉斯变换分别为 $Y_{zi}(s)$ 和 $Y_{zs}(s)$,则

$$Y_{zi}(s) = \frac{3s + 13}{(s+1)(s+2)} = \frac{10}{s+1} + \frac{-7}{s+2}$$

$$Y_{zs}(s) = \frac{2}{(s+1)(s+2)(s+3)} = \frac{1}{s+1} + \frac{-2}{s+2} + \frac{1}{s+3}$$

利用变换对

$$e^{-at}u(t) \overset{LT}{\longleftrightarrow} \frac{1}{s+a}$$

求得零输入响应和零状态响应分别为

$$y_{zi}(t) = (10e^{-t} - 7e^{-2t})u(t)$$

$$y_{zs}(t) = (e^{-t} - 2e^{-2t} + e^{-3t})u(t)$$

系统的完全响应等于零输入响应与零状态响应之和,因此可得

$$y(t) = y_{zi}(t) + y_{zs}(t) = (11e^{-t} - 9e^{-2t} + e^{-3t})u(t)$$

对于解的结果是否正确可以做一简单的验证:将 $t = 0$ 分别代入 $y_{zi}(t)$ 和 $y'_{zi}(t)$,得到 $y_{zi}(0) = 3$,$y'_{zi}(0) = 4$,这两个值就是给定的系统的起始状态 $y(0^-) = 3$,$y'(0^-) = 4$。这是由于 $t = 0^-$ 代表的是输入信号加入之前的系统的状态,此时只有零输入响应,因此 $t = 0^-$ 的起始状态应该满足 $y_{zi}(t)$。但是,在本例中可以发现,将 $t = 0$ 分别代入完全响应 $y(t)$ 和 $y'(t)$ 也得到 $y(0) = 3$,$y'(0) = 4$。因为完全响应是加入信号之后的整个解,因此这两个边界条件

实际上分别代表的是 $y(0^+)$ 和 $y'(0^+)$。这说明本例中 $y(0^-)=y(0^+)$，$y'(0^-)=y'(0^+)$，对此从微分方程中是不难看出的，因为输入没有导致输出及其导数发生跳变。一般情况下 $t=0^-$ 的起始状态和 $t=0^+$ 的初始条件是不同的。下面要讨论的例子就是属于两者不同的情况。

【例 6-25】 已知系统的微分方程为

$$y''(t) + 5y'(t) + 6y(t) = x'(t) + x(t)$$

其起始状态 $y(0^-)=4$，$y'(0^-)=2$。求当输入 $x(t)=2e^{-4t}u(t)$ 时系统的零输入响应 $y_{zi}(t)$、零状态响应 $y_{zs}(t)$ 和完全响应 $y(t)$。

解 利用时域微分性质，对方程两边作单边拉普拉斯变换，可得

$$[s^2Y(s)-sy(0^-)-y'(0^-)]+5[sY(s)-y(0^-)]+6Y(s)=sX(s)-x(0^-)+X(s)$$

由于输入 $x(t)$ 在 0 时刻加入，因此 $x(0^-)=0$。这样

$$Y(s) = \frac{sy(0^-)+y'(0^-)+5y(0^-)}{s^2+5s+6} + \frac{s+1}{s^2+5s+6}X(s)$$

等式右边第一项由系统起始状态决定，它是 $X(s)=0$ 时产生的输出，因此对应于零输入响应。右边第二项则是由输入引起的，它是在 $y(0^-)=y'(0^-)=0$ 时系统的输出，因此对应于零状态响应。将已知的起始状态和输入信号的拉普拉斯变换 $X(s)=\dfrac{2}{s+4}$ 代入上式，得

$$Y_{zi}(s) = \frac{4s+22}{(s+2)(s+3)} = \frac{14}{s+2} + \frac{-10}{s+3}$$

$$Y_{zs}(s) = \frac{2s+2}{(s+2)(s+3)(s+4)} = \frac{-1}{s+2} + \frac{4}{s+3} + \frac{-3}{s+4}$$

通过逆变换，求得零输入响应和零状态响应分别为

$$y_{zi}(t) = (14e^{-2t} - 10e^{-3t})u(t)$$

$$y_{zs}(t) = (-e^{-2t} + 4e^{-3t} - 3e^{-4t})u(t)$$

系统的完全响应等于零输入响应与零状态响应之和，因此可得

$$y(t) = y_{zi}(t) + y_{zs}(t) = (13e^{-2t} - 6e^{-3t} - 3e^{-4t})u(t)$$

现在将 $t=0$ 分别代入 $y_{zi}(t)$ 和 $y'_{zi}(t)$，得到 $y_{zi}(0)=4$ 和 $y'_{zi}(0)=2$，这两个值与给定的系统的起始状态 $y(0^-)=4$，$y'(0^-)=2$ 是一致的，从而验证了 $t=0^-$ 的起始状态应该满足 $y_{zi}(t)$ 这一结论。当将 $t=0$ 分别代入完全响应 $y(t)$ 和它的一阶导数 $y'(t)$ 的表达式时，得到的结果是 $y(0)=4$，$y'(0)=4$，这两个值是 $t=0^+$ 的初始条件，即 $y(0^+)=4$，$y'(0^+)=4$。因此，与例 6-24 的情况不同，本例中 $t=0^-$ 的起始状态与 $t=0^+$ 的初始条件是不同的。$y(0^-)=y(0^+)=4$，表明输入信号的加入没有引起 $y(t)$ 发生跳变。但输入信号的加入在 $y'(t)$ 中出现了跳变，其跳变值为 $y'(0^+)-y'(0^-)=2$。实际上，如果采用经典的时域微分方程求解方法，就需要先算出这些跳变量，即 $y_{zs}(0^+)=y(0^+)-y(0^-)=0$，$y'_{zs}(0^+)=y'(0^+)-y'(0^-)=2$，因为它们是求解零状态响应的边界条件。在时域通过微分方程来确定这些跳变量往往是比较麻烦的，而采用拉普拉斯变换方法求解微分方程时是不需要知道这些跳变量的。

总结前面两个例子，用拉普拉斯变换求解微分方程的步骤是：

① 利用拉氏变换的微分特性（含非零起始状态）将微分方程变换成自变量为复数 s 的代数方程；

② 整理代数方程，求得响应的拉氏表达式（如果需要求系统的零输入响应和零状态响

应,可以将非零起始状态与输入信号分别组合);

③ 求方程输入信号的拉氏变换,并将之代入响应的拉氏表达式;

④ 求响应拉氏表达式的拉氏逆变换,求得响应的时域表达式。

至此可以看出,在已知 $t=0^-$ 起始状态的情况下,采用单边拉普拉斯变换方法求解微分方程是非常方便的,而且也很容易从响应中区分出零状态响应分量和零输入响应分量。如果给定的是 $t=0^+$ 的边界条件,也就是说采用 0^+ 作为单边拉普拉斯变换定义式中的积分下限,那么求得完全响应也是十分容易的,因为 0^+ 本身就是完全响应的初始条件。而且,从响应中也可以区分出零状态响应和零输入响应。下面根据在例 6-25 中得到的 $y(0^+)=4$,$y'(0^+)=4$ 这一初始条件,重新求解微分方程,看看两者的完全响应是否一致。

【例 6-26】 已知系统的微分方程为

$$y''(t) + 5y'(t) + 6y(t) = x'(t) + x(t)$$

其初始条件 $y(0^+)=4$,$y'(0^+)=4$。求当输入 $x(t)=2e^{-4t}u(t)$ 时系统的完全响应 $y(t)$。

解 利用时域微分性质(当采用 0^+ 作为单边拉普拉斯变换定义式中的积分下限时,微分性质的证明请读者自行练习),对方程两边作单边拉普拉斯变换,可得

$$[s^2Y(s) - sy(0^+) - y'(0^+)] + 5[sY(s) - y(0^+)] + 6Y(s) = sX(s) - x(0^+) + X(s)$$

整理上式,得到

$$Y(s) = \frac{sy(0^+) + y'(0^+) + 5y(0^+) - x(0^+)}{s^2 + 5s + 6} + \frac{s+1}{s^2 + 5s + 6}X(s)$$

将 0^+ 初始条件代入上式,且有 $x(0^+) = \lim_{t \to 0^+} x(t) = 2$,计算得

$$Y(s) = \frac{4s + 22}{s^2 + 5s + 6} + \frac{s+1}{s^2 + 5s + 6}X(s)$$

上式中第一项与例 6-25 中求得的 $Y_{zi}(s)$ 完全相同,上式中第二项也与例 6-25 中求得的 $Y_{zs}(s)$ 完全相同。可见,求得 $Y(s)$ 后,$Y(s)$ 中包含 $X(s)$ 的项对应于系统的零状态响应,而 $Y(s)$ 中不包含 $X(s)$ 的其余项的和对应于系统的零输入响应。因此,求得 $Y(s)$ 后就可以直接确定出系统的零输入响应和零状态响应对应的拉普拉斯变换。本例中 $Y_{zi}(s)$ 和 $Y_{zs}(s)$ 与例 6-25 各自相同,因此它们的响应也完全相同。

6.6 电路的 s 域求解

在电路分析中,可以首先应用基尔霍夫定律写出描述电路网络特性的微分方程,然后采用拉普拉斯变换来求解该方程,再通过逆变换得到时域解。

【例 6-27】 已知如图 6-16 所示的 RC 电路,$t=0$ 时开关闭合接入一直流电压 V,假设电容 C 上的起始电压为 $v_C(0^-)=V_0$。求 $t \geqslant 0$ 时的输出 $v_C(t)$,并指出零输入响应 $v_{C,zi}(t)$ 和零状态响应 $v_{C,zs}(t)$。

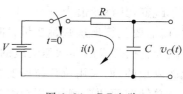

图 6-16 RC 电路

解 应用基尔霍夫电压定律,可得描述该电路特性的微分方程为

$$RC \frac{dv_C(t)}{dt} + v_C(t) = Vu(t)$$

上式也可重写为

$$\frac{\mathrm{d}v_C(t)}{\mathrm{d}t} + \frac{1}{RC}v_C(t) = \frac{V}{RC}u(t)$$

利用时域微分性质对上式做拉普拉斯变换,可得

$$sV_C(s) - v_C(0^-) + \frac{1}{RC}V_C(s) = \frac{V}{RC}\frac{1}{s}$$

整理上式,并将 $v_C(0^-) = V_0$ 代入,得到

$$V_C(s) = \frac{V_0}{s + 1/(RC)} + \frac{V}{RC}\frac{1}{s[s + 1/(RC)]}$$

显然,上式中等号右边第一项是完全由起始状态引起的输出,因此对应于零输入响应。等号右边第二项完全是由输入引起的输出,因此对应于零状态响应。对上式做部分分式展开,有

$$V_C(s) = \frac{V_0}{s + 1/(RC)} + V\left[\frac{1}{s} - \frac{1}{s + 1/(RC)}\right]$$

由逆变换得到时域解

$$v_C(t) = V_0 \mathrm{e}^{-\frac{t}{RC}}u(t) + V(1 - \mathrm{e}^{-\frac{t}{RC}})u(t)$$

其中零输入响应 $v_{C,\mathrm{zi}}(t)$ 和零状态响应 $v_{C,\mathrm{zs}}(t)$ 分别为

$$v_{C,\mathrm{zi}}(t) = V_0 \mathrm{e}^{-\frac{t}{RC}}u(t)$$

$$v_{C,\mathrm{zs}}(t) = V(1 - \mathrm{e}^{-\frac{t}{RC}})u(t)$$

事实上,在电路分析中也可以采用另一种更为简便的方法,它可以避开写出时域中的微分方程。这种方法是将电路网络中的全部电压和电流信号以及电阻、电容和电感等元件表示为 s 域等效模型,在此模型上建立的电路方程将是一个代数方程,因此求解非常方便。

电路中电压源 $v(t)$ 和电流源 $i(t)$ 的 s 域等效模型是显而易见的,它们仅仅是信号的拉普拉斯变换,分别用 $V(s)$ 和 $I(s)$ 表示,如图 6-17 所示。下面讨论电阻 R、电容 C 和电感 L 这些元件的 s 域等效模型。

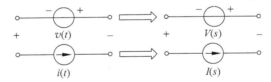

图 6-17 信号源的 s 域模型

1. 电阻的建模

电阻 R 与电压 $v(t)$ 和电流 $i(t)$ 的关系为

$$v(t) = Ri(t)$$

对上式进行拉普拉斯变换,得

$$V(s) = RI(s) \tag{6-39}$$

由上式得到电阻元件的 s 域模型如图 6-18(a)所示。

2. 电容的建模

描述电容的电流 $i(t)$ 和电压 $v(t)$ 之间的关系为

$$i(t) = C\frac{\mathrm{d}v(t)}{\mathrm{d}t}$$

利用时域微分性质对上式做变换,可得

$$I(s) = sCV(s) - Cv(0^-) \tag{6-40a}$$

上式表明一个具有起始电压为 $v(0^-)$ 的电容在 s 域中可以等效成阻抗为 $1/(sC)$ 的无电荷电容与一个电流源 $Cv(0^-)$ 的并联。与式(6-40a)相对应的模型如图 6-18(b) 中的第二种变换模型所示。式(6-40a)也可以改写为

$$V(s) = \frac{1}{sC}I(s) + \frac{v(0^-)}{s} \tag{6-40b}$$

式(6-40b)表明一个起始电压为 $v(0^-)$ 的电容在 s 域中也可以表示为一个阻抗为 $1/(sC)$ 的无电荷电容与一个电压源 $v(0^-)/s$ 的串联。图 6-18(b)中变换模型的第一种结构与式(6-40b)相对应。

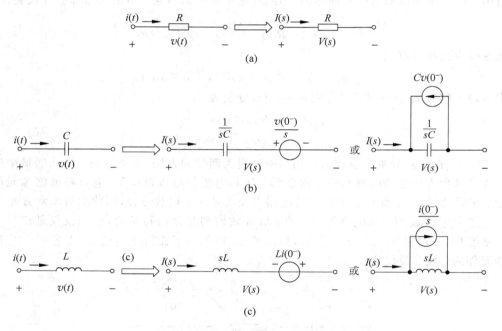

图 6-18 电路元件的 s 域模型

3. 电感的建模

电感的电压 $v(t)$ 和电流 $i(t)$ 之间的关系为

$$v(t) = L\frac{\mathrm{d}i(t)}{\mathrm{d}t}$$

利用时域微分性质对上式作变换,可得

$$V(s) = sLI(s) - Li(0^-) \tag{6-41a}$$

上式表明一个具有起始电流为 $i(0^-)$ 的电感在 s 域中可以用一个阻抗为 sL 的电感与一个大小为 $Li(0^-)$ 的电压源的串联来表示。与式(6-41a)相对应的变换模型如图 6-18(c)中的第一种结构所示。式(6-41a)也可以改写成

$$I(s) = \frac{1}{sL}V(s) + \frac{i(0^-)}{s} \tag{6-41b}$$

该式的含义是一个电感在 s 域中可以等效为阻抗等于 sL 的电感与一个电流源 $i(0^-)/s$ 的

并联,与此式相对应的模型如图 6-18(c) 中的第二种变换结构所示。

有了上述信号与元件的拉普拉斯变换模型就可以方便地建立电路网络的代数方程。此外,在电路理论课中学习过的一些简化电路分析的定理如戴维南定理和诺顿定理等也可应用于 s 域电路网络。

【例 6-28】 应用 s 域模型重新求解例 6-27 中的问题。

解 应用前面讨论的信号与元件的 s 域模型,可得到例 6-27 中 RC 电路的 s 域等效电路如图 6-19 所示。因此,有

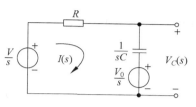

图 6-19 RC 电路的 s 域等效电路

$$I(s) = \frac{V/s - V_0/s}{R + 1/(sC)} = \frac{V - V_0}{R} \frac{1}{s + 1/(RC)}$$

这样

$$V_C(s) = I(s) \frac{1}{sC} + \frac{V_0}{s} = \frac{V - V_0}{RC} \frac{1}{s(s + 1/(RC))} + \frac{V_0}{s} = \frac{V_0}{s + 1/(RC)} + \frac{V}{s} + \frac{-V}{s + 1/(RC)}$$

上述结果与例 6-27 中得到的 $V_C(s)$ 是一致的,对上式作逆变换即可得时域解。可以看出采用上述方法分析电路时无须写出电路在时域中的微分方程。基于 s 域等效电路写出的是代数方程,求解非常简便。

【例 6-29】 已知如图 6-20(a) 所示电路中 $L = \frac{1}{2}$ H,电容 $C = \frac{1}{20}$ F,电阻 $R_1 = 5\Omega$,$R_2 = 2\Omega$,并假设开关在 $t = 0$ 之前一直处于闭合状态,现将开关断开。求 $t \geq 0$ 时电感中的电流 $i(t)$。

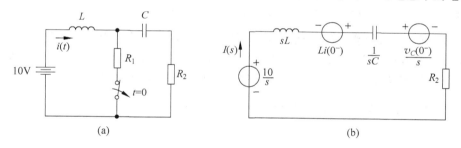

图 6-20 例 6-29 电路

解 $t = 0$ 之前开关一直为闭合状态,电路处于稳定状态,因此电容的电压被充到 10V,电感中的电流等于 $\frac{10\text{V}}{R_1} = 2$A。因此,当开关打开时就有 $v_c(0^-) = 10$V,$i(0^-) = 2$A,这两个值就是如图 6-20(a) 所示二阶电路的起始状态。对于 10V 电压源而言,$t \geq 0$ 后其输出电压始终是一个常数,因此可以表示为 $10u(t)$。应用信号与元件的 s 域模型将如图 6-20(a) 所示电路变换为如图 6-20(b) 所示的 s 域等效电路。由等效电路可得

$$I(s) = \frac{\dfrac{10 - v_C(0^-)}{s} + Li(0^-)}{R_2 + sL + \dfrac{1}{sC}}$$

将已知参数及起始状态代入,经整理得到

$$I(s) = \frac{2s}{s^2 + 4s + 40}$$

上式包含一对共轭极点,因此作如下展开

$$I(s) = \frac{2(s+2)-4}{(s+2)^2+6^2} = \frac{2(s+2)}{(s+2)^2+6^2} - \frac{2}{3}\frac{6}{(s+2)^2+6^2}$$

参照表 6-2,求上式的拉普拉斯逆变换可得电感中的电流 $i(t)$ 为

$$i(t) = 2e^{-2t}\left(\cos(6t) - \frac{1}{3}\sin(6t)\right)u(t)$$

6.7　双边拉普拉斯变换

通常在系统的分析中,选取 $t=0$ 作为事件的发生时间(如电路中的开关行为),这样只需关心 $t \geqslant 0$ 时系统的响应,这就是单边拉普拉斯变换的应用情形。尽管大部分实际系统的分析采用的是单边拉普拉斯变换,但在涉及非因果信号和系统的问题时就不能用单边拉普拉斯变换来讨论,而要应用双边拉普拉斯变换。双边拉普拉斯变换的定义由式(6-2)给出,即

$$X(s) = \int_{-\infty}^{+\infty} x(t)e^{-st}\,\mathrm{d}t$$

事实上,前面讨论的单边拉普拉斯变换、傅里叶变换均可以看作是双边拉普拉斯变换的特例。在例 6-1 和例 6-2 中已发现 $e^{-at}u(t)$ 和 $-e^{-at}u(-t)$ 两个完全不同信号的拉普拉斯变换是一样的,均为 $\frac{1}{s+a}$,两者的差别仅在于收敛域不同,前者为 $\mathrm{Re}(s) > -a$,后者为 $\mathrm{Re}(s) < -a$。因此,对于双边拉普拉斯变换而言,仅有 $X(s)$ 的表达式并不能完全区分不同的时间信号,要唯一确定双边拉普拉斯变换的逆变换,必须给定收敛域。这与单边拉普拉斯变换不同,由于单边拉普拉斯变换限定了其变换对象必为因果信号,因此即使不标明收敛域也不会引起歧义。若给定一个信号的单边拉普拉斯变换为 $\frac{1}{s+a}$,那么它的逆变换只有一种可能,即为 $e^{-at}u(t)$。

6.7.1　收敛域特性

前面已提到双边拉普拉斯变换的收敛域是非常重要的,为此本小节讨论各种信号在收敛域上的某些具体特性。收敛域一方面与信号 $x(t)$ 的时域取值情况有关,另一方面与 $X(s)$ 的极点分布有关。有了这些性质,就可以根据 $X(s)$ 和 $x(t)$ 的特性判断收敛域。

性质 1　收敛域内不能包含任何极点。

如果在收敛域内存在极点,则 $X(s)$ 在该点的值为无穷大,它就不可能收敛。这说明收敛域是以极点为边界的。

性质 2　信号 $x(t)$ 的拉普拉斯变换 $X(s)$ 的收敛域为 s 平面上边界平行于 $\mathrm{j}\omega$ 轴的带状区域。

这是因为 $X(s)$ 收敛需满足绝对可积条件,即

$$\int_{-\infty}^{+\infty} |x(t)e^{-st}|\,\mathrm{d}t < +\infty$$

由于 $s=\sigma+j\omega$，上式即要求

$$\int_{-\infty}^{+\infty}|x(t)\mathrm{e}^{-\sigma t}\mathrm{e}^{-j\omega t}|\,\mathrm{d}t=\int_{-\infty}^{+\infty}|x(t)|\mathrm{e}^{-\sigma t}\,\mathrm{d}t<+\infty$$

上式表明，$X(s)$ 的收敛域仅与复变量 s 的实部（即 σ）有关，而与 s 的虚部无关，这说明收敛域的边界必然是平行于虚轴 $j\omega$ 的直线。因此收敛域是 s 平面上边界平行于 $j\omega$ 轴的带状区域。

性质 3 如果 $x(t)$ 是一个时限信号，并且绝对可积，则 $X(s)$ 的收敛域为全 s 平面。

时限信号是指当 $t<T_1$ 或 $t>T_2$ 时，$x(t)=0$，如图 6-21 所示。这样，如果存在一个足够大的边界常数 A，满足 $|x(t)|\leqslant A$，则

$$|X(s)|=\int_{T_1}^{T_2}|x(t)|\mathrm{e}^{-\sigma t}\,\mathrm{d}t\leqslant\int_{T_1}^{T_2}A\mathrm{e}^{-\sigma t}\,\mathrm{d}t=\begin{cases}\dfrac{A}{\sigma}(\mathrm{e}^{-\sigma T_1}-\mathrm{e}^{-\sigma T_2}),&\text{当 }\sigma\neq0\text{ 时}\\A(T_2-T_1),&\text{当 }\sigma=0\text{ 时}\end{cases}$$

由上式可以看出，对于任意有限的 σ 值，$|X(s)|<+\infty$，因此时限信号的收敛域为全 s 平面。

图 6-21 时限信号及其双边拉氏变换的收敛域

一个在 $t>0$ 和 $t<0$ 两个方向均具有无限持续期的信号 $x(t)$ 称为**双边信号**，如图 6-22 所示。对于这样的信号，可以划分为一个因果信号 $x(t)u(t)$ 和一个反因果信号 $x(t)u(-t)$ 两个分量。因此，它的双边拉普拉斯变换为

$$X(s)=\int_{-\infty}^{+\infty}x(t)\mathrm{e}^{-st}\,\mathrm{d}t=\int_{-\infty}^{0^-}x(t)\mathrm{e}^{-st}\,\mathrm{d}t+\int_{0^-}^{+\infty}x(t)\mathrm{e}^{-st}\,\mathrm{d}t$$

则

$$|X(s)|\leqslant\int_{-\infty}^{0^-}|x(t)|\mathrm{e}^{-\sigma t}\,\mathrm{d}t+\int_{0^-}^{+\infty}|x(t)|\mathrm{e}^{-\sigma t}\,\mathrm{d}t$$

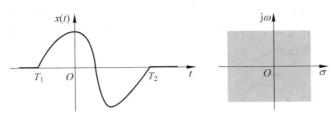

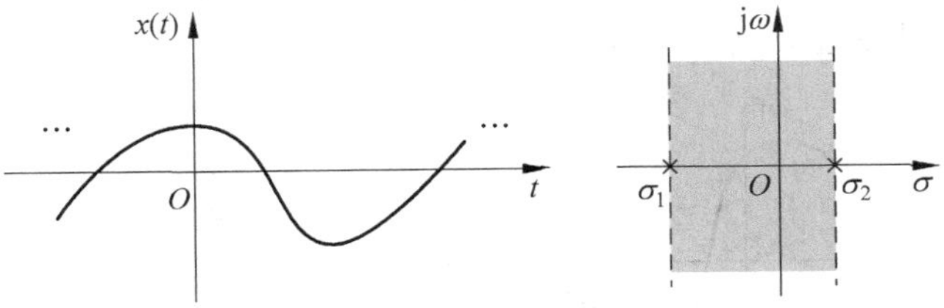

图 6-22 双边信号及其双边拉氏变换的收敛域

为使 $|X(s)|<+\infty$，上述两个积分必须收敛。假设对于实数 σ_1 和 σ_2，存在正实数 A，使得

$$|x(t)|\leqslant\begin{cases}A\mathrm{e}^{\sigma_1 t},&\text{当 }t>0\\A\mathrm{e}^{\sigma_2 t},&\text{当 }t<0\end{cases}$$

满足上述条件的信号 $x(t)$ 称为**指数阶信号**。这样

$$|X(s)| \leqslant \int_{-\infty}^{0^-} A e^{(\sigma_2-\sigma)t} dt + \int_{0^-}^{+\infty} A e^{(\sigma_1-\sigma)t} dt = A\frac{1}{\sigma_2-\sigma} e^{(\sigma_2-\sigma)t}\Big|_{-\infty}^{0^-} + A\frac{1}{\sigma_1-\sigma} e^{(\sigma_1-\sigma)t}\Big|_{0^-}^{+\infty}$$

不难发现,当 $\sigma<\sigma_2$ 时,上式中第一项积分收敛;当 $\sigma_1>\sigma$ 时上式中第二项积分收敛。因此,只有当 $\sigma_1<\sigma<\sigma_2$ 时双边信号的拉普拉斯变换收敛。显然,如果 $\sigma_1>\sigma_2$,那么双边拉普拉斯变换就不存在。

根据上面的讨论,对于一个指数阶信号 $x(t)$ 可以得出如下性质。

性质 4 如果 $x(t)$ 是一个双边信号,并且 $X(s)$ 存在,则 $X(s)$ 的收敛域一定是由 s 平面的一条带状区域所组成,即满足 $\sigma_1<\sigma<\sigma_2$。

上述结果还可以推广至右边信号和左边信号,可以分别得到如下两条性质。

性质 5 如果 $x(t)$ 是一个因果信号或右边信号,则 $X(s)$ 的收敛域在其最右边极点的右边。

右边信号是指 $t<T_1$ 时 $x(t)=0$ 的信号,T_1 是任意常数,如图 6-23 所示。如果 $T_1 \geqslant 0$,那么该右边信号称为因果信号。上面已经证明了一个因果信号的收敛域为 $\sigma>\sigma_1$,一个右边信号可以看作是因果信号加一个时限信号,这样结合性质 1 和性质 3 就可以推得 $X(s)$ 的收敛域在其最右边极点的右边。

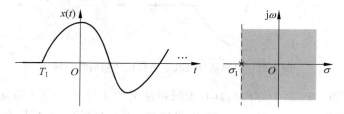

图 6-23　右边信号及其双边拉氏变换的收敛域

性质 6 如果 $x(t)$ 是一个反因果信号或左边信号,则 $X(s)$ 的收敛域在其最左边极点的左边。

左边信号是指 $t>T_2$ 时 $x(t)=0$ 的信号,T_2 是任意常数,如图 6-24 所示。如果 $T_2<0$,那么该左边信号称为反因果信号。上面已经证明了一个反因果信号的收敛域为 $\sigma<\sigma_2$,一个左边信号可以看作是反因果信号加一个时限信号,这样结合性质 1 和性质 3 就可以推得 $X(s)$ 的收敛域在其最左边极点的左边。

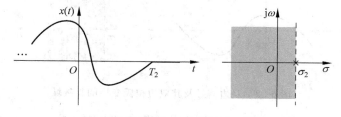

图 6-24　左边信号及其双边拉氏变换的收敛域

在实际系统中,指数信号是常见的信号。根据上面的这些性质,就很容易确定信号与收敛域之间的关系。

【**例 6-30**】 已知信号 $x(t)=e^{-a|t|}$,$a\in\mathbf{R}$,求双边拉普拉斯变换 $X(s)$,画出零极点图,并

标明收敛域。

解 $x(t)$是一个双边指数信号，$x(t)=\mathrm{e}^{-at}u(t)+\mathrm{e}^{at}u(-t)$，其波形如图 6-25 所示。

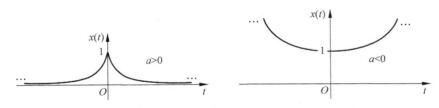

图 6-25 双边指数信号

利用例 6-1 和例 6-2 可得到变换关系

$$\mathrm{e}^{-at}u(t) \xleftrightarrow{\text{LT}} \frac{1}{s+a}, \quad \mathrm{Re}(s)>-a$$

和

$$-\mathrm{e}^{at}u(-t) \xleftrightarrow{\text{LT}} \frac{1}{s-a}, \quad \mathrm{Re}(s)<a$$

可得

$$X(s) = \frac{1}{s+a} - \frac{1}{s-a} = \frac{-2a}{(s+a)(s-a)}, \quad -a<\mathrm{Re}(s)<a$$

显然上述拉普拉斯变换存在的条件是 $a>0$，收敛域如图 6-26 所示。当 $a\leqslant 0$ 时，收敛域不存在，因此 $X(s)$ 不存在。

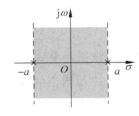

图 6-26 例 6-30 的零极点及收敛域

该例同时说明，即使每个信号的双边拉普拉斯变换存在，信号之和的双边拉普拉斯变换也未必存在，原因是找不到公共收敛域，如上例中 $a\leqslant 0$ 的情况。

6.7.2 双边拉普拉斯变换的性质

双边拉普拉斯变换的大部分性质与单边拉普拉斯变换是相似的，它们的证明与单边拉普拉斯变换的相应性质证明相似。需要注意的是使用双边拉普拉斯变换性质时应更多地注意收敛域的变化。现将双边拉普拉斯变换的主要性质陈述如下。

设信号的双边拉普拉斯变换对为

$$x(t) \xleftrightarrow{\text{LT}} X(s), \quad \mathrm{ROC}: R_x$$

$$h(t) \xleftrightarrow{\text{LT}} H(s), \quad \mathrm{ROC}: R_h$$

1. 线性性质

$$ax(t)+bh(t) \xleftrightarrow{\text{LT}} aX(s)+bH(s), \quad \mathrm{ROC}: 至少 R_x \bigcap R_h \tag{6-42}$$

线性组合后的双边拉普拉斯变换有可能出现零点与极点相消，这会导致收敛域扩大。如果 $R_x \bigcap R_h = \phi$，那么组合后信号的拉普拉斯变换不存在。因此，即使每个信号的双边拉普拉斯变换存在，若干信号之和的双边拉普拉斯变换未必存在。这与单边拉普拉斯变换是不同的，若干信号之和的单边拉普拉斯变换存在的条件是每个信号的单边拉普拉斯变换存在。

2. 时移性质

$$x(t-t_0) \overset{\text{LT}}{\longleftrightarrow} X(s)\mathrm{e}^{-st_0}, \qquad \text{ROC:} R_x \qquad (6\text{-}43)$$

该性质与单边拉普拉斯变换的时移性质所不同的是取消了对 t_0 的限制,t_0 可正亦可负。时移不改变收敛域。

3. 复频域(s 域)移位性质

$$x(t)\mathrm{e}^{s_0 t} \overset{\text{LT}}{\longleftrightarrow} X(s-s_0), \qquad \text{ROC:} R_x + \text{Re}(s_0) \qquad (6\text{-}44)$$

这就是说,$X(s-s_0)$ 的收敛域是 $X(s)$ 的收敛域边界平移 $\text{Re}(s_0)$。

4. 尺度变换性质

$$x(at) \overset{\text{LT}}{\longleftrightarrow} \frac{1}{|a|}X\left(\frac{s}{a}\right), \qquad \text{ROC:} aR_x \qquad (6\text{-}45)$$

该性质与单边拉普拉斯变换的尺度变换性质所不同的是取消了对 a 的限制,a 可正亦可负。当 $a>1$ 时,$x(at)$ 代表时域压缩,对应的 $X(s)$ 的收敛域边界要扩大 a 倍。若 a 为负,收敛域要先反褶再加尺度变换。

5. 时域微分性质

$$\frac{\mathrm{d}}{\mathrm{d}t}x(t) \overset{\text{LT}}{\longleftrightarrow} sX(s), \qquad \text{ROC:} 至少 R_x \qquad (6\text{-}46)$$

若 $X(s)$ 在 $s=0$ 有一单极点,它会被 $sX(s)$ 中的 s 因子抵消,从而可能导致收敛域扩大。例如,$x(t)=u(t)$,则 $X(s)=\dfrac{1}{s}$,收敛域为 $\text{Re}(s)>0$。而 $\dfrac{\mathrm{d}}{\mathrm{d}t}u(t)=\delta(t)$,$\delta(t) \overset{\text{LT}}{\longleftrightarrow} 1$,收敛域为全 s 平面。该性质与单边拉普拉斯变换的时域微分性质略有不同,证明如下。

将式(6-5)给出的拉普拉斯逆变换定义式 $x(t)=\dfrac{1}{2\pi\mathrm{j}}\displaystyle\int_{\sigma-\mathrm{j}\infty}^{\sigma+\mathrm{j}\infty} X(s)\mathrm{e}^{st}\,\mathrm{d}s$ 两边对 t 求导,得

$$\frac{\mathrm{d}}{\mathrm{d}t}x(t)=\frac{1}{2\pi\mathrm{j}}\int_{\sigma-\mathrm{j}\infty}^{\sigma+\mathrm{j}\infty} sX(s)\mathrm{e}^{st}\,\mathrm{d}s$$

上式说明,$\dfrac{\mathrm{d}}{\mathrm{d}t}x(t)$ 就是 $sX(s)$ 的逆变换。

6. 复频域(s 域)微分性质

$$-tx(t) \overset{\text{LT}}{\longleftrightarrow} \frac{\mathrm{d}}{\mathrm{d}s}X(s), \qquad \text{ROC:} R_x \qquad (6\text{-}47)$$

s 域求导只改变了极点的阶次,没有改变极点的位置,因而不会影响收敛域。

7. 卷积性质

$$x(t)*h(t) \overset{\text{LT}}{\longleftrightarrow} X(s)H(s), \qquad \text{ROC:} 至少 R_x \bigcap R_h \qquad (6\text{-}48)$$

如果 $X(s)H(s)$ 的乘积中有零极点互相抵消,这可能会导致收敛域扩大。

8. 时域积分性质

$$\int_{0^-}^{t} x(\tau)\mathrm{d}\tau \overset{\text{LT}}{\longleftrightarrow} \frac{X(s)}{s}, \qquad \text{ROC:} R_x \bigcap \{\text{Re}(s)>0\} \qquad (6\text{-}49)$$

收敛域的变化是由于增加了一个极点 $s=0$。

6.7.3 双边拉普拉斯逆变换

本节的前述讨论已经表明,对于信号 $x(t)$ 的双边拉普拉斯变换,仅给出 $X(s)$ 的表达式

是不够的,它不足以区分不同的时间信号。要唯一确定双边拉普拉斯变换的逆变换,必须给定变换的收敛域。如同单边拉普拉斯逆变换的计算一样,很少直接采用定义式(6-5)来计算逆变换。通常是利用已知的变换表、拉普拉斯变换性质以及收敛域性质来确定双边拉普拉斯逆变换。

对于以 s 的多项式之比表示的双边拉普拉斯变换,可以首先进行部分分式展开,然后再根据收敛域来确定各展开项对应的逆变换是属于因果信号还是反因果信号。若极点位于收敛域的左边,则对应展开项的逆变换为因果信号,反之则对应于反因果信号。即

$$\frac{A_i}{s-p_i} \xleftrightarrow{\text{LT}} A_i e^{p_i t} u(t), \quad \text{Re}(s) > p_i \tag{6-50a}$$

$$\frac{A_i}{s-p_i} \xleftrightarrow{\text{LT}} -A_i e^{p_i t} u(-t), \quad \text{Re}(s) < p_i \tag{6-50b}$$

下面举例予以说明。

【例 6-31】 已知双边拉普拉斯变换 $X(s) = \dfrac{s+3}{s^2+3s+2}$,求逆变换 $x(t)$。

解 $X(s)$ 的部分分式展开形式为

$$X(s) = \frac{2}{s+1} + \frac{-1}{s+2}$$

本例没有给定收敛域,因此需要根据极点位置来讨论。$X(s)$ 有两个极点,因此存在三种可能的收敛域,如图 6-27 所示。

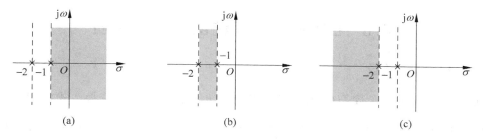

图 6-27　例 6-31 的三种收敛域

(1) 对于图 6-27(a),收敛域为 $\text{Re}(s) > -1$,它位于最右边极点的右边(即所有极点位于收敛域的左边),根据前面讨论的收敛域性质可知逆变换对应于因果信号。因此

$$x(t) = (2e^{-t} - e^{-2t})u(t)$$

(2) 对于图 6-27(b),收敛域为 $-2 < \text{Re}(s) < -1$。上述展开式中第一项的极点 $s = -1$ 位于收敛域的右边,因此该项的逆变换对应于反因果信号。

$$\frac{2}{s+1} \xleftrightarrow{\text{LT}} -2e^{-t}u(-t)$$

第二项的极点 $s = -2$ 位于收敛域的左边,因此

$$\frac{-1}{s+2} \xleftrightarrow{\text{LT}} -e^{-2t}u(t)$$

由此,得逆变换为

$$x(t) = -2e^{-t}u(-t) - e^{-2t}u(t)$$

(3) 对于图 6-27(c),收敛域为 $\text{Re}(s) < -2$,因此所有项对应于反因果信号。

$$x(t) = (-2e^{-t} + e^{-2t})u(-t)$$

值得注意的是,有时候双边拉普拉斯变换的收敛域是隐含在其他一些条件中的,例如信号的因果性、绝对可积或傅里叶变换存在等。这些条件决定了逆变换的唯一性。举例说明如下。

【例 6-32】 已知信号的双边拉普拉斯变换 $X(s) = \dfrac{s+4}{(s+2)(s-2)(s+1)}$,且该信号的傅里叶变换存在,求逆变换 $x(t)$。

解 $X(s)$ 的部分分式展开形式为

$$X(s) = \frac{\frac{1}{2}}{s+2} + \frac{\frac{1}{2}}{s-2} + \frac{-1}{s+1}$$

已知信号的傅里变换存在,因此它的收敛域一定包含 $j\omega$ 轴。这样该例的收敛域只有一种可能,即 $-1 < \text{Re}(s) < 2$,如图 6-28 所示。上面的展开式中第一项和第三项的极点 $s=-2$ 和 $s=-1$ 均位于收敛域左边,因此对应的逆变换必为因果信号,而第二项的极点 $s=2$ 落在收敛域右边,因此对应的逆变换必为反因果信号。这样逆变换为

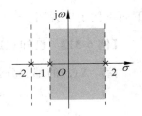

图 6-28 例 6-32 的收敛域

$$x(t) = \left(\frac{1}{2}e^{-2t} - e^{-t}\right)u(t) - \frac{1}{2}e^{2t}u(-t)$$

6.8 LTI 系统的系统函数及其性质

6.8.1 系统函数

式(6-3)定义系统函数 $H(s)$ 是单位冲激响应 $h(t)$ 的拉普拉斯变换。式(6-21)给出了系统函数的另一种定义形式 $H(s) = \dfrac{Y(s)}{X(s)}$,它提供了对连续时间 LTI 系统输入-输出特性的另一种描述,即 $H(s)$ 是系统的零状态响应的拉普拉斯变换与输入信号的拉普拉斯变换之比。$H(s)$ 在系统分析中非常重要,它可应用于求解系统的零状态响应、频率响应以及通过它来判断连续时间 LTI 系统的特性,如因果性、稳定性等。

一个 N 阶连续时间 LTI 系统的输入与输出之间的关系由常系数微分方程来描述,其一般形式为

$$\sum_{k=0}^{N} a_k \frac{d^k y(t)}{dt^k} = \sum_{k=0}^{M} b_k \frac{d^k x(t)}{dt^k}$$

由于系统函数是针对零状态系统(松弛系统)定义的,因此起始状态为零。利用拉普拉斯变换的线性和微分性质,可得上式的拉普拉斯变换为

$$\sum_{k=0}^{N} a_k s^k Y(s) = \sum_{k=0}^{M} b_k s^k X(s)$$

由上式可得到系统函数 $H(s)$ 的标准形式为

$$H(s) = \frac{Y(s)}{X(s)} = \frac{\displaystyle\sum_{k=0}^{M} b_k s^k}{\displaystyle\sum_{k=0}^{N} a_k s^k} \tag{6-51}$$

上式所得到的 $H(s)$ 是 s 的多项式之比,因此是 s 的有理函数。由线性常系数微分方程所描述的 LTI 系统,系统函数总是有理的。以上讨论表明可以从系统的微分方程描述获得系统函数。反过来,也可以由系统函数求得系统的微分方程描述。

对于电路系统,根据激励信号 $x(t)$ 与响应信号 $y(t)$ 是电流或电压,系统函数又有不同的名称,见表 6-3。

表 6-3　电路系统的系统函数名称

激励与响应的位置	激励	响应	频响函数的名称
在同一端口 (策动点函数)	电流	电压	策动点阻抗
	电压	电流	策动点导纳
分布在不同的端口 (转移函数)	电流	电压	转移阻抗
	电压	电流	转移导纳
	电压	电压	转移电压比(电压传输函数)
	电流	电流	转移电流比(电流传输函数)

【例 6-33】 已知连续时间 LTI 系统的微分方程描述为

$$y''(t) + 3y'(t) + 2y(t) = x'(t) + 3x(t)$$

求系统函数。

解 使用拉普拉斯变换的微分性质,得

$$s^2 Y(s) + 3sY(s) + 2Y(s) = sX(s) + 3X(s)$$

于是,有

$$H(s) = \frac{Y(s)}{X(s)} = \frac{s+3}{s^2 + 3s + 2}$$

式(6-51)的分子和分母多项式还可以表示为因式相乘的形式,即

$$H(s) = K \frac{(s-z_1)(s-z_2)\cdots(s-z_M)}{(s-p_1)(s-p_2)\cdots(s-p_N)} = K \frac{\displaystyle\prod_{i=1}^{M}(s-z_i)}{\displaystyle\prod_{i=1}^{N}(s-p_i)} \tag{6-52}$$

式中 $K = \dfrac{b_M}{a_N}$,z_i 和 p_i 分别为 $H(s)$ 的零点和极点。式(6-52)表明,除了增益因子 K 之外,完全可以由系统函数的零点和极点来确定系统函数。

【例 6-34】 已知连续时间 LTI 系统 $H(s)$ 的零极点图如图 6-29 所示,且已知 $h(0^+) = 2$。求系统函数 $H(s)$ 和系统的微分方程。

解 由零极点图可得

$$H(s) = K \frac{s}{(s+1)(s+2)}$$

根据初值定理,有

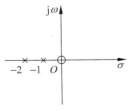

图 6-29　例 6-34 零极点图

$$h(0^+) = \lim_{s \to \infty} sH(s) = K \lim_{s \to \infty} \frac{s^2}{s^2 + 3s + 2} = 2$$

求得 $K = 2$,于是求得系统函数

$$H(s) = \frac{2s}{s^2 + 3s + 2}$$

由于

$$H(s) = \frac{2s}{s^2 + 3s + 2} = \frac{Y(s)}{X(s)}$$

对上式交叉相乘,得

$$s^2 Y(s) + 3sY(s) + 2Y(s) = 2sX(s)$$

对上式做拉普拉斯逆变换,得系统的微分方程为

$$y''(t) + 3y'(t) + 2y(t) = 2x'(t)$$

6.8.2 系统的因果性与稳定性

在第 2 章中讨论过系统的因果性和稳定性。$H(s)$ 是单位冲激响应 $h(t)$ 的拉普拉斯变换,下面讨论如何根据 $H(s)$ 的极点位置(收敛域)来判断系统的因果性和稳定性。

1. 因果性

对于一个单位冲激响应为 $h(t)$ 的连续时间 LTI 系统,它对激励信号的零状态响应为 $x(t)$ 与 $h(t)$ 的卷积,即

$$y(t) = x(t) * h(t) = \int_{-\infty}^{+\infty} x(\tau)h(t-\tau)\mathrm{d}\tau = \int_{-\infty}^{t} x(\tau)h(t-\tau)\mathrm{d}\tau + \int_{t}^{+\infty} x(\tau)h(t-\tau)\mathrm{d}\tau$$

$$(6-53)$$

如果系统是因果的,则 t 时刻的输出信号 $y(t)$ 不可以包含 t 时刻以后的输入信号信息,即上式中必须有

$$\int_{t}^{+\infty} x(\tau)h(t-\tau)\mathrm{d}\tau \equiv 0 \qquad (6-54)$$

式(6-54)中,当 $\tau > t$ 时,$x(\tau) \neq 0$,因此,要使式(6-54)恒成立,必须有 $h(t-\tau) \equiv 0$,即

$$h(t-\tau) = h(t-\tau)u(t-\tau)$$

更一般地,记为

$$h(t) = h(t)u(t) \qquad (6-55)$$

所以,如果连续时间 LTI 系统是因果的,则系统的单位冲激响应 $h(t)$ 必须是因果的;反之,如果单位冲激响应 $h(t)$ 是因果的,则系统就是因果的。

如果单位冲激响应 $h(t)$ 是因果的,由收敛域的性质可推知因果系统 $H(s)$ 的收敛域是以最右边极点的实部为边界的右边区域。但相反的结论不一定成立,因为收敛域位于最右边极点的右边,只能保证 $h(t)$ 是右边信号,不能保证 $h(t)$ 一定的是因果信号,下面举例说明。

【例 6-35】 已知系统函数如下,试判断该系统是否为因果系统。

$$H(s) = \left(\frac{1}{s+2} + \frac{1}{s+1}\right)\mathrm{e}^{2s}, \quad \mathrm{Re}(s) > -1$$

解 利用双边拉普拉斯变换的时移性质,可求得

$$h(t) = (\mathrm{e}^{-2(t+2)} + \mathrm{e}^{-(t+2)})u(t+2)$$

虽然该例中 $H(s)$ 的收敛域位于最右边极点的右边,但 $h(t)$ 却只是一个右边信号而非因果信号,因此该系统不是因果系统。显然,造成 $h(t)$ 是非因果信号的原因在于 $H(s)$ 的分子出现了无理因子 e^{2s},它反映在时间轴上就是在原有因果信号的基础上增加了一个左移操作。该系统函数为无理函数,$s=\infty$ 亦为极点,收敛域实为 $-1 < \mathrm{Re}(s) < +\infty$。因此,对于一个有理系统函数的系统来说,系统的因果性就等效于收敛域位于以最右边极点实部为边界的右边平面。

【例 6-36】 已知系统函数如下,试判断它是否是一个因果系统。

$$H(s) = \frac{1}{s+2} + \frac{1}{s+1}, \quad \mathrm{Re}(s) > -1$$

解　利用变换对

$$\mathrm{e}^{-at}u(t) \overset{\mathrm{LT}}{\longleftrightarrow} \frac{1}{s+a}, \quad \mathrm{Re}(s) > -a$$

得

$$h(t) = (\mathrm{e}^{-2t} + \mathrm{e}^{-t})u(t)$$

因此,该系统是一个因果系统。该例中 $H(s)$ 是有理分式,因果性就等效于收敛域位于最右边极点的右边。以上讨论表明,可以通过 $H(s)$ 的收敛域来判断一个系统是否为因果系统。

2. 稳定性

$H(s)$ 的极点和收敛域与系统的稳定性密切相关。

现在考查连续时间 LTI 系统的单位冲激响应与系统稳定性之间的关系。在第 2 章中已经指出,如果系统的输入有界时,系统的输出也有界,则这个系统就是稳定系统。设信号 $x(t)$ 是有界的,其界为 $M_x < +\infty$,即对所有的 t,恒有

$$|x(t)| \leqslant M_x < +\infty$$

现在把这个有界的输入信号加到单位冲激响应为 $h(t)$ 的连续时间 LTI 系统上,则输出有

$$|y(t)| = \left| \int_{-\infty}^{+\infty} x(t-\tau)h(\tau)\mathrm{d}\tau \right| \leqslant \int_{-\infty}^{+\infty} |x(t-\tau)h(\tau)| \, \mathrm{d}\tau$$

$$= \int_{-\infty}^{+\infty} |x(t-\tau)| \, |h(\tau)| \, \mathrm{d}\tau \leqslant M_x \int_{-\infty}^{+\infty} |h(\tau)| \, \mathrm{d}\tau \tag{6-56}$$

如果系统的单位冲激响应 $h(t)$ 绝对可积,即

$$\int_{-\infty}^{+\infty} |h(t)| \, \mathrm{d}t < +\infty \tag{6-57}$$

则式(6-56)有上界,即系统的输出信号也有界,从而系统是稳定的。

可见,对于连续时间 LTI 系统,单位冲激响应 $h(t)$ 绝对可积是系统稳定的充分条件。

当单位冲激响应 $h(t)$ 绝对可积时,$h(t)$ 的傅里叶变换存在,即稳定的系统存在频率响应 $H(\mathrm{j}\omega)$。而 $H(\mathrm{j}\omega) = H(s)|_{s=\mathrm{j}\omega}$,这意味着 $s = \mathrm{j}\omega$ 应在 $H(s)$ 的收敛域内。因此,可得出结论:如果系统函数 $H(s)$ 的收敛域包含 $\mathrm{j}\omega$ 轴,则系统是稳定的。

一个系统是稳定的,它的系统函数可以是非有理分式。例如,在例 6-35 中,系统函数就不是有理的,但它的收敛域包含 $\mathrm{j}\omega$ 轴,因此该系统是稳定的。

以上讨论表明,一个系统是否为有界输入-有界输出(BIBO)的稳定系统,可以通过 $H(s)$ 的收敛域是否包含 $\mathrm{j}\omega$ 轴来判断。

3. 因果稳定系统

同时满足因果性和稳定性的系统,称为因果稳定系统。基于上面的两点讨论,可以得出

结论:一个具有有理系统函数的因果稳定系统,其系统函数的全部极点必定落在 s 平面的左半平面(即 $j\omega$ 轴的左边)。

【例 6-37】 讨论在例 6-34 中求得的系统函数在不同收敛域情况下的因果性和稳定性,并求出对应的单位冲激响应 $h(t)$。

解 由例 6-34 求得的系统函数为

$$H(s) = \frac{2s}{s^2 + 3s + 2} = \frac{-2}{s+1} + \frac{4}{s+2}$$

$H(s)$ 有两个极点,因此它有三种可能的收敛域,如图 6-30 所示。

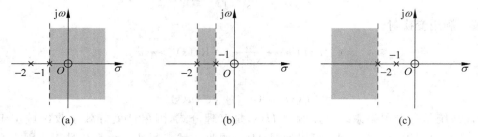

图 6-30 例 6-37 的三种收敛域

(1) 对于图 6-30(a),它的收敛域为 $\text{Re}(s) > -1$,即收敛域为最右边极点的右边且包含 $j\omega$ 轴,因此对应的系统为因果稳定系统。此时单位冲激响应为

$$h(t) = (-2e^{-t} + 4e^{-2t})u(t)$$

(2) 对于图 6-30(b),它的收敛域为 $-2 < \text{Re}(s) < -1$,收敛域不包含 $j\omega$ 轴,因此对应的系统为非因果不稳定系统。此时单位冲激响应为

$$h(t) = 4e^{-2t}u(t) + 2e^{-t}u(-t)$$

(3) 对于图 6-30(c),它的收敛域为 $\text{Re}(s) < -2$,即收敛域为最左边极点的左边且不包含 $j\omega$ 轴,因此对应的系统为非因果不稳定系统。此时单位冲激响应为

$$h(t) = (2e^{-t} - 4e^{-2t})u(-t)$$

6.8.3 可逆性

对于一个 LTI 系统,如果系统的输入可由该系统的输出恢复出来,则该系统是可逆的。如果一个 LTI 系统可逆,那么就意味存在一个将原系统的输出作为输入并能输出原系统的输入信号的逆系统。

图 6-31(a)是一个恒等系统,系统的输出 $v(t)$ 与输入 $x(t)$ 完全相同,即有

$$v(t) = x(t) * h(t) \equiv x(t)$$

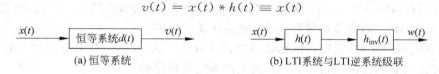

图 6-31 连续时间 LTI 系统的互逆的原理

要使上式恒成立,必须有 $h(t) = \delta(t)$,即恒等系统的单位冲激响应必为 $\delta(t)$。

图 6-31(b)表示单位冲激响应为 $h(t)$ 的连续时间 LTI 系统与单位冲激响应记为 $h_{\text{inv}}(t)$ 的连续时间 LTI 逆系统级联,系统的输出 $w(t) = x(t)$。根据 2.4.2 节卷积结合律的分析知

道,图 6-31(b)串联系统的总单位冲激响应为 $h(t) * h_{\mathrm{inv}}(t)$,要使两个级联子系统互逆,就必须满足条件

$$h(t) * h_{\mathrm{inv}}(t) = \delta(t) \tag{6-58}$$

式(6-58)从时域给出了两个连续时间 LTI 系统互逆需要满足的条件。式(6-58)两边同时取拉普拉斯变换,得

$$H(s)H_{\mathrm{inv}}(s) = 1$$

即互逆系统的系统函数之间必须互为倒数关系。如果 $H(s)$ 具有式(6-52)给出的形式,则

$$H_{\mathrm{inv}}(s) = \frac{1}{K} \frac{\prod\limits_{i=1}^{N} (s - p_i)}{\prod\limits_{i=1}^{M} (s - z_i)} \tag{6-59}$$

如果由式(6-52)给出的 LTI 系统为稳定的因果系统,那么它的全部极点必定落在 s 平面的左半平面。式(6-59)表明逆系统 $H_{\mathrm{inv}}(s)$ 的极点就是 $H(s)$ 的零点,因此只有当 $H(s)$ 的全部零点也都位于 s 平面的左半平面时,才存在稳定的因果逆系统。因此,一个连续时间 LTI 系统及其逆系统都要是因果且稳定的,那么系统函数 $H(s)$ 的全部极点和零点必须都落在 s 平面的左半平面。

6.8.4 系统的频率响应

系统函数 $H(s)$ 沿 s 平面上的 $\mathrm{j}\omega$ 轴求值就可以得到系统的频率响应,即 $H(s)|_{s=\mathrm{j}\omega} = H(\mathrm{j}\omega)$。取 $s = \mathrm{j}\omega$ 意味着 $H(s)$ 的收敛域必须包含 $\mathrm{j}\omega$ 轴,也就是说系统是 BIBO 稳定的。频率响应只对稳定系统才有意义。由式(6-52)可得

$$H(\mathrm{j}\omega) = H(s)\bigg|_{s=\mathrm{j}\omega} = K \frac{\prod\limits_{i=1}^{M} (s - z_i)}{\prod\limits_{i=1}^{N} (s - p_i)}\bigg|_{s=\mathrm{j}\omega} = K \frac{\prod\limits_{i=1}^{M} (\mathrm{j}\omega - z_i)}{\prod\limits_{i=1}^{N} (\mathrm{j}\omega - p_i)} \tag{6-60}$$

式(6-60)表明,可以根据系统函数 $H(s)$ 在 s 平面上零点 z_i 和极点 p_i 的位置采用几何方法粗略地确定系统的频率响应。式(6-60)中分子和分母的乘积因子($\mathrm{j}\omega - z_i$)和($\mathrm{j}\omega - p_i$)是复数,它们可以分别用 s 平面上从零点 z_i 到 $\mathrm{j}\omega$ 和极点 p_i 到 $\mathrm{j}\omega$ 的矢量来表示,如图 6-32 所示。因此,有

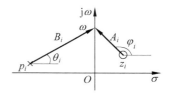

图 6-32 零极点矢量

- 零点矢量:$\mathrm{j}\omega - z_i = A_i \mathrm{e}^{\mathrm{j}\varphi_i}$
- 极点矢量:$\mathrm{j}\omega - p_i = B_i \mathrm{e}^{\mathrm{j}\theta_i}$

其中 A_i 和 B_i 分别表示两个矢量的模,φ_i 和 θ_i 分别表示它们与 σ 轴正方向之间的夹角,即表示两个矢量的幅角。于是式(6-60)可改写为

$$H(\mathrm{j}\omega) = |H(\mathrm{j}\omega)| \mathrm{e}^{\mathrm{j}\angle H(\mathrm{j}\omega)} \tag{6-61}$$

式中

$$|H(\mathrm{j}\omega)| = |K| \frac{\prod\limits_{i=1}^{M} A_i}{\prod\limits_{i=1}^{N} B_i} \tag{6-62a}$$

$$\angle H(j\omega) = \sum_{i=1}^{M} \varphi_i - \sum_{i=1}^{N} \theta_i \qquad (6-62b)$$

当 ω 沿虚轴移动时,各矢量的模和幅角都随之改变,由此可画出幅频特性 $|H(j\omega)|$ 和相频特性 $\angle H(j\omega)$ 曲线。下面以一阶系统为例予以说明。

【例 6-38】 已知连续时间 LTI 系统的系统函数为

$$H(s) = \frac{s}{s+2}$$

求该系统的频率响应,并粗略绘出该系统的幅频特性和相频特性曲线。

解 $H(s)$ 有一个零点在坐标原点 $s=0$ 和一个极点在 $s=-2$ 处,零极点图如图 6-33 所示。

系统的频率响应为

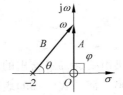

$$H(j\omega) = H(s)\big|_{s=j\omega} = \frac{j\omega}{j\omega+2}$$

由图 6-33 可知,当 ω 沿虚轴变化时,零极点矢量也随之改变。可得

图 6-33 例 6-38 零极点矢量

幅频特性为

$$|H(j\omega)| = \frac{A}{B} = \begin{cases} 0 & \omega \to 0 \\ \dfrac{\sqrt{2}}{2} & \omega = \pm 2 \\ 1 & \omega \to \pm \infty \end{cases}$$

相频特性为

$$\angle H(j\omega) = \varphi - \theta = \frac{\pi}{2} - \theta = \begin{cases} \dfrac{\pi}{2} & \omega \to 0^+ \\ \dfrac{\pi}{4} & \omega = 2 \\ 0 & \omega \to \pm \infty \\ -\dfrac{\pi}{4} & \omega = -2 \\ -\dfrac{\pi}{2} & \omega \to 0^- \end{cases}$$

这样可以粗略地绘出该系统的幅频特性和相频特性曲线,如图 6-34 所示。由图 6-34(a)可知,这是一个高通滤波器。

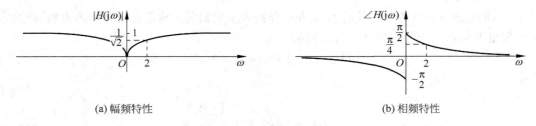

(a) 幅频特性   (b) 相频特性

图 6-34 例 6-38 的频率响应

一般情况下可以认为,如果系统函数有一对非常靠近虚轴的极点

$$p = -\sigma_i \pm j\omega_i, \quad \sigma_i \ll \omega_i$$

则在频率 $\omega = \omega_i$ 附近幅频响应出现极大值点,相频响应迅速减小,如图 6-35(a)所示。如果系统函数有一对非常靠近虚轴的零点

$$z = -\sigma_k \pm j\omega_k, \quad \sigma_k \ll \omega_k$$

则在频率 $\omega = \omega_k$ 附近幅频响应出现极小值点,相频响应迅速上升,如图 6-35(b)所示。

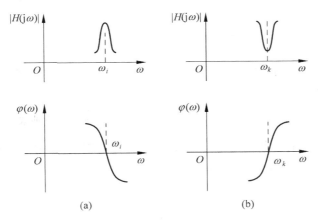

图 6-35　非常靠近虚轴的极点、零点对幅频、相频响应曲线的影响

如果零点与极点离开虚轴很远(即它们的实部远大于虚部),那么这些零点和极点对幅频响应和相频响应曲线的形状影响就很小,它们的作用只是使幅频响应和相频响应曲线在对应的频率附近的相对大小发生变化,但不一定会出现极大值点或极小值点。

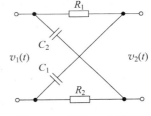

图 6-36　例 6-39 电路图

【例 6-39】 已知电路如图 6-36 所示,图中 $R_1 = R_2 = 1\text{M}\Omega$,$C_1 = C_2 = 1\mu\text{F}$。试求系统函数 $H(s) = \dfrac{V_2(s)}{V_1(s)}$,画出系统的零极点图,粗略绘出该系统的幅频特性曲线。

解　电路为零起始状态,其 s 域等效电路与时域电路相同。根据电路的分压关系,有

$$V_2(s) = \frac{\dfrac{1}{sC_1}}{R_1 + \dfrac{1}{sC_1}} V_1(s) - \frac{R_2}{\dfrac{1}{sC_2} + R_2} V_1(s) = \frac{-C_1 C_2 R_1 R_2 s^2 + 1}{C_1 C_2 R_1 R_2 s^2 + (C_1 R_1 + C_2 R_2) s + 1} V_1(s)$$

因此,系统函数为

$$H(s) = \frac{V_2(s)}{V_1(s)} = \frac{-C_1 C_2 R_1 R_2 s^2 + 1}{C_1 C_2 R_1 R_2 s^2 + (C_1 R_1 + C_2 R_2) s + 1}$$

将电路元件参数代入,整理得

$$H(s) = \frac{-s^2 + 1}{s^2 + 2s + 1} = \frac{-s + 1}{s + 1}$$

$H(s)$ 的极点为 $p = -1$,零点为 $z = 1$,零极点图如图 6-37(a)所示。

系统的频率响应为

$$H(\mathrm{j}\omega) = H(s)\,|_{s=\mathrm{j}\omega} = \frac{-\mathrm{j}\omega + 1}{\mathrm{j}\omega + 1}$$

幅频特性为

$$|H(\mathrm{j}\omega)| = \left| \frac{-\mathrm{j}\omega + 1}{\mathrm{j}\omega + 1} \right| = \frac{\sqrt{(-\omega)^2 + 1}}{\sqrt{\omega^2 + 1}} = 1$$

即,该电路系统的幅频为一常数,如图 6-37(b)所示,它对所有频率的正弦信号都按同样的幅度放大倍数通过。

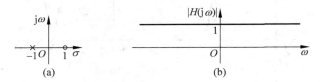

图 6-37　例 6-39 电路系统的零极点图和幅频特性曲线

像例 6-39 那样具有常数幅频特性的系统,称为**全通系统**。一般地,连续时间 LTI 全通系统的零点与极点关于虚轴镜像对称,其系统函数形如

$$H_{AP}(s) = K \frac{\prod\limits_{i=1}^{N}(s + p_i)}{\prod\limits_{i=1}^{N}(s - p_i)} \tag{6-63}$$

全通系统的幅频特性虽然为常数,而相频特性却基本没有约束。因此,全通系统可以保证不影响待传输信号的幅频而只改变信号的相频,在通信系统中常用来进行信号的相位校正。

6.8.5　对因果正弦信号的响应

假设连续时间 LTI 系统的系统函数具有如下形式

$$H(s) = \frac{N(s)}{D(s)} \tag{6-64}$$

式中分子的幂次小于分母的幂次。现讨论系统对因果正弦激励信号 $x(t) = \cos(\omega_0 t)u(t)$ 的响应。输入信号的拉普拉斯变换为

$$X(s) = \frac{s}{s^2 + \omega_0^2} = \frac{s}{(s - \mathrm{j}\omega_0)(s + \mathrm{j}\omega_0)}$$

因此,系统的零状态响应的拉氏变换为

$$Y(s) = H(s)X(s) = \frac{N(s)}{D(s)} \frac{s}{(s - \mathrm{j}\omega_0)(s + \mathrm{j}\omega_0)}$$

对上式作部分分式展开,得

$$Y(s) = \frac{N_1(s)}{D(s)} + \frac{A}{s - \mathrm{j}\omega_0} + \frac{A^*}{s + \mathrm{j}\omega_0}$$

式中 $N_1(s)$ 是 s 的多项式,A^* 为展开系数 A 的共轭复数。其中

$$A = Y(s)(s - \mathrm{j}\omega_0)\,|_{s=\mathrm{j}\omega_0} = \frac{1}{2}H(\mathrm{j}\omega_0)$$

$H(\mathrm{j}\omega_0)$ 可以表示为模和幅角的形式,即

$$H(\mathrm{j}\omega_0) = \mid H(\mathrm{j}\omega_0) \mid \mathrm{e}^{\mathrm{j}\angle H(\mathrm{j}\omega_0)}$$

这样

$$Y(s) = \frac{N_1(s)}{D(s)} + \frac{1}{2} \frac{\mid H(\mathrm{j}\omega_0) \mid \mathrm{e}^{\mathrm{j}\angle H(\mathrm{j}\omega_0)}}{s - \mathrm{j}\omega_0} + \frac{1}{2} \frac{\mid H(\mathrm{j}\omega_0) \mid \mathrm{e}^{-\mathrm{j}\angle H(\mathrm{j}\omega_0)}}{s + \mathrm{j}\omega_0}$$

设 $y_1(t) = \mathrm{ILT}\left\{\dfrac{N_1(s)}{D(s)}\right\}$，则上式的逆变换为

$$y(t) = y_1(t) + \left[\frac{1}{2} \mid H(\mathrm{j}\omega_0) \mid \mathrm{e}^{\mathrm{j}\angle H(\mathrm{j}\omega_0)} \mathrm{e}^{\mathrm{j}\omega_0 t} + \frac{1}{2} \mid H(\mathrm{j}\omega_0) \mid \mathrm{e}^{-\mathrm{j}\angle H(\mathrm{j}\omega_0)} \mathrm{e}^{-\mathrm{j}\omega_0 t}\right] u(t)$$

$$= y_1(t) + \mid H(\mathrm{j}\omega_0) \mid \cos(\omega_0 t + \angle H(\mathrm{j}\omega_0)) u(t)$$

若系统稳定,则 $D(s)$ 的根都落在 s 平面的左半平面,因此, $\lim\limits_{t \to +\infty} y_1(t) = 0$。这样 $y_1(t)$ 为系统的暂态响应。系统的稳态响应为

$$y_{\mathrm{ss}}(t) = \mid H(\mathrm{j}\omega_0) \mid \cos(\omega_0 t + \angle H(\mathrm{j}\omega_0)) u(t) \tag{6-65}$$

上式表明 LTI 系统对因果正弦信号的稳态响应具有与输入正弦信号相同的频率成分,只是幅度加权 $\mid H(\mathrm{j}\omega_0) \mid$,相位移位 $\angle H(\mathrm{j}\omega_0)$。这个结果与第 3 章中 LTI 系统对正弦信号 $x(t) = \cos(\omega_0 t)$ 的响应相似,只不过在第 3 章中讨论的信号是对整个时间轴的,输入起始作用于 $t = -\infty$ 时刻,因此不存在暂态响应。

6.8.6　单位阶跃响应

设连续时间 LTI 系统的系统函数由式(6-64)给出,当输入为单位阶跃信号 $x(t) = u(t)$ 时,则输出信号的拉普拉斯变换为

$$Y(s) = H(s)X(s) = \frac{N(s)}{D(s)} \frac{1}{s}$$

对上式作部分分式展开,得

$$Y(s) = \frac{N_1(s)}{D(s)} + \frac{A}{s}$$

其中

$$A = sY(s) \mid_{s=0} = \frac{N(s)}{D(s)} \Big|_{s=0} = H(0)$$

设 $y_1(t) = \mathrm{ILT}\left\{\dfrac{N_1(s)}{D(s)}\right\}$，则 $Y(s)$ 的逆变换为

$$y(t) = y_1(t) + H(0)u(t)$$

如果系统稳定, $D(s)$ 的所有根都落在 s 平面的左半平面,因此, $\lim\limits_{t \to +\infty} y_1(t) = 0$,即 $y_1(t)$ 为系统的暂态响应。这样,系统对单位阶跃信号的稳态响应为

$$y_{\mathrm{ss}}(t) = H(0)u(t) \tag{6-66}$$

【例 6-40】　已知连续时间 LTI 系统的系统函数为

$$H(s) = \frac{10(s-2)}{s^2 + 5s + 4}$$

当输入 $x(t) = (5 + 2\cos(2t))u(t)$ 时,求系统的稳态响应。

解　当输入 $x_1(t) = 5u(t)$ 时, $H(0) = -5$。因此,由式(6-66)可得对应的稳态响应为

$$y_{\mathrm{ss1}}(t) = 5H(0)u(t) = -25u(t)$$

当输入 $x_2(t)=2\cos(2t)u(t)$ 时,由于 $\omega_0=2$,得

$$H(j\omega_0) = H(2j) = \frac{10(2j-2)}{-4+10j+4} = 2+2j$$

将 $|H(j\omega_0)|=2\sqrt{2}$ 和 $\angle H(j\omega_0)=\dfrac{\pi}{4}$ 代入式(6-65),可得对应的稳态响应为

$$y_{ss2}(t) = 2|H(j\omega_0)|\cos(\omega_0 t + \angle H(j\omega_0))u(t) = 4\sqrt{2}\cos\left(2t+\frac{\pi}{4}\right)u(t)$$

系统的稳态响应为两者的叠加,即

$$y_{ss}(t) = -25u(t) + 4\sqrt{2}\cos\left(2t+\frac{\pi}{4}\right)u(t)$$

6.8.7 系统的强迫响应

以上对稳态响应的求解方法也可推广至对诸如 $x(t)=e^{s_0 t}u(t)$ 输入时系统强迫响应的计算。方法是先求出复频率 $s=s_0$ 时系统函数 $H(s)$ 的模 $|H(s_0)|$ 和相位 $\angle H(s_0)$,然后可以求得系统的强迫响应为

$$y_F(t) = |H(s_0)|e^{s_0 t + j\angle H(s_0)}u(t) \tag{6-67}$$

举例说明如下。

【例 6-41】 已知 LTI 系统的系统函数为

$$H(s) = \frac{s+5}{s^2+3s+2}$$

求:(1) 当输入 $x(t)=3e^{-4t}u(t)$ 时,系统的强迫响应 $y_F(t)$;(2) 当输入 $x(t)=2e^{-t}\cos\left(t-\dfrac{\pi}{6}\right)u(t)$ 时,系统的强迫响应 $y_F(t)$。

解 (1) 输入信号的复频率为 $s_0=-4$,因此

$$H(s)\big|_{s=-4} = \frac{s+5}{s^2+3s+2}\bigg|_{s=-4} = \frac{1}{6}$$

这样系统的强迫响应

$$y_F(t) = \frac{1}{6}\cdot 3e^{-4t}u(t) = \frac{1}{2}e^{-4t}u(t)$$

(2) 输入信号的复频率为 $s_0=-1+j$,因此

$$H(s)\big|_{s=-1+j} = \frac{s+5}{s^2+3s+2}\bigg|_{s=-1+j} = -\frac{3}{2}-\frac{5}{2}j = \frac{\sqrt{34}}{2}e^{-j\left(\pi+\arctan\frac{5}{3}\right)}$$

强迫响应

$$y_F(t) = \sqrt{34}\,e^{-t}\cos\left(t-\frac{\pi}{6}-\pi-\arctan\frac{5}{3}\right)u(t) = \sqrt{34}\,e^{-t}\cos\left(t-\frac{7\pi}{6}-\arctan\frac{5}{3}\right)u(t)$$

6.9 LTI 系统的框图表示

系统框图提供了系统的结构信息,每个框图可以用一个系统函数来表示。复杂系统可以通过子系统的互联来实现。子系统的三种基本互联类型为:串联连接、并联连接和反馈连接。

6.9.1　三种基本互联类型的系统函数

串联系统如图 6-38(a)所示,其中

$$Y_1(s) = H_1(s)X(s)$$
$$Y(s) = H_2(s)Y_1(s)$$

因此

$$Y(s) = H_1(s)H_2(s)X(s)$$

由上式可知,子系统串联连接后,整个系统的系统函数为各子系统的系统函数的乘积,即

$$H(s) = H_1(s)H_2(s) \qquad (6\text{-}68)$$

由于乘法运算具有交换律,因此交换各子系统的先后次序不改变整个系统的系统函数。

并联系统如图 6-38(b)所示,其中

$$Y_1(s) = H_1(s)X(s)$$
$$Y_2(s) = H_2(s)X(s)$$
$$Y(s) = Y_1(s) + Y_2(s)$$

因此

$$Y(s) = H_1(s)X(s) + H_2(s)X(s)$$

由上式可知,子系统并联连接后,整个系统的系统函数为子系统的系统函数之和,即

$$H(s) = H_1(s) + H_2(s) \qquad (6\text{-}69)$$

反馈系统如图 6-38(c)所示,其中

$$Y_1(s) = X(s) + Y_2(s)$$
$$Y(s) = H_1(s)Y_1(s) = H_1(s)[X(s) + Y_2(s)]$$
$$Y_2(s) = H_2(s)Y(s)$$

因此

$$Y(s) = H_1(s)[X(s) + H_2(s)Y(s)]$$

整理上式,可得

$$Y(s) = \frac{H_1(s)X(s)}{1 - H_1(s)H_2(s)}$$

由上式可知,反馈连接后整个系统的系统函数为

$$H(s) = \frac{H_1(s)}{1 - H_1(s)H_2(s)} \qquad (6\text{-}70)$$

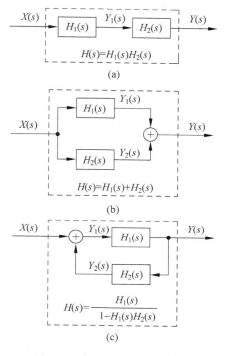

图 6-38　框图的三种基本互联
类型和等效系统函数

在以上等效系统函数的导出过程中,假定当一个子系统的输出接到另一个子系统的输入时,后者不是前者的负载。当电路具有高输入阻抗时,这样的假设是合理的。

6.9.2　系统的框图实现

一个系统函数 $H(s)$ 可以用加法器、乘法器和积分器或微分器来实现。由于微分器存在一些实际应用方面的问题,如微分器为 BIBO 不稳定系统以及微分运算会放大噪声等,因此

实际实现中应避免采用微分器而选用积分器。一个积分器的单位冲激响应为 $h(t) = u(t)$，它的系统函数为

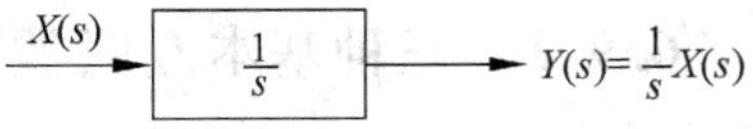

图 6-39　积分器的 s 域表示

$H(s) = \dfrac{1}{s}$，因此在 s 域中积分器用标有 $\dfrac{1}{s}$ 的方框来表示，如图 6-39 所示。下面举例讨论系统函数的框图实现方法。

1. 直接 Ⅰ 型实现

【例 6-42】　已知一连续时间因果 LTI 系统的系统函数为

$$H(s) = \frac{b_2 s^2 + b_1 s + b_0}{s^2 + a_1 s + a_0}$$

画出该系统的方框图。

解　可以将系统函数表示为

$$H(s) = \frac{b_2 + \dfrac{b_1}{s} + \dfrac{b_0}{s^2}}{1 + \dfrac{a_1}{s} + \dfrac{a_0}{s^2}} = \left(b_2 + \frac{b_1}{s} + \frac{b_0}{s^2} \right) \left(\frac{1}{1 + \dfrac{a_1}{s} + \dfrac{a_0}{s^2}} \right) = H_1(s) H_2(s)$$

其中

$$H_1(s) = b_2 + \frac{b_1}{s} + \frac{b_0}{s^2}$$

$$H_2(s) = \frac{1}{1 + \dfrac{a_1}{s} + \dfrac{a_0}{s^2}}$$

上式表明，可以采用 $H_1(s)$ 和 $H_2(s)$ 的级联来实现 $H(s)$，如图 6-40(a) 所示。对于 LTI 系统而言，交换 $H_1(s)$ 和 $H_2(s)$ 的次序并不影响级联系统的系统函数，因此 $H(s)$ 的实现也可采用图 6-40(b) 所示的级联框图。

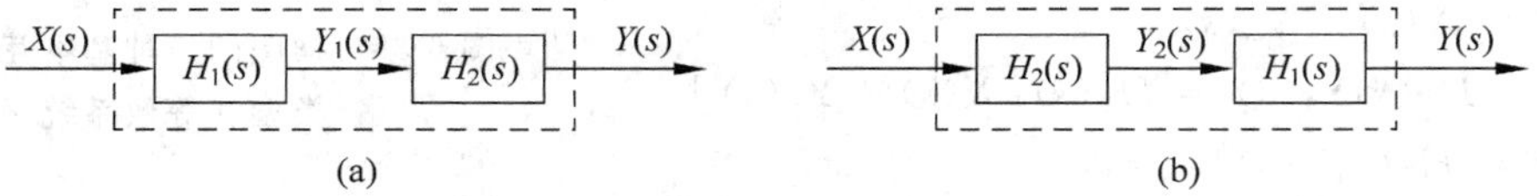

图 6-40　例 6-42 级联框图

对图 6-40(a) 有

$$Y_1(s) = H_1(s) X(s) = \left(b_2 + \frac{b_1}{s} + \frac{b_0}{s^2} \right) X(s)$$

显然，输出 $Y_1(s)$ 为三部分之和，如图 6-41 左半部分所示。由 $H_2(s)$ 的输入-输出关系，可得

$$Y(s) = H_2(s) Y_1(s)$$

即

$$Y(s) = \left(\frac{1}{1 + \dfrac{a_1}{s} + \dfrac{a_0}{s^2}} \right) Y_1(s)$$

上式可改写成

$$Y(s) = Y_1(s) - \left(\frac{a_1}{s} + \frac{a_0}{s^2} \right) Y(s)$$

与上式对应的框图实现如图 6-41 右半部分所示。

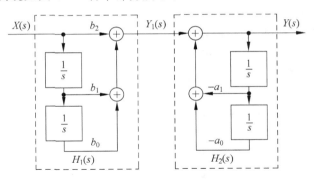

图 6-41 例 6-42 系统的直接 I 型实现

如图 6-41 所示框图结构称为直接 I 型实现,这一结构可以推广至一个 N 阶系统函数的实现。不失一般性,一个 N 阶系统函数可表示为

$$H(s) = \frac{b_N s^N + b_{N-1} s^{N-1} \cdots + b_1 s + b_0}{s^N + a_{N-1} s^{N-1} \cdots + a_1 s + a_0} \tag{6-71}$$

上式可改写为

$$H(s) = \frac{b_N + b_{N-1} \dfrac{1}{s} \cdots + b_1 \dfrac{1}{s^{N-1}} + b_0 \dfrac{1}{s^N}}{1 + a_{N-1} \dfrac{1}{s} \cdots + a_1 \dfrac{1}{s^{N-1}} + a_0 \dfrac{1}{s^N}}$$

$$= \left(b_N + b_{N-1} \frac{1}{s} \cdots + b_1 \frac{1}{s^{N-1}} + b_0 \frac{1}{s^N} \right) \left[\frac{1}{1 + a_{N-1} \dfrac{1}{s} \cdots + a_1 \dfrac{1}{s^{N-1}} + a_0 \dfrac{1}{s^N}} \right] \tag{6-72}$$

不难得出与式(6-72)相对应的直接 I 型实现如图 6-42 所示,它需要 $2N$ 个积分器。

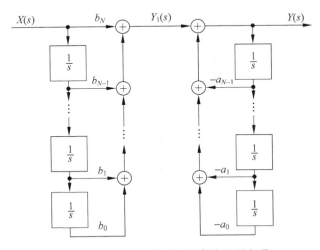

图 6-42 一个 N 阶系统的直接 I 型实现

2. 直接 II 型实现

直接 I 型的实现是首先实现系统函数的零点,然后实现极点。对例 6-42 也可以采用图 6-40(b)的级联框图,它首先实现系统函数的极点,然后实现零点,这种实现方式称为直

接 Ⅱ 型实现。交换图 6-41 中 $H_1(s)$ 和 $H_2(s)$ 的次序可得如图 6-43(a)所示的框图。从图中可以发现 $H_2(s)$ 和 $H_1(s)$ 的积分器输出是一致的,因此两路积分器可以合并为一路,如图 6-43(b)所示。图 6-43(b)的结构就是直接 Ⅱ 型实现,它节省了一半的积分器。这一结构可以推广至一个 N 阶系统函数的实现,如图 6-44 所示,它仅需要 N 个积分器。因此,较之直接 Ⅰ 型实现,它是一种更高效的实现方法。

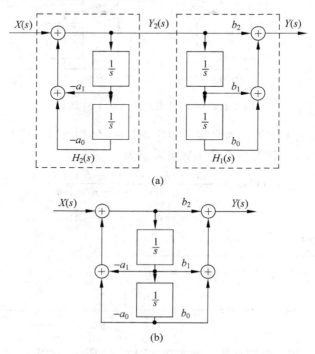

图 6-43 例 6-42 系统的直接 Ⅱ 型实现

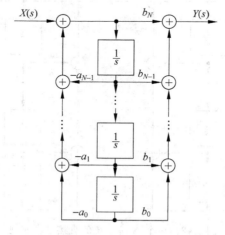

图 6-44 一个 N 阶系统的直接 Ⅱ 型实现

3. 级联型和并联型实现

在采用级联型或并联型结构实现的系统中,某一参数的变化一般只影响到局部模块,因此这样实现的系统通常对参数变化的敏感性要低于前面讨论的直接Ⅱ型实现。如果将一个高阶的系统函数分解成若干低阶系统函数的乘积形式,那么就可以采用级联的方式实现系统函数;如果将一个高阶的系统函数做部分分式展开,表示成若干低阶系统函数之和的形式,那么就可以采用并联结构方式实现系统函数。下面举例予以讨论。

【例 6-43】 已知一连续时间 LTI 系统的系统函数为 $H(s)=\dfrac{s+5}{s^2+4s+3}$,分别画出该系统的级联型和并联型模拟框图。

解 (1)级联型。

可以将 $H(s)$ 表示为

$$H(s) = \frac{s+5}{(s+1)(s+3)} = \underbrace{\left(\frac{s+5}{s+1}\right)}_{H_1(s)}\underbrace{\left(\frac{1}{s+3}\right)}_{H_2(s)}$$

上式表明可以通过两个一阶子系统 $H_1(s)$ 和 $H_2(s)$ 的级联来实现二阶系统 $H(s)$,如图 6-45(a)所示。每个子系统又可以用直接Ⅱ型实现,如图 6-45(b)所示。

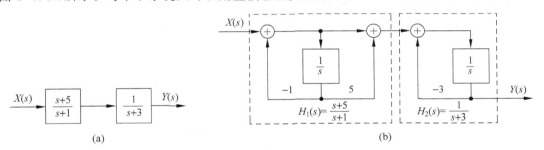

图 6-45 例 6-43 系统的级联型实现

(2)并联型。

将 $H(s)$ 做部分分式展开得

$$H(s) = \frac{s+5}{(s+1)(s+3)} = \underbrace{\frac{2}{s+1}}_{H_3(s)} - \underbrace{\frac{1}{s+3}}_{H_4(s)}$$

上式表明可以通过两个一阶子系统 $H_3(s)$ 和 $H_4(s)$ 的并联来实现二阶系统 $H(s)$,如图 6-46(a)所示。每个一阶子系统可以用直接Ⅱ型实现,如图 6-46(b)所示。

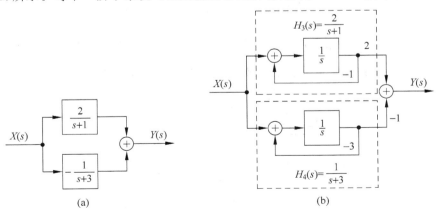

图 6-46 例 6-43 系统的并联型实现

上面讨论的例子将一个二阶系统分解成两个一阶子系统,如果要实现的是一个高阶系统,可以将高阶系统分解为若干个一阶、二阶或较高阶系统的级联或并联。例如出现共轭极点时,由于不便直接实现复数乘法运算,因此共轭极点可以用一个二阶因式来实现。

【**例 6-44**】 已知一连续时间 LTI 系统的系统函数为 $H(s) = \dfrac{s+3}{s^3 + 3s^2 + 7s + 5}$,试画出该系统的并联型框图。

解 系统函数可以改写为

$$H(s) = \frac{s+3}{(s+1)(s^2+2s+5)}$$

由于出现共轭极点,因此应将系统函数部分分式展开为

$$H(s) = \underbrace{\frac{\dfrac{1}{2}}{s+1}}_{H_1(s)} + \underbrace{\frac{-\dfrac{1}{2}s + \dfrac{1}{2}}{s^2 + 2s + 5}}_{H_2(s)}$$

上式意味着将一个三阶系统 $H(s)$ 分解成了一个一阶系统 $H_1(s)$ 和一个二阶系统 $H_2(s)$ 的并联形式,其中 $H_1(s)$ 和 $H_2(s)$ 可以分别采用直接 II 型实现,如图 6-47 所示。

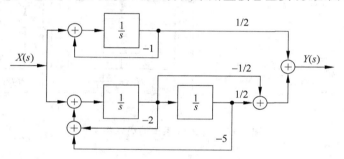

图 6-47 例 6-44 系统的并联型实现

【**例 6-45**】 已知一连续时间 LTI 系统的系统函数为 $H(s) = \dfrac{A}{s+a} + \dfrac{B}{(s+a)^2} + \dfrac{C}{s+b}$,其中 $A, B, C, a, b \in \mathrm{R}$ 且 $a \neq b$,试画出该系统的并联型框图。

解 当系统函数出现重极点时,在并联型实现中为减少积分器的使用数目,可以采用一阶项的级联来实现高阶项。由此实现的模拟框图如图 6-48 所示,$H(s)$ 中 $\dfrac{B}{(s+a)^2}$ 项是通过两个一阶系统 $\dfrac{1}{s+a}$ 的级联来实现的。这样实现这个三阶系统仍然只需 3 个积分器。本例若单独设计三阶系统 $H(s)$ 中的 3 个并联部分,则共需要使用 4 个积分器。

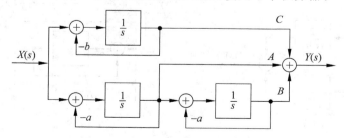

图 6-48 例 6-44 系统的并联型实现

小　　结

1. 双边拉普拉斯变换的定义和收敛域

在傅里叶变换的基础上，将变换后的自变量由虚轴拓展到整个复平面，在变换收敛的前提下可以得到双边拉普拉斯变换，即式(6-2)。式(6-2)和式(6-5)一起构成了双边拉普拉斯变换对。双边拉普拉斯变换能够处理从 $-\infty$ 至 $+\infty$ 整个时间区间内存在的信号。

拉普拉斯变换实际上是 $x(t)\mathrm{e}^{-\sigma t}$ 的傅里叶变换。因此，保证信号 $x(t)$ 的拉普拉斯变换存在的条件就是 $x(t)\mathrm{e}^{-\sigma t}$ 绝对可积。使拉普拉斯变换存在的 s 的取值集合称为收敛域。拉普拉斯变换比傅里叶变换具有更为广泛的适用性。

如果没有给定收敛域，则拉普拉斯变换与时域信号之间就可能不是一一对应的。也就是说，两个不同的时域信号的拉普拉斯变换可以是相同的，只是收敛域不同。

收敛域一方面与信号 $x(t)$ 的时域取值情况有关，另一方面与 $X(s)$ 的极点分布有关。

如果信号的拉普拉斯变换的收敛域包含 $\mathrm{j}\omega$ 轴，则该信号的傅里叶变换存在，并且可以令 $s=\mathrm{j}\omega$ 来得到相应的傅里叶变换。

如果信号 $x(t)$ 为一时限信号(只在有限的时间范围 $T_1 \leqslant t \leqslant T_2$ 内信号为非零值)，且 $x(t)$ 本身绝对可积，则它的拉普拉斯变换的收敛域为全 s 平面。

一般而言，信号 $x(t)$ 的拉普拉斯变换可表示为分子分母都是复变量 s 多项式的两个多项式之比，分子多项式 $N(s)$ 的根 z_i 称为零点，分母多项式 $D(s)$ 的根 p_j 称为极点。在 s 平面内，关于有理函数 $X(s)$ 的零点(用圆圈"○"表示)和极点(用"×"表示)的图称为零极点图。

对于以 s 的多项式之比表示的双边拉普拉斯变换，可以首先进行部分分式展开，然后再根据收敛域来确定对应展开项的逆变换是属于因果信号还是反因果信号。若极点位于收敛域的左边，则对应展开项的逆变换为因果信号，反之则对应于反因果信号。

值得注意的是，有时候双边拉普拉斯变换的收敛域隐含在其他一些条件中，例如信号的因果性、绝对可积或傅里叶变换存在等。这些条件决定了逆变换的唯一性。

2. 单边拉普拉斯变换及其性质

单边拉普拉斯变换是将信号限制为因果信号时双边拉普拉斯变换的一种特殊情况。一般情况下，术语拉普拉斯变换指的是单边拉普拉斯变换。

对于一个给定的单边拉普拉斯变换 $X(s)$，它的逆变换是唯一确定的，这样即使不给出收敛域也不会引起歧义。由于对 $t<0$ 时 $x(t)=0$ 的信号的双边拉普拉斯变换与它的单边拉普拉斯变换是相同的，因此单边拉普拉斯逆变换的定义与式(6-5)一致，只是结果仅仅对 $t \geqslant 0$ 有效。

从拉普拉斯变换的定义出发可以计算一些简单信号的拉普拉斯变换，而对于一些复杂信号的拉普拉斯变换通常可以利用性质来计算。拉普拉斯变换的主要性质有：线性性质、时移性质、复频域(s 域)移位性质、尺度变换性质、时域微分(积分)性质、复频域(s 域)微分性质、卷积性质、初值(终值)定理。

3. 拉普拉斯逆变换

直接按照式(6-5)求解拉普拉斯逆变换要用到复平面内的积分，但是实际应用中更为普遍的方法是利用已知的变换表以及性质来计算拉普拉斯逆变换。

对于许多有用信号以及在分析 LTI 系统时,所得到的拉普拉斯变换是 s 的有理函数,即 $X(s)$ 的分子和分母都是 s 的多项式,可以通过部分分式展开法将其表示为拉普拉斯变换表中的函数形式之和。

部分分式展开法要求 $X(s)$ 为真有理函数。如果 $X(s)$ 为假有理函数,可用长除法将 $X(s)$ 表示为 s 的多项式 $\sum_{k=0}^{M-N} c_k s^k$ 与一个真有理函数 $\widetilde{X}(s)$ 的代数和。$\sum_{k=0}^{M-N} c_k s^k$ 项可按式(6-28)求得其逆变换,$\widetilde{X}(s)$ 项可按式(6-31)求得其逆变换。

需要注意的是,如果 $x(t)$ 为实信号,那么它的极点除了是实数之外也有可能出现复数,而且是以复共轭对的形式出现。如果极点 p_i 和 p_{i+1} 为一对共轭极点,即 $p_i = p_{i+1}^*$,那么对应的系数也一定是共轭的,即 $K_i = K_{i+1}^*$。

4. 微分方程和电路的 s 域求解

求解具有非零起始状态的线性常系数微分方程是单边拉普拉斯变换在连续时间 LTI 系统分析中的重要应用之一。用拉普拉斯变换求解电路或微分方程的一般步骤是:

① 应用基尔霍夫定律写出描述电路网络特性的微分方程,或者将电路网络中的全部电压和电流信号以及电阻、电容和电感等元件表示为 s 域等效模型,在此模型上建立的电路的 s 域代数方程;

② 利用拉氏变换的微分特性(含非零起始状态),将微分方程变换成 s 域代数方程;

③ 整理代数方程,求得响应的拉氏表达式(如果需要求系统的零输入响应和零状态响应,可以将非零起始状态与输入信号分别进行组合);

④ 求方程输入信号的拉氏变换,并将之代入响应的拉氏表达式;

⑤ 求响应拉氏表达式的拉氏逆变换,求得响应的时域表达式。

尽管傅里叶变换也可以将求解微分方程转化为求解代数方程,但与其不同的是,拉普拉斯变换的时域微分性质可以自动将系统的起始状态包含在方程中,因此通过单边拉普拉斯变换可以求得系统在 $t \geqslant 0$ 时的完全响应,并且对给定 0^- 起始状态的系统很容易区分出零状态响应与零输入响应。如果给定的是 $t=0^+$ 的边界条件,也就是说采用 0^+ 作为单边拉普拉斯变换定义式中的积分下限,那么求得完全响应也是十分容易的,因为 0^+ 本身就是完全响应的初始条件。

5. LTI 系统的系统函数及其性质

系统函数 $H(s)$ 先后有式(6-3)和式(6-21)两个定义,它们在本质上是一致的。在系统分析中,$H(s)$ 非常重要,它在求解系统的零状态响应、频率响应以及通过它来确定 LTI 系统的特性,如因果性、稳定性等方面均是非常有用的。

一个 N 阶连续时间 LTI 系统的输入与输出之间的关系由常系数微分方程来描述,由线性常系数微分方程所描述的 LTI 系统的系统函数总是有理的。

一个因果 LTI 系统的单位冲激响应 $h(t)$ 是一个因果信号,$H(s)$ 的收敛域在以最右边极点的实部为边界的右边区域。但相反的结论不一定成立。

$H(s)$ 的极点和收敛域与系统的稳定性密切相关,稳定系统的单位冲激响应 $h(t)$ 满足绝对可积条件,这意味着 $s=j\omega$ 在 $H(s)$ 的收敛域内。所以稳定系统 $H(s)$ 的收敛域必定包含 $j\omega$ 轴。

同时满足因果性和稳定性的系统,称为因果稳定系统。一个具有有理系统函数的因果稳定系统,其系统函数的全部极点必定落在 s 平面的左半平面(即 $j\omega$ 轴的左边)。

一个单位冲激响应为 $h(t)$ 的 LTI 系统,假设它的逆系统的单位冲激响应为 $h_{inv}(t)$,则两系统单位冲激响应之间满足式(6-58),两个互逆系统级联后将构成一个恒等系统。

如果将系统函数 $H(s)$ 表达为式(6-52)因式相乘的形式,那么逆系统的系统函数 $H_{inv}(s)$ 为式(6-59)因式相乘的形式。

一个连续时间 LTI 系统及其逆系统要都是因果且稳定的,那么系统函数 $H(s)$ 的全部极点和零点必须都落在 s 平面的左半平面。

如果系统是 BIBO 稳定的,则系统函数 $H(s)$ 的收敛域包含 $j\omega$ 轴,沿 s 平面上的 $j\omega$ 轴求 $H(s)$ 值就可以得到系统的频率响应,即 $H(s)|_{s=j\omega} = H(j\omega)$。而且,依据式(6-60),可以根据系统函数 $H(s)$ 在 s 平面上零点 z_i 和极点 p_i 的位置采用几何方法粗略地确定系统的频率响应。

当系统的输入信号中包含 $x(t) = e^{s_0 t} u(t)$ 的分量时,系统响应中除含有由系统固有极点所贡献的自由响应分量(通常当 $t \to +\infty$ 时该分量衰减到零)外,还存在与激励信号同频的强迫响应分量。直接求取系统强迫响应分量的方法是:先求出系统函数 $H(s)$ 在复频率 $s = s_0$ 时的模 $|H(s_0)|$ 和相位 $\angle H(s_0)$,然后系统的强迫响应为 $y_F(t) = |H(s_0)| e^{s_0 t + j\angle H(s_0)} u(t)$。强迫响应的两个特例是系统对因果正弦信号的稳态响应和对单位阶跃信号的稳态响应。

6. LTI 系统的框图表示

系统框图提供了系统的结构信息,每个框图可以用一个系统函数来表示。复杂系统可以通过子系统的互联来实现。

子系统之间的互联有串联连接、并联连接和反馈三种形式,互联后的等效系统函数分别如式(6-68)、式(6-69)、式(6-70)所示。串联连接后的系统函数为各子系统的系统函数的乘积,并联连接后的系统函数为各子系统的系统函数之和。

在等效系统函数的导出过程中,假定当一个子系统的输出接到另一个子系统的输入时,后者不是前者的负载。当电路具有高输入阻抗时,这样的假设是合理的。

一个系统函数 $H(s)$ 可以用加法器、乘法器和积分器或微分器来实现。实际中应避免采用微分器而选用积分器。在 s 域中积分器用标有 $\dfrac{1}{s}$ 的方框来表示。

不失一般性,一个 N 阶系统函数可写为式(6-71)的形式。对于式(6-71)所表示的系统函数,如果首先实现系统函数的零点,然后再实现系统函数的极点,就得到直接 I 型实现,它需要 $2N$ 个积分器;如果先实现系统函数的极点,然后再实现系统函数的零点,就得到直接 II 型实现,它仅需要 N 个积分器。与直接 I 型实现相比,直接 II 型实现节省了一半的积分器,因此它是一种更高效的实现方法。

在采用级联型或并联型结构实现的系统中,某一参数的变化一般只影响到局部模块,因此这样实现的系统通常对参数变化的敏感性要低于直接 I 型实现和直接 II 型实现。如果将一个高阶的系统函数分解成若干低阶系统函数的乘积形式,那么就可以采用级联的方式实现系统函数;如果将一个高阶的系统函数做部分分式展开成若干低阶系统函数之和的形式,那么就可以采用并联结构方式实现系统函数。

如果要实现一个高阶的系统,可以将高阶系统分解为若干个一阶、二阶或较高阶系统的级联或并联来实现。当出现共轭极点时，由于不便直接实现复数乘法运算，因此共轭极点可以用一个二阶因式来实现。

习　题

6-1　计算下列各信号的拉普拉斯变换 $X(s)$，画出零极点图和收敛域。

(1) $x(t) = e^{-2t}u(t) + e^{3t}u(t)$；

(2) $x(t) = e^{-5t}u(t) - e^{2t}u(-t)$；

(3) $x(t) = e^{3t}u(-t) + e^{4t}u(-t)$；

(4) $x(t) = u(t+2) - u(t-3)$；

(5) $x(t) = e^{-2t}\cos(3t)u(t)$。

6-2　利用性质计算下列各信号的拉普拉斯变换 $X(s)$。

(1) $x(t) = (t-3)u(t-2)$；

(2) $x(t) = e^{-3(t-2)}u(t-2)$；

(3) $x(t) = (1 - e^{-2t})u(t-1)$；

(4) $x(t) = \sin(\omega_0(t-3))u(t-3)$；

(5) $x(t) = \delta(2t)$；

(6) $x(t) = u(3t)$；

(7) $x(t) = e^{3t-1}\delta(t-1)$；

(8) $x(t) = \displaystyle\int_{0^-}^{t} e^{-2\tau}\sin(3\tau)\,\mathrm{d}\tau$；

(9) $x(t) = \dfrac{\mathrm{d}}{\mathrm{d}t}\left[te^{-3t}u(t) \right]$；

(10) $x(t) = t\dfrac{\mathrm{d}}{\mathrm{d}t}\left[e^{-3t}\cos(2t)u(t) \right]$。

6-3　求如题图 6-3 中所示各信号的拉普拉斯变换。

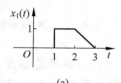

(a)

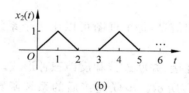

(b)

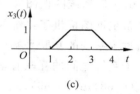

(c)

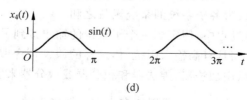

(d)

题图 6-3

6-4　利用初值和终值定理计算下列信号的初值 $x(0^+)$ 和终值 $x(+\infty)$，若没有终值，说明为什么？

(1) $X(s) = \dfrac{s}{(s+1)(s+2)}$；

(2) $X(s) = \dfrac{s+3}{s^2+9}$；

(3) $X(s) = \dfrac{4(s+1)}{(s+2)(s^2+2s+2)}$；

(4) $X(s) = \dfrac{e^{-3s}}{(s+2)(s+1)^2}$；

(5) $X(s) = \dfrac{2}{s(s-2)}$。

6-5　求下列函数 $X(s)$ 的（单边）拉普拉斯逆变换 $x(t)$。

(1) $X(s) = \dfrac{2s+2}{s^2+6s+8}$；

(2) $X(s) = \dfrac{s}{s^2+4}$；

（3）$X(s) = \dfrac{s+3}{(s+3)^2+25}$；

（4）$X(s) = \dfrac{s^2-2s+1}{s(s^2+1)^2}$；

（5）$X(s) = \dfrac{s^2-s+1}{s(s+1)^2}$；

（6）$X(s) = \dfrac{s^2+2}{(s+2)(s^2+4s+5)}$；

（7）$X(s) = \dfrac{(s+1)^2}{s+2}$；

（8）$X(s) = \dfrac{2(s-3\mathrm{e}^{-2s})}{s^2+3s+2}$；

（9）$X(s) = \dfrac{1}{s+1} \cdot \dfrac{1}{1-\mathrm{e}^{-2s}}$；

（10）$X(s) = \dfrac{1}{s+1} \cdot \dfrac{1}{1+\mathrm{e}^{-s}}$。

6-6 用拉普拉斯变换法求解下列微分方程，并标明零输入响应、零状态响应，强迫响应、自由响应。

（1）$y''(t)+4y'(t)+3y(t)=x'(t)+4x(t)$，$y(0^-)=1$，$y'(0^-)=1$，$x(t)=\mathrm{e}^{-2t}u(t)$；

（2）$y''(t)+7y'(t)+10y(t)=8x(t)$，$y(0^-)=2$，$y'(0^-)=-3$，$x(t)=u(t)$；

（3）$y''(t)+4y'(t)+4y(t)=x'(t)+x(t)$，$y(0^-)=2$，$y'(0^-)=1$，$x(t)=\mathrm{e}^{-t}u(t)$。

6-7 用拉普拉斯变换法求解下列微分方程的完全响应。

（1）$y''(t)+3y'(t)+2y(t)=x'(t)+3x(t)$，$y(0^+)=1$，$y'(0^+)=0$，$x(t)=\mathrm{e}^{-3t}u(t)$；

（2）$y''(t)+4y'(t)+3y(t)=x'(t)$，$y(0^+)=1$，$y'(0^+)=0$，$x(t)=u(t)$。

6-8 已知如题图 6-8 所示电路中 $R=5\Omega$，$L=1/4\mathrm{H}$，$C=1/100\mathrm{F}$，并假设开关在 $t=0$ 之前一直处于"1"位置，现将开关倒向"2"位置。应用拉普拉斯变换法求 $t\geqslant0$ 时电感中的电流 $i(t)$。

6-9 已知如题图 6-9 所示电路中 $R_1=R_2=1\Omega$，$L=1\mathrm{H}$，$C=1/2\mathrm{F}$，并假设开关在 $t=0$ 之前一直处于"1"位置，现将开关倒向"2"位置。若 $x(t)=\sin t u(t)$，应用拉普拉斯变换法求 $t\geqslant0$ 时电阻 R_2 两端的电压 $y(t)$，并标明稳态响应和暂态响应。

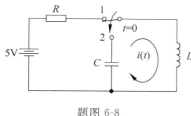

题图 6-8

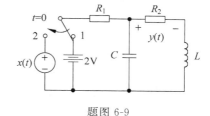

题图 6-9

6-10 已知 $X(s) = \dfrac{1}{s^2-2s-8}$，求下列各条件下的双边拉普拉斯逆变换 $x(t)$。

（1）若 $\displaystyle\int_{-\infty}^{+\infty}|x(t)|\,\mathrm{d}t<+\infty$；

（2）若 $x(t)$ 是一个因果信号；

（3）若 $x(t)$ 是一个反因果信号。

6-11 已知一有理系统函数 $H(s)$ 的零极点图如题图 6-11 所示，讨论该系统的因果性和稳定性。

6-12 已知一连续时间 LTI 系统的微分方程为 $y''(t)-y'(t)-6y(t)=x(t)$。

（1）求该系统的系统函数 $H(s)$，画出零极点图。

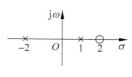

题图 6-11

(2) 对于下列每种情况求该系统的单位冲激响应 $h(t)$;

① 系统是稳定的;② 系统是因果的;③ 系统既不稳定又不是因果的。

6-13　求下列微分方程所描述的因果 LTI 系统的系统函数 $H(s)$ 和单位冲激响应 $h(t)$。

(1) $y'(t)+2y(t)=x(t)$;　　　　　　(2) $y''(t)+6y'(t)+8y(t)=x'(t)+3x(t)$;

(3) $y''(t)+2y'(t)+2y(t)=x'(t)$。

6-14　求由下列系统函数 $H(s)$ 所描述的系统的微分方程。

(1) $H(s)=\dfrac{2}{s(s+2)}$;　　　　　　(2) $H(s)=\dfrac{s+2}{s^2+4s+3}$;

(3) $H(s)=\dfrac{s^2-2s+1}{s^2+4s+8}$。

6-15　求下列 $H(s)$ 所描述的因果稳定系统所对应的逆系统函数 $H_{\mathrm{inv}}(s)$,并讨论它的稳定性。

(1) $H(s)=\dfrac{s+3}{s^2+3s+2}$;　　　　　　(2) $H(s)=\dfrac{s-1}{s^2+2s+2}$。

6-16　已知一连续时间 LTI 系统的单位阶跃响应 $g(t)$ 如题图 6-16 所示。

(1) 求该系统的单位冲激响应,并判断因果性和稳定性;

(2) 当输入 $x(t)=u(t)-u(t-2)$ 时,求系统的零状态响应,并画出输出波形。

6-17　已知一连续时间因果 LTI 系统的系统函数为 $H(s)=\dfrac{s}{s+3}$,当输入如题图 6-17 所示时,求输出 $y(t)$。

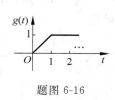

题图 6-16

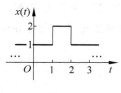

题图 6-17

6-18　已知一连续时间因果 LTI 系统的微分方程为 $y''(t)+5y'(t)+6y(t)=x'(t)-2x(t)$。

(1) 求系统函数,画出零极点图,标明收敛域并判断该系统的稳定性;

(2) 当输入 $x(t)=2\mathrm{e}^t$ 时,对所有的 t 输出,求输出 $y(t)$。

6-19　已知一连续时间因果 LTI 系统 $H(s)$ 的零极点图如题图 6-19 所示,当输入 $x(t)=|\cos t|$ 时,输出信号的直流量为 $\dfrac{2}{\pi}$。

(1) 求系统函数 $H(s)$;

(2) 当 $x(t)=2$ 时,求系统的输出 $y(t)$。

6-20　已知一连续时间因果 LTI 系统的系统函数 $H(s)=\dfrac{1}{s^2+3s+2}$,输入 $x(t)=4\mathrm{e}^{-2t}u(t),y(0^-)=3,y'(0^-)=4$。

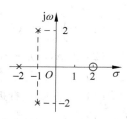

题图 6-19

(1) 画出零极点图,标明收敛域并判断该系统的稳定性;

(2) 求完全响应(标明零输入响应、零状态响应)。

6-21　某连续时间因果 LTI 系统的单位冲激响应 $h(t)$ 具有下列特性：

- 当输入 $x(t) = e^t$ 时，对所有的 t，输出 $y(t) = \dfrac{1}{8}e^t$。

- $h(t)$ 满足微分方程：$h'(t) + ah(t) = e^{-t}u(t)$，其中 a 是常数。

（1）求常数 a；

（2）画出 $H(s)$ 的零极点图并标明收敛域；

（3）当 $y(0^-) = 5$，$y'(0^-) = -9$，$x(t) = 4e^{-2t}u(t)$ 时，求零输入响应 $y_{zi}(t)$ 和零状态响应 $y_{zs}(t)$。

6-22　已知一连续时间因果 LTI 系统的微分方程为 $y''(t) + 4y'(t) + 3y(t) = x'(t) + 2x(t)$。

（1）求系统函数 $H(s)$ 和单位冲激响应 $h(t)$；

（2）当 $y(0^-) = 1$，$y'(0^-) = -1$，输入 $x(t) = e^{-2t}u(t)$ 时，求零输入响应 $y_{zi}(t)$ 和零状态响应 $y_{zs}(t)$；

（3）当 $y(0^-) = 2$，$y'(0^-) = -2$，输入 $x(t) = 3e^{-2t}u(t)$ 时，求完全响应 $y(t)$；

（4）当输入 $x(t)$ 如题图 6-22 所示时，对所有的时间，求输出 $y(t)$。

6-23　给定如题图 6-23 所示连续时间因果 LTI 系统。

（1）求系统函数 $H(s)$，并写出系统的微分方程；

（2）K 满足什么条件时系统稳定；

（3）在临界稳定条件下，求单位冲激响应 $h(t)$；

（4）当 $K = -1$，输入 $x(t) = e^{2t}$ 时，求 $y(t)$。

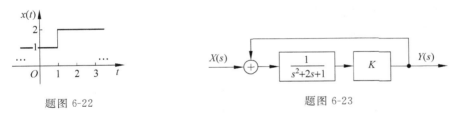

题图 6-22　　　　　　　　　　　　　　　　　　题图 6-23

6-24　已知一连续时间因果 LTI 系统 $H(s) = \dfrac{1-s}{1+s}$，当输入 $x(t) = 3\sin t + 2\sin(\sqrt{3}\,t)$ 时，求输出 $y(t)$，并说明这是何种滤波器？

6-25　已知一连续时间稳定 LTI 系统的系统函数为 $H(s) = \dfrac{s}{s^2 + 3s + 2}$，输入如题图 6-25 所示。

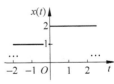

（1）求该系统的频率响应，并说明为何种滤波器；

（2）求单位冲激响应；

（3）求系统的初始条件 $y(0^+)$ 和 $y'(0^+)$；

题图 6-25

（4）当 $t \geqslant 0$ 时，求系统的完全响应 $y(t)$。

6-26　已知一连续时间因果 LTI 系统 $y''(t) + 3y'(t) + 2y(t) = x'(t) + 3x(t)$。

（1）求该系统的系统函数，画出零极点图，标明收敛域并判断该系统的稳定性；

（2）当 $y(0^-) = 1$，$y'(0^-) = -1$，输入 $x(t) = e^{-3t}u(t)$ 时，求零输入响应 $y_{zi}(t)$ 和零状态响应 $y_{zs}(t)$，自由响应 $y_f(t)$ 和强迫响应 $y_F(t)$；

(3) 当输入 $x(t)=2$ 时,求 $y(t)$;

(4) 当输入 $x(t)=\left[2+\cos\left(t-\dfrac{\pi}{4}\right)\right]u(t)$ 时,求该系统的稳态响应。

6-27 已知一连续时间因果 LTI 系统的系统函数为 $H(s)=\dfrac{s^2-5s+6}{s^2+7s+10}$。

(1) 画出零极点图,标明收敛域并判断该系统的稳定性;

(2) 写出该系统的微分方程;

(3) 画出该系统的直接 II 型方框图。

6-28 已知一连续时间因果 LTI 系统的系统函数为 $H(s)=\dfrac{2}{(s+2)(s+1)^3}$。

(1) 画出零极点图,标明收敛域并判断该系统的稳定性;

(2) 写出该系统的微分方程;

(3) 分别画出该系统的串联型和并联型实现框图。

6-29 已知一连续时间因果 LTI 系统的系统函数为 $H(s)=\dfrac{s+3}{s^3+3s^2+7s+5}$。

(1) 画出零极点图,标明收敛域并判断该系统的稳定性;

(2) 写出该系统的微分方程;

(3) 画出该系统的并联型实现框图。

6-30 已知一连续时间因果 LTI 系统的实现框图如题图 6-30(a)所示。

(1) 求该系统的系统函数和单位冲激响应;

(2) 写出该系统的微分方程;

(3) 当输入如题图 6-30(b)所示时,对 $t>0$ 分别计算系统的零输入和零状态响应。

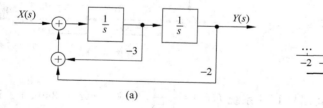

(a)   (b)

题图 6-30

6-31 已知连续时间二阶因果 LTI 系统的实现框图如题图 6-31 所示。

(1) 求系统函数,并判断系统的稳定性;

(2) 写出系统的微分方程;

(3) 若 $y(0^-)=1,y'(0^-)=0,x(t)=u(t)$,求 $t\geqslant 0$ 时系统的输出。

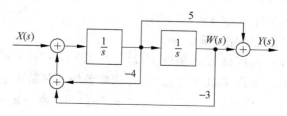

题图 6-31

6-32 已知一连续时间因果 LTI 系统的实现框图如题图 6-32 所示。

（1）求该系统的系统函数，并判断系统的稳定性；

（2）写出该系统的微分方程；

（3）当 $x(t)=\delta(t)$ 时，求系统的输出 $y(t)$。

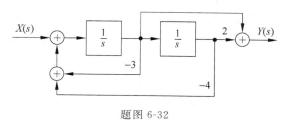

题图 6-32

第7章 z变换与离散时间系统

对离散时间信号与系统而言,z变换所起的作用就相当于拉普拉斯变换对连续时间信号与系统所起的作用。拉普拉斯变换将微分方程变换成代数方程,因而简化了对连续时间 LTI 系统的分析。同样,z变换把差分方程变换成代数方程,从而简化了对离散时间 LTI 系统的分析。

正如拉普拉斯变换是连续时间傅里叶变换的一般化描述一样,z变换是离散时间傅里叶变换(DTFT)的一般化描述。z变换将离散时间傅里叶变换的虚指数 $e^{j\Omega n}$ 表示推广至用复指数 $z^n(z=re^{j\Omega})$ 来表示。这一推广使得 z 变换能分析更为广泛的离散时间信号,包括一些不存在离散时间傅里叶变换的信号,例如指数增长的信号。离散时间傅里叶变换无法分析不稳定系统和起始状态不为零的系统,而 z 变换可用于分析不稳定系统,它的单边变换则可用于求解由非零起始状态引起的响应。因此,较之离散时间傅里叶变换,z 变换可以对更多类型的信号和系统进行分析。本章遵循与上一章拉普拉斯变换分析方法相似的结构。

7.1 z变换的定义

与拉普拉斯变换的导出相类似,z变换的导出一般也可以采用两种方法。

(1) 第一种方法是计算 $x[n]$ 乘以一个实指数收敛因子 $r^{-n}(r>0)$ 后的离散时间傅里叶变换,即

$$\text{DTFT}\{x[n]r^{-n}\} = X(re^{j\Omega}) = \sum_{n=-\infty}^{+\infty} x[n]r^{-n}e^{-jn\Omega} = \sum_{n=-\infty}^{+\infty} x[n](re^{j\Omega})^{-n} \tag{7-1}$$

令 $z=re^{j\Omega}$,式(7-1)的求和为复变量 z 的函数,可以写成

$$X(z) = \sum_{n=-\infty}^{+\infty} x[n]z^{-n} \tag{7-2}$$

式(7-2)定义了 $x[n]$ 的 z 正变换。为方便起见,常用符号 ZT{ } 表示 z 变换。由于式(7-2)定义的 z 变换能够处理从 $-\infty$ 至 $+\infty$ 整个时间区间内存在的离散时间信号,因此称这一定义式为双边 z 变换。显然,双边 z 变换可以处理因果和非因果信号。稍后将给出一种便于实际应用的 z 变换定义形式,即单边 z 变换,它的处理对象为因果信号。

(2) 第二种导出 z 变换的方法是考查将一个复指数信号 $x[n]=z^n$(其中 $z=re^{j\Omega}$)输入至单位样值响应为 $h[n]$ 的离散时间 LTI 系统时的输出,如图 7-1 所示。此时系统的输出为输入信号与单位样值响应的卷积和,即

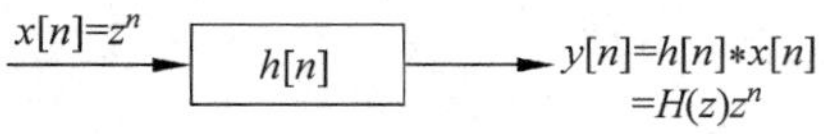

图 7-1　离散时间 LTI 系统对复指数信号 $x[n]=z^n$ 的响应

$$y[n] = x[n]*h[n] = h[n]*x[n] = \sum_{k=-\infty}^{+\infty} h[k]x[n-k]$$

$$= \sum_{k=-\infty}^{+\infty} h[k]z^{n-k} = z^n \sum_{k=-\infty}^{+\infty} h[k]z^{-k}$$

定义

$$H(z) = \sum_{k=-\infty}^{+\infty} h[k] z^{-k} \tag{7-3}$$

于是得 $y[n]=H(z)z^n$。这一结果表明：系统对输入为 z^n 形式的复指数信号的作用是乘以 $H(z)$。也就是说，z^n 这样的输入形式被系统保留了下来。因此把 z^n 称为离散时间 LTI 系统的本征函数，$H(z)$ 称为系统函数(也称传递函数)。式(7-3)即为单位样值响应的 z 变换。将该定义式推广至任意信号 $x[n]$，就可以得到如式(7-2)所示的对任意信号 $x[n]$ 的双边 z 正变换的定义式。

为推导由 $X(z)$ 求 $x[n]$ 的 z 逆变换公式，对式(7-1)求离散时间傅里叶逆变换，得

$$x[n]r^{-n} = \text{IDTFT}\{X(re^{j\Omega})\} = \frac{1}{2\pi} \int_{-\pi}^{\pi} X(re^{j\Omega}) e^{j\Omega n} d\Omega \tag{7-4}$$

两边乘以 r^n，得

$$x[n] = \frac{1}{2\pi} \int_{-\pi}^{\pi} X(re^{j\Omega}) (re^{j\Omega})^n d\Omega$$

将 $z=re^{j\Omega}$，及 $dz = jre^{j\Omega}d\Omega \left(\text{即 } d\Omega = \frac{1}{j}z^{-1}dz\right)$ 代入上式，并且考虑到当式(7-4)中 Ω 积分范围从 $-\pi$ 积到 π 时，z 按逆时针方向沿半径为 r 的圆绕行一周。于是得 z 逆变换公式为

$$x[n] = \frac{1}{2\pi j} \oint_C X(z) z^{n-1} dz \tag{7-5}$$

符号 $\oint_C$ 表示 z 平面内以原点为中心沿闭合围线 C 的逆时针方向的积分。式(7-5)将信号 $x[n]$ 表示成了复指数 z^n 的加权叠加，其权值为 $\frac{1}{2\pi j}X(z)z^{-1}dz$。而离散时间傅里叶变换是把时域信号表示成了虚指数函数 $e^{j\Omega n}$ 的加权组合，其权值正比于 $X(e^{j\Omega})$。因此，式(7-5)是将信号表示为虚指数函数线性组合的一种推广。计算式(7-5)需要用到复变函数理论。在实际应用中，对于一些常用信号，通常并不直接求该积分，而是通过查 z 变换表来确定 z 逆变换。为方便起见，由 $X(z)$ 求 $x[n]$ 的 z 逆变换记为 IZT{ }。式(7-2)和式(7-5)一起构成了双边 z 变换对。$x[n]$ 和 $X(z)$ 之间的关系在形式上以变换对来表示，常记为

$$x[n] \overset{ZT}{\longleftrightarrow} X(z) \tag{7-6}$$

上面的讨论已表明，计算 $x[n]$ 的 z 变换就是 $x[n]r^{-n}$ 的离散时间傅里叶变换。因此，保证信号的 z 变换存在的条件就是 $x[n]r^{-n}$ 绝对可和。即

$$\sum_{n=-\infty}^{+\infty} |x[n]r^{-n}| = \sum_{n=-\infty}^{+\infty} |x[n]| r^{-n} < +\infty \tag{7-7}$$

使 z 变换存在的 z 的取值集合称为**收敛域**(Region Of Convergence，ROC)。可以看出，有些信号尽管不存在离散时间傅里叶变换，而它们的 z 变换是可能存在的。这是因为即使信号 $x[n]$ 本身不是绝对可和的，但当它乘以一个衰减因子后就可能是绝对可和的。例如，信号 $x[n]=a^n u[n]$，当 $|a|>1$ 时是一个指数增长的信号，不满足绝对可和条件，因此它的离散时间傅里叶变换不存在。但是，当 $r>|a|$ 时，显然有 $\sum_{n=-\infty}^{+\infty} |x[n]| r^{-n} < +\infty$，因此该信号的 z 变换存在。这也说明 z 变换比离散时间傅里叶变换具有更为广泛的适用性。

z 变换中的变量 z 为复数，可借助于复平面，即 z 平面来方便地表示复数 $z=re^{j\Omega}$，如

图 7-2 所示。图中 r 为模,Ω 为幅角。如果 $\sum\limits_{n=-\infty}^{+\infty}|x[n]|<+\infty$,那么当 $|z|=r=1$,即 $z=\mathrm{e}^{\mathrm{j}\Omega}$ 时,由式(7-2)可得

$$X(z)\Big|_{\substack{|z|=1\\z=\mathrm{e}^{\mathrm{j}\Omega}}}=X(\mathrm{e}^{\mathrm{j}\Omega}) \tag{7-8}$$

$|z|=r=1$ 或 $z=\mathrm{e}^{\mathrm{j}\Omega}$ 即为 z 平面上的单位圆,因此上式表明在 z 平面的单位圆上计算 z 变换就得到离散时间傅里叶变换。

一般而言,信号 $x[n]$ 的 z 变换可表示为分子分母都是复变量 z^{-1} 的两个多项式之比,即 $X(z)$ 为有理分式

$$X(z)=\frac{N(z)}{D(z)}=\frac{b_M+b_{M-1}z^{-1}+\cdots+b_0z^{-M}}{a_N+a_{N-1}z^{-1}+\cdots+a_0z^{-N}},\quad N\geqslant M \tag{7-9}$$

式(7-9)中的分子和分母可进一步写成因式相乘的形式,即

$$X(z)=K\frac{\prod\limits_{i=1}^{M}(1-z_iz^{-1})}{\prod\limits_{j=1}^{N}(1-p_jz^{-1})} \tag{7-10}$$

当然,$X(z)$ 也可以表示为 z 的正次幂的形式。上式中 $K=\dfrac{b_M}{a_N}$ 为比例因子(通常 $a_N=1$),$N(z)$ 的根 z_i 称为零点,$D(z)$ 的根 p_j 称为极点。在 z 平面内,关于有理函数 $X(z)$ 的零点(用圆圈"。"表示)和极点(用"×"表示)的图称为**零极点图**。例如,在图 7-3 中表示 $X(z)$ 有一对共轭极点为 $p_{1,2}=\dfrac{3}{4}\pm\dfrac{1}{2}\mathrm{j}$ 和一个零点 $z_1=-\dfrac{1}{4}$。对于重根的重数通常在图上根的位置附近予以标注。

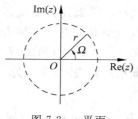

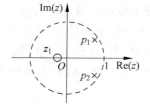

图 7-2 z 平面 　　　　　　　　图 7-3 z 平面零点、极点图

【例 7-1】 已知信号 $x[n]=a^nu[n]$。求 z 变换 $X(z)$,画出零极点及其 ROC。

解 由 z 变换定义式,得

$$X(z)=\sum_{n=-\infty}^{+\infty}a^nu[n]z^{-n}=\sum_{n=0}^{+\infty}a^nz^{-n}=\sum_{n=0}^{+\infty}(az^{-1})^n=\frac{1}{1-az^{-1}},\quad|az^{-1}|<1$$

根据几何级数收敛条件,上式仅当 $|az^{-1}|<1$ 时收敛。这样,$x[n]=a^nu[n]$ 的 z 变换可写为

$$X(z)=\frac{1}{1-az^{-1}}=\frac{z}{z-a},\quad|z|>|a| \tag{7-11}$$

或表示为

$$a^nu[n]\overset{ZT}{\longleftrightarrow}\frac{1}{1-az^{-1}}=\frac{z}{z-a},\quad|z|>|a|$$

式(7-11)中 $z=0$ 为 $X(z)$ 的零点,$z=a$ 为 $X(z)$ 的极点。$|z|>|a|$ 意味着 $X(z)$ 的收敛区域

是 z 平面上以原点为中心，以极点 $p=a$ 的模为半径的圆的外面区域。当 $0<a<1$ 时，例 7-1 的零极点及 ROC 图如图 7-4 所示，z 平面的阴影区代表了 $X(z)$ 的 ROC，即 $|z|>|a|$。ROC 的边界用虚线表示收敛域不含此边界。图中同时绘出了单位圆，该例中 ROC 包含单位圆，因此可由式(7-8)得到该信号的离散时间傅里叶变换。

例 7-1 中当 $a=1$ 时，$a^nu[n]$ 就变成 $u[n]$。因此，有

$$u[n] \overset{\text{ZT}}{\longleftrightarrow} \frac{1}{1-z^{-1}} = \frac{z}{z-1} \qquad |z|>1 \tag{7-12}$$

收敛域如图 7-5 所示。注意它的极点位于单位圆上，ROC 不含单位圆，因此 $u[n]$ 的离散时间傅里叶变换不能利用式(7-8)得到。事实上，由于 ROC 不含单位圆，因此 $u[n]$ 不存在一般意义上的离散时间傅里叶变换。但由于 $u[n]$ 是一个常用信号，因此引入了广义离散时间傅里叶变换。

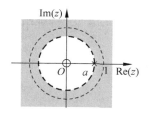

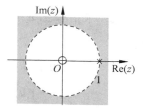

图 7-4　$x[n]=a^nu[n]$ 的零极点图和收敛域($0<a<1$)　　　图 7-5　$x[n]=u[n]$ 的 z 变换的 ROC 图

如果没有给定 ROC，则双边 z 变换与时域信号之间就可能不是一一对应的。也就是说两个不同的时域信号，它们的 z 变换可以是相同的，只是 ROC 不同。

【例 7-2】 已知信号 $x[n]=-a^nu[-n-1]$，求它的 z 变换 $X(z)$，画出零极点图及其 ROC。

解 由定义，得

$$X(z) = \sum_{n=-\infty}^{-1} (-a^nz^{-n}) = -\sum_{n=1}^{+\infty} a^{-n}z^n = 1 - \sum_{n=0}^{+\infty} (a^{-1}z)^n$$

显然，上式仅当 $|a^{-1}z|<1$，即 $|z|<|a|$ 时级数才收敛。于是，得

$$X(z) = 1 - \frac{1}{1-a^{-1}z} = \frac{1}{1-az^{-1}} = \frac{z}{z-a}, \qquad |z|<|a| \tag{7-13}$$

或表示为

$$-a^nu[-n-1] \overset{\text{ZT}}{\longleftrightarrow} \frac{1}{1-az^{-1}} = \frac{z}{z-a}, \qquad |z|<|a|$$

当 $0<a<1$ 时，例 7-2 的零极点及 ROC 图如图 7-6 所示，z 平面的阴影区代表了 $X(z)$ 的 ROC，即 $|z|<a$。由于该例中 ROC 不包含单位圆，因此该信号的离散时间傅里叶变换不存在。

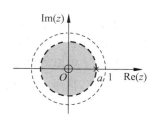

例 7-1 和例 7-2 给出了时域中两个完全不同的信号，但它们却有相同的 z 变换，所不同的只是 ROC。因此，对于某一给定的 $X(z)$ 可以有多个逆变换，这要取决于 ROC。也就是说，要使 $X(z)$ 和 $x[n]$ 之间一一对应，必须标明收敛域。

图 7-6　$x[n]=-a^nu[-n-1]$ 的零极点图和收敛域($0<a<1$)

如果在 z 平面找不到 ROC,那么这个信号的 z 变换就不存在。例如对于信号 $x[n]=a^n u[n]+$ $a^n u[-n-1]$,$a \in \mathbf{R}$,由上述讨论可以看出,信号 $a^n u[n]$ 的 ROC 为 $|z|>|a|$,而 $a^n u[-n-1]$ 要求 ROC 为 $|z|<|a|$,显然两者的 ROC 是互斥的,即无法在 z 平面内找到既能使 $a^n u[n]$ 的 z 变换收敛又能使 $a^n u[-n-1]$ 的 z 变换收敛的公共 ROC,也就是说信号 $x[n]$ 的双边 z 变换不存在。又如,对于 $x[n]=A$(A 为常数)这样的信号,尽管这是一个有界信号,但由于找不到一个单独的收敛因子可以在整个时间轴上使该信号的 z 变换都收敛,因此该信号的双边 z 变换也不存在。由于 z 变换是 $x[n]$ 乘以一个实指数收敛因子 r^{-n} 后的离散时间傅里叶变换,因此对于一些比指数函数增长更快的信号,如 $r^{n^k}(k>1)$ 等,它们的 z 变换也不存在。但是,这样的信号不会出现在一个物理系统中,因此没有任何实际意义。

此外,注意到在例 7-1 和例 7-2 中信号都是指数信号,所得到的 z 变换是 z 的有理分式。事实上,只要 $x[n]$ 是实指数或复指数序列的线性组合,$X(z)$ 就是有理的。

【例 7-3】 求信号 $x[n]=\left(\dfrac{1}{4}\right)^n u[n]+\left(\dfrac{1}{2}\right)^n u[-n-1]$ 的 z 变换,画出零极点图,并标明收敛域。

解 这是一个双边信号,由式(7-11)和式(7-13),分别可得

$$\left(\frac{1}{4}\right)^n u[n] \xleftrightarrow{\ ZT\ } \frac{1}{1-\frac{1}{4}z^{-1}}, \quad |z|>\frac{1}{4}$$

$$-\left(\frac{1}{2}\right)^n u[-n-1] \xleftrightarrow{\ ZT\ } \frac{1}{1-\frac{1}{2}z^{-1}}, \quad |z|<\frac{1}{2}$$

因此

$$X(z)=\frac{1}{1-\frac{1}{4}z^{-1}}-\frac{1}{1-\frac{1}{2}z^{-1}}=\frac{-\frac{1}{4}z^{-1}}{\left(1-\frac{1}{4}z^{-1}\right)\left(1-\frac{1}{2}z^{-1}\right)}$$

$$=-\frac{1}{4}\frac{z}{\left(z-\frac{1}{4}\right)\left(z-\frac{1}{2}\right)}, \quad \frac{1}{4}<|z|<\frac{1}{2}$$

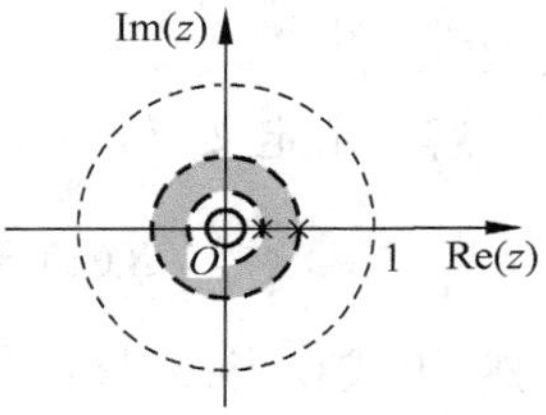

图 7-7 例 7-3 双边信号的零极点图和收敛域

零极点图及 ROC 如图 7-7 所示,该例的 ROC 是一个圆环。由于 ROC 不包含单位圆,因此该信号的离散时间傅里叶变换不存在。

7.2 单边 z 变换

在许多 z 变换的实际应用中所涉及的信号为因果信号,即信号只有在时间 $n \geqslant 0$ 时才有非零值。单边 z 变换是将信号限定为因果信号时双边 z 变换的一种特殊情况,也就是说,$x[n]$ 的单边 z 变换就可以看作是 $x[n]u[n]$ 的双边 z 变换,这时式(7-2)中的求和下限就变成了 0。因此,信号 $x[n]$ 的单边 z 变换定义为

$$X(z)=\sum_{n=0}^{+\infty} x[n]z^{-n} \tag{7-14}$$

与单边拉普拉斯变换的情况相似,应用单边 z 变换可以避免在许多实际问题中对收敛

域的讨论,单边 z 变换有唯一的逆变换。这一点通过例 7-1 和例 7-2 的讨论可以看出:当给定一个信号的 z 变换 $X(z)=\dfrac{1}{1-az^{-1}}=\dfrac{z}{z-a}$ 时,如果将信号限定为因果信号,那么它的逆变换就唯一地被确定为 $x[n]=a^nu[n]$。因此单边 z 变换 $X(z)$ 与它的逆变换 $x[n]$ 是一一对应的,这样即使不给定收敛域也不会引起歧义。单边 z 变换更为重要的应用是可以分析具有非零起始状态的差分方程所描述的因果系统。通常,术语 z 变换指的是单边 z 变换。由于对 $n<0$ 时 $x[n]=0$ 的信号(即因果信号)的双边 z 变换与它的单边 z 变换是相同的,因此单边 z 逆变换的定义与式(7-5)一致,只是结果仅仅对 $n\geqslant0$ 有效。

【例 7-4】 已知信号 $x[n]=a^nu[n+1]$,求 z 变换 $X(z)$ 及其 ROC。

解 单边 z 变换只适用于因果信号,因此计算 $x[n]=a^nu[n+1]$ 的单边 z 变换就相当于是计算 $x[n]=a^nu[n]$ 的 z 变换。这样,利用例 7-1 得到的结果,可得

$$X(z)=\frac{1}{1-az^{-1}}=\frac{z}{z-a}, \quad |z|>|a|$$

当然,也可以直接按单边 z 变换的定义计算,即

$$X(z)=\sum_{n=0}^{+\infty}x[n]z^{-n}=\sum_{n=0}^{+\infty}a^nu[n+1]z^{-n}$$

$$=\sum_{n=0}^{+\infty}a^nz^{-n}=\frac{1}{1-az^{-1}}=\frac{z}{z-a}, \quad |z|>|a|$$

【例 7-5】 已知信号 $x[n]=\delta[n]$,求 z 变换 $X(z)$ 及其 ROC。

解 由 z 变换定义式(7-14),得

$$X(z)=\sum_{n=0}^{+\infty}x[n]z^{-n}=\sum_{n=0}^{+\infty}\delta[n]z^{-n}=\sum_{n=0}^{+\infty}\delta[n]=1$$

由于 $\delta[n]$ 的 z 变换 $X(z)=1$,与 z 的取值无关,因此 ROC 为全 z 平面。这样,得

$$\delta[n] \xleftrightarrow{\text{ZT}} 1, \quad \text{ROC 为全 } z \text{ 平面}$$

【例 7-6】 分别求 $\cos(\Omega_0 n)u[n]$,$\sin(\Omega_0 n)u[n]$ 的 z 变换及其 ROC。

解 由欧拉公式,得

$$\cos(\Omega_0 n)u[n]=\frac{1}{2}(\mathrm{e}^{\mathrm{j}\Omega_0 n}+\mathrm{e}^{-\mathrm{j}\Omega_0 n})u[n]$$

$$\sin(\Omega_0 n)u[n]=\frac{1}{2\mathrm{j}}(\mathrm{e}^{\mathrm{j}\Omega_0 n}-\mathrm{e}^{-\mathrm{j}\Omega_0 n})u[n]$$

利用例 7-1 得到的结果,即

$$a^nu[n] \xleftrightarrow{\text{ZT}} \frac{1}{1-az^{-1}}=\frac{z}{z-a}, \quad |z|>|a|$$

因此,有

$$\mathrm{e}^{\mathrm{j}\Omega_0 n}u[n] \xleftrightarrow{\text{ZT}} \frac{1}{1-\mathrm{e}^{\mathrm{j}\Omega_0}z^{-1}}=\frac{z}{z-\mathrm{e}^{\mathrm{j}\Omega_0}}, \quad |z|>|\mathrm{e}^{\mathrm{j}\Omega_0}|=1$$

$$\mathrm{e}^{-\mathrm{j}\Omega_0 n}u[n] \xleftrightarrow{\text{ZT}} \frac{1}{1-\mathrm{e}^{-\mathrm{j}\Omega_0}z^{-1}}=\frac{z}{z-\mathrm{e}^{-\mathrm{j}\Omega_0}}, \quad |z|>|\mathrm{e}^{-\mathrm{j}\Omega_0}|=1$$

这样,得到

$$\cos(\Omega_0 n)u[n] \xleftrightarrow{\text{ZT}} \frac{1}{2}\left(\frac{1}{1-\mathrm{e}^{\mathrm{j}\Omega_0}z^{-1}}+\frac{1}{1-\mathrm{e}^{-\mathrm{j}\Omega_0}z^{-1}}\right)$$

$$= \frac{1}{2}\left(\frac{z}{z - \mathrm{e}^{\mathrm{j}\Omega_0}} + \frac{z}{z - \mathrm{e}^{-\mathrm{j}\Omega_0}}\right), \quad |z| > 1$$

合并后得

$$\cos(\Omega_0 n)u[n] \xleftrightarrow{\text{ZT}} \frac{1 - z^{-1}\cos\Omega_0}{1 - 2z^{-1}\cos\Omega_0 + z^{-2}}$$

$$= \frac{z(z - \cos\Omega_0)}{z^2 - 2z\cos\Omega_0 + 1}, \quad |z| > 1 \tag{7-15a}$$

同样地

$$\sin(\Omega_0 n)u[n] \xleftrightarrow{\text{ZT}} \frac{1}{2\mathrm{j}}\left(\frac{1}{1 - \mathrm{e}^{\mathrm{j}\Omega_0}z^{-1}} - \frac{1}{1 - \mathrm{e}^{-\mathrm{j}\Omega_0}z^{-1}}\right)$$

$$= \frac{1}{2\mathrm{j}}\left(\frac{z}{z - \mathrm{e}^{\mathrm{j}\Omega_0}} - \frac{z}{z - \mathrm{e}^{-\mathrm{j}\Omega_0}}\right), \quad |z| > 1$$

合并后得

$$\sin(\Omega_0 n)u[n] \xleftrightarrow{\text{ZT}} \frac{z^{-1}\sin\Omega_0}{1 - 2z^{-1}\cos\Omega_0 + z^{-2}}$$

$$= \frac{z\sin\Omega_0}{z^2 - 2z\cos\Omega_0 + 1}, \quad |z| > 1 \tag{7-15b}$$

【例 7-7】 已知 $x[n] = \left(\frac{1}{2}\right)^n\{u[n] - u[n-8]\}$，求 $X(z)$ 及其 ROC。

解 由 z 变换定义式(7-14)，得

$$X(z) = \sum_{n=0}^{7}\left(\frac{1}{2}\right)^n z^{-n} = \sum_{n=0}^{7}\left(\frac{1}{2}z^{-1}\right)^n = \frac{1 - \left(\frac{1}{2}z^{-1}\right)^8}{1 - \frac{1}{2}z^{-1}} = \frac{1}{z^7}\frac{z^8 - \left(\frac{1}{2}\right)^8}{z - \frac{1}{2}}$$

可以看出 $X(z)$ 在 $z=0$ 处有一个 7 阶极点，在 $p=1/2$ 处有 1 个极点，但由 $z^8 - \left(\frac{1}{2}\right)^8 = 0$ 求得 $X(z)$ 的零点为

$$z_k = \frac{1}{2}\mathrm{e}^{\mathrm{j}2\pi k/8}, \quad k = 0, 1, \cdots, 7$$

显然，在 $k=0$ 时的零点与极点 $p=1/2$ 相消。这样 $X(z)$ 仅剩在 $z=0$ 处有一个 7 阶极点，因此 $X(z)$ 的 ROC 为 $|z| > 0$。

7.3 z 变换的性质

z 变换有着许多和离散时间傅里叶变换相似的性质，它们的证明也是类似的，其中大多数可以从定义得来。事实上，z 变换的大部分性质与拉普拉斯变换的相应性质也非常相似。这些性质在推导信号的 z 变换，以及在对离散时间因果 LTI 系统的研究中都是非常有用的。本节讨论 z 变换的主要性质并给出证明。

在下面的讨论中，若不作特别说明，假设 $x[n] = x[n]u[n]$，$h[n] = h[n]u[n]$，并且有

$$x[n] \xleftrightarrow{\text{ZT}} X(z), \quad h[n] \xleftrightarrow{\text{ZT}} H(z)$$

由于单边 z 变换的收敛域具有唯一性，因此在下面的性质讨论中将不再标明 ROC。

7.3.1 线性性质

$$ax[n] + bh[n] \xleftrightarrow{\text{ZT}} aX(z) + bH(z) \tag{7-16}$$

线性性质的证明是容易的,因为 z 变换的定义是一求和运算,而求和是一种线性运算。

证明:根据定义,有

$$ZT\{ax[n] + bh[n]\} = \sum_{n=0}^{+\infty}\{ax[n] + bh[n]\}z^{-n}$$

$$= a\sum_{n=0}^{+\infty} x[n]z^{-n} + b\sum_{n=0}^{+\infty} h[n]z^{-n} = aX(z) + bH(z)$$

线性性质可以推广至更多因果信号的线性组合。线性性质表明,一个复杂信号的 z 变换可以通过将其分解为若干个简单信号的 z 变换之和来求解。事实上,例 7-6 就是采用了线性性质来求解。

7.3.2 时移性质

(1) 若 $x[n]$ 本身是一个双边信号,且已知 $x[n]u[n] \xleftrightarrow{\text{ZT}} X(z)$,则

$$x[n-m]u[n] \xleftrightarrow{\text{ZT}} z^{-m}\left[X(z) + \sum_{k=-m}^{-1} x[k]z^{-k}\right] \tag{7-17a}$$

$$x[n+m]u[n] \xleftrightarrow{\text{ZT}} z^{m}\left[X(z) - \sum_{k=0}^{m-1} x[k]z^{-k}\right] \tag{7-17b}$$

一个双边信号 $x[n]$ 和它的时移结果如图 7-8 所示。

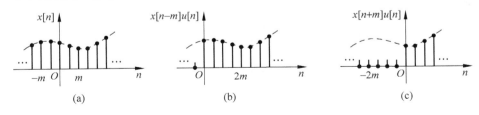

图 7-8　双边信号 $x[n]$ 和它的移位

证明:根据单边 z 变换的定义,可得

$$ZT\{x[n-m]u[n]\} = \sum_{n=0}^{+\infty} x[n-m]z^{-n} = z^{-m}\sum_{n=0}^{+\infty} x[n-m]z^{-(n-m)} \underset{\substack{\uparrow \\ k=n-m}}{=} z^{-m}\sum_{k=-m}^{+\infty} x[k]z^{-k}$$

$$= z^{-m}\left[\sum_{k=0}^{+\infty} x[k]z^{-k} + \sum_{k=-m}^{-1} x[k]z^{-k}\right] = z^{-m}\left[X(z) + \sum_{k=-m}^{-1} x[k]z^{-k}\right]$$

同理

$$ZT\{x[n+m]u[n]\} = \sum_{n=0}^{+\infty} x[n+m]z^{-n} = z^{m}\sum_{n=0}^{+\infty} x[n+m]z^{-(n+m)} \underset{\substack{\uparrow \\ k=n+m}}{=} z^{m}\sum_{k=m}^{+\infty} x[k]z^{-k}$$

$$= z^{m}\left[\sum_{k=0}^{+\infty} x[k]z^{-k} - \sum_{k=0}^{m-1} x[k]z^{-k}\right] = z^{m}\left[X(z) - \sum_{k=0}^{m-1} x[k]z^{-k}\right]$$

(2) 若 $x[n]$本身是一个因果信号,即 $x[n]=x[n]u[n]\overset{ZT}{\longleftrightarrow}X(z)$,则

$$x[n-m]u[n]\overset{ZT}{\longleftrightarrow}z^{-m}X(z) \tag{7-18a}$$

$$x[n+m]u[n]\overset{ZT}{\longleftrightarrow}z^{m}\left[X(z)-\sum_{k=0}^{m-1}x[k]z^{-k}\right] \tag{7-18b}$$

一个因果信号 $x[n]$和它的时移结果如图 7-9 所示。

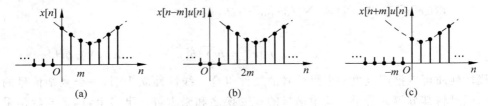

图 7-9 因果信号 $x[n]$和它的移位

证明:由于 $x[n]$本身是一个因果信号,因此式(7-17a)等号右边的 $\sum_{k=-m}^{-1}x[k]z^{-k}$ 项都为零,因此该因果信号右移后的单边 z 变换为

$$\text{ZT}\{x[n-m]u[n]\}=z^{-m}X(z)$$

式(7-18b)的证明与式(7-17b)相同。

此外,不管 $x[n]$本身是一个双边信号还是因果信号,下面的变换对总是成立的。

$$x[n-m]u[n-m]\overset{ZT}{\longleftrightarrow}z^{-m}X(z) \tag{7-19}$$

证明:

$$\begin{aligned}\text{ZT}\{x[n-m]u[n-m]\}&=\sum_{n=0}^{+\infty}x[n-m]u[n-m]z^{-n}\\&=\sum_{n=m}^{+\infty}x[n-m]z^{-n}\underset{k=n-m}{\overset{\uparrow}{=}}\sum_{k=0}^{+\infty}x[k]z^{-(k+m)}\\&=z^{-m}\sum_{k=0}^{\infty}x[k]z^{-k}=z^{-m}X(z)\end{aligned}$$

【例 7-8】 已知信号 $x[n]$如图 7-10 所示,求该信号的 z 变换 $X(z)$。

图 7-10 例 7-8 图

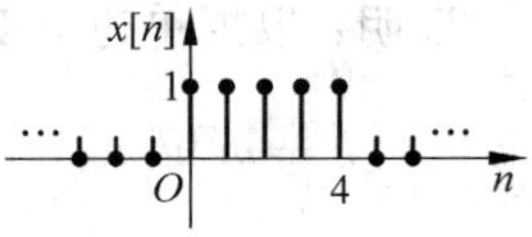

解 图中信号可以表示为

$$x[n]=u[n]-u[n-5]$$

由于

$$u[n]\overset{ZT}{\longleftrightarrow}\frac{1}{1-z^{-1}}$$

利用时移性质,可得

$$u[n-5]\overset{ZT}{\longleftrightarrow}z^{-5}\frac{1}{1-z^{-1}}$$

再利用线性性质,可得

$$u[n] - u[n-5] \overset{\text{ZT}}{\longleftrightarrow} \frac{1}{1-z^{-1}}(1-z^{-5})$$

利用时移性质可以方便地计算一个开关周期信号的 z 变换。一个开关周期信号可以表示为 $x[n] = x_\mathrm{p}[n]u[n]$，其中 $x_\mathrm{p}[n]$ 为周期信号，周期等于 N。如果 $x_1[n]$ 为 $x[n]$ 的主周期（即第一个周期），则信号 $x[n]$ 可以用 $x_1[n]$ 的移位叠加来描述，即

$$x[n] = x_\mathrm{p}[n]u[n] = x_1[n] + x_1[n-N] + x_1[n-2N] + \cdots$$

若已知 $x_1[n]$ 的 z 变换为 $X_1(z)$，则由时移性质，可得

$$X(z) = X_1(z) + z^{-N}X_1(z) + z^{-2N}X_1(z) + \cdots = X_1(z)\sum_{k=0}^{+\infty}z^{-kN}$$

$$= \frac{X_1(z)}{1-z^{-N}} = \frac{z^N}{z^N-1}X_1(z) \tag{7-20}$$

【例 7-9】 设一因果信号 $x[n] = x_\mathrm{p}[n]u[n]$，$x_\mathrm{p}[n]$ 为周期信号，周期 $N=3$，其中 $x_1[n]$ 为 $x[n]$ 的第一个周期。已知 $x_1[n] = \delta[n] + 2\delta[n-1] - 3\delta[n-2]$，求 $x[n]$ 的 z 变换。

解 此例中 $N=3$，$X_1(z) = 1 + 2z^{-1} - 3z^{-2}$。
这样，由式(7-20)可得该开关周期信号的 z 变换为

$$X(z) = \frac{1 + 2z^{-1} - 3z^{-2}}{1-z^{-3}}, \quad |z| > 1$$

7.3.3 z 域微分性质

$$nx[n] \overset{\text{ZT}}{\longleftrightarrow} -z\frac{\mathrm{d}}{\mathrm{d}z}X(z) \tag{7-21a}$$

以及

$$n^2x[n] \overset{\text{ZT}}{\longleftrightarrow} z\frac{\mathrm{d}}{\mathrm{d}z}\left[z\frac{\mathrm{d}}{\mathrm{d}z}X(z)\right] = z\frac{\mathrm{d}}{\mathrm{d}z}X(z) + z^2\frac{\mathrm{d}^2}{\mathrm{d}z^2}X(z) \tag{7-21b}$$

并可推广为

$$n^mx[n] \overset{\text{ZT}}{\longleftrightarrow} \left(-z\frac{\mathrm{d}}{\mathrm{d}z}\right)^{(m)}X(z) \tag{7-21c}$$

式(7-21c)中符号 $\left(-z\dfrac{\mathrm{d}}{\mathrm{d}z}\right)^{(m)}$ 表示 $-z\dfrac{\mathrm{d}}{\mathrm{d}z}\left(-z\dfrac{\mathrm{d}}{\mathrm{d}z}\left(-z\dfrac{\mathrm{d}}{\mathrm{d}z}\cdots\left(-z\dfrac{\mathrm{d}}{\mathrm{d}z}X(z)\right)\right)\right)$ 共求导 m 次。

证明：根据 z 变换定义式

$$X(z) = \sum_{n=0}^{+\infty}x[n]z^{-n}$$

上式对 z 求导，得

$$\frac{\mathrm{d}}{\mathrm{d}z}X(z) = \sum_{n=0}^{+\infty} -nx[n]z^{-n-1} = -z^{-1}\sum_{n=0}^{+\infty}nx[n]z^{-n}$$

因此，有

$$-z\frac{\mathrm{d}}{\mathrm{d}z}X(z) = \sum_{n=0}^{+\infty}nx[n]z^{-n} = \mathrm{ZT}\{nx[n]\}$$

上式即证明了 $nx[n]$ 的 z 变换为 $-z\dfrac{\mathrm{d}}{\mathrm{d}z}X(z)$。通过对式(7-21a)再次求关于 z 的导数，即可证明式(7-21b)。依此方式重复 m 次求关于 z 的导数，即可证明式(7-21c)。

【例 7-10】 计算 $x[n]=na^nu[n]$ 的 z 变换。

解 由于

$$a^nu[n] \xleftrightarrow{\text{ZT}} \frac{1}{1-az^{-1}} = \frac{z}{z-a}$$

因此，利用 z 域微分性质，可得

$$na^nu[n] \xleftrightarrow{\text{ZT}} -z\frac{\mathrm{d}}{\mathrm{d}z}\left(\frac{z}{z-a}\right) = \frac{az}{(z-a)^2} = \frac{az^{-1}}{(1-az^{-1})^2} \tag{7-22}$$

当 $a=1$ 时，上式变化为

$$nu[n] \xleftrightarrow{\text{ZT}} \frac{z}{(z-1)^2} = \frac{z^{-1}}{(1-z^{-1})^2} \tag{7-23}$$

若一个 z 变换式中出现了重极点，在求它的逆变换时，式(7-22)是很有用的。

7.3.4 z 域尺度变换性质

$$r^nx[n] \xleftrightarrow{\text{ZT}} X\left(\frac{z}{r}\right), \quad r \neq 0 \tag{7-24}$$

证明：

$$\text{ZT}\{r^nx[n]\} = \sum_{n=0}^{+\infty}\{r^nx[n]\}z^{-n} = \sum_{n=0}^{+\infty}x[n]\left(\frac{z}{r}\right)^{-n} = X\left(\frac{z}{r}\right)$$

【例 7-11】 求 $r^n\cos(\Omega_0 n)u[n]$ 和 $r^n\sin(\Omega_0 n)u[n]$ 的 z 变换。

解 在例 7-6 中已求得

$$\cos(\Omega_0 n)u[n] \xleftrightarrow{\text{ZT}} \frac{1-z^{-1}\cos\Omega_0}{1-2z^{-1}\cos\Omega_0+z^{-2}} = \frac{z(z-\cos\Omega_0)}{z^2-2z\cos\Omega_0+1}$$

$$\sin(\Omega_0 n)u[n] \xleftrightarrow{\text{ZT}} \frac{z^{-1}\sin\Omega_0}{1-2z^{-1}\cos\Omega_0+z^{-2}} = \frac{z\sin\Omega_0}{z^2-2z\cos\Omega_0+1}$$

这样，根据式(7-24)，得

$$r^n\cos(\Omega_0 n)u[n] \xleftrightarrow{\text{ZT}} \frac{1-rz^{-1}\cos\Omega_0}{1-2rz^{-1}\cos\Omega_0+r^2z^{-2}} = \frac{z^2-rz\cos\Omega_0}{z^2-2rz\cos\Omega_0+r^2}$$

$$r^n\sin\Omega_0 nu[n] \xleftrightarrow{\text{ZT}} \frac{rz^{-1}\sin\Omega_0}{1-2rz^{-1}\cos\Omega_0+r^2z^{-2}} = \frac{rz\sin\Omega_0}{z^2-2rz\cos\Omega_0+r^2}$$

7.3.5 z 域反转性质

$$(-1)^nx[n] \xleftrightarrow{\text{ZT}} X(-z) \tag{7-25}$$

在式(7-24)中，取 $r=-1$，即可证得 z 域反转性质。

7.3.6 时域卷积性质

$$x[n] * h[n] \xleftrightarrow{\text{ZT}} X(z)H(z) \tag{7-26}$$

证明：

$$\text{ZT}\{x[n]*h[n]\} = \sum_{n=0}^{+\infty}\{x[n]*h[n]\}z^{-n} = \sum_{n=0}^{+\infty}\left\{\sum_{k=-\infty}^{+\infty}x[k]h[n-k]\right\}z^{-n}$$

$$= \sum_{k=-\infty}^{+\infty} x[k] \underbrace{\sum_{n=0}^{+\infty} h[n-k]z^{-n}}_{H(z)z^{-k}} = H(z)\sum_{k=-\infty}^{+\infty}x[k]z^{-k} = X(z)H(z)$$

如同在傅里叶变换和拉普拉斯变换中所看到的,一个域中的卷积对应于另一个域中的乘积运算。利用 z 变换的卷积性质,可以将离散时间信号在时域中的卷积和运算变换为 z 域中的代数运算,它在离散时间 LTI 系统的分析中起着十分重要的作用。对于离散时间 LTI 系统,输入与输出的关系为 $y[n]=x[n]*h[n]$,其中 $h[n]$ 为系统的单位样值响应。由卷积运算求得的响应为离散时间 LTI 系统的零状态响应。根据卷积性质,可以得到

$$Y(z) = X(z)H(z) \tag{7-27}$$

对上式做逆变换就可以求得系统的零状态响应：$y_{zs}[n]=\mathrm{IZT}\{Y(z)\}$,采用这种方法求解系统的零状态响应往往比直接计算卷积和容易。由式(7-27)可得另一个重要的式子,即

$$H(z) = \frac{Y(z)}{X(z)} \tag{7-28}$$

式(7-28)给出了系统函数 $H(z)$ 的另一种定义形式,即 $H(z)$ 是系统的零状态响应的 z 变换与输入信号的 z 变换之比。

7.3.7　差分性质

$$\nabla x[n] = x[n] - x[n-1] \xleftrightarrow{\text{ZT}} (1-z^{-1})X(z) \tag{7-29}$$

该性质用到了时域移位性质。

7.3.8　累加性质

$$\sum_{k=0}^{n} x[k] \xleftrightarrow{\text{ZT}} \frac{1}{1-z^{-1}}X(z) = \frac{z}{z-1}X(z) \tag{7-30}$$

证明：因为

$$x[n]*u[n] = \sum_{k=0}^{n} x[k]$$

利用卷积性质,可得

$$x[n]*u[n] \xleftrightarrow{\text{ZT}} X(z)U(z) = X(z)\frac{1}{1-z^{-1}} = X(z)\frac{z}{z-1}$$

于是,有

$$\mathrm{ZT}\left\{ \sum_{k=0}^{n} x[k] \right\} = \frac{1}{1-z^{-1}}X(z) = \frac{z}{z-1}X(z)$$

【例 7-12】　求信号 $x[n] = \sum_{k=0}^{n} (-1)^k$ 的 z 变换。

解　令

$$x_1[n] = (-1)^n u[n]$$

由于

$$u[n] \xleftrightarrow{\text{ZT}} \frac{1}{1-z^{-1}} = \frac{z}{z-1}$$

根据 z 域尺度变换性质式(7-24),得

$$X_1(z) = \frac{z}{z+1}$$

由求和性质得

$$X(z) = \frac{1}{1-z^{-1}}X_1(z) = \frac{z^2}{z^2-1}$$

7.3.9 时域扩展性质

$$x_{(k)}[n] = \begin{cases} x[n/k], & n = rk \\ 0, & n \neq rk \end{cases} \xleftrightarrow{\text{ZT}} X(z^k) \tag{7-31}$$

式中 k, r 为正整数。$x_{(k)}[n]$ 相当于在原有信号 $x[n]$ 的相邻点之间插入了 $k-1$ 个零值点。

证明：

$$\text{ZT}\{x_{(k)}[n]\} = \sum_{n=0}^{+\infty} x_{(k)}[n]z^{-n} = \sum_{n=0}^{+\infty} x[n/k]z^{-n} \underset{n=rk}{=} \sum_{r=0}^{+\infty} x[r]z^{-rk}$$

$$= \sum_{r=0}^{+\infty} x[r](z^k)^{-r} = X(z^k)$$

【例 7-13】 已知 $x[n] = a^n u[n]$，求 $y[n] = x_{(2)}[n]$ 的 z 变换。

解 根据例 7-1 得到的结果

$$a^n u[n] \xleftrightarrow{\text{ZT}} X(z) = \frac{1}{1-az^{-1}} = \frac{z}{z-a}$$

这样，由式(7-31)，可得

$$y[n] = x_{(2)}[n] \xleftrightarrow{\text{ZT}} y(z) = X(z^2) = \frac{1}{1-az^{-2}} = \frac{z^2}{z^2-a}$$

该例的结果也可直接按照定义计算得到，即

$$y(z) = \text{ZT}\{x[n/2]\} = 1 + az^{-2} + a^2 z^{-4} + \cdots = \sum_{n=0}^{+\infty} a^n (z^2)^{-n} = X(z^2)$$

例 7-13 中，当 $a=1$ 时有 $y(z) = \dfrac{z^2}{z^2-1}$，它与例 7-12 中的 $X(z)$ 完全相同，故此时例 7-13 中的 $y[n]$ 与例 7-12 中的 $x[n]$ 也完全相同。

7.3.10 初值和终值定理

当给定一个信号的 z 变换时，通过求逆变换就可以得到信号的时域表示。然而，有些应用中可能仅对时域的初始值和终值感兴趣。利用初值定理和终值定理就可以直接由 $X(z)$ 确定信号 $x[n]$ 的初始值和终值，而无需做逆变换。

1. 初值定理

$$x[0] = \lim_{z \to \infty} X(z) \tag{7-32}$$

证明：

$$\lim_{z \to \infty} X(z) = \lim_{z \to \infty} \sum_{n=0}^{+\infty} x[n]z^{-n} = \lim_{z \to \infty}\{x[0] + x[1]z^{-1} + x[2]z^{-2} + \cdots\} = x[0]$$

2. 终值定理

$$\lim_{n \to +\infty} x[n] = \lim_{z \to 1}(z-1)X(z) \tag{7-33}$$

证明：

$$ZT\{x[n+1]-x[n]\} = \lim_{n \to +\infty} \sum_{m=0}^{n}\{x[m+1]-x[m]\}z^{-m}$$

利用时移性质，可得

$$zX(z) - zx[0] - X(z) = \lim_{n \to +\infty} \sum_{m=0}^{n}\{x[m+1]-x[m]\}z^{-m}$$

对上式两边求 $z \to 1$ 时的极限，有

$$\lim_{z \to 1}\{(z-1)X(z)-zx[0]\} = \lim_{z \to 1}\left\{\lim_{n \to +\infty} \sum_{m=0}^{n}\{x[m+1]-x[m]\}z^{-m}\right\}$$

即

$$\begin{aligned} \lim_{z \to 1}\{(z-1)X(z)\} - x[0] &= \lim_{n \to +\infty} \sum_{m=0}^{n}\{x[m+1]-x[m]\} \\ &= \lim_{n \to +\infty}\{x[1]-x[0]+x[2]-x[1]+\cdots+x[n+1]-x[n]\} \\ &= \lim_{n \to +\infty}\{x[n+1]-x[0]\} = \lim_{n \to +\infty}x[n]-x[0] \end{aligned}$$

整理，证得

$$\lim_{n \to +\infty}x[n] = \lim_{z \to 1}(z-1)X(z)$$

需要注意的是：只有当 $\lim\limits_{n \to +\infty}x[n]$ 存在时才能应用终值定理，因为有可能出现 $\lim\limits_{z \to 1}(z-1)X(z)$ 存在，而 $\lim\limits_{n \to +\infty}x[n]$ 不存在的情况。例如，对于 $x[n]=\cos(\Omega_0 n)u[n]$ 的 z 变换

$$X(z) = \frac{z^2 - z\cos\Omega_0}{z^2 - 2z\cos\Omega_0 + 1}$$

有

$$\lim_{z \to 1}(z-1)X(z) = \lim_{z \to 1}(z-1)\frac{z^2 - z\cos\Omega_0}{z^2 - 2z\cos\Omega_0 + 1} = 0$$

由于 $\lim\limits_{z \to 1}(z-1)X(z)=0$，因此会得到了一个错误的结果 $\lim\limits_{n \to +\infty}x[n]=0$。事实上，对于 $x[n]=\cos(\Omega_0 n)u[n]$，$\lim\limits_{n \to +\infty}x[n]$ 是不存在的。

终值定理只有当 $X(z)$ 的全部极点都落在单位圆之内（此时 $\lim\limits_{n \to +\infty}x[n]=0$），或 $X(z)$ 在单位圆上仅在 $z=1$ 处有一阶极点（此时 $\lim\limits_{n \to +\infty}x[n]$ 为一常数）才可应用。如果 $X(z)$ 在单位圆上出现共轭极点，则 $x[n]$ 包含正弦信号（此时 $\lim\limits_{n \to +\infty}x[n]$ 就不能确定），此时应用终值定理就会得到错误的结果。

【例 7-14】 考虑离散时间三角形信号 $g[n]$

$$g[n] = \begin{cases} n-1, & 2 \leqslant n \leqslant 7 \\ 13-n, & 8 \leqslant n \leqslant 12 \\ 0, & \text{其他 } n \end{cases}$$

(1) 求 n_0 的值，使得 $g[n]=x[n]*x[n-n_0]$，其中 $x[n]=u[n]-u[n-6]$。

(2) 若已知 $x[n]$ 的 z 变换为 $X(z)$，求 $G(z)$，并验证所得结果满足初值定理。

解 (1) 根据题意，已知 $x[n]$ 出现非零值的起始位置为 $n=0$，$g[n]$ 出现非零值的起始位置为 $n=2$。$g[n]$ 是 $x[n]$ 和 $x[n-n_0]$ 两个信号卷积的结果，因此它出现非零值时的起始位置应为 $x[n]$ 和 $x[n-n_0]$ 的非零值起始位置之和。因此，$n_0=2$。

(2) 已知

$$x[n] = u[n] - u[n-6] \xleftrightarrow{ZT} X(z) = \frac{1-z^{-6}}{1-z^{-1}}$$

$$g[n] = x[n] * x[n-2] \xleftrightarrow{ZT} G(z) = X(z) \cdot z^{-2} X(z)$$

因此

$$G(z) = z^{-2} \left(\frac{1-z^{-6}}{1-z^{-1}}\right)^2$$

由于

$$g[0] = \lim_{z \to \infty} G(z) = 0$$

从而验证了所得结果满足初值定理。

【例 7-15】 已知 $X(z) = \dfrac{z(z-3)}{(z-1)\left(z-\dfrac{1}{2}\right)}$，求 $x[0]$ 和 $\lim_{n \to +\infty} x[n]$。

解 由初值定理和终值定理,得

$$x[0] = \lim_{z \to \infty} X(z) = \lim_{z \to \infty} \frac{1-3z^{-1}}{(1-z^{-1})\left(1-\dfrac{1}{2}z^{-1}\right)} = 1$$

$$\lim_{n \to +\infty} x[n] = \lim_{z \to 1} (z-1)X(z) = \lim_{z \to 1} \frac{z(z-3)}{z-\dfrac{1}{2}} = -4$$

该例中,$X(z)$ 在 $z=1$ 处有一个一阶极点,因此 $\lim_{n \to +\infty} x[n]$ 为一常数。

【例 7-16】 根据下列给定信号的 z 变换,判断是否存在终值?

(1) $X(z) = \dfrac{z}{z-1}$;　　　　　　(2) $X(z) = \dfrac{z}{(z-1)^2}$;

(3) $X(z) = \dfrac{z}{z-2}$;　　　　　　(4) $X(z) = \dfrac{z(z^2+2z-2)}{(z-1)(z^2+z+1)}$。

解 (1) 它是单位阶跃信号 $u[n]$ 的 z 变换,其终值为

$$\lim_{n \to +\infty} u[n] = \lim_{z \to 1} (z-1)X(z) = \lim_{z \to 1} z = 1$$

(2) 由于 $X(z)$ 在 $z=1$ 处有一个二阶极点,因此终值定理没有意义,$\lim_{n \to +\infty} x[n]$ 不存在。

事实上,$X(z) = \dfrac{z}{(z-1)^2}$ 是 $nu[n]$ 的 z 变换(参见例 7-10),这是个线性增长的信号,显然终值为无穷大。上两个小题表明,应用终值定理时可允许 $X(z)$ 在 $z=1$ 处有单极点。

(3) 由于 $X(z) = \dfrac{z}{z-2}$,它在 $z=2$ 处有一极点,因此终值定理没有意义,$\lim_{n \to +\infty} x[n]$ 不存在。事实上,$X(z) = \dfrac{z}{z-2}$,它是 $2^n u[n]$ 的 z 变换,这是个指数增长的信号,终值为无穷大。

(4) 由于 $X(z) = \dfrac{z(z^2+2z-2)}{(z-1)(z^2+z+1)}$,它在单位圆上有一对共轭极点,因此终值定理没有意义,$\lim_{n \to +\infty} x[n]$ 不存在。然而容易出现的错误是试图应用终值定理,将

$$\lim_{z \to 1} (z-1)X(z) = \lim_{z \to 1} \frac{z(z^2+2z-2)}{z^2+z+1} = \frac{1}{3}$$

作为终值。注意,当 $\lim\limits_{n \to +\infty} x[n]$ 不存在时,终值定理是不适用的。事实上这是一个包含正弦函数的振荡信号,终值是不存在的。

至此,讨论并证明了单边 z 变换的主要性质。这些性质对于计算复杂信号的 z 变换以及在离散时间 LTI 系统的分析和设计中非常有用。为便于查阅,现将这些主要性质和一些常用信号的单边 z 变换对分别归纳于表 7-1 和表 7-2 中。

表 7-1　单边 z 变换性质

性 质 名 称	时 域 运 算	z 域 运 算
线性	$ax[n]+bh[n]$	$aX(z)+bH(z)$
时域右移	$x[n-m]u[n]$	$z^{-m}\left[X(z) + \sum\limits_{k=-m}^{-1} x[k]z^{-k} \right]$
	$x[n-m]u[n-m]$	$z^{-m}X(z)$
时域左移	$x[n+m]u[n]$	$z^{m}\left[X(z) - \sum\limits_{k=0}^{m-1} x[k]z^{-k} \right]$
z 域微分	$nx[n]$	$-z\dfrac{\mathrm{d}X(z)}{\mathrm{d}z}$
	$n^2 x[n]$	$z\dfrac{\mathrm{d}}{\mathrm{d}z}X(z) + z^2\dfrac{\mathrm{d}^2}{\mathrm{d}z^2}X(z)$
z 域尺度变换	$r^n x[n]$	$X\left(\dfrac{z}{r}\right)$
z 域反转	$(-1)^n x[n]$	$X(-z)$
时域卷积	$x[n] * h[n]$	$X(z)H(z)$
时域差分	$\nabla x[n] = x[n] - x[n-1]$	$(1-z^{-1})X(z)$
累加	$\sum\limits_{k=0}^{n} x[k]$	$\dfrac{1}{1-z^{-1}}X(z)$
时域扩展	$x_k[n] = \begin{cases} x[n/k], & n=rk \\ 0, & n \neq rk \end{cases}$	$X(z^k)$
开关周期	$x[n] = x_p[n]u[n]$,主周期为 $x_1[n]$	$\dfrac{X_1(z)}{1-z^{-N}}$,N 为周期,$X_1(z) = \mathrm{ZT}\{x_1[n]\}$
初值	$x[0]$	$\lim\limits_{z \to \infty} X(z)$
终值	$\lim\limits_{n \to +\infty} x[n]$	$\lim\limits_{z \to 1}(z-1)X(z)$

表 7-2　常用单边 z 变换对

$x[n]$	$X(z)$	ROC
$\delta[n]$	1	全部 z
$\delta[n-k]$	z^{-k}	$z \neq 0$
$u[n]$	$\dfrac{1}{1-z^{-1}}$ 或 $\dfrac{z}{z-1}$	$|z| > 1$
$u[n] - u[n-N]$	$\dfrac{1-z^{-N}}{1-z^{-1}}$	$z \neq 0$

$x[n]$	$X(z)$	ROC
$nu[n]$	$\dfrac{z^{-1}}{(1-z^{-1})^2}$ 或 $\dfrac{z}{(z-1)^2}$	$\|z\|>1$
$a^n u[n]$	$\dfrac{1}{1-az^{-1}}$ 或 $\dfrac{z}{z-a}$	$\|z\|>\|a\|$
$na^n u[n]$	$\dfrac{az^{-1}}{(1-az^{-1})^2}$ 或 $\dfrac{az}{(z-a)^2}$	$\|z\|>\|a\|$
$\cos(\Omega_0 n)u[n]$	$\dfrac{1-z^{-1}\cos\Omega_0}{1-2z^{-1}\cos\Omega_0+z^{-2}}$ 或 $\dfrac{z^2-z\cos\Omega_0}{z^2-2z\cos\Omega_0+1}$	$\|z\|>1$
$\sin(\Omega_0 n)u[n]$	$\dfrac{z^{-1}\sin\Omega_0}{1-2z^{-1}\cos\Omega_0+z^{-2}}$ 或 $\dfrac{z\sin\Omega_0}{z^2-2z\cos\Omega_0+1}$	$\|z\|>1$
$r^n\cos(\Omega_0 n)u[n]$	$\dfrac{1-rz^{-1}\cos\Omega_0}{1-2rz^{-1}\cos\Omega_0+r^2z^{-2}}$ 或 $\dfrac{z^2-rz\cos\Omega_0}{z^2-2rz\cos\Omega_0+r^2}$	$\|z\|>r$
$r^n\sin(\Omega_0 n)u[n]$	$\dfrac{rz^{-1}\sin\Omega_0}{1-2rz^{-1}\cos\Omega_0+r^2z^{-2}}$ 或 $\dfrac{rz\sin\Omega_0}{z^2-2rz\cos\Omega_0+r^2}$	$\|z\|>r$

7.4 z 逆 变 换

一般可以采用三种方法求解 z 逆变换。第一种方法是围线积分法：它直接按照 z 逆变换的定义式(7-5)来求解,该方法涉及在复平面内进行围线积分,需要用到复变函数理论知识,本教材对该方法不做讨论。另外两种求解 z 逆变换的方法是幂级数展开法和部分分式展开法。下面分别予以讨论。

7.4.1 幂级数展开法

z 变换是 z^{-1} 的幂级数展开,即

$$X(z)=\sum_{n=0}^{+\infty}x[n]z^{-n}=x[0]+x[1]z^{-1}+x[2]z^{-2}+x[3]z^{-3}+\cdots \tag{7-34}$$

因此,如果能得到 $X(z)$ 的幂级数展开式,则信号 $x[n]$ 可由 z^{-n} 的系数方便求得。对于有理 z 变换而言,幂级数展开可以用长除法得到。对于单边 z 变换,由于 $X(z)$ 的逆变换 $x[n]$ 必定是因果序列,因此除式和被除式均按 z^{-1} 的升幂次序排列进行长除运算,得到的商也自然按 z^{-1} 的升幂次序排列,从而可以依次得到 $x[0],x[1],x[2],\cdots$ 举例说明如下。

【例 7-17】 已知 $X(z)=\dfrac{z}{(z-1)^2}$,采用长除法计算 $x[n]$。

解 将 $X(z)$ 的分子和分母均按 z^{-1} 的升幂次序排列。有

$$X(z)=\dfrac{z^{-1}}{1-2z^{-1}+z^{-2}}$$

进行多项式的长除,得到

$$\begin{array}{r}
z^{-1} + 2z^{-2} + 3z^{-3} + \cdots \\
1 - 2z^{-1} + z^{-2} \overline{) \, z^{-1}} \\
\underline{z^{-1} - 2z^{-2} + z^{-3}} \\
2z^{-2} - z^{-3} \\
\underline{2z^{-2} - 4z^{-3} + 2z^{-4}} \\
3z^{-3} - 2z^{-4} \\
\underline{3z^{-3} - 6z^{-4} + 3z^{-5}} \\
4z^{-4} - 3z^{-5} \\
\cdots
\end{array}$$

即

$$X(z) = z^{-1} + 2z^{-2} + 3z^{-3} + \cdots = \sum_{n=0}^{+\infty} n z^{-n}$$

因此,得到

$$x[n] = n u[n]$$

长除法的优点是比较容易求得 $x[n]$ 的前几个值,缺点是一般很难给出一个闭式解。幂级数展开法也可以用于计算非有理 z 函数的逆变换。

【例 7-18】 已知 $X(z) = \mathrm{e}^{1/z}$,计算 $x[n]$。

解　由于

$$\mathrm{e}^x = \sum_{n=0}^{+\infty} \frac{x^n}{n!}$$

因此

$$X(z) = \mathrm{e}^{1/z} = \sum_{n=0}^{+\infty} \frac{1}{n!} z^{-n}$$

得

$$x[n] = \frac{1}{n!} u[n]$$

当然,该例也可以利用 z 域微分性质来求解。具体步骤如下。

由于

$$\frac{\mathrm{d}}{\mathrm{d}z} X(z) = -z^{-2} \mathrm{e}^{1/z} = -z^{-2} X(z)$$

则

$$-z \frac{\mathrm{d}}{\mathrm{d}z} X(z) = z^{-1} X(z)$$

由 z 域微分性质及移位性质,得

$$n x[n] = x[n-1]。$$

上式是一个 $x[n]$ 的递归表示式。为求此递归式,需知初始值。根据初值定理,得

$$x[0] = \lim_{z \to \infty} X(z) = 1$$

这样

$$x[n] = \frac{1}{n}x[n-1], \quad n > 0$$

结合上述两式,可得

$$x[n] = \frac{1}{n!}u[n]$$

7.4.2 部分分式展开法

通常情况下,求 z 逆变换是要得到 $x[n]$ 的解析表达式,而不仅仅是某几个样本值。因此,部分分式展开法是一种在实际应用中最为普遍和有效的方法,该方法与拉普拉斯逆变换的求解方法非常相似,它将 $X(z)$ 的表达式作部分分式展开,然后利用已知的变换表(例如表 7-2)以及性质来计算 z 逆变换。如果能够将信号的 z 变换 $X(z)$ 表示成在变换表中所列出的那些简单的函数形式之和,并结合性质就可以计算一大类信号的逆变换。

在对离散时间信号与 LTI 系统的分析中,所得到的 z 变换通常是以 z^{-1} 形式给出的有理函数,即 $X(z)$ 的分子和分母都是 z^{-1} 的多项式,其一般形式为

$$X(z) = \frac{N(z)}{D(z)} = \frac{b_M + b_{M-1}z^{-1} + \cdots + b_1 z^{-(M-1)} + b_0 z^{-M}}{a_N + a_{N-1}z^{-1} + \cdots + a_1 z^{-(N-1)} + a_0 z^{-N}} \tag{7-35}$$

根据 z 变换的定义式不难发现,若 $x[n]$ 为实信号,求和结果中唯一的复数量是 z。因此,当 $x[n]$ 为实信号时,式(7-35)中分子和分母的多项式系数 b_i 和 a_i 均为实数。在求 z 逆变换时,习惯上先将上式的分子和分母表示为 z 的正次幂。为此,式(7-35)可以改写为如下形式

$$\begin{aligned}
X(z) &= \frac{N(z)z^{N+M}}{D(z)z^{N+M}} = \frac{z^N(b_M z^M + b_{M-1}z^{M-1} + \cdots + b_1 z + b_0)}{z^M(a_N z^N + a_{N-1}z^{N-1} + \cdots + a_1 z + a_0)} \\
&= \frac{b_M(z - z_1)\cdots(z - z_M)}{a_N(z - p_1)\cdots(z - p_N)} z^{N-M}
\end{aligned} \tag{7-36}$$

式中 z_i 和 p_i 分别为 $X(z)$ 的零点和极点。如果部分 z_i 或 p_i 重复出现,则它们就是高阶零点或高阶极点。一些 z_i 或 p_i 的值也可能是复数,则它们就是复零点或复极点,但任何复零点或复极点一定是以共轭对的形式出现的,因为只有这样才能保证 $X(z)$ 的分子和分母的多项式系数 b_i 和 a_i 为实数,这一点与在拉普拉斯变换中得出的相应结论是类似的。从式(7-36)还可以看出,$X(z)$ 在 $z=0$ 处分别还有 N 阶零点和 M 阶极点(它们最终会相互抵消而只剩下 $|N-M|$ 阶零点或极点)。下面根据 M 与 N 的相对大小作进一步的讨论。

1. $M \leqslant N$

此时 $X(z)$ 的分子阶次不高于分母的阶次,$X(z)$ 总共具有 N 个零点和 N 个极点。

由表 7-2 可以看出,常见信号的 z 变换的分子中均含有因子 z,这暗示了对 $\dfrac{X(z)}{z}$ 作部分分式展开比直接对 $X(z)$ 进行展开更为方便,然后通过两边乘以 z 得到求逆变换的形式。对于单边 z 变换,由于 $X(z)$ 的分子阶次一般都低于分母的阶次,所以 $\dfrac{X(z)}{z}$ 是严格意义上的有理函数。

如果 $X(z)$ 的所有极点 p_i 为单极点且均不为零,则 $\dfrac{X(z)}{z}$ 展开成部分分式为

$$\frac{X(z)}{z} = \frac{A_0}{z} + \frac{A_1}{z - p_1} + \frac{A_2}{z - p_2} + \cdots + \frac{A_N}{z - p_N} = \frac{A_0}{z} + \sum_{i=1}^{N} \frac{A_i}{z - p_i} \tag{7-37}$$

其中

$$A_i = (z - p_i)\frac{X(z)}{z}\bigg|_{z=p_i} \tag{7-38a}$$

特别需要注意的是，仅当 $M=N$ 时，$\dfrac{X(z)}{z}$ 的部分分式展开式中才存在 $\dfrac{A_0}{z}$ 项，此时

$$A_0 = X(z)\mid_{z=0} = \frac{b_0}{a_0} \tag{7-38b}$$

将式(7-37)两边同乘以 z 可得 $X(z)$ 的展开式

$$X(z) = A_0 + \sum_{i=1}^{N} A_i \frac{z}{z - p_i} \tag{7-39}$$

然后，再根据 z 变换对

$$\delta[n] \overset{\text{ZT}}{\longleftrightarrow} 1$$

$$a^n u[n] \overset{\text{ZT}}{\longleftrightarrow} \frac{z}{z - a}$$

可求得逆变换

$$x[n] = A_0\delta[n] + \sum_{i=1}^{N} A_i p_i^n u[n] \tag{7-40}$$

【例 7-19】　求 $X(z) = \dfrac{z^{-2}}{\left(1 - \dfrac{1}{2}z^{-1}\right)(1 - z^{-1})}$ 的逆变换。

解　将 $X(z)$ 表示为 z 的正次幂的形式，即

$$X(z) = \frac{1}{\left(z - \dfrac{1}{2}\right)(z - 1)}$$

对 $\dfrac{X(z)}{z}$ 进行部分分式展开，得

$$\frac{X(z)}{z} = \frac{A_0}{z} + \frac{A_1}{z - \dfrac{1}{2}} + \frac{A_2}{z - 1}$$

其中

$$A_0 = \frac{X(z)}{z} \cdot z \mid_{z=0} = 2$$

$$A_1 = \frac{X(z)}{z} \cdot \left(z - \frac{1}{2}\right)\bigg|_{z=\frac{1}{2}} = -4$$

$$A_2 = \frac{X(z)}{z} \cdot (z - 1) \mid_{z=1} = 2$$

对 $\dfrac{X(z)}{z}$ 的展开式两边同乘以 z，得 $X(z)$ 的展开式为

$$X(z) = 2 + \frac{-4z}{z - \dfrac{1}{2}} + \frac{2z}{z - 1}$$

根据式(7-39)，得

$$x[n] = 2\delta[n] - 4\left(\frac{1}{2}\right)^n u[n] + 2u[n]$$

一般而言,对于一个实信号 $x[n]$,它的极点除了是实数之外也有可能出现复数,而且是以复共轭对的形式出现。如果极点 p_i 和 p_{i+1} 为一对共轭极点,即 $p_i = p_{i+1}^*$,那么对应的留数也一定是共轭的,即 $A_i = A_{i+1}^*$。只有这样的共轭对才能保证分子和分母多项式系数为实数。

【例 7-20】 对 $X(z) = \dfrac{z(z^2 + 2z - 2)}{(z-1)(z^2 + z + 1)}$ 作部分分式展开,并求展开系数。

解 可以看出分子和分母的多项式系数均为实数,而且除了实数极点 $p_1 = 1$ 之外,还出现了一对共轭极点 $p_{2,3} = -\dfrac{1}{2} \pm \dfrac{\sqrt{3}}{2}\mathrm{j}$。按照前面的讨论可以推测部分分式展开系数中除了一个实系数外,必定会出现一对共轭系数。现在对 $\dfrac{X(z)}{z}$ 作部分分式展开,得

$$\frac{X(z)}{z} = \frac{z^2 + 2z - 2}{(z-1)(z^2 + z + 1)} = \frac{A_1}{z-1} + \frac{A_2}{z + \frac{1}{2} - \frac{\sqrt{3}}{2}\mathrm{j}} + \frac{A_3}{z + \frac{1}{2} + \frac{\sqrt{3}}{2}\mathrm{j}}$$

其中

$$A_1 = \frac{X(z)}{z}(z-1)\Big|_{z=1} = \frac{z^2 + 2z - 2}{z^2 + z + 1}\Big|_{z=1} = \frac{1}{3}$$

$$A_2 = \frac{X(z)}{z}\left(z + \frac{1}{2} - \frac{\sqrt{3}}{2}\mathrm{j}\right)\Big|_{z=-\frac{1}{2}+\frac{\sqrt{3}}{2}\mathrm{j}} = \frac{z^2 + 2z - 2}{(z-1)\left(z + \frac{1}{2} + \frac{\sqrt{3}}{2}\mathrm{j}\right)}\Big|_{z=-\frac{1}{2}+\frac{\sqrt{3}}{2}\mathrm{j}} = \frac{1}{3} - \frac{2\sqrt{3}}{3}\mathrm{j}$$

$$A_3 = \frac{X(z)}{z}\left(z + \frac{1}{2} + \frac{\sqrt{3}}{2}\mathrm{j}\right)\Big|_{z=-\frac{1}{2}-\frac{\sqrt{3}}{2}\mathrm{j}} = \frac{z^2 + 2z - 2}{(z-1)\left(z + \frac{1}{2} - \frac{\sqrt{3}}{2}\mathrm{j}\right)}\Big|_{z=-\frac{1}{2}-\frac{\sqrt{3}}{2}\mathrm{j}} = \frac{1}{3} + \frac{2\sqrt{3}}{3}\mathrm{j}$$

可以看出 $A_2 = A_3^*$,即对应于共轭极点的因式其系数也是共轭的。只要有理函数的系数为实数,这一结论总是成立的,因此以后出现这种情况时只需计算其中一个系数就可以了。讨论本例的目的只是想强调这种共轭对称性。实际在作部分分式展开时,更多的是将分母中的共轭因式合并成一个二次因式。

如果 $X(z)$ 具有多重极点,设 p_1 为 r 重极点($r>1$)而其他极点均为一阶极点,则 $\dfrac{X(z)}{z}$ 的展开式为

$$\frac{X(z)}{z} = \frac{A_0}{z} + \frac{B_0}{(z-p_1)^r} + \frac{B_1}{(z-p_1)^{r-1}} + \cdots + \frac{B_{r-1}}{z-p_1} + \sum_{i=r+1}^{N} \frac{A_i}{z-p_i} \qquad (7\text{-}41)$$

式中 A_0 和 $A_i(i=r+1, r+2, \cdots, N)$ 的计算方法与单极点时即式(7-37)的情况相同,而重根系数 B_k 为

$$B_k = \frac{1}{k!} \frac{\mathrm{d}^k}{\mathrm{d}z^k}\left[(z-p_1)^r \frac{X(z)}{z}\right]\Big|_{z=p_1} \qquad (7\text{-}42)$$

可以看出,若重根次数较大,则计算 B_k 时求高阶导数会变得非常麻烦。实际在求解重极点展开系数时还可以综合采用其他更为快捷的方法,对此将在后面结合具体例子予以讨论。

式(7-41)两端同乘 z 得

$$X(z) = A_0 + \frac{B_0 z}{(z-p_1)^r} + \frac{B_1 z}{(z-p_1)^{r-1}} + \cdots + \frac{B_{r-1} z}{z-p_1} + \sum_{i=r+1}^{N} \frac{A_i z}{z-p_i} \qquad (7\text{-}43)$$

式中，当 $r=2$ 时

$$\frac{B_0 z}{(z-p_1)^2} \overset{\text{ZT}}{\longleftrightarrow} B_0 n p_1^{n-1} u[n] \qquad (7\text{-}44)$$

其他各项的逆 z 变换可从表 7-2 中查得，此时有

$$x[n] = A_0 \delta[n] + B_0 n p_1^{n-1} u[n] + B_1 p_1^n u[n] + \sum_{i=r+1}^{N} A_i p_i^n u[n] \qquad (7\text{-}45)$$

【例 7-21】　求 $X(z) = \dfrac{z}{(z-1)(z-2)^2}$ 的逆变换。

解　对 $\dfrac{X(z)}{z}$ 进行部分分式展开，得

$$\frac{X(z)}{z} = \frac{A_1}{z-1} + \frac{B_0}{(z-2)^2} + \frac{B_1}{z-2}$$

其中

$$A_1 = \frac{X(z)}{z}(z-1)\Big|_{z=1} = 1$$

$$B_0 = \frac{X(z)}{z}(z-2)^2\Big|_{z=2} = 1$$

B_1 可按式(7-42)来计算

$$B_1 = \frac{\mathrm{d}}{\mathrm{d}z}\Big[(z-2)^2 \frac{X(z)}{z}\Big]\Big|_{z=2} = \frac{\mathrm{d}}{\mathrm{d}z}\Big(\frac{1}{z-1}\Big)\Big|_{z=2} = -1$$

求解 B_1 也可以采用下面的方法。在求得 A_1 和 B_0 后，部分分式展开式为

$$\frac{X(z)}{z} = \frac{1}{z-1} + \frac{1}{(z-2)^2} + \frac{B_1}{z-2}$$

即

$$\frac{1}{(z-1)(z-2)^2} = \frac{1}{z-1} + \frac{1}{(z-2)^2} + \frac{B_1}{z-2}$$

显然，上式两边对任何具体的 z 值都应该是相等的，因此，取 $z=0$，即可方便地求得 B_1

$$-\frac{1}{4} = -1 + \frac{1}{4} - \frac{B_1}{2} \Rightarrow B_1 = -1$$

得到的结果与前述方法相同。因此

$$X(z) = \frac{z}{z-1} + \frac{z}{(z-2)^2} - \frac{z}{z-2}$$

利用

$$\frac{z}{(z-2)^2} \overset{\text{ZT}}{\longleftrightarrow} \frac{1}{2} n \cdot 2^n u[n] = n \cdot 2^{n-1} u[n]$$

求得逆变换为

$$x[n] = (1 + n \cdot 2^{n-1} - 2^n) u[n]$$

【例 7-22】　求 $X(z) = \dfrac{z(z^2+2z-2)}{(z-1)(z^2+z+1)}$ 的逆变换。

解　该例与例 7-20 为同一个函数，在例 7-20 中是将 $X(z)$ 分母中的二次因式分解成两

个共轭因式。然而,保持分母中的二次因式往往更容易求得逆变换。为此将 $X(z)$ 展开为

$$\frac{X(z)}{z} = \frac{z^2 + 2z - 2}{(z-1)(z^2+z+1)} = \frac{A}{z-1} + \frac{Bz+C}{z^2+z+1}$$

其中

$$A = \frac{X(z)}{z}(z-1)\bigg|_{z=1} = \frac{z^2+2z-2}{z^2+z+1}\bigg|_{z=1} = \frac{1}{3}$$

因此

$$\frac{X(z)}{z} = \frac{\frac{1}{3}}{z-1} + \frac{Bz+C}{z^2+z+1}$$

上式中未知数 B 和 C 的求解可有多种方法。

(1) 方法一:将等式右边两项通分,得

$$\frac{X(z)}{z} = \frac{\frac{1}{3}z^2 + \frac{1}{3}z + \frac{1}{3} + Bz^2 - Bz + Cz - C}{(z-1)(z^2+z+1)} = \frac{z^2+2z-2}{(z-1)(z^2+z+1)}$$

通过分子系数匹配,求得

$$B = \frac{2}{3}, \quad C = \frac{7}{3}$$

(2) 方法二:选择较方便的 z 值代入方程来求解。为求 C,可选择 $z=0$ 代入下式

$$\frac{z^2+2z-2}{(z-1)(z^2+z+1)} = \frac{\frac{1}{3}}{z-1} + \frac{Bz+C}{z^2+z+1}$$

得

$$2 = -\frac{1}{3} + C \Rightarrow C = \frac{7}{3}$$

因此,有

$$\frac{z^2+2z-2}{(z-1)(z^2+z+1)} = \frac{\frac{1}{3}}{z-1} + \frac{Bz+\frac{7}{3}}{z^2+z+1}$$

为再进一步求 B,可在上式两边同乘以 z,并令 $z \to \infty$,即

$$\lim_{z \to \infty} \frac{z^3 + 2z^2 - 2z}{(z-1)(z^2+z+1)} = \lim_{z \to \infty} \frac{\frac{1}{3}z}{z-1} + \frac{Bz^2 + \frac{7}{3}z}{z^2+z+1}$$

得

$$1 = \frac{1}{3} + B \Rightarrow B = \frac{2}{3}$$

因此

$$\frac{X(z)}{z} = \frac{z^2+2z-2}{(z-1)(z^2+z+1)} = \frac{\frac{1}{3}}{z-1} + \frac{\frac{2}{3}z + \frac{7}{3}}{z^2+z+1}$$

上式可进一步改写为

$$X(z) = \frac{\frac{1}{3}z}{z-1} + \frac{\frac{2}{3}z^2 + \frac{7}{3}z}{z^2+z+1}$$

$$= \frac{\frac{1}{3}z}{z-1} + \frac{\frac{2}{3}z\left(z-\cos\left(\frac{2\pi}{3}\right)\right)}{z^2 - 2z\cos\left(\frac{2\pi}{3}\right) + 1} + \frac{\frac{4}{\sqrt{3}}z\sin\left(\frac{2\pi}{3}\right)}{z^2 - 2z\cos\left(\frac{2\pi}{3}\right) + 1}$$

作逆变换,得

$$x[n] = \left[\frac{1}{3} + \frac{2}{3}\cos\left(\frac{2\pi}{3}n\right) + \frac{4\sqrt{3}}{3}\sin\left(\frac{2\pi}{3}n\right)\right]u[n]$$

2. $M > N$

当 $M > N$ 时,可以先通过长除法将分子表达式 $z^M N(z)$ 分解为 $z^N D(z) \sum_{i=0}^{M-N} C_i z^i + N_1(z)$,其中 $N_1(z)$ 的阶次为 $N-1$,此时 $\frac{X(z)}{z}$ 的部分分式展开为

$$\frac{X(z)}{z} = \sum_{i=0}^{M-N} C_i z^{i-1} + \frac{N_1(z)}{z^{N+1}D(z)} \tag{7-46}$$

而 $\frac{N_1(z)}{z^{N+1}D(z)}$ 的部分分式分解方法与 $M \leqslant N$ 时相同。

【例 7-23】 求 $X(z) = \frac{(z^3+z)(z^2+2z-2)}{(z-1)(z^2+z+1)}$ 的逆变换。

解 本例中分子为 z 的 5 次方项而分母为 z 的 3 次方项,因此需先通过长除法进行降阶。首先将 $X(z)$ 展开成有理多项式的分式表示,得

$$X(z) = \frac{(z^3+z)(z^2+2z-2)}{(z-1)(z^2+z+1)} = \frac{z^5 + 2z^4 - z^3 + 2z^2 - 2z}{z^3 - 1}$$

进行长除运算,得

$$
\begin{array}{r}
z^2 + 2z\ -1 \\
z^3-1 \overline{)z^5 + 2z^4 - z^3 + 2z^2 - 2z} \\
\underline{z^5 \qquad\qquad - z^2} \\
2z^4 - z^3 + 3z^2 - 2z \\
\underline{2z^4 \qquad\qquad - 2z} \\
-z^3 + 3z^2 \\
\underline{-z^3 \qquad\qquad +1} \\
3z^2 \qquad -1
\end{array}
$$

因此,有

$$X(z) = \frac{z^5 + 2z^4 - z^3 + 2z^2 - 2z}{z^3 - 1} = (z^2 + 2z - 1) + \frac{3z^2 - 1}{z^3 - 1}$$

参照例 7-22 中的解法,将 $\frac{3z^2-1}{z^3-1}$ 再进行部分分式展开,得

$$\frac{X(z)}{z} = \frac{z^2 + 2z - 1}{z} + \frac{3z^2 - 1}{z(z-1)(z^2+z+1)}$$

$$= \frac{z^2 + 2z - 1}{z} + \frac{A}{z} + \frac{B}{z-1} + \frac{Cz+D}{z^2+z+1}$$

其中

$$A = \left. \frac{3z^2 - 1}{(z-1)(z^2+z+1)} \right|_{z=0} = 1$$

$$B = \left. \frac{3z^2 - 1}{z(z^2+z+1)} \right|_{z=1} = \frac{2}{3}$$

因此

$$\frac{X(z)}{z} = \frac{z^2+2z-1}{z} + \frac{3z^2-1}{z(z-1)(z^2+z+1)} = \frac{z^2+2z-1}{z} + \frac{1}{z} + \frac{\frac{2}{3}}{z-1} + \frac{Cz+D}{z^2+z+1}$$

与例 7-22 相似,上式中未知数 C 和 D 的求解可有多种方法。此处将等式右边三项通分,得

$$\frac{X(z)}{z} = \frac{z^2+2z-1}{z} + \frac{z^3 - 1 + \frac{2}{3}z^3 + \frac{2}{3}z^2 + \frac{2}{3}z + Cz^3 - Cz^2 + Dz^2 - Dz}{z(z-1)(z^2+z+1)}$$

$$= \frac{z^2+2z-1}{z} + \frac{\left(\frac{5}{3}+C\right)z^3 + \left(\frac{2}{3}-C+D\right)z^2 + \left(\frac{2}{3}-D\right)z - 1}{z(z-1)(z^2+z+1)}$$

$$= \frac{z^2+2z-1}{z} + \frac{3z^2-1}{z(z-1)(z^2+z+1)}$$

通过分子系数匹配,求得

$$\begin{cases} C = -\dfrac{5}{3} \\ D = \dfrac{2}{3} \end{cases}$$

因此

$$\frac{X(z)}{z} = \frac{z^2+2z-1}{z} + \frac{3z^2-1}{z(z-1)(z^2+z+1)} = \frac{z^2+2z}{z} + \frac{\frac{2}{3}}{z-1} + \frac{-\frac{5}{3}z+\frac{2}{3}}{z^2+z+1}$$

上式可进一步改写为

$$X(z) = (z^2+2z) + \frac{\frac{2}{3}z}{z-1} + \frac{-\frac{5}{3}z^2 + \frac{2}{3}z}{z^2+z+1}$$

$$= (z^2+2z) + \frac{\frac{2}{3}z}{z-1} + \frac{-\frac{5}{3}z\left(z-\cos\left(\frac{2\pi}{3}\right)\right)}{z^2-2z\cos\left(\frac{2\pi}{3}\right)+1} + \frac{\sqrt{3}z\sin\left(\frac{2\pi}{3}\right)}{z^2-2z\cos\left(\frac{2\pi}{3}\right)+1}$$

作 z 逆变换,得

$$x[n] = \delta[n+2] + 2\delta[n+1] + \left(\frac{2}{3} - \frac{5}{3}\cos\left(\frac{2\pi}{3}n\right) + \sqrt{3}\sin\left(\frac{2\pi}{3}n\right)\right)u[n]$$

从例 7-23 可见,当 $X(z)$ 分子多项式的阶次 M 高于分母多项式的阶次 N 时,虽然 $X(z)$ 的单边 z 逆变换所对应的 $x[n]$ 仍然是右边序列,但 $x[n]$ 却不是因果序列了。

如果 z 变换的分母出现 $(1-z^{-N})$,即 $X(z)$ 具有如下形式

$$X(z) = \frac{X_1(z)}{1-z^{-N}} \tag{7-47}$$

根据在 7.3.2 节中的讨论知道,这是一个开关周期信号的 z 变换。那么,在作逆变换时分母

中的$(1-z^{-N})$项只反映了时域中的延迟,它对应于一个延迟项的无穷级数。即

$$X(z) = \frac{X_1(z)}{1-z^{-N}} = X_1(z)\sum_{k=0}^{+\infty}z^{-kN} \tag{7-48}$$

上式对应的逆变换为

$$x[n] = x_1[n] + x_1[n-N] + x_1[n-2N] + \cdots \tag{7-49}$$

其中

$$x_1[n] = \text{IZT}\{X_1(z)\}$$

【例 7-24】 求 $X(z) = \dfrac{1}{1-z^{-3}}$ 的逆变换。

解 该例中相当于 $X_1(z)=1, N=3$。由于

$$\delta[n] \xleftrightarrow{\text{ZT}} 1$$

因此,得 $X(z)$ 的逆变换为

$$x[n] = \delta[n] + \delta[n-3] + \delta[n-6] + \cdots = \sum_{k=0}^{+\infty}\delta[n-3k]$$

$x[n]$信号如图 7-11 所示($N=3$),这是一个因果的单位样值周期信号。

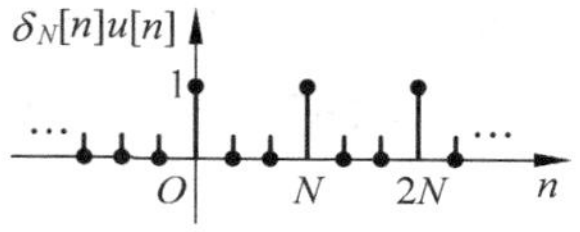

$\delta_N[n]u[n] = \displaystyle\sum_{k=0}^{+\infty}\delta[n-kN]$ 这个信号很有用,因为其他任何开关周期信号都可以看成是其中的第一个周期所对应的信号与 $\delta_N[n]u[n]$ 的卷积结果。式(7-50)实际上就是第一个周期对应的逆变换信号 $x_1[n]$ 与 $\delta_N[n]u[n] = \displaystyle\sum_{k=0}^{+\infty}\delta[n-kN]$ 的卷积,即

图 7-11 因果单位样值周期信号

$$x[n] = x_1[n] * \delta_N[n]u[n] = x_1[n] * \sum_{k=0}^{+\infty}\delta[n-kN] = \sum_{n=0}^{+\infty}x_1[n-kN] \tag{7-50}$$

【例 7-25】 求 $X(z) = \dfrac{1-2z^{-1}+z^{-2}}{1+z^{-3}}$ 的逆变换。

解 由于

$$\begin{aligned}X(z) &= \frac{1-2z^{-1}+z^{-2}}{1+z^{-3}} = \frac{(1-2z^{-1}+z^{-2})(1-z^{-3})}{(1+z^{-3})(1-z^{-3})} \\ &= \frac{1-2z^{-1}+z^{-2}-z^{-3}+2z^{-4}-z^{-5}}{1-z^{-6}}\end{aligned}$$

对照开关周期信号的 z 变换式(7-48),得

$$X_1(z) = 1-2z^{-1}+z^{-2}-z^{-3}+2z^{-4}-z^{-5}$$

即 $x[n]$ 是周期 $N=6$ 的开关周期信号,其中它的第一个周期为

$$x_1[n] = \delta[n] - 2\delta[n-1] + \delta[n-2] - \delta[n-3] + 2\delta[n-4] - \delta[n-5]$$

利用式(7-50),得

$$x[n] = \sum_{k=0}^{+\infty}x_1[n-6k]$$

至此,对几种常见的 z 变换的部分分式展开形式进行了讨论,这些形式包括函数含单极点、重极点和共轭极点等情况,并且给出了求解展开系数的不同方法。本节还对分母出现

$(1-z^{-N})$ 的逆变换作了讨论,它对应的是一个开关周期信号。一旦部分分式展开确定以后,利用已知的变换对和性质就可以求得相应的逆变换。

7.5 差分方程的 z 域求解

求解具有非零起始状态的线性常系数差分方程是单边 z 变换在离散时间 LTI 系统分析中的重要应用之一。利用 z 变换求解差分方程的基本步骤是:

(1) 利用单边 z 变换的移位特性将时域中的差分方程变换成 z 域中的代数方程;

(2) 整理前述代数方程,求得响应的 z 域表达式 $Y(z)$;

(3) 求输入信号的单边 z 变换 $X(z)$ 并代入 $Y(z)$ 表达式;

(4) 再通过 z 逆变换求得时域解 $y[n]$。

尽管离散时间傅里叶变换也可以将求解差分方程转化为求解代数方程,但与其不同的是 z 变换的时域移位性质可以自动将系统的起始状态包含在方程中,因此通过单边 z 变换可以求得系统在 $n \geqslant 0$ 时的完全响应,并且对于给定起始状态 $y[-1], y[-2], \cdots$ 的系统可以直接区分出零状态响应与零输入响应。

【例 7-26】 已知一离散时间因果 LTI 系统的差分方程为

$$y[n] - \frac{5}{6}y[n-1] + \frac{1}{6}y[n-2] = x[n] - 3x[n-1]$$

其起始状态 $y[-1] = 2, y[-2] = 4$。求当输入 $x[n] = u[n]$ 时系统的零输入响应 $y_{zi}[n]$、零状态响应 $y_{zs}[n]$ 和完全响应 $y[n]$。

解 利用时移(右移)性质,对方程两边作单边 z 变换,可得

$$Y(z) - \frac{5}{6}z^{-1}\{Y(z) + y[-1]z\} + \frac{1}{6}z^{-2}\{Y(z) + y[-2]z^2 + y[-1]z\}$$
$$= X(z) - 3z^{-1}\{X(z) + x[-1]z\}$$

由于输入为因果信号,因此 $x[-1] = 0$。从而

$$Y(z) = \frac{\frac{5}{6}y[-1] - \frac{1}{6}y[-2] - \frac{1}{6}y[-1]z^{-1}}{1 - \frac{5}{6}z^{-1} + \frac{1}{6}z^{-2}} + \frac{1 - 3z^{-1}}{1 - \frac{5}{6}z^{-1} + \frac{1}{6}z^{-2}}X(z)$$

为求得零输入响应和零状态响应,上式有意识地区分了由起始状态导致的响应和由输入产生的响应。上式右边第一项是由系统的起始状态决定的,它对应于当系统输入 $x[n] = 0$ 时,即 $X(z) = 0$ 时系统的输出,因此是零输入响应。右边第二项可以看作是右边第一项中的 $y[-1] = y[-2] = 0$ 时完全由输入引起的输出。对于一个二阶系统而言,$y[-1] = y[-2] = 0$,即表明系统为零状态系统(也称松弛系统),因此,右边第二项对应的是零状态响应。

现将起始状态和输入信号的 z 变换 $X(z) = \frac{1}{1-z^{-1}}$ 代入,得

$$Y(z) = \frac{1 - \frac{1}{3}z^{-1}}{\left(1 - \frac{1}{2}z^{-1}\right)\left(1 - \frac{1}{3}z^{-1}\right)} + \frac{1 - 3z^{-1}}{\left(1 - \frac{1}{2}z^{-1}\right)\left(1 - \frac{1}{3}z^{-1}\right)(1 - z^{-1})}$$

设零输入响应和零状态响应的 z 变换分别为 $Y_{zi}(z)$ 和 $Y_{zs}(z)$，则

$$Y_{zi}(z) = \frac{1}{1 - \frac{1}{2}z^{-1}} = \frac{z}{z - \frac{1}{2}}$$

$$Y_{zs}(z) = \frac{1 - 3z^{-1}}{\left(1 - \frac{1}{2}z^{-1}\right)\left(1 - \frac{1}{3}z^{-1}\right)(1 - z^{-1})} = \frac{z^3(1 - 3z^{-1})}{\left(z - \frac{1}{2}\right)\left(z - \frac{1}{3}\right)(z - 1)}$$

$$= \frac{z^3 - 3z^2}{\left(z - \frac{1}{2}\right)\left(z - \frac{1}{3}\right)(z - 1)}$$

因此

$$\frac{Y_{zs}(z)}{z} = \frac{z^2 - 3z}{\left(z - \frac{1}{2}\right)\left(z - \frac{1}{3}\right)(z - 1)} = \frac{15}{z - \frac{1}{2}} - \frac{8}{z - \frac{1}{3}} - \frac{6}{z - 1}$$

于是,得

$$Y_{zs}(z) = \frac{z^3 - 3z^2}{\left(z - \frac{1}{2}\right)\left(z - \frac{1}{3}\right)(z - 1)} = 15\frac{z}{z - \frac{1}{2}} - 8\frac{z}{z - \frac{1}{3}} - 6\frac{z}{z - 1}$$

利用变换对

$$a^n u[n] \xleftrightarrow{\text{ZT}} \frac{z}{z - a}$$

求得零输入响应和零状态响应分别为

$$y_{zi}[n] = \left(\frac{1}{2}\right)^n u[n]$$

$$y_{zs}[n] = \left[15\left(\frac{1}{2}\right)^n - 8\left(\frac{1}{3}\right)^n - 6\right]u[n]$$

系统的完全响应等于零输入响应与零状态响应之和,因此可得

$$y[n] = y_{zi}[n] + y_{zs}[n] = \left[16\left(\frac{1}{2}\right)^n - 8\left(\frac{1}{3}\right)^n - 6\right]u[n]$$

对于解的结果是否正确可以作一简单的验证:将 $n = -1$ 和 $n = -2$ 代入 $y_{zi}[n]$,得到 $y_{zi}[-1] = 2$, $y_{zi}[-2] = 4$,这两个值就是给定的系统的起始状态 $y[-1] = 2$ 和 $y[-2] = 4$。这是由于 $n = -1$ 和 $n = -2$ 代表的是输入信号加入之前二阶系统的状态,此时只有零输入响应,因此 $n = -1$ 和 $n = -2$ 的起始状态应该满足 $y_{zi}[n]$。

可以看出,在已知 $y[-1]$, $y[-2]$, … 起始状态的情况下,采用单边 z 变换方法求解差分方程是非常方便的,而且也很容易从响应中区分出零状态响应分量和零输入响应分量。事实上,对于一个 N 阶差分方程,只要给定 N 个连续的边界条件,例如 $y[0]$, $y[1]$, …, $y[N-1]$ 就可以求得系统的完全响应。而且,此时从响应中也可以直接区分出零状态响应和零输入响应。下面的例子对此予以说明。

【例 7-27】 已知某离散时间因果 LTI 系统的差分方程为

$$y[n] - \frac{1}{6}y[n-1] - \frac{1}{6}y[n-2] = x[n]$$

当输入 $x[n] = 4u[n]$,且 $y[0] = 6$, $y[1] = 5$ 时,求系统的完全响应(标明零输入、零状态响应,自由、强迫响应,稳态响应、暂态响应)。

解 （1）方法一：鉴于本例要求零输入响应 $y_{zi}[n]$ 和零状态响应 $y_{zs}[n]$，因此可以从给定的初始条件 $y[0]=6,y[1]=5$ 出发，通过迭代求得起始状态 $y[-1]$ 和 $y[-2]$，然后可以像例 7-26 那样求解。

对于原差分方程，取 $n=1$，得

$$y[1] - \frac{1}{6}y[0] - \frac{1}{6}y[-1] = x[1]$$

将 $y[0]=6,y[1]=5,x[1]=4$ 代入，求得 $y[-1]=0$。

对于原差分方程，再取 $n=0$，得

$$y[0] - \frac{1}{6}y[-1] - \frac{1}{6}y[-2] = x[0]$$

将 $y[0]=6,y[-1]=0,x[0]=4$ 代入上式，求得 $y[-2]=12$。因此，原系统的起始状态为 $y[-1]=0,y[-2]=12$。

利用时移（右移）性质，对原差分方程作单边 z 变换，得

$$Y(z) - \frac{1}{6}z^{-1}\{Y(z) + y[-1]z\} - \frac{1}{6}z^{-2}\{Y(z) + y[-2]z^2 + y[-1]z\} = X(z)$$

整理，得

$$Y(z) = \frac{\frac{1}{6}y[-1] + \frac{1}{6}y[-2] + \frac{1}{6}y[-1]z^{-1}}{1 - \frac{1}{6}z^{-1} - \frac{1}{6}z^{-2}} + \frac{X(z)}{1 - \frac{1}{6}z^{-1} - \frac{1}{6}z^{-2}}$$

显然，上式等号右边第一项完全由系统的起始状态决定，对应于零输入响应；等号右边第二项对应的输出为零状态响应。代入已求得的起始状态和 $X(z) = \frac{4z}{z-1}$，得

$$Y(z) = \frac{2}{1 - \frac{1}{6}z^{-1} - \frac{1}{6}z^{-2}} + \frac{X(z)}{1 - \frac{1}{6}z^{-1} - \frac{1}{6}z^{-2}}$$

$$= \frac{2z^2}{z^2 - \frac{1}{6}z - \frac{1}{6}} + \frac{4z^3}{\left(z^2 - \frac{1}{6}z - \frac{1}{6}\right)(z-1)}$$

设零输入响应和零状态响应的 z 变换分别为 $Y_{zi}(z)$ 和 $Y_{zs}(z)$，则

$$\frac{Y_{zi}(z)}{z} = \frac{2z}{\left(z - \frac{1}{2}\right)\left(z + \frac{1}{3}\right)} = \frac{\frac{6}{5}}{z - \frac{1}{2}} + \frac{\frac{4}{5}}{z + \frac{1}{3}}$$

$$\frac{Y_{zs}(z)}{z} = \frac{4z^2}{\left(z - \frac{1}{2}\right)\left(z + \frac{1}{3}\right)(z-1)} = -\frac{\frac{12}{5}}{z - \frac{1}{2}} + \frac{\frac{2}{5}}{z + \frac{1}{3}} + \frac{6}{z-1}$$

于是，有

$$Y_{zi}(z) = \frac{6}{5}\frac{z}{z - \frac{1}{2}} + \frac{4}{5}\frac{z}{z + \frac{1}{3}}$$

$$Y_{zs}(z) = -\frac{12}{5}\frac{z}{z - \frac{1}{2}} + \frac{2}{5}\frac{z}{z + \frac{1}{3}} + 6\frac{z}{z-1}$$

作 z 逆变换，得

$$y_{zi}[n] = \left[\frac{6}{5}\left(\frac{1}{2}\right)^n + \frac{4}{5}\left(-\frac{1}{3}\right)^n\right]u[n]$$

$$y_{zs}[n] = \left[-\frac{12}{5}\left(\frac{1}{2}\right)^n + \frac{2}{5}\left(-\frac{1}{3}\right)^n + 6\right]u[n]$$

完全响应为

$$y[n] = y_{zi}[n] + y_{zs}[n] = \left[-\frac{6}{5}\left(\frac{1}{2}\right)^n + \frac{6}{5}\left(-\frac{1}{3}\right)^n + 6\right]u[n]$$

其中，自由响应为

$$y_t[n] = -\frac{6}{5}\left(\frac{1}{2}\right)^n u[n] + \frac{6}{5}\left(-\frac{1}{3}\right)^n u[n]$$

随着 n 的增大，该响应将衰减为零，因此它也属暂态响应。

强迫响应为

$$y_F[n] = 6u[n]$$

随着 n 的增大，该响应始终有一稳定值，因此它也属于稳态响应。

（2）方法二：由于已知的是初始条件 $y[0]$ 和 $y[1]$，因此通过变量置换将原来的后向差分方程改写为前向差分方程

$$y[n+2] - \frac{1}{6}y[n+1] - \frac{1}{6}y[n] = x[n+2]$$

利用时移（左移）性质，对方程两边作 z 变换，得

$$z^2\{Y(z) - y[0] - y[1]z^{-1}\} - \frac{1}{6}z\{Y(z) - y[0]\} - \frac{1}{6}Y(z) = z^2\{X(z) - x[0] - x[1]z^{-1}\}$$

整理，得

$$Y(z) = \frac{z^2 y[0] + zy[1] - \frac{1}{6}zy[0] - z^2 x[0] - zx[1]}{z^2 - \frac{1}{6}z - \frac{1}{6}} + \frac{z^2 X(z)}{z^2 - \frac{1}{6}z - \frac{1}{6}}$$

上式等号右边第一项虽然包含有 $y[1]$，$x[1]$ 等项，它对应于等号右边第二项中的因子 $X(z)$ 为零时的响应，实为系统的零输入响应；等号右边第二项含有因子 $X(z)$，它对应于等号右边第一项全为零时的响应，实为系统的零状态响应。由 $x[n]=4u[n]$，得 $x[0]=x[1]=4$，并将 $y[0]=6$，$y[1]=5$ 和 $X(z)=\frac{4z}{z-1}$ 代入上式，得

$$Y(z) = \frac{2z^2}{z^2 - \frac{1}{6}z - \frac{1}{6}} + \frac{z^2}{z^2 - \frac{1}{6}z - \frac{1}{6}}X(z) = \frac{2z^2}{z^2 - \frac{1}{6}z - \frac{1}{6}} + \frac{4z^3}{\left(z^2 - \frac{1}{6}z - \frac{1}{6}\right)(z-1)}$$

可见这一结果与前面求得的响应是一致的。

一般地，不论是通过起始状态 $y[-1]$，$y[-2]$，$\cdots$，$y[-N]$ 还是通过初始条件 $y[0]$，$y[1]$，$\cdots$，$y[N-1]$ 求得 $Y(z)$，甚至是通过起始状态与初始条件的混合 $y[-1]$，$y[0]$，$\cdots$ 来求得 $Y(z)$，只要把 $Y(z)$ 分解为包含因子 $X(z)$ $\left(\text{如上式中的 } \dfrac{z^2 X(z)}{z^2 - \frac{1}{6}z - \frac{1}{6}}\right)$ 和不包含因子

$X(z)$ $\left(\text{如上式中的 } \dfrac{2z^2}{z^2 - \frac{1}{6}z - \frac{1}{6}}\right)$ 的两项之和，那么，包含因子 $X(z)$ 的一项所对应的就是零

状态响应,而不包含 $X(z)$ 的一项所对应的就是零输入响应。

从前面的讨论中可以发现,对于一个 N 阶离散时间 LTI 系统,如果给定的是起始状态,那么采用后向差分方程并利用右移性质来求解较为方便;如果给定的是初始条件 $y[0]$,$y[1]$,$\cdots$,$y[N-1]$,那么采用前向差分方程并利用左移性质来求解较为方便。而且,不论给定的是起始状态还是初始条件,都可以通过将已求得的 $Y(z)$ 分解为包含因子 $X(z)$ 和不包含 $X(z)$ 的两项之和的方法来区分零输入响应和零状态响应。前向和后向差分方程的相互转换可通过变量置换的方法来实现。

7.6 双边 z 变换

在离散时间 LTI 系统的分析中,通常选取 $n=0$ 作为事件的发生时间,这样只需关心 $n \geqslant 0$ 时系统的响应,这就是单边 z 变换的应用情形。尽管大部分实际系统的分析可采用单边 z 变换,但在涉及非因果信号和系统的问题时就不能用单边 z 变换来讨论,而要应用双边 z 变换。双边 z 变换的定义由式(7-2)给出,即

$$X(z) = \sum_{n=-\infty}^{+\infty} x[n]z^{-n}$$

在例 7-1 和例 7-2 中已发现,$x[n]=a^n u[n]$ 和 $x[n]=-a^n u[-n-1]$ 两个完全不同信号的双边 z 变换是一样的,均为 $X(z)=\dfrac{1}{1-az^{-1}}=\dfrac{z}{z-a}$,两者的差别仅在于收敛域(ROC)不同,前者为 $|z|>|a|$,后者为 $|z|<|a|$。因此,对于双边 z 变换而言,仅有 $X(z)$ 的表达式并不能完全区分不同的时间信号。要唯一确定双边 z 变换的逆变换,必须给定收敛域。这与单边 z 变换不同,由于单边 z 变换限定了其必为因果信号,因此即使不标明收敛域(ROC)也不会引起歧义。若给定一个信号的单边 z 变换为 $\dfrac{1}{1-az^{-1}}=\dfrac{z}{z-a}$,那么它的逆变换只有一种可能,即为 $a^n u[n]$。

7.6.1 收敛域特性

前面已提到双边 z 变换的收敛域是非常重要的,为此本小节讨论各种信号双边 z 变换 ROC 的某些具体特性。ROC 一方面与信号 $x[n]$ 的时域取值情况有关,另一方面与 $X(z)$ 的极点分布有关。有了这些性质,就可以根据 $X(z)$ 和 $x[n]$ 的特性判断 ROC。

性质 1 ROC 内不能包含任何极点。

如果在 ROC 内存在极点,则 $X(z)$ 在该点的值为无穷大,它就不可能收敛。这说明 ROC 是以极点为边界的。

性质 2 $X(z)$ 的 ROC 为 z 平面内以原点为中心的圆环区域,有时圆环的另一边界在原点或在无穷远处。

这是因为 $X(z)$ 收敛需满足绝对可和条件,即

$$|X(z)| = \left| \sum_{n=-\infty}^{+\infty} x[n]z^{-n} \right| \leqslant \sum_{n=-\infty}^{+\infty} |x[n]z^{-n}| < +\infty$$

由于 $z=re^{j\Omega}$,上式即要求

$$\sum_{n=-\infty}^{+\infty}|x[n](re^{j\Omega})^{-n}|=\sum_{n=-\infty}^{+\infty}|x[n]r^{-n}|=\sum_{n=-\infty}^{+\infty}|x[n]|\,r^{-n}<+\infty \qquad |e^{j\Omega n}|=1$$

上式表明,$X(z)$ 的 ROC 仅取决于 z 的模 $|z|=r$,而与幅角 Ω 无关。因此,ROC 的边界必然是以原点为中心的圆。也就是说,$X(z)$ 的 ROC 是在 z 平面内以原点为中心的圆环。

性质 3　如果 $x[n]$ 是一个时限信号,并且绝对可和,则 $X(z)$ 的 ROC 为除 $z=0$ 和/或 $z\to\infty$ 外的整个 z 平面。

时限信号是指 $x[n]$ 仅在有限区间 $N_1\leqslant n\leqslant N_2$ 内为非零值,如图 7-12 所示。此时

$$X(z)=\sum_{n=N_1}^{N_2}x[n]z^{-n}$$

这是一个有限项级数求和,只要满足 $|x[n]z^{-n}|<+\infty$,该级数就收敛。由于 $x[n]$ 有界,故要求 $|z^{-n}|<+\infty$。显然,在 $0<|z|<+\infty$ 上,都能满足此条件。因此,时限信号的收敛域为除 $z=0$ 和/或 $z\to\infty$ 外的整个 z 平面。例如,当 $N_1=-3$,$N_2=3$ 时,信号的 z 变换为

$$X(z)=\sum_{n=-3}^{3}x[n]z^{-n}$$
$$=\underbrace{x[-3]z^3+x[-2]z^2+x[-1]z^1}_{|z|<+\infty}+\underbrace{x[0]z^0}_{常数}+\underbrace{x[1]z^{-1}+x[2]z^{-2}+x[3]z^{-3}}_{|z|>0}$$

显然,上式中 $z=0$ 和 $z\to\infty$ 是它的两个极点。因此,其收敛域为除 $z=0$ 和 $z\to\infty$ 外的整个 z 平面。

在 N_1 和 N_2 的不同取值范围下(设 $N_1<N_2$),收敛域有所不同:

(1) 若 $N_1>0$,如图 7-12(a)所示,则收敛域为 $|z|>0$,即,除 $z=0$ 外的整个 z 平面。

(2) 若 $N_2<0$,如图 7-12(b)所示,则收敛域为 $|z|<+\infty$,即,除 $z\to\infty$ 外的整个 z 平面。

(3) 若 $N_1<0$,$N_2>0$,如图 7-12(c)所示,则收敛域为 $0<|z|<+\infty$,即,除 $z=0$ 和 $z\to\infty$ 外的整个 z 平面。

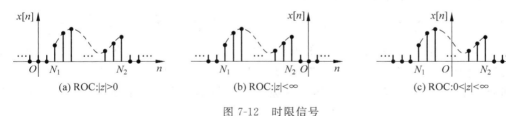

图 7-12　时限信号

【例 7-28】　分别计算下列信号的 z 变换。

(1) $\delta[n]$;　　　　　　　(2) $\delta[n-2]$;

(3) $\delta[n+2]$;　　　　　　(4) $\delta[n-1]+\delta[n+1]$。

解　(1) 在例 7-5 中已求得

$$ZT\{\delta[n]\}=1$$

由于 $X(z)=1$,与 z 的取值无关,因此 ROC 为全 z 平面。

(2) 由双边 z 变换的定义式(7-2),得

$$X(z)=\sum_{n=-\infty}^{+\infty}x[n]z^{-n}=\sum_{n=-\infty}^{+\infty}\delta[n-2]z^{-n}=z^{-2}\sum_{n=-\infty}^{+\infty}\delta[n-2]=z^{-2}$$

上式表明 $z=0$ 是 $X(z)$ 的一个 2 阶极点,因此 ROC 为 $|z|>0$。

(3) 由定义式(7-2),得

$$X(z) = \sum_{n=-\infty}^{+\infty} x[n]z^{-n} = \sum_{n=-\infty}^{+\infty} \delta[n+2]z^{-n} = z^2 \sum_{n=-\infty}^{+\infty} \delta[n+2] = z^2$$

上式表明 $z=\infty$ 是 $X(z)$ 的一个 2 阶极点,因此 ROC 为 $|z|<+\infty$。

(4) 由定义式(7-2),得

$$X(z) = \sum_{n=-\infty}^{+\infty} x[n]z^{-n} = \sum_{n=-\infty}^{+\infty} \{\delta[n-1] + \delta[n+1]\}z^{-n}$$

$$= z^{-1} \sum_{n=-\infty}^{+\infty} \delta[n-1] + z \sum_{n=-\infty}^{+\infty} \delta[n+1] = z^{-1} + z$$

上式表明 $z=0$ 和 $z=\infty$ 分别是 $X(z)$ 的两个 1 阶极点,因此 ROC 为 $0<|z|<+\infty$。

一个在 $n>0$ 和 $n<0$ 两个方向均具有无限持续期的信号 $x[n]$ 称为双边信号,如图 7-13(a) 所示。双边信号可以分解为反因果信号 $x[n]u[-n-1]$ 和因果信号 $x[n]u[n]$ 两部分。这样,它的双边 z 变换为

$$X(z) = \sum_{n=-\infty}^{-1} x[n]z^{-n} + \sum_{n=0}^{+\infty} x[n]z^{-n}$$

因此有

$$|X(z)| \leqslant \left| \sum_{n=-\infty}^{-1} x[n]z^{-n} \right| + \left| \sum_{n=0}^{+\infty} x[n]z^{-n} \right| \leqslant \sum_{n=-\infty}^{-1} |x[n]z^{-n}| + \sum_{n=0}^{+\infty} |x[n]z^{-n}|$$

为使 $|X(z)|<+\infty$,上述两个求和项必须同时收敛。假设对于信号 $x[n]$,存在正实数 r_1、r_2 和 A_1、A_2,使得

$$|x[n]| \leqslant \begin{cases} A_1 r_1^n, & \text{当 } n<0 \\ A_2 r_2^n, & \text{当 } n \geqslant 0 \end{cases}$$

满足上述条件的信号 $x[n]$ 称为指数阶信号。这样

$$|X(z)| \leqslant A_1 \sum_{n=-\infty}^{-1} r_1^n |z|^{-n} + A_2 \sum_{n=0}^{+\infty} r_2^n |z|^{-n} = A_1 \sum_{n=1}^{+\infty} \left(\frac{|z|}{r_1} \right)^n + A_2 \sum_{n=0}^{+\infty} \left(\frac{r_2}{|z|} \right)^n$$

当 $|z|<r_1$ 时,上述等号右边第一项级数求和收敛;当 $|z|>r_2$ 时,上述等号右边第二项级数求和收敛。因此,只有当 $r_2<|z|<r_1$ 时双边信号的 z 变换才收敛,其收敛域如图 7-13(b) 阴影部分所示。显然,如果 $r_2>r_1$,那么双边 z 变换就不存在公共收敛域,因此 z 变换不存在。

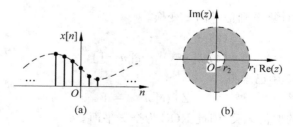

图 7-13　双边信号及 ROC

根据上面的讨论,对于一个指数阶信号 $x[n]$ 可以得出如下性质。

性质 4　如果 $x[n]$ 是一个双边信号,并且 $X(z)$ 存在,则 $X(z)$ 的 ROC 一定是 z 平面上

以原点为中心的环状区域,即满足 $r_2 < |z| < r_1$。

上述结果还可以推广至右边信号和左边信号,可以分别得到如下两条性质。

性质 5　如果 $x[n]$ 是一个因果信号或右边信号,则 $X(z)$ 的 ROC 位于以最大极点的模为半径的圆外(可能要除掉 $z=\infty$);若是因果信号,则包含 $z=\infty$。

右边信号是指 $n < N_1$ 时 $x[n] = 0$ 的信号,N_1 是任意整数,如图 7-14 所示。如果 $N_1 \geqslant 0$,那么该右边信号称为因果信号。上面已经证明了一个因果信号的 ROC 为 $|z| > r_2$。一个右边信号可以看作是因果信号加一个时限信号,这样结合性质 1 和性质 3 就可以推得 $X(z)$ 的 ROC 位于以最大极点的模为半径的圆外。若 $N_1 < 0$,则 ROC 不含 $z = \infty$,即为 $r_2 < |z| < \infty$,其中 r_2 为离原点最远的极点的模。

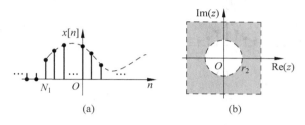

图 7-14　右边信号及 ROC

性质 6　如果 $x[n]$ 是一个反因果信号或左边信号,则 $X(z)$ 的 ROC 位于以极点的最小模为半径的圆内(可能不含 $z=0$);若是反因果信号,则包含 $z=0$。

左边信号是指 $n > N_2$ 时 $x[n] = 0$ 的信号,N_2 是任意整数,如图 7-15 所示。如果 $N_2 < 0$,那么该左边信号称为反因果信号。上面已经证明了一个反因果信号的 ROC 为 $z < r_1$,一个左边信号可以看作是反因果信号加一个时限信号,这样结合性质 1 和性质 3 就可以推得 $X(z)$ 的 ROC 位于以极点的最小模为半径的圆内。若 $N_2 > 0$,则 ROC 不含 $z = 0$,即为 $0 < |z| < r_1$,其中 r_1 为离原点最近的极点的模。

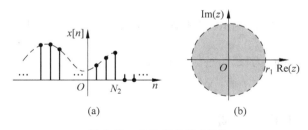

图 7-15　左边信号及 ROC

在实际系统中,指数信号是常见的信号。根据上面的这些性质,就很容易确定信号与 ROC 之间的关系。

【例 7-29】　已知信号 $x[n] = a^{|n|}$,$0 < a < 1$,求双边 z 变换 $X(z)$ 并标明 ROC。

解　$x[n]$ 是一个双边指数信号,其波形如图 7-16(a)所示,$x[n] = a^n u[n] + a^{-n} u[-n-1]$。利用例 7-1 和例 7-2 中得到的变换关系

$$a^n u[n] \xleftrightarrow{\text{ZT}} \frac{1}{1 - az^{-1}} = \frac{z}{z-a}, \quad |z| > a$$

$$a^{-n}u[-n-1] \xleftarrow{\text{ZT}} -\frac{1}{1-a^{-1}z^{-1}} = -\frac{z}{z-a^{-1}}, \quad |z| < a^{-1}$$

可得

$$X(z) = \frac{1}{1-az^{-1}} - \frac{1}{1-a^{-1}z^{-1}} = \frac{z}{z-a} - \frac{z}{z-a^{-1}}, \quad a < |z| < \frac{1}{a}$$

显然上述 z 变换存在的条件是 $|a| < 1$，收敛域为 $a < |z| < \dfrac{1}{a}$，如图 7-16（b）所示。如果 $|a| > 1$，收敛域不存在，因此 $X(z)$ 不存在。

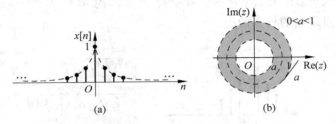

图 7-16　双边指数信号及 ROC

例 7-29 说明，即使每个信号的双边 z 变换存在，信号之和的双边 z 变换也未必存在，原因是找不到公共收敛域，如上例中 $|a| > 1$ 的情况。

【例 7-30】　设 $x[n]$ 的 z 变换 $X(z)$ 为有理函数，且在 $z = \dfrac{1}{2}$ 处有一极点，已知 $x_1[n] = \left(\dfrac{1}{4}\right)^n x[n]$ 是绝对可和的，而 $x_2[n] = \left(\dfrac{1}{8}\right)^n x[n]$ 不是绝对可和的。试问 $x[n]$ 是左边、右边还是双边信号？

解　由于求 $x[n]$ 的 z 变换即为求 $r^{-n}x[n]$ 的离散时间傅里叶变换。已知 $x_1[n] = \left(\dfrac{1}{4}\right)^n x[n]$ 绝对可和，这意味着 $r = 4$（即 $|z| = 4$）在 $X(z)$ 的 ROC 内，而 $x_2[n] = \left(\dfrac{1}{8}\right)^n x[n]$ 不是绝对可和的，这说明 $X(z)$ 的 ROC 不含 $r = 8$（即 $|z| = 8$）。又根据 $X(z)$ 在 $z = \dfrac{1}{2}$ 处有一极点，可推知 $X(z)$ 的 ROC 为 $|z| > \dfrac{1}{2}$，且 $|z| < 8$ 这一范围内的某一圆环。因此，$x[n]$ 是双边信号。

7.6.2　双边 z 变换的性质

双边 z 变换的大部分性质与单边 z 变换是相似的，它们的证明与单边 z 变换的相应性质证明相似。需要注意的是，使用双边 z 变换性质时应更多地注意 ROC 的变化。现将双边 z 变换的主要性质陈述如下。

设信号的双边 z 变换对为

$$x[n] \xleftarrow{\text{ZT}} X(z), \quad \text{ROC：} R_x$$

$$h[n] \xleftarrow{\text{ZT}} H(z), \quad \text{ROC：} R_h$$

1. 线性性质

$$ax[n] + bh[n] \overset{\text{ZT}}{\longleftrightarrow} aX(z) + bH(z), \quad \text{ROC：至少 } R_x \bigcap R_h \tag{7-51}$$

线性组合后的双边 z 变换有可能出现极点消失，这会导致 ROC 扩大。如果 $R_x \bigcap R_h = \phi$，那么组合后信号的 z 变换不存在。因此，即使每个信号的双边 z 变换存在，若干信号之和的双边 z 变换未必存在。这与单边 z 变换是不同的，若干信号之和的单边 z 变换存在的条件是每个信号的单边 z 变换存在。

2. 时移性质

$$x[n - n_0] \overset{\text{ZT}}{\longleftrightarrow} z^{-n_0} X(z), \quad \text{ROC：可能除 } z = 0 \text{ 或 } z \to \infty \text{ 之外的 } R_x \tag{7-52}$$

n_0 为整数。若 $n_0 > 0$，则在 $z = 0$ 处引入了一个 n_0 阶的极点，如果 $X(z)$ 在 $z = 0$ 没有合适阶数的零点可与之相消，那么 $z^{-n_0} X(z)$ 的 ROC 不含 $z = 0$；若 $n_0 < 0$，则在 $z = \infty$ 处引入了一个 $|n_0|$ 阶的极点，如果 $X(z)$ 在 $z = \infty$ 没有合适阶数的零点可与之相消，那么 $z^{-n_0} X(z)$ 的 ROC 不含 $z = \infty$。该性质与单边 z 变换的时移性质有所不同，证明如下。

由双边 z 变换的定义式(7-2)，得

$$\text{ZT}\{x[n - n_0]\} = \sum_{n=-\infty}^{+\infty} x[n - n_0] z^{-n} = \sum_{m=n-n_0}^{+\infty} \sum_{m=-\infty}^{+\infty} x[m] z^{-(m+n_0)}$$

$$= z^{-n_0} \sum_{m=-\infty}^{+\infty} x[m] z^{-m} = z^{-n_0} X(z)$$

3. z 域微分性质

$$nx[n] \overset{\text{ZT}}{\longleftrightarrow} -z \frac{\mathrm{d}}{\mathrm{d}z} X(z), \quad \text{ROC：} R_x \tag{7-53}$$

z 域求导只改变极点的阶次，因而不会影响 ROC。

4. z 域尺度变换性质

$$r^n x[n] \overset{\text{ZT}}{\longleftrightarrow} X\left(\frac{z}{r}\right), \quad r \neq 0, \quad \text{ROC：} |r| R_x \tag{7-54}$$

若 $X(z)$ 的收敛域 R_x 为 $r_2 < |z| < r_1$，那么 $X\left(\dfrac{z}{r}\right)$ 的收敛域为 $|r| r_2 < |z| < |r| r_1$。当 $r = -1$ 时，可得到一个有用的结果，即 $(-1)^n x[n] \overset{\text{ZT}}{\longleftrightarrow} X(-z)$。

5. 时域卷积性质

$$x[n] * h[n] \overset{\text{ZT}}{\longleftrightarrow} X(z)H(z), \quad \text{ROC：至少 } R_x \bigcap R_h \tag{7-55}$$

与线性性质相似，$X(z)H(z)$ 相乘可能会出现零极点相消，从而导致 ROC 扩大。

6. 差分性质

$$\nabla x[n] = x[n] - x[n-1] \overset{\text{ZT}}{\longleftrightarrow} (1 - z^{-1}) X(z), \quad \text{ROC：至少 } R_x \bigcap \{|z| > 0\} \tag{7-56}$$

该性质中 $z^{-1} X(z)$ 项在 $z = 0$ 处引入了一个 1 阶极点，该极点若与 $X(z)$ 在 $z = 0$ 处的零点相消就可能导致 ROC 扩大。

7. 累加性质

$$\sum_{k=-\infty}^{n} x[k] \xleftrightarrow{\text{ZT}} \frac{1}{1-z^{-1}} X(z) = \frac{z}{z-1} X(z), \quad \text{ROC：至少 } R_x \bigcap \{\mid z \mid > 1\}$$

$$(7\text{-}57)$$

$\dfrac{z}{z-1} X(z)$ 表明在 $z=0$ 和 $z=1$ 处分别增加了一个 1 阶零点和一个 1 阶极点,因此若出现零极点相消就有可能导致 ROC 扩大。

8. 时域反转性质

$$x[-n] \xleftrightarrow{\text{ZT}} X\left(\frac{1}{z}\right), \quad \text{ROC：} \frac{1}{R_x} \qquad (7\text{-}58)$$

若 $X(z)$ 的收敛域 R_x 为 $r_2 < \mid z \mid < r_1$,那么 $X\left(\dfrac{1}{z}\right)$ 的收敛域为 $\dfrac{1}{r_1} < \mid z \mid < \dfrac{1}{r_2}$。该性质的证明如下。

由双边 z 变换的定义式(7-2),得

$$\text{ZT}\{x[-n]\} = \sum_{n=-\infty}^{+\infty} x[-n]z^{-n} \underset{m=-n}{=} \sum_{m=-\infty}^{+\infty} x[m]\left(\frac{1}{z}\right)^{-m} = X\left(\frac{1}{z}\right)$$

该性质可用于从 z 域来检验信号的对称性。对于偶信号 $x[-n]=x[n]$,因此有 $X(z) = X\left(\dfrac{1}{z}\right)$;对于奇信号 $x[-n]=-x[n]$,因此有 $X(z) = -X\left(\dfrac{1}{z}\right)$。

【例 7-31】 如果 $x[n]$ 为一实偶信号且其 z 变换 $X(z)$ 为有理函数,现已知 $z=z_0$ 和 $z=p_0$ 分别为 $x[n]$ 的 z 变换的其中一个零点和极点。试再求出 $X(z)$ 的另一个零点和极点。

解 由于 $x[n]$ 为一实偶信号,则

$$x[n] = x[-n]$$

由时域反转性质,得

$$X(z) = X(z^{-1})$$

由此可知,$z = \dfrac{1}{z_0}$ 和 $z = \dfrac{1}{p_0}$ 也必是 $X(z)$ 的零点和极点。

7.6.3 双边 z 逆变换

本节的讨论已经表明,对于信号 $x[n]$ 的双边 z 变换,仅给出 $X(z)$ 的表达式是不够的,它不足以区分不同的时间信号。要唯一确定双边 z 变换的逆变换,必须给定变换的收敛域。如同单边 z 逆变换的计算一样,很少直接采用定义式(7-5)来计算双边 z 逆变换。通常是利用已知的变换关系、z 变换性质以及 ROC 性质来确定双边 z 逆变换。

对于以 z 的多项式之比表示的双边 z 变换,可以首先进行部分分式展开,然后再根据 ROC 来确定对应展开项的逆变换是属于因果信号还是反因果信号。即

$$A_i \frac{z}{z-p_i} \xleftrightarrow{\text{ZT}} A_i p_i^n u[n], \quad \mid z \mid > p_i \qquad (7\text{-}59\text{a})$$

$$A_i \frac{z}{z-p_i} \xleftrightarrow{\text{ZT}} -A_i p_i^n u[-n-1], \quad \mid z \mid < p_i \qquad (7\text{-}59\text{b})$$

下面举例予以说明。

【**例 7-32**】　已知双边 z 变换 $X(z) = \dfrac{z^2}{z^2 - \dfrac{5}{2}z + 1}$，求逆变换 $x[n]$。

解　$X(z)$ 可以表示为

$$X(z) = \frac{z^2}{\left(z - \dfrac{1}{2}\right)(z - 2)}$$

$\dfrac{X(z)}{z}$ 的部分分式展开形式为

$$\frac{X(z)}{z} = \frac{-\dfrac{1}{3}}{z - \dfrac{1}{2}} + \frac{\dfrac{4}{3}}{z - 2}$$

于是，得

$$X(z) = -\frac{1}{3}\frac{z}{z - \dfrac{1}{2}} + \frac{4}{3}\frac{z}{z - 2}$$

本例没有给定 ROC，因此需要根据极点位置来讨论。$X(z)$ 有两个极点，因此存在三种可能的 ROC，如图 7-17 所示。

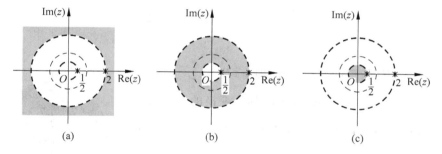

图 7-17　例 7-32 的三种收敛域

（1）对于图 7-17(a)，ROC 为 $|z| > 2$，它位于以极点的最大模为半径的圆外且包含 ∞，根据前面讨论的 ROC 性质可知逆变换对应于因果信号。因此

$$x[n] = \left[-\frac{1}{3}\left(\frac{1}{2}\right)^n + \frac{4}{3} \cdot 2^n\right]u[n]$$

（2）对于图 7-17(b)，收敛域为 $\dfrac{1}{2} < |z| < 2$。因此，它的逆变换为双边信号，其中展开式中第一项 $\left(\text{极点 } z = \dfrac{1}{2}\right)$ 对应的逆变换为因果信号。

$$-\frac{1}{3}\frac{z}{z - \dfrac{1}{2}} \xleftrightarrow{\text{ZT}} -\frac{1}{3}\left(\frac{1}{2}\right)^n u[n]$$

展开式中第二项（极点 $z = 2$）对应的逆变换为反因果信号。

$$\frac{4}{3}\frac{z}{z - 2} \xleftrightarrow{\text{ZT}} -\frac{4}{3} \cdot 2^n u[-n-1]$$

由此，得逆变换为

293

$$x[n] = -\frac{1}{3}\left(\frac{1}{2}\right)^n u[n] - \frac{4}{3} \cdot 2^n u[-n-1]$$

(3) 对于图 7-17(c),收敛域为 $|z| < \frac{1}{2}$,因此所有项对应于反因果信号。

$$x[n] = \left[\frac{1}{3}\left(\frac{1}{2}\right)^n - \frac{4}{3} \cdot 2^n\right]u[-n-1]$$

值得注意的是,有时候双边 z 变换的 ROC 是隐含在其他一些条件中的,例如信号的因果性、绝对可和或傅里叶变换存在等。这些条件决定了逆变换的唯一性。举例说明如下。

【例 7-33】 已知信号的双边 z 变换 $X(z) = \dfrac{z(z-1)}{\left(z-\frac{1}{3}\right)(z-3)}$,且已知 $\left(\frac{1}{2}\right)^n x[-n]$ 的傅里叶变换存在,求逆变换 $x[n]$。

解 $\dfrac{X(z)}{z}$ 的部分分式展开形式为

$$\frac{X(z)}{z} = \frac{z-1}{\left(z-\frac{1}{3}\right)(z-3)} = \frac{\frac{1}{4}}{z-\frac{1}{3}} + \frac{\frac{3}{4}}{z-3}$$

这样,得

$$X(z) = \frac{1}{4}\frac{z}{z-\frac{1}{3}} + \frac{3}{4}\frac{z}{z-3}$$

已知 $\left(\frac{1}{2}\right)^n x[-n]$ 的傅里叶变换存在,即 $\mathrm{FT}\{r^{-n}x[-n]\}|_{r=2}$ 存在,这表明半径 $r=2$ 的圆在 $x[-n]$ 的 z 变换的 ROC 内。利用时域反转性质,可以推得半径为 $r=\frac{1}{2}$ 的圆在 $X(z)$ 的 ROC 内。这样该例的 ROC 只有一种可能,即 $\frac{1}{3} < |z| < 3$,如图 7-18 所示。上面展开式中的第一项对应的逆变换必为因果信号,而第二项对应的逆变换必为反因果信号。这样逆变换为

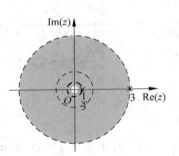

图 7-18 例 7-33 的收敛域

$$x[n] = \frac{1}{4}\left(\frac{1}{3}\right)^n u[n] - \frac{3}{4} \cdot 3^n u[-n-1]$$

如同单边 z 逆变换的求解方法一样,双边 z 逆变换的计算也可以采用幂级数展开法,具体运算时可采用长除法。如果只需求信号 $x[n]$ 的前几个值,长除法就很方便。使用长除法的缺点是不易求得 $x[n]$ 的闭式解。

【例 7-34】 已知 $X(z) = \dfrac{z}{(z-1)^2}$,ROC 为 $|z| < 1$,求 $x[n]$。

解 由于 $X(z)$ 的收敛域是在 z 平面的单位圆内,因此 $x[n]$ 必然是反因果信号。此时 $X(z)$ 的分子和分母多项式按 z 的升幂次序排列成如下形式

$$X(z) = \frac{z}{1-2z+z^2}$$

进行长除运算,得

$$\begin{array}{r} z+2z^2+3z^3+\cdots \\ 1-2z+z^2 \overline{)\,z } \\ z-2z^2+z^3 \\ \hline 2z^2-z^3 \\ 2z^2-4z^3+2z^4 \\ \hline 3z^3-2z^4 \\ 3z^3-6z^4+3z^5 \\ \hline 4z^4-3z^5 \\ \cdots \end{array}$$

因此

$$X(z)=z^1+2z^2+3z^3+\cdots=\sum_{n=-\infty}^{-1}(-n)z^{-n}$$

于是,得到

$$x[n]=-nu[-n-1]$$

例 7-34 中进行了长除运算,但长除时要注意 z 幂次的升序或降序。如果 $x[n]$ 是因果信号,则除式和被除式均按 z^{-1} 的升幂次序排列进行长除运算,得到的商也自然按 z^{-1} 的升幂次序排列,从而可以依次得到 $x[0],x[1],x[2],\cdots$;如果 $x[n]$ 是反因果信号,则除式和被除式均按 z 的升幂次序排列进行长除运算,得到的商也自然按 z 的升幂次序排列,从而可以依次得到 $x[0],x[-1],x[-2],\cdots$。

当 z 变换为非有理函数时,可以采用幂级数展开法来求解逆变换。下面举例说明。

【例 7-35】 已知 $X(z)=\ln\left(1-\dfrac{1}{2}z^{-1}\right),|z|>\dfrac{1}{2}$,求逆变换 $x[n]$。

解 该例用两种方法求解。

(1)解法一:采用幂级数展开法。由于

$$\ln(1+x)=\sum_{n=1}^{+\infty}\frac{(-1)^{n-1}}{n}\cdot x^n,\quad x\in(-1,1]$$

因此,$X(z)$ 的幂级数展开式为

$$\ln\left(1-\frac{1}{2}z^{-1}\right)=\sum_{n=1}^{+\infty}\frac{(-1)^{n-1}}{n}\cdot\left(-\frac{1}{2}z^{-1}\right)^n$$

$$=\sum_{n=1}^{+\infty}\frac{(-1)^{n-1}}{n}\cdot(-1)^n\left(\frac{1}{2}\right)^n z^{-n}=\sum_{n=1}^{+\infty}(-1)\frac{1}{n}\left(\frac{1}{2}\right)^n z^{-n}$$

对照 z 变换的定义式得

$$x[n]=-\frac{1}{n}\left(\frac{1}{2}\right)^n u[n-1]$$

(2)解法二:利用 z 域微分性质。由于

$$\frac{\mathrm{d}}{\mathrm{d}z}X(z)=\frac{\dfrac{1}{2}z^{-2}}{1-\dfrac{1}{2}z^{-1}}$$

所以

$$-z\frac{\mathrm{d}}{\mathrm{d}z}X(z) = -\frac{\frac{1}{2}z^{-1}}{1-\frac{1}{2}z^{-1}} = -\frac{1}{2}z^{-1} \cdot \frac{1}{1-\frac{1}{2}z^{-1}}, \quad |z| > \frac{1}{2}$$

由于

$$\left(\frac{1}{2}\right)^n u[n] \overset{\text{ZT}}{\longleftrightarrow} \frac{1}{1-\frac{1}{2}z^{-1}}, \quad |z| > \frac{1}{2}$$

根据移位性质得

$$-\left(\frac{1}{2}\right)^n u[n-1] \overset{\text{ZT}}{\longleftrightarrow} -\frac{1}{2}z^{-1} \cdot \frac{1}{1-\frac{1}{2}z^{-1}}, \quad |z| > \frac{1}{2}$$

由 z 域微分性质

$$nx[n] \overset{\text{ZT}}{\longleftrightarrow} -z\frac{\mathrm{d}}{\mathrm{d}z}X(z)$$

因此可得

$$nx[n] = -\left(\frac{1}{2}\right)^n u[n-1]$$

即

$$x[n] = -\frac{1}{n}\left(\frac{1}{2}\right)^n u[n-1]$$

7.7 离散时间 LTI 系统的系统函数及其性质

7.7.1 离散时间 LTI 系统的系统函数

式(7-3)定义系统函数 $H(z)$ 为单位样值响应 $h[n]$ 的 z 变换。式(7-28)给出了系统函数的另一种定义形式 $H(z) = \dfrac{Y(z)}{X(z)}$,它提供了对离散时间 LTI 系统输入-输出特性的另一种描述,即 $H(z)$ 是离散时间 LTI 系统的零状态响应的 z 变换与输入信号的 z 变换之比。在系统分析中,$H(z)$ 非常重要,它可应用于求解系统的零状态响应、频率响应以及通过它来判断离散时间 LTI 系统的特性,如因果性、稳定性等。

一个 N 阶离散时间 LTI 系统的输入-输出关系由常系数差分方程来描述,其一般形式为

$$\sum_{k=0}^{N} a_{N-k}y[n-k] = \sum_{k=0}^{M} b_{M-k}x[n-k] \tag{7-60}$$

由于系统函数是只针对零状态系统(松弛系统)定义的,因此起始状态为零。利用 z 变换的线性和时移性质,可得上式的 z 变换为

$$\sum_{k=0}^{N} a_{N-k}z^{-k}Y(z) = \sum_{k=0}^{M} b_{M-k}z^{-k}X(z)$$

由上式可得到系统函数 $H(z)$ 的一般形式为

$$H(z) = \frac{Y(z)}{X(z)} = \frac{\sum\limits_{k=0}^{M} b_{M-k} z^{-k}}{\sum\limits_{k=0}^{N} a_{N-k} z^{-k}} \qquad (7\text{-}61)$$

通常使 $a_N = 1$。上式所得到的 $H(z)$ 是 z 的多项式之比,因此是 z 的有理函数。由线性常系数差分方程所描述的离散时间 LTI 系统,系统函数总是有理的。以上讨论表明:可以从系统的差分方程描述获得系统函数。反过来,也可以由系统函数求得系统的差分方程描述。

【例 7-36】 已知一离散时间因果 LTI 系统的差分方程描述为

$$y[n] - \frac{7}{12} y[n-1] + \frac{1}{12} y[n-2] = 3x[n] - \frac{5}{6} x[n-1]$$

求系统函数 $H(z)$ 和单位样值响应 $h[n]$。

解 使用 z 变换的移位性质,得

$$Y(z) - \frac{7}{12} z^{-1} Y(z) + \frac{1}{12} z^{-2} Y(z) = 3X(z) - \frac{5}{6} z^{-1} X(z)$$

于是,有

$$H(z) = \frac{Y(z)}{X(z)} = \frac{3 - \frac{5}{6} z^{-1}}{1 - \frac{7}{12} z^{-1} + \frac{1}{12} z^{-2}} = \frac{z\left(3z - \frac{5}{6}\right)}{z^2 - \frac{7}{12} z + \frac{1}{12}} = \frac{z\left(3z - \frac{5}{6}\right)}{\left(z - \frac{1}{3}\right)\left(z - \frac{1}{4}\right)}$$

$\dfrac{H(z)}{z}$ 的部分分式展开形式为

$$\frac{H(z)}{z} = \frac{2}{z - \frac{1}{3}} + \frac{1}{z - \frac{1}{4}}$$

这样,得

$$H(z) = \frac{2z}{z - \frac{1}{3}} + \frac{z}{z - \frac{1}{4}}$$

由于系统是因果的,逆变换为

$$h[n] = \left[2\left(\frac{1}{3}\right)^n + \left(\frac{1}{4}\right)^n\right] u[n]$$

式(7-61)的分子和分母多项式可以表示为因式相乘的形式,即

$$H(z) = K \frac{z^{N-M}(z-z_1)(z-z_2)\cdots(z-z_M)}{(z-p_1)(z-p_2)\cdots(z-p_N)} = K z^{N-M} \frac{\prod\limits_{i=1}^{M}(z-z_i)}{\prod\limits_{i=1}^{N}(z-p_i)} \qquad (7\text{-}62)$$

式中 $K = \dfrac{b_M}{a_N}$,z_i 和 p_i 分别为 $H(z)$ 的零点和极点。若 $N \geqslant M$,则 $H(z)$ 在 $z=0$ 处还有一个 N-M 阶零点;若 $N < M$,则 $H(z)$ 在 $z=0$ 处还有一个 M-N 阶极点。式(7-62)表明,除了增益因子 K 之外,完全可以由系统函数的零点和极点来确定系统函数的特征。

【例 7-37】 已知一离散时间因果 LTI 系统 $H(z)$ 的零极点图如图 7-19 所示,且已知 $h[0]=3$。求系统函数 $H(z)$ 和系统的差

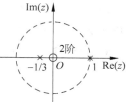

图 7-19 例 7-37 零极点图

分方程。

解 由零极点图可得

$$H(z) = K \frac{z^2}{\left(z + \dfrac{1}{3}\right)(z - 1)}$$

根据初值定理

$$h[0] = \lim_{z \to \infty} H(z) = K \lim_{z \to \infty} \frac{z^2}{z^2 - \dfrac{2}{3}z - \dfrac{1}{3}} = K$$

已知 $h[0] = 3$，求得 $K = 3$。于是系统函数为

$$H(z) = \frac{3z^2}{z^2 - \dfrac{2}{3}z - \dfrac{1}{3}} = \frac{3}{1 - \dfrac{2}{3}z^{-1} - \dfrac{1}{3}z^{-2}}$$

由于

$$H(z) = \frac{3}{1 - \dfrac{2}{3}z^{-1} - \dfrac{1}{3}z^{-2}} = \frac{Y(z)}{X(z)}$$

对上式交叉相乘，得

$$Y(z) - \frac{2}{3}z^{-1}Y(z) - \frac{1}{3}z^{-2}Y(z) = 3X(z)$$

对上式作逆变换，得系统的差分方程为

$$y[n] - \frac{2}{3}y[n-1] - \frac{1}{3}y[n-2] = 3x[n]$$

7.7.2 系统的因果性与稳定性

在第 2 章中讨论过系统的因果性和稳定性。$H(z)$ 是离散时间 LTI 系统单位样值响应 $h[n]$ 的 z 变换，下面讨论如何根据 $H(z)$ 的极点位置（收敛域）来判断系统的因果性和稳定性。

1. 因果性

在 6.8.2 节已讨论过，对于一个连续时间 LTI 系统，如果系统是因果的，则系统的单位冲激响应 $h(t)$ 必须是因果的；反之，如果单位冲激响应 $h(t)$ 是因果的，则系统就是因果的。与此相似，对于一个离散时间 LTI 系统，如果系统是因果的，则系统的单位样值响应是一个因果信号，即

$$h[n] = h[n]u[n] \tag{7-63}$$

反之，如果单位样值响应 $h[n]$ 是因果的，则系统也是因果的。

对于一个离散时间因果 LTI 系统，由收敛域的性质可推知 $H(z)$ 的 ROC 位于以最大极点的模为半径的圆外，且包含 $z = \infty$。下面举例说明。

【例 7-38】 已知系统函数如下，判断该系统是否为因果系统？

$$H(z) = \frac{z^3 - \dfrac{3}{2}z^2}{z^2 + \dfrac{3}{2}z - 1}$$

解　由于 $H(z)$ 中分子的阶次大于分母的阶次，$\lim\limits_{z\to\infty} H(z) = \infty$，这表明它的 ROC 不包含 ∞。因此，该系统不是因果系统。事实上，$H(z)$ 可以表示为

$$H(z) = z\left[\frac{z^2 - \dfrac{3}{2}z}{z^2 + \dfrac{3}{2}z - 1}\right] = zH_1(z)$$

其中

$$\frac{H_1(z)}{z} = \frac{\dfrac{7}{5}}{z+2} - \frac{\dfrac{2}{5}}{z - \dfrac{1}{2}}$$

即

$$H_1(z) = \frac{7}{5}\frac{z}{z+2} - \frac{2}{5}\frac{z}{z - \dfrac{1}{2}}$$

（1）对 $H_1(z)$，若 ROC 为 $|z| > 2$，对上式作逆变换得

$$h_1[n] = \left[\frac{7}{5}(-2)^n - \frac{2}{5}\left(\frac{1}{2}\right)^n\right]u[n]$$

这样，利用移位性质，得

$$h[n] = h_1[n+1] = \left[\frac{7}{5}(-2)^{n+1} - \frac{2}{5}\left(\frac{1}{2}\right)^{n+1}\right]u[n+1]$$

因此，$h[n]$ 不是一个因果信号。

（2）对 $H_1(z)$，若 $|z| < \dfrac{1}{2}$ 或 $\dfrac{1}{2} < |z| < 2$，由收敛域的性质可推知，$h_1[n]$ 是一个左边信号或双边信号，因此，$h[n]$ 更不可能是一个因果信号。

由该例可以看出，即使 ROC 为某个圆外区域，但由于 $H(z)$ 的分子阶次大于分母阶次，它反映在时间轴上就是在原有因果信号的基础上增加了一个左移运算，这就造成 $h[n]$ 是一个非因果信号。因此，对于一个离散时间 LTI 系统，系统的因果性要求 $H(z)$ 中分子多项式的阶次不能大于分母多项式的阶次，或者说要求零点的数量不能超过极点的数量。

【例 7-39】　已知系统函数如下，试判断它是否是一个因果系统？

$$H(z) = \frac{z}{\left(z - \dfrac{1}{3}\right)\left(z - \dfrac{1}{2}\right)}, \quad |z| > \frac{1}{2}$$

解　对 $\dfrac{H(z)}{z}$ 作部分分式展开，得

$$\frac{H(z)}{z} = \frac{-6}{z - \dfrac{1}{3}} + \frac{6}{z - \dfrac{1}{2}}$$

这样

$$H(z) = \frac{-6z}{z - \dfrac{1}{3}} + \frac{6z}{z - \dfrac{1}{2}}, \quad |z| > \frac{1}{2}$$

对上式作逆变换，得

$$h[n] = \left[-6 \left(\frac{1}{3} \right)^n + 6 \left(\frac{1}{2} \right)^n \right] u[n]$$

因此,该系统是一个因果系统。该例中 $\lim\limits_{z \to \infty} H(z) = 0$,即 ROC 包含 ∞。

以上讨论表明,如果一个离散时间 LTI 系统的系统函数 $H(z)$ 的 ROC 包含 ∞,那么该系统一定是因果系统。

2. 稳定性

在 6.8.2 节已讨论过,对于一个连续时间 LTI 系统,单位冲激响应 $h(t)$ 绝对可积是系统稳定的充分条件。与此相似,对于一个离散时间 LTI 系统,系统的单位样值响应 $h[n]$ 绝对可和是系统稳定的充分条件,即

$$\sum_{n=-\infty}^{+\infty} |h[n]| < +\infty \tag{7-64}$$

式(7-64)表明 $h[n]$ 的离散时间傅里叶变换存在,即离散时间稳定 LTI 系统存在频率响应 $H(e^{j\Omega})$。而 $H(e^{j\Omega}) = H(z)|_{z=e^{j\Omega}}$,这意味着 $z = e^{j\Omega}$,即 $|z| = 1$(单位圆)应在 $H(z)$ 的 ROC 内。因此,可得出结论:**一个离散时间稳定 LTI 系统的 $H(z)$,它的 ROC 必定包含单位圆**。

以上讨论表明,一个系统是否为有界输入-有界输出(BIBO)的稳定系统,可以通过 $H(z)$ 的 ROC 是否包含单位圆来判断。

3. 因果稳定系统

同时满足因果性和稳定性的系统,称为因果稳定系统。基于上面的两点讨论,可以得出结论:一个离散时间因果稳定 LTI 系统,其系统函数的全部极点必定落在 z 平面的单位圆内。

【例 7-40】 已知一离散时间 LTI 系统的系统函数为

$$H(z) = \frac{z(z+1)}{z^2 - \frac{3}{2}z - 1}$$

讨论该系统函数在不同 ROC 情况下的因果性和稳定性,并求出对应的单位样值响应 $h[n]$。

解 对 $\dfrac{H(z)}{z}$ 作部分分式展开,得

$$\frac{H(z)}{z} = \frac{\frac{6}{5}}{z-2} - \frac{\frac{1}{5}}{z + \frac{1}{2}}$$

这样

$$H(z) = \frac{6}{5} \frac{z}{z-2} - \frac{1}{5} \frac{z}{z + \frac{1}{2}}$$

$H(z)$ 有两个极点,因此它有三种可能的 ROC,如图 7-20 所示。

(1) 对于图 7-20(a),它的 ROC 为 $|z| > 2$,即 ROC 位于以离原点最远的极点的模为半径的圆外(包含 $z = \infty$),但 ROC 不包括单位圆,因此对应的系统为因果不稳定系统。于是得

$$h[n] = \left[\frac{6}{5} \cdot 2^n - \frac{1}{5} \left(-\frac{1}{2} \right)^n \right] u[n]$$

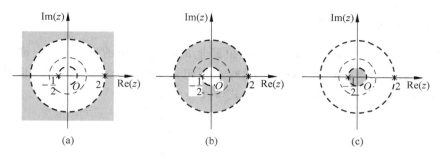

图 7-20　例 7-40 的 ROC 图

（2）对于图 7-20(b)，它的 ROC 为 $\frac{1}{2}<|z|<2$，收敛域包含单位圆，因此对应的系统为非因果稳定系统。于是得

$$h[n]=-\frac{6}{5}\cdot 2^{n}[-n-1]-\frac{1}{5}\left(-\frac{1}{2}\right)^{n}u[n]$$

（3）对于图 7-20(c)，它的 ROC 为 $|z|<\frac{1}{2}$，即 ROC 为以离原点最近的极点的模为半径的圆内，且不包括单位圆，因此对应的系统为非因果不稳定系统。于是得

$$h[n]=\left[-\frac{6}{5}\cdot 2^{n}+\frac{1}{5}\left(-\frac{1}{2}\right)^{n}\right]u[-n-1]$$

7.7.3　可逆性

一个单位样值响应为 $h[n]$ 的离散时间 LTI 系统，如果它可逆，记它的逆系统的单位样值响应为 $h_{\text{inv}}[n]$，那么这两个互逆系统级联后将构成一个恒等系统，有

$$h[n]*h_{\text{inv}}[n]=\delta[n] \qquad (7\text{-}65)$$

对上式取 z 变换，得

$$H(z)H_{\text{inv}}(z)=1$$

这样，逆系统的系统函数为

$$H_{\text{inv}}(z)=\frac{1}{H(z)}$$

如果 $H(z)$ 具有式（7-62）给出的形式，则

$$H_{\text{inv}}(z)=\frac{1}{K}z^{M-N}\frac{\prod\limits_{i=1}^{N}(z-p_{i})}{\prod\limits_{i=1}^{M}(z-z_{i})} \qquad (7\text{-}66)$$

如果由式（7-62）给出的离散时间 LTI 系统为因果稳定系统，那么它的全部极点必须落在 z 平面的单位圆之内。式（7-66）表明逆系统 $H_{\text{inv}}(z)$ 的极点就是 $H(z)$ 的零点，因此只有 $H(z)$ 的全部零点也都位于单位圆之内，才存在稳定的因果逆系统。如果一个离散时间 LTI 系统及其逆系统都要是因果且稳定的系统，那么系统函数 $H(z)$ 的全部极点和零点就必须都落在 z 平面的单位圆之内。

7.7.4　系统的频率响应

离散时间 LTI 系统函数 $H(z)$ 在单位圆上的值为系统的频率响应,即 $H(\mathrm{e}^{\mathrm{j}\Omega})=$ $H(z)|_{z=\mathrm{e}^{\mathrm{j}\Omega}}$。取 $z=\mathrm{e}^{\mathrm{j}\Omega}$ 意味着 $H(z)$ 的 ROC 必须包含单位圆,也就是说系统是 BIBO 稳定的。频率响应要对稳定系统才有意义。由式(7-62)可得

$$H(\mathrm{e}^{\mathrm{j}\Omega})=H(z)\left.\right|_{z=\mathrm{e}^{\mathrm{j}\Omega}}=Kz^{N-M}\frac{\prod\limits_{i=1}^{M}(z-z_i)}{\prod\limits_{i=1}^{N}(z-p_i)}\Bigg|_{z=\mathrm{e}^{\mathrm{j}\Omega}}$$

$$=K\mathrm{e}^{\mathrm{j}(N-M)\Omega}\frac{\prod\limits_{i=1}^{M}(\mathrm{e}^{\mathrm{j}\Omega}-z_i)}{\prod\limits_{i=1}^{N}(\mathrm{e}^{\mathrm{j}\Omega}-p_i)} \tag{7-67}$$

式(7-67)表明,可以根据系统函数 $H(z)$ 在 z 平面上的零点 z_i 和极点 p_i 的位置采用几何方法粗略地确定系统的频率响应。式(7-67)中分子和分母的乘积因子 $(\mathrm{e}^{\mathrm{j}\Omega}-z_i)$ 和 $(\mathrm{e}^{\mathrm{j}\Omega}-p_i)$ 都是复数,它们可以分别用 z 平面上从零点 z_i 到单位圆和极点 p_i 到单位圆的矢量来表示,如图 7-21 所示。因此,有

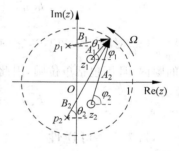

图 7-21　零极点矢量

- 零点矢量:$\mathrm{e}^{\mathrm{j}\Omega}-z_i=A_i\mathrm{e}^{\mathrm{j}\varphi_i}$
- 极点矢量:$\mathrm{e}^{\mathrm{j}\Omega}-p_i=B_i\mathrm{e}^{\mathrm{j}\theta_i}$

其中,A_i 和 B_i 分别表示两个矢量的模,φ_i 和 θ_i 分别表示它们与实轴正方向之间的夹角,即表示两个矢量的幅角。于是式(7-67)可改写为

$$H(\mathrm{e}^{\mathrm{j}\Omega})=|H(\mathrm{e}^{\mathrm{j}\Omega})|\mathrm{e}^{\mathrm{j}\angle H(\mathrm{e}^{\mathrm{j}\Omega})} \tag{7-68}$$

式中

$$|H(\mathrm{e}^{\mathrm{j}\Omega})|=|K|\frac{\prod\limits_{i=1}^{M}A_i}{\prod\limits_{i=1}^{N}B_i} \tag{7-69a}$$

$$\angle H(\mathrm{e}^{\mathrm{j}\Omega})=(N-M)\Omega+\sum\limits_{i=1}^{M}\varphi_i-\sum\limits_{i=1}^{N}\theta_i \tag{7-69b}$$

式(7-69b)中 $(N-M)\Omega$ 部分是由式(7-67)中 $\mathrm{e}^{\mathrm{j}(N-M)\Omega}$ 引起的,它表示当零点或极点在原点时只对 $\angle H(\mathrm{e}^{\mathrm{j}\Omega})$ 有影响,而对 $|H(\mathrm{e}^{\mathrm{j}\Omega})|$ 无影响,因为由这些零点或极点引起的模为1。当 Ω 沿单位圆从 $0\to2\pi$ 变化时,各矢量的模和幅角都随之改变,由此可画出幅频特性 $|H(\mathrm{e}^{\mathrm{j}\Omega})|$ 和相频特性 $\angle H(\mathrm{e}^{\mathrm{j}\Omega})$ 曲线。当 $h[n]$ 为实信号时,$|H(\mathrm{e}^{\mathrm{j}\Omega})|$ 为 Ω 的偶函数,$\angle H(\mathrm{e}^{\mathrm{j}\Omega})$ 为 Ω 的奇函数。下面以一阶系统为例予以说明。

【例 7-41】 已知一离散时间因果 LTI 系统的系统函数为

$$H(z)=\frac{z}{z-a},\quad 0<a<1$$

求该系统的频率响应,并粗略绘出该系统的幅频特性和相频特性曲线。

解 $H(z)$有一个零点在坐标原点$z=0$,有一个极点在$z=a$处,零、极点矢量图如图 7-22 所示。

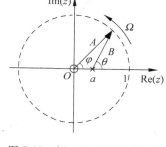

系统的频率响应为

$$H(e^{j\Omega}) = H(z) \mid_{z=e^{j\Omega}} = \frac{e^{j\Omega}}{e^{j\Omega}-a}$$

由图 7-22 可得(图中 $A=1$)

$$H(e^{j\Omega}) = \frac{e^{j\Omega}}{Be^{j\theta}} = \frac{1}{B}e^{j(\Omega-\theta)}$$

当 Ω 沿单位圆从 $0\rightarrow 2\pi$ 变化时,零极点矢量也随之改变。可得幅频特性

图 7-22 例 7-41 的零极点矢量

$$|H(e^{j\Omega})| = \frac{1}{B} = \begin{cases} \dfrac{1}{1-a}, & \Omega = 0 \\[2mm] \dfrac{1}{1+a}, & \Omega = \pi \\[2mm] \dfrac{1}{1-a}, & \Omega = 2\pi \end{cases}$$

相频特性

$$\angle H(e^{j\Omega}) = \varphi - \theta = \Omega - \theta$$

这样可以粗略地绘出该系统的幅频特性和相频特性曲线,如图 7-23 所示。由图 7-23(a)可知,这是一个低通滤波器。

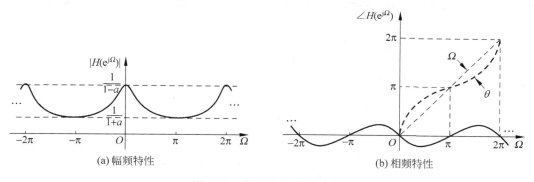

图 7-23 例 7-41 的频率响应

【例 7-42】 已知一离散时间因果 LTI 系统的系统函数为

$$H(z) = \frac{1 - a^{-1}z^{-1}}{1 - az^{-1}}, \quad a \in R$$

求:(1)系统稳定时 a 的取值;(2)根据零、极点图证明$|H(e^{j\Omega})| = $常数,即该系统为全通系统。

解 (1)易知 $H(z)$的极点为$z=a$,零点为$z=a^{-1}$。由于系统是因果的,因此 ROC 为$|z|>|a|$。对于稳定系统,要求收敛域含单位圆。因此,$|a|<1$。

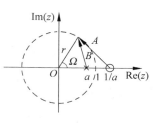

(2)设 $0<a<1$,系统的零点、极点图如图 7-24 所示。如果$-1<a<0$,则系统的零点、极点都在实轴的负半轴上。

图 7-24 例 7-42 图

根据余弦定理可分别求得(图中 $r=1$)

$$A = \sqrt{a^{-2} - 2a^{-1}\cos\Omega + 1} = a^{-1}\sqrt{a^2 - 2a\cos\Omega + 1}$$

$$B = \sqrt{a^2 - 2a\cos\Omega + 1}$$

所以

$$|H(\mathrm{e}^{j\Omega})| = \frac{A}{B} = a^{-1}$$

即系统的幅频特性为一常数,所以该系统为全通系统。一般地,离散时间 LTI 全通系统的零点与极点能相互构成倒数对的关系,其系统函数形如

$$H_{\mathrm{AP}}(z) = K \frac{\prod\limits_{i=1}^{N}(z - p_i^{-1})}{\prod\limits_{i=1}^{N}(z - p_i)} \tag{7-70}$$

7.7.5　对因果正弦信号的响应

假设离散时间 LTI 系统的系统函数是 z 的有理函数,具有如下形式

$$H(z) = \frac{N(z)}{D(z)} H(z) = \frac{Y(z)}{X(z)} = \frac{\sum\limits_{k=0}^{M} b_{M-k} z^{-k}}{\sum\limits_{k=0}^{N} a_{N-k} z^{-k}} \tag{7-71}$$

式中 $M < N$。现讨论系统对因果正弦激励信号 $x[n] = \cos(\Omega_0 n)u[n]$ 的响应。输入信号的 z 变换为

$$X(z) = \frac{z(z - \cos\Omega_0)}{z^2 - 2z\cos\Omega_0 + 1} = \frac{z(z - \cos\Omega_0)}{(z - \mathrm{e}^{j\Omega_0})(z - \mathrm{e}^{-j\Omega_0})}$$

因此,系统的零状态响应为

$$Y(z) = H(z)X(z) = \frac{N(z)}{D(z)} \cdot \frac{z(z - \cos\Omega_0)}{(z - \mathrm{e}^{j\Omega_0})(z - \mathrm{e}^{-j\Omega_0})}$$

对上式作部分分式展开,得

$$\frac{Y(z)}{z} = \frac{N_1(z)}{D(z)} + \frac{A}{z - \mathrm{e}^{j\Omega_0}} + \frac{A^*}{z - \mathrm{e}^{-j\Omega_0}}$$

式中 $N_1(z)$ 是 z 的多项式,A^* 为展开系数 A 的共轭复数。其中

$$A = Y(z)(z - \mathrm{e}^{j\Omega_0})\big|_{z=\mathrm{e}^{j\Omega_0}} = \frac{1}{2}H(\mathrm{e}^{j\Omega_0})$$

$H(\mathrm{e}^{j\Omega_0})$ 可以表示为模和幅角的形式,即

$$H(\mathrm{e}^{j\Omega_0}) = |H(\mathrm{e}^{j\Omega_0})| \, \mathrm{e}^{j\angle H(\mathrm{e}^{j\Omega_0})}$$

这样

$$\frac{Y(z)}{z} = \frac{N_1(z)}{D(z)} + \frac{1}{2}\frac{|H(\mathrm{e}^{j\Omega_0})| \, \mathrm{e}^{j\angle H(\mathrm{e}^{j\Omega_0})}}{z - \mathrm{e}^{j\Omega_0}} + \frac{1}{2}\frac{|H(\mathrm{e}^{-j\Omega_0})| \, \mathrm{e}^{-j\angle H(\mathrm{e}^{-j\Omega_0})}}{z - \mathrm{e}^{-j\Omega_0}}$$

设 $y_1[n] = \mathrm{IZT}\left\{z\dfrac{N_1(z)}{D(z)}\right\}$,则上式的逆变换为

$$y[n] = y_1[n] + \left[\frac{1}{2}|H(\mathrm{e}^{j\Omega_0})| \, \mathrm{e}^{j\angle H(\mathrm{e}^{j\Omega_0})}\mathrm{e}^{j\Omega_0 n} + \frac{1}{2}|H(\mathrm{e}^{-j\Omega_0})| \, \mathrm{e}^{-j\angle H(\mathrm{e}^{-j\Omega_0})}\mathrm{e}^{-j\Omega_0 n}\right]u[n]$$

$$= y_1[n] + |H(e^{j\Omega_0})| \cos(\Omega_0 n + \angle H(e^{j\Omega_0}))u[n]$$

若系统因果稳定，则 $D(z)$ 的根都落在 z 平面的单位圆之内，因此，$\lim\limits_{n \to +\infty} y_1[n]=0$。这样 $y_1[n]$ 为系统的暂态响应。系统的稳态响应为

$$y_{ss}[n] = |H(e^{j\Omega_0})| \cos(\Omega_0 n + \angle H(e^{j\Omega_0}))u[n] \qquad (7\text{-}72)$$

式(7-72)表明离散时间 LTI 系统对因果正弦信号的稳态响应具有与输入正弦信号相同的频率成分，只是幅度加权 $|H(e^{j\Omega_0})|$，相位移位 $\angle H(e^{j\Omega_0})$。这个结果与第 4 章例 4-9 和例 4-10 中离散时间 LTI 系统对正弦信号 $x[n]=\cos(\Omega_0 n)$ 的响应相似，只不过在例 4-9 和例 4-10 中的输入信号起始于 $n=-\infty$，因此不存在暂态响应。

7.7.6　单位阶跃响应

设离散时间 LTI 系统的系统函数形如式(7-71)，当输入为单位阶跃信号 $x[n]=u[n]$ 时，输出信号的 z 变换为

$$Y(z) = H(z)X(z) = \frac{N(z)}{D(z)} \cdot \frac{z}{z-1}$$

设分母多项式 $D(z)$ 的阶次 N 大于等于分子多项式 $N(z)$ 的阶次 M，对 $\dfrac{Y(z)}{z}$ 作部分分式展开，得

$$\frac{Y(z)}{z} = \frac{N_1(z)}{D(z)} + \frac{H(1)}{z-1}$$

设 $y_1[n]=\text{IZT}\left\{z\dfrac{N_1(z)}{D(z)}\right\}$，则 $Y(z)$ 的逆变换为

$$y[n] = y_1[n] + H(1)u[n]$$

如果系统是因果稳定的，那么 $D(z)$ 的所有根都落在 z 平面的单位圆内，因此，$\lim\limits_{n \to +\infty} y_1[n]=0$，即 $y_1[n]$ 为系统的暂态响应。这样，系统对单位阶跃信号的稳态响应为

$$y_{ss}[n] = H(1)u[n] \qquad (7\text{-}73)$$

【例 7-43】　已知一离散时间因果 LTI 系统的系统函数为

$$H(z) = \frac{z}{z - \dfrac{1}{2}}$$

当输入 $x[n]=\left(3+5\cos\left(\dfrac{\pi}{2}n\right)\right)u[n]$ 时，求系统的稳态响应。

解　当输入 $x_1[n]=3u[n]$ 时，$H(1)=2$。因此，由式(7-73)可得对应的稳态响应为

$$y_{ss1}[n] = 3H(1)u[n] = 6u[n]$$

当输入 $x_2[n]=5\cos\left(\dfrac{\pi}{2}n\right)u[n]$ 时，由于 $\Omega_0=\dfrac{\pi}{2}$，得

$$H(e^{j\Omega_0}) = H(e^{j\frac{\pi}{2}}) = \frac{e^{j\frac{\pi}{2}}}{e^{j\frac{\pi}{2}} - \dfrac{1}{2}} = \frac{1}{1 + \dfrac{1}{2}j} = \frac{2\sqrt{5}}{5}e^{-j\arctan\frac{1}{2}}$$

将 $|H(e^{j\Omega_0})|=\dfrac{2\sqrt{5}}{5}$ 和 $\angle H(e^{j\Omega_0})=-\arctan\dfrac{1}{2}$ 代入式(7-72)，可得对应的稳态响应为

$$y_{ss2}[n] = 5|H(e^{j\Omega_0})| \cos(\Omega_0 n + \angle H(e^{j\Omega_0}))u[n] = 2\sqrt{5}\cos\left(\frac{\pi}{2}n - \arctan\frac{1}{2}\right)u[n]$$

系统的稳态响应为两者的叠加,即

$$y_{ss}[n] = \left[6 + 2\sqrt{5}\cos\left(\frac{\pi}{2}n - \arctan\frac{1}{2}\right) \right]u[n]$$

7.7.7 系统的强迫响应

以上对稳态响应的求解方法也可推广至输入形如 $x[n]=z_0^n u[n]$ 时系统强迫响应的计算。具体方法是求出在复频率 $z=z_0$ 时系统函数的值 $H(z_0)$,然后强迫响应为

$$y_F[n] = H(z_0)z_0^n u[n] \tag{7-74}$$

前节对因果正弦信号的稳态响应式即式(7-72)、对单位阶跃信号的响应式即式(7-73)其实都是式(7-74)的两个特例。关于强迫响应的求解举例说明如下。

【例 7-44】 已知离散时间 LTI 系统的系统函数为

$$H(z) = \frac{z}{z - \frac{1}{4}}$$

求当输入 $x[n] = \left(\frac{1}{2}\right)^n u[n]$ 时系统的强迫响应 $y_F[n]$。

解 输入信号的复频率为 $z_0 = \frac{1}{2}$,因此

$$H(z_0) = \frac{z_0}{z_0 - \frac{1}{4}} = 2$$

这样系统的强迫响应

$$y_F[n] = 2\left(\frac{1}{2}\right)^n u[n]$$

7.8 离散时间 LTI 系统的框图表示

与连续时间 LTI 系统相似,离散时间 LTI 系统的框图同样提供了系统的结构信息,每个框图可以用一个系统函数来表示。复杂系统可以通过子系统的互联来实现。子系统的三种基本互联类型为:串联连接、并联连接和反馈连接。

7.8.1 三种基本互联类型的系统函数

1. 串联系统

如图 7-25(a)所示,其中

$$Y_1(z) = H_1(z)X(z)$$
$$Y(z) = H_2(z)Y_1(z)$$

因此

$$Y(z) = H_1(z)H_2(z)X(z) = H(z)X(z)$$

由上式可知,子系统串联连接后,整个系统的系统函数为子系统的系统函数的乘积,即

$$H(z) = H_1(z)H_2(z) \tag{7-75}$$

交换各子系统的先后次序不改变整个系统的系统函数。

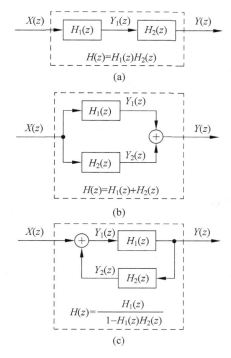

图 7-25 框图的三种基本互联
类型和等效系统函数

2. 并联系统

如图 7-25(b)所示,其中

$$Y_1(z) = H_1(z)X(z)$$

$$Y_2(z) = H_2(z)X(z)$$

$$Y(z) = Y_1(z) + Y_2(z)$$

因此

$$Y(z) = H_1(z)X(z) + H_2(z)X(z) = H(z)X(z)$$

由上式可知,子系统并联连接后,整个系统的系统函数为各子系统的系统函数之和,即

$$H(z) = H_1(z) + H_2(z) \tag{7-76}$$

3. 反馈系统

如图 7-25(c)所示,其中

$$Y_1(z) = X(z) + Y_2(z)$$

$$Y(z) = H_1(z)Y_1(z) = H_1(z)[X(z) + Y_2(z)]$$

$$Y_2(z) = H_2(z)Y(z)$$

因此

$$Y(z) = H_1(z)[X(z) + H_2(z)Y(z)]$$

整理上式,可得

$$Y(z) = \frac{H_1(z)X(z)}{1 - H_1(z)H_2(z)} = H(z)X(z)$$

由上式可知,反馈连接后整个系统的系统函数为

$$H(z) = \frac{H_1(z)}{1 - H_1(z)H_2(z)} \tag{7-77}$$

7.8.2 系统的框图实现

系统函数 $H(z)$ 可以用加法器、乘法器和单位延时器来实现。单位延时器的单位样值响应为 $h[n] = \delta[n-1]$,它的系统函数为 $H(z) = \frac{1}{z}$。因此,在 z 域中单位延时器用标有 z^{-1} 的方框来表示,如图 7-26 所示。下面举例讨论系统函数的框图实现方法。

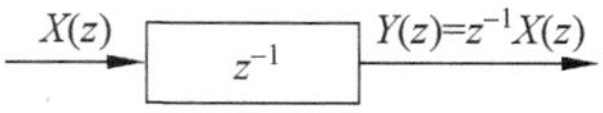

$$X(z) \longrightarrow \boxed{z^{-1}} \longrightarrow Y(z) = z^{-1}X(z)$$

图 7-26 单位延时器的 z 域表示

1. 直接 I 型实现

【例 7-45】 已知一离散时间因果 LTI 系统的系统函数为

$$H(z) = \frac{b_2 + b_1 z^{-1} + b_0 z^{-2}}{1 + a_1 z^{-1} + a_0 z^{-2}}$$

画出该系统的方框图。

解 可以将系统函数表示为

$$H(z) = (b_2 + b_1 z^{-1} + b_0 z^{-2}) \frac{1}{1 + a_1 z^{-1} + a_0 z^{-2}} = H_1(z)H_2(z)$$

其中

$$H_1(z) = b_2 + b_1 z^{-1} + b_0 z^{-2}$$

$$H_2(z) = \frac{1}{1 + a_1 z^{-1} + a_0 z^{-2}}$$

上式表明,可以采用先 $H_1(z)$ 后 $H_2(z)$ 的级联次序来实现 $H(z)$,如图 7-27(a)所示。对于离散时间 LTI 系统而言,交换 $H_1(z)$ 和 $H_2(z)$ 的次序并不影响系统的功能,因此 $H(z)$ 的实现也可采用如图 7-27(b)所示的级联次序。

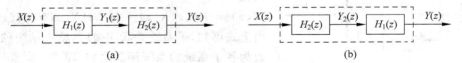

图 7-27　例 7-45 的级联次序

对图 7-27(a),有

$$Y_1(z) = H_1(z) X(z) = (b_2 + b_1 z^{-1} + b_0 z^{-2}) X(z)$$

显然,输出 $Y_1(z)$ 为 3 部分之和,如图 7-28 左边虚框部分所示。由 $H_2(z)$ 的输入-输出关系,可得

$$Y(z) = H_2(z) Y_1(z) = \frac{1}{1 + a_1 z^{-1} + a_0 z^{-2}} Y_1(z)$$

上式可改写成

$$Y(z) = Y_1(z) - (a_1 z^{-1} + a_0 z^{-2}) Y(z)$$

与上式对应的框图实现如图 7-28 右边虚框部分所示。

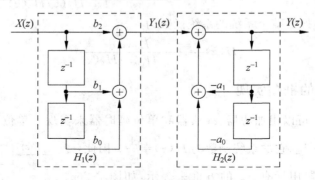

图 7-28　例 7-45 系统的直接 I 型实现

如图 7-28 所示框图结构称为直接 I 型实现,这一结构可以推广至一个 N 阶系统函数的实现。不失一般性,假设式(7-61)中 $N = M$,并令 $a_N = 1$,这样一个 N 阶系统函数形式为

$$H(z) = \frac{b_N + b_{N-1} z^{-1} + b_{N-2} z^{-2} + \cdots + b_0 z^{-N}}{1 + a_{N-1} z^{-1} + a_{N-2} z^{-2} + \cdots + a_0 z^{-N}} \tag{7-78}$$

上式可改写为

$$H(z) = (b_N + b_{N-1} z^{-1} + b_{N-2} z^{-2} + \cdots + b_0 z^{-N})$$

$$\cdot \frac{1}{1 + a_{N-1} z^{-1} + a_{N-2} z^{-2} + \cdots + a_0 z^{-N}} \tag{7-79}$$

不难得出与式(7-79)相对应的直接 I 型实现如图 7-29 所示,它需要 $2N$ 个单位延时器。

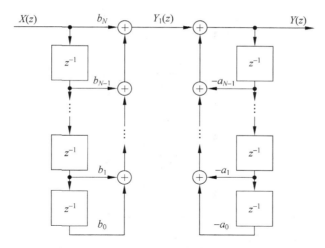

图 7-29　一个 N 阶系统的直接 I 型实现

2．直接Ⅱ型实现

直接 I 型实现是首先实现系统函数的零点，然后再实现极点。对例 7-45 也可以采用图 7-27(b)的级联次序，它先实现系统函数的极点，然后再实现零点，这种实现方式称为直接Ⅱ型实现。交换图 7-28 中 $H_1(z)$ 和 $H_2(z)$ 的次序可得如图 7-30(a)所示的框图。从图中可以发现，$H_2(z)$ 各单位延时器的输出与 $H_1(z)$ 各对应的单位延时器的输出完全相同，因此两路单位延时器可以合并为一路，如图 7-30(b)所示。这一结构就是直接Ⅱ型实现，与直接 I 型实现相比，它节省了一半的单位延时器。这一结构可以推广至一个 N 阶系统函数的实现，如图 7-31 所示，它仅需要 N 个单位延时器。因此，较之直接Ⅱ型实现，直接Ⅱ型实现是一种更高效的实现方法。

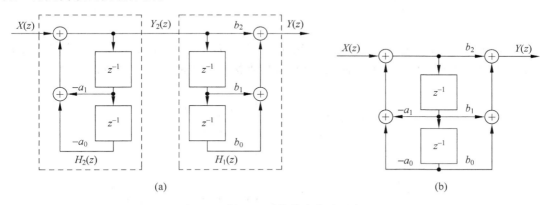

图 7-30　例 7-45 系统的直接Ⅱ型实现

3．级联型和并联型实现

在采用级联型或并联型结构实现的系统中，某一参数的变化一般只影响到局部模块，因此这样实现的系统通常对参数变化的敏感性要低于前面讨论的直接 I 型和Ⅱ型实现。如果将一个高阶的系统函数分解成若干个低阶系统函数的乘积形式，那么就可以采用级联的方式实现系统函数；如果将一个高阶的系统函数作部分分式展开，表示成若干个低阶系统函

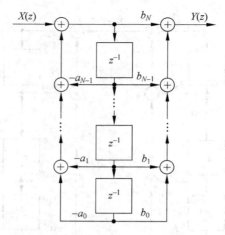

图 7-31　一个 N 阶系统的直接 Ⅱ 型实现

数之和的形式,那么就可以采用并联结构方式实现系统函数。下面举例予以讨论。

【例 7-46】　已知一离散时间因果 LTI 系统的系统函数为 $H(z) = \dfrac{1 - \dfrac{7}{4}z^{-1} - \dfrac{1}{2}z^{-2}}{1 + \dfrac{1}{4}z^{-1} - \dfrac{1}{8}z^{-2}}$,分

别画出该系统的级联型和并联型模拟框图。

解　(1) 级联型

首先,对 $H(z)$ 进行整理,表示为

$$H(z) = \frac{\left(1 + \dfrac{1}{4}z^{-1}\right)(1 - 2z^{-1})}{\left(1 + \dfrac{1}{2}z^{-1}\right)\left(1 - \dfrac{1}{4}z^{-1}\right)} = \underbrace{\left[\frac{1 + \dfrac{1}{4}z^{-1}}{1 + \dfrac{1}{2}z^{-1}}\right]}_{H_1(z)}\underbrace{\left[\frac{1 - 2z^{-1}}{1 - \dfrac{1}{4}z^{-1}}\right]}_{H_2(z)}$$

上式表明,可以通过两个一阶子系统 $H_1(z)$ 和 $H_2(z)$ 的级联来实现一个二阶系统 $H(z)$,如图 7-32(a)所示。每个子系统又可以用直接 Ⅱ 型实现,如图 7-32(b)所示。

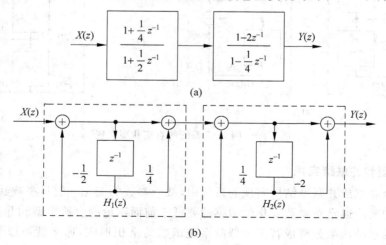

图 7-32　例 7-46 系统的级联型实现

（2）并联型

将 $H(z)$ 作部分分式展开,得

$$H(z) = \underbrace{4}_{H_3(z)} + \underbrace{\frac{\dfrac{5}{3}}{1+\dfrac{1}{2}z^{-1}}}_{H_4(z)} + \underbrace{\frac{-\dfrac{14}{3}}{1-\dfrac{1}{4}z^{-1}}}_{H_5(z)}$$

上式表明可以通过三个低阶子系统 $H_3(z)$、$H_4(z)$ 和 $H_5(z)$ 的并联来实现一个二阶系统 $H(z)$,如图 7-33(a)所示。每个子系统可以用直接Ⅱ型实现,如图 7-33(b)所示。

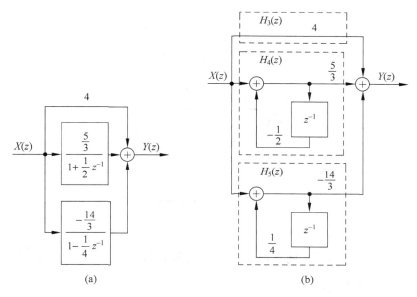

图 7-33 例 7-46 系统的并联型实现

上面讨论的例子将一个二阶系统分解成三个低阶子系统来实现,如果要实现的是一个高阶系统,那么可以将高阶系统分解为若干个一阶、二阶或较高阶系统的级联或并联。例如当出现共轭极点时,由于不便直接实现复数乘法运算,因此共轭极点可以用一个二阶因式来实现。

【例 7-47】 已知一离散时间 LTI 系统的系统函数为 $H(z)=\dfrac{z(z^2+2z-2)}{(z-1)(z^2+z+1)}$,试画出该系统的并联型实现框图。

解 由于出现共轭极点,因此应将 $\dfrac{H(z)}{z}$ 部分分式展开为(参考例 7-22)

$$\frac{H(z)}{z} = \frac{\dfrac{1}{3}}{z-1} + \frac{\dfrac{2}{3}z+\dfrac{7}{3}}{z^2+z+1}$$

这样

$$H(z) = \frac{\dfrac{1}{3}z}{z-1} + \frac{\dfrac{2}{3}z^2+\dfrac{7}{3}z}{z^2+z+1} = \underbrace{\frac{\dfrac{1}{3}}{1-z^{-1}}}_{H_1(z)} + \underbrace{\frac{\dfrac{2}{3}+\dfrac{7}{3}z^{-1}}{1+z^{-1}+z^{-2}}}_{H_2(z)}$$

上式意味着将一个三阶系统 $H(z)$ 的实现分解为了一个一阶系统 $H_1(z)$ 和一个二阶系统 $H_2(z)$ 的并联形式,其中 $H_1(z)$ 和 $H_2(z)$ 可以分别采用直接Ⅱ型实现,如图 7-34 所示。

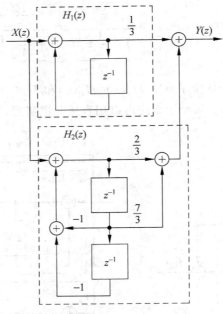

图 7-34 例 7-47 系统的并联型实现

【例 7-48】 已知一离散时间 LTI 系统的系统函数为 $H(z) = \dfrac{\frac{1}{2}z}{z-1} + \dfrac{2z}{(z-2)^2} - \dfrac{z}{z-2}$,试画出该系统的并联型实现框图。

解 当系统函数出现重极点时,在并联型实现中,为减少单位延时器的使用数量,可以采用一阶项的级联来实现高阶项。由此实现的模拟框图如图 7-35 所示,$H(z)$ 中 $\dfrac{2z}{(z-2)^2}$ 项是通过两个一阶系统的串联来实现的,即由 $\dfrac{z}{z-2}$ 与 $\dfrac{2}{z-2}$ 的串联来实现。这样实现这个三阶系统仍然只需 3 个单位延时器。本例若单独设计三阶系统 $H(z)$ 中的三个并联部分,则共需要使用 4 个单位延时器。

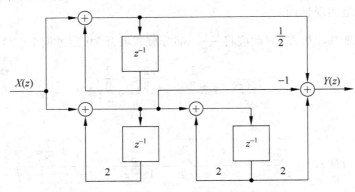

图 7-35 例 7-48 系统的并联型实现

小　结

1. 双边 z 变换

式(7-2)和式(7-5)分别定义了离散时间信号 $x[n]$ 的 z 正变换和 z 逆变换,它们一起构成了双边 z 变换对。保证信号 $x[n]$ 的 z 变换存在的条件是 $x[n]r^{-n}$ 绝对可和,使 z 变换存在的 z 的取值集合称为收敛域(ROC)。z 变换比离散时间傅里叶变换具有更为广泛的适用性。

如果没有给定 ROC,则双边 z 变换与时域信号之间就可能不是一一对应的。也就是说,两个不同的时域信号,它们的 z 变换可以是相同的,只是 ROC 不同。

一般而言,信号 $x[n]$ 的 z 变换可表示为分子分母都是复变量 z^{-1} 的两个多项式之比,即 $X(z)=\dfrac{N(z)}{D(z)}$。$N(z)$ 的根 z_i 称为零点,$D(z)$ 的根 p_j 称为极点。在 z 平面内,关于有理函数 $X(z)$ 的零点(用圆圈"。"表示)和极点(用"×"表示)的图称为零极点图。对于重根的数目,通常在图上根的位置附近予以标注。

ROC 一方面与信号 $x[n]$ 的时域取值情况有关,另一方面与 $X(z)$ 的极点分布有关。有了这些性质,就可以根据 $X(z)$ 和 $x[n]$ 的特性判断 ROC。

信号的双边 z 变换的主要性质有线性、时移、z 域微分、z 域尺度变换、时域卷积、差分、累加、时域反转等。

求解双边 z 逆变换主要有三种方法:围线积分法,部分分式展开法,幂级数展开法。

对于以 z 的多项式之比表示的双边 z 变换,可以首先进行部分分式展开,然后再根据 ROC 来确定对应展开项的逆变换是属于因果信号还是反因果信号。

如果只需求信号 $x[n]$ 的前几个值,可以使用长除法。长除法的缺点是不易求得 $x[n]$ 的闭式解。长除时要注意 z 幂次的升序或降序:如果 $x[n]$ 是因果信号,则除式和被除式均按 z^{-1} 的升幂次序排列进行长除运算,得到的商也自然按 z^{-1} 的升幂次序排列,从而可以依次得到 $x[0],x[1],x[2],\cdots$;如果 $x[n]$ 是反因果信号,则除式和被除式均按 z 的升幂次序排列进行长除运算,得到的商也自然按 z 的升幂次序排列,从而可以依次得到 $x[0]$,$x[-1],x[-2],\cdots$。

当 z 变换为非有理函数时,可以采用幂级数展开法来求解逆变换。

2. 单边 z 变换

式(7-14)定义了离散时间信号 $x[n]$ 的单边 z 变换。单边 z 变换可以避免在许多实际问题中对收敛域的讨论,即使不给定 ROC 也不会引起歧义,单边 z 变换有唯一的逆变换。单边 z 变换更为重要的应用是可以分析具有非零起始状态的差分方程所描述的因果系统。单边 z 逆变换的定义与式(7-5)一致,只是结果仅仅对 $n\geqslant0$ 有效。

信号的单边 z 变换的主要性质有线性、时移、z 域微分、z 域尺度变换、z 域反转、时域卷积、差分、累加、时域扩展、初值定理、终值定理等。

一般可以采用三种方法求解 z 逆变换:围线积分法,幂级数展开法,部分分式展开法。

如果能得到 $X(z)$ 的幂级数展开式,则信号 $x[n]$ 可由 z^{-n} 的系数方便求得。对于有理 z 变换而言,幂级数展开可以用长除法得到。对于单边 z 变换,由于 $X(z)$ 的逆变换 $x[n]$ 必定是因果序列,因此除式和被除式均按 z^{-1} 的升幂次序排列进行长除运算,可以依次得到

$x[0],x[1],x[2],\cdots$。幂级数展开法也可以用于计算非有理 z 函数的逆变换。

部分分式展开法是一种在实际应用中最为普遍和有效的方法,它将 $X(z)$ 的表达式作部分分式展开,然后利用已知的变换表(例如表 7-2)以及性质来计算 z 逆变换。

$X(z)$ 通常是以 z^{-1} 形式给出的有理函数,即 $X(z)$ 的分子 $N(z)$ 和分母 $D(z)$ 都是 z^{-1} 的多项式。若 $N(z)$ 的阶次低于 $D(z)$ 的阶次,且 $X(z)$ 的所有极点 p_i 都是单极点且均不为零,则逆变换为式(7-40)。若存在共轭极点对 p_i 和 p_{i+1},即 $p_i=p_{i+1}^*$,那么对应的系数也一定是共轭的,即 $A_i=A_{i+1}^*$。如果 $X(z)$ 具有多重极点,则 $X(z)$ 的逆变换中还将出现关于 n 的多项式。

当 $X(z)$ 分子多项式 $N(z)$ 的阶次高于分母多项式 $D(z)$ 的阶次时,虽然 $X(z)$ 的单边逆 z 变换所对应的 $x[n]$ 仍然是右边序列,但 $x[n]$ 中将出现 $n<0$ 的非零项,此时 $x[n]$ 不再是因果序列。

利用 z 变换求解差分方程的基本步骤是:

(1) 利用单边 z 变换的移位特性将时域中的差分方程变换成 z 域中的代数方程;

(2) 整理前述代数方程,求得响应的 z 域表达式 $Y(z)$;

(3) 求输入信号的单边 z 变换 $X(z)$ 并代入 $Y(z)$ 表达式;

(4) 再通过 z 逆变换求得时域解 $y[n]$。

z 变换将时域中的差分方程变换成了 z 域中的代数方程,且 z 变换的时域移位性质可以自动将系统的起始状态包含在方程中,通过求解这一代数方程很容易得到 z 域中的解,然后再通过 z 逆变换求得系统在 $n\geqslant0$ 时的完全响应。

对于一个 N 阶离散时间 LTI 系统,在已知 $y[-1],y[-2],\cdots$ 起始状态的情况下,采用单边 z 变换并利用右移性质求解后向差分方程较为方便,而且此时比较容易求得零输入和零状态解。如果给定的是初始条件 $y[0],y[1],\cdots,y[N-1]$,那么采用前向差分方程并利用左移性质来求完全解较为方便。前向和后向差分方程的相互转换可通过变量置换的方法来实现。

一般地,不论是通过起始状态 $y[-1],y[-2],\cdots,y[-N]$ 还是通过初始条件 $y[0]$, $y[1],\cdots,y[N-1]$ 求得 $Y(z)$,甚至是通过起始状态与初始条件的混合 $y[-1],y[0],\cdots$ 来求得 $Y(z)$,只要把 $Y(z)$ 分解为包含因式 $X(z)$ 和不包含 $X(z)$ 的两项之和,那么,包含 $X(z)$ 的一项所对应的就是零状态响应,而不包含 $X(z)$ 的一项所对应的就是零输入响应。

3. 离散时间 LTI 系统的系统函数及其性质

系统函数 $H(z)$ 是离散时间 LTI 系统单位样值响应 $h[n]$ 的 z 变换,也是离散时间 LTI 系统的零状态响应的 z 变换与输入信号的 z 变换之比。从系统的差分方程描述可以获得系统函数;反之,也可以由系统函数求得系统的差分方程描述。由线性常系数差分方程所描述的离散时间 LTI 系统,系统函数总是有理的。在系统分析中,$H(z)$ 非常重要,它可应用于求解系统的零状态响应、频率响应以及通过它来判断离散时间 LTI 系统的特性,如因果性、稳定性等。

如果一个离散时间 LTI 系统的系统函数 $H(z)$ 的 ROC 包含 ∞,那么该系统一定是因果系统。一个离散时间稳定 LTI 系统的 $H(z)$ 的 ROC 必定包含单位圆。一个离散时间因果稳定 LTI 系统的系统函数的全部极点必定落在 z 平面的单位圆内。

两个互逆系统 $H(z)$ 和 $H_{\text{inv}}(z)$ 级联后将构成一个恒等系统,它们的单位样值响应间的卷积为单位样值序列。如果 z_i 和 p_i 分别为系统 $H(z)$ 的零点和极点,则 z_i 和 p_i 是逆系统

$H_{inv}(z)$的极点和零点。如果一个离散时间 LTI 系统及其逆系统都要是因果且稳定的系统，那么系统函数 $H(z)$ 的全部极点和零点就必须都落在 z 平面的单位圆之内。

如果离散时间 LTI 系统是 BIBO 稳定的，则沿单位圆求系统函数 $H(z)$ 的值就可以得到系统的频率响应。可以根据系统函数 $H(z)$ 在 z 平面上的零点 z_i 和极点 p_i 的位置采用几何方法粗略地确定系统的频率响应。

如果系统函数的所有极点与零点能相互构成共轭倒数对的关系，则系统的幅频特性为一常数，这样的系统称为全通系统。

对于因果稳定的离散时间 LTI 系统，当系统的输入信号中包含 $x[n]=z_0^n u[n]$ 的分量时，系统响应中除含有由系统固有极点所贡献的自由响应分量（通常当 $n\to +\infty$ 时该分量衰减到零）外，还存在与激励信号同频的强迫响应分量。如果先求出系统函数 $H(z)$ 在复频率 $z=z_0$ 时的值 $H(z_0)$，就可以直接求得系统的强迫响应 $y_F[n]=H(z_0)z_0^n u[n]$。强迫响应的两个特例是系统对因果正弦信号的稳态响应和对单位阶跃信号的稳态响应。

4. LTI 系统的框图表示

离散时间 LTI 系统的框图提供了系统的结构信息，每个框图可以用一个系统函数来表示。复杂系统可以通过子系统的互联来实现。

子系统之间的互联有串联连接、并联连接和反馈三种形式，互联后的等效系统函数分别如式(7-75)、式(7-76)、式(7-77)所示。串联连接后的系统函数为各子系统的系统函数的乘积，并联连接后的系统函数为各子系统的系统函数之和。

系统函数 $H(z)$ 可以用加法器、乘法器和单位延时器来实现。在 z 域中单位延时器用标有 z^{-1} 的方框来表示。

不失一般性，一个 N 阶系统函数可写为式(7-79)的形式。对于式(7-79)所表示的系统函数，如果首先实现系统函数的零点，然后再实现系统函数的极点，就得到直接 I 型实现，它需要 $2N$ 个单位延时器。如果首先实现系统函数的极点，然后再实现系统函数的零点，就得到直接 II 型实现，它仅需要 N 个单位延时器。与直接 I 型实现相比，直接 II 型实现节省了一半的单位延时器，因此它是一种更高效的实现方法。

在采用级联型或并联型结构实现的系统中，某一参数的变化一般只影响到局部模块，因此这样实现的系统通常对参数变化的敏感性要低于直接 I 型实现和直接 II 型实现。如果将一个高阶的系统函数分解成若干个低阶系统函数的乘积形式，那么就可以采用级联的方式实现系统函数；如果将一个高阶的系统函数作部分分式展开，表示成若干个低阶系统函数之和的形式，那么可以采用并联结构方式实现系统函数。

如果要实现一个高阶的系统，可以将高阶系统分解为若干个一阶、二阶或较高阶系统的级联或并联来实现。当出现共轭极点时，由于不便直接实现复数乘法运算，因此共轭极点可以用一个二阶因式来实现。

习　　题

7-1　计算下列各信号的 z 变换 $X(z)$，画出零极点图和收敛域。

(1) $x[n]=\left(\dfrac{1}{2}\right)^n u[n]+3^n u[n]$；

(2) $x[n]=\left(\dfrac{1}{3}\right)^n u[n]-2^n u[-n-1]$；

(3) $x[n]=3^n u[-n-1]+4^n u[-n-1]$;　　(4) $x[n]=u[n+2]-u[n-3]$;

(5) $x[n]=\delta[n-3]$。

7-2　利用性质计算下列各信号的(单边)z变换 $X(z)$。

(1) $x[n]=(n-3)2^n u[n-2]$;　　(2) $x[n]=\left(\dfrac{1}{2}\right)^{n+2}u[n-2]$;

(3) $x[n]=(-1)^n(u[n]-u[n-6])$;　　(4) $x[n]=\sin(\Omega_0(n-3))u[n-3]$;

(5) $x[n]=\delta[2n]$;　　(6) $x[n]=\left(\dfrac{1}{3}\right)^{3n-1}\delta[n-1]$;

(7) $x[n]=e^n\cos\left(\dfrac{\pi}{4}n\right)u[n]$;　　(8) $x[n]=\displaystyle\sum_{k=0}^{n}(u[k]-u[k-4])$;

(9) $x[n]=\displaystyle\sum_{k=0}^{n}k\left(\dfrac{1}{3}\right)^k$;　　(10) $x[n]=\begin{cases}\left(\dfrac{1}{2}\right)^{n/2}, & n=0,2,4,6\cdots \\ 0, & \text{其他}\end{cases}$;

(11) $x[n]=(-1)^n n\,(-2)^n u[n]$;　　(12) $x[n]=\left(\dfrac{1}{2}\right)^{n+2}u[n+2]$。

7-3　求题图 7-3(a)、(b)所示信号的 z 变换。

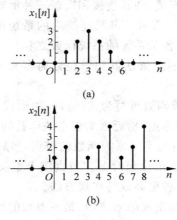

题图 7-3

7-4　利用初值和终值定理计算下列信号的初值 $x[0]$ 和终值 $\lim\limits_{n\to\infty}x[n]$,若没有终值,说明为什么?

(1) $X(z)=\dfrac{2z^2}{(z-1)\left(z-\dfrac{1}{2}\right)}$;　　(2) $X(z)=\dfrac{z}{z^2+z+1}$;

(3) $X(z)=\dfrac{3z^2(z-2)}{\left(z-\dfrac{1}{5}\right)(z-1)^2}$;　　(4) $X(z)=\dfrac{z}{\left(z-\dfrac{1}{2}\right)^2}$;

(5) $X(z)=\dfrac{z^3+z^2+2z}{z^3-1}$;　　(6) $X(z)=\dfrac{z^2-z}{z^2-\dfrac{1}{2}z+\dfrac{1}{4}}$。

7-5 求下列函数 $X(z)$ 的（单边）z 逆变换 $x[n]$。

(1) $X(z) = \dfrac{z\left(z+\frac{1}{2}\right)}{z^2 - \frac{3}{2}z + \frac{1}{2}}$；

(2) $X(z) = \dfrac{z^2 - 2z}{z^2 - z + 1}$；

(3) $X(z) = \dfrac{z^2 - \frac{\sqrt{2}}{4}z}{z^2 - \frac{\sqrt{2}}{2}z + \frac{1}{4}}$；

(4) $X(z) = \dfrac{2z^3}{\left(z + \frac{1}{2}\right)\left(z - \frac{2}{5}\right)^2}$；

(5) $X(z) = \dfrac{1}{z - \frac{1}{2}}$；

(6) $X(z) = \dfrac{(z-1)^2}{z^3}$；

(7) $X(z) = \dfrac{z}{z^2 - z + \frac{1}{2}}$；

(8) $X(z) = \dfrac{z^2}{z^2 - 1}$；

(9) $X(z) = \ln\left(1 - \frac{1}{4}z^{-1}\right)$；

(10) $X(z) = \dfrac{1}{1 - 2^{-5}z^{-4}}$；

(11) $X(z) = \dfrac{1 - 3z^{-1}}{1 - z^{-2}}$；

(12) $X(z) = \dfrac{1 - 3z^{-1}}{1 + z^{-2}}$。

7-6 离散时间信号 $x[n]$ 的 z 变换为 $X(z)$，该信号满足以下 5 个条件，求 $X(z)$。

(1) $x[n]$ 是实的右边信号；

(2) $X(z)$ 仅有两个极点；

(3) $X(z)$ 仅有两个一阶零点，分别在原点和 $z = -1$ 处；

(4) $X(z)$ 有一个极点在 $z = \frac{1}{4}e^{-j\pi/3}$；

(5) $X(1) = \dfrac{16}{13}$。

7-7 用 z 变换法求解下列差分方程，并标明零输入响应、零状态响应，强迫响应、自由响应。

(1) $y[n] - \frac{1}{5}y[n-1] - \frac{4}{5}y[n-2] = x[n]$, $y[-1] = 1$, $y[-2] = 1$, $x[n] = \left(\frac{1}{2}\right)^n u[n]$；

(2) $y[n] + y[n-1] + \frac{1}{4}y[n-2] = \frac{1}{4}x[n-1]$, $y[-1] = 0$, $y[-2] = 1$, $x[n] = u[n]$；

(3) $y[n] - y[n-1] + y[n-2] = x[n] - 2x[n-1]$, $y[-1] = 1$, $y[-2] = 1$, $x[n] = 2^n u[n]$。

7-8 用 z 变换法求解下列差分方程的完全响应。

(1) $y[n+2] + 3y[n+1] + 2y[n] = x[n]$, $y[0] = 0$, $y[1] = 0$, $x[n] = 3^n u[n]$；

(2) $y[n] - y[n-1] - 2y[n-2] = x[n-2]$, $y[0] = 1$, $y[1] = 1$, $x[n] = u[n]$。

7-9 已知 $X(z) = \dfrac{z^{-1}}{\left(1 - \frac{1}{2}z^{-1}\right)(1 - 2z^{-1})}$，求下列每种条件下的双边 z 逆变换 $x[n]$。

(1) 若 $\displaystyle\sum_{n=-\infty}^{+\infty}|x[n]| < \infty$；

(2) 若 $x[n]$ 是一个因果信号；

(3) 若 $x[n]$ 是一个反因果信号。

7-10 设 $x[n]$ 是一个绝对可和信号,它的 z 变换 $X(z)$ 为有理函数,且已知在 $z=\dfrac{1}{4}$ 和 $z=2$ 处各有一个一阶极点,则 $x[n]$ 可能是下列哪类信号?并说明理由。

(1) 有限长信号; (2) 右边信号;

(3) 左边信号; (4) 双边信号。

7-11 已知一有理系统函数 $H(z)$ 的零极点图如题图 7-11 所示,讨论该系统的因果性和稳定性。

7-12 已知一离散时间 LTI 系统的差分方程为 $y[n]-y[n-1]-y[n-2]=x[n-1]$。

(1) 求该系统的系统函数 $H(z)$,画出零极点图。

(2) 对于下列每种情况求该系统的单位样值响应 $h[n]$。

① 系统是稳定的;② 系统是因果的。

题图 7-11

7-13 已知一个离散时间稳定 LTI 系统的 $H(z)=\dfrac{1}{1-\dfrac{3}{10}z^{-1}}-\dfrac{2}{1-2z^{-1}}$,写出该系统的差分方程,并求 $h[n]$。

7-14 求下列差分方程所描述的离散时间因果 LTI 系统的系统函数 $H(z)$ 和单位样值响应 $h[n]$,并讨论每个系统的稳定性。

(1) $y[n]=x[n]+x[n-2]-x[n-4]$; (2) $y[n]-\dfrac{1}{2}y[n-1]=x[n-1]$;

(3) $y[n]+y[n-1]-2y[n-2]=2x[n]-x[n-1]$。

7-15 求由下列系统函数 $H(z)$ 所描述的系统的前向和后向差分方程。

(1) $H(z)=\dfrac{4}{1-\dfrac{1}{4}z^{-1}}$; (2) $H(z)=\dfrac{z^2+2z}{z^2-z+\dfrac{1}{2}}$;

(3) $H(z)=\dfrac{2z+1}{\left(z-\dfrac{1}{2}\right)(z-2)}$。

7-16 求下列 $H(z)$ 所描述的因果稳定系统所对应的逆系统函数 $H_{inv}(z)$,并讨论因果逆系统的稳定性。

(1) $H(z)=\dfrac{3-2z^{-1}}{1-\dfrac{3}{4}z^{-1}+\dfrac{1}{8}z^{-2}}$; (2) $H(z)=\dfrac{2z^2+3z}{z^2+\dfrac{1}{2}z-\dfrac{3}{16}}$。

7-17 已知系统函数 $H(z)$ 的零极点图如题 7-17 图所示,且已知该离散时间 LTI 系统对 a^n 的响应为 a^n。

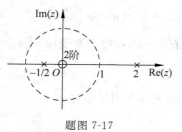

(1) 若 $\dfrac{1}{2}<|a|<2$,判断系统的稳定性;

(2) 取 $a=-1$,求系统函数 $H(z)$ 和单位样值响应 $h[n]$。

7-18 某一离散时间 LTI 系统的单位样值响应为

$$h[n]=\left[1+\left(\dfrac{1}{5}\right)^n+\left(\dfrac{2}{5}\right)^n\right]u[n]。$$

(1) 求系统函数 $H(z)$;

题图 7-17

（2）写出该系统的差分方程。

7-19 已知一离散时间 LTI 系统的系统函数为 $H(z) = \dfrac{1 - z^{-1}}{\left(1 - \dfrac{1}{2}z^{-1}\right)(1 + 2z^{-1})}$，它的单

位样值响应 $h[n]$ 满足 $\sum\limits_{n=-\infty}^{+\infty} |h[-n]| < \infty$。

（1）求系统的单位样值响应 $h[n]$；

（2）当输入 $x[n] = 2$ 时，求系统的稳态响应 $y_{ss}[n]$。

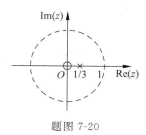

题图 7-20

7-20 某一离散时间因果 LTI 系统函数的零极点图如题图 7-20 所示，且已知 $h[0] = 1$。

（1）求系统函数 $H(z)$；

（2）若系统的零状态响应为 $y[n] = 3\left[\left(\dfrac{1}{2}\right)^n - \left(\dfrac{1}{3}\right)^n\right]u[n]$，求激励信号 $x[n]$；

（3）粗略绘出系统的幅频特性曲线。

7-21 已知一离散时间因果 LTI 系统 $H(z) = \dfrac{1}{1 - \dfrac{1}{2}z^{-1}}$。

（1）求系统的频率响应 $H(e^{j\Omega})$，并粗略绘出该系统的幅频特性曲线和相频特性曲线；

（2）当 $x[n] = 2\cos(\pi n)$ 时，求该系统的输出 $y[n]$。

7-22 已知一离散时间因果 LTI 系统 $y[n] - ay[n-1] = x[n]$，其中 a 为一实数。

（1）求该系统的系统函数及频率响应；

（2）确定该系统稳定时系数 a 的取值范围；

（3）当激励 $x[n] = u[n] - u[n-5]$ 时，零状态响应为 $y[n] = [2 - 2^{-n}]u[n] - [2 - 2^{-(n-5)}]u[n-5]$，试确定系统差分方程中的系数 a。

7-23 已知一离散时间因果 LTI 系统的系统函数 $H(z) = \dfrac{K}{1 - \dfrac{1}{4}z^{-1}}$（$K$ 为实常数），且

当 $x[n] = 1$ 时，$y[n] = 4/3$。

（1）求该系统的频率响应，画出幅频特性曲线，并说明为何种滤波器；

（2）若 $y[-1] = 2$，$x[n] = \left(\dfrac{1}{2}\right)^n u[n]$，求系统的零输入响应 $y_{zi}[n]$ 和零状态响应 $y_{zs}[n]$；

（3）若 $y[-1] = 4$，$x[n] = 3\left(\dfrac{1}{2}\right)^n u[n]$，求系统的完全响应；

（4）当输入 $x[n] = \left(2 + \cos\left(\dfrac{\pi}{4}n\right)\right)u[n]$ 时，求系统的稳态响应 $y_{ss}[n]$。

7-24 已知一离散时间因果 LTI 系统的框图如题图 7-24 所示。

（1）求 $H(z)$，画出零极点图并标明 ROC；

（2）求系统稳定时 K 的取值范围；

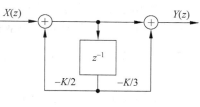

题图 7-24

(3) 当 $K=1$，$x[n]=\left(\dfrac{2}{3}\right)^n u[n]$ 时，求 $y[n]$；

(4) 当 $K=1$，$y[-1]=-2$，$x[n]=n\left(\dfrac{1}{3}\right)^n u[n]$ 时，求零输入响应和零状态响应。

7-25 有一离散时间因果 LTI 系统的差分方程为 $y[n]-\dfrac{5}{6}y[n-1]+\dfrac{1}{6}y[n-2]=x[n]+ax[n-1]$，已知输入 $x[n]=(-1)^n$ 时，输出 $y[n]=2(-1)^n$。

(1) 求系统函数 $H(z)$，画出零极点图，标明 ROC 并判断其稳定性；

(2) 若 $x[n]=2u[n]$，求零状态响应和稳态响应；

(3) 若 $x[n]=2$，求输出 $y[n]$。

7-26 已知一离散时间因果 LTI 系统 $H(z)=\dfrac{1-az^{-1}}{1+\dfrac{1}{4}z^{-1}-\dfrac{1}{8}z^{-2}}$，$a$ 为常数，当输入 $x[n]=\left(\dfrac{3}{2}\right)^n$ 时，$y[n]=\dfrac{3}{5}\left(\dfrac{3}{2}\right)^n$。

(1) 求 a 的值，并写出该系统的差分方程；

(2) 求该系统的频率响应，并判断该系统的稳定性；

(3) 当输入 $x[n]=\left(\dfrac{1}{2}\right)^n u[n]$，$y[-1]=0$，$y[-2]=8$ 时，求该系统的零输入和零状态响应；

(4) 当输入 $x[n]=3\left(\dfrac{1}{2}\right)^n u[n]$，$y[-1]=0$，$y[-2]=4$ 时，求该系统的完全响应。

7-27 某一离散时间因果 LTI 系统的差分方程为 $y[n]-\dfrac{3}{4}y[n-1]+\dfrac{1}{8}y[n-2]=x[n]+ax[n-1]$，$a$ 为常数。

(1) 当输入 $x[n]=(-1)^n$ 时，输出 $y[n]=\dfrac{16}{15}(-1)^n$，求系统函数 $H(z)$，画出零极点图，标明 ROC 并判断稳定性；

(2) 当输入 $x[n]=u[n]$，$y[-1]=2$，$y[-2]=4$ 时，求该系统的零输入响应和零状态响应；

(3) 画出直接 II 型框图。

7-28 已知一离散时间因果 LTI 系统的系统函数为 $H(z)=\dfrac{z}{(z-1)(z-2)^2}$。

(1) 画出零极点图，标明 ROC 并判断该系统的稳定性；

(2) 写出系统的差分方程；

(3) 分别画出该系统的串联型和并联型实现框图。

7-29 已知一离散时间因果 LTI 系统的系统函数为 $H(z)=\dfrac{z^2}{\left(z+\dfrac{1}{2}\right)\left(z^2+z+\dfrac{1}{2}\right)}$。

(1) 画出零极点图，标明 ROC 并判断该系统的稳定性；

(2) 写出系统的差分方程；

(3) 画出该系统的并联型实现框图。

7-30　已知一离散时间因果 LTI 系统的框图如题图 7-30(a)所示。

（1）求该系统的系统函数和单位样值响应；

（2）写出系统的差分方程；

（3）当输入如题 7-30(b)图所示时，对 $n \geq 0$ 计算系统的输出 $y[n]$。

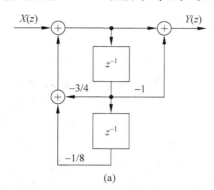

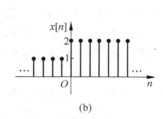

(a)　　　　　　　　　(b)

题图 7-30

7-31　已知一二阶离散时间因果 LTI 系统的框图如题图 7-31 所示。

（1）求系统函数，并判断系统的稳定性；

（2）求系统的频率响应，并判断该系统实现的是低通还是高通滤波？

（3）求系统对输入信号 $x[n] = \dfrac{(-1)^n + 1}{2}$ 的响应。

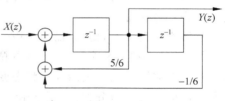

题图 7-31

7-32　已知一离散时间因果 LTI 系统的框图如题图 7-32 所示。

（1）求该系统的系统函数，并判断系统的稳定性；

（2）写出系统的差分方程；

（3）求该系统的逆系统的系统函数，并讨论它的稳定性。

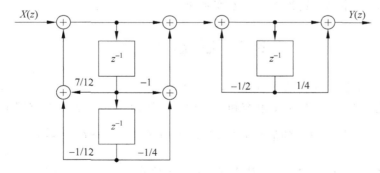

题图 7-32

第8章 系统的状态变量分析

引 言

前面的章节讨论了线性时不变系统的时域分析、频域和复频域分析,这些分析方法着眼于系统的激励(输入)与系统的响应(输出)之间的关系,因此被称为**输入-输出法**或**端口法**。输入-输出法只关心系统的输入端和输出端的有关变量,只考虑系统的时间特性和频率特性对输出物理量的影响,不便于研究系统内部的具体变化情况。然而,随着现代科学技术的发展,系统越来越复杂,人们不再局限于研究系统输出量的变化,有时需要研究系统内部一些变量的变化规律,以便设计和控制这些参数,达到最佳控制的目的。**状态变量分析法**是以系统内部变量为基础的分析方法,它的状态方程和输出方程不仅描述了系统的输入和输出关系,而且描述了系统输入、输出与系统内部状态的关系,便于分析设计与系统内部状态有关的问题(例如,可进行系统的稳定性分析、最优控制、最优化设计等)。因此,状态变量分析法也称为**内部分析法**。

从数学模型上看,输入-输出法用一个 N 阶微分或差分方程来描述一个系统,而状态变量分析法则用一组(N 个)一阶形式的微分或差分方程来描述一个 N 阶系统,这为方程中的变量选择带来了很大的灵活性。状态变量分析法的描述方法规律性强,而且由于状态方程都是一阶的微分或差分方程,便于用计算机解决复杂系统的分析设计问题,而且可以推广到非线性、时变、多输入多输出的系统分析中去。

输入-输出法和状态变量分析法都是分析、研究系统特性的基本方法,只是分析的角度不同。输入-输出法从系统外部特性进行分析,而状态变量分析法则可以对系统内部变量进行分析研究,两种方法互为补充。

本章首先介绍关于状态变量分析中用到的几个基本概念,然后着重讨论如何用状态变量法分析连续时间线性时不变系统和离散时间线性时不变系统,即状态方程的建立和状态方程的求解方法。本书只讨论线性时不变系统的状态变量分析。

8.1 状态变量

为了说明系统状态变量的初步概念,先来考察一个系统。图 8-1 是具有两个储能元件的二阶系统,它由两个电阻、两个电容和一个输入电压源 $x(t)$ 组成。电容器上的电压 $q_1(t)$、$q_2(t)$ 代表了电路在某个时刻的能量状态,且电容电流 $i_{C_1}(t) = C_1 \cdot \dfrac{dq_1(t)}{dt}$ 及 $i_{C_2}(t) = C_2 \cdot \dfrac{dq_2(t)}{dt}$。在某个时刻 t,沿包含 C_1、R_2 和 C_2 的环路对电压降求和,有

$$q_1(t) = R_2 i_{C_2}(t) + q_2(t) = C_2 R_2 \frac{dq_2(t)}{dt} + q_2(t)$$

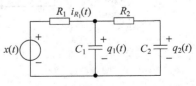

图 8-1 含两个电容器的二阶系统

整理得

$$\frac{\mathrm{d}q_2(t)}{\mathrm{d}t} = \frac{1}{C_2 R_2} q_1(t) - \frac{1}{C_2 R_2} q_2(t) \qquad (8\text{-}1)$$

对连接 R_1 和 R_2 的节点用基尔霍夫电流定律得到

$$i_{R_1}(t) = i_{C_1}(t) + i_{C_2}(t)$$

其中

$$i_{R_1}(t) = \frac{1}{R_1} x(t) - \frac{1}{R_1} q_1(t)$$

$$i_{C_1}(t) = C_1 \frac{\mathrm{d}q_1(t)}{\mathrm{d}t}$$

$$i_{C_2}(t) = C_2 \frac{\mathrm{d}q_2(t)}{\mathrm{d}t}$$

经整理得

$$\frac{\mathrm{d}q_1(t)}{\mathrm{d}t} = -\left(\frac{1}{C_1 R_1} + \frac{1}{C_1 R_2}\right) q_1(t) + \frac{1}{C_1 R_2} q_2(t) + \frac{1}{C_1 R_1} x(t) \qquad (8\text{-}2)$$

若指定流经电阻 R_1 的电流 i_{R_1} 为输出，即可得

$$y(t) = i_{R_1}(t) = -\frac{1}{R_1} q_1(t) + \frac{1}{R_1} x(t) \qquad (8\text{-}3)$$

由微分方程理论知道，若已知初始时刻 t_0 的电容电压 $q_1(t_0)$ 和 $q_2(t_0)$，则根据 $t \geqslant t_0$ 时的给定输入 $x(t)$ 就可以唯一确定式(8-1)和式(8-2)在 $t \geqslant t_0$ 的解 $q_1(t)$ 和 $q_2(t)$。由式(8-3)可看出，任意时刻 $t \geqslant t_0$ 的指定输出 $y(t)$ 可以由该时刻的 $q_1(t)$、$q_2(t)$ 和输入 $x(t)$ 来唯一确定。

下面给出系统状态变量分析法中几个名词的定义。

状态 一个动态系统的状态是表示系统的一组最少变量(这些变量被称为状态变量)，只要知道 $t = t_0$ 时这组变量和 $t \geqslant t_0$ 时的输入，那么就能完全确定系统在任何时间 $t \geqslant t_0$ 的行为。

状态变量 能够表示系统状态的那些变量称为状态变量。如图 8-1 中的 $q_1(t)$ 和 $q_2(t)$。

状态矢量 能够完全描述一个系统行为的 N 个状态变量 $q_1(t)$、$q_2(t)$、$\cdots$、$q_N(t)$，可以看作矢量 $\boldsymbol{q}(t)$ 的各个分量的坐标。$\boldsymbol{q}(t)$ 即为状态矢量，记作

$$\boldsymbol{q}(t) = \begin{bmatrix} q_1(t) \\ q_2(t) \\ \vdots \\ q_N(t) \end{bmatrix}$$

状态空间 状态矢量 $\boldsymbol{q}(t)$ 所在的空间。

状态轨迹 在状态空间中状态矢量 $\boldsymbol{q}(t)$ 的端点随时间变化而描出的路径称为状态轨迹。

状态方程 状态方程是描述系统输入与状态变量之间关系的表达式，如式(8-1)和式(8-2)。

输出方程 输出方程是描述系统输出与状态变量以及系统输入之间的关系的表达式，如式(8-3)。

　　状态变量的选取并不是唯一的。对同一个系统,可选择不同的变量作为状态变量。但是,选取的状态变量数必须不少于能够完全描述该系统行为的最少变量数目。例如,图 8-1 中也可以选择两个电容上的电流 $i_{C_1}(t)$ 和 $i_{C_2}(t)$ 作为状态变量。实际上,在电路网络中最好是选择电容的电压和电感的电流来作为状态变量,这是因为便于根据基尔霍夫电流定律和基尔霍夫电压定律来写状态方程。又如,在机械系统中常选择位移和线速度来作为状态变量。

　　图 8-1 描述的是一个连续时间系统,以此为例,下面推导连续时间系统的状态方程和输出方程的建立。重写式(8-1)和式(8-2)

$$\begin{cases} \dfrac{\mathrm{d}q_1(t)}{\mathrm{d}t} = -\left(\dfrac{1}{C_1 R_1} + \dfrac{1}{C_1 R_2}\right)q_1(t) + \dfrac{1}{C_1 R_2}q_2(t) + \dfrac{1}{C_1 R_1}x(t) \\[3mm] \dfrac{\mathrm{d}q_2(t)}{\mathrm{d}t} = \dfrac{1}{C_2 R_2}q_1(t) - \dfrac{1}{C_2 R_2}q_2(t) \end{cases}$$

将它们写成矢量矩阵形式

$$\begin{bmatrix} \dfrac{\mathrm{d}q_1(t)}{\mathrm{d}t} \\[3mm] \dfrac{\mathrm{d}q_2(t)}{\mathrm{d}t} \end{bmatrix} = \begin{bmatrix} -\left(\dfrac{1}{C_1 R_1} + \dfrac{1}{C_1 R_2}\right) & \dfrac{1}{C_1 R_2} \\[3mm] \dfrac{1}{C_2 R_2} & -\dfrac{1}{C_2 R_2} \end{bmatrix} \begin{bmatrix} q_1(t) \\[2mm] q_2(t) \end{bmatrix} + \begin{bmatrix} \dfrac{1}{C_1 R_1} \\[2mm] 0 \end{bmatrix} x(t) \tag{8-4}$$

式(8-4)就是状态变量分析中常用的状态方程。对于图 8-1,系统的输出方程为

$$y(t) = -\frac{1}{R_1}q_1(t) + \frac{1}{R_1}x(t)$$

亦可写作矢量矩阵形式

$$y(t) = \begin{bmatrix} -\dfrac{1}{R_1} & 0 \end{bmatrix} \begin{bmatrix} q_1(t) \\[2mm] q_2(t) \end{bmatrix} + \begin{bmatrix} \dfrac{1}{R_1} \end{bmatrix} x(t) \tag{8-5}$$

式(8-5)称为输出方程。

　　以上分析的是一个二阶系统。对于一个 N 阶连续时间 LTI 系统,如果它的 N 个状态变量记为 $q_1(t), q_2(t), \cdots, q_N(t)$,$P$ 个输入记为 $x_1(t), x_2(t), \cdots, x_P(t)$,$Q$ 个输出记为 $y_1(t)$,$y_2(t), \cdots, y_Q(t)$,则这个连续时间 LTI 系统的状态方程可表示为状态变量的一阶微分联立方程组,方程为

$$\begin{cases} \dfrac{\mathrm{d}q_1(t)}{\mathrm{d}t} = a_{11}q_1(t) + a_{12}q_2(t) + \cdots + a_{1N}q_N(t) + b_{11}x_1(t) + b_{12}x_2(t) + \cdots + b_{1P}x_P(t) \\[3mm] \dfrac{\mathrm{d}q_2(t)}{\mathrm{d}t} = a_{21}q_1(t) + a_{22}q_2(t) + \cdots + a_{2N}q_N(t) + b_{21}x_1(t) + b_{22}x_2(t) + \cdots + b_{2P}x_P(t) \\[3mm] \vdots \\[1mm] \dfrac{\mathrm{d}q_N(t)}{\mathrm{d}t} = a_{N1}q_1(t) + a_{N2}q_2(t) + \cdots + a_{NN}q_N(t) + b_{N1}x_1(t) + b_{N2}x_2(t) + \cdots + b_{NP}x_P(t) \end{cases}$$

$$\tag{8-6a}$$

输出方程为

$$\begin{cases} y_1(t) = c_{11}q_1(t) + c_{12}q_2(t) + \cdots + c_{1N}q_N(t) + d_{11}x_1(t) + d_{12}x_2(t) + \cdots + d_{1P}x_P(t) \\[2mm] y_2(t) = c_{21}q_1(t) + c_{22}q_2(t) + \cdots + c_{2N}q_N(t) + d_{21}x_1(t) + d_{22}x_2(t) + \cdots + d_{2P}x_P(t) \\[2mm] \vdots \\[1mm] y_Q(t) = c_{Q1}q_1(t) + c_{Q2}q_2(t) + \cdots + c_{QN}q_N(t) + d_{Q1}x_1(t) + d_{Q2}x_2(t) + \cdots + d_{QP}x_P(t) \end{cases}$$

$$\tag{8-6b}$$

如果采用矢量矩阵形式,则可表示为

状态方程

$$\left[\frac{\mathrm{d}\boldsymbol{q}(t)}{\mathrm{d}t}\right]_{N\times 1} = \boldsymbol{A}_{N\times N}\,\boldsymbol{q}_{N\times 1}(t) + \boldsymbol{B}_{N\times P}\,\boldsymbol{x}_{P\times 1}(t) \tag{8-7a}$$

输出方程

$$[\boldsymbol{y}(t)]_{Q\times 1} = \boldsymbol{C}_{Q\times N}\,\boldsymbol{q}_{N\times 1}(t) + \boldsymbol{D}_{Q\times P}\,\boldsymbol{x}_{P\times 1}(t) \tag{8-7b}$$

其中

$$\boldsymbol{q}(t) = \begin{bmatrix} q_1(t) \\ q_2(t) \\ \vdots \\ q_N(t) \end{bmatrix} \tag{8-8a}$$

$$\left[\frac{\mathrm{d}\boldsymbol{q}(t)}{\mathrm{d}t}\right] = \begin{bmatrix} \dfrac{\mathrm{d}q_1(t)}{\mathrm{d}t} \\[2mm] \dfrac{\mathrm{d}q_2(t)}{\mathrm{d}t} \\[2mm] \vdots \\[2mm] \dfrac{\mathrm{d}q_N(t)}{\mathrm{d}t} \end{bmatrix} \tag{8-8b}$$

$$\boldsymbol{A} = \begin{bmatrix} a_{11} & a_{12} & \cdots & a_{1N} \\ a_{21} & a_{22} & \cdots & a_{2N} \\ \vdots & \vdots & \ddots & \vdots \\ a_{N1} & a_{N2} & \cdots & a_{NN} \end{bmatrix} \tag{8-8c}$$

$$\boldsymbol{B} = \begin{bmatrix} b_{11} & b_{12} & \cdots & b_{1P} \\ b_{21} & b_{22} & \cdots & b_{2P} \\ \vdots & \vdots & \ddots & \vdots \\ b_{N1} & b_{N2} & \cdots & b_{NP} \end{bmatrix} \tag{8-8d}$$

$$\boldsymbol{C} = \begin{bmatrix} c_{11} & c_{12} & \cdots & c_{1N} \\ c_{21} & c_{22} & \cdots & c_{2N} \\ \vdots & \vdots & \ddots & \vdots \\ c_{Q1} & c_{Q2} & \cdots & c_{QN} \end{bmatrix} \tag{8-8e}$$

$$\boldsymbol{D} = \begin{bmatrix} d_{11} & d_{12} & \cdots & d_{1P} \\ d_{21} & d_{22} & \cdots & d_{2P} \\ \vdots & \vdots & \ddots & \vdots \\ d_{Q1} & d_{Q2} & \cdots & d_{QP} \end{bmatrix} \tag{8-8f}$$

$$\boldsymbol{x}(t) = \begin{bmatrix} x_1(t) \\ x_2(t) \\ \vdots \\ x_P(t) \end{bmatrix} \tag{8-8g}$$

$$\boldsymbol{y}(t) = \begin{bmatrix} y_1(t) \\ y_2(t) \\ \vdots \\ y_Q(t) \end{bmatrix} \tag{8-8h}$$

类似地,对于离散时间线性时不变系统,也可以用状态变量方法。设一个离散时间线性时不变系统有 $x_1[n], x_2[n], \cdots, x_P[n]$ 等 P 个输入,有 $y_1[n], y_2[n], \cdots, y_Q[n]$ 等 Q 个输出,系统的 N 个状态变量记为 $q_1[n], q_2[n], \cdots, q_N[n]$,状态方程是一组联立的差分方程

$$\begin{cases} q_1[n+1] = a_{11}q_1[n] + a_{12}q_2[n] + \cdots + a_{1N}q_N[n] + b_{11}x_1[n] + b_{12}x_2[n] + \cdots + b_{1P}x_P[n] \\ q_2[n+1] = a_{21}q_1[n] + a_{22}q_2[n] + \cdots + a_{2N}q_N[n] + b_{21}x_1[n] + b_{22}x_2[n] + \cdots + b_{2P}x_P[n] \\ \vdots \\ q_N[n+1] = a_{N1}q_1[n] + a_{N2}q_2[n] + \cdots + a_{NN}q_N[n] + b_{N1}x_1[n] + b_{N2}x_2[n] + \cdots + b_{NP}x_P[n] \end{cases} \tag{8-9a}$$

输出方程为

$$\begin{cases} y_1[n] = c_{11}q_1[n] + c_{12}q_2[n] + \cdots c_{1N}q_N[n] + d_{11}x_1[n] + d_{12}x_2[n] + \cdots d_{1P}x_P[n] \\ y_2[n] = c_{21}q_1[n] + c_{22}q_2[n] + \cdots c_{2N}q_N[n] + d_{21}x_1[n] + d_{22}x_2[n] + \cdots d_{2P}x_P[n] \\ \vdots \\ y_Q[n] = c_{Q1}q_1[n] + c_{Q2}q_2[n] + \cdots c_{QN}q_N[n] + d_{Q1}x_1[n] + d_{Q2}x_2[n] + \cdots d_{QP}x_P[n] \end{cases} \tag{8-9b}$$

写成矢量矩阵形式

$$\boldsymbol{q}[n+1] = \boldsymbol{A}\boldsymbol{q}[n] + \boldsymbol{B}\boldsymbol{x}[n] \tag{8-10a}$$

$$\boldsymbol{y}[n] = \boldsymbol{C}\boldsymbol{q}[n] + \boldsymbol{D}\boldsymbol{x}[n] \tag{8-10b}$$

其中

$$\boldsymbol{q}[n+1] = \begin{bmatrix} q_1[n+1] \\ q_2[n+1] \\ \vdots \\ q_N[n+1] \end{bmatrix} \tag{8-11a}$$

$$\boldsymbol{q}[n] = \begin{bmatrix} q_1[n] \\ q_2[n] \\ \vdots \\ q_N[n] \end{bmatrix} \tag{8-11b}$$

$$\boldsymbol{x}[n] = \begin{bmatrix} x_1[n] \\ x_2[n] \\ \vdots \\ x_P[n] \end{bmatrix} \tag{8-11c}$$

$$\boldsymbol{y}[n] = \begin{bmatrix} y_1[n] \\ y_2[n] \\ \vdots \\ y_Q[n] \end{bmatrix} \tag{8-11d}$$

而 $\boldsymbol{A}$、$\boldsymbol{B}$、$\boldsymbol{C}$、$\boldsymbol{D}$ 矩阵与式(8-8c)~式(8-8f)形式相同。

8.2　信　号　流　图

在前面的章节中用基本的运算部件(加法器、乘法器和积分器或单位延时器)来表示连续时间 LTI 系统或离散时间 LTI 系统的模型。这种系统的框图表示法能描述一个系统的特征。本节将要介绍的信号流图可以同样起到描述系统特性的作用,并且它比方框图更简单。

信号流图实际上是用一些点和支路来描述系统。如图 8-2(a)所示的系统方框图,若改用信号流图表示则如图 8-2(b)所示。

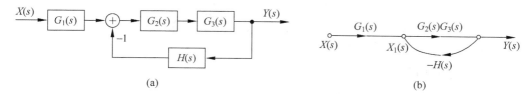

图 8-2　系统方框图与对应的信号流图

8.2.1　流图中的一些基本术语

参照图 8-2(b),介绍如下信号流图中的术语。

节点　表示系统中信号或变量的点,如图 8-2(b)中的 $X(s)$ 和 $Y(s)$ 等。

输入节点　只有流出支路的节点,如图 8-2(b)中的 $X(s)$,它一般代表网络中的输入信号输入节点,也称为**源点**。

输出节点　只有流入支路的节点,如图 8-2(b)中的 $Y(s)$,它一般代表网络中的输出信号,又可称为**阱点**。

混合节点　既有输入支路又有输出支路的节点。如图 8-2(b)中的 $X_1(s)$。

支路　连接两个节点之间的定向线段,用支路增益来表示两个节点间的输入输出关系(或转移函数)。如图 8-2(b)中支路旁标注的 $G_1(s)$,$G_2(s)$,$G_3(s)$ 和 $-H(s)$ 等均为支路的转移函数。

通路　沿支路箭头方向通过各相连支路的途径。通路与任何一节点相交不多于一次的被称为**开通路**。如果通路的起点和终点在同一节点上,并且与任何其他节点相交不多于一次的通路称为**闭通路**或**环路**。环路中各支路转移函数的乘积称为**环路增益**。信号从源点向阱点传递时,每个节点只通过一次的通路称为**前向通路**。

在运用信号流图时应该注意流图的几个性质:

(1) 支路表示了一个信号与另一信号的函数关系。如图 8-2(b)中的支路 $X(s) \sim X_1(s)$ 表示了 $X_1(s) = G_1(s)X(s)$ 的线性关系。信号只能沿着支路上的方向定向流过。

(2) 节点可以把所有输入信号叠加,并把各输入信号的代数和传送到这个节点的所有输出支路上。如对于图 8-2(b)中的节点 $X_1(s)$。

(3) 具有输入和输出支路的混合节点,可以通过增加一个具有单位传输增益的支路,将混合节点变成输出节点来处理。如图 8-2(b)中的 $Y(s)$ 节点。

（4）对于任意的给定系统，它的信号流图形式不唯一。

8.2.2 流图代数

信号流图可以按一些代数运算规则加以化简，这里介绍几种最基本的化简原则。

（1）支路串联

（2）支路并联

（3）支路节点的移动

（4）支路反馈连接

【例 8-1】 给出信号流图如图 8-3（a）所示，采用流图代数的原则，将信号流图进行化简。

解 流图的化简依次如图 8-3（b）、（c）、（d）所示。

第一步，消去节点 x_3 和 x_4，得到图 8-3（b）。

第二步，消去节点 x_2，得到图 8-3（c）。

第三步，消去节点 x_1，得到图 8-3（d）。

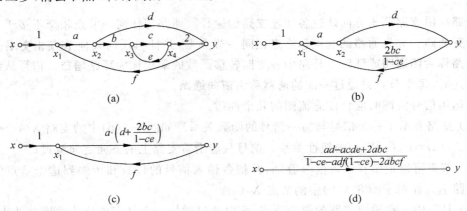

图 8-3 例 8-1 的信号流图化简过程

8.2.3　信号流图的梅森增益公式

梅森（Marin Mersenne，1588～1648）规则通过观察系统信号流图来化简系统函数，从而可以避免列写系统方程组再联立求解的烦琐过程。梅森公式的形式为

$$H = \frac{1}{\Delta} \sum_k h_k \Delta_k \tag{8-12}$$

式中，H 为流图的总增益，Δ 为流图的特征行列式。

$$\Delta = 1 - \sum_a L_a + \sum_{b,c} L_b L_c - \sum_{d,e,f} L_d L_e L_f + \cdots$$

其中，$\displaystyle\sum_a L_a$ 是所有不同回路增益之和；$\displaystyle\sum_{b,c} L_b L_c$ 是每个互不接触环路增益乘积之和；$\displaystyle\sum_{d,e,f} L_d L_e L_f$ 是每三个互不接触环路增益乘积之和；k 为源点到阱点之间第 k 条前向通路的标号；h_k 表示第 k 条前向通路的增益；Δ_k 是流图特征式中除去第 k 条前向通路相接触的回路增益项以后的余子项。

本章不讨论梅森公式的证明，仅举例说明其应用。

【例 8-2】　用梅森公式求如图 8-4 所示系统的转移函数。

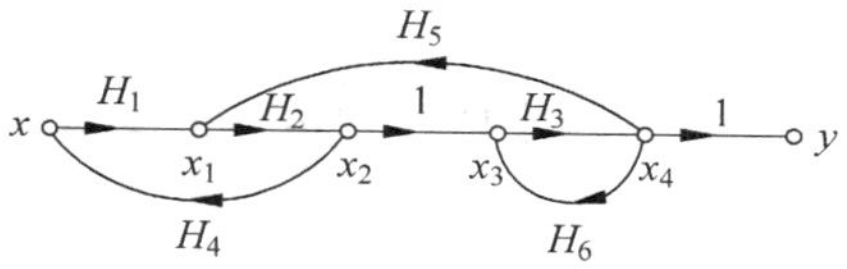

图 8-4　例 8-2 所示的系统

解　按式（8-12）的梅森公式先求出其相关参数。

有一条前向通路 $x \to x_1 \to x_2 \to x_3 \to x_4 \to y$

$$h_1 = H_1 H_2 H_3$$
$$\Delta_1 = 1$$

有以下三条环路

$$L_1 = (x \to x_1 \to x_2 \to x) = H_1 H_2 H_4$$
$$L_2 = (x_3 \to x_4 \to x_3) = H_3 H_6$$
$$L_3 = (x_1 \to x_2 \to x_3 \to x_4 \to x_1) = H_2 H_3 H_5$$

其中 L_1 和 L_2 是两两不接触环路，所以

$$\Delta = 1 + (L_2 + L_1 + L_3) + L_1 \cdot L_2$$
$$= 1 - (H_1 H_2 H_4 + H_3 H_6 + H_2 H_3 H_5) + H_1 H_2 H_4 H_3 H_6$$

于是总增益为

$$H = \frac{1}{\Delta} \cdot h_1 \cdot \Delta_1 = \frac{H_1 H_2 H_3}{1 - (H_1 H_2 H_4 + H_3 H_6 + H_2 H_3 H_5) + H_1 H_2 H_3 H_4 H_6}$$

8.3　连续时间系统状态模型的建立

从 8.1 节的学习知道，用状态变量法分析一个系统时，最主要的问题是如何建立状态方程和输出方程。一般而言，系统的状态方程可根据系统框图、描述系统的输入-输出方程或信号流图和系统函数等列出。

8.3.1 由电路图直接建立状态方程

为建立电路的状态方程,首先要确定状态变量。在电路系统中,通常选用电容两端电压和电感上的电流作为状态变量。而且,电路中独立的电感和电容的数目就决定了状态变量的数目。在选定状态变量后,就可以利用基尔霍夫电流定律(KCL)和基尔霍夫电压定律(KVL)列写方程式,然后整理出只保留状态变量和输入信号的状态方程。

【例 8-3】 给定图 8-5 的电路,写出其状态方程。

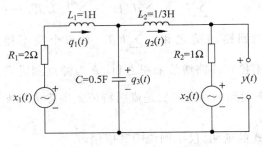

图 8-5 例 8-3 的电路

解 选两个电感中电流的 $q_1(t)$、$q_2(t)$ 和电容两端的电压 $q_3(t)$ 为状态变量,有

$$q_3(t) = 2\int [q_1(t) - q_2(t)]dt$$

对于 R_1、L_1 和 C 的回路列写方程

$$2q_1(t) + \frac{dq_1(t)}{dt} + 2\int [q_1(t) - q_2(t)]dt = x_1(t)$$

对于由 R_2、L_2 和 C 组成的回路列写方程

$$q_2(t) + \frac{1}{3}\frac{dq_2(t)}{dt} - 2\int [q_1(t) - q_2(t)]dt = -x_2(t)$$

将 $q_3(t) = 2\int [q_1(t) - q_2(t)]dt$ 两边求导,并将 $q_3(t)$ 代入上两式,省略符号 t,记 $\frac{dq_i(t)}{dt} = \dot{q}_i$,有

$$\begin{cases} \dot{q}_1 = -2q_1 - q_3 + x_1(t) \\ \dot{q}_2 = -3q_2 + 3q_3 - 3x_2(t) \\ \dot{q}_3 = 2q_1 - 2q_2 \end{cases}$$

表示为矢量矩阵形式有

$$\begin{bmatrix} \dot{q}_1 \\ \dot{q}_2 \\ \dot{q}_3 \end{bmatrix} = \begin{bmatrix} -2 & 0 & 1 \\ 0 & -3 & 3 \\ 2 & -2 & 0 \end{bmatrix} \begin{bmatrix} q_1 \\ q_2 \\ q_3 \end{bmatrix} + \begin{bmatrix} 1 & 0 \\ 0 & -3 \\ 0 & 0 \end{bmatrix} \begin{bmatrix} x_1(t) \\ x_2(t) \end{bmatrix}$$

容易写出其输出方程为

$$y(t) = q_2(t) + x_2(t)$$

写成矢量矩阵形式为

$$y(t) = \begin{bmatrix} 0 & 1 & 1 \end{bmatrix} \begin{bmatrix} q_1(t) \\ q_2(t) \\ q_3(t) \end{bmatrix} + \begin{bmatrix} 0 & 1 \end{bmatrix} \begin{bmatrix} x_1(t) \\ x_2(t) \end{bmatrix}$$

【例 8-4】 写出如图 8-6 所示电路的状态方程和输出方程。

解 该系统中只有两个独立的动态元件,故需要 2 个状态变量,选取电感上的电流和电容上的电压作为状态变量,分别记为 $q_1(t)$ 和 $q_2(t)$,即

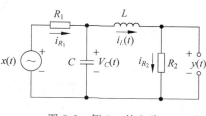

图 8-6　例 8-4 的电路

$$q_1(t) = i_L(t), \quad q_2(t) = V_C(t)$$

对于电容 C,由 KCL 列写方程

$$C \frac{\mathrm{d}q_2(t)}{\mathrm{d}t} = i_{R_1}(t) - q_1(t)$$

将 $i_{R_1}(t) = \dfrac{x(t) - q_2(t)}{R_1}$ 代入上式,有

$$\frac{\mathrm{d}q_2(t)}{\mathrm{d}t} = -\frac{1}{C}q_1(t) - \frac{1}{R_1 C}q_2(t) + \frac{1}{R_1 C}x(t)$$

对于电感 L,由 KVL 列写方程,有

$$L \frac{\mathrm{d}q_1(t)}{\mathrm{d}t} = q_2(t) - R_2 i_{R_2}(t) = q_2(t) - R_2 q_1(t)$$

将上式两边乘以 $\dfrac{1}{L}$,有

$$\frac{\mathrm{d}q_1(t)}{\mathrm{d}t} = -\frac{R_2}{L}q_1(t) + \frac{1}{L}q_2(t)$$

记 $\dfrac{\mathrm{d}q_i(t)}{\mathrm{d}t} = \dot{q}_i$,省略函数中的符号 t,得状态方程为

$$\dot{q}_1 = -\frac{R_2}{L}q_1 + \frac{1}{L}q_2$$

$$\dot{q}_2 = -\frac{1}{C}q_1 - \frac{1}{R_1 C}q_2 + \frac{1}{R_1 C}x$$

写成矢量矩阵形式为

$$\begin{bmatrix} \dot{q}_1 \\ \dot{q}_2 \end{bmatrix} = \begin{bmatrix} -\dfrac{R_2}{L} & \dfrac{1}{L} \\ -\dfrac{1}{C} & -\dfrac{1}{R_1 C} \end{bmatrix} \begin{bmatrix} q_1 \\ q_2 \end{bmatrix} + \begin{bmatrix} 0 \\ \dfrac{1}{R_1 C} \end{bmatrix} \begin{bmatrix} x \end{bmatrix}$$

输出方程为

$$y(t) = R_2 i_{R_2}(t) = R_2 i_L(t) = R_2 q_1(t)$$

写成矢量矩阵形式为

$$y(t) = \begin{bmatrix} R_2 & 0 \end{bmatrix} \begin{bmatrix} q_1(t) \\ q_2(t) \end{bmatrix}$$

8.3.2　由微分方程建立状态方程

对于连续时间 LTI 系统,从表征系统的 N 阶微分方程入手,适当选取状态变量,就可把

N 阶微分方程转化为一阶微分方程组,即状态方程。状态变量如何选取呢? 根据第 2 章的知识知道,如果 N 阶微分方程中响应变量 $y(t)$ 及其各阶导数的初始值为已知的,并且 $t \geqslant 0$ 时输入 $x(t)$ 也是已知的,则系统未来的状态就可以确定了。由此得到启示,可以选取 $y(t)$,$y^{(1)}(t),y^{(2)}(t),\cdots,y^{(N-1)}(t)$ 作为系统状态变量。下面举例说明。

【例 8-5】 设有一个三阶连续时间 LTI 系统,描述它的微分方程是

$$\frac{\mathrm{d}^3}{\mathrm{d}t^3}y(t) + a_2 \frac{\mathrm{d}^2}{\mathrm{d}t^2}y(t) + a_1 \frac{\mathrm{d}}{\mathrm{d}t}y(t) + a_0 y(t) = b_1 \frac{\mathrm{d}}{\mathrm{d}t}x(t) + b_0 x(t)$$

请写出该系统的状态方程和输出方程。

解 对于题目描述的系统,为了便于直接从微分方程着手建立状态方程,引入一个辅助函数 $q(t)$,使之满足

$$\frac{\mathrm{d}^3}{\mathrm{d}t^3}q(t) + a_2 \frac{\mathrm{d}^2}{\mathrm{d}t^2}q(t) + a_1 \frac{\mathrm{d}}{\mathrm{d}t}q(t) + a_0 q(t) = x(t)$$

并取状态变量为

$$\begin{cases} x_1 = q(t) \\ \dot{x}_1 = \frac{\mathrm{d}}{\mathrm{d}t}q(t) = x_2 \\ \dot{x}_2 = \frac{\mathrm{d}^2}{\mathrm{d}t^2}q(t) = x_3 \\ \dot{x}_3 = \frac{\mathrm{d}^3}{\mathrm{d}t^3}q(t) = x(t) - a_2 x_3 - a_1 x_2 - a_0 x_1 \end{cases}$$

为了得到系统的输出方程,利用辅助函数来模拟题设的系统。对于方程

$$\frac{\mathrm{d}^3}{\mathrm{d}t^3}q(t) + a_2 \frac{\mathrm{d}^2}{\mathrm{d}t^2}q(t) + a_1 \frac{\mathrm{d}}{\mathrm{d}t}q(t) + a_0 q(t) = x(t)$$

先两边取微分乘以 b_1 的式子与上式两边乘以 b_0 后的式子相加,得

$$b_1 \frac{\mathrm{d}}{\mathrm{d}t}\left[\frac{\mathrm{d}^3}{\mathrm{d}t^3}q(t) + a_2 \frac{\mathrm{d}^2}{\mathrm{d}t^2}q(t) + a_1 \frac{\mathrm{d}}{\mathrm{d}t}q(t) + a_0 q(t)\right]$$
$$+ b_0 \left[\frac{\mathrm{d}^3}{\mathrm{d}t^3}q(t) + a_2 \frac{\mathrm{d}^2}{\mathrm{d}t^2}q(t) + a_1 \frac{\mathrm{d}}{\mathrm{d}t}q(t) + a_0 q(t)\right] = b_1 \frac{\mathrm{d}}{\mathrm{d}t}x(t) + b_0 x(t)$$

整理后为

$$\frac{\mathrm{d}^3}{\mathrm{d}t^3}\left[b_1 \frac{\mathrm{d}}{\mathrm{d}t}q(t) + b_0 q(t)\right] + a_2 \frac{\mathrm{d}^2}{\mathrm{d}t^2}\left[b_1 \frac{\mathrm{d}}{\mathrm{d}t}q(t) + b_0 q(t)\right]$$
$$+ a_1 \frac{\mathrm{d}}{\mathrm{d}t}\left[b_1 \frac{\mathrm{d}}{\mathrm{d}t}q(t) + b_0 q(t)\right] + a_0 \left[b_1 \frac{\mathrm{d}}{\mathrm{d}t}q(t) + b_0 q(t)\right] = b_1 \frac{\mathrm{d}}{\mathrm{d}t}x(t) + b_0 x(t)$$

将上式和题目已知微分方程比较后可得到输出方程为

$$y(t) = b_1 \frac{\mathrm{d}}{\mathrm{d}t}q(t) + b_0 q(t) = b_1 x_2 + b_0 x_1$$

把以上得到的状态方程和输出方程写成矢量矩阵形式为

$$\begin{bmatrix} \dot{x}_1 \\ \dot{x}_2 \\ \dot{x}_3 \end{bmatrix} = \begin{bmatrix} 0 & 1 & 0 \\ 0 & 0 & 1 \\ -a_0 & -a_1 & -a_2 \end{bmatrix} \begin{bmatrix} x_1 \\ x_2 \\ x_3 \end{bmatrix} + \begin{bmatrix} 0 \\ 0 \\ 1 \end{bmatrix} [x(t)]$$

$$y(t) = \begin{bmatrix} b_0 & b_1 & 0 \end{bmatrix} \begin{bmatrix} x_1 \\ x_2 \\ x_3 \end{bmatrix}$$

其中 x_1、x_2、x_3 为状态变量，$x(t)$ 为输入，$y(t)$ 为输出。

如果给定的微分方程中没有输入项的导数项，则可直接采用输出 $y(t)$ 及其导数作为状态变量，不需要设置辅助函数。

【例 8-6】 已知系统方程为

$$\frac{\mathrm{d}^3}{\mathrm{d}t^3} y(t) + 8\frac{\mathrm{d}^2}{\mathrm{d}t^2} y(t) + 19\frac{\mathrm{d}}{\mathrm{d}t} y(t) + 12 y(t) = 4\frac{\mathrm{d}}{\mathrm{d}t} x(t) + 10 x(t)$$

写出该系统的状态方程和输出方程。

解 可参考例 8-5 的分析来解答此题。先设状态变量为

$$\begin{cases} \dot{x}_1 = x_2 \\ \dot{x}_2 = x_3 \\ \dot{x}_3 = x(t) - 8x_3 - 19x_2 - 12x_1 \end{cases}$$

输出 $y(t)$ 为

$$y(t) = 10x_1 + 4x_2$$

写成矢量矩阵形式为

$$\begin{bmatrix} \dot{x}_1 \\ \dot{x}_2 \\ \dot{x}_3 \end{bmatrix} = \begin{bmatrix} 0 & 1 & 0 \\ 0 & 0 & 1 \\ -12 & -19 & -8 \end{bmatrix} \begin{bmatrix} x_1 \\ x_2 \\ x_3 \end{bmatrix} + \begin{bmatrix} 0 \\ 0 \\ 1 \end{bmatrix} \begin{bmatrix} x(t) \end{bmatrix}$$

$$y(t) = \begin{bmatrix} 10 & 4 & 0 \end{bmatrix} \begin{bmatrix} x_1 \\ x_2 \\ x_3 \end{bmatrix}$$

8.3.3 用信号流图建立状态方程

当描述一个系统给出的是信号流图（或方框图）描述而不是微分方程描述时，由信号流图直接建立状态方程更为方便；即使给出的系统描述是微分方程，先画出它的信号流图（或方框图）再写出状态方程，有时也会使问题得以简化。

由信号流图建立状态方程的方法无论是在选取变量还是列写方程时都比其他方法更加直观和简单。在运用此方法时注意两点：一是选取积分器（或延迟单元）的输出作为状态变量；二是状态方程和输出方程围绕加法器（或结点）来写。

【例 8-7】 已知系统的信号流图如图 8-7 所示，试求它的状态方程和输出方程。

解 该系统是三阶的，因而有三个状态变量。选择积分器的输出作为状态变量，根据信号流图，得到下列状态方程

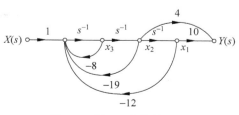

$$\begin{cases} \dot{x}_1 = x_2 \\ \dot{x}_2 = x_3 \\ \dot{x}_3 = -12x_1 - 19x_2 - 8x_3 + x \end{cases}$$

图 8-7 例 8-7 的信号流图

由结点 $Y(s)$ 写出输出方程为

$$y = 10x_1 + 4x_2$$

【例 8-8】 已知微分方程

$$\frac{\mathrm{d}^3}{\mathrm{d}t^3}y(t) + a_2\frac{\mathrm{d}^2}{\mathrm{d}t^2}y(t) + a_1\frac{\mathrm{d}}{\mathrm{d}t}y(t) + a_0 y(t) = b_2\frac{\mathrm{d}^2}{\mathrm{d}t^2}x(t) + b_1\frac{\mathrm{d}}{\mathrm{d}t}x(t) + b_0 x(t)$$

求状态方程和输出方程。

解 由微分方程可写出系统函数

$$H(s) = \frac{b_2 s^2 + b_1 s + b_0}{s^3 + a_2 s^2 + a_1 s + a_0} = \frac{b_2 s^{-1} + b_1 s^{-2} + b_0 s^{-3}}{1 - (-a_2 s^{-1} - a_1 s^{-2} - a_0 s^{-3})}$$

其对应的信号流图如图 8-8 所示。

选择各积分器的输出端为状态变量,根据
信号流图可列出状态方程为

$$\begin{cases} \dot{x}_1 = x_2 \\ \dot{x}_2 = x_3 \\ \dot{x}_3 = -a_2 x_3 - a_1 x_2 - a_0 x_1 + x \end{cases}$$

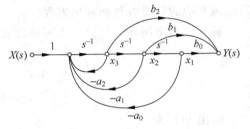

输出方程为

$$y = b_2 x_3 + b_1 x_2 + b_0 x_1$$

图 8-8 例 8-8 的信号流图

一般而言,对于 N 阶微分方程

$$\frac{\mathrm{d}^N}{\mathrm{d}t^N}y(t) + a_{N-1}\frac{\mathrm{d}^{N-1}}{\mathrm{d}t^{N-1}}y(t) + \cdots + a_1\frac{\mathrm{d}}{\mathrm{d}t}y(t) + a_0 y(t)$$

$$= b_N\frac{\mathrm{d}^N}{\mathrm{d}t^N}x(t) + b_{N-1}\frac{\mathrm{d}^{N-1}}{\mathrm{d}t^{N-1}}x(t) + \cdots + b_1\frac{\mathrm{d}}{\mathrm{d}t}x(t) + b_0 x(t)$$

其系统函数可写为

$$H(s) = \frac{b_N + b_{N-1}s^{-1} + \cdots + b_1 s^{-(N-1)} + b_0 s^{-N}}{1 - (-a_{N-1}s^{-1} - \cdots - a_1 s^{-(N-1)} - a_0 s^{-N})} \tag{8-13}$$

根据系统函数 $H(s)$ 可得信号流图如图 8-9 所示。

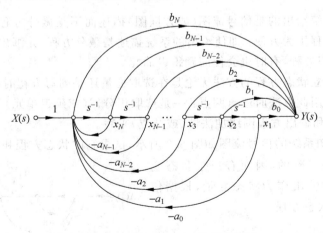

图 8-9 对应于式(8-13)的信号流图

若选各积分器的输出端信号为状态变量,则可列出状态方程

$$\begin{cases} \dot{x}_1 = x_2 \\ \dot{x}_2 = x_3 \\ \vdots \\ \dot{x}_{N-1} = x_N \\ \dot{x}_N = -a_0 x_1 - a_1 x_2 - \cdots - a_{N-2} x_{N-1} - a_{N-1} x_N + x \end{cases}$$

输出方程为

$$\begin{aligned} y =\ & b_0 x_1 + b_1 x_2 + \cdots + b_{N-2} x_{N-1} + b_{N-1} x_N \\ & + b_N(-a_0 x_1 - a_1 x_2 - \cdots - a_{N-2} x_{N-1} - a_{N-1} x_1 + x) \\ =\ & (b_0 - a_0 b_N) x_1 + (b_1 - a_1 b_N) x_2 \\ & + \cdots + (b_{N-2} - a_{N-2} b_N) x_{N-1} + (b_{N-1} - a_{N-1} b_N) x_N + b_N x \end{aligned}$$

8.4 连续时间 LTI 系统状态方程的解

由前 3 节的讨论可知,连续时间 LTI 系统的状态方程由若干个一阶微分方程组成,将其一般形式重写为

$$\frac{\mathrm{d}}{\mathrm{d}t}\boldsymbol{q}(t) = \boldsymbol{A}\boldsymbol{q}(t) + \boldsymbol{B}\boldsymbol{x}(t) \tag{8-14a}$$

$$\boldsymbol{y}(t) = \boldsymbol{C}\boldsymbol{q}(t) + \boldsymbol{D}\boldsymbol{x}(t) \tag{8-14b}$$

若已知输入和起始状态,则可解出状态变量。本节介绍连续时间系统状态方程的时域解法和拉氏变换法。

8.4.1 连续时间 LTI 系统状态方程的时域解法

在时域求解法中需要用到"矩阵指数",下面先介绍矩阵指数 $\mathrm{e}^{\boldsymbol{A}t}$ 的部分相关知识。

矩阵指数函数 $\mathrm{e}^{\boldsymbol{A}t}$ 定义为

$$\mathrm{e}^{\boldsymbol{A}t} = \boldsymbol{I} + \boldsymbol{A}t + \frac{1}{2!}\boldsymbol{A}^2 t^2 + \cdots + \frac{1}{k!}\boldsymbol{A}^k t^k + \cdots = \sum_{k=0}^{+\infty} \frac{1}{k!}\boldsymbol{A}^k t^k \tag{8-15}$$

式中,$\boldsymbol{A}$ 为方阵,$\boldsymbol{I}$ 为单位矩阵。对于矩阵函数 $\mathrm{e}^{\boldsymbol{A}t}$,有

$$\mathrm{e}^{\boldsymbol{A}t}\mathrm{e}^{-\boldsymbol{A}t} = \boldsymbol{I} \tag{8-16a}$$

$$[\mathrm{e}^{-\boldsymbol{A}t}]^{-1} = \mathrm{e}^{\boldsymbol{A}t} \tag{8-16b}$$

$$\frac{\mathrm{d}}{\mathrm{d}t}\mathrm{e}^{\boldsymbol{A}t} = \boldsymbol{A}\mathrm{e}^{\boldsymbol{A}t} \tag{8-16c}$$

下面讨论时域法求解状态方程。

对式(8-14a)两边同时左乘 $\mathrm{e}^{-\boldsymbol{A}t}$,其中矩阵 $\boldsymbol{A}$ 同式(8-14a)中的矩阵 $\boldsymbol{A}$,有

$$\mathrm{e}^{-\boldsymbol{A}t}\frac{\mathrm{d}}{\mathrm{d}t}\boldsymbol{q}(t) = \mathrm{e}^{-\boldsymbol{A}t}\boldsymbol{A}\boldsymbol{q}(t) + \mathrm{e}^{-\boldsymbol{A}t}\boldsymbol{B}\boldsymbol{x}(t)$$

移项,有

$$\mathrm{e}^{-\boldsymbol{A}t}\frac{\mathrm{d}}{\mathrm{d}t}\boldsymbol{q}(t) - \mathrm{e}^{-\boldsymbol{A}t}\boldsymbol{A}\boldsymbol{q}(t) = \mathrm{e}^{-\boldsymbol{A}t}\boldsymbol{B}\boldsymbol{x}(t)$$

结合式(8-16c)，化简得

$$\frac{\mathrm{d}}{\mathrm{d}t}\left[\mathrm{e}^{-\mathbf{A}t}\boldsymbol{q}(t)\right] = \mathrm{e}^{-\mathbf{A}t}\boldsymbol{B}\boldsymbol{x}(t) \tag{8-17}$$

又由于给定起始状态矢量 $\boldsymbol{q}(0^-)$ 为

$$\boldsymbol{q}(0^-) = \begin{bmatrix} q_1(0^-) \\ q_2(0^-) \\ \vdots \\ q_N(0^-) \end{bmatrix} \tag{8-18}$$

对式(8-17)两边取积分，并考虑到式(8-18)的起始状态，有

$$\mathrm{e}^{-\mathbf{A}t}\boldsymbol{q}(t) - \boldsymbol{q}(0^-) = \int_{0^-}^{t} \mathrm{e}^{-\mathbf{A}\tau}\boldsymbol{B}\boldsymbol{x}(\tau)\mathrm{d}\tau$$

将上式两边左乘 $\mathrm{e}^{\mathbf{A}t}$，并运用式(8-16a)，得

$$\boldsymbol{q}(t) = \mathrm{e}^{\mathbf{A}t}\boldsymbol{q}(0^-) + \int_{0^-}^{t} \mathrm{e}^{\mathbf{A}(t-\tau)}\boldsymbol{B}\boldsymbol{x}(\tau)\mathrm{d}\tau = \mathrm{e}^{\mathbf{A}t}\boldsymbol{q}(0^-) + \mathrm{e}^{\mathbf{A}t}\boldsymbol{B} * \boldsymbol{x}(t) \tag{8-19a}$$

式(8-19a)即为式(8-14a)的解。解出了状态变量 $\boldsymbol{q}(t)$ 后，将式(8-19a)代入输出方程即式(8-14b)，有

$$y(t) = \boldsymbol{C}\boldsymbol{q}(t) + \boldsymbol{D}\boldsymbol{x}(t) = \boldsymbol{C}\mathrm{e}^{\mathbf{A}t}\boldsymbol{q}(0^-) + \int_{0^-}^{t} \boldsymbol{C}\mathrm{e}^{\mathbf{A}(t-\tau)}\boldsymbol{B}\boldsymbol{x}(\tau)\mathrm{d}\tau + \boldsymbol{D}\boldsymbol{x}(t)$$

$$= \underbrace{\boldsymbol{C}\mathrm{e}^{\mathbf{A}t}\boldsymbol{q}(0^-)}_{\text{零输入响应}} + \underbrace{\left[\boldsymbol{C}\mathrm{e}^{\mathbf{A}t}\boldsymbol{B} + \boldsymbol{D}\delta(t)\right] * \boldsymbol{x}(t)}_{\text{零状态响应}} \tag{8-19b}$$

由式(8-19b)可见，系统的输出由零输入响应和零状态响应两部分组成。

式(8-19a)和式(8-19b)表明，若已知系统的起始状态 $\boldsymbol{q}(0^-)$ 和 $t \geqslant 0$ 时的输入 $\boldsymbol{x}(t)$，则可求得系统在 $t \geqslant 0$ 的任意时刻的状态 $\boldsymbol{q}(t)$ 和输出 $\boldsymbol{y}(t)$。在计算式(8-19a)和式(8-19b)的过程中，最关键的是计算状态转移矩阵 $\mathrm{e}^{\mathbf{A}t}$。在线性代数中有多种计算 $\mathrm{e}^{\mathbf{A}t}$ 的方法，这里介绍将矩阵函数 $\mathrm{e}^{\mathbf{A}t}$ 化为有限项之和的算法，并给出计算实例。

根据凯莱-哈密顿定理，一个 $N \times N$ 阶方阵的函数 $g(\mathbf{A})$，如 $\mathbf{A}^j(j \geqslant N)$ 和 $\mathrm{e}^{\mathbf{A}t}$ 等，可以表示为一个次数不超过 $N-1$ 的 $\mathbf{A}$ 的多项式。例如

$$\mathrm{e}^{\mathbf{A}t} = C_0\boldsymbol{I} + C_1\mathbf{A} + C_2\mathbf{A}^2 + \cdots + C_{N-1}\mathbf{A}^{N-1} \tag{8-20}$$

式中系数 $C_i(i=0,1,2,\cdots,N-1)$ 都是时间 t 的函数。为书写简便，下面省略变量 t。仍按照凯莱-哈密顿原理，矩阵 $\mathbf{A}$ 满足它自身的特征方程，因此在式(8-20)中代入 $\mathbf{A}$ 的特征值后方程仍成立，即有

$$\mathrm{e}^{-\lambda_i t} = C_0 + C_1\lambda_i + C_2\lambda_i^2 + \cdots + C_{N-1}\lambda_i^{N-1} \tag{8-21}$$

这样，系数 $C_i(i=0,1,\cdots,N-1)$ 就可以由式(8-21)所表示的方程组确定，然后根据式(8-20)可进一步算出状态转移矩阵 $\mathrm{e}^{\mathbf{A}t}$。

第一种情况：$\mathbf{A}$ 的特征值各不相同，分别记为 $\lambda_1,\lambda_2,\cdots,\lambda_{N-1}$，代入式(8-21)，有

$$\begin{cases} \mathrm{e}^{\lambda_1 t} = C_0 + C_1\lambda_1 + C_2\lambda_1^2 + \cdots + C_{N-1}\lambda_1^{N-1} \\ \mathrm{e}^{\lambda_2 t} = C_0 + C_1\lambda_2 + C_2\lambda_2^2 + \cdots + C_{N-1}\lambda_2^{N-1} \\ \vdots \\ \mathrm{e}^{\lambda_N t} = C_0 + C_1\lambda_N + C_2\lambda_N^2 + \cdots + C_{N-1}\lambda_N^{N-1} \end{cases} \tag{8-22}$$

解联立方程组即式(8-22)可求得 $C_i(i=0,1,\cdots,N-1)$，代入式(8-20)即可得 $\mathrm{e}^{\mathbf{A}t}$ 的表达式。

【**例 8-9**】　已知 $A = \begin{bmatrix} 0 & 1 \\ -2 & -3 \end{bmatrix}$，求 e^{At}。

解　列出 A 的特征方程

$$| \lambda I - A | = \begin{vmatrix} \lambda & -1 \\ 2 & \lambda+3 \end{vmatrix} = (\lambda+2)(\lambda+1) = 0$$

其特征根为 $\lambda_1 = -1, \lambda_2 = -2$。

代入式(8-22)，有

$$\begin{cases} e^{-t} = C_0 - C_1 \\ e^{-2t} = C_0 - 2C_1 \end{cases}$$

解得

$$\begin{cases} C_0 = 2e^{-t} - e^{-2t} \\ C_1 = e^{-t} - e^{-2t} \end{cases}$$

因而

$$e^{At} = C_0 I + C_1 A = \begin{bmatrix} 2e^{-t} - e^{-2t} & e^{-t} - e^{-2t} \\ -2e^{-t} + 2e^{-2t} & -e^{-t} + 2e^{-2t} \end{bmatrix}$$

第二种情况：若 A 的特征根 λ_1 具有 M 阶重根，则重根部分的方程为

$$\begin{cases} e^{\lambda_1 t} = C_0 + C_1 \lambda_1 + C_2 \lambda_1^2 + \cdots + C_{N-1} \lambda_1^{N-1} \\ te^{\lambda_1 t} = C_1 + 2C_2 \lambda_1 + \cdots + (N-1)C_{N-1} \lambda_1^{N-2} \\ \vdots \\ t^{M-1} e^{\lambda_1 t} = (M-1)! C_{M-1} + M! C_M \lambda_1 + \dfrac{(M+1)!}{2!} C_{M+1} \lambda_1^2 + \cdots + \dfrac{(N-1)!}{(N-M)!} C_{N-1} \lambda_1^{N-M} \end{cases}$$

$$(8-23)$$

其他非重根部分的方程与第一种情况相同，两者联立可解得全部系数 $C_i(i=0,1,\cdots,N-1)$。

下面举例说明解连续时间 LTI 系统的状态方程的全过程。

【**例 8-10**】　某连续时间 LTI 系统的状态方程为

$$\begin{cases} \dfrac{\mathrm{d}}{\mathrm{d}t} q_1(t) = 2q_1(t) + 3q_2(t) + x_2(t) \\ \dfrac{\mathrm{d}}{\mathrm{d}t} q_2(t) = -q_2(t) + x_1(t) \end{cases}$$

输出方程为

$$\begin{cases} y_1(t) = q_1(t) + q_2(t) + x_2(t) \\ y_2(t) = -q_2(t) + x_1(t) \end{cases}$$

其起始状态是 $q_1(0^-) = 2, q_2(0^-) = -1$，输入函数是 $x_1(t) = u(t), x_2(t) = \delta(t)$。求解系统的状态变量和输出。

解　首先计算系统的状态转移矩阵 e^{At}。从系统矩阵 A 确定其特征方程

$$| \lambda I - A | = \begin{vmatrix} \lambda-2 & -3 \\ 0 & \lambda+1 \end{vmatrix} = (\lambda-2)(\lambda+1) = 0$$

解得 $\lambda_1 = 2, \lambda_2 = -1$。按式(8-22)代入 λ_1, λ_2，有

$$\begin{cases} e^{2t} = C_0 + 2C_1 \\ e^{-t} = C_0 - C_1 \end{cases}$$

解得

$$\begin{cases} C_0 = \dfrac{1}{3}(e^{2t} + 2e^{-t}) \\ C_1 = \dfrac{1}{3}(e^{2t} - e^{-t}) \end{cases}$$

因而状态转移矩阵为

$$e^{At} = C_0 I + C_1 A = \begin{bmatrix} e^{2t} & e^{2t} - e^{-t} \\ 0 & e^{-t} \end{bmatrix}$$

将状态转移矩阵 e^{At}、起始状态、输入信号代入式(8-19a)求状态方程的解,即

$$\begin{bmatrix} q_1(t) \\ q_2(t) \end{bmatrix} = \begin{bmatrix} e^{2t} & e^{2t} - e^{-t} \\ 0 & e^{-t} \end{bmatrix} \begin{bmatrix} 2 \\ -1 \end{bmatrix} + \begin{bmatrix} e^{2t} & e^{2t} - e^{-t} \\ 0 & e^{-t} \end{bmatrix} * \begin{bmatrix} 0 & 1 \\ 1 & 0 \end{bmatrix} \begin{bmatrix} u(t) \\ \delta(t) \end{bmatrix}$$

$$= \begin{bmatrix} e^{2t} + e^{-t} \\ -e^{-t} \end{bmatrix} + \begin{bmatrix} (e^{2t} - e^{-t}) * u(t) + e^{2t} * \delta(t) \\ e^{-t} * u(t) \end{bmatrix}$$

$$= \begin{bmatrix} e^{2t} + e^{-t} \\ -e^{-t} \end{bmatrix} + \begin{bmatrix} \dfrac{3}{2}e^{2t} + e^{-t} - \dfrac{3}{2} \\ 1 - e^{-t} \end{bmatrix} = \begin{bmatrix} \dfrac{5}{2}e^{2t} + 2e^{-t} - \dfrac{3}{2} \\ 1 - 2e^{-t} \end{bmatrix}, \quad t \geqslant 0$$

将状态变量 $q(t)$ 和输入 $x(t)$ 代入式(8-19b)可得输出方程的解,即

$$\begin{bmatrix} y_1(t) \\ y_2(t) \end{bmatrix} = \begin{bmatrix} 1 & 1 \\ 0 & -1 \end{bmatrix} \begin{bmatrix} \dfrac{5}{2}e^{2t} + 2e^{-t} - \dfrac{3}{2} \\ 1 - 2e^{-t} \end{bmatrix} + \begin{bmatrix} 0 & 1 \\ 1 & 0 \end{bmatrix} \begin{bmatrix} u(t) \\ \delta(t) \end{bmatrix}$$

$$= \begin{bmatrix} \dfrac{5}{2}e^{2t} - \dfrac{1}{2} \\ -1 + 2e^{-t} \end{bmatrix} + \begin{bmatrix} \delta(t) \\ u(t) \end{bmatrix} = \begin{bmatrix} \dfrac{5e^{2t} - 1}{2} + \delta(t) \\ 2e^{-t} \end{bmatrix}, \quad t \geqslant 0$$

至此,求得了该系统的状态变量和输出。

8.4.2 状态方程的拉普拉斯变换求解法

在拉普拉斯变换中,一个关于时间的函数 $x(t)$ 经拉普拉斯变换后成为 s 域中的函数 $X(s)$,即 $x(t) \overset{\text{LT}}{\longleftrightarrow} X(s)$。

对于一个由时间函数组成的矩阵 $x(t)$,它对应的拉普拉斯变换函数 $X(s)$ 是另一个矩阵,即

$$x(t) = \begin{bmatrix} x_1(t) \\ x_2(t) \\ \vdots \\ x_N(t) \end{bmatrix} \overset{\text{LT}}{\longleftrightarrow} X(s) = \begin{bmatrix} X_1(s) \\ X_2(s) \\ \vdots \\ X_N(s) \end{bmatrix} \tag{8-24}$$

并具有如下性质

$$\text{LT}\{ax(t)\} = a\text{LT}\{x(t)\} = aX(s) \tag{8-25}$$

$$\text{LT}\left\{\frac{\mathrm{d}}{\mathrm{d}t}x(t)\right\} = sX(s) - x(0^-) \tag{8-26}$$

对于形如式(8-14a)的连续时间 LTI 系统的状态方程

$$\frac{\mathrm{d}}{\mathrm{d}t}\boldsymbol{q}(t) = \boldsymbol{A}\boldsymbol{q}(t) + \boldsymbol{B}\boldsymbol{x}(t)$$

两边取拉普拉斯变换并且利用式(8-25)、式(8-26)的性质,有

$$s\boldsymbol{Q}(s) - \boldsymbol{q}(0^-) = \boldsymbol{A}\boldsymbol{Q}(s) + \boldsymbol{B}\boldsymbol{X}(s)$$

经过移项后有

$$(s\boldsymbol{I} - \boldsymbol{A})\boldsymbol{Q}(s) = \boldsymbol{q}(0^-) + \boldsymbol{B}\boldsymbol{X}(s) \tag{8-27}$$

将式(8-27)两边同时左乘$(s\boldsymbol{I}-\boldsymbol{A})^{-1}$,有

$$\boldsymbol{Q}(s) = (s\boldsymbol{I} - \boldsymbol{A})^{-1}\boldsymbol{q}[0^-] + (s\boldsymbol{I} - \boldsymbol{A})^{-1}\boldsymbol{B}\boldsymbol{X}(s) \tag{8-28a}$$

其中 $\boldsymbol{q}(0^-)$ 为起始状态

$$\boldsymbol{q}(0^-) = \begin{bmatrix} q_1(0^-) \\ q_1(0^-) \\ \vdots \\ q_N(0^-) \end{bmatrix}$$

类似的计算可求得输出方程的解

$$\boldsymbol{Y}(s) = \boldsymbol{C}(s\boldsymbol{I} - \boldsymbol{A})^{-1}\boldsymbol{q}(0^-) + \boldsymbol{C}(s\boldsymbol{I} - \boldsymbol{A})^{-1}\boldsymbol{B}\boldsymbol{X}(s) + \boldsymbol{D}\boldsymbol{X}(s) \tag{8-28b}$$

因而时域表示为

$$\boldsymbol{q}(t) = \mathrm{ILT}\{(s\boldsymbol{I} - \boldsymbol{A})^{-1}\boldsymbol{q}(0^-)\} + \mathrm{ILT}\{(s\boldsymbol{I} - \boldsymbol{A})^{-1}\boldsymbol{B}\boldsymbol{X}(s)\} \tag{8-29a}$$

$$\boldsymbol{y}(t) = \boldsymbol{C} \cdot \mathrm{ILT}\{(s\boldsymbol{I} - \boldsymbol{A})^{-1}\boldsymbol{q}(0^-)\} + \boldsymbol{C} \cdot \mathrm{ILT}\{(s\boldsymbol{I} - \boldsymbol{A})^{-1}\boldsymbol{B}\boldsymbol{X}(s)\}$$
$$+ \mathrm{ILT}\{\boldsymbol{D}\boldsymbol{X}(s)\} \tag{8-29b}$$

可见,由拉普拉斯变换法求解过程中最关键的一步即是$(s\boldsymbol{I}-\boldsymbol{A})^{-1}$的计算,下面举例说明。

【例 8-11】 已知系统的状态方程和输出方程为

$$\begin{bmatrix} \dfrac{\mathrm{d}}{\mathrm{d}t}q_1(t) \\ \dfrac{\mathrm{d}}{\mathrm{d}t}q_2(t) \end{bmatrix} = \begin{bmatrix} 1 & 2 \\ 0 & -1 \end{bmatrix}\begin{bmatrix} q_1(t) \\ q_2(t) \end{bmatrix} + \begin{bmatrix} 0 & 1 \\ 1 & 0 \end{bmatrix}\begin{bmatrix} x_1(t) \\ x_2(t) \end{bmatrix}$$

$$\begin{bmatrix} y_1(t) \\ y_2(t) \end{bmatrix} = \begin{bmatrix} 1 & 1 \\ 0 & -1 \end{bmatrix}\begin{bmatrix} q_1(t) \\ q_2(t) \end{bmatrix} + \begin{bmatrix} 1 & 0 \\ 1 & 0 \end{bmatrix}\begin{bmatrix} x_1(t) \\ x_2(t) \end{bmatrix}$$

又知起始状态和输入信号为

$$\boldsymbol{q}(0^-) = \begin{bmatrix} q_1(0^-) \\ q_2(0^-) \end{bmatrix} = \begin{bmatrix} 1 \\ -1 \end{bmatrix}$$

$$\boldsymbol{x}(t) = \begin{bmatrix} x_1(t) \\ x_2(t) \end{bmatrix} = \begin{bmatrix} u(t) \\ \delta(t) \end{bmatrix}$$

用拉普拉斯变换法求响应 $y_1(t)$ 和 $y_2(t)$。

解 先求特征矩阵$(s\boldsymbol{I}-\boldsymbol{A})$

$$(s\boldsymbol{I} - \boldsymbol{A}) = \begin{bmatrix} s-1 & -2 \\ 0 & s+1 \end{bmatrix}$$

由此求其逆阵$(s\boldsymbol{I}-\boldsymbol{A})^{-1}$,这时需借助伴随矩阵 adj

$$(s\boldsymbol{I} - \boldsymbol{A})^{-1} = \frac{\mathrm{adj}(s\boldsymbol{I} - \boldsymbol{A})}{|s\boldsymbol{I} - \boldsymbol{A}|} = \frac{1}{(s-1)(s+1)} \begin{bmatrix} s+1 & 2 \\ 0 & s-1 \end{bmatrix}$$

再求输入信号的拉氏变换

$$\boldsymbol{X}(s) = \begin{bmatrix} X_1(s) \\ X_2(s) \end{bmatrix} = \begin{bmatrix} \dfrac{1}{s} \\ 1 \end{bmatrix}$$

要求状态变量 $\boldsymbol{q}(t)$，先得按照式(8-28a)求得 $\boldsymbol{Q}(s)$。

$$\boldsymbol{Q}(s) = (s\boldsymbol{I} - \boldsymbol{A})^{-1}\boldsymbol{q}(0^-) + (s\boldsymbol{I} - \boldsymbol{A})^{-1}\boldsymbol{B}\boldsymbol{X}(s)$$

$$= \frac{1}{(s-1)(s+1)} \begin{bmatrix} s+1 & 2 \\ 0 & s-1 \end{bmatrix} \begin{bmatrix} 1 \\ -1 \end{bmatrix} + \frac{1}{(s-1)(s+1)} \begin{bmatrix} s+1 & 2 \\ 0 & s-1 \end{bmatrix} \begin{bmatrix} 0 & 1 \\ 1 & 0 \end{bmatrix} \begin{bmatrix} \dfrac{1}{s} \\ 1 \end{bmatrix}$$

$$= \begin{bmatrix} \dfrac{-2}{s} + \dfrac{2}{s+1} + \dfrac{2}{s-1} \\ \dfrac{1}{s} + \dfrac{-2}{s+1} \end{bmatrix}$$

对 $\boldsymbol{Q}(s)$ 求拉普拉斯逆变换，有

$$\boldsymbol{q}(t) = \mathrm{ILT}\{\boldsymbol{Q}(s)\} = \begin{bmatrix} -2 + 2\mathrm{e}^{-t} + 2\mathrm{e}^{t} \\ 1 - 2\mathrm{e}^{-t} \end{bmatrix}, \quad t \geqslant 0$$

至此求得了状态变量 $\boldsymbol{q}(t)$。

要求输出响应 $\boldsymbol{y}(t)$，要先按式(8-28b)求出 $\boldsymbol{Y}(s)$。

$$\boldsymbol{Y}(s) = \boldsymbol{C}\boldsymbol{Q}(s) + \boldsymbol{D}\boldsymbol{X}(s) = \begin{bmatrix} 1 & 1 \\ 0 & -1 \end{bmatrix} \begin{bmatrix} \dfrac{-2}{s} + \dfrac{2}{s+1} + \dfrac{2}{s-1} \\ \dfrac{1}{s} + \dfrac{-2}{s+1} \end{bmatrix} + \begin{bmatrix} 1 & 0 \\ 1 & 0 \end{bmatrix} \begin{bmatrix} \dfrac{1}{s} \\ 1 \end{bmatrix} = \begin{bmatrix} \dfrac{2}{s-1} \\ \dfrac{2}{s+1} \end{bmatrix}$$

对 $\boldsymbol{Y}(s)$ 求拉普拉斯逆变换，得

$$\boldsymbol{y}(t) = \mathrm{ILT}\{\boldsymbol{Y}(s)\} = \begin{bmatrix} 2\mathrm{e}^{t} \\ 2\mathrm{e}^{-t} \end{bmatrix}, \quad t \geqslant 0$$

所以状态变量 $\boldsymbol{q}(t)$ 和输出响应 $\boldsymbol{y}(t)$ 即为所求。

8.5　离散时间 LTI 系统状态模型的建立

8.1 节已经指出，一个离散时间 LTI 系统的分析可以用状态变量分析法，并且已经给出了离散时间系统状态方程和输出方程的一般形式，如式(8-9a)和式(8-9b)，或(8-10a)和式(8-10b)。

建立离散时间 LTI 系统状态方程的方法与连续时间 LTI 系统里建立状态方程的方法十分相似，可以通过表征离散时间 LTI 系统的差分方程来建立，亦可通过系统方框图或者系统信号流图来得到离散时间 LTI 系统的状态方程。本节将详细讨论离散时间 LTI 系统状态方程的建立。

8.5.1　由差分方程建立状态方程

与 8.3 节中连续时间系统中由微分方程建立状态方程的方法类似，在离散时间 LTI 系统中由差分方程建立状态方程的核心问题是如何选取适当的状态变量，将一个描述 N 阶系

统的 N 阶差分方程转化为一阶方程组即状态方程。下面举一个简单的例子来说明。

【例 8-12】 某一个离散时间系统的差分方程为

$$y[n] + a_2 y[n-1] + a_1 y[n-2] + a_0 y[n-3] = x[n]$$

列写出该系统的状态方程和输出方程。

解 根据差分理论，当已知起始状态 $y[-3]$，$y[-2]$，$y[-1]$ 及 $n \geqslant 0$ 时的输入 $x[n]$ 就可确定系统未来的状态，由此得到启示，可选取状态变量为

$$q_1[n] = y[n-3]$$
$$q_2[n] = y[n-2]$$
$$q_3[n] = y[n-1]$$

于是有状态方程

$$q_1[n+1] = y[n-2] = q_2[n]$$
$$q_2[n+1] = y[n-1] = q_3[n]$$
$$q_3[n+1] = y[n] = -a_0 y[n-3] - a_1 y[n-2] - a_2 y[n-1] + x[n]$$
$$= -a_0 q_1[n] - a_1 q_2[n] - a_2 q_3[n] + x[n]$$

输出方程为

$$y[n] = q_3[n+1] = -a_0 q_1[n] - a_1 q_2[n] - a_2 q_3[n] + x[n]$$

将状态方程写成矢量矩阵形式有

$$\begin{bmatrix} q_1[n+1] \\ q_2[n+1] \\ q_3[n+1] \end{bmatrix} = \begin{bmatrix} 0 & 1 & 0 \\ 0 & 0 & 1 \\ -a_0 & -a_1 & -a_2 \end{bmatrix} \begin{bmatrix} q_1[n] \\ q_2[n] \\ q_3[n] \end{bmatrix} + \begin{bmatrix} 0 \\ 0 \\ 1 \end{bmatrix} x[n]$$

$$y[n] = \begin{bmatrix} -a_0 & -a_1 & -a_2 \end{bmatrix} \begin{bmatrix} q_1[n] \\ q_2[n] \\ q_3[n] \end{bmatrix} + x[n]$$

在例 8-12 中，差分方程的等式右边没有出现输入信号的差分项，分析起来相对简单一些。如果在差分方程等号的右边出现了输入项及其差分项，在建立状态方程时，则应引入一个辅助函数来模拟差分方程给出的系统，见例 8-13。

【例 8-13】 某一离散时间 LTI 系统 N 阶差分方程描述如下

$$y[n] + a_{N-1} y[n-1] + a_{N-2} y[n-2] + \cdots + a_1 y[n-(N-1)] + a_0 y[n-N]$$
$$= b_N x[n] + b_{N-1} x[n-1] + b_{N-2} x[n-2] + \cdots + b_1 x[n-(N-1)] + b_0 x[n-N]$$

$$(8-30)$$

列写出该 N 阶离散时间 LTI 系统的状态方程和输出方程。

解 将题知的 N 阶差分用算子形式表示为

$$(E^N + a_{N-1} E^{N-1} + a_{N-2} E^{N-2} + \cdots + a_1 E + a_0) y[n]$$
$$= (b_N E^N + b_{N-1} E^{N-1} + \cdots + b_1 E + b_0) x[n]$$

则传输算子可写为

$$H(E) = \frac{b_N + \dfrac{b_{N-1}}{E} + \dfrac{b_{N-2}}{E^2} + \cdots + \dfrac{b_1}{E^{N-1}} + \dfrac{b_0}{E^N}}{1 + \left(-\dfrac{a_{N-1}}{E} - \dfrac{a_{N-2}}{E^2} - \cdots - \dfrac{a_1}{E^{N-1}} - \dfrac{a_0}{E^N} \right)} \qquad (8-31)$$

根据 $H(E)$ 可以画出其流图形式如图 8-10 所示。

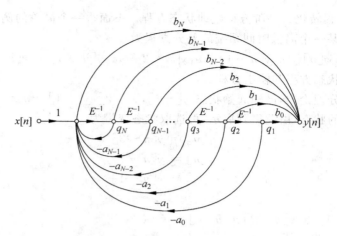

图 8-10 $H(E)$的流图表示

选图中延时单元的输出为状态变量,则有

$$
\begin{cases}
q_1[n+1] = q_2[n] \\
q_2[n+1] = q_3[n] \\
\vdots \\
q_{N-1}[n+1] = q_N[n] \\
q_N[n+1] = -a_{N-1}q_N[n] - a_{N-2}q_{N-1}[n] - \cdots - a_1q_2[n] - a_0q_1[n] + x[n]
\end{cases} \tag{8-32a}
$$

输出方程为

$$
\begin{aligned}
y[n] &= b_0q_1[n] + b_1q_2[n] + b_2q_3[n] + \cdots + b_{N-2}q_{N-1}[n] + b_{N-1}q_N[n] + b_Nq_{N+1}[n+1] \\
&= (b_0 - a_0b_N)q_1[n] + (b_1 - a_1b_N)q_2[n] \\
&\quad + \cdots + (b_{N-1} - a_{N-1}b_N)q_N[n] + b_Nx[n]
\end{aligned} \tag{8-32b}
$$

表示成矢量矩阵形式为

$$
\begin{cases}
\boldsymbol{q}[n+1] = \boldsymbol{A}\boldsymbol{q}[n] + \boldsymbol{B}x[n] \\
\boldsymbol{Y}[n] = \boldsymbol{C}\boldsymbol{q}[n] + \boldsymbol{D}x[n]
\end{cases} \tag{8-33}
$$

其中

$$
\boldsymbol{A} = \begin{bmatrix}
0 & 1 & 0 & \cdots & 0 \\
0 & 0 & 1 & \cdots & 0 \\
\vdots & \vdots & \vdots & \ddots & \vdots \\
0 & 0 & 0 & \cdots & 1 \\
-a_{N-1} & -a_{N-2} & -a_{N-3} & \cdots & -a_0
\end{bmatrix}
$$

$$
\boldsymbol{B} = \begin{bmatrix} 0 \\ 0 \\ \vdots \\ 0 \\ 1 \end{bmatrix}
$$

$$
\boldsymbol{C} = \begin{bmatrix} (b_0 - a_0b_N) & (b_1 - a_1b_N) & \cdots & (b_{N-2} - a_{N-2}b_N) & (b_{N-1} - a_{N-1}b_N) \end{bmatrix}
$$

$$
\boldsymbol{D} = \begin{bmatrix} b_N \end{bmatrix}
$$

8.5.2 由给定系统的方框图或流图建立状态方程

由给定系统的方框图或流图来建立状态方程是一种很直观的方法,很容易建立状态方程,只要取延时单元的输出作为状态变量即可,状态方程和输出方程可以围绕加法器或节点列写。下面举一例子加以说明。

【例 8-14】 一个离散时间 LTI 系统的信号流图如图 8-11 所示,列写出该系统的状态方程和输出方程。

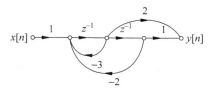

图 8-11 例 8-14 的信号流图

解 系统是二阶的,共有两个状态变量。取图 8-11 中每个延时单元的输出作为状态变量,从图中直观地得到下面的状态方程

$$\begin{cases} q_1[n+1] = q_2[n] \\ q_2[n+1] = -3q_2[n] + (-2)q_1[n] + x[n] \end{cases}$$

输出方程为

$$y[n] = q_1[n] + 2q_2[n]$$

写成矢量矩阵形式为

$$\begin{bmatrix} q_1[n+1] \\ q_2[n+1] \end{bmatrix} = \begin{bmatrix} 0 & 1 \\ -2 & -3 \end{bmatrix} \begin{bmatrix} q_1[n] \\ q_2[n] \end{bmatrix} + \begin{bmatrix} 0 \\ 1 \end{bmatrix} x[n]$$

$$[y[n]] = \begin{bmatrix} 1 & 2 \end{bmatrix} \begin{bmatrix} q_1[n] \\ q_2[n] \end{bmatrix}$$

【例 8-15】 图 8-12 描述了一个二输入二输出的离散时间 LTI 系统,写出该系统的状态方程和输出方程。

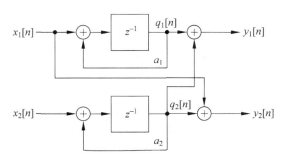

图 8-12 例 8-15 的系统方框图

解 图中有两个延时单元,选择这两个延时单元的输出为状态变量,分别记为 $q_1[n]$,$q_2[n]$,由图围绕左侧两个加法器可直观地列写状态方程为

$$\begin{cases} q_1[n+1] = a_1 q_1[n] + x_1[n] \\ q_2[n+1] = a_2 q_2[n] + x_2[n] \end{cases}$$

输出方程为

$$\begin{cases} y_1[n] = q_1[n] + q_2[n] \\ y_2[n] = q_2[n] + x_1[n] \end{cases}$$

表示成矢量矩阵形式为

$$\begin{bmatrix} q_1[n+1] \\ q_2[n+1] \end{bmatrix} = \begin{bmatrix} a_1 & 0 \\ 0 & a_2 \end{bmatrix} \begin{bmatrix} q_1[n] \\ q_2[n] \end{bmatrix} + \begin{bmatrix} 1 & 0 \\ 0 & 1 \end{bmatrix} \begin{bmatrix} x_1[n] \\ x_2[n] \end{bmatrix}$$

$$\begin{bmatrix} y_1[n] \\ y_2[n] \end{bmatrix} = \begin{bmatrix} 1 & 1 \\ 0 & 1 \end{bmatrix} \begin{bmatrix} q_1[n] \\ q_2[n] \end{bmatrix} + \begin{bmatrix} 0 & 0 \\ 1 & 0 \end{bmatrix} \begin{bmatrix} x_1[n] \\ x_2[n] \end{bmatrix}$$

8.6　离散时间 LTI 系统状态方程的解

离散时间 LTI 系统状态方程和输出方程的一般形式如式（8-10a）和式（8-10b），重写如下

$$\boldsymbol{q}[n+1] = \boldsymbol{A}\boldsymbol{q}[n] + \boldsymbol{B}x[n]$$
$$y[n] = \boldsymbol{C}\boldsymbol{q}[n] + \boldsymbol{D}x[n]$$

显然，如果解出状态方程，得到状态矢量 $\boldsymbol{q}[n]$，就很容易求得输出矢量 $\boldsymbol{y}[n]$。与连续时间 LTI 系统的求解方法相似，离散时间 LTI 系统状态方程的求解法也有时域和变换域两种方法，下面分别介绍。

8.6.1　离散时间系统状态方程的时域解法

离散时间 LTI 系统的状态方程表示为

$$\boldsymbol{q}[n+1] = \boldsymbol{A}\boldsymbol{q}[n] + \boldsymbol{B}x[n]$$

起始状态为在 $n=n_0$ 时，有 $\boldsymbol{q}[n_0]$。利用迭代法，重复使用式（8-10a），可递推求得 $n=n_0+1$，$n_0+2,\cdots$ 时刻的值，即

$$\boldsymbol{q}[n_0+1] = \boldsymbol{A}\boldsymbol{q}[n_0] + \boldsymbol{B}x[n_0]$$
$$\boldsymbol{q}[n_0+2] = \boldsymbol{A}\boldsymbol{q}[n_0+1] + \boldsymbol{B}x[n_0+1] = \boldsymbol{A}^2\boldsymbol{q}[n_0] + \boldsymbol{A}\boldsymbol{B}x[n_0] + \boldsymbol{B}x[n_0+1]$$
$$\boldsymbol{q}[n_0+3] = \boldsymbol{A}\boldsymbol{q}[n_0+2] + \boldsymbol{B}x[n_0+2]$$
$$= \boldsymbol{A}^3\boldsymbol{q}[n_0] + \boldsymbol{A}^2\boldsymbol{B}x[n_0] + \boldsymbol{A}\boldsymbol{B}x[n_0+1] + \boldsymbol{B}x[n_0+2]$$
$$\vdots$$

对于任意的 n 值，当 $n>n_0$ 时，可归纳为

$$\boldsymbol{q}[n] = \boldsymbol{A}^{n-n_0}\boldsymbol{q}[n_0] + \sum_{k=n_0}^{n-1}\boldsymbol{A}^{n-1-k}\boldsymbol{B}x[k] \tag{8-34}$$

选择起始时 $n_0=0$，则有

$$\boldsymbol{q}[n] = \boldsymbol{A}^n\boldsymbol{q}[0]u[n] + \left(\sum_{k=0}^{n-1}\boldsymbol{A}^{n-1-k}\boldsymbol{B}x[k]\right)u[n-1] \tag{8-35a}$$

式（8-35a）就是所要求的状态变量的时域解。式（8-35a）等号右边第一项 $\boldsymbol{A}^n\boldsymbol{q}[0]u[n]$ 仅由起始状态决定，与输入无关，对应于零输入响应；式（8-35a）等号右边第二项 $\left(\sum_{k=0}^{n-1}\boldsymbol{A}^{n-1-k}\boldsymbol{B}x[k]\right)u[n-1]$ 仅由输入决定，与起始状态无关，对应于零状态响应。得到了状态变量 $\boldsymbol{q}[n]$ 后，可解得输出为

$$\boldsymbol{y}[n] = \boldsymbol{C}\boldsymbol{q}[n] + \boldsymbol{D}x[n] = \boldsymbol{C}\boldsymbol{A}^n\boldsymbol{q}[0]u[n] + \left(\sum_{k=0}^{n-1}\boldsymbol{C}\boldsymbol{A}^{n-1-k}\boldsymbol{B}x[k]\right)u[n-1] + \boldsymbol{D}x[n]u[n]$$

$$\tag{8-35b}$$

输出也包含零输入响应和零状态响应两部分。式(8-35b)等号右边第一项 $CA^n q[0]u[n]$ 为零输入响应,其余部分 $\left(\displaystyle\sum_{k=0}^{n-1} CA^{n-1-k} Bx[k]\right)u[n-1] + Dx[n]u[n]$ 为零状态响应。

从式(8-35a)和式(8-35b)可看出,矩阵 A^n 与连续时间 LTI 系统的状态转移矩阵 e^{At} 功能相当,故称 A^n 为离散时间 LTI 系统的**状态转移矩阵**,记为 $\varphi[n]$

$$\varphi[n] = A^n \tag{8-36}$$

则式(8-35a)可改写为

$$q[n] = \varphi[n]q[0]u[n] + \left(\sum_{k=0}^{n-1} \varphi[n-1-k]Bx[k]\right)u[n-1] \tag{8-37a}$$

式(8-35b)可改写为

$$Y[n] = C\varphi[n]q[0]u[n] + \left(\sum_{k=0}^{n-1} C\varphi[n-1-k]Bx[k]\right)u[n-1]$$
$$+ Dx[n]u[n] \tag{8-37b}$$

从式(8-37a)和式(8-37b)可以看出,在计算状态矢量 $q[n]$ 和输出矢量 $y[n]$ 时,都需要计算 $\varphi[n]$。

下面讨论怎样计算 A^n。利用凯莱-哈密顿定理,对于一个 $N \times N$ 阶方阵 A,有如下特性

$$A^n = C_0 I + C_1 A + C_2 A^2 + \cdots + C_{N-1} A^{N-1}, \quad n \geqslant N \tag{8-38}$$

分别用 A 的特征值代入式(8-38),可联立方程式以求得系数 $C_i (i=0,1,\cdots,N-1)$,即求得 A^n。

【例 8-16】 已知 $A = \begin{bmatrix} 0 & 1 \\ -2 & -3 \end{bmatrix}$,求 A^n。

解 A 的特征方程为

$$|\lambda I - A| = \begin{vmatrix} \lambda & 0 \\ 0 & \lambda \end{vmatrix} - \begin{vmatrix} 0 & 1 \\ -2 & -3 \end{vmatrix} = \begin{vmatrix} \lambda & -1 \\ 2 & \lambda+3 \end{vmatrix} = (\lambda+2)(\lambda+1) = 0$$

解得 $\lambda_1 = -1, \lambda_2 = -2$,代入式(8-38),有

$$\begin{cases} (-1)^n = C_0 + (-1)C_1 \\ (-2)^n = C_0 + (-2)C_1 \end{cases}$$

解得

$$\begin{cases} C_0 = 2(-1)^n - (-2)^n \\ C_1 = (-1)^n - (-2)^n \end{cases}$$

再根据式(8-38),得

$$A^n = C_0 + C_1 A = (2(-1)^n - (-2)^n)\begin{bmatrix} 1 & 0 \\ 0 & 1 \end{bmatrix} + ((-1)^n - (-2)^n)\begin{bmatrix} 0 & 1 \\ -2 & -3 \end{bmatrix}$$

$$= \begin{bmatrix} 2(-1)^n - (-2)^n & (-1)^n - (-2)^n \\ -2[(-1)^n - (-2)^n] & 2(-2)^n - (-1)^n \end{bmatrix}$$

8.6.2 离散系统状态方程的变换域求解

从前面离散时间 LTI 系统的时域解法中可以看到,计算 A^n 时,如果 A 比较复杂、n 也比较大时,则 A^n 的计算非常复杂。就像在连续时间 LTI 系统中采用拉普拉斯变换法一样,在

离散时间 LTI 系统状态方程的求解过程中可以采用 z 变换,而且可以使状态方程的求解显得容易一些。

对离散时间 LTI 系统的状态方程和输出方程

$$q[n+1] = Aq[n] + Bx[n]$$
$$y[n] = Cq[n] + Dx[n]$$

两边取 z 变换

$$zQ(z) - zq[0] = AQ(z) + BX(z)$$
$$Y(z) = CQ(z) + DX(z)$$

移项后整理得

$$Q(z) = (zI - A)^{-1}zq[0] + (zI - A)^{-1}BX(z)$$
$$Y(z) = CQ(z) + DX(z)$$

将 $Q(z)$ 代入 $Y(z)$,有

$$Q(z) = (zI - A)^{-1}zq[0] + (zI - A)^{-1}BX(z) \tag{8-39a}$$
$$Y(z) = C(zI - A)^{-1}zq[0] + C(zI - A)^{-1}BX(z) + DX(z) \tag{8-39b}$$

其时域解为

$$q[n] = \text{IZT}\{(zI - A)^{-1}z\}q[0] + \text{IZT}\{(zI - A)^{-1}BX(z)\} \tag{8-40a}$$
$$y[n] = \text{IZT}\{C(zI - A)^{-1}z\}q[0] + \text{IZT}\{C(zI - A)^{-1}BX(z) + DX(z)\} \tag{8-40b}$$

将式(8-40)与式(8-35)相比较,可得

$$A^n = \text{IZT}\{(zI - A)^{-1}z\} = \text{IZT}\{(I - z^{-1}A)^{-1}\} \tag{8-41}$$

【例 8-17】 已知离散时间 LTI 系统的 A 矩阵为

$$A = \begin{bmatrix} 0 & 1 \\ -6 & -5 \end{bmatrix}$$

试求该系统的状态转移矩阵 A^n。

解 先求 $(I - z^{-1}A)^{-1}$

$$(I - z^{-1}A)^{-1} = \begin{bmatrix} 1 & -\dfrac{1}{z} \\ \dfrac{6}{z} & 1 + \dfrac{5}{z} \end{bmatrix}^{-1} = z \begin{bmatrix} \dfrac{3}{z+2} - \dfrac{2}{z+3} & \dfrac{1}{z+2} - \dfrac{1}{z+3} \\ \dfrac{-6}{z+2} + \dfrac{6}{z+3} & \dfrac{-2}{z+2} + \dfrac{3}{z+3} \end{bmatrix}$$

再求 $\text{IZT}\{(I - z^{-1}A)^{-1}\}$,得

$$A^n = \text{IZT}\{(I - z^{-1}A)^{-1}\} = \text{IZT}\left\{ \begin{bmatrix} \dfrac{3}{1+2z^{-1}} - \dfrac{2}{1+3z^{-1}} & \dfrac{1}{1+2z^{-1}} - \dfrac{1}{1+3z^{-1}} \\ \dfrac{-6}{1+2z^{-1}} + \dfrac{6}{1+3z^{-1}} & \dfrac{-2}{1+2z^{-1}} + \dfrac{3}{1+3z^{-1}} \end{bmatrix} \right\}$$

$$= \begin{bmatrix} 3(-2)^n - 2(-3)^n & (-2)^n - (-3)^n \\ -6(-2)^n + 6(-3)^n & -2(-2)^n + 3(-3)^n \end{bmatrix}$$

【例 8-18】 已知离散时间 LTI 系统的状态方程和输出方程为

$$\begin{cases} q_1[n+1] = q_2[n] \\ q_2[n+1] = -2q_1[n] - 3q_2[n] + x[n] \end{cases}$$
$$y[n] = -2q_1[n] - 3q_2[n] + x[n]$$

激励 $x[n] = \delta[n]$，起始状态为零，求该系统的状态矢量 $\boldsymbol{q}[n]$ 和输出矢量 $\boldsymbol{y}[n]$。

解　（1）方法一：z 变换法。

起始状态 $\boldsymbol{q}[0] = 0$，因此在式（8-40a）中等号右边第一项为零，即有

$$\boldsymbol{q}[n] = \mathrm{IZT}\{(z\boldsymbol{I} - \boldsymbol{A})^{-1}\boldsymbol{B}X(z)\}$$

其中

$$(z\boldsymbol{I} - \boldsymbol{A})^{-1} = \left[\begin{bmatrix} z & 0 \\ 0 & z \end{bmatrix} - \begin{bmatrix} 0 & 1 \\ -2 & -3 \end{bmatrix}\right]^{-1} = \begin{bmatrix} z & -1 \\ 2 & z+3 \end{bmatrix}^{-1}$$

$$= \begin{bmatrix} -\dfrac{1}{z+2} + \dfrac{2}{z+1} & -\dfrac{1}{z+2} + \dfrac{1}{z+1} \\[2mm] \dfrac{2}{z+2} - \dfrac{2}{z+1} & \dfrac{2}{z+2} - \dfrac{1}{z+1} \end{bmatrix}$$

$$\boldsymbol{B} = \begin{bmatrix} 0 \\ 1 \end{bmatrix}$$

$$X(z) = \mathrm{ZT}\{\delta[n]\} = 1$$

所以

$$\boldsymbol{q}[n] = \begin{bmatrix} q_1[n] \\ q_2[n] \end{bmatrix} = \mathrm{IZT}\{(z\boldsymbol{I} - \boldsymbol{A})^{-1}\boldsymbol{B}X(z)\}$$

$$= \mathrm{IZT}\left\{\begin{bmatrix} -\dfrac{1}{z+2} + \dfrac{2}{z+1} & -\dfrac{1}{z+2} + \dfrac{1}{z+1} \\[2mm] \dfrac{2}{z+2} - \dfrac{2}{z+1} & \dfrac{2}{z+2} - \dfrac{1}{z+1} \end{bmatrix}\begin{bmatrix} 0 \\ 1 \end{bmatrix}\right\}$$

$$= \mathrm{IZT}\left\{\begin{bmatrix} \dfrac{-1}{z+2} + \dfrac{1}{z+1} \\[2mm] \dfrac{2}{z+2} - \dfrac{1}{z+1} \end{bmatrix}\right\} = \begin{bmatrix} -(-2)^{n-1} + (-1)^{n-1} \\ 2(-2)^{n-1} - (-1)^{n-1} \end{bmatrix}u[n-1]$$

要求输出矢量 $\boldsymbol{y}[n]$，先求 $Y(z)$。起始状态 $\boldsymbol{q}[0] = 0$，因此式（8-39b）中等号右边第一项为零，即

$$Y(z) = \boldsymbol{C}(z\boldsymbol{I} - \boldsymbol{A})^{-1}\boldsymbol{B}X(z) + \boldsymbol{D}X(z)$$

$$= \begin{bmatrix} -2 & -3 \end{bmatrix}\begin{bmatrix} -\dfrac{1}{z+2} + \dfrac{2}{z+1} & -\dfrac{1}{z+2} + \dfrac{1}{z+1} \\[2mm] \dfrac{2}{z+2} - \dfrac{2}{z+1} & \dfrac{2}{z+2} - \dfrac{1}{z+1} \end{bmatrix}\begin{bmatrix} 0 \\ 1 \end{bmatrix} + 1$$

$$= 1 + \dfrac{-4}{z+2} + \dfrac{1}{z+1}$$

再求 z 逆变换，得

$$y[n] = \mathrm{IZT}\{Y(z)\} = \mathrm{IZT}\left\{1 - \dfrac{4}{z+2} + \dfrac{1}{z+1}\right\}$$

$$= \delta[n] + [-4(-2)^{n-1} + (-1)^{n-1}]u[n-1]$$

至此，已用 z 变换法求得了输出矢量 $\boldsymbol{y}[n]$ 和状态矢量 $\boldsymbol{q}[n]$。

（2）方法二：时域法。

起始状态 $\boldsymbol{q}[0] = 0$，因此在式（8-35a）中等号右边第一项为零，即有

$$q[n] = \left(\sum_{k=0}^{n-1} \boldsymbol{A}^{n-1-k} \boldsymbol{B} x[k] \right) u[n-1]$$

又由于激励 $x[n] = \delta[n]$,故

$$\left(\sum_{k=0}^{n-1} \boldsymbol{A}^{n-1-k} \boldsymbol{B} x[k] \right) u[n-1] = \boldsymbol{A}^{n-1} \boldsymbol{B} x[0] u[n-1] = \boldsymbol{A}^{n-1} \boldsymbol{B} u[n-1]$$

要求 $\boldsymbol{A}^{n-1}$,可以先求出 $\boldsymbol{A}^n$,然后由 $\boldsymbol{A}^n$ 直接写出 $\boldsymbol{A}^{n-1}$。根据式(8-38),有

$$\boldsymbol{A}^n = C_0 \boldsymbol{I} + C_1 \boldsymbol{A}$$

其中系数 C_0、C_1 由矩阵特征方程来确定。

$$| \lambda \boldsymbol{I} - \boldsymbol{A} | = \begin{vmatrix} \lambda & -1 \\ 2 & \lambda+3 \end{vmatrix} = (\lambda+2)(\lambda+1) = 0$$

解得 $\boldsymbol{A}$ 的特征值分别为 $\lambda_0 = -2, \lambda_1 = -1$。用 $A = \lambda$ 代入 $\boldsymbol{A}^n = C_0 \boldsymbol{I} + C_1 \boldsymbol{A}$,得

$$\begin{cases} (-2)^n = C_0 - 2C_1 \\ (-1)^n = C_0 - C_1 \end{cases}$$

从而解得

$$\begin{cases} C_0 = -(-2)^n + 2(-1)^n \\ C_1 = -(-2)^n + (-1)^n \end{cases}$$

于是

$$\boldsymbol{A}^n = C_0 \boldsymbol{I} + C_1 \boldsymbol{A} = (-(-2)^n + 2(-1)^n) \begin{bmatrix} 1 & 0 \\ 0 & 1 \end{bmatrix} + (-(-2)^n + (-1)^n) \begin{bmatrix} 0 & 1 \\ -2 & -3 \end{bmatrix}$$

$$= \begin{bmatrix} -(-2)^n + 2(-1)^n & -(-2)^n + (-1)^n \\ 2(-2)^n - 2(-1)^n & 2(-2)^n - (-1)^n \end{bmatrix}$$

可直接写出 $\boldsymbol{A}^{n-1}$ 为

$$\boldsymbol{A}^{n-1} = \begin{bmatrix} -(-2)^{n-1} + 2(-1)^{n-1} & -(-2)^{n-1} + (-1)^{n-1} \\ 2(-2)^{n-1} - 2(-1)^{n-1} & 2(-2)^{n-1} - (-1)^{n-1} \end{bmatrix} u[n-1]$$

故

$$q[n] = \begin{bmatrix} q_1[n] \\ q_2[n] \end{bmatrix} = \left(\sum_{k=0}^{n-1} \boldsymbol{A}^{n-1-k} \boldsymbol{B} x[k] \right) u[n-1] = \boldsymbol{A}^{n-1} \boldsymbol{B} u[n-1]$$

$$= \begin{bmatrix} -(-2)^{n-1} + 2(-1)^{n-1} & -(-2)^{n-1} + (-1)^{n-1} \\ 2(-2)^{n-1} - 2(-1)^{n-1} & 2(-2)^{n-1} - (-1)^{n-1} \end{bmatrix} \begin{bmatrix} 0 \\ 1 \end{bmatrix} u[n-1]$$

$$= \begin{bmatrix} -(-2)^{n-1} + (-1)^{n-1} \\ 2(-2)^{n-1} - (-1)^{n-1} \end{bmatrix} u[n-1]$$

根据式(8-35b)可求得输出矢量 $y[n]$ 为

$$y[n] = \boldsymbol{C} q[n] + \boldsymbol{D} x[n] = \begin{bmatrix} -2 & -3 \end{bmatrix} \begin{bmatrix} -(-2)^{n-1} + (-1)^{n-1} \\ 2(-2)^{n-1} - (-1)^{n-1} \end{bmatrix} u[n-1] + [1]\delta[n]$$

$$= \delta[n] + [-4(-2)^{n-1} + (-1)^{n-1}] u[n-1]$$

上述 $q[n]$ 和 $y[n]$ 即为所求。可以看到时域法与 z 变换法两种求解方法得到的结果一致。

8.7 等效状态表示

在 8.1 节已经指出系统状态变量的选择不是唯一的。同一系统可以选择不同的状态变量,那么就可以列出不同的状态方程。由于这些不同的状态方程描述的是同一线性系统,所以这些状态变量间存在着线性变换关系,这种关系对简化系统的分析是有用的。

8.7.1 在线性变换下状态方程的特性

按线性空间不同的基底的变换关系,设 $w_1(t), w_2(t), \cdots, w_N(t)$ 和 $q_1(t), q_2(t), \cdots, q_N(t)$ 是描述同一系统的两组不同的状态变量,它们之间存在转换关系

$$\begin{cases} w_1(t) = p_{11}q_1(t) + p_{12}q_2(t) + \cdots + p_{1N}q_N(t) \\ w_2(t) = p_{21}q_1(t) + p_{22}q_2(t) + \cdots + p_{2N}q_N(t) \\ \cdots \\ w_N(t) = p_{N1}q_1(t) + p_{N2}q_2(t) + \cdots + p_{NN}q_N(t) \end{cases} \tag{8-42}$$

定义状态列矢量

$$\boldsymbol{w}(t) = \begin{bmatrix} w_1(t) & w_2(t) & \cdots & w_N(t) \end{bmatrix}^{\mathrm{T}}$$
$$\boldsymbol{q}(t) = \begin{bmatrix} q_1(t) & q_2(t) & \cdots & q_N(t) \end{bmatrix}^{\mathrm{T}}$$

则式(8-42)可表示成矢量形式为

$$\boldsymbol{w}(t) = \boldsymbol{P}\boldsymbol{q}(t) \tag{8-43}$$

其中 $\boldsymbol{P}$ 矩阵为式(8-42)中的系数矩阵,式(8-42)说明状态矢量 $\boldsymbol{q}(t)$ 经过线性变换后成为新的状态矢量 $\boldsymbol{w}(t)$。如果 $\boldsymbol{P}$ 的逆 $\boldsymbol{P}^{-1}$ 存在,则有

$$\boldsymbol{q}(t) = \boldsymbol{P}^{-1}\boldsymbol{w}(t) \tag{8-44}$$

式(8-14a)给出了用状态矢量 $\boldsymbol{q}(t)$ 描述的系统状态方程,即

$$\frac{\mathrm{d}}{\mathrm{d}t}\boldsymbol{q}(t) = \boldsymbol{A}\boldsymbol{q}(t) + \boldsymbol{B}x(t) \tag{8-14a}$$

将式(8-44)代入式(8-14a),有

$$\boldsymbol{P}^{-1}\frac{\mathrm{d}}{\mathrm{d}t}\boldsymbol{w}(t) = \boldsymbol{A}\boldsymbol{P}^{-1}\boldsymbol{w}(t) + \boldsymbol{B}x(t) \tag{8-45}$$

将式(8-45)等式两边同时左乘矩阵 $\boldsymbol{P}$,得

$$\frac{\mathrm{d}}{\mathrm{d}t}\boldsymbol{w}(t) = \boldsymbol{P}\boldsymbol{A}\boldsymbol{P}^{-1}\boldsymbol{w}(t) + \boldsymbol{P}\boldsymbol{B}x(t) = \bar{\boldsymbol{A}}\boldsymbol{w}(t) + \bar{\boldsymbol{B}}x(t) \tag{8-46}$$

其中

$$\bar{\boldsymbol{A}} = \boldsymbol{P}\boldsymbol{A}\boldsymbol{P}^{-1} \tag{8-47a}$$

$$\bar{\boldsymbol{B}} = \boldsymbol{P}\boldsymbol{B} \tag{8-47b}$$

式(8-46)就是用新的状态矢量 $\boldsymbol{w}(t)$ 描述的系统状态方程。

当描述系统的状态变量变化时,其输出方程也要发生变化。式(8-14b)是用状态矢量 $\boldsymbol{q}(t)$ 描述的系统输出方程,即

$$\boldsymbol{y}(t) = \boldsymbol{C}\boldsymbol{q}(t) + \boldsymbol{D}x(t) \tag{8-14b}$$

用状态矢量 $\boldsymbol{w}(t)$ 来描述系统时,将式(8-44)代入式(8-14b)得到

$$y(t) = CP^{-1}w(t) + Dx(t) = \bar{C}w(t) + \bar{D}x(t) \tag{8-48}$$

其中

$$\bar{C} = CP^{-1} \tag{8-49a}$$

$$\bar{D} = D \tag{8-49b}$$

式(8-48)就是用新的状态矢量 $w(t)$ 描述的系统输出方程。

【例 8-19】 给定系统的状态方程和输出方程为

$$\frac{\mathrm{d}}{\mathrm{d}t}\boldsymbol{q}(t) = \begin{bmatrix} 0 & 1 \\ -2 & -3 \end{bmatrix}\boldsymbol{q}(t) + \begin{bmatrix} 1 \\ 2 \end{bmatrix}x(t)$$

$$y(t) = \begin{bmatrix} 1 & 0 \end{bmatrix}\boldsymbol{q}(t)$$

求在 $\begin{bmatrix} w_1(t) \\ w_2(t) \end{bmatrix} = \begin{bmatrix} 1 & 1 \\ 1 & -1 \end{bmatrix}\begin{bmatrix} q_1(t) \\ q_2(t) \end{bmatrix}$ 线性变换下的新的状态方程和输出方程。

解 给定的变换矩阵 P 为

$$P = \begin{bmatrix} 1 & 1 \\ 1 & -1 \end{bmatrix}$$

其逆阵 P^{-1} 为

$$P^{-1} = \begin{bmatrix} 1 & 1 \\ 1 & -1 \end{bmatrix}^{-1} = \begin{bmatrix} \dfrac{1}{2} & \dfrac{1}{2} \\ \dfrac{1}{2} & -\dfrac{1}{2} \end{bmatrix}$$

根据式(8-47a)、式(8-47b)、式(8-49a)、式(8-49b)依次算得

$$\bar{A} = PAP^{-1} = \begin{bmatrix} 1 & 1 \\ 1 & -1 \end{bmatrix}\begin{bmatrix} 0 & 1 \\ -2 & -3 \end{bmatrix}\begin{bmatrix} \dfrac{1}{2} & \dfrac{1}{2} \\ \dfrac{1}{2} & -\dfrac{1}{2} \end{bmatrix} = \begin{bmatrix} -2 & 0 \\ 3 & -1 \end{bmatrix}$$

$$\bar{B} = PB = \begin{bmatrix} 1 & 1 \\ 1 & -1 \end{bmatrix}\begin{bmatrix} 1 \\ 2 \end{bmatrix} = \begin{bmatrix} 3 \\ -1 \end{bmatrix}$$

$$\bar{C} = CP^{-1} = \begin{bmatrix} 1 & 0 \end{bmatrix}\begin{bmatrix} \dfrac{1}{2} & \dfrac{1}{2} \\ \dfrac{1}{2} & -\dfrac{1}{2} \end{bmatrix} = \begin{bmatrix} \dfrac{1}{2} & \dfrac{1}{2} \end{bmatrix}$$

$$\bar{D} = D = 0$$

由式(8-46)得新的状态方程为

$$\frac{\mathrm{d}}{\mathrm{d}t}w(t) = \bar{A}w(t) + \bar{B}x(t) = \begin{bmatrix} -2 & 0 \\ 3 & -1 \end{bmatrix}w(t) + \begin{bmatrix} 3 \\ -1 \end{bmatrix}x(t)$$

由式(8-48)得新的输出方程为

$$y(t) = \bar{C}w(t) + \bar{D}x(t) = \begin{bmatrix} \dfrac{1}{2} & \dfrac{1}{2} \end{bmatrix}w(t)$$

8.7.2 系统的特征值和系统函数

通过上面的讨论可知,用不同的状态矢量来描述同一个系统,仅是在同一系统的状态空间中选取不同的基底,其系统的物理本质并不改变。由式(8-47a)可以看到, $\bar{A} = PAP^{-1}$,

$\overline{A}$ 与 A 之间的变换是相似变换。由于相似变换不改变矩阵的特征值,即 A 与 $\overline{A}$ 具有相同的特征值,因此对同一系统选择不同的状态变量时,表征系统的特征值和系统函数均不变。

根据式(8-28b),当系统起始状态 $q(0^-)=0$ 时的响应为零状态响应,从而可写出矩阵形式的系统函数为

$$H(s) = C(sI - A)^{-1}B + D \tag{8-50}$$

在用状态矢量 $w(t)$ 描述系统时,系统函数为

$$\overline{H}(s) = \overline{C}(sI - \overline{A})^{-1}\overline{B} + \overline{D} = CP^{-1}(sI - PAP^{-1})^{-1}PB + D$$
$$= C((sI - PAP^{-1})P)^{-1}PB + D = C(P^{-1}(sI - PAP^{-1})P)^{-1}B + D$$
$$= C(sP^{-1}IP - P^{-1}PAP^{-1}P)^{-1}B + D = C(sI - A)^{-1}B + D \tag{8-51}$$

比较式(8-50)和式(8-51)可得

$$\overline{H}(s) = H(s) \tag{8-52}$$

所以说系统函数在线性变换下是不变的,其特征值当然也不变。

8.7.3　A 矩阵的对角化

当矩阵 A 是对角阵时,系统的结构显得很简洁,状态变量之间相互独立,互不影响,而这种简洁的结构有助于进一步研究系统的特性;当系统不是对角阵时,可以矩阵 A 的特征矢量作为基底进行变换将其对角化。

设矩阵 A 有 N 个互不相同的特征值 $\lambda_1,\lambda_2,\cdots,\lambda_N$,由特征值构成对角阵 Λ

$$\Lambda = \begin{bmatrix} \lambda_1 & 0 & \cdots & 0 \\ 0 & \lambda_2 & \cdots & 0 \\ \vdots & \vdots & \ddots & \vdots \\ 0 & 0 & \cdots & \lambda_N \end{bmatrix}$$

特征值 $\lambda_k(k=1,2,\cdots,N)$ 所对应的特征矢量 ξ_k 满足

$$A\xi_k = \lambda_k\xi_k \tag{8-53}$$

由特征矢量 $\xi_k(k=1,2,\cdots,N)$ 组成的 $N \times N$ 方阵记为 ξ,则

$$A\xi = A[\xi_1 \quad \xi_2 \quad \cdots \quad \xi_N] = [A\xi_1 \quad A\xi_2 \quad \cdots \quad A\xi_N] = [\lambda_1\xi_1 \quad \lambda_2\xi_2 \quad \cdots \quad \lambda_N\xi_N]$$

$$= [\xi_1 \quad \xi_2 \quad \cdots \quad \xi_N]\begin{bmatrix} \lambda_1 & 0 & \cdots & 0 \\ 0 & \lambda_2 & \cdots & 0 \\ \vdots & \vdots & \ddots & \vdots \\ 0 & 0 & \cdots & \lambda_N \end{bmatrix} = \xi\Lambda$$

所以

$$\Lambda = \xi^{-1}A\xi \tag{8-54}$$

由式(8-47a),即 $\overline{A}=PAP^{-1}$,可以取 $P=\xi^{-1}$,则有

$$w(t) = Pq(t) = \xi^{-1}q(t)$$

则由式(8-54)线性变换后的状态方程为

$$\frac{\mathrm{d}}{\mathrm{d}t}w(t) = \xi^{-1}A\xi w(t) + \xi^{-1}Bx(t) = \Lambda w(t) + \xi^{-1}Bx(t) \tag{8-55}$$

【例 8-20】 给定系统的状态方程为

$$\begin{bmatrix} \dfrac{d}{dt}q_1(t) \\ \dfrac{d}{dt}q_2(t) \end{bmatrix} = \begin{bmatrix} 0 & 1 \\ -2 & -3 \end{bmatrix}\begin{bmatrix} q_1(t) \\ q_2(t) \end{bmatrix} + \begin{bmatrix} 1 \\ 2 \end{bmatrix}x(t)$$

试将矩阵 A 对角化,并写出新的状态方程。

解 由

$$|\lambda I - A| = \begin{vmatrix} \lambda & -1 \\ 2 & \lambda+3 \end{vmatrix} = (\lambda+2)(\lambda+1) = 0$$

求得特征根 $\lambda_1 = -1, \lambda_2 = -2$。

当 $\lambda_1 = -1$ 时,其对应得特征矢量 ξ_1 满足

$$A\xi_1 = \lambda_1 \xi_1$$

即

$$(A - \lambda_1 I)\,\xi_1 = \begin{bmatrix} 1 & 1 \\ -2 & -2 \end{bmatrix}\begin{bmatrix} \xi_{11} \\ \xi_{12} \end{bmatrix} = 0$$

从而求得属于 $\lambda_1 = -1$ 的一个特征矢量 ξ_1 为

$$\xi_1 = \begin{bmatrix} 1 \\ -1 \end{bmatrix}$$

当 $\lambda_2 = -2$ 时,类似地求得另一个特征矢量 ξ_2 为

$$\xi_2 = \begin{bmatrix} 1 \\ -2 \end{bmatrix}$$

所以变换矩阵 ξ^{-1} 为

$$\xi^{-1} = \begin{bmatrix} 1 & 1 \\ -1 & -2 \end{bmatrix}^{-1} = \begin{bmatrix} 2 & 1 \\ -1 & -1 \end{bmatrix}$$

由式(8-54)得对角阵 Λ 为

$$\Lambda = \xi^{-1}A\xi = \begin{bmatrix} 2 & 1 \\ -1 & -1 \end{bmatrix}\begin{bmatrix} 0 & 1 \\ -2 & -3 \end{bmatrix}\begin{bmatrix} 1 & 1 \\ -1 & -2 \end{bmatrix} = \begin{bmatrix} -1 & 0 \\ 0 & -2 \end{bmatrix}$$

而

$$\xi^{-1}B = \begin{bmatrix} 2 & 1 \\ -1 & -1 \end{bmatrix}\begin{bmatrix} 1 \\ 2 \end{bmatrix} = \begin{bmatrix} 4 \\ -3 \end{bmatrix}$$

由式(8-55)有

$$\frac{d}{dt}w(t) = \begin{bmatrix} -1 & 0 \\ 0 & -2 \end{bmatrix}w(t) + \begin{bmatrix} 4 \\ -3 \end{bmatrix}x(t)$$

小 结

1. 连续时间 LTI 系统状态方程的建立和求解

对于一个 N 阶的连续时间线性时不变系统,如果其有 N 个状态变量记为 $q_1(t), q_2(t), \cdots,$ $q_N(t)$,P 个输入记为 $x_1(t), x_2(t), \cdots, x_P(t)$,$Q$ 个输出记为 $y_1(t), y_2(t), \cdots, y_Q(t)$,则系统

的状态方程可表示为如式(8-6a)所示的一阶微分联立方程组,输出方程如式(8-6b)所示。如果采用矢量矩阵形式,则可将状态方程表示为式(8-7a),输出方程表示为式(8-7b)。

状态方程的建立有如下 3 种方法:

(1) 从电路图中选择状态变量再建立状态方程。

(2) 由微分方程建立状态方程。

(3) 由模拟框图或信号流图建立状态方程。

状态方程的求解有时域解法和拉普拉斯变换求解两种方法。

状态方程时域解的一般表达式为式(8-19a),输出方程时域解的一般表达式为式(8-19b)。状态方程时域解法的求解步骤为:

① 求解状态转移矩阵 e^{At};

② 将 e^{At} 代入式(8-19a)、式(8-19b)中进行矩阵乘积、求和及矩阵卷积运算等,从而得到状态变量和输出信号的时域解。

状态方程式(8-14a)的复频域解为式(8-28a),拉普拉斯逆变换后,相应的时域解形式为式(8-29a)。输出方程式(8-14b)的复频域解为式(8-28b),拉普拉斯逆变换后,相应的时域解形式为式(8-29b)。状态方程和输出方程的复频域求解的步骤为:

① 计算矩阵 $(sI-A)^{-1}$;

② 将矩阵 $(sI-A)^{-1}$ 代入式(8-28a)和式(8-28b),进行矩阵乘积、求和等运算,便可得到状态矢量和输出信号的复频域解;

③ 进行拉普拉斯逆变换,得到解的时域表示。

2. 离散时间系统状态模型的建立和求解

设一个离散时间线性时不变系统有 $x_1[n], x_2[n], \cdots, x_P[n]$ 等 P 个输入,有 $y_1[n], y_2[n], \cdots, y_Q[n]$ 等 Q 个输出,系统的 N 个状态变量记为 $q_1[n], q_2[n], \cdots, q_N[n]$,则系统的状态方程是如式(8-9a)所示的一组联立的差分方程,输出方程如式(8-9b);而写成矢量矩阵形式如式(8-10a)和式(8-10b)。

可以由差分方程来建立状态方程,也可以由给定系统的方框图或流图建立状态方程。

离散时间 LTI 系统状态方程的求解有时域求解和变换域求解两种方法。在时域中直接用迭代法可求解出状态方程如式(8-35a);输出方程的时域解为式(8-35b)。在变换域求解时,状态方程即式(8-10a)的复频域解为式(8-39a),z 逆变换后,相应的时域形式为式(8-40a);输出方程式(8-10b)的复频域解为式(8-39b),z 逆变换后,相应的时域形式为式(8-40b)。

3. 等效状态表示

按线性空间不同的基底的变换关系,设 $w_1(t), w_2(t), \cdots, w_N(t)$ 和 $q_1(t), q_2(t), \cdots, q_N(t)$ 是描述同一系统的两组状态变量 $w(t)$ 和 $q(t)$,它们之间满足线性变换关系式(8-43);在状态矢量 $q(t)$ 下系统的状态方程为式(8-14a)、输出方程为式(8-14b),在状态变量 $w(t)$ 下系统的状态方程为式(8-46)、输出方程为式(8-48)。

对同一系统不同状态变量的选择,表征系统的特征值和系统函数均不变。

当系统的矩阵 A 不是对角阵时,可以矩阵 A 的特征矢量作为基底进行变换将其对角化。

习　题

8-1　已知 RL 电路如题图 8-1 所示,输入电压为 $x(t)$,电路的输出为电阻两端的电压 $y(t)$。选电感上的电流 $q_1(t)$ 为状态变量,试写出电路的状态方程和输出方程。

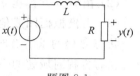

题图 8-1

8-2　用电容 C 取代题图 8-1 中的电阻 R,电路的输入为电压源 $x(t)$,输出为电容 C 两端的电压 $y(t)$。选用电感上的电流 $q_1(t)$ 和电容两端电压 $q_2(t)$ 为状态变量,试写出电路的状态方程和输出方程。

8-3　把下列二阶微分方程化为状态方程和输出方程,并用矢量矩阵形式表示。

(1) $\dfrac{\mathrm{d}^2}{\mathrm{d}t^2}y(t)+2\dfrac{\mathrm{d}}{\mathrm{d}t}y(t)+y(t)=x(t)$;　　　　(2) $\dfrac{\mathrm{d}^2}{\mathrm{d}t^2}y(t)+4y(t)=x(t)$。

8-4　已知连续时间 LTI 系统的系统函数为 $H(s)=\dfrac{s^2+6s+8}{s^2+4s+3}$,试列写出状态方程和输出方程。

8-5　已知一连续时间 LTI 系统的系统函数为 $H(s)=\dfrac{s+1}{s^2+5s+6}$。

(1) 画出系统的信号流图;　　　　　　　　(2) 写出系统的状态方程。

8-6　求系统的状态转移矩阵 e^{At},已知

(1) $\boldsymbol{A}=\begin{bmatrix}-2&1\\0&-1\end{bmatrix}$;　　　　(2) $\boldsymbol{A}=\begin{bmatrix}-1&0\\2&-1\end{bmatrix}$;　　　　(3) $\boldsymbol{A}=\begin{bmatrix}1&0&0\\0&2&0\\0&0&3\end{bmatrix}$。

8-7　已知某连续时间 LTI 系统的状态方程为 $\begin{bmatrix}\dot{q}_1\\\dot{q}_2\end{bmatrix}=\begin{bmatrix}-a&0\\0&-b\end{bmatrix}\begin{bmatrix}q_1\\q_2\end{bmatrix}+\begin{bmatrix}\dfrac{1}{b-a}\\\dfrac{1}{a-b}\end{bmatrix}x(t)$,起始状态为零,试求当激励信号分别为单位冲激信号和单位阶跃信号时的状态变量。

8-8　求解状态方程 $\begin{bmatrix}\dot{q}_1\\\dot{q}_2\end{bmatrix}=\begin{bmatrix}1&0\\-2&2\end{bmatrix}\begin{bmatrix}q_1\\q_2\end{bmatrix}+\begin{bmatrix}1\\2\end{bmatrix}\delta(t)$,已知起始状态为 $\begin{bmatrix}q_1(0^-)\\q_2(0^-)\end{bmatrix}=\begin{bmatrix}-1\\0\end{bmatrix}$。

8-9　已知连续时间 LTI 系统的状态方程为 $\dfrac{\mathrm{d}}{\mathrm{d}t}\boldsymbol{q}(t)=\begin{bmatrix}0&2\\-1&-3\end{bmatrix}\boldsymbol{q}(t)+\begin{bmatrix}0\\1\end{bmatrix}x(t)$,系统的起始状态为 $\boldsymbol{q}(0^-)=\begin{bmatrix}2\\1\end{bmatrix}$,又该系统输入 $x(t)=0$,求该系统的状态矢量 $\boldsymbol{q}(t)$。

8-10　已知连续时间 LTI 系统的状态方程为 $\dfrac{\mathrm{d}}{\mathrm{d}t}\boldsymbol{q}(t)=\begin{bmatrix}-4&-4\\\dfrac{3}{4}&0\end{bmatrix}\boldsymbol{q}(t)+\begin{bmatrix}4\\0\end{bmatrix}x(t)$,系统的起始状态为 $\boldsymbol{q}(0^-)=\begin{bmatrix}0&\dfrac{1}{2}\end{bmatrix}^T$,又该系统输入 $x(t)=u(t)$,试求该系统的状态矢量 $\boldsymbol{q}(t)$。

8-11　已知下列差分方程,试写出状态方程与输出方程。

(1) $y[n+2]+3y[n+1]+5y[n]=x[n]$;

(2) $y[n+3]-2\sqrt{2}y[n+2]+y[n+1]=x_1[n]+x_2[n]$。

8-12　已知离散时间 LTI 系统的系统函数为 $H(z)=\dfrac{30z^2-110z+90}{z^3-6z^2+11z-6}$,试列写出状态方程和输出方程。

8-13　已知离散时间 LTI 系统的特征矩阵 $\boldsymbol{A}$,试求状态转移矩阵 $\boldsymbol{A}^n$。

(1) $\boldsymbol{A}=\begin{bmatrix} 0 & 1 \\ 3 & 2 \end{bmatrix}$;

(2) $\boldsymbol{A}=\begin{bmatrix} \dfrac{1}{2} & 0 \\ 1 & 1 \end{bmatrix}$。

8-14　某连续时间 LTI 系统的状态方程为 $\begin{bmatrix} \dot{q}_1 \\ \dot{q}_2 \end{bmatrix}=\begin{bmatrix} 7 & 0 \\ 0 & 1 \end{bmatrix}\begin{bmatrix} q_1 \\ q_2 \end{bmatrix}+\begin{bmatrix} 1 \\ 1 \end{bmatrix}x(t)$,若定义一个新的矢量 $\boldsymbol{w}=\boldsymbol{Pq}$,其中 $\boldsymbol{P}=\begin{bmatrix} 1 & -\dfrac{3}{2} \\ 2 & 1 \end{bmatrix}$,试以状态矢量 $\boldsymbol{w}$ 列出状态方程。

8-15　将以下矩阵对角化。

(1) $\boldsymbol{A}=\begin{bmatrix} 2 & -1 \\ -1 & 2 \end{bmatrix}$;

(2) $\boldsymbol{A}=\begin{bmatrix} 8 & -8 & -2 \\ 4 & -3 & -2 \\ 3 & -4 & 1 \end{bmatrix}$。

附 录

附录 A 部分习题参考答案

第 1 章

1-5　(1) $\dfrac{3}{4}\pi - \dfrac{\sqrt{2}}{2}$；　(2) 8；　(3) $\dfrac{1}{4}$；　(4) $e^{-1} + \dfrac{3}{2}$

1-6　(1) 非周期的；　(2) 非周期的；　(3) 非周期的；　(4) 周期为 10；

　　　(5) 非周期的；　(6) 非周期的；　(7) 非周期的；　(8) 周期为 10；

　　　(9) 非周期的；　(10) 周期为 10

1-7　(1) $\left(-\dfrac{t}{2} - 1\right)\left[u(t+2) - u(t+1)\right] + \dfrac{1}{2}(t^2 + t)\left[u(t+1) - u(t)\right]$；

　　　(2) $(-t^2 + 3t - 2)\left[u(t-1) - u(t-2)\right]$

1-11　(1) $\dfrac{3}{4}$；

　　　(2) 1；

　　　(3) 2

第 2 章

2-1　(1) 线性、时不变、因果；

　　　(2) 线性、时变、因果

2-2　$y_n(t) = C_1 e^{-2t} + C_2 e^{-3t}$

2-3　(a) $y_p(t) = \dfrac{1}{2} e^{-t}$；

　　　(b) $y_p[n] = 9\left(\dfrac{1}{2}\right)^{n+1}$

2-4　$g(t) = \left(\dfrac{1}{12} e^{-4t} - \dfrac{1}{3} e^{-t} + \dfrac{1}{4}\right) u(t)$

2-5　$y(t) = (-3t e^{-3t} - e^{-3t} + 1) u(t)$

2-6　$g(t) = \left(-\dfrac{1}{4} e^{-t} + \dfrac{5}{36} e^{-3t} + \dfrac{1}{6} t e^{-3t} + \dfrac{1}{9}\right) u(t)$

2-7　$y(t) = \left(-\dfrac{1}{2} e^{-3t} - e^{-2t}\sin t + \dfrac{1}{2} e^{-t}\right) u(t)$

2-8　$y(t) = (1 - 3e^{-t} + 3e^{-2t} - e^{-3t}) u(t)$

2-9　$y(t) = (3e^{-t} - e^{-2t}) u(t) + 3(1 - 3e^{-t+1}) u(t-1)$

2-10　$y[0] = -\dfrac{2}{3}$

2-11　(1) $y[n] = \left(\dfrac{\sin 1}{26 - 10\cos 1} 5^n - \dfrac{\sin 1}{26 - 10\cos 1}\cos n + \dfrac{\cos 1 - 5}{26 - 10\cos 1}\sin n \right) u[n]$;

　　　　(2) $y[n] = \left(\dfrac{5}{8} + \dfrac{3}{8}(-1)^n + \dfrac{1}{4}n^2 - \dfrac{1}{2}n \right) u[n] - \delta[n]$

2-12　$y[n] = (-1 + 2^n)u[n]$

2-13　$y(t) = (1 - e^{-t})u(t)$

2-14　$x(t) * h(t) = (t+3)[u(t+2) - u(t+1)] + (t+4)[u(t+1) - u(t)]$
　　　　　　　　$+ 2(1-t)[u(t) - u(t-1)]$

2-15　(a) $x(t) * h(t) = 1 + (1 - e^{-t})u(t)$;

　　　　(b) $x(t) * h(t) = \dfrac{1}{2}t^2[u(t) - u(t-1)] + \left(-\dfrac{3}{2}t^2 + 4t - 2 \right)[u(t-1) - u(t-2)]$

　　　　　　　　$+ \sum_{k=1}^{+\infty} 2(t-2k)(t-2k-1)[u(t-2k) - u(t-2k-1)]$

　　　　　　　　$- \sum_{k=1}^{+\infty} 2(t-2k-1)(t-2k-2)[u(t-2k-1) - u(t-2k-2)]$

2-16　$y(t) = (1 - e^{-t})u(t) - (1 - e^{-t+2})u(t-2)$

2-17　(a) $y[n] = (n-2)u[n-3]$;

　　　　(b) $y[n] = \dfrac{1}{2}\left[1 - \left(\dfrac{1}{2} \right)^{n-1} \right]u[n-2]$;

　　　　(c) $y[n] = \dfrac{\gamma^{n-1}}{\gamma - 1}u[-n+1] + \left(\dfrac{1}{\gamma - 1} + \dfrac{1 - \eta^{n-1}}{1 - \eta} \right)u[n-2]$

2-18　$y[n] = (n-6)u[n-7] - (n-18)u[n-19] - (n-12)u[n-13] + (n-24)u[n-25]$

2-19　$y[n] = \dfrac{3}{2}\left(\dfrac{1}{3} \right)^{-n+1}u[-n] + \dfrac{1}{2}u[n-1]$

2-20　$y[n] = \dfrac{b^{n+5} - \rho^{n+5}}{b^5 - b^4\rho}u[n+4]$

2-21　(a) $h[n] = h_1[n] * (h_2[n] - h_3[n])$;

　　　　(b) $h[n] = \left(\dfrac{1}{2} \right)^n u[n+2] - \left[2 - \left(\dfrac{1}{2} \right)^n \right]u[n+1]$

2-22　$\dfrac{d^2}{dt^2}y(t) + 3y(t) = 2\dfrac{d^2}{dt^2}x(t) + \dfrac{d}{dt}x(t)$

第 3 章

3-1　(1) $f(t) = e^{j100t} = \cos(100t) + j\sin(100t)$;

　　　　(2) $f(t) = \sin\left(\dfrac{\pi}{4}(t-2) \right) = -\cos\dfrac{\pi t}{4}$;

　　　　(3) $f(t) = \dfrac{e - e^{-1}}{2} + \sum_{n=1}^{+\infty}(-1)^n\dfrac{e - e^{-1}}{1 + (n\pi)^2}(\cos(n\pi t) + n\pi\sin(n\pi t))$

3-2　$f(t) = \dfrac{2E}{\pi}\left(\sin(\omega_0 t) + \dfrac{1}{3}\sin(3\omega_0 t) + \dfrac{1}{5}\sin(5\omega_0 t) + \cdots \right)$

　　　　$= \dfrac{2E}{\pi}\sum_{k=1}^{+\infty}\dfrac{1}{2k-1}\sin((2k-1)\omega_0 t)$;

$$f(t) = \frac{E}{\pi} \sum_{k=1}^{+\infty} \frac{1}{2k-1} (\mathrm{e}^{(2k-1)\mathrm{j}\omega_0 t} - \mathrm{e}^{-(2k-1)\mathrm{j}\omega_0 t})$$

3-3　(a) $F_0 = \dfrac{a_0}{2} = 0, F_n = -\dfrac{1}{2}\mathrm{j}b_n = \dfrac{1}{\mathrm{j}n\pi}(-1)^{n+1}, n \in \mathbf{N}, F_{-n} = \dfrac{1}{2}\mathrm{j}b_n = -\dfrac{1}{\mathrm{j}n\pi}(-1)^{n+1}, n \in \mathbf{N}$;

　　(b) $F_0 = \dfrac{1}{2}, F_n = \dfrac{3}{n^2\pi^2}\left(\cos\left(\dfrac{\pi}{3}n\right) - \cos\left(\dfrac{2\pi}{3}n\right)\right), n \neq 0$;

　　(c) $F_0 = 1, F_n = \dfrac{3}{4n^2\pi^2}(2 - \mathrm{e}^{-\mathrm{j}\frac{2\pi}{3}n} - \mathrm{e}^{\mathrm{j}\frac{4\pi}{3}n}), n \neq 0$;

　　(d) $F_0 = -\dfrac{1}{2}, F_n = \dfrac{1}{2}(1 - 2(-1)^n), n \neq 0$;

　　(e) $F_0 = 0, F_n = \dfrac{1}{\mathrm{j}n\pi}\left(\cos\left(\dfrac{2\pi}{3}n\right) - \cos\left(\dfrac{\pi}{3}n\right)\right), n \neq 0$;

　　(f) $F_0 = \dfrac{3}{4}, F_n = \dfrac{1}{2n\pi}(2 - (-\mathrm{j})^n - (-1)^n), n \neq 0$

3-4　$f(t) = \dfrac{E}{\pi} + \dfrac{E}{2}\left(\cos(\omega_0 t) + \dfrac{4}{3\pi}\cos(2\omega_0 t) - \dfrac{4}{15\pi}\cos(4\omega_0 t) + \dfrac{4}{35\pi}\cos(6\omega_0 t) + \cdots\right)$

3-5　(a) 只含奇次余弦分量；

　　(b) 只含奇次正弦分量；

　　(c) 只包含奇次余弦和正弦分量；

　　(d) 只包含正弦分量；

　　(e) 只含直流和偶次余弦分量；

　　(f) 只包含直流和偶次谐波的正弦分量。

3-7　(a) $a_n = \dfrac{2}{(4-n^2)\pi}(\cos(n\pi) - 1) = \begin{cases} 0, & n = 2, 4, \cdots \\ \dfrac{4}{(n^2-4)\pi}, & n = 1, 3, \cdots \end{cases}, b_n = \begin{cases} 0, & n \neq 2 \\ \dfrac{1}{2}, & n = 2 \end{cases}$;

　　(b) $F_n = \dfrac{2}{(n^2-4)\pi}(1 - \cos(n\pi))\left(\cos\left(\dfrac{3n\pi}{4}\right) - \mathrm{j}\sin\left(\dfrac{3n\pi}{4}\right)\right)$

3-8　(1) $v_2(t) = \dfrac{4}{\pi} \times 10^{-3} \times 10^5 \sin(\omega_0 t) \approx 127\sin(\omega_0 t)$;

　　(2) $v_2(t) = 0$;

　　(3) $v_2(t) = 10^5 \times \dfrac{4}{3\pi} \times 10^{-3}\sin(3\omega_0 t) \approx 42.4\sin(3\omega_0 t)$

3-9　(1) $I_0 = \dfrac{\sin\theta - \theta\cos\theta}{\pi(1-\cos\theta)}i_m$, $I_1 = \dfrac{\theta - \sin\theta\cos\theta}{\pi(1-\cos\theta)}i_m$, $I_k = \dfrac{2[\sin(k\theta)\cos\theta - k\sin\theta\cos(k\theta)]}{k(k^2-1)\pi(1-\cos\theta)}i_m$;

　　(2) $I_0 = \dfrac{\sqrt{3} - \dfrac{\pi}{3}}{\pi}i_m \approx 0.22i_m$, $I_1 = \dfrac{\dfrac{2}{3}\pi - \dfrac{\sqrt{3}}{2}}{\pi}i_m \approx 0.39i_m$,

　　　　$I_k = \dfrac{2\left(\sin\left(\dfrac{k\pi}{3}\right) - \sqrt{3}k\cos\left(\dfrac{k\pi}{3}\right)\right)}{k(k^2-1)\pi}i_m$;

　　(3) $I_0 = \dfrac{1}{\pi}i_m \approx 0.32i_m$, $I_1 = \dfrac{1}{2}i_m$, $I_k = \dfrac{2\cos\left(\dfrac{k\pi}{2}\right)}{(1-k^2)\pi}i_m$

3-10　$f(t) = \dfrac{2}{3} + 2\cos\left(\omega_1 t + \dfrac{\pi}{2}\right) + \dfrac{3}{2}\cos\left(3\omega_1 t + \dfrac{3\pi}{4}\right) + \cos\left(5\omega_1 t + \dfrac{\pi}{4}\right) + \cdots$

3-11　(1) $F_0 = \dfrac{2}{\pi}$，$F_n = \dfrac{2}{\pi}\left[\mathrm{Sa}\left(\dfrac{(2n-1)\pi}{2}\right) - \mathrm{Sa}\left(\dfrac{(2n+1)\pi}{2}\right)\right]$，$n \neq 0$；

　　　(2) $x(t)$ 的直流分量为 0、基频分量为 1；$y(t)$ 的直流分量为 $\dfrac{2}{\pi}$、基频分量的幅度

　　　　为 $2F_1 = \dfrac{8}{3}$

3-12　(1) $v_{i0} = \dfrac{E}{4} = 0.25\,\mathrm{V}$，$v_{i1} = \dfrac{E}{\pi}\sqrt{\dfrac{4}{\pi^2} + 1} \approx 0.377\,\mathrm{V}$，$v_{i5} = \dfrac{E}{5\pi}\sqrt{\dfrac{4}{25\pi^2} + 1} \approx 0.064\,\mathrm{V}$；

　　　(2) $v_{C0} : v_{i0} = 1 : 1$，$v_{C1} : v_{i1} \approx 0.847 : 1$，$v_{C5} : v_{i5} \approx 0.303 : 1$

3-13　(1) $\mathrm{FT}\{e^{-at}\cos(\omega_0 t)u(t)\} = \dfrac{1}{2}\left[\dfrac{1}{\mathrm{j}(\omega + \omega_0) + a} + \dfrac{1}{\mathrm{j}(\omega - \omega_0) + a}\right]$；

　　　(2) $\mathrm{FT}\{e^{-3t}[u(t+2) - u(t-3)]\} = \dfrac{1}{2}\left(\dfrac{e^6 e^{\mathrm{j}2\omega}}{\mathrm{j}\omega + 3} + \dfrac{e^{-9} e^{-\mathrm{j}3\omega}}{\mathrm{j}\omega + 3}\right)$；

　　　(3) $\mathrm{FT}\{e^{2+t}u(-t+1)\} = \dfrac{e^{-\mathrm{j}\omega + 3}}{-\mathrm{j}\omega + 1}$；

　　　(4) $\mathrm{FT}\left\{\displaystyle\sum_{k=0}^{+\infty} a^k \delta(t - kT)\right\} = \dfrac{1}{1 - a e^{-\mathrm{j}\omega T}}$

3-14　$F_2(\mathrm{j}\omega) = \dfrac{1}{2} F_1\left(-\mathrm{j}\dfrac{\omega}{2}\right) e^{-\mathrm{j}3\omega}$

3-15　$\mathrm{FT}\{f(t)\} = 2\pi T \dfrac{1 + e^{-\mathrm{j}\omega \frac{T}{2}}}{4\pi^2 - \omega^2 T^2}$；　$\mathrm{FT}\{f''(t)\} = -2\pi\omega^2 T \dfrac{1 + e^{-\mathrm{j}\omega \frac{T}{2}}}{4\pi^2 - \omega^2 T^2}$

3-16　$F(\mathrm{j}\omega) = \dfrac{E(\tau + \tau_1)}{2}\mathrm{Sa}\left(\dfrac{\omega(\tau + \tau_1)}{4}\right)\mathrm{Sa}\left(\dfrac{\omega(\tau - \tau_1)}{4}\right)$；

　　　$\tau = 2\tau_1$ 时，$F(\mathrm{j}\omega) = \dfrac{3E\tau_1}{2}\mathrm{Sa}\left(\dfrac{3\omega\tau_1}{4}\right)\mathrm{Sa}\left(\dfrac{\omega\tau_1}{4}\right)$

3-17　(1) $f(t) = u\left(t + \dfrac{1}{2}\right) - u\left(t - \dfrac{1}{2}\right)$；

　　　(2) $F(\mathrm{j}\omega) = \mathrm{Sa}\left(\dfrac{\omega}{2}\right)$

3-18　(1) $\varphi(\omega) = -\omega$；

　　　(2) $F(\mathrm{j}0) = 4$；

　　　(3) $\displaystyle\int_{-\infty}^{+\infty} F(\mathrm{j}\omega)\,\mathrm{d}\omega = 2\pi$；

　　　(4) $\mathrm{IFT}\{\mathrm{Re}[F(\mathrm{j}\omega)]\} = f_e(t)$

3-19　$Y(\mathrm{j}\omega) = X(\mathrm{j}\omega)$

3-20　(1) $tf(2t) \overset{\mathrm{FT}}{\longleftrightarrow} \dfrac{1}{2}\mathrm{j}\dfrac{\mathrm{d}F\left(\mathrm{j}\frac{\omega}{2}\right)}{\mathrm{d}\omega}$；

　　　(2) $(t-2)f(t) \overset{\mathrm{FT}}{\longleftrightarrow} \mathrm{j}\dfrac{\mathrm{d}F(\mathrm{j}\omega)}{\mathrm{d}\omega} - 2F(\mathrm{j}\omega)$；

（3） $(t-2)f(-2t) \overset{\text{FT}}{\longleftrightarrow} \dfrac{1}{2}\text{j}\dfrac{\text{d}F\left(-\text{j}\dfrac{\omega}{2}\right)}{\text{d}\omega} - F\left(-\text{j}\dfrac{\omega}{2}\right)$；

（4） $t\dfrac{\text{d}f(t)}{\text{d}t} \overset{\text{FT}}{\longleftrightarrow} -F(\text{j}\omega) - \omega\dfrac{\text{d}F(\text{j}\omega)}{\text{d}\omega}$；

（5） $f(-t+1) \overset{\text{FT}}{\longleftrightarrow} F(-\text{j}\omega)\text{e}^{-\text{j}\omega}$；

（6） $(1-t)f(1-t) \overset{\text{FT}}{\longleftrightarrow} -\text{j}\dfrac{\text{d}F(-\text{j}\omega)}{\text{d}\omega}\text{e}^{-\text{j}\omega}$；

（7） $f(2t-5) \overset{\text{FT}}{\longleftrightarrow} \dfrac{1}{2}F\left(\text{j}\dfrac{\omega}{2}\right)\text{e}^{-\frac{5}{2}\text{j}\omega}$

3-21 （2） $\text{FT}\{f_1(t) * f_2(t)\} = E_1 E_2 \tau_1 \tau_2 \text{Sa}\left(\dfrac{\omega\tau_1}{2}\right)\text{Sa}\left(\dfrac{\omega\tau_2}{2}\right)$

3-22 $F(\text{j}\omega) = \dfrac{\tau_1}{4}\left[\text{Sa}^2\left(\dfrac{(\omega+\omega_0)\tau_1}{4}\right) + \text{Sa}^2\left(\dfrac{(\omega-\omega_0)\tau_1}{4}\right)\right]$

3-23 （1） $F_p(\text{j}\omega) = \displaystyle\sum_{n=-\infty}^{+\infty} a_n F(\text{j}(\omega - n\omega_0))$；

（2a） $F_p(\text{j}\omega) = \dfrac{1}{2}\left[F\left(\text{j}\left(\omega+\dfrac{1}{2}\right)\right) + F\left(\text{j}\left(\omega-\dfrac{1}{2}\right)\right)\right]$；

（2b） $F_p(\text{j}\omega) = \dfrac{1}{2}\left[F(\text{j}(\omega+1)) + F(\text{j}(\omega-1))\right]$；

（2c） $F_p(\text{j}\omega) = \dfrac{1}{2}\left[F(\text{j}(\omega+2)) + F(\text{j}(\omega-2))\right]$；

（2d） $F(\text{j}\omega) = \dfrac{1}{4}\left[F(\text{j}(\omega+1)) + F(\text{j}(\omega-1)) - F(\text{j}(\omega+3)) - F(\text{j}(\omega-3))\right]$；

（2e） $F_p(\text{j}\omega) = \dfrac{1}{2}\left[F(\text{j}(\omega+2)) + F(\text{j}(\omega-2)) - F(\text{j}(\omega+1)) - F(\text{j}(\omega-1))\right]$；

（2f） $F_p(\text{j}\omega) = \dfrac{1}{\pi}\displaystyle\sum_{n=-\infty}^{+\infty} F(\text{j}(\omega-2n))$；

（2g） $F_p(\text{j}\omega) = \dfrac{1}{2\pi}\displaystyle\sum_{n=-\infty}^{+\infty} F(\text{j}(\omega-n))$；

（2h） $F_p(\text{j}\omega) = \dfrac{1}{2\pi}\left[\displaystyle\sum_{n=-\infty}^{+\infty} F(\text{j}(\omega-n)) - \displaystyle\sum_{n=-\infty}^{+\infty} F(\text{j}(\omega-2n))\right]$

3-24 $y(t) = \dfrac{2}{\pi}\left(\sin(\pi t) + \dfrac{1}{3}\sin(3\pi t)\right)$

3-25 （1） $H(\text{j}\omega) = \dfrac{2}{-\omega^2 + 6\text{j}\omega + 8} = \dfrac{1}{\text{j}\omega+2} - \dfrac{1}{\text{j}\omega+4}$，

$h(t) = (\text{e}^{-2t} - \text{e}^{-4t})u(t)$；

（2） $Y(\text{j}\omega) = \dfrac{2}{(\text{j}\omega+2)(\text{j}\omega+4)(\text{j}\omega+2)^2}$，$y(t) = -\dfrac{1}{4}\text{e}^{-4t}u(t) + \left(\dfrac{t^2}{2} - \dfrac{1}{2}t + \dfrac{1}{4}\right)\text{e}^{-2t}u(t)$

第 4 章

4-4 （1） $a_k = \dfrac{1}{2}\text{e}^{-\text{j}\frac{3\pi}{4}}\delta[k-1] - \dfrac{1}{2}\text{e}^{-\text{j}\frac{\pi}{4}}\delta[k-7]$；

(2) $a_k = \dfrac{1}{2}(-\mathrm{j}\delta[k-1]+\delta[k-4]+\delta[k-8]+\mathrm{j}\delta[k-11])$;

(3) $a_k = \dfrac{1}{2}\mathrm{e}^{\mathrm{j}\frac{\pi}{3}}\delta[k-1]+\dfrac{1}{2}\mathrm{e}^{-\mathrm{j}\frac{\pi}{3}}\delta[k-7]$;

(4) $a_k = \dfrac{1-\left(\dfrac{1}{2}\mathrm{e}^{-\mathrm{j}\frac{\pi}{6}k}\right)^6}{12-6\mathrm{e}^{-\mathrm{j}\frac{\pi}{6}k}}\mathrm{e}^{\mathrm{j}\frac{\pi}{3}k}$;

(5) $a_k = \delta[k]-\dfrac{1}{8\mathrm{j}}\left(\dfrac{1-\mathrm{e}^{\mathrm{j}\pi(1-2k)}}{1-\mathrm{e}^{\mathrm{j}\frac{\pi}{4}(1-2k)}}-\dfrac{1-\mathrm{e}^{-\mathrm{j}\pi(1+2k)}}{1-\mathrm{e}^{-\mathrm{j}\frac{\pi}{4}(1+2k)}}\right)$;

(6) $a_k = \delta[k]-\dfrac{1}{2\mathrm{j}}(\delta[k-1]-\delta[k-11])$

4-5　(1) $x_\mathrm{p}[n] = \dfrac{\sqrt{3}}{2}(\mathrm{e}^{-\mathrm{j}\frac{\pi}{4}n}+\mathrm{e}^{-\mathrm{j}\frac{\pi}{2}n}-\mathrm{e}^{-\mathrm{j}\pi n}-\mathrm{e}^{-\mathrm{j}\frac{5\pi}{4}n})$;

(2) $x_\mathrm{p}[n] = 1+\sqrt{2}\mathrm{e}^{-\mathrm{j}\frac{\pi}{4}n}-\mathrm{e}^{-\mathrm{j}\frac{\pi}{2}n}-\mathrm{e}^{-\mathrm{j}\pi n}+\mathrm{e}^{-\mathrm{j}\frac{3\pi}{2}n}+\sqrt{2}\mathrm{e}^{-\mathrm{j}\frac{7\pi}{4}n}$

4-6　(1) $x_\mathrm{p}[n-n_0] = \displaystyle\sum_{k=0}^{N-1}a_k W_N^{n_0 k}W_N^{-nk}$;

(2) $x_\mathrm{p}[n]-x_\mathrm{p}[n-1] = \displaystyle\sum_{k=0}^{N-1}a_k(1-W_N^k)W_N^{-nk}$;

(3) $x_\mathrm{p}[n]-x_\mathrm{p}\left[n-\dfrac{N}{2}\right] = \displaystyle\sum_{k=0}^{N-1}a_k(1-(-1)^k)W_N^{-nk}$;

(4) $x_\mathrm{p}[n]+x_\mathrm{p}\left[n+\dfrac{N}{2}\right] = \displaystyle\sum_{k=0}^{\frac{N}{2}-1}2a_{2k}(1-(-1)^k)W_{N/2}^{-nk}$;

(5) $x_{(m)\mathrm{p}}[n] = \displaystyle\sum_{q=-\infty}^{+\infty}\delta[n-mq]\sum_{k=0}^{mN-1}\dfrac{a_k}{m}W_{mN}^{-mqk}$;

(6) $(-1)^n x_\mathrm{p}[n] = \begin{cases} \dfrac{1}{2}\displaystyle\sum_{k=0}^{2N-1}a_k W_{2N}^{-n(2k+N)}, & n\text{ 为奇数}\\[4mm] \displaystyle\sum_{k=0}^{N-1}a_k W_N^{-n\left(k+\frac{N}{2}\right)}, & n\text{ 为偶数}\end{cases}$

4-7　(1) $X(\mathrm{e}^{\mathrm{j}\Omega}) = \dfrac{1}{1-\dfrac{1}{2}\mathrm{e}^{-\mathrm{j}\Omega}}$;　　(2) $X(\mathrm{e}^{\mathrm{j}\Omega}) = \dfrac{2}{1-\dfrac{1}{2}\mathrm{e}^{-\mathrm{j}\Omega}}$;

(3) $X(\mathrm{e}^{\mathrm{j}\Omega}) = \dfrac{1}{1+\dfrac{1}{2}\mathrm{e}^{-\mathrm{j}\Omega}}$;　　(4) $X(\mathrm{e}^{\mathrm{j}\Omega}) = \dfrac{-1}{1-\dfrac{1}{2}\mathrm{e}^{\mathrm{j}\Omega}}$;

(5) $X(\mathrm{e}^{\mathrm{j}\Omega}) = \dfrac{\mathrm{e}^{-\mathrm{j}\Omega}}{1-\dfrac{1}{2}\mathrm{e}^{\mathrm{j}\Omega}}$

4-8　(1) $X_\mathrm{p}(\mathrm{e}^{\mathrm{j}\Omega}) = \mathrm{j}\pi\displaystyle\sum_{k=-\infty}^{+\infty}\left[\delta\left(\Omega+2k\pi+\dfrac{\pi}{5}\right)-\delta\left(\Omega+2k\pi-\dfrac{\pi}{5}\right)\right]$;

(2) $X_\mathrm{p}(\mathrm{e}^{\mathrm{j}\Omega}) = \pi\displaystyle\sum_{k=-\infty}^{+\infty}\left[\mathrm{e}^{-\mathrm{j}\frac{\pi}{5}}\delta\left(\Omega+2k\pi+\dfrac{\pi}{10}\right)+\mathrm{e}^{\mathrm{j}\frac{\pi}{5}}\delta\left(\Omega+2k\pi-\dfrac{\pi}{10}\right)\right]$

4-9　(1) $h[n]=\left[3\left(\dfrac{1}{4}\right)^{n}-2\left(\dfrac{1}{3}\right)^{n}\right]u[n],H(\mathrm{e}^{j\Omega})=\dfrac{1-\dfrac{1}{2}\mathrm{e}^{-j\Omega}}{1-\dfrac{7}{12}\mathrm{e}^{-j\Omega}+\dfrac{1}{12}\mathrm{e}^{-2j\Omega}}$;

　　(2) $y[n]-\dfrac{7}{12}y[n-1]-\dfrac{1}{12}y[n-2]=x[n]-\dfrac{1}{2}x[n-1]$

4-10　$x[n]=\left[\dfrac{9}{16}\left(-\dfrac{1}{2}\right)^{n}+\dfrac{5}{16}\left(\dfrac{1}{2}\right)^{n}\right]u[n-1]+\dfrac{1}{4}n\left(\dfrac{1}{2}\right)^{n}u[n]$

4-11　$y[n]-\dfrac{3}{4}y[n-1]+\dfrac{1}{8}y[n-2]=\dfrac{3}{2}x[n]-\dfrac{1}{2}x[n-1]$

4-12　(1) $y[n]+\dfrac{1}{10}y[n-1]-\dfrac{3}{10}y[n-2]=2x[n]+\dfrac{1}{10}x[n-1]$;

　　(2) $y_{zs}[n]=\left[\left(-\dfrac{3}{5}\right)^{n}+\left(\dfrac{1}{2}\right)^{n}\right]u[n]-3\left[\left(-\dfrac{3}{5}\right)^{n-2}+\left(\dfrac{1}{2}\right)^{n-2}\right]u[n-2]$

4-13　(1) $H(\mathrm{e}^{j\Omega})=\dfrac{1}{1+\dfrac{1}{2}\mathrm{e}^{-j\Omega}},h[n]=\left(-\dfrac{1}{2}\right)^{n}u[n]$;

　　(2) ① $y_{zs}[n]=\dfrac{1}{2}\left[\left(-\dfrac{1}{2}\right)^{n}+\left(\dfrac{1}{2}\right)^{n}\right]u[n]$;

　　　② $y_{zs}[n]=-2(n+1)\left(-\dfrac{1}{2}\right)^{n+1}u[n+1]$;

　　　③ $y_{zs}[n]=\delta[n]-\left(-\dfrac{1}{2}\right)^{n-1}u[n-1]$;

　　　④ $y_{zs}[n]=\delta[n]-\dfrac{1}{4}\left(-\dfrac{1}{2}\right)^{n-1}u[n-1]$

　　(3) ① $y_{zs}[n]=-2(n+1)\left(-\dfrac{1}{2}\right)^{n+1}u[n+1]+\dfrac{1}{2}n\left(-\dfrac{1}{2}\right)^{n}u[n]$;

　　　② $y_{zs}[n]=\left(\dfrac{1}{4}\right)^{n}u[n]$;

　　　③ $y_{zs}[n]=\left[\dfrac{1}{9}\left(\dfrac{1}{4}\right)^{n}+\dfrac{2}{9}\left(-\dfrac{1}{2}\right)^{n}\right]u[n]-\dfrac{2}{3}(n+1)\left(-\dfrac{1}{2}\right)^{n+1}u[n+1]$;

　　　④ $y_{zs}[n]=\left(-\dfrac{1}{2}\right)^{n}u[n]+2\left(-\dfrac{1}{2}\right)^{n-3}u[n-3]$

4-14　(1) $h[n]=\dfrac{1}{2}\left[\left(-\dfrac{1}{3}\right)^{n}+\left(\dfrac{1}{3}\right)^{n}\right]u[n]$;

　　(2) ① $y_{zs}[n]=\left[\dfrac{1}{4}\left(-\dfrac{1}{3}\right)^{n}+\dfrac{1}{4}\left(\dfrac{1}{3}\right)^{n}\right]u[n]+\dfrac{3}{2}(n+1)\left(\dfrac{1}{3}\right)^{n+1}u[n+1]$;

　　　② $y_{zs}[n]=\left[\dfrac{1}{2}\left(-\dfrac{1}{3}\right)^{n}+\dfrac{1}{4}\left(\dfrac{1}{3}\right)^{n}\right]u[n]$
　　　　　$+\dfrac{3}{2}(n+1)\left[\left(\dfrac{1}{3}\right)^{n+1}-\left(-\dfrac{1}{3}\right)^{n+1}\right]u[n+1]$

4-15　$x[n]=\dfrac{1}{2}\left(\dfrac{1}{2}\right)^{n-1}u[n-1]$

4-16　$h[n]=\left[\dfrac{2}{5}\left(-\dfrac{1}{3}\right)^{n}+\dfrac{3}{5}\left(\dfrac{1}{2}\right)^{n}\right]u[n]$

4-17　(1) $H(\mathrm{e}^{\mathrm{j}\Omega})=\dfrac{3-\dfrac{1}{2}\mathrm{e}^{-\mathrm{j}\Omega}}{1-\dfrac{3}{4}\mathrm{e}^{-\mathrm{j}\Omega}+\dfrac{1}{8}\mathrm{e}^{-2\mathrm{j}\Omega}},h[n]=\left[4\left(\dfrac{1}{2}\right)^{n}-\left(\dfrac{1}{4}\right)^{n}\right]u[n]$;

　　　(2) $y[n]-\dfrac{3}{4}y[n-1]+\dfrac{1}{8}y[n-2]=3x[n]-\dfrac{1}{2}x[n-1]$

4-20　(1) $\mathrm{DFT}\left\{x[n]\cos\left(\dfrac{2\pi m}{N}n\right)\right\}=\dfrac{1}{2}X[k-m]+\dfrac{1}{2}X[k+m]$;

　　　(2) $\mathrm{DFT}\left\{x[n]\sin\left(\dfrac{2\pi m}{N}n\right)\right\}=\dfrac{1}{2\mathrm{j}}X[k-m]-\dfrac{1}{2\mathrm{j}}X[k+m]$

4-21　$Y[k]=\displaystyle\sum_{n=0}^{N-1}x[n]W_{N}^{nk/r}=\begin{cases}X[l], & k=rl,l=0,1,2,\cdots,N-1\\ \text{其他}, & k\neq rl,l=0,1,2,\cdots,N-1\end{cases}$

第 5 章

5-1　(1) 奈奎斯特频率为 $f_{2\mathrm{Nyquist}}=\dfrac{150}{\pi}$，奈奎斯特间隔为 $T_{2\mathrm{Nyquist}}=\dfrac{\pi}{150}$;

　　　(2) 奈奎斯特频率为 $f_{1\mathrm{Nyquist}}+f_{2\mathrm{Nyquist}}=\dfrac{250}{\pi}$，奈奎斯特间隔为 $\dfrac{1}{f_{1\mathrm{Nyquist}}+f_{2\mathrm{Nyquist}}}=\dfrac{\pi}{250}$;

　　　(3) 奈奎斯特频率为 $f_{2\mathrm{Nyquist}}=\dfrac{150}{\pi}$，奈奎斯特间隔为 $T_{2\mathrm{Nyquist}}=\dfrac{\pi}{150}$;

　　　(4) 奈奎斯特频率为 $2f_{2\mathrm{Nyquist}}=\dfrac{300}{\pi}$，奈奎斯特间隔为 $\dfrac{1}{2f_{2\mathrm{Nyquist}}}=\dfrac{\pi}{300}$

5-2　(1) $T_{\max}=\dfrac{1}{2f_{\max}}=\dfrac{1}{300}s$;

　　　(2) $X_{\mathrm{s}}(\mathrm{j}\omega)=\dfrac{3}{16\pi^{3}}\displaystyle\sum_{n=-\infty}^{+\infty}(\omega-600n\pi+300\pi)[u(\omega-600n\pi+300\pi)$

　　　　　　$-u(\omega-600n\pi+100\pi)]$;

　　　　$+\dfrac{3}{8\pi^{2}}\displaystyle\sum_{n=-\infty}^{+\infty}[u(\omega-600n\pi+100\pi)-u(\omega-600n\pi-100\pi)]$

　　　　$-\dfrac{3}{16\pi^{3}}\displaystyle\sum_{n=-\infty}^{+\infty}(\omega-600n\pi-300\pi)[u(\omega-600n\pi-100\pi)$

　　　　　　$-u(\omega-600n\pi-300\pi)]$

5-3　当 $T=T_{\max}=\dfrac{2\pi}{\omega_{\mathrm{m}}}$ 时，为了从 $x_{\mathrm{s}}(t)$ 重构 $x(t)$，需要将 $x_{\mathrm{s}}(t)$ 通过一个截止频率为

　　　ω_{m}、在通带内幅度为 2 的理想低通滤波器。

5-5　(1) $X_{\mathrm{s}}(\mathrm{j}\omega)=\dfrac{\omega_{2}}{2\pi}\displaystyle\sum_{n=-\infty}^{+\infty}X(\mathrm{j}(\omega-n\omega_{2}))$，$X_{2}(\mathrm{j}\omega)=\dfrac{A\omega_{2}}{2\pi}X_{1}(\mathrm{j}\omega)$;

　　　(2) $T_{\max}=\dfrac{2\pi}{\omega_{2}-\omega_{1}}$，$A=\dfrac{2\pi}{\omega_{2}-\omega_{1}}$，$\omega_{\mathrm{a}}=\omega_{1}$，$\omega_{\mathrm{b}}=\omega_{2}$

5-6　$T_{\max}=\dfrac{1}{8}$

5-13　$y_{1}(t)=x_{1}(t)$，$y_{2}(t)=x_{2}(t)$

第 6 章

6-1　(1) $X(s) = \dfrac{2s-1}{(s+2)(s-3)}$, $\text{Re}(s) > 3$;

　　(2) $X(s) = \dfrac{2s+3}{(s+5)(s-2)}$, $-5 < \text{Re}(s) < 2$;

　　(3) $X(s) = -\dfrac{2s-7}{(s-3)(s-4)}$, $\text{Re}(s) < 3$;

　　(4) $X(s) = \dfrac{1}{s}(e^{2s} - e^{-3s})$, $-\infty < \text{Re}(s) < +\infty$;

　　(5) $X(s) = \dfrac{s+2}{(s+2)^2 + 3^2}$, $\text{Re}(s) > -2$

6-2　(1) $X(s) = \left(\dfrac{1}{s^2} - \dfrac{1}{s}\right)e^{-2s}$, $\text{Re}(s) > 0$;

　　(2) $X(s) = \dfrac{1}{s+3}e^{-2s}$, $\text{Re}(s) > -3$;

　　(3) $X(s) = \left(\dfrac{1}{s} - e^{-2}\dfrac{1}{s+2}\right)e^{-s}$, $\text{Re}(s) > 0$;

　　(4) $X(s) = \dfrac{\omega_0}{s^2 + \omega_0^2}e^{-3s}$, $\text{Re}(s) > 0$;

　　(5) $X(s) = \dfrac{1}{2}$, 收敛域为整个 s 平面;

　　(6) $X(s) = \dfrac{1}{s}$, $\text{Re}(s) > 0$;

　　(7) $X(s) = e^{2-s}$, 收敛域为整个 s 平面;

　　(8) $X(s) = \dfrac{1}{s} \cdot \dfrac{3}{(s+2)^2 + 3^2}$, $\text{Re}(s) > -2$;

　　(9) $X(s) = \dfrac{s}{(s+3)^2}$, $\text{Re}(s) > -3$;

　　(10) $X(s) = -\dfrac{d}{ds}\left[\dfrac{s(s+3)}{(s+3)^2 + 4}\right]$, $\text{Re}(s) > -3$

6-3　(a) $X_1(s) = \dfrac{1}{s}e^{-s} - \dfrac{1}{s^2}(e^{-2s} - e^{-3s})$, $\text{Re}(s) > 0$;

　　(b) $X_2(s) = \dfrac{1}{s^2}\dfrac{(1-e^{-s})^2}{1 - e^{-3s}}$, $\text{Re}(s) > 0$;

　　(c) $X_3(s) = \dfrac{1}{s^2}(e^{-s} - e^{-2s} - e^{-3s} + e^{-4s})$, $\text{Re}(s) > 0$;

　　(d) $X_4(s) = \dfrac{1}{(1 + e^{-\pi s})(s^2 + 1)}$, $\text{Re}(s) > 0$

6-4　(1) $x(0^+) = 1$, $x(+\infty) = 0$;

　　(2) $x(0^+) = 1$, 终值不存在;

　　(3) $x(0^+) = 0$, $x(+\infty) = 0$;

　　(4) $x(0^+) = 0$, $x(+\infty) = 0$;

(5) $x(0^{+})=0$，终值不存在

6-5　(1) $x(t)=(-e^{-2t}+3e^{-4t})u(t)$；

　　(2) $x(t)=\cos(2t)u(t)$；

　　(3) $x(t)=e^{-3t}\cos(5t)u(t)$；

　　(4) $x(t)=(t\cos t+t\sin t+\cos t-\sin t-1)u(t)$；

　　(5) $x(t)=(1-3te^{-t})u(t)$；

　　(6) $x(t)=(6e^{-2t}-5e^{-2t}\cos t-4e^{-2t}\sin t)u(t)$；

　　(7) $x(t)=\delta'(t)+e^{-2t}u(t)$；

　　(8) $x(t)=(-2e^{-t}+4e^{-2t})u(t)+(6e^{-(t-2)}-6e^{-2(t-2)})u(t-2)$；

　　(9) $x(t)=\displaystyle\sum_{n=0}^{+\infty}e^{-(t-2n)}u(t-2n)$；

　　(10) $x(t)=\displaystyle\sum_{n=0}^{+\infty}e^{-(t-2n)}u(t-2n)-\sum_{n=0}^{+\infty}e^{-(t-1-2n)}u(t-1-2n)$

6-6　(1) $y(t)=\left(\dfrac{7}{2}e^{-t}-2e^{-2t}-\dfrac{1}{2}e^{-3t}\right)u(t)$，$y_{zi}(t)=(2e^{-t}-e^{-3t})u(t)$，

　　　　$y_{zs}(t)=\left(\dfrac{3}{2}e^{-t}-2e^{-2t}+\dfrac{1}{2}e^{-3t}\right)u(t)$，$y_{F}(t)=-2e^{-2t}u(t)$，

　　　　$y_{f}(t)=\left(\dfrac{7}{2}e^{-t}-\dfrac{1}{2}e^{-3t}\right)u(t)$；

　　(2) $y(t)=\left(\dfrac{4}{5}+e^{-2t}+\dfrac{1}{5}e^{-5t}\right)u(t)$，$y_{zi}(t)=\left(\dfrac{7}{3}e^{-2t}-\dfrac{1}{3}e^{-5t}\right)u(t)$，

　　　　$y_{zs}(t)=\left(\dfrac{4}{5}-\dfrac{4}{3}e^{-2t}+\dfrac{8}{15}e^{-5t}\right)u(t)$，$y_{F}(t)=\dfrac{4}{5}u(t)$，$y_{f}(t)=\left(e^{-2t}+\dfrac{1}{5}e^{-5t}\right)u(t)$；

　　(3) $y(t)=(2e^{-2t}+6te^{-2t})u(t)$，$y_{zi}(t)=(2e^{-2t}+5te^{-2t})u(t)$，$y_{zs}(t)=te^{-2t}u(t)$，

　　　　$y_{F}(t)=0$，$y_{f}(t)=(2e^{-2t}+6te^{-2t})u(t)$

6-7　(1) $y(t)=(2e^{-t}-e^{-2t})u(t)$；

　　(2) $y(t)=\left(\dfrac{3}{2}e^{-t}-\dfrac{1}{2}e^{-3t}\right)u(t)$

6-8　$i(t)=\cos(20t)u(t)$

6-9　$y(t)=-4e^{-\frac{3}{2}t}\sin\left(\dfrac{\sqrt{7}}{2}t\right)u(t)+\dfrac{1}{3}e^{-\frac{3}{2}t}\left[\cos\left(\dfrac{\sqrt{7}}{2}t\right)+\dfrac{\sqrt{7}}{7}\sin\left(\dfrac{\sqrt{7}}{2}t\right)\right]u(t)$

　　　　$+\dfrac{1}{3}(-\cos t+\sin t)u(t)$；

　　　$y_{ss}(t)=\dfrac{1}{3}(-\cos t+\sin t)u(t)$；

　　　$y_{tr}(t)=-4e^{-\frac{3}{2}t}\sin\left(\dfrac{\sqrt{7}}{2}t\right)u(t)+\dfrac{1}{3}e^{-\frac{3}{2}t}\left[\cos\left(\dfrac{\sqrt{7}}{2}t\right)+\dfrac{\sqrt{7}}{7}\sin\left(\dfrac{\sqrt{7}}{2}t\right)\right]u(t)$

6-10　(1) $x(t)=-\dfrac{1}{6}e^{-2t}u(t)-\dfrac{1}{6}e^{4t}u(-t)$；

　　　(2) $x(t)=\left(-\dfrac{1}{6}e^{-2t}+\dfrac{1}{6}e^{4t}\right)u(t)$；

(3) $x(t) = \left(\dfrac{1}{6}e^{-2t} - \dfrac{1}{6}e^{4t}\right)u(-t)$

6-11 (1) $\text{Re}(s) > 1$，系统因果不稳定；

(2) $-2 < \text{Re}(s) < 1$，系统非因果稳定；

(3) $\text{Re}(s) < -2$，系统非因果不稳定

6-12 (1) $H(s) = \dfrac{1}{s^2 - s - 6}$；

(2) (i) $h(t) = -\dfrac{1}{5}e^{-2t}u(t) - \dfrac{1}{5}e^{3t}u(-t)$，(ii) $h(t) = \left(-\dfrac{1}{5}e^{-2t} + \dfrac{1}{5}e^{3t}\right)u(t)$，

(iii) $h(t) = \left(\dfrac{1}{5}e^{-2t} - \dfrac{1}{5}e^{3t}\right)u(-t)$

6-13 (1) $H(s) = \dfrac{1}{s+2}$，$h(t) = e^{-2t}u(t)$；

(2) $H(s) = \dfrac{s+3}{s^2+6s+8}$，$h(t) = \left(\dfrac{1}{2}e^{-2t} + \dfrac{1}{2}e^{-4t}\right)u(t)$；

(3) $H(s) = \dfrac{s}{s^2+2s+2}$，$h(t) = e^{-t}(\cos t - \sin t)u(t)$

6-14 (1) $y''(t) + 2y'(t) = 2x(t)$；

(2) $y''(t) + 4y'(t) + 3y(t) = x'(t) + 2x(t)$；

(3) $y''(t) + 4y'(t) + 8y(t) = x''(t) - 2x'(t) + x(t)$

6-15 (1) $H_{\text{inv}}(s) = \dfrac{s^2+3s+2}{s+3}$，因果逆系统稳定；

(2) $H_{\text{inv}}(s) = \dfrac{s^2+3s+2}{s-1}$，因果逆系统不稳定

6-16 (1) $h(t) = u(t) - u(t-1)$，系统因果稳定；

(2) $y(t) = t[u(t) - u(t-1)] + [u(t-1) - u(t-2)] - (t-3)[u(t-2) - u(t-3)]$

6-17 $y(t) = e^{-3(t-1)}u(t-1) - e^{-3(t-2)}u(t-2)$

6-18 (1) $H(s) = \dfrac{s-2}{s^2+5s+6}$，$\text{Re}(s) > -2$，系统稳定；

(2) $y(t) = -\dfrac{1}{6}e^t$

6-19 (1) $H(s) = \dfrac{-5(s-2)}{(s+2)[(s+1)^2+4]}$；

(2) $y(t) = 2$

6-20 (1) 系统稳定；

(2) $y_{\text{zi}}(t) = (10e^{-t} - 7e^{-2t})u(t)$，$y_{\text{zs}}(t) = (4e^{-t} - 4te^{-2t} - 4e^{-2t})u(t)$，

$y(t) = (14e^{-t} - 4te^{-2t} - 11e^{-2t})u(t)$

6-21 (1) $a = 3$；

(3) $y_{\text{zi}}(t) = (-2e^{-3t} + 5e^{-t})u(t)$，$y_{\text{zs}}(t) = (2e^{-3t} - 4e^{-2t} + 2e^{-t})u(t)$

6-22 (1) $H(s) = \dfrac{s+2}{s^2+4s+3}$，$h(t) = \dfrac{1}{2}(e^{-t} + e^{-3t})u(t)$；

(2) $y_{\text{zi}}(t) = e^{-t}u(t)$，$y_{\text{zs}}(t) = \dfrac{1}{2}(e^{-t} - e^{-3t})u(t)$；

(3) $y(t) = \left(\dfrac{7}{2} e^{-t} - \dfrac{3}{2} e^{-3t} \right) u(t)$;

(4) $y(t) = \dfrac{2}{3} + \left(\dfrac{2}{3} - \dfrac{1}{2} e^{-(t-1)} - \dfrac{1}{6} e^{-3(t-1)} \right) u(t-1)$

6-23 (1) $y''(t) + 2y'(t) + (1-K) y(t) = Kx(t)$;

(2) $K \leqslant 1$;

(3) $h(t) = \dfrac{1}{2} (1 - e^{-2t}) u(t)$;

(4) $y(t) = -\dfrac{1}{10} e^{2t}$

6-24 $y(t) = 3 \sin \left(t - \dfrac{\pi}{2} \right) + 2 \sin \left(\sqrt{3} t - \dfrac{2\pi}{3} \right)$,全通滤波器

6-25 (1) $H(\mathrm{j}\omega) = \dfrac{\mathrm{j}\omega}{(\mathrm{j}\omega)^2 + 3\mathrm{j}\omega + 2}$,带通滤波器;

(2) $h(t) = (2e^{-2t} - e^{-t}) u(t)$;

(3) $y(0^+) = 0, y'(0^+) = 1$;

(4) $y(t) = (e^{-t} - e^{-2t}) u(t)$

6-26 (1) $H(s) = \dfrac{s+3}{s^2 + 3s + 2}$;

(2) $y_{zi}(t) = e^{-t} u(t), y_{zs}(t) = (e^{-t} - e^{-2t}) u(t), y_f(t) = (2e^{-t} - e^{-2t}) u(t), y_F(t) = 0$;

(3) $y(t) = 3$;

(4) $y_{ss}(t) = 3u(t) + \cos \left(t - \dfrac{\pi}{4} - \arctan \dfrac{3}{4} \right) u(t)$

6-27 (1) $\mathrm{Re}(s) > -2$,系统稳定;

(2) $y''(t) + 7y'(t) + 10y(t) = x''(t) - 5x'(t) + 6x(t)$

6-28 (1) $\mathrm{Re}(s) > -1$,系统稳定;

(2) $y^{(4)}(t) + 5y^{(3)}(t) + 9y^{(2)}(t) + 7y^{(1)}(t) + 2y(t) = 2x(t)$

6-29 (1) $\mathrm{Re}(s) > -1$,系统稳定;

(2) $y'''(t) + 3y''(t) + 7y'(t) + 5y(t) = x'(t) + 3x(t)$

6-30 (1) $H(s) = \dfrac{1}{s^2 + 3s + 2}, h(t) = (e^{-t} - e^{-2t}) u(t)$;

(2) $y''(t) + 3y'(t) + 2y(t) = x(t)$;

(3) $y_{zi}(t) = \left(e^{-t} - \dfrac{1}{2} e^{-2t} \right) u(t), y_{zs}(t) = \left(\dfrac{1}{2} - e^{-t} + \dfrac{1}{2} e^{-2t} \right) u(t)$

6-31 (1) $H(s) = \dfrac{s+5}{s^2 + 4s + 3}, \mathrm{Re}(s) > -1$,系统稳定;

(2) $y''(t) + 4y'(t) + 3y(t) = x'(t) + 5x(t)$;

(3) $y(t) = \left(\dfrac{5}{3} - \dfrac{1}{2} e^{-t} - \dfrac{5}{6} e^{-3t} \right) u(t)$

6-32 (1) $H(s) = \dfrac{s+2}{s^2 + 3s + 4}, \mathrm{Re}(s) > -\dfrac{3}{2}$,系统稳定;

(2) $y''(t) + 3y'(t) + 4y(t) = x'(t) + 2x(t)$;

(3) $y(t) = e^{-\frac{3}{2}t} \left[\cos\left(\frac{\sqrt{7}}{2}t\right) + \frac{\sqrt{7}}{7} \sin\left(\frac{\sqrt{7}}{2}t\right) \right] u(t)$

第 7 章

7-1 (1) $X(z) = \dfrac{2z\left(z - \frac{7}{4}\right)}{\left(z - \frac{1}{2}\right)(z - 3)}, |z| > 3;$

(2) $X(z) = \dfrac{2z\left(z - \frac{7}{6}\right)}{\left(z - \frac{1}{3}\right)(z - 2)}, \dfrac{1}{3} < |z| < 2;$

(3) $X(z) = \dfrac{2z\left(z - \frac{7}{2}\right)}{(z - 3)(z - 4)}, |z| < 3;$

(4) $X(z) = \dfrac{1 - z^5}{(1 - z)z^2}, 0 < |z| < \infty;$

(5) $X(z) = z^{-3}, |z| > 0$

7-2 (1) $X(z) = \dfrac{16 - 4z}{z(z - 2)^2};$ (2) $X(z) = \dfrac{1}{16z\left(z - \frac{1}{2}\right)};$

(3) $X(z) = \dfrac{z^6 - 1}{z^5(z + 1)};$ (4) $X(z) = \dfrac{z^2 - z\cos\Omega_0}{z^2 - 2z\cos\Omega_0 + 1}z^{-3};$

(5) $X(z) = 1;$ (6) $X(z) = \dfrac{1}{9}z^{-1};$

(7) $X(z) = \dfrac{z^2 - ez\cos\left(\frac{\pi}{4}\right)}{z^2 - 2ez\cos\left(\frac{\pi}{4}\right) + e^2};$ (8) $X(z) = \left(\dfrac{z}{z - 1}\right)^2 (1 - z^{-4});$

(9) $X(z) = \dfrac{\frac{1}{3}z^2}{(z - 1)\left(z - \frac{1}{3}\right)^2};$ (10) $X(z) = \dfrac{z^2}{z^2 - \frac{1}{2}};$

(11) $X(z) = \dfrac{2z}{(z - 2)^2};$ (12) $X(z) = \dfrac{1}{4}\dfrac{z}{z - \frac{1}{2}}$

7-3 (a) $X_1(z) = z^{-1} + 2z^{-2} + 3z^{-3} + 2z^{-4} + z^{-5};$ (b) $X_2(z) = \dfrac{1 + 2z^{-1} + 4z^{-2}}{1 - z^{-3}}$

7-4 (1) $x[0] = 2, x[+\infty] = 4;$ (2) $x[0] = 2,$ 终值不存在;

(3) $x[0] = 3,$ 终值不存在;   (4) $x[0] = 0, x[+\infty] = 0;$

(5) $x[0] = 1,$ 终值不存在;   (6) $x[0] = 1, x[+\infty] = 0;$

7-5 (1) $x[n] = (3 - 2 \cdot 2^{-n})u[n];$ (2) $x[n] = \left[\cos\left(\frac{\pi}{3}n\right) - \sqrt{3}\sin\left(\frac{\pi}{3}n\right)\right]u[n];$

(3) $x[n] = \left(\dfrac{1}{2}\right)^n \cos\left(\dfrac{\pi}{4}n\right)u[n];$

(4) $x[n]=\dfrac{50}{81}\left(-\dfrac{1}{2}\right)^{n}u[n]+\dfrac{40}{81}\left(\dfrac{2}{5}\right)^{n}u[n]+\dfrac{8}{9}n\left(\dfrac{2}{5}\right)^{n}u[n]$;

(5) $x[n]=\left(\dfrac{1}{2}\right)^{n-1}u[n-1]$;　　　　(6) $x[n]=\delta[n-3]-2\delta[n-2]+\delta[n-1]$;

(7) $x[n]=2\left(\dfrac{\sqrt{2}}{2}\right)^{n}\sin\left(\dfrac{\pi}{4}n\right)u[n]$;　　(8) $x[n]=\dfrac{1}{2}\big[1+(-1)^{n}u[n]\big]$;

(9) $x[n]=\dfrac{1}{n}\left(\dfrac{1}{4}\right)^{n}u[n-1]$;　　　(10) $x[n]=\displaystyle\sum_{k=0}^{+\infty}2^{-5k}\delta[n-4k]$;

(11) $x[n]=-u[n]+2(-1)^{n}u[n]$;

(12) $x[n]=\displaystyle\sum_{k=0}^{+\infty}(\delta[n-4k]-3[n-4k-1]-\delta[n-4k-2]+3\delta[n-4k-3])$

7-6　$X(z)=\dfrac{z(z+1)}{2\left(z-\dfrac{1}{4}\mathrm{e}^{-\mathrm{j}\frac{\pi}{3}}\right)\left(z-\dfrac{1}{4}\mathrm{e}^{\mathrm{j}\frac{\pi}{3}}\right)}$

7-7　(1) $y[n]=\left[\dfrac{19}{9}+\dfrac{32}{117}\left(-\dfrac{4}{5}\right)^{n}-\dfrac{5}{13}\left(\dfrac{1}{2}\right)^{n}\right]u[n]$, $y_{zi}[n]=u[n]$,

$y_{zs}[n]=\left[\dfrac{10}{9}+\dfrac{32}{117}\left(-\dfrac{4}{5}\right)^{n}-\dfrac{5}{13}\left(\dfrac{1}{2}\right)^{n}\right]u[n]$,

$y_{f}[n]=\left[\dfrac{32}{117}\left(-\dfrac{4}{5}\right)^{n}-\dfrac{5}{13}\left(\dfrac{1}{2}\right)^{n}\right]u[n]$, $y_{F}[n]=\dfrac{19}{9}u[n]$;

(2) $y[n]=-\dfrac{5}{6}(n+1)\left(-\dfrac{1}{2}\right)^{n+1}u[n+1]+\dfrac{1}{18}\left(-\dfrac{1}{2}\right)^{n}u[n]+\dfrac{1}{9}u[n]$,

$y_{zi}[n]=-\dfrac{1}{2}(n+1)\left(-\dfrac{1}{2}\right)^{n+1}u[n+1]$,

$y_{zs}[n]=-\dfrac{1}{3}(n+1)\left(-\dfrac{1}{2}\right)^{n+1}u[n+1]+\dfrac{1}{18}\left(-\dfrac{1}{2}\right)^{n}u[n]+\dfrac{1}{9}u[n]$,

$y_{f}[n]=-\dfrac{5}{6}(n+1)\left(-\dfrac{1}{2}\right)^{n+1}u[n+1]+\dfrac{1}{18}\left(-\dfrac{1}{2}\right)^{n}u[n]$, $y_{F}[n]=\dfrac{1}{9}u[n]$;

(3) $y[n]=\cos\left(\dfrac{\pi}{3}n\right)u[n]-\dfrac{\sqrt{3}}{3}\sin\left(\dfrac{\pi}{3}n\right)u[n]$, $y_{zi}[n]=-\dfrac{2\sqrt{3}}{3}\sin\left(\dfrac{\pi}{3}n\right)u[n]$,

$y_{zs}[n]=\cos\left(\dfrac{\pi}{3}n\right)u[n]+\dfrac{\sqrt{3}}{3}\sin\left(\dfrac{\pi}{3}n\right)u[n]$,

$y_{f}[n]=\cos\left(\dfrac{\pi}{3}n\right)u[n]-\dfrac{\sqrt{3}}{3}\sin\left(\dfrac{\pi}{3}n\right)u[n]$, $y_{F}[n]=0$

7-8　(1) $y[n]=\left(\dfrac{1}{5}(-2)^{n}-\dfrac{1}{4}(-1)^{n}+\dfrac{1}{20}3^{n}\right)u[n]$;

(2) $y[n]=\left(\dfrac{1}{2}(-1)^{n}+2^{n}-\dfrac{1}{2}\right)u[n]$

7-9　(1) $x[n]=-\dfrac{2}{3}\left(\dfrac{1}{2}\right)^{n}u[n]-\dfrac{2}{3}\cdot2^{n}u[-n-1]$;

(2) $x[n]=\left[-\dfrac{2}{3}\left(\dfrac{1}{2}\right)^{n}+\dfrac{2}{3}\cdot2^{n}\right]u[n]$;

(3) $x[n]=\left[\dfrac{2}{3}\left(\dfrac{1}{2}\right)^{n}-\dfrac{2}{3}\cdot2^{n}\right]u[-n-1]$

7-10　$x[n]$ 为双边信号

7-11　(1) $|z|>2$：系统因果不稳定；　　　(2) $\frac{3}{4}<|z|<2$：系统非因果稳定；

　　　　(3) $|z|<\frac{3}{4}$：系统非因果不稳定

7-12　(1) $H(z)=\dfrac{z}{\left(z-\frac{1}{2}\right)^2+\left(\frac{\sqrt{5}}{2}\mathrm{j}\right)^2}$；

　　　　(2) (i) $h[n]=\left[-\dfrac{5-\sqrt{5}\mathrm{j}}{10}\left(\dfrac{1+\sqrt{5}\mathrm{j}}{2}\right)^n-\dfrac{5+\sqrt{5}\mathrm{j}}{10}\left(\dfrac{1-\sqrt{5}\mathrm{j}}{2}\right)^n\right]u[-n-1]$，

　　　　　　(ii) $h[n]=\left[\dfrac{5-\sqrt{5}\mathrm{j}}{10}\left(\dfrac{1+\sqrt{5}\mathrm{j}}{2}\right)^n+\dfrac{5+\sqrt{5}\mathrm{j}}{10}\left(\dfrac{1-\sqrt{5}\mathrm{j}}{2}\right)^n\right]u[n]$

7-13　$y[n]-\dfrac{23}{10}y[n-1]+\dfrac{3}{5}y[n-2]=-x[n]-\dfrac{7}{5}x[n-1]$，

　　　　$h[n]=\left(\dfrac{3}{10}\right)^n u[n]+2\cdot 2^n u[-n-1]$

7-14　(1) $H(z)=1+z^{-2}-z^{-4}$，$h[n]=\delta[n]+\delta[n-2]-\delta[n-4]$，系统稳定；

　　　　(2) $H(z)=\dfrac{z^{-1}}{1-\frac{1}{2}z^{-1}}$，$h[n]=\left(\dfrac{1}{2}\right)^{n-1}u[n-1]$，系统稳定；

　　　　(3) $H(z)=\dfrac{2-z^{-1}}{1+z-2z^{-2}}$，$h[n]=\left(\dfrac{5}{3}(-2)^2+\dfrac{1}{3}\right)u[n]$，系统不稳定

7-15　(1) $y[n+1]-\dfrac{1}{4}y[n]=4x[n+1]$，$y[n]-\dfrac{1}{4}y[n-1]=4x[n]$；

　　　　(2) $y[n+2]-y[n+1]+\dfrac{1}{2}y[n]=x[n+2]+2x[n+1]$，

　　　　　　$y[n]-y[n-1]+\dfrac{1}{2}y[n-2]=x[n]+2x[n-1]$；

　　　　(3) $y[n+2]-\dfrac{5}{2}y[n+1]+y[n]=2x[n+1]+x[n]$，

　　　　　　$y[n]-\dfrac{5}{2}y[n-1]+y[n-2]=2x[n-1]+x[n-2]$

7-16　(1) $H_{\text{inv}}(z)=\dfrac{z^2-\frac{3}{4}z+\frac{1}{8}}{3z^2-2z}$，因果逆系统稳定；

　　　　(2) $H_{\text{inv}}(z)=\dfrac{z^2+\frac{1}{2}z-\frac{3}{16}}{2z\left(z+\frac{3}{2}\right)}$，因果逆系统不稳定

7-17　(1) 系统稳定；

　　　　(2) $H(z)=\dfrac{3}{2}\dfrac{z^2}{\left(z+\frac{1}{2}\right)(z-2)}$，$h[n]=\dfrac{3}{10}\left(-\dfrac{1}{2}\right)^n u[n]-\dfrac{6}{5}\cdot 2^n u[-n-1]$

7-18　(1) $H(z) = \dfrac{3 - \dfrac{16}{5}z^{-1} + \dfrac{17}{25}z^{-2}}{1 - \dfrac{8}{5}z^{-1} + \dfrac{17}{25}z^{-2} - \dfrac{2}{25}z^{-3}}$；

　　　(2) $y[n] - \dfrac{8}{5}y[n-1] + \dfrac{17}{25}y[n-2] - \dfrac{2}{25}y[n-3] = 3x[n] - \dfrac{16}{5}x[n-1] + \dfrac{17}{25}x[n-2]$

7-19　(1) $h[n] = -\dfrac{1}{5}\left(\dfrac{1}{2}\right)^n u[n] - \dfrac{6}{5}(-2)^n u[-n-1]$；　(2) $y_{ss}[n] = 0$

7-20　(1) $H(z) = \dfrac{z}{z - \dfrac{1}{3}}$；　　　　　　(2) $x[n] = \left(\dfrac{1}{2}\right)^n u[n-1]$

7-21　(1) $H(e^{j\Omega}) = \dfrac{1}{1 - \dfrac{1}{2}e^{j\Omega}}$；　　　　　(2) $y[n] = \dfrac{4}{3}\cos(\pi n)$

7-22　(1) $H(z) = \dfrac{1}{1 - az^{-1}}, H(e^{j\Omega}) = \dfrac{1}{1 - ae^{-j\Omega}}$；　(2) $|a| < 1$；

　　　(3) $a = \dfrac{1}{2}$

7-23　(1) $H(e^{j\Omega}) = \dfrac{1}{1 - \dfrac{1}{4}e^{-j\Omega}}$，低通滤波器；

　　　(2) $y_{zi}[n] = \dfrac{1}{2}\left(\dfrac{1}{4}\right)^n u[n], y_{zs}[n] = \left[2\left(\dfrac{1}{2}\right)^n - \left(\dfrac{1}{4}\right)^n\right]u[n]$；

　　　(3) $y[n] = \left[6\left(\dfrac{1}{2}\right)^n - 2\left(\dfrac{1}{4}\right)^n\right]u[n]$；

　　　(4) $y_{ss}[n] = \left[\dfrac{8}{3} + \dfrac{4}{\sqrt{17 - 4\sqrt{2}}}\cos\left(\dfrac{\pi}{4}n + \arctan\dfrac{\sqrt{2}}{8 - \sqrt{2}}\right)\right]u[n]$

7-24　(1) $H(z) = \dfrac{z - \dfrac{K}{3}}{z + \dfrac{K}{2}}, |z| > \left|\dfrac{K}{2}\right|$；

　　　(2) $|K| < 2$；

　　　(3) $y[n] = \dfrac{2}{7}\left(\dfrac{2}{3}\right)^n u[n]$；

　　　(4) $y_{zi}[n] = \left(-\dfrac{1}{2}\right)^n u[n], y_{zs}[n] = \left[-\dfrac{2}{5}\left(-\dfrac{1}{2}\right)^n + \dfrac{2}{5}\left(\dfrac{1}{3}\right)^n\right]u[n]$

7-25　(1) $H(z) = \dfrac{1 - 3z^{-1}}{1 - \dfrac{5}{6}z^{-1} + \dfrac{1}{6}z^{-2}}, |z| > \dfrac{1}{2}$，系统稳定；

　　　(2) $y_{zs}[n] = \left[30\left(\dfrac{1}{2}\right)^n - 16\left(\dfrac{1}{3}\right)^n - 12\right]u[n], y_{ss}[n] = -12u[n]$；

　　　(3) $y[n] = -12$

7-26　(1) $a = \dfrac{1}{2}, y[n] + \dfrac{1}{4}y[n-1] - \dfrac{1}{8}y[n-2] = x[n] - \dfrac{1}{2}x[n-1]$；

（2）$H(\mathrm{e}^{\mathrm{j}\Omega}) = \dfrac{1-\dfrac{1}{2}\mathrm{e}^{-\mathrm{j}\Omega}}{1+\dfrac{1}{4}\mathrm{e}^{-\mathrm{j}\Omega}-\dfrac{1}{8}\mathrm{e}^{-2\mathrm{j}\Omega}}$，系统稳定；

（3）$y_{\mathrm{zi}}[n] = \left[\dfrac{2}{3}\left(-\dfrac{1}{2}\right)^{n}+\dfrac{1}{3}\left(\dfrac{1}{4}\right)^{n}\right]u[n],\ y_{\mathrm{zs}}[n] = \left[\dfrac{2}{3}\left(-\dfrac{1}{2}\right)^{n}+\dfrac{1}{3}\left(\dfrac{1}{4}\right)^{n}\right]u[n]$；

（4）$y[n] = \left[\dfrac{7}{3}\left(-\dfrac{1}{2}\right)^{n}+\dfrac{7}{6}\left(\dfrac{1}{4}\right)^{n}\right]u[n]$

7-27　（1）$H(z) = \dfrac{1-z^{-1}}{1-\dfrac{3}{4}z^{-1}+\dfrac{1}{8}z^{-2}},\ |z|>\dfrac{1}{2}$，系统稳定；

（2）$y_{\mathrm{zi}}[n] = \left(\dfrac{1}{2}\right)^{n}u[n],\ y_{\mathrm{zs}}[n] = \left[2\left(\dfrac{1}{2}\right)^{n}-\left(\dfrac{1}{4}\right)^{n}\right]u[n]$

7-28　（1）$|z|>2$，系统不稳定；

（2）$y[n]-5y[n-1]+8y[n-2]-4y[n-3] = x[n-2]$

7-29　（1）$|z|>\dfrac{\sqrt{2}}{2}$，系统稳定；

（2）$y[n]+\dfrac{3}{2}y[n-1]+y[n-2]+\dfrac{1}{4}y[n-3] = x[n-1]$

7-30　（1）$H(z) = \dfrac{1-z^{-1}}{1+\dfrac{3}{4}z^{-1}+\dfrac{1}{8}z^{-2}},\ h[n] = \left[6\left(-\dfrac{1}{2}\right)^{n}-5\left(-\dfrac{1}{4}\right)^{n}\right]u[n]$；

（2）$y[n]+\dfrac{3}{4}y[n-1]+\dfrac{1}{8}y[n-2] = x[n]-x[n-1]$；

（3）$y[n] = \left[2\left(-\dfrac{1}{2}\right)^{n}-\left(-\dfrac{1}{4}\right)^{n}\right]u[n]$

7-31　（1）$H(z) = \dfrac{z^{-1}}{1-\dfrac{5}{6}z^{-1}+\dfrac{1}{6}z^{-2}}$，系统稳定；

（2）$H(\mathrm{e}^{\mathrm{j}\Omega}) = \dfrac{\mathrm{e}^{-\mathrm{j}\Omega}}{1-\dfrac{5}{6}\mathrm{e}^{-\mathrm{j}\Omega}+\dfrac{1}{6}\mathrm{e}^{-2\mathrm{j}\Omega}}$，低通滤波；

（3）$y[n] = -\dfrac{1}{4}(-1)^{n}+\dfrac{3}{2}$

7-32　（1）$H(z) = \dfrac{1-\dfrac{3}{4}z^{-1}+\dfrac{1}{16}z^{-3}}{1-\dfrac{1}{12}z^{-1}-\dfrac{5}{24}z^{-2}+\dfrac{1}{24}z^{-3}}$，系统稳定；

（2）$y[n]-\dfrac{1}{12}y[n-1]-\dfrac{5}{24}y[n-2]+\dfrac{1}{24}y[n-3] = x[n]-\dfrac{3}{4}x[n-1]+\dfrac{1}{16}x[n-3]$；

（3）$H_{\mathrm{inv}}(z) = \dfrac{1-\dfrac{1}{12}z^{-1}-\dfrac{5}{24}z^{-2}+\dfrac{1}{24}z^{-3}}{1-\dfrac{3}{4}z^{-1}+\dfrac{1}{16}z^{-3}}$，因果逆系统稳定

第 8 章

8-1 $\dfrac{\mathrm{d}q_1(t)}{\mathrm{d}t}=-\dfrac{R}{L}q_1(t)+\dfrac{1}{L}x(t),y(t)=Rq_1(t)$

8-2 $\dfrac{\mathrm{d}q_1(t)}{\mathrm{d}t}=-\dfrac{1}{L}q_2(t)+\dfrac{1}{L}x(t),\dfrac{\mathrm{d}q_2(t)}{\mathrm{d}t}=\dfrac{1}{C}q_1(t),y(t)=q_2(t)$

8-3   (1) $\begin{bmatrix}\dot{q}_1\\\dot{q}_2\end{bmatrix}=\begin{bmatrix}0&1\\-1&-2\end{bmatrix}\begin{bmatrix}q_1\\q_2\end{bmatrix}+\begin{bmatrix}0\\1\end{bmatrix}x(t),y(t)=q_1(t)$;

      (2) $\begin{bmatrix}\dot{q}_1\\\dot{q}_2\end{bmatrix}=\begin{bmatrix}0&1\\-4&0\end{bmatrix}\begin{bmatrix}q_1\\q_2\end{bmatrix}+\begin{bmatrix}0\\1\end{bmatrix}x(t),y(t)=q_1(t)$

8-4 $\begin{bmatrix}\dot{q}_1\\\dot{q}_2\end{bmatrix}=\begin{bmatrix}0&1\\-3&-4\end{bmatrix}\begin{bmatrix}q_1\\q_2\end{bmatrix}+\begin{bmatrix}0\\1\end{bmatrix}x(t),y(t)=\begin{bmatrix}5&2\end{bmatrix}\begin{bmatrix}q_1\\q_2\end{bmatrix}+x(t)$

8-5 $\begin{bmatrix}\dot{q}_1\\\dot{q}_2\end{bmatrix}=\begin{bmatrix}0&1\\-6&-5\end{bmatrix}\begin{bmatrix}q_1\\q_2\end{bmatrix}+\begin{bmatrix}0\\1\end{bmatrix}x(t),y(t)=\begin{bmatrix}1&0\end{bmatrix}\begin{bmatrix}q_1\\q_2\end{bmatrix}$

8-6   (1) $\mathrm{e}^{At}=\begin{bmatrix}\mathrm{e}^{-2t}&\mathrm{e}^{-t}-\mathrm{e}^{-2t}\\0&\mathrm{e}^{-t}\end{bmatrix}$;   (2) $\mathrm{e}^{At}=\begin{bmatrix}\mathrm{e}^{-t}&0\\2t\mathrm{e}^{-t}&\mathrm{e}^{-t}\end{bmatrix}$;

      (3) $\mathrm{e}^{At}=\begin{bmatrix}\mathrm{e}^{t}&0&0\\0&\mathrm{e}^{2t}&0\\0&0&\mathrm{e}^{3t}\end{bmatrix}$

8-7 $\begin{bmatrix}\dfrac{\mathrm{e}^{-at}}{b-a}\\\dfrac{\mathrm{e}^{-bt}}{a-b}\end{bmatrix}$, $\begin{bmatrix}\dfrac{\mathrm{e}^{-at}-1}{a(a-b)}\\\dfrac{\mathrm{e}^{-bt}-1}{b(b-a)}\end{bmatrix}$

8-8 $\begin{bmatrix}q_1(t)\\q_2(t)\end{bmatrix}=\begin{bmatrix}0\\2\mathrm{e}^{2t}\end{bmatrix},t\geqslant0$

8-9 $q(t)=\begin{bmatrix}6\mathrm{e}^{-t}-4\mathrm{e}^{-2t}\\-3\mathrm{e}^{-t}+4\mathrm{e}^{-2t}\end{bmatrix}$

8-10 $q(t)=\begin{bmatrix}\mathrm{e}^{-t}-\mathrm{e}^{-3t}\\1-\dfrac{3}{4}\mathrm{e}^{-t}+\dfrac{1}{4}\mathrm{e}^{-3t}\end{bmatrix}$

8-11   (1) $\begin{bmatrix}q_1[n+1]\\q_2[n+1]\end{bmatrix}=\begin{bmatrix}0&1\\-5&-3\end{bmatrix}\begin{bmatrix}q_1[n]\\q_2[n]\end{bmatrix}+\begin{bmatrix}0\\1\end{bmatrix}x[n],y[n]=q_1[n]$;

       (2) $\begin{bmatrix}q_1[n+1]\\q_2[n+1]\\q_3[n+1]\end{bmatrix}=\begin{bmatrix}0&1&0\\0&0&1\\0&-1&2\sqrt{2}\end{bmatrix}\begin{bmatrix}q_1[n]\\q_2[n]\\q_3[n]\end{bmatrix}+\begin{bmatrix}0&0\\0&0\\1&1\end{bmatrix}\begin{bmatrix}x_1[n]\\x_2[n]\end{bmatrix},y[n]=q_1[n]$

8-12 $\begin{bmatrix}q_1[n+1]\\q_2[n+1]\\q_3[n+1]\end{bmatrix}=\begin{bmatrix}1&0&0\\0&2&0\\0&0&3\end{bmatrix}\begin{bmatrix}q_1[n]\\q_2[n]\\q_3[n]\end{bmatrix}+\begin{bmatrix}1\\1\\1\end{bmatrix}x[n]$

$$y[n]=\begin{bmatrix} 5 & 10 & 15 \end{bmatrix}\begin{bmatrix} q_1[n] \\ q_2[n] \\ q_3[n] \end{bmatrix}$$

8-13 (1) $\dfrac{1}{4}\begin{bmatrix} 3^n+3\,(-1)^n & 3^n-(-1)^n \\ 3^{n+1}-3\,(-1)^n & 3^{n+1}+(-1)^n \end{bmatrix}$; (2) $\begin{bmatrix} 2^{-n} & 0 \\ 2-2^{-n+1} & 1 \end{bmatrix}$

8-14 $\begin{bmatrix} \dot{w}_1 \\ \dot{w}_2 \end{bmatrix}=\begin{bmatrix} -2 & \dfrac{9}{2} \\ -6 & 10 \end{bmatrix}\begin{bmatrix} w_1 \\ w_2 \end{bmatrix}+\begin{bmatrix} \dfrac{5}{2} \\ 3 \end{bmatrix}x(t)$

8-15 (1) $\begin{bmatrix} 1 & 0 \\ 0 & 3 \end{bmatrix}$; (2) $\begin{bmatrix} 1 & 0 & 0 \\ 0 & 2 & 0 \\ 0 & 0 & 3 \end{bmatrix}$

附录 B 全真试卷

全真试卷一

一、单项选择题。

本大题共 10 小题，每小题 3 分，共 30 分。在每小题列出的四个选项中，只有一个是符合题目要求的，请将其代码填在题前的括号内。错选、多选或未选均不得分。

( ) 1. 积分 $\displaystyle\int_{-2}^{4} \mathrm{e}^t\delta(t-3)\mathrm{d}t$ 等于_____。

(A) 0 　　　　　　 (B) 1 　　　　　　 (C) e^3 　　　　　　 (D) e^{-3}

( ) 2. 如图 F-1 所示信号由两个冲激组成，其傅里叶变换是_____。

(A) $\dfrac{1}{2}\cos(\omega\tau)$ 　　 (B) $2\cos(\omega\tau)$ 　　 (C) $\dfrac{1}{2}\sin(\omega\tau)$ 　　 (D) $2\sin(\omega\tau)$

( ) 3. 若 $x_1(t)\overset{\text{FT}}{\longleftrightarrow}X_1(\mathrm{j}\omega)$，则 $X_2(\mathrm{j}\omega)=\dfrac{1}{2}X_1\left(\mathrm{j}\,\dfrac{\omega}{2}\right)\mathrm{e}^{-\frac{5}{2}\mathrm{j}\omega}$ 的原函数 $x_2(t)$ 等于_____。

(A) $x_1(2t+5)$ 　　　　　　　　　 (B) $x_1(2t-5)$

(C) $x_1(-2t+5)$ 　　　　　　　　 (D) $x_1(2(t-5))$

( ) 4. 已知信号 $x(t)=\begin{cases} 1, & |t|<1 \\ 0, & |t|>1 \end{cases}$ 的频谱 $X(\mathrm{j}\omega)=2\dfrac{\sin\omega}{\omega}$，则 $y(t)=\dfrac{\sin t}{t}$ 的频谱必定为_____。

(A) $Y(\mathrm{j}\omega)=\begin{cases} \pi, & |\omega|<1 \\ 0, & |\omega|>1 \end{cases}$ 　　　　 (B) $Y(\mathrm{j}\omega)=\begin{cases} 2\pi, & |\omega|<1 \\ 0, & |\omega|>1 \end{cases}$

(C) $Y(\mathrm{j}\omega)=\begin{cases} 1, & |\omega|<1 \\ 0, & |\omega|>1 \end{cases}$ 　　　　 (D) $Y(\mathrm{j}\omega)=\begin{cases} 2, & |\omega|<1 \\ 0, & |\omega|>1 \end{cases}$

( ) 5. 连续时间 LTI 系统的系统函数的零极点分布如图 F-2 所示，且已知 $g(0^+)=1$，则系统的单位阶跃响应为_____。

(A) $tu(t)$ 　　　 (B) $(1-t)u(t)$ 　　　 (C) $(1+t)u(t)$ 　　　 (D) $(1+2t)u(t)$

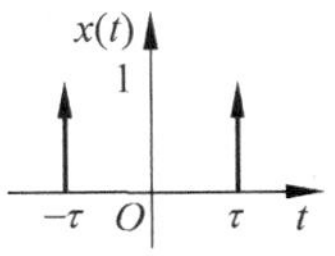

图　F-1

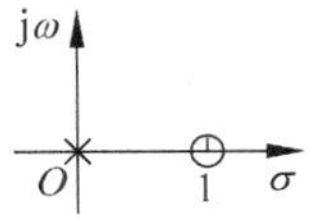

图　F-2

（　　）6. 离散信号 $x[n]$ 是指_____。

（A）n 的取值是连续的，而 $x[n]$ 的取值是任意的信号

（B）n 的取值是离散的，而 $x[n]$ 的取值是任意的信号

（C）n 的取值是连续的，而 $x[n]$ 的取值是连续的信号

（D）n 的取值是离散的，而 $x[n]$ 的取值是离散的信号

（　　）7. 单边 z 变换 $X(z)=\dfrac{1}{2z-1}$ 的原序列 $x[n]$ 等于_____。

（A）$\left(\dfrac{1}{2}\right)^{n}u[n]$ （B）$\left(\dfrac{1}{2}\right)^{n-1}u[n-1]$

（C）$\left(\dfrac{1}{2}\right)^{n-1}u[n]$ （D）$\left(\dfrac{1}{2}\right)^{n}u[n-1]$

（　　）8. 已知序列 $x[n]=\delta[n]+3\delta[n-1]+2\delta[n-2]$，则序列 $x[n-2]u[n-2]$ 的 z 变换为_____。

（A）$1+3z^{-1}+2z^{-2}$ （B）$z^{-2}+3z^{-3}+2z^{-4}+z^{-5}$

（C）$z^{-2}+3z^{-3}$ （D）$z^{-2}+3z^{-3}+2z^{-4}$

（　　）9. 下列有可能作为象函数 $X(z)=\dfrac{z^{2}}{(z-1)(z-2)}$ 收敛域的是_____。

（A）$|z|<2$ （B）$|z|>0$ （C）$1<|z|<2$ （D）$|z|>1$

（　　）10. 离散序列 $x_1[n]$ 和 $x_2[n]$ 分别如图 F-3(a)、(b)所示。设 $y[n]=x_1[n]*x_2[n]$，则 $y[2]$ 等于_____。

（A）-1 （B）0   （C）1   （D）3

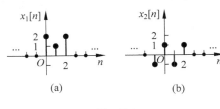

(a)   (b)

图　F-3

二、填空题。

本大题共 5 小题，每小题 4 分，共 20 分。不写解答过程，将正确的答案写在每小题的空格内。

（1）已知一连续时间 LTI 系统，当输入 $x(t)=(e^{-t}+e^{-3t})u(t)$ 时，其零状态响应是 $y(t)=(2e^{-t}-2e^{-4t})u(t)$，则该系统的频率响应为_____。

（2）信号 $x_1(t)$ 和 $x_2(t)$ 的波形分别如图 F-4(a)、(b)所示，所以 $x_2(t)$ 的频带宽度与

$x_1(t)$的频带宽度比较_____。

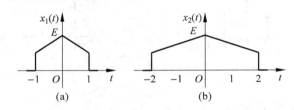

图 F-4

(3) 卷积$(6-e^{-at})*\delta(t)*u(t-1)$等于_____。

(4) 如果系统同时满足_____性和_____性,则称系统为线性系统。

(5) 一线性时不变系统的单位样值响应$h[n]$除在$N_0 \leqslant n \leqslant N_1$区间之外都为零,而输入$x[n]$除在$N_2 \leqslant n \leqslant N_3$区间之外均为零。这样,响应$y[n]$除在$N_4 \leqslant n \leqslant N_5$区间之外均限制为零。则$N_4$等于_____,$N_5$等于_____。

三、(10 分)已知线性时不变系统,在某起始状态下:

(1) 当输入$x_1(t)=u(t)$时,完全响应$y_1(t)=\dfrac{7}{2}e^{-3t}u(t)$;

(2) 当输入$x_2(t)=-\dfrac{1}{2}u(t)$时,完全响应$y_2(t)=\dfrac{1}{2}e^{-3t}u(t)$。

求该系统的阶跃响应和冲激响应。

四、(12 分)如图 F-5 所示为连续时间 LTI 系统,已知当输入为$x(t)=u(t)$时,系统的零状态响应为$y(t)=(1-2e^{-t}+2e^{-3t})u(t)$。

(1) 求框图中a、b的值;

(2) 求系统函数$H(s)$和单位冲激响应$h(t)$;

(3) 画出系统的零极点图。

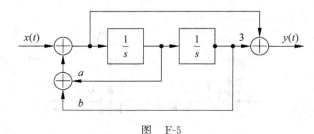

图 F-5

五、(16 分)已知$y[n]-\dfrac{7}{10}y[n-1]+\dfrac{1}{10}y[n-2]=x[n]$是某离散时间因果 LTI 系统的差分方程。

(1) 求该离散系统的系统函数$H(z)$及单位样值响应$h[n]$;

(2) 求该系统在输入为$x[n]=u[n]$时的零状态响应$y[n]$;

(3) 粗略画出该系统的幅频响应$|H(e^{j\Omega})|$。

六、(12 分)$H(z)=\dfrac{z(z+2)}{\left(z-\dfrac{4}{5}\right)\left(z-\dfrac{3}{5}\right)\left(z+\dfrac{2}{5}\right)}$是某离散时间因果 LTI 系统的系统

函数。

（1）画出系统的零极点图，说明稳定性；

（2）求出 $h[n]$；

（3）写出对应的差分方程。

全真试卷二

一、单项选择题。

本大题共 10 小题，每小题 3 分，共 30 分。在每小题列出的四个选项中只有一个是符合题目要求的，请将其代码填在题前的括号内。错选、多选或未选均不得分。

（　　）1. 积分 $\int_{0^-}^{t}(\tau-2)\delta(\tau)\mathrm{d}\tau$ 等于_____。

(A) $-2\delta(t)$ 　　　(B) $2\delta(t-2)$ 　　　(C) $u(t-2)$ 　　　(D) $-2u(t)$

（　　）2. 信号 $x_1(t)$ 和 $x_2(t)$ 的波形如图 F-6 所示，设 $y(t)=x_1(t)*x_2(t)$，则 $y(6)$ 等于_____。

(A) 2 　　　(B) 4 　　　(C) 6 　　　(D) 8

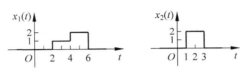

图　F-6

（　　）3. 信号 $x(t)=\mathrm{e}^{-2t}u(t)$ 的拉普拉斯变换及其收敛域为_____。

(A) $\dfrac{1}{s-2}$，$\mathrm{Re}(s)>2$ 　　　(B) $\dfrac{1}{s+2}$，$\mathrm{Re}(s)<-2$

(C) $\dfrac{1}{s-2}$，$\mathrm{Re}(s)<2$ 　　　(D) $\dfrac{1}{s+2}$，$\mathrm{Re}(s)>-2$

（　　）4. 若 $x(t)\overset{\text{FT}}{\longleftrightarrow}X(\mathrm{j}\omega)$，则信号 $x(2t-5)$ 的傅里叶变换为_____。

(A) $\dfrac{1}{2}X\left(\mathrm{j}\dfrac{\omega}{2}\right)\mathrm{e}^{-5\mathrm{j}\omega}$ 　　　(B) $\dfrac{1}{2}X\left(\mathrm{j}\dfrac{\omega}{2}\right)\mathrm{e}^{-\frac{5}{2}\mathrm{j}\omega}$

(C) $X\left(\mathrm{j}\dfrac{\omega}{2}\right)\mathrm{e}^{-5\mathrm{j}\omega}$ 　　　(D) $X\left(\mathrm{j}\dfrac{\omega}{2}\right)\mathrm{e}^{-\frac{5}{2}\mathrm{j}\omega}$

（　　）5. 单边拉氏变换 $X(s)=\dfrac{s\mathrm{e}^{-s}}{s^2+1}$ 的原函数为_____。

(A) $\sin(t-1)u(t)$ 　　　(B) $\sin(t-1)u(t-1)$

(C) $\cos(t-1)u(t)$ 　　　(D) $\cos(t-1)u(t-1)$

（　　）6. 某离散时间 LTI 系统的系统函数为 $H(z)$，唯一决定该系统单位样值响应 $h[n]$ 函数形式的是_____。

(A) $H(z)$ 的零点 　　　(B) $H(z)$ 的极点

(C) 系统的输入序列 　　　(D) 系统的输入序列与 $H(z)$ 的极点

（　　）7. 下列离散系统的表达式中，$y[n]$ 指系统的零状态响应：

① $H(z)=Y(z)/X(z)$ 　　　② $y[n]=x[n]*h[n]$

③ $H(z)=ZT\{h[n]\}$ ④ $y[n]=IZT\{H(z)X(z)\}$

正确的表达式为_____。

(A) ①②③④   (B) ①③   (C) ②④   (D) ④

( )8. 序列 $x[n]=2^{-n}u[n-1]$ 的单边 z 变换 $X(z)$ 等于_____。

    (A) $\dfrac{1}{2z-1}$ (B) $\dfrac{1}{2z+1}$ (C) $\dfrac{z}{2z-1}$ (D) $\dfrac{z}{2z+1}$

( )9. 卷积和 $u[n]*[\delta[n-2]-\delta[n-3]]$ 等于_____。

    (A) $\delta[n-3]$ (B) $\delta[n-2]$

    (C) $\delta[n-2]-\delta[n-3]$ (D) 1

( )10. 有限长序列 $x[n]=3\delta[n]+2\delta[n-1]+\delta[n-2]$ 经过一个单位样值响应为 $h[n]=4\delta[n]-2\delta[n-1]$ 的离散时间 LTI 系统,则系统的零状态响应为_____。

    (A) $12\delta[n]+2\delta[n-1]+\delta[n-2]+\delta[n-3]$

    (B) $12\delta[n]+2\delta[n-1]$

    (C) $12\delta[n]+2\delta[n-1]-2\delta[n-3]$

    (D) $12\delta[n]-\delta[n-1]-2\delta[n-3]$

二、填空题。

本大题共 5 小题,每小题 4 分,共 20 分。不写解答过程,将正确的答案填写在每小题的空格内。

(1) 在一个周期内绝对可积是周期信号存在傅里叶变换的_____条件。

(2) 某连续时间 LTI 系统的系统函数为 $H(s)=\dfrac{6s^2+4s+2}{s^3+2s^2+s+1}$,则该系统的微分方程为

_____。

(3) 卷积 $6\mathrm{e}^{-\frac{1}{2}t}u(t)*\dfrac{\mathrm{d}}{\mathrm{d}t}(\mathrm{e}^{-2t+1}\delta(t))$ 等于_____。

(4) 连续时间 LTI 系统函数 $H(s)$ 的零极点图如图 F-7 所示,且系统单位冲激响应的初值 $h(0^+)=3$,则系统函数 $H(s)=$

_____。

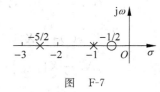

图 F-7

(5) $z=\mathrm{e}^{st}$ 建立了 s 平面与 z 平面之间的映射关系。因此,s 左半平面对应于 z 平面的_____,z 平面的单位圆对应于 s 平面的_____。

三、(10 分)如图 F-8(a)、(b)所示为单边带通信中的幅度调制与解调系统,已知输入 $x(t)$ 的频谱 $X(\mathrm{j}\omega)$ 和频率特性 $H_1(\mathrm{j}\omega)$、$H_2(\mathrm{j}\omega)$ 如图所示($\omega_c>2\omega_2$),试画出 $s(t)$ 和 $y(t)$ 的频谱图。

四、(12 分)已知信号 $x(t)$ 如图 F-9 所示。

(1) 求 $x(t)$ 的傅里叶变换;

(2) 求 $y_1(t)=x(t)*x(t)$ 的傅里叶变换;

(3) 求 $y_2(t)=x(t)\cos(10\pi t)$ 的频谱函数,并粗略画出其幅频曲线。

五、(12 分)某离散时间 LTI 系统的差分方程为 $y[n]-\dfrac{1}{3}y[n-1]=x[n]$。

(1) 求该系统的系统函数 $H(z)$ 及单位样值响应 $h[n]$;

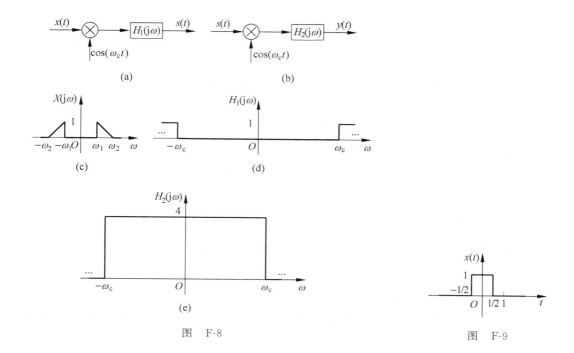

图　F-8

图　F-9

（2）若系统零状态响应为 $y_{zs}[n]=3\left[\left(\dfrac{1}{2}\right)^{n}-\left(\dfrac{1}{3}\right)^{n}\right]u[n]$，求系统的输入 $x[n]$。

六、（16 分）已知某离散时间因果 LTI 系统的差分方程为 $y[n]-\dfrac{2}{5}y[n-1]+\dfrac{13}{100}y[n-2]=x[n]+\dfrac{1}{5}x[n-1]$。

（1）画出系统的模拟框图；

（2）求单位样值响应 $h[n]$；

（3）画出系统的零极点图，判断系统的稳定性。

全真试卷三

一、单项选择题。

本大题共 10 小题，每小题 3 分，共 30 分。在每小题列出的四个选项中只有一个是符合题目要求的，请将其代码填在题前的括号内。错选、多选或未选均不得分。

（　　）1. 信号 $x(5-3t)$ 是＿＿＿＿＿＿＿。

　　（A）$x(3t)$ 右移 5　　　　　　　　　　　（B）$x(3t)$ 左移 $\dfrac{5}{3}$

　　（C）$x(-3t)$ 左移 5　　　　　　　　　　（D）$x(-3t)$ 右移 $\dfrac{5}{3}$

（　　）2. 积分式 $-\displaystyle\int_{-\infty}^{+\infty}\cos(3t)\delta(-t)\mathrm{d}t$ 等于＿＿＿＿＿＿＿。

　　（A）1　　　　　　　（B）0　　　　　　　（C）-1　　　　　　　（D）-2

（　　）3. 某连续时间 LTI 系统的微分方程为 $y'(t)+3y(t)=2x'(t)$，则系统的阶跃响应

$g(t)$为_____。

(A) $2e^{-3t}u(t)$　　　　(B) $\dfrac{1}{2}e^{-3t}u(t)$　　　　(C) $2e^{3t}u(t)$　　　　(D) $\dfrac{1}{2}e^{3t}u(t)$

(　　) 4. 已知 $X(j\omega)=\begin{cases} 1, & |\omega|<2 \\ 0, & |\omega|>2 \end{cases}$，则 $X(j\omega)$所对应的时间函数为_____。

(A) $\dfrac{\sin t}{\pi t}$　　　　(B) $\dfrac{\sin(2t)}{\pi t}$　　　　(C) $\dfrac{\sin t}{t}$　　　　(D) $\dfrac{\sin(2t)}{t}$

(　　) 5. 信号 $e^{-(2+5j)t}$的傅里叶变换为_____。

(A) $\dfrac{1}{2+j\omega}e^{5j\omega}$　　　　　　　　　　(B) $\dfrac{1}{5+j\omega}e^{-2j\omega}$

(C) $\dfrac{1}{2+j(\omega+5)}$　　　　　　　　　　(D) $\dfrac{1}{-2+j(\omega-5)}$

(　　) 6. 象函数 $X(s)=\dfrac{1}{s^2-3s+2}$（$\mathrm{Re}(s)>2$）的原函数为_____。

(A) $(e^{-2t}-e^{-t})u(t)$　　　　　　　　　　(B) $(e^{2t}-e^{t})u(t)$

(C) $(e^{-t}-e^{-2t})u(t)$　　　　　　　　　　(D) $(e^{t}-e^{2t})u(t)$

(　　) 7. 如果两个信号分别通过系统函数为 $H(j\omega)$的系统后，得到相同的响应，那么这两个信号_____。

(A) 一定相同　　　　(B) 一定不同　　　　(C) 只能为零　　　　(D) 可以不同

(　　) 8. 已知 $x_1[n]=\left(\dfrac{1}{2}\right)^n u[n]$，$x_2[n]=u[n]-u[n-3]$，令 $y[n]=x_1[n]*x_2[n]$，则当 $n=4$ 时，$y[n]$为_____。

(A) $\dfrac{5}{16}$　　　　(B) $\dfrac{7}{16}$　　　　(C) $\dfrac{5}{8}$　　　　(D) $\dfrac{7}{8}$

(　　) 9. 离散时间线性时不变系统的响应一般可分解为_____。

(A) 零状态响应和零输入响应　　　　(B) 各次谐波分量之和

(C) 强迫响应和特解　　　　(D) 齐次解和自由响应

(　　) 10. 若序列 $x[n]$的 z 变换为 $X(z)$，则 $\left(-\dfrac{1}{2}\right)^n x[n]$的 z 变换为_____。

(A) $2X(2z)$　　　　(B) $2X(-2z)$　　　　(C) $X(2z)$　　　　(D) $X(-2z)$

二、填空题。

本大题共 5 小题，每小题 4 分，共 20 分。不写解答过程，将正确的答案写在每小题的空格内。

(1) 非周期连续时间信号的傅里叶变换 $X(j\omega)$是连续频谱，因为每个频率成分的振幅_____，故要用频谱_____表示。

(2) 已知连续时间线性时不变系统的冲激响应为 $h(t)=(1-e^{-t})u(t)$，则其系统函数 $H(s)=$_____。

(3) 一连续时间线性时不变系统是稳定系统的充分且必要条件是系统函数的极点位于 s 平面的_____。

(4) 已知序列 $x[n]u[n]$的 z 变换为 $X(z)$，则 $x[n-n_0]u[n-n_0]$的 z 变换为_____。

(5) 信号 $x[n]=\delta[n]+2^{-n}u[n]$的 z 变换等于_____。

三、(12分)给定某系统的微分方程为$\dfrac{\mathrm{d}^2}{\mathrm{d}t^2}y(t)+3\dfrac{\mathrm{d}}{\mathrm{d}t}y(t)+2y(t)=\dfrac{\mathrm{d}}{\mathrm{d}t}x(t)+3x(t)$,起始状态为$y(0^-)=1,y'(0^-)=2$,试求当$x(t)=\mathrm{e}^{-3t}u(t)$时的完全响应$y(t)$。

四、(12分)已知周期信号$x(t)$如图F-10所示,求其傅里叶级数、幅度谱和相位谱。

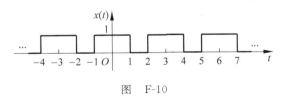

图　F-10

五、(12分)求$X(z)=\dfrac{1+z^{-1}+z^{-2}}{(1-z^{-1})(1-2z^{-1})}$所对应的左边序列$x_\mathrm{L}[n]$、右边序列$x_\mathrm{R}[n]$和双边序列$x_\mathrm{D}[n]$,并求右边序列的终值$x_\mathrm{R}(+\infty)$。

六、(14分)某离散时间因果LTI系统的差分方程为$y[n]+\dfrac{1}{5}y[n-1]-\dfrac{6}{25}y[n-2]=x[n]+x[n-1]$。

(1) 求系统函数$H(z)$;

(2) 指出该系统函数的零点、极点;

(3) 判断系统的稳定性;

(4) 求单位样值响应$h[n]$。

全真试卷四

一、单项选择题。

本大题共10小题,每小题3分,共30分。在每小题列出的四个选项中只有一个是符合题目要求的,请将其代码填在题前的括号内。错选、多选或未选均不得分。

(　　)1. 已知信号$x(t)$的波形如图F-11所示,则$x(t)$的表达式为_____。

(A) $2(t-1)u(t-1)$　　　　　　　(B) $(t-1)u(t-1)$

(C) $tu(t-1)$　　　　　　　　　(D) $tu(t)$

(　　)2. 积分$\displaystyle\int_{-\infty}^{t}\mathrm{e}^{-2\tau}\delta(\tau)\mathrm{d}\tau$等于_____。

(A) $\delta(t)+u(t)$　　(B) $u(t)$　　(C) $2u(t)$　　(D) $\delta(t)$

(　　)3. 已知某连续时间因果LTI系统,当输入$x(t)=\mathrm{e}^{-2t}u(t)$时的零状态响应$y_\mathrm{zs}(t)=\mathrm{e}^{-t}u(t)$,则系统的冲激响应$h(t)$的表达式为_____。

(A) $\delta(t)+\mathrm{e}^{t}u(t)$　　　　　　　(B) $\delta(t)+\mathrm{e}^{t}u(-t)$

(C) $\delta(t)+\mathrm{e}^{-t}u(t)$　　　　　　(D) $\delta(t)+\mathrm{e}^{-t}u(-t)$

(　　)4. 如图F-12所示的周期信号$x(t)$的傅里叶级数中所含的频率分量是_____。

(A) 余弦项的偶次谐波,含直流分量

(B) 余弦项的奇次谐波,无直流分量

(C) 正弦项的奇次谐波,无直流分量

(D) 正弦项的偶次谐波,含直流分量

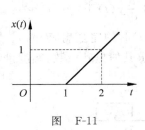

图 F-11

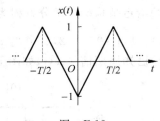

图 F-12

( ) 5. 设 $x(t) \overset{FT}{\longleftrightarrow} X(j\omega) = \dfrac{e^{-j\omega t_0}}{a+j\omega}$,则 $x(t)$ 为_____。

(A) $x(t) = e^{-a(t+t_0)} u(t)$ (B) $x(t) = e^{-a(t-t_0)} u(t+t_0)$

(C) $x(t) = e^{-a(t-t_0)} u(t-t_0)$ (D) $x(t) = e^{-a(t-t_0)} u(t)$

( ) 6. 若 $x(t) \overset{LT}{\longleftrightarrow} X(s)$,则 $x(3t-7)$ 的拉普拉斯变换为_____。

(A) $\dfrac{1}{3} X\left(\dfrac{s}{3}\right) e^{-\frac{7}{3}s}$ (B) $\dfrac{1}{3} X\left(\dfrac{s}{3}\right) e^{-7s}$

(C) $\dfrac{1}{3} X\left(\dfrac{s}{3}\right) e^{7s}$ (D) $\dfrac{1}{3} X\left(\dfrac{s}{3}\right) e^{\frac{7}{3}s}$

( ) 7. $x(t) = e^t u(t)$ 的拉氏变换为 $X(s) = \dfrac{1}{s-1}$,且收敛域为_____。

(A) $\mathrm{Re}(s) > 0$ (B) $\mathrm{Re}(s) < 0$ (C) $\mathrm{Re}(s) > 1$ (D) $\mathrm{Re}(s) < 1$

( ) 8. 某一离散时间因果稳定 LTI 系统的单位样值响应为 $h[n]$,下列_____是正确的。

(A) $\displaystyle\sum_{n=-\infty}^{+\infty} |h[n]| = +\infty$ (B) $h[n] = a, a \neq 0$

(C) $|h[n]| < +\infty$ (D) $h[n] = 0$

( ) 9. 单边 z 变换 $X(z) = \dfrac{1+z^{-1}}{1-z^{-1}}$ 的原函数 $x[n] = $_____。

(A) $\delta[n] + \delta[n-1]$ (B) $u[n] + u[n-1]$

(C) $u[n-1]$ (D) $u[n]$

( ) 10. 差分方程的齐次解为 $y_n[n] = C_1 n \left(\dfrac{1}{8}\right)^n + C_2 \left(\dfrac{5}{8}\right)^n$,特解为 $y_p[n] = \dfrac{3}{8} u[n]$,那么系统的稳态响应为_____。

(A) $y_n[n]$ (B) $y_n[n] + y_p[n]$ (C) $y_p[n]$ (D) $\dfrac{\mathrm{d} y_n[n]}{\mathrm{d} n}$

二、填空题。

本大题共 5 小题,每小题 4 分,共 20 分。不写解答过程,将正确的答案填写在每小题的空格内。

(1) 符号函数 $\mathrm{sgn}(2t-4)$ 的频谱函数为_____。

(2) 已知象函数 $X(s) = \dfrac{e^{-s}}{s(2s+1)}$,则原函数 $x(t)$ 为_____。

(3) 若已知 $x(t)$ 的拉氏变换 $X(s) = \dfrac{1}{s}(1-e^{-s})$,则 $y(t) = x(t) * x(t)$ 的拉氏变换 $Y(s) = $

_____。

(4) 卷积 $y[n] = 2^n u[n] * 3^n u[n]$ 等于 _____。

(5) $x[n] = \delta[n] + \left(-\dfrac{1}{4}\right)^n u[n]$ 的 z 变换为 _____。

三、(12分)已知某连续时间 LTI 系统的微分方程为 $\dfrac{\mathrm{d}^2}{\mathrm{d}t^2}y(t) + 5\dfrac{\mathrm{d}}{\mathrm{d}t}y(t) + 6y(t) = 2\dfrac{\mathrm{d}}{\mathrm{d}t}x(t) + x(t)$，起始状态为 $y(0^-) = 2, y'(0^-) = 2$，试求当 $x(t) = e^{-t}u(t)$ 时的零输入响应、零状态响应和全响应。

四、(12分)已知周期信号 $x(t)$ 如图 F-13 所示(周期为 2π)，求其傅立叶级数、幅度谱和相位谱。

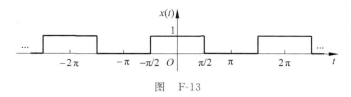

图　F-13

五、(12分)求 $X(z) = \dfrac{\dfrac{19}{2}z}{\left(z - \dfrac{1}{2}\right)(10 - z)}$ 所对应的左边序列 $x_L[n]$ 和右边序列 $x_R[n]$，并求右边序列的终值。

六、(14分)已知离散时间因果 LTI 系统的差分方程为 $y[n] - \dfrac{3}{4}y[n-1] + \dfrac{1}{8}y[n-2] = x[n]$。

(1) 求此系统的系统函数 $H(z)$、单位阶跃响应 $g[n]$；

(2) 画出系统函数 $H(z)$ 的零极点图，指出其收敛域；

(3) 粗略画出系统的幅频特性曲线。

全真试卷五

一、单项选择题。

本大题共 10 小题，每小题 3 分，共 30 分。在每小题列出的四个选项中只有一个是符合题目要求的，请将其代码填在题前的括号内。错选、多选或未选均不得分。

( )1. 已知信号 $x(t)$ 如图 F-14 所示，其表达式是 _____。

  (A) $u(t) + 2u(t-2) - u(t-3)$

  (B) $u(t-1) + u(t-2) - 2u(t-3)$

  (C) $u(t) + u(t-2) - 2u(t-3)$

  (D) $u(t-1) + u(t-2) - u(t-3)$

图　F-14

( )2. 积分式 $\displaystyle\int_{-\infty}^{+\infty}[\delta(t+\pi) + \delta(t-\pi)]\cos t\,\mathrm{d}t$ 的值为 _____。

  (A) 0   (B) 1   (C) 2   (D) -2

( ) 3. 某连续时间 LTI 系统的微分方程为 $y'(t)+3y(t)=x(t)$。已知 $y(0^+)=\dfrac{3}{2}$，$x(t)=$

$3u(t)$，则 $\dfrac{1}{2}e^{-3t}u(t)$ 为系统的_____。

(A) 零输入响应   (B) 零状态响应

(C) 自由响应   (D) 强迫响应

( ) 4. 已知 $x(t)\overset{FT}{\longleftrightarrow}X(j\omega)$，则 $x\left(\dfrac{t}{2}\right)$ 的傅里叶变换为_____。

(A) $-2X(j2\omega)$ (B) $2X(j2\omega)$ (C) $\dfrac{1}{2}X\left(\dfrac{j\omega}{2}\right)$ (D) $\dfrac{1}{2}X\left(-\dfrac{j\omega}{2}\right)$

( ) 5. 周期矩形脉冲的谱线间隔与_____有关。

(A) 脉冲幅度   (B) 脉冲宽度

(C) 脉冲周期   (D) 周期和脉冲宽度

( ) 6. 因果信号 $x(t)$ 的单边拉普拉斯变换 $X(s)=\dfrac{e^{-(s-2)}}{s+2}$，则原函数 $x(t)$ 为_____。

(A) $e^{-2t}u(t-1)$ (B) $e^{-2(t-2)}u(t-1)$

(C) $e^{-2t}u(t-2)$ (D) $e^{-2(t-1)}u(t-1)$

( ) 7. 已知连续时间线性时不变系统的系统函数 $H(s)=\dfrac{s+1}{s^2+5s+6}$，收敛域 $\mathrm{Re}(s)>$

-2，则该系统是_____。

(A) 因果不稳定系统   (B) 非因果稳定系统

(C) 因果稳定系统   (D) 非因果不稳定系统

( ) 8. 序列 $x_1[n]$ 和 $x_2[n]$ 的波形如图 F-15 所示，设 $x[n]=x_1[n]*x_2[n]$，则 $x[2]$ 等

于_____。

(A) 0   (B) 1   (C) 3   (D) 5

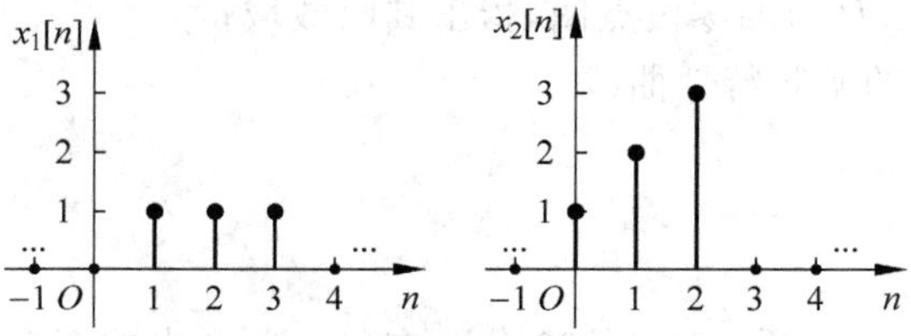

图 F-15

( ) 9. 离散时间线性时不变系统的单位样值响应 $h[n]$ 是_____。

(A) 输入为 $\delta[n]$ 的零状态响应   (B) 输入为 $u[n]$ 的响应

(C) 系统的自由响应   (D) 系统的强迫响应

( ) 10. $X(z)=\dfrac{1}{z-a}$ $(|z|>|a|)$ 的逆变换为_____。

(A) $a^n u[n]$ (B) $a^{n-1}u[n-1]$ (C) $a^{n-1}u[n]$ (D) $a^n u[n-1]$

二、填空题。

本大题共 5 小题，每小题 4 分，共 20 分。不写解答过程，将正确的答案填写在每小题的

空格内。

（1）利用图示方法计算卷积积分的过程可以归纳为反褶、_____、_____和积分。

（2）如图 F-16 所示周期脉冲信号的傅里叶级数的余弦项系数 a_n 为_____。

（3）某连续时间 LTI 系统的模拟框图如图 F-17 所示，起始状态为零，则描述该系统输入输出关系的 s 域方程为_____。

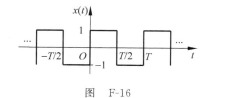

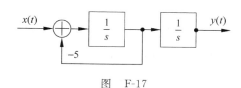

图　F-16　　　　　　　　　　　　图　F-17

（4）离散时间线性时不变系统的系统函数 $H(z)$ 的所有极点位于单位圆上，则对应的单位样值响应 $h[n]$ 为_____信号。

（5）有限长序列 $x[n]$ 的单边 z 变换为 $X(z)=1+z^{-1}+6z^{-2}+4z^{-3}$，若用单位样值信号表示该序列，则 $x[n]=$_____。

三、（12 分）描述连续时间因果 LTI 系统的微分方程为 $y''(t)+3y'(t)+2y(t)=x'(t)+4x(t)$，已知 $x(t)=u(t)$，$y(0^-)=1$，$y'(0^-)=2$，求系统的零输入响应 $y_{zi}(t)$ 和零状态响应 $y_{zs}(t)$。

四、（12 分）已知信号 $x(t)=(2-|t-1|)[u(t+1)-u(t-3)]$，记其傅里叶变换为 $X(j\omega)=|X(j\omega)|e^{j\varphi(\omega)}$，试求：

（1）$\varphi(\omega)$；　（2）$X(j0)$；　（3）$\int_{-\infty}^{+\infty}X(j\omega)d\omega$。

五、（12 分）已知离散时间 LTI 系统的单位样值响应 $h[n]=\alpha^n u[n]$，其中 $0<\alpha<1$，激励序列 $x[n]=\beta^n u[n]$，其中 $0<\beta<1$，且 $\beta\neq\alpha$，求系统的输出序列 $y[n]=x[n]*h[n]$。

六、（16 分）已知离散时间 LTI 系统差分方程表示式为 $y[n]+\dfrac{1}{4}y[n-1]=x[n]$

（1）求系统单位样值响应；

（2）若系统的零状态响应为 $y[n]=4\left[\left(\dfrac{1}{2}\right)^n-\left(\dfrac{1}{4}\right)^n\right]u[n]$，求激励信号 $x[n]$。

（3）画出系统函数 $H(z)$ 的零极点图及幅频特性曲线。

全真试卷六

一、单项选择题。

本大题共 10 小题，每小题 3 分，共 30 分。在每小题列出的四个选项中只有一个是符合题目要求的，请将其代码填在题前的括号内。错选、多选或未选均不得分。

（　）1. 如图 F-18 所示，$x(t)$ 为原始信号，$y(t)$ 为变换信号，$y(t)$ 的表达式是_____。

　　（A）$x(-t+1)$　　　　　　　　　（B）$x\left(-\dfrac{1}{2}t+1\right)$

　　（C）$x(-2t+1)$　　　　　　　　　（D）$x(t+1)$

（　）2. 下列各表达式中错误的是_____。

　　（A）$x(t)\delta(t)=x(0)\delta(t)$　　　　（B）$x(t)*\delta(t-t_0)=x(t-t_0)$

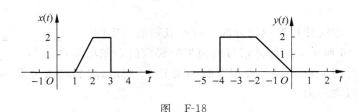

图 F-18

（C）$\int_{-\infty}^{+\infty} x(t-t_0)\delta(t)\mathrm{d}t = x(t_0)$ （D）$x(t-t_0)\delta(t-t_0)=x(0)\delta(t-t_0)$

（   ）3. 瞬态响应分量应是_____。

    （A）零输入响应的全部

    （B）零状态响应的全部

    （C）全部的零输入响应和部分的零状态响应

    （D）全部的零输入响应和全部的零状态的响应

（   ）4. 如图 F-19 所示信号 $x(t)$ 的傅里叶变换为_____。

    （A）$2\mathrm{Sa}(\omega)\sin(2\omega)$ （B）$4\mathrm{Sa}(\omega)\sin(2\omega)$

    （C）$2\mathrm{Sa}(\omega)\cos(2\omega)$ （D）$4\mathrm{Sa}(\omega)\cos(2\omega)$

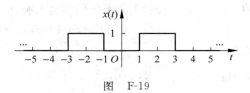

图 F-19

（   ）5. 若矩形脉冲信号的宽度加宽，则它的频谱带宽_____。

    （A）与脉冲宽度无关   （B）变窄

    （C）不变   （D）变宽

（   ）6. 某一连续时间因果线性时不变系统，其起始状态为零，当输入信号为 $u(t)$ 时，其输出 $y(t)$ 的拉氏变换为 $Y(s)$，当输入为 $u(t-1)-u(t-2)$ 时，响应 $y_1(t)$ 的拉氏变换 $Y_1(s)=$_____。

    （A）$(\mathrm{e}^{-s}-\mathrm{e}^{-2s})Y(s)$ （B）$Y(s-1)-Y(s-2)$

    （C）$\left(\dfrac{1}{s-1}-\dfrac{1}{s-2}\right)Y(s)$ （D）$Y(s)\dfrac{(\mathrm{e}^{-s}-\mathrm{e}^{-2s})}{s}$

（   ）7. 已知象函数 $X(s)=\dfrac{4}{s(2s+3)}$，且 $\mathrm{Re}(s)>0$，则原函数 $x(t)=$_____。

    （A）$\dfrac{4}{3}(1-\mathrm{e}^{\frac{3}{2}t})u(t)$ （B）$\dfrac{4}{3}(1-\mathrm{e}^{-\frac{3}{2}t})u(t)$

    （C）$\dfrac{4}{3}(1+\mathrm{e}^{\frac{3}{2}t})u(t)$ （D）$\dfrac{4}{3}(1+\mathrm{e}^{-\frac{3}{2}t})u(t)$

（   ）8. 已知离散时间 LTI 系统的单位样值响应 $h[n]=\delta[n-2]$，激励 $x[n]=nu[n]$，则系统的零状态响应为_____。

    （A）$(n-2)u[n-2]$ （B）$nu[n-2]$ （C）$(n-2)u[n]$ （D）$nu[n]$

（　　）9. 序列 $x[n]=\delta[n]-\dfrac{1}{8}\delta[n-3]$ 的 z 变换为_____。

(A) $1-\dfrac{1}{8}z^3$ 　　(B) $1-\dfrac{1}{2}z^3$ 　　(C) $1-\dfrac{1}{2}z^{-3}$ 　　(D) $1-\dfrac{1}{8}z^{-3}$

（　　）10. 已知离散时间 LTI 系统的单位样值响应 $h[n]$ 和系统输入 $x[n]$ 如图 F-20 所示，$x[n]$ 作用于系统引起的零状态响应为 $y_{zs}[n]$，那么 $y_{zs}[n]$ 序列不为零的点数为_____。

(A) 3 个 　　(B) 4 个 　　(C) 5 个 　　(D) 6 个

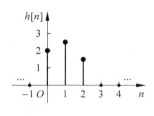 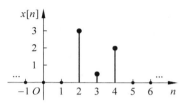

图　F-20

二、填空题。

本大题共 5 小题，每小题 4 分，共 20 分。不写解答过程，将正确的答案填写在每小题的空格内。

(1) 已知一线性时不变系统，当激励信号为 $x(t)$ 时，其完全响应为 $(3\sin t-2\cos t)u(t)$；当激励信号为 $2x(t)$ 时，其完全响应为 $(5\sin t+\cos t)u(t)$，则当激励信号为 $3x(t)$ 时，其完全响应为_____。

(2) 频谱函数 $X(j\omega)=\delta(\omega-2)+\delta(\omega+2)$ 的傅里叶逆变换 $x(t)=$_____。

(3) $H(s)$ 的零点和极点中仅_____决定了 $h(t)$ 的函数形式。

(4) 已知信号 $x[n]$ 的单边 z 变换为 $X(z)$，则信号 $\left(\dfrac{1}{2}\right)^n x[n-2]u[n-2]$ 的单边 z 变换等于_____。

(5) 若某离散时间 LTI 系统的差分方程为 $y[n]-3y[n-1]+2y[n-2]=x[n-3]$，则其系统函数 $H(z)=$_____。

三、（12 分）描述某连续时间 LTI 系统的方程为 $y''(t)+5y'(t)+6y(t)=7x'(t)+17x(t)$，已知 $y(0^-)=1,y'(0^-)=2,x(t)=e^{-t}u(t)$，求系统的零输入响应 $y_{zi}(t)$ 和零状态响应 $y_{zs}(t)$。

四、（10 分）求半波正弦脉冲 $x(t)=\sin\left(\dfrac{2\pi t}{T}\right)\left[u(t)-u\left(t-\dfrac{T}{2}\right)\right]$ 及其二阶导数 $\dfrac{\mathrm{d}^2}{\mathrm{d}t^2}x(t)$ 的傅里叶变换。

五、（12 分）求下列三种收敛域情况下 $X(z)=\dfrac{-5z}{3z^2-7z+2}$ 的 z 逆变换 $x[n]$：

(1) $|z|>2$；　(2) $\dfrac{1}{3}<|z|<2$；　(3) $|z|<\dfrac{1}{3}$。

六、（16 分）离散时间 LTI 系统的差分方程为 $y[n]-\dfrac{1}{6}y[n-1]-\dfrac{1}{6}y[n-2]=x[n]$，

已知 $y[-1]=0$，$y[-2]=\dfrac{1}{2}$，$x[n]=2u[n]$。

(1) 求 $H(z)$ 和 $h[n]$；

(2) 求零输入响应和零状态响应；

(3) 画出系统框图；

(4) 粗略画出该系统的幅频特性曲线。

全真试卷七

一、单项选择题。

本大题共 10 小题，每小题 3 分，共 30 分。在每小题列出的四个选项中只有一个是符合题目要求的，请将其代码填在题前的括号内。错选、多选或未选均不得分。

( ) 1. 已知 $x(t)$ 的波形如图 F-21 所示，则 $x(5-2t)$ 的波形为_____。

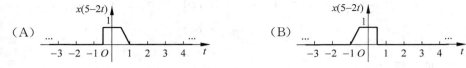
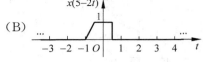
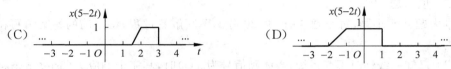
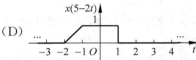

( ) 2. 积分式 $\displaystyle\int_{-4}^{4}(t^2+3t+2)[\delta(t)+2\delta(t-2)]\mathrm{d}t$ 的值为_____。

(A) 14   (B) 24   (C) 26   (D) 28

( ) 3. 对于有限时间区间上连续时间信号，其频谱分布是_____。

(A) 有限的连续区间   (B) 无限的连续区间

(C) 有限的离散区间   (D) 无限的离散区间

( ) 4. 系统结构框图如图 F-22 所示，则系统的单位冲激响应 $h(t)$ 满足方程式_____。

(A) $\dfrac{\mathrm{d}y(t)}{\mathrm{d}t}+y(t)=x(t)$ (B) $h(t)=x(t)-y(t)$

(C) $\dfrac{\mathrm{d}h(t)}{\mathrm{d}t}+h(t)=\delta(t)$ (D) $h(t)=\delta(t)-y(t)$

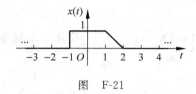

图 F-21

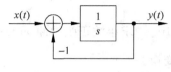

图 F-22

( ) 5. 如图 F-23(a) 所示信号 $f(t)$ 的傅里叶变换 $F(\mathrm{j}\omega)=R(\omega)+\mathrm{j}X(\omega)$，则如图 F-23(b) 所示信号 $y(t)$ 的傅里叶变换 $Y(\mathrm{j}\omega)$ 为_____。

(A) $\dfrac{1}{2}R(\omega)$ (B) $2R(\omega)$ (C) $\mathrm{j}X(\omega)$ (D) $R(\omega)$

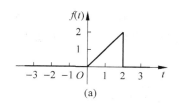 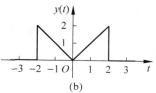

图　F-23

（　　）6. 信号 $x(t)=\mathrm{e}^{-(t-2)}u(t-2)-\mathrm{e}^{-(t-3)}u(t-3)$ 的拉氏变换 $X(s)$ 为 _____。

(A) $\dfrac{\mathrm{e}^{-2s}-\mathrm{e}^{-3s}}{s+1}$　　　　　　　　　(B) $\dfrac{\mathrm{e}^{-2s}-\mathrm{e}^{-3s}}{(s-1)(s+1)}$

(C) $\dfrac{\mathrm{e}^{-2s}-\mathrm{e}^{-3s}}{s-1}$　　　　　　　　　(D) 0

（　　）7. 单边拉普拉斯变换 $X(s)=1+s$ 的原函数 $x(t)=$ _____。

(A) $\mathrm{e}^{-t}u(t)$　　　(B) $(1+\mathrm{e}^{-t})u(t)$　　　(C) $(t+1)u(t)$　　　(D) $\delta(t)+\delta'(t)$

（　　）8. 序列 $x[n]=2^{-n}u[n-1]$ 的单边 z 变换 $X(z)$ 等于 _____。

(A) $\dfrac{1}{2z-1}$　　　(B) $\dfrac{1}{2z+1}$　　　(C) $\dfrac{z}{2z-1}$　　　(D) $\dfrac{z}{2z+1}$

（　　）9. 已知 $X(z)=\dfrac{z^2}{z^2-\dfrac{3}{2}z+\dfrac{1}{2}}$ $(|z|>1)$，则 $x[n]=$ _____。

(A) $2-\left(\dfrac{1}{2}\right)^n$　　　　　　　　　(B) $\left(2-\left(\dfrac{1}{2}\right)^n\right)u[n]$

(C) $\left(\dfrac{1}{2}\right)^n$　　　　　　　　　(D) $\left(\dfrac{1}{2}\right)^n u[n]$

（　　）10. 序列 $x[n]$ 作用于一离散时间线性时不变系统，所得自由响应为 $y_1[n]$，强迫响应为 $y_2[n]$，零状态响应为 $y_3[n]$，零输入响应为 $y_4[n]$。则该系统的系数函数 $H(z)$ 为 _____。

(A) $\dfrac{\mathrm{ZT}\{y_1[n]\}}{\mathrm{ZT}\{x[n]\}}$　　(B) $\dfrac{\mathrm{ZT}\{y_2[n]\}}{\mathrm{ZT}\{x[n]\}}$　　(C) $\dfrac{\mathrm{ZT}\{y_3[n]\}}{\mathrm{ZT}\{x[n]\}}$　　(D) $\dfrac{\mathrm{ZT}\{y_4[n]\}}{\mathrm{ZT}\{x[n]\}}$

二、填空题。

本大题共 5 小题，每小题 4 分，共 20 分。不写解答过程，将正确的答案填写在每小题的空格内。

（1）卷积式 $[\mathrm{e}^{-2t}u(t)]*u(t)=$ _____。

（2）已知 $x(t)\overset{\mathrm{FT}}{\longleftrightarrow}X(\mathrm{j}\omega)$，则如图 F-24 所示波形的 $X(\mathrm{j}0)$ 为 _____。

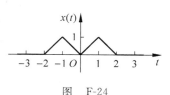

图　F-24

（3）某一连续时间线性时不变系统对任一输入信号 $x(t)$ 的零状态响应为 $x(t-t_0)$，$t_0>0$，则该系统函数 $H(s)=$ _____。

（4）使 $X(z)=\displaystyle\sum_{n=0}^{+\infty}x[n]z^{-n}$ 收敛的 z 取值范围称为 _____。

（5）已知因果序列 $x[n]$ 的 z 变换 $X(z)=\dfrac{z(z+1)}{(z^2-1)\left(z+\dfrac{1}{2}\right)}$，则其终值 $x[+\infty]=$ _____。

三、(12分) 已知信号 $x(t)$ 的频谱 $X(j\omega)$ 如图 F-25(a) 所示,若此信号通过如图 F-25(b) 所示系统,绘出 A、B、C、D 各点信号的频谱的图形,设理想滤波器截止频率均为 ω_0,通带内传输值为 1,相移为零,且 $\omega_0 \gg \omega_c$。

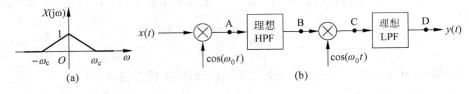

图　F-25

四、(14分)已知连续时间因果 LTI 系统的微分方程为 $\dfrac{d^2}{dt^2}y(t) + 2\dfrac{d}{dt}y(t) + 10y(t) = \dfrac{d}{dt}x(t) + x(t)$,求:

(1) 求系统函数 $H(s)$ 和单位冲激响应 $h(t)$;

(2) 作出 s 平面零极点图,粗略绘出系统幅频特性曲线。

五、(12分)求下列三种收敛域情况下 $X(z) = \dfrac{-7z}{2z^2 - 9z + 4}$ 的逆 z 变换 $x[n]$:

(1) $|z| > 4$;　(2) $\dfrac{1}{2} < |z| < 4$;　(3) $|z| < \dfrac{1}{2}$。

六、(12分)已知离散时间因果 LTI 系统的差分方程 $y[n] + \dfrac{9}{20}y[n-1] + \dfrac{1}{20}y[n-2] = x[n]$。

(1) 求系统函数 $H(z)$;

(2) 判断系统的稳定性;

(3) 求系统的单位样值响应。

全真试卷八

一、单项选择题。

本大题共 10 小题,每小题 3 分,共 30 分。在每小题列出的四个选项中只有一个是符合题目要求的,请将其代码填在题前的括号内。错选、多选或未选均不得分。

(　) 1. 下列等式不成立的是_____。

(A) $x(t)\delta'(t) = x(0)\delta'(t)$ 　　　　　(B) $x(t)\delta(t) = x(0)\delta(t)$

(C) $x(t) * \delta'(t) = x'(t)$ 　　　　　　(D) $x(t) * \delta(t) = x(t)$

(　) 2. 零输入响应是_____。

(A) 全部自由响应 　　　　　　　　　(B) 部分自由响应

(C) 部分零状态响应 　　　　　　　　(D) 全响应与强迫响应之差

(　) 3. $\dfrac{d}{dt}[e^{-t}u(t)] = $_____。

(A) $-e^{-t}u(t) + \delta(t)$ 　　　　　　(B) $-e^{-t}u(t) - \delta(t)$

(C) $-e^{-t}u(t)$ 　　　　　　　　　(D) $\delta(t)$

（　　）4. 已知傅里叶变换对 $g_\tau(t) \overset{FT}{\longleftrightarrow} G_\tau(j\omega) = \tau Sa\left(\dfrac{\omega\tau}{2}\right)$，则 $x(t) = g_2(t-1)$ 的傅里叶变换

$X(j\omega)$ 为_____。

(A) $X(j\omega) = Sa(\omega) e^{j\omega}$ (B) $X(j\omega) = Sa(\omega) e^{-j\omega}$

(C) $X(j\omega) = 2Sa(\omega) e^{j\omega}$ (D) $X(j\omega) = 2Sa(\omega) e^{-j\omega}$

（　　）5. 有一连续时间因果 LTI 系统，其频率响应 $H(j\omega) = \dfrac{1}{j\omega+2}$，对于某一输入 $x(t)$ 所

得输出信号的傅里叶变换为 $Y(j\omega) = \dfrac{1}{(j\omega+2)(j\omega+3)}$，则该输入 $x(t)$ 为_____。

(A) $-e^{-3t}u(t)$　　(B) $e^{-3t}u(t)$　　(C) $-e^{3t}u(t)$　　(D) $e^{3t}u(t)$

（　　）6. 已知信号 $x(t)u(t)$ 的拉氏变换为 $X(s)$，则信号 $x(at-b)u(at-b)$（其中 $a>0, b>0$）的拉氏变换为_____。

(A) $\dfrac{1}{a}X\left(\dfrac{s}{a}\right)e^{-\frac{b}{a}s}$ (B) $\dfrac{1}{a}X\left(\dfrac{s}{a}\right)e^{-bs}$

(C) $\dfrac{1}{a}X\left(\dfrac{s}{a}\right)e^{\frac{b}{a}s}$ (D) $\dfrac{1}{a}X\left(\dfrac{s}{a}\right)e^{bs}$

（　　）7. 已知某一连续时间线性时不变系统对信号 $x(t)$ 的零状态响应为 $4\dfrac{d}{dt}x(t-2)$，则

该系统函数 $H(s) =$_____。

(A) $4X(s) \cdot e^{-2s}$ (B) $4s \cdot e^{-2s}$ (C) $\dfrac{4e^{-2s}}{s}$ (D) $4X(s)$

（　　）8. 已知 $x[n]$ 如图 F-26 所示，则 $y[n] = x[n] * x[n]$ 为_____。

(A) $\{1,1,1\}$ (B) $\{2,2,2\}$

(C) $\{1,2,2,2,1\}$ (D) $\{1,2,3,2,1\}$

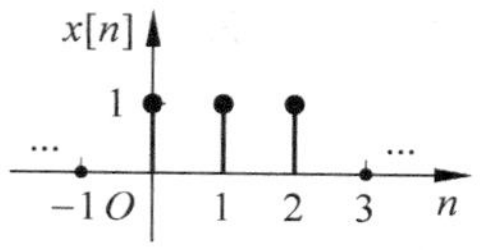

（　　）9. 已知某离散时间 LTI 系统的响应 $y[n] = (-2)^{-n}u[n] + \delta[n] + u[n]$，其稳态响应分量为_____。

(A) $(-2)^{-n}u[n]$ (B) $\delta[n]$ (C) $\delta[n] + u[n]$ (D) $u[n]$

図 F-26

（　　）10. 序列和 $\sum\limits_{n=-\infty}^{+\infty} \sin\left(\dfrac{\pi}{4}n\right)\delta[n-2]$ 等于_____。

(A) $\delta[n-2]$ (B) $u[n-2]$ (C) $u[n]$ (D) 1

二、填空题。

本大题共 5 小题，每小题 4 分，共 20 分。不写解答过程，将正确的答案写在每小题的空格内。

(1) 已知 $x_1(t) = \delta(t-t_0)$，$x_2(t)$ 的频谱为 $\pi[\delta(\omega+\omega_0) + \delta(\omega-\omega_0)]$，且 $y(t) = x_1(t) * x_2(t)$，那么 $y(t_0) =$_____。

(2) 如果一连续时间线性时不变系统的输入为 $x(t)$，零状态响应为 $y_{zs}(t) = 2x(t-t_0)$，则该系统的单位冲激响应 $h(t)$ 为_____。

(3) 象函数 $X(s) = \dfrac{1-e^{-s\tau}}{s^2+1}$ 的拉普拉斯逆变换 $x(t)$ 为_____。

(4) 单位样值响应 $h[n]$ 是指离散时间线性时不变系统的激励为 $\delta[n]$ 时系统的_____。

(5) 卷积 $y[n]=u[n]*u[n]$ 的 z 变换为_____。

三、(10分)图 F-27 中,$\cos(\omega_0 t)$ 是自激振荡器,理想低通滤波器 $H_1(j\omega)$ 为 $H_1(j\omega)=[u(\omega+2\Omega)-u(\omega-2\Omega)]e^{-j\omega t_0}$ 且 $\omega_0 \gg \Omega$,求:

(1) 虚框中系统的冲激响应 $h(t)$;

(2) 当输入 $x(t)$ 为 $\left(\dfrac{\sin(\Omega t)}{\Omega t}\right)^2 \cos(\omega_0 t)$ 时,求输出 $y(t)$。

四、(15分)连续时间因果 LTI 系统如图 F-28 所示。

(1) 试确定 a 与 b 的值,使系统函数 $H(s)=\dfrac{s}{(s+2)(s+3)}$;

(2) 设 $a=2$,欲使系统稳定,求 b 的取值范围;

(3) 若系统函数 $H(s)=\dfrac{s}{(s+2)(s+3)}$,求系统的单位阶跃响应。

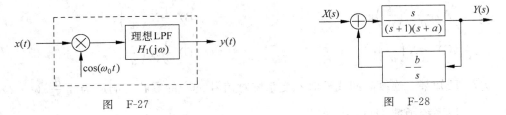

图 F-27　　　　　　　　　　图 F-28

五、(10分)求 $X(z)=\dfrac{1+z^{-1}+z^{-2}}{(1-z^{-1})(1-2z^{-1})}$ 所对应的左边序列 $x_L[n]$ 和右边序列 $x_R[n]$,并求右边序列的终值 $x_R(+\infty)$。

六、(15分)已知某离散时间因果 LTI 系统的差分方程为 $y[n]+\dfrac{3}{4}y[n-1]+\dfrac{1}{8}y[n-2]=x[n]-\dfrac{1}{2}x[n-1]$。

(1) 求系统函数 $H(z)$ 和单位样值响应 $h[n]$;

(2) 判断系统的稳定性;

(3) 若 $x[n]=10u[n]$,求系统的零状态响应 $y_{zs}[n]$。

全真试卷九

一、单项选择题。

本大题共 10 小题,每小题 3 分,共 30 分。在每小题列出的四个选项中只有一个是符合题目要求的,请将其代码填在题前的括号内。错选、多选或未选均不得分。

( )1. 已知信号 $x(t)$ 如图 F-29 所示,则 $x(-2t-2)$ 为图_____。

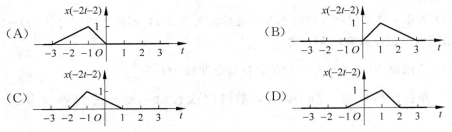

（　　）2. 卷积 $\delta(t) * x(t) * \delta(t)$ 的结果为_____。

(A) $\delta(t)$　　　　　(B) $\delta^2(t)$　　　　　(C) $x(t)$　　　　　(D) $x^2(t)$

（　　）3. 图 F-30 中 $x(t)$ 是周期为 T 的周期信号，$x(t)$ 的三角函数形式的傅里叶级数系数的特点是_____。

(A) 既有正弦项和余弦项，又有直流项

(B) 既有正弦项又有余弦项

(C) 仅有正弦项

(D) 仅有余弦项

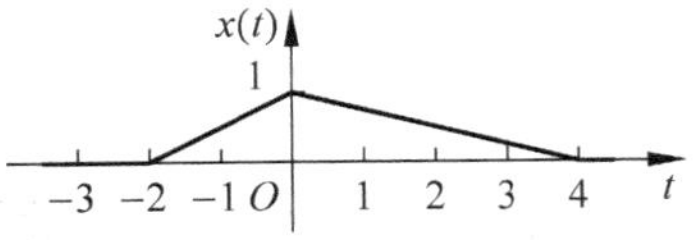

图　F-29 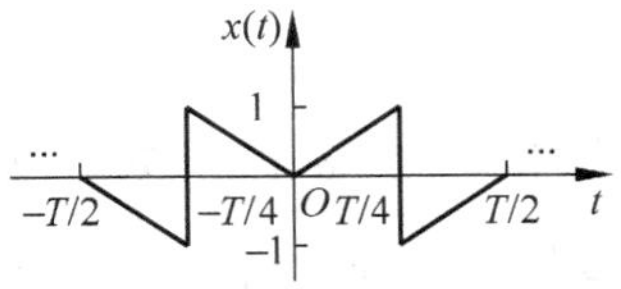　　　　　　　　　　　图　F-30

（　　）4. 已知信号 $x(t)$ 的傅里叶变换 $X(j\omega)=\delta(\omega-\omega_0)$，则 $x(t)$ 为_____。

(A) $\frac{1}{2\pi}e^{j\omega_0 t}u(t)$　　　　　　　　(B) $\frac{1}{2\pi}e^{-j\omega_0 t}u(t)$

(C) $\frac{1}{2\pi}e^{j\omega_0 t}$　　　　　　　　　(D) $\frac{1}{2\pi}e^{-j\omega_0 t}$

（　　）5. 单边拉氏变换 $X(s)=\dfrac{e^{-(s+2)}}{s+2}$ 的原函数 $x(t)$ 等于_____。

(A) $e^{-2t}u(t-1)$　　　　　　　(B) $e^{-2(t-1)}u(t-1)$

(C) $e^{-2t}u(t-2)$　　　　　　　(D) $e^{-2(t-2)}u(t-2)$

（　　）6. 下列表达式中可以是系统函数 $H(s)$ 的表达式为_____。

(A) $\dfrac{e^{-st}}{s^2+3s+1}$　　　　　　　(B) $\dfrac{t}{(s+1)^2}$

(C) $\dfrac{e^{-sT}}{4s(s^2+1)}$　　　　　　　(D) $3e^{-2t}u(t-2)$

（　　）7. $x(t)=e^{2t}u(t)$ 的拉氏变换及收敛域为_____。

(A) $\dfrac{1}{s+2}$，$Re(s)>-2$　　　　　(B) $\dfrac{1}{s+2}$，$Re(s)<-2$

(C) $\dfrac{1}{s-2}$，$Re(s)>2$　　　　　(D) $\dfrac{1}{s-2}$，$Re(s)<2$

（　　）8. 差分方程 $y[n+2]+5y[n+1]+6y[n]=x[n+1]+4x[n]$ 描述的离散时间系统是：①线性的；②因果的；③时不变的；④一阶的。这些说法中有_____是正确的。

(A) 一个　　　　　(B) 二个　　　　　(C) 三个　　　　　(D) 四个

（　　）9. 卷积和 $u[n] * [\delta[n-2]-\delta[n-3]]$ 等于_____。

(A) $\delta[n-3]$　　　　　　　　(B) $\delta[n-2]$

(C) $\delta[n-2]-\delta[n-3]$　　　　　(D) 1

( ) 10. z 变换的尺度变换性质是指：若 $x[n] \overset{ZT}{\longleftrightarrow} X(z)$，$|z| > \rho_0$，则 $a^n x[n] \overset{ZT}{\longleftrightarrow} X\left(\dfrac{z}{a}\right)$。

因此后者的收敛域_____。

(A) 与前者相同　　　　　　　(B) 一定会增大

(C) 一定会缩小　　　　　　　(D) 以上三种结论都不确切

二、填空题。

本大题共 5 小题,每小题 4 分,共 20 分。不写解答过程,将正确的答案填写在每小题的空格内。

(1) 如果一连续时间线性时不变系统的单位冲激响应为 $h(t)$，则该系统的阶跃响应 $g(t)$ 为_____。

(2) 积分 $\displaystyle\int_{-\infty}^{+\infty} \mathrm{e}^{-\mathrm{j}\omega t}[\delta(t) - \delta(t - t_0)]\mathrm{d}t = $ _____。

(3) 两离散时间线性时不变系统分别为 S_1 和 S_2，起始状态均为零。将激励信号 $x[n]$ 先通过 S_1 再通过 S_2，得到响应 $y_1[n]$；将激励信号 $x[n]$ 先通过 S_2 再通过 S_1，得到响应 $y_2[n]$。则 $y_1[n]$ 与 $y_2[n]$ 的关系为_____。

(4) 在如图 F-31 所示系统中,输入序列为 $x[n]$，输出序列为 $y[n]$，各子系统的单位样值响应分别为 $h_1[n] = \delta[n-1]$，$h_2[n] = \delta[n+1]$，则系统的单位样值响应 $h[n] = $ _____。

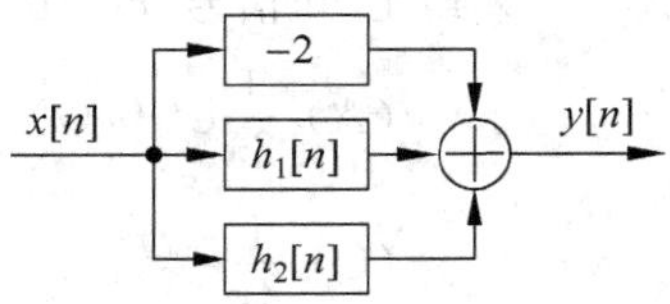

(5) 离散时间 LTI 系统的单位阶跃响应的 z 变换 $G(z) = \dfrac{z^2 + 1}{(z+1)(z-1)^2}$，则该系统的系统函数 $H(z) = $ _____。

图　F-31

三、(10 分)画出图 F-32 中系统输出 $y(t)$ 的频谱函数 $Y(\mathrm{j}\omega)$。

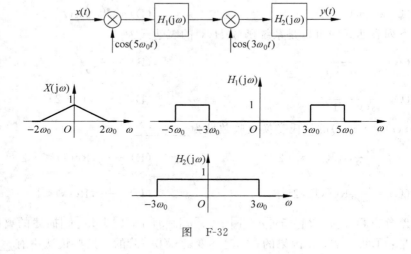

图　F-32

四、(14 分)已知某连续时间因果稳定 LTI 系统的的系统函数为 $H(s) = \dfrac{s+1}{s^2 + 5s + 6}$。

(1) 求系统的单位冲激响应 $h(t)$；

(2) 画出系统的零极点图；

(3) 粗略画出系统的幅频特性曲线。

(4) 若有输入信号 $x(t)=2\sin t$，求系统的稳态响应。

五、(10 分)已知离散时间 LTI 系统的差分方程为 $y[n]-y[n-1]-2y[n-2]=x[n]+2x[n-2]$，起始状态为 $y[-1]=2$，$y[-2]=-\dfrac{1}{2}$，激励为 $x[n]=u[n]$。求系统的零输入响应和零状态响应。

六、(16 分)已知离散时间 LTI 系统差分方程为 $y[n]-\dfrac{3}{4}y[n-1]+\dfrac{1}{8}y[n-2]=x[n]-\dfrac{1}{3}x[n-1]$，请：

(1) 求系统函数和单位样值响应；

(2) 画出系统函数的零极点图；

(3) 粗略画出系统的幅频特性曲线；

(4) 画出系统的结构框图。

全真试卷十

一、单项选择题。

本大题共 10 小题，每小题 3 分，共 30 分。在每小题列出的四个选项中只有一个是符合题目要求的，请将其代码填在题前的括号内。错选、多选或未选均不得分。

(　　) 1. 积分 $\displaystyle\int_{-\infty}^{+\infty}x(t)\delta(t)\mathrm{d}t$ 的值为 _____。

    (A) $x(0)$ (B) $x(t)$ (C) $x(t)\delta(t)$ (D) $x(0)\delta(t)$

(　　) 2. 信号 $x_1(t)$、$x_2(t)$ 的波形如图 F-33 所示，设 $y(t)=x_1(t)*x_2(t)$，则 $y(0)$ 为 _____。

    (A) 1   (B) 2   (C) 3   (D) 4

(　　) 3. 已知信号 $x(t)$ 如图 F-34 所示，则其傅里叶变换为 _____。

    (A) $\dfrac{\tau}{2}\mathrm{Sa}\left(\dfrac{\omega\tau}{4}\right)+\dfrac{\tau}{2}\mathrm{Sa}\left(\dfrac{\omega\tau}{2}\right)$ (B) $\tau\mathrm{Sa}\left(\dfrac{\omega\tau}{4}\right)+\dfrac{\tau}{2}\mathrm{Sa}\left(\dfrac{\omega\tau}{2}\right)$

    (C) $\dfrac{\tau}{2}\mathrm{Sa}\left(\dfrac{\omega\tau}{4}\right)+\tau\mathrm{Sa}\left(\dfrac{\omega\tau}{2}\right)$ (D) $\tau\mathrm{Sa}\left(\dfrac{\omega\tau}{4}\right)+\tau\mathrm{Sa}\left(\dfrac{\omega\tau}{2}\right)$

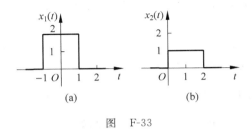

图　F-33

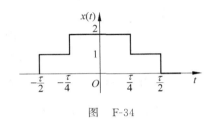

图　F-34

(　　) 4. 周期性非正弦连续时间信号的频谱，其特点为 _____。

    (A) 频谱是连续的、收敛的   (B) 频谱是离散的、谐波的、周期的

    (C) 频谱是离散的、谐波的、收敛的   (D) 频谱是连续的、周期的

(   )5. $X(s)=\dfrac{s+2}{s^2+5s+6}$,$\mathrm{Re}(s)>-2$ 的拉氏反变换为_____。

(A) $(e^{-3t}+2e^{-2t})u(t)$ (B) $(e^{-3t}-2e^{-2t})u(t)$

(C) $\delta(t)+e^{-3t}u(t)$ (D) $e^{-3t}u(t)$

(   )6. 如果某一连续时间因果 LTI 系统的系统函数 $H(s)$ 的所有极点的实部都小于零,则_____。

(A) 系统为非稳定系统   (B) $|h(t)|<+\infty$

(C) 系统为稳定系统   (D) $\displaystyle\int_{0}^{+\infty}|h(t)|\,\mathrm{d}t=0$

(   )7. 已知 $\cos(\omega_0 t)u(t)\xleftrightarrow{\text{LT}}\dfrac{s}{s^2+\omega_0^2}$,$\sigma>0$,所以 $\cos(\omega_0(t-t_0))u(t)\xleftrightarrow{\text{LT}}$_____,$\sigma>0$。

(A) $\dfrac{s}{s^2+\omega_0^2}e^{-st_0}$ (B) $\dfrac{s\cos(\omega_0 t_0)}{s^2+\omega_0^2}$

(C) $\dfrac{s\cos(\omega_0 t_0)+\omega_0\sin(\omega_0 t_0)}{s^2+\omega_0^2}$ (D) $\dfrac{s-se^{-st_0}}{s^2+\omega_0^2}$

(   )8. 差分方程 $y[n]-6y[n+3]+y[n+5]=x[n-2]-x[n]$ 所描述的系统是_____的线性时不变系统。

(A) 5 阶   (B) 6 阶   (C) 3 阶   (D) 8 阶

(   )9. 序列 $x[n]=\begin{cases}1, & 0\leqslant n\leqslant N \\ 0, & \text{其他}\end{cases}$ (N 为正整数)的 z 变换 $X(z)$ 的收敛域_____。

(A) $|z|>N+1$ (B) $|z|>N$ (C) $|z|>1$ (D) $|z|>0$

(   )10. 序列 $x[n]=2^{-n}u[n-1]$ 的单边 z 变换 $X(z)$ 为_____。

(A) $\dfrac{1}{2z-1}$ (B) $\dfrac{1}{2z+1}$ (C) $\dfrac{z}{2z-1}$ (D) $\dfrac{z}{2z+1}$

二、填空题。

本大题共 5 小题,每小题 4 分,共 20 分。不写解答过程,将正确的答案填写在每小题的空格内。

(1) 已知 $x(t)=u(t)+u(t+1)-2u(t-2)$,则 $\dfrac{\mathrm{d}x(2-t)}{\mathrm{d}t}$ 的表达式为_____。

(2) $e^{-2t}u(t)*\delta(t-\tau)=$_____。

(3) 已知某一因果信号 $x(t)$ 的拉普拉斯变换为 $X(s)$,则信号 $x(t-t_0)*u(t)$,$t_0>0$ 的拉氏变换为_____。

(4) 离散时间 LTI 系统时域框图的基本单元是_____、_____、_____等 3 项。

(5) 信号 $x[n]=\delta[n]-\delta[n-1]+\delta[n-2]$ 的 z 变换 $X(z)=$_____。

三、(10 分)如图 F-35(b)所示的连续时间 LTI 系统中,$x_1(t)=\dfrac{1}{2}\cos(\omega_0 t)$,$x_2(t)=\cos(3\omega_0 t)$,求对应于如图 F-35(a)所示输入信号 $x(t)$ 的响应 $y(t)$ 的频谱函数。

四、(16 分)已知某连续时间因果稳定 LTI 系统的系统函数为 $H(s)=\dfrac{3s+3}{s^2+7s+10}$。

(1) 求系统的单位冲激响应 $h(t)$;

(2) 画出系统的零极点图;

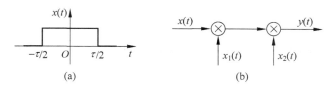

图　F-35

（3）粗略画出系统的幅频特性曲线；

（4）若有输入信号 $x(t)=7\sin(\sqrt{3}\,t)$，求系统的稳态响应。

五、（12 分）求 $X(z)=\dfrac{-3z^{-1}}{2-5z^{-1}+2z^{-2}}$ 所对应的左边序列 $x_{\mathrm{L}}[n]$ 和右边序列 $x_{\mathrm{R}}[n]$，并求右边序列的终值。

六、（14 分）已知离散时间 LTI 系统差分方程为 $y[n]-\dfrac{1}{2}y[n-1]=x[n]-\dfrac{1}{3}y[n-1]$。

（1）画出系统的结构框图；

（2）求系统的单位样值响应；

（3）画出系统函数 $H(z)$ 的零极点图及幅频特性曲线。

附录 C　全真试卷参考答案

全真试卷一

一、(1) C；(2) B；(3) B；(4) A；(5) B；(6) B；(7) D；(8) D；(9) C；(10) D

二、(1) $\dfrac{3(\mathrm{j}\omega+3)}{(\mathrm{j}\omega+2)(\mathrm{j}\omega+4)}$；　　　　　(2) 小一半；

　　(3) $6u(t-1)-\mathrm{e}^{-a(t-1)}u(t-1)$；　(4) 叠加, 均匀；

　　(5) N_0+N_2, N_1+N_3

三、$g(t)=2\mathrm{e}^{-3t}u(t)$, $h(t)=-6\mathrm{e}^{-3t}u(t)$

四、(1) $a=-4$, $b=-3$；

　　(2) $H(s)=\dfrac{s^2+3}{s^2+4s+3}$, $h(t)=\delta(t)+(2\mathrm{e}^{-t}-6\mathrm{e}^{-3t})u(t)$

五、(1) $H(z)=\dfrac{1}{1-\dfrac{7}{10}z^{-1}+\dfrac{1}{10}z^{-2}}$, $h[n]=\left(-\dfrac{2}{3}\cdot\left(\dfrac{1}{5}\right)^n+\dfrac{5}{3}\cdot\left(\dfrac{1}{2}\right)^n\right)u[n]$；

　　(2) $y[n]=\left(\dfrac{5}{2}+\dfrac{1}{6}\left(\dfrac{1}{5}\right)^n-\dfrac{5}{3}\left(\dfrac{1}{2}\right)^n\right)u[n]$

六、(1) 系统稳定；

　　(2) $h[n]=\left[\dfrac{35}{3}\left(\dfrac{4}{5}\right)^n+3\left(\dfrac{3}{5}\right)^n+\dfrac{4}{3}\left(-\dfrac{2}{5}\right)^n\right]u[n]$；

　　(3) $y[n]-y[n-1]-\dfrac{23}{25}y[n-2]+\dfrac{24}{25}y[n-3]=x[n-1]+2x[n-2]$

全真试卷二

一、（1) D；（2) C；（3) D；（4) B；（5) D；（6) B；（7) A；（8) A；（9) B；（10) C

二、（1) 充分必要；（2) $y''' + 2y'' + y' + y = 6x'' + 4x' + 2x$；

（3) $-3e^{-\frac{1}{2}t+1}u(t) + 6e\delta(t)$；（4) $\dfrac{3\left(s + \frac{1}{2}\right)}{\left(s + \frac{5}{2}\right)(s+1)}$；

（5) 单位圆内，虚轴

四、（1) $X(j\omega) = \mathrm{Sa}\left(\dfrac{1}{2}\omega\right)$；（2) $Y(j\omega) = \mathrm{Sa}^2\left(\dfrac{1}{2}\omega\right)$；

（3) $Y_2(j\omega) = \dfrac{1}{2}\mathrm{Sa}\left(\dfrac{1}{2}\omega + 5\pi\right) + \dfrac{1}{2}\mathrm{Sa}\left(\dfrac{1}{2}\omega - 5\pi\right)$

五、（1) $H(z) = \dfrac{1}{1 - \frac{1}{3}z^{-1}}, h[n] = \left(\dfrac{1}{3}\right)^n u[n]$；（2) $x[n] = \left(\dfrac{1}{2}\right)^n u[n-1]$

六、（2) $h[n] = \left[\left(\dfrac{1}{2} + \dfrac{2}{3}j\right)\left(\dfrac{1}{5} + \dfrac{3}{10}j\right)^n + \left(\dfrac{1}{2} - \dfrac{2}{3}j\right)\left(\dfrac{1}{5} - \dfrac{3}{10}j\right)^n\right]u[n]$；

（3) 系统稳定

全真试卷三

一、（1) D；（2) C；（3) A；（4) B；（5) C；（6) B；（7) D；（8) B；（9) A；（10) D

二、（1) 趋于零，密度；（2) $\dfrac{1}{s(s+1)}$ 或 $\dfrac{1}{s} - \dfrac{1}{s+1}$；

（3) 虚轴左侧；（4) $z^{-n_0}X(z)$；

（5) $1 + \dfrac{1}{1 - \frac{1}{2}z^{-1}}$

三、$y(t) = (5e^{-t} - 4e^{-2t})u(t)$

四、$x(t) = \dfrac{2}{3}\sum_{-\infty}^{+\infty}\mathrm{Sa}\left(\dfrac{2}{3}\pi n\right)e^{\frac{2}{3}jn\pi t}$，$|X(j\omega)| = \dfrac{4}{3}\pi\sum_{n}\left|\mathrm{Sa}\left(\dfrac{2}{3}\pi n\right)\right|\delta\left(\omega - \dfrac{2}{3}\pi n\right)$，

$\varphi(\omega) = \begin{cases} 0, & n = 3k, \text{或 } 3k+1 \\ \pi, & n = 3k+2 \end{cases}, k \in Z$

五、$x_L[n] = \dfrac{1}{2}\delta(n) + 3u[-n-1] - \dfrac{7}{2}\cdot 2^n u[-n-1]$，

$x_R[n] = \dfrac{1}{2}\delta(n) - 3u[n] + \dfrac{7}{2}\cdot 2^n u[n]$，

$x_D[n] = \dfrac{1}{2}\delta[n] - 3u[n] - \dfrac{7}{2}\cdot 2^n u[-n-1]$，右边序列的终值 $x_R(+\infty)$ 发散

六、（1) $H(z) = \dfrac{1 + z^{-1}}{1 + \frac{1}{5}z^{-1} - \frac{6}{25}z^{-2}}$；

(2) 零点 $z_1 = -1$，$z_2 = 0$，极点 $p_1 = \dfrac{2}{5}$，$p_2 = -\dfrac{3}{5}$；

（3）系统稳定；

（4）$h[n] = \left[\dfrac{7}{5} \left(\dfrac{2}{5} \right)^n - \dfrac{2}{5} \left(-\dfrac{3}{5} \right)^n \right] u[n]$

全真试卷四

一、(1) B；(2) B；(3) C；(4) B；(5) C；(6) A；(7) C；(8) C；(9) B；(10) C

二、(1) $\dfrac{2}{j\omega} \cdot e^{-2j\omega}$；　　　　　　　　(2) $(1 - e^{-\frac{1}{2}(t-1)}) u(t-1)$；

（3）$\dfrac{1}{s^2}(1 - 2e^{-s} + e^{-2s})$；　　　　　(4) $(3^{n+1} - 2^{n+1}) u[n]$；

（5）$1 + \dfrac{1}{1 + \dfrac{1}{4} z^{-1}}$

三、$y_{zi}(t) = (8e^{-2t} - 6e^{-3t}) u(t)$，$y_{zs}(t) = \left(-\dfrac{1}{2} e^{-t} + 3e^{-2t} - \dfrac{5}{2} e^{-3t} \right) u(t)$，

$\quad y(t) = \left(-\dfrac{1}{2} e^{-t} + 11e^{-2t} - \dfrac{17}{2} e^{-3t} \right) u(t)$

四、$x(t) = \dfrac{1}{2} \displaystyle\sum_{n=-\infty}^{+\infty} \text{Sa}\left(\dfrac{\pi}{2} n \right) e^{jnt}$，$|X(j\omega)| = \displaystyle\sum_{n=-\infty}^{+\infty} \dfrac{2}{n} \left| \sin\left(\dfrac{\pi}{2} n \right) \right| \delta(\omega - n)$，

$\quad \varphi(\omega) = \begin{cases} \pi \cdot \dfrac{1 - \sin\left(\dfrac{\pi}{2} n \right)}{2}, & \omega = n \\ 0, & \omega \neq n \end{cases}$

五、$x_L[n] = \left[10^n - \left(\dfrac{1}{2} \right)^n \right] u[-n-1]$，$x_R[n] = \left[\left(\dfrac{1}{2} \right)^n - 10^n \right] u[n]$，右边序列的终值

$\quad x_R(+\infty)$ 发散

六、$H(z) = \dfrac{1}{1 - \dfrac{3}{4} z^{-1} + \dfrac{1}{8} z^{-2}}$

全真试卷五

一、(1) B；(2) D；(3) C；(4) B；(5) C；(6) B；(7) C；(8) C；(9) A；(10) B

二、(1) 平移，乘积；　　　　　　　　(2) 0；

（3）$(s^2 + 5s) Y(s) = X(s)$；　　　(4) 单位复指数；

（5）$\delta[n] + \delta[n-1] + 6\delta[n-2] + 4\delta[n-3]$

三、$y_{zi}(t) = 2e^{-t} u(t)$，$y_{zs}(t) = (2 - 3e^{-t} + e^{-2t}) u(t)$

四、(1) $\varphi(\omega) = -\omega$；　　　　　　(2) $X(j0) = 4$；

（3）$\displaystyle\int_{-\infty}^{+\infty} X(j\omega) d\omega = 2\pi$

五、$y[n] = \dfrac{1}{\alpha - \beta} (\alpha^{n+1} - \beta^{n+1}) u[n]$

六、$h[n]=\left(-\dfrac{1}{4}\right)^n u[n]$，$x[n]=3\left(\dfrac{1}{2}\right)^n u[n-1]$

全真试卷六

一、(1) B；(2) C；(3) C；(4) D；(5) B；(6) A；(7) B；(8) A；(9) D；(10) C

二、(1) $(7\sin t+4\cos t)u(t)$；　　　　　　(2) $\dfrac{1}{\pi}\cos(2t)$；

(3) 极点；　　　　　　　　　　　　(4) $\dfrac{1}{4}z^{-2}X(2z)$；

(5) $\dfrac{z^{-3}}{1-3z^{-1}+2z^{-2}}$

三、$y_{zi}(t)=(5e^{-2t}-4e^{-3t})u(t)$，$y_{zs}(t)=(5e^{-t}-3e^{-2t}-2e^{-3t})u(t)$

四、$X(j\omega)=\dfrac{2\pi}{T}\dfrac{1+e^{-j\omega\frac{T}{2}}}{(j\omega)^2+\left(\frac{2\pi}{T}\right)^2}$，$FT\left\{\dfrac{d^2}{dt^2}x(t)\right\}=(j\omega)^2\dfrac{2\pi}{T}\dfrac{1+e^{-j\omega\frac{T}{2}}}{(j\omega)^2+\left(\frac{2\pi}{T}\right)^2}$

五、(1) $X[n]=\left[\left(\dfrac{1}{3}\right)^n-2^n\right]u[n]$；　　(2) $x[n]=\left(\dfrac{1}{3}\right)^n u[n]+2^n u[-n-1]$；

(3) $x[n]=\left[-\left(\dfrac{1}{3}\right)^n+2^n\right]u[-n-1]$

六、(1) $H(z)=\dfrac{1}{1-\dfrac{1}{6}z^{-1}-\dfrac{1}{6}z^{-2}}$，$h[n]=\left[\dfrac{3}{5}\left(\dfrac{1}{2}\right)^n+\dfrac{2}{5}\left(-\dfrac{1}{3}\right)^n\right]u[n]$；

(2) $y_{zi}[n]=\left[\dfrac{1}{20}\left(\dfrac{1}{2}\right)^n+\dfrac{1}{30}\left(-\dfrac{1}{3}\right)^n\right]u[n]$，$y_{zs}[n]=\left[-\dfrac{6}{5}\left(\dfrac{1}{2}\right)^n+\dfrac{2}{5}\left(-\dfrac{1}{3}\right)^n+3\right]u[n]$

全真试卷七

一、(1) C；(2) C；(3) B；(4) C；(5) B；(6) A；(7) D；(8) A；(9) B；(10) C

二、(1) $-\dfrac{1}{2}(e^{-2t}-1)u(t)$；　　　　　(2) 2；

(3) e^{-st_0}；　　　　　　　　　　　(4) 收敛域；

(5) 5/3

四、(1) $H(s)=\dfrac{s+1}{s^2+2s+10}$，$h(t)=e^{-t}\cos(3t)u(t)$

五、(1) $x[n]=\left[\left(\dfrac{1}{2}\right)^n-4^n\right]u[n]$；　　(2) $x[n]=\left(\dfrac{1}{2}\right)^n u[n]+4^n u[-n-1]$；

(3) $x[n]=\left[-\left(\dfrac{1}{2}\right)^n+4^n\right]u[-n-1]$

六、(1) $H(z)=\dfrac{1}{1+\dfrac{9}{20}z^{-1}+\dfrac{1}{20}z^{-2}}$；　　(2) 系统稳定；

(3) $h[n]=\left[5\left(-\dfrac{1}{4}\right)^n-4\left(-\dfrac{1}{5}\right)^n\right]u[n]$

全真试卷八

一、(1) A；(2) B；(3) A；(4) D；(5) B；(6) A；(7) B；(8) D；(9) D；(10) D

二、(1) 1；　　　　　　　　　　(2) $2\delta(t-t_0)$；

(3) $\sin tu(t)-\sin(t-\tau)u(t-\tau)$；　(4) 零状态响应；

(5) $\dfrac{1}{(1-z^{-1})^2}$

三、(1) $h(t)=\dfrac{2\Omega}{\pi}\mathrm{Sa}(2\Omega(t-t_0))$；　(2) $y(t)=\dfrac{1}{2}\mathrm{Sa}^2(\Omega(t-t_0))$

四、(1) $a=4,b=2$；　　　　　(2) $b>-2$；

(3) $g(t)=(\mathrm{e}^{-2t}-\mathrm{e}^{-3t})u(t)$

五、$x_{\mathrm{L}}[n]=\dfrac{1}{2}\delta[n]+3u[-n-1]-7\cdot 2^{n-1}u[-n-1]$，$x_{\mathrm{R}}[n]=\dfrac{1}{2}\delta[n]-3u[n]+$

$7\cdot 2^{n-1}u[n]$，右边序列的终值 $x_{\mathrm{R}}(+\infty)$ 发散

六、(1) $H(z)=\dfrac{1-\dfrac{1}{2}z^{-1}}{1+\dfrac{3}{4}z^{-1}+\dfrac{1}{8}z^{-2}}$，$h[n]=\left[-3\left(-\dfrac{1}{4}\right)^n+4\left(-\dfrac{1}{2}\right)^n\right]u[n]$；

(2) 系统稳定；

(3) $y[n]=\left[\dfrac{8}{3}-6\left(-\dfrac{1}{4}\right)^n+\dfrac{40}{3}\left(-\dfrac{1}{2}\right)^n\right]u[n]$

全真试卷九

一、(1) A；(2) C；(3) D；(4) C；(5) A；(6) C；(7) C；(8) C；(9) B；(10) D

二、(1) $\displaystyle\int_{-\infty}^{t}h(\tau)\mathrm{d}\tau$；　　　(2) $1-\mathrm{e}^{-j\omega t_0}$；

(3) $y_1[n]=y_2[n]$；　　　(4) $\delta[n+1]-2\delta[n]+\delta[n-1]$；

(5) $\dfrac{z^2+1}{z(z+1)(z-1)}$

四、(1) $h(t)=(-\mathrm{e}^{-2t}+2\mathrm{e}^{-3t})u(t)$；　(4) $y(t)=\dfrac{2}{5}\sin t$

五、$y_{zi}[n]=[2^{n+1}-(-1)^n]u[n]$，$y_{zs}[n]=\left[2^{n+1}+\dfrac{1}{2}(-1)^n-\dfrac{3}{2}\right]u[n]$

六、(1) $H(z)=\dfrac{1-\dfrac{1}{3}z^{-1}}{1-\dfrac{3}{4}z^{-1}+\dfrac{1}{8}z^{-2}}$，$h[n]=\left[\dfrac{1}{3}\left(\dfrac{1}{4}\right)^n+\dfrac{2}{3}\left(\dfrac{1}{2}\right)^n\right]u[n]$

全真试卷十

一、(1) A；(2) B；(3) C；(4) C；(5) D；(6) C；(7) C；(8) A；(9) D；(10) A

二、(1) $2\delta(t)-\delta(t-2)-\delta(t-3)$；　(2) $\mathrm{e}^{-2(t-\tau)}u(t-\tau)$；

(3) $\dfrac{\mathrm{e}^{-st_0}F(s)}{s}$；   (4) 延时(移位)，乘系数，相加；

(5) $1-z^{-1}+z^{-2}$

三、$Y(\mathrm{j}\omega)=\dfrac{\tau}{8}\left[\mathrm{Sa}\left(\dfrac{\omega+4\omega_0}{2}\tau\right)+\mathrm{Sa}\left(\dfrac{\omega+2\omega_0}{2}\tau\right)+\mathrm{Sa}\left(\dfrac{\omega-2\omega_0}{2}\tau\right)+\mathrm{Sa}\left(\dfrac{\omega-4\omega_0}{2}\tau\right)\right]$

四、(1) $h(t)=(-\mathrm{e}^{-2t}+4\mathrm{e}^{-5t})u(t)$；   (4) $y_{\mathrm{ss}}(t)=3\sin\sqrt{3}\,t$

五、$x_{\mathrm{L}}[n]=\left[2^n-\left(\dfrac{1}{2}\right)^n\right]u[-n-1]$，$x_{\mathrm{R}}[n]=\left[\left(\dfrac{1}{2}\right)^n-2^n\right]u[n]$，右边序列的终值 $x_{\mathrm{R}}(+\infty)$发散

六、(2) $h[n]=\left(\dfrac{1}{3}\right)^n u[n]$

参 考 文 献

[1]　Edward W. Kamen, Bonnie S. Heck. 高强, 戚银城, 余萍等译. 信号与系统基础教程（第三版）（MATLAB版）[M]. 北京：电子工业出版社, 2007.

[2]　Michael J. Roberts. 胡剑凌, 朱伟芳等译. 信号与系统使用变换方法和MATLAB分析（原书第2版）[M]. 北京：机械工业出版社, 2013.

[3]　Rodger E. Ziemer, William H. Tranter, D. Ronald Fannin. 肖志涛等译. 信号与系统——连续与离散（第四版）[M]. 北京：电子工业出版社, 2005.

[4]　Simon Haykin, Barry Van Veen. 林秩福, 黄元福, 林宁等译. 信号与系统（第二版）[M]. 北京：电子工业出版社, 2004.

[5]　陈后金. 信号与系统[M]. 北京：高等教育出版社, 2007.

[6]　陈生潭, 张晓惠, 黄同. 信号与系统（第四版）习题详解[M]. 西安. 西安电子科技大学出版社, 2014.

[7]　管致中, 夏恭恪, 孟桥. 信号与线性系统（第4版）[M]. 北京：高等教育出版社, 2004.

[8]　海欣, 杨潇楠, 石良臣. 信号与系统学习及考研辅导[M]. 北京：国防工业出版社, 2008.

[9]　和卫星, 许波. 信号与系统分析[M]. 西安：西安电子科技大学出版社, 2007.

[10]　胡光锐, 徐昌庆. 信号与系统[M]. 上海：上海交通大学出版社, 2013.

[11]　胡钋, 张宇, 王粟. 信号与系统学习指导与习题精解[M]. 北京：中国电力出版社, 2012.

[12]　贾永兴, 王丽娟, 刘春林, 余远德. 信号与线性系统辅导及习题精解（第四版）[M]. 西安：陕西师范大学出版社, 2006.

[13]　金波, 涂玲英. 信号与系统学习与考研指导[M]. 武汉：华中科技大学出版社, 2008.

[14]　李辉. 信号与系统重点与难点解析及模拟题[M]. 北京：电子工业出版社, 2009.

[15]　吕幼新, 张明友. 信号与系统（第二版）[M]. 北京：电子工业出版社, 2007.

[16]　圣才考研网, 郑君里. 信号与系统（第3版）笔记和课后习题（含考研真题）详解[M]. 北京：中国石化出版社, 2012.

[17]　吴楚, 李京清, 王雪明. 信号与系统例题精解与考研辅导[M]. 北京：清华大学出版社, 2010.

[18]　吴大正, 杨林耀, 张永瑞, 王松林, 郭宝龙. 信号与线性系统分析（第4版）[M]. 北京：高等教育出版社, 2005.

[19]　阎鸿森, 王新凤, 田惠生. 信号与线性系统[M]. 西安：西安交通大学出版社, 1999.

[20]　余成波, 陶红艳, 张莲, 邓力. 信号与系统（第二版）[M]. 北京：清华大学出版社, 2007.

[21]　乐正友. 信号与系统[M]. 北京：清华大学出版社, 2004.

[22]　曾黄麟. 信号与线性系统学习指南[M]. 北京：科学出版社, 2011.

[23]　郑君里, 应启珩, 杨为理. 信号与系统（第三版）[M]. 北京：高等教育出版社, 2011.